동일출판사

Power Engineering

실무중심 • 국가기술자격중심

전력공학

박규홍 · 석복렬 · 이석용 공저

머리말

전기는 국가의 기본 에너지이며, 산업사회에서 한시라도 없어서는 안 될 중요한 에너지이다. 이러한 전기에너지를 발생하고 송전하여 수용가에게 공급하기 위한 내용을 다루는 전력공학은 전기공학도에게 중요한 전공과목임은 주지의 사실이다.

본 전력공학은 1부와 2부로 나누었다. 1부는 전력전송에 관한 내용으로서 발전소에서 발전된 전기에너지를 변전소(또는 다른 발전소)로 송전하며, 변전소에서는 이 전기를 적정 전압으로 강압하여 수용가에게 배전하는 내용인 송배전공학을 다루었으며, 2부는 우리나라의 발전설비의 현황을 알아보고, 발전소의 설비 및 특성을 공부하는 발변전공학을 다루었다.

본 전력공학은 주당 3시간씩 강의하여 2학기 분량으로 집필하였으며, 실무중심의 교재·국가기술자격시험 중심의 교재가 되도록 노력하였다.

그동안 발송배전기술사 시험 준비를 하면서 모은 자료와 한전연수원에서 발행한 실무 교재 및 국내외의 여러 교재를 참고하여 실무에 적합한 교재가 되도록 노력하였으며, 매 단원의 연습문제는 단원 내용과 관련되는 최근 시행된 전기(산업)기사시험 문제를 수록하였기 때문에 국가기술자격 시험을 효과적으로 준비할 수 있도록 하였다.

또한 본 교재에 수록한 각종 데이터 및 전력용어는 한전에서 발행한 "한국전력통계"와 "「전력용어」 순화"를 참고하였다.

그러나 집필하고 보니 부족한 점이 많으리라 생각되며, 이점에 대해서는 독자 여러분의 지적과 충고를 겸허하게 받아서 보다 좋은 교재가 되도록 노력하겠다.

저자 씀

CONTENTS

차 례

1부 전력전송

1장 개론

2장 전선로

CONTENTS

차 례

CONTENTS

차 례

CONTENTS

차 례

8장 배전선로의 구성 및 특성

9장 배전선로의 운용과 보호

2부 전력발생

1장 개론

CONTENTS

차 례

CONTENTS

차 례

CONTENTS

차 례

Part 01

전력전송

power engineering

Chapter 01

개 론

1.1 전력의 발생

전력은 우리의 일상생활에서 절대적으로 필요한 에너지원이다. 산업현장의 동력원으로부터 조명에 이르기까지 우리 주변의 어디에서나 전력을 이용하는 설비를 보게 된다.

우리나라의 전기 역사는 1887년(고종 24년) 경복궁 내의 건청궁에 3[kW] 용량의 증기발전기 2대를 시설하여 100[W] 아크등을 사용한 것을 계기로 전기 사용이 시작되어 오늘에 이르고 있다. 우리나라의 전기에 대한 역사는 표 1.1과 같다.

표 1.1 우리나라 전기의 역사

일 시	사 실
1887. 3. 6	경복궁 내의 건청궁에 국내 최초로 점등(고종 24년)
1899. 5. 4	전차 개통(동대문–흥화문(서대문))
1935. 11.	154[kV] 송전선로 최초 운전 (평양–서울 수색 변전소)
1948. 5. 14	북한으로부터 송전 중단 (남한의 발전설비 용량은 226,059[kW]에 불과함)
1961. 7. 1	조선전업, 경성전기, 남선전기 3사 통합으로 한국전력 주식회사 발족
1964. 4. 1	제한 송전 해제
1976. 10.	345[kV] 송전선로 최초 운전 (여수화력 –신옥천 변전소)
1978. 4.	고리원자력 발전소 1호기 준공으로 원자력 시대 개막
1999. 12.	765[kV] 송전선로 일부 운전
2001. 4. 2	발전부문 6개회사로 분할 및 전력시장 개설
2005. 12.	배전전압 승압완료
2020. 12.	발전설비 용량 12,919만[kW]에 이름

전력을 생산하기 위한 에너지원으로서는 여러 가지가 있으나, 실용화하고 있는 것으로는 물의 위치에너지를 이용하는 수력발전소, 석탄 중유 LNG 등의 열에너지를 이용하는 화력발전소와 우라늄의 핵분열 에너지를 이용하는 원자력발전소가 있다.

수력발전소는 연료가 필요하지 않는 특징이 있으나 우리나라의 경우 발전 가능지점이 적어 현재 수력발전 설비가 차지하는 비중은 전체 발전설비 중 약 5[%]에 지나지 않는다.

연료의 열에너지를 이용하는 화력발전소는 수력발전소에 비하여 건설비가 적게 들며 공사기간도 짧고, 수용가에서 가까운 지점에 건설할 수 있으므로 전체 발전설비의 62[%]을 상회하고 있다. 또한 원자력 발전설비가 약 18[%], 그리고 태양광 및 풍력발전 등의 신재생에너지가 15[%]를 점유하고 있다.

이와 같이 전기는 여러 방식으로 발전되는데, 이 전력을 발전소(power station)에서 변전소(substation), 송전선로(transmission line), 배전선로(distribution line)를 거쳐 전기 사용 장소까지 경제적이고 효율적으로 전송한다.

이것은 다시 송전과 배전으로 구분한다. 보통 송전이라 함은 발전소 상호간 또는 발전소와 변전소간, 변전소 상호간의 전력전송을 말하며, 배전은 발전소 또는 변전소에서 수용가에 전력을 공급하는 것을 말한다.

따라서 송배전 선로(transmission & distribution line)는 발전소에서 수용가에 이르는 전력 전송을 위한 전기설비라고 할 수 있다. 또한, 송배전 선로는 발전소와 수용가를 연결하는 하나의 계통(system)으로 형성되며, 이를 전력계통(power system)이라 한다.

1.2 송배전 선로의 구성

발전소에서 발전되는 전압은 3상 교류로서 큰 용량의 발전기도 20[kV] 정도에 불과하다. 그러나 이 정도의 발전전압 가지고는 먼 지점까지 송전하기에는 적당하지 않다. (송전전력은 전압의 제곱에 비례($P \propto V^2$)하므로 전압이 낮으면 송전전력은 작음)

그러므로 발전단에 승압용 변압기(step up transformer)를 설치해서 송전에 적당한 전압(345[kV] 또는 765[kV])으로 승압하여 1차 변전소에 송전하게 된다. 이 변전소에서는 154[kV] 정도의 전압으로 강압하고 다시 2차 변전소에 보내게 되며, 여기서 다시 22.9[kV]의 배전전압으로 강압하게 된다. 2차 변전소로부터는 배전선로를 통하여 주상 변압기를 사용해서 220[V](전등용) 또는 380[V](전동기용)로 강압하여 수용가에 공급하게 된다.

그림 1.1은 송배전 계통의 일례를 나타낸 것이다.

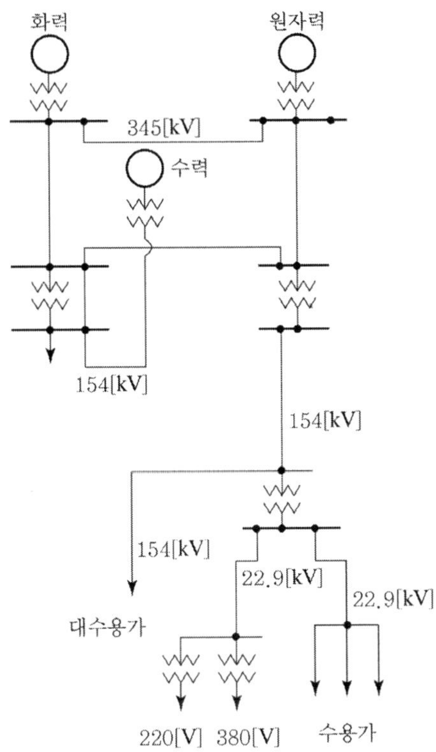

그림 1.1 송배전 계통의 일례

오늘날 송전선로는 모두 3상 3선식으로 되어 있지만 그림 1.2에서는 1선으로 표시하였다. 이와 같은 표현법을 단선 결선도(one line diagram)라고 한다.

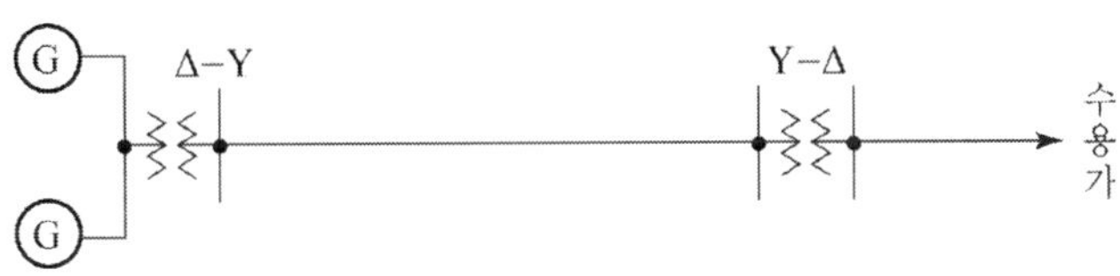

그림 1.2 송전계통의 단선 결선도

1.3 송전방식

현재 송전방식은 발전으로부터 배전에 이르기까지 대부분 교류방식에 의해서 이루어지고 있다. 이것은 교류방식이 직류방식보다 유리한 점이 많기 때문이다.

1.3.1 교류방식의 장점

(1) 승압 · 강압이 용이하다.

송전선로를 효율적으로 운영하기 위해서는 발전소에서 수용가에 이르는 각 구간에서 전압을 적당한 값으로 유지할 필요가 있다. 이와 같이 교류 송전방식은 변압기를 이용하여 전압의 승압과 강압을 용이하게 할 수 있다.

(2) 회전자계를 쉽게 얻을 수 있다.

교류 발전기는 직류 발전기보다 구조가 간단하고 효율도 좋으므로 모두 3상 교류 발전기를 사용하고 있다. 또한, 3상 교류방식에서는 회전자계를 쉽게 얻을 수 있으므로 유도 전동기를 구동할 수 있는 장점이 있다.

(3) 일관된 운용을 기할 수 있다.

대부분의 부하는 교류방식으로 되어 있기 때문에 발전에서 배전까지의 전 과정을 교류방식으로 통일해서 운용할 수 있다.

그러나 대전력의 장거리 송전이나 케이블 송전 등의 경우에는 다음과 같은 이유로 직류 송전방식이 된다.

1.3.2 직류방식의 장점

(1) 계통 절연계급을 낮출 수 있다.

직류전압은 같은 실효값의 교류전압의 $1/\sqrt{2}$ 배이므로 선로의 절연이 그만큼 용이해진다. 따라서 가공선에서는 애자의 연결 개수를 줄이는 등 송전선로 건설비용이 경감된다.

(교류 100[V]는 최고값인 141.4[V]에 대하여 절연하여야 하지만 직류 100[V]는 100[V]에 대하여 절연)

(2) 송전효율이 좋다.

교류에서는 무효전력과 표피효과(skin effect)로 인한 송전손실이 커지지만 직류 송전방식에서는 이런 것이 없고, 케이블 송전일 경우에는 유전체 손실(dielectric loss)이 없으며, 또 항상 역률이 100[%]에 해당되기 때문에 그 만큼 송전효율도 좋다.

(3) 안정도가 좋다.

교류방식에서는 송전전압과 계통 리액턴스 및 송·수전단 전압 사이의 위상각에 의하여 송전전력이 제한되었으나, 직류 송전방식에서는 계통 리액턴스라든지 위상각에 대해서 고려할 필요가 없기 때문에 이로 인한 송전전력의 제한이 없으므로 보다 안정하게 많은 전력을 송전할 수 있다.

이와 같은 직류방식의 장점에 착안하여 우리나라에서도 제주와 전라남도 완도를 연결하는 101[km] 거리의 해저 케이블을 이용하여 직류방식으로 송전하고 있다.

1.4 직류 송전방식

직류송전은 그림 1.3에 나타낸 바와 같이 발전과 배전은 교류방식으로 하고 송전만을 직류로 한다. 즉, 순변환 장치(converter)에 의해서 교류를 직류로 변환하여 송전하며 수전단에서는 역변환 장치(inverter)에 의하여 다시 직류를 교류로 변환해서 배전하는 방식이다.

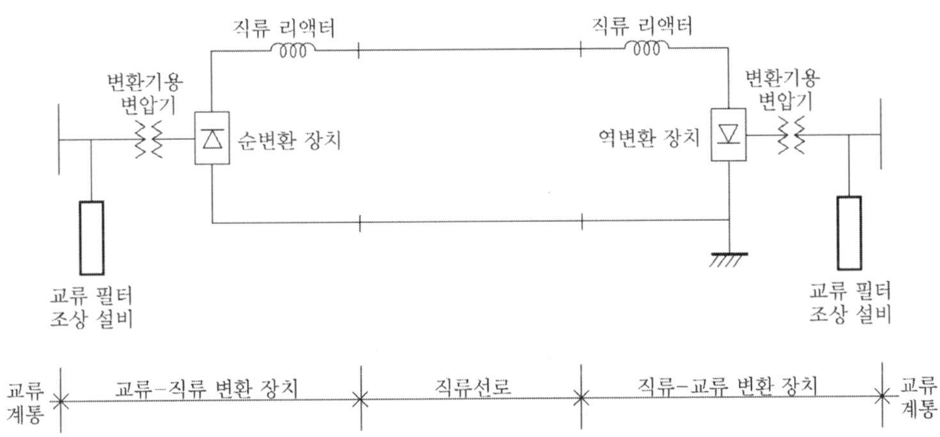

그림 1.3 직류 송전계통의 일례

교류·직류 변환장치를 구성하는 주요 기기는 다음과 같다.

① **변환장치**

교류를 직류로 변환하는 순변환장치와 그 반대로 변환하는 역변환장치가 있다.

② **변환기용 변압기**

변환장치를 교류계통으로부터 절연한다. 일반 변압기에 비해 고조파를 많이 포함된 전류가 흐르고, 밸브의 사고 또는 전류(轉流) 실패 시에 과도한 전류가 흐르므로 이에 대한 충분한 여유가 있어야 한다.

③ **교류필터 및 조상설비**

변환장치에서 발생하는 고조파를 흡수하기도 하며, 필요한 무효전력을 공급한다.

④ **직류 리액터**

직류 맥동전압을 평활화하며, 직류계통 내의 고장전류를 억제한다.

직류 송전계통의 회로방식에는 그림 1.4와 같이 여러 가지가 있으나 우리나라의 경우에는 해수귀로 2도체 방식(해남-제주)과 도체귀로 2도체 방식(진도-제주)으로 되어 있다.

직류 송전은 대지 귀로를 이용하여 송전할 수 있는 장점이 있다.

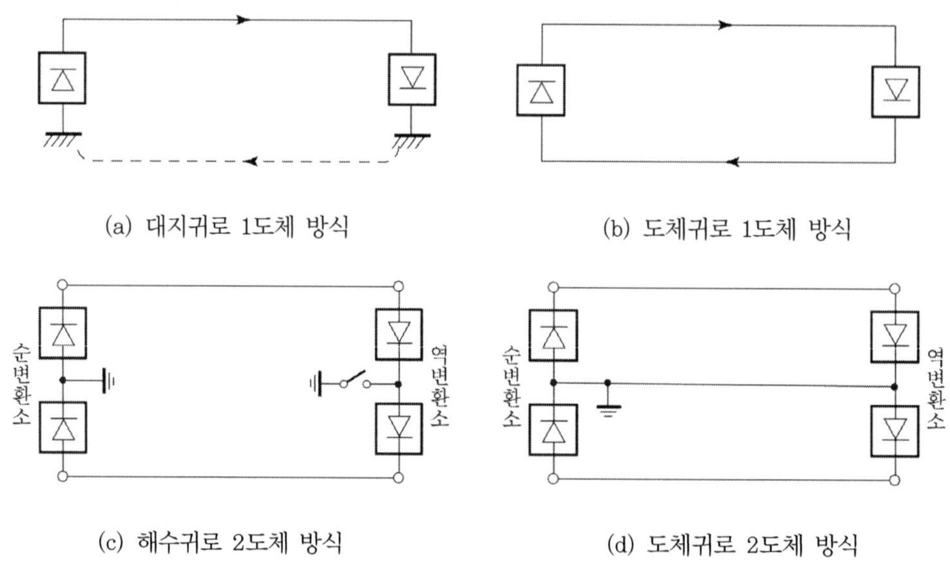

그림 1.4 직류 송전계통의 회로방식

해수귀로 2회선 방식은 그림 1.4 (c)와 같이 1회선 고장 시에도 대지를 이용하여 150[MW] 송전전력을 보낼 수 있다. 또한, 직류 송전선로를 건설하는 경우에도 일부를 건설하여 1선과 대지를 이용하여 송전하고 추후 전 용량으로 확대하는 경우도 있다.

해남-제주 간의 #1 고압직류송전계통(#1 HVDC)에서는 평상시에는 2회선 케이블을 통해 ±180[kV] 300[MW]의 전력을 공급할 수 있지만, 기기고장 또는 보수 시에는 하나의 회선을 이용해서 150[MW]의 전력만을 공급할 수 있다.

또한 진도-서제주 간의 #2 고압직류송전계통(#2 HVDC)에서도 역시 2회선 케이블을 통해 ±250[kV] 400[MW]의 전력을 공급할 수 있다. 뿐만 아니라 완도-동제주 간의 #3 고압직류송전계통(#3 HVDC)은 1회선 케이블을 통해 ±150[kV] 200[MW]의 전력을 양방향으로 공급할 수 있도록 계획하며, 2023년도 완공을 목표로 하고 있다.

최근에는 육상 고압직류송전 계획 중 우선 북당진(충남 당진) – 고덕(경기 평택) 구간에 국내 최초의 육상 HDVC가 ±500 [kV], 1,500 [MW] 1회선(35 [km])이 지중선으로 건설되어 운전할 것이다.

그림 1.5는 육지-제주 간의 고압직류송전계통도를 나타냈다.

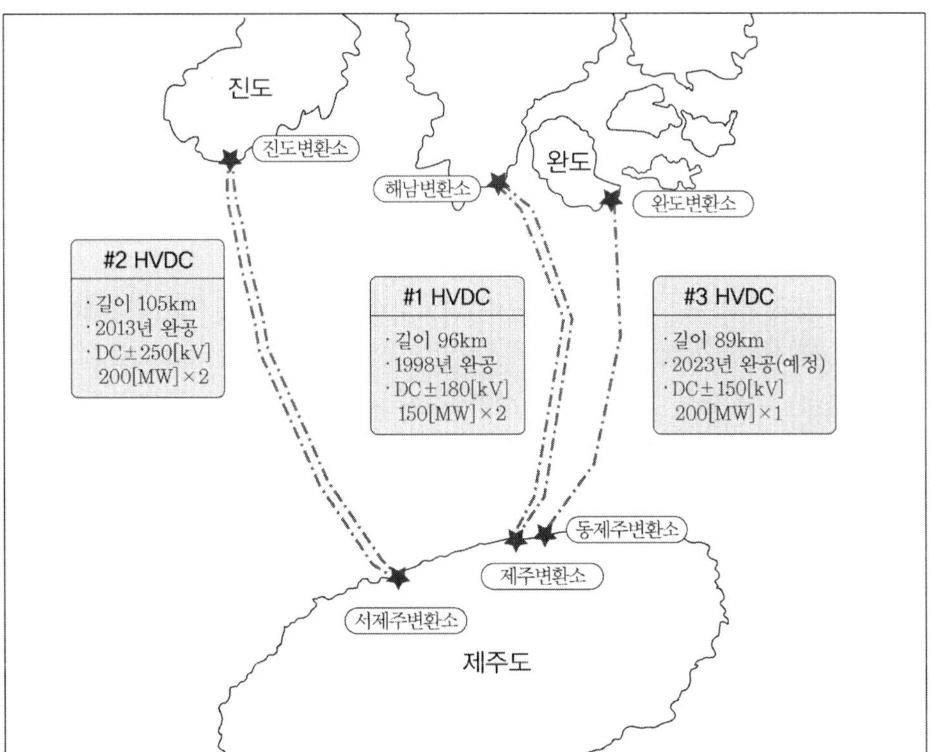

그림 1.5 육지-제주 간 고압직류송전계통도

예제 1-1

직류 송전방식의 장·단점을 설명하여라.

풀이 ① 장점

- 절연레벨을 낮출 수 있다.
- 선로의 리액턴스가 없으므로 안정도가 높다.
- 유전체손과 무효전력이 없으므로 이로 인한 손실도 없다.
- 표피효과나 근접효과가 없으므로 실효저항의 증대가 없다.
- 주파수가 다른 교류계통과 연계가 가능하다.
- 코로나 손실이 적고 충전전류가 없다.

② 단점

- 직류·교류변환 장치가 필요하다.
- 전압의 승압·강압이 안된다.
- 고조파나 고조파 억제대책이 필요하다.
- 직류차단이 어렵다.

1.5 교류 송전방식

교류 송전방식은 발전에서 수용가까지 모두 교류로 송전하는 방식이다.

교류에 의한 송전방식에는 단상 2선식, 단상 3선식, 3상 3선식, 3상 4선식이 있으나 단상 2선식은 우리 가정에 공급하는 전기방식이며, 송전에 관한 한 대부분은 3상 3선식 방식이다.

그 이유는 전선 1가닥당의 송전전력은 3상 3선식이 단상 2선식의 $2/\sqrt{3}$ ($\fallingdotseq 1.15$)배로 되어 15[%]나 더 많은 전력을 송전할 수 있기 때문이다.

이밖에 3상 4선식은 배전방식이며, 단상 3선식은 100[V]를 220[V]로 승압하는 과정에서 일시적으로 채택하였으며 지금은 이용되지 않고 있다.

그림 1.6은 각종 교류 전기방식의 회로도를 나타낸 것이다.

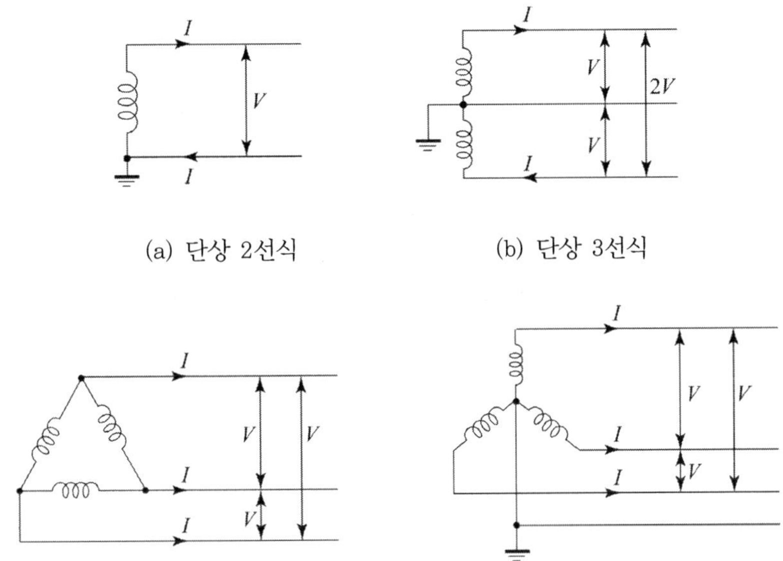

(a) 단상 2선식 (b) 단상 3선식

(b) 3상 3선식 (d) 3상 4선식

그림 1.6 각종 교류 전기방식의 회로도

예제 1-2

송전전력, 송전거리, 전력손실 및 선간전압이 같을 때 3상 3선식과 단상 2선식에서 전선 1가닥에서 흐르는 전류비를 구하라.

풀이 송전전력을 P, 선간전압을 V, 부하역률을 $\cos\theta$, 3상 3선식과 단상 2선식의 전류를 I_3, I_2라고 하면 송전전력은

- 3상 3선식 : $P=\sqrt{3}\,VI_3\cos\theta$
- 단상 2선식 : $P=VI_2\cos\theta$이므로 전류비는 다음과 같이 된다.

$$\frac{I_3}{I_2}=\frac{P/\sqrt{3}\,V\cos\theta}{P/V\cos\theta}=\frac{1}{\sqrt{3}}$$

1.6 송전전압과 송전전력

효율이 좋은 송전을 하려면 선로손실을 적게 하여야 한다. 전력손실은 대부분 저항에 의한 것이므로 여기서는 저항손실에 대해서만 생각하기로 한다.

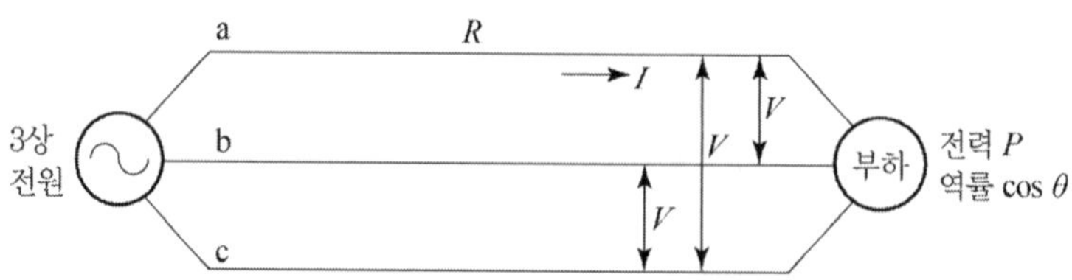

그림 1.7 3상 3선식 선로

그림과 같은 3상 3선식 송전선로에서 부하전압 V[V], 선전류 I[A], 1선의 저항 $R[\Omega]$, 부하역률 $\cos\theta$라 하면 부하전력 P[W]는 $P = \sqrt{3}\, VI\cos\theta$ 이므로 전류 I와 전력 손실 P_l은 다음과 같다.

$$\text{전류 } I = \frac{P}{\sqrt{3}\, V\cos\theta}$$

$$\text{전력손실 } P_l = 3I^2R = 3\times\left(\frac{P}{\sqrt{3}\cos\theta}\right)^2 R = \left(\frac{P^2R}{V^2\cos^2\theta}\right) \tag{1.1}$$

이와 같이 전력 P, 저항 R, 부하역률 $\cos\theta$가 일정하면 전력 손실 P_l은 전압 V^2에 반비례함을 알 수 있다. $\left(P_l \propto \frac{1}{V^2}\right)$

또한 손실율 h로부터 전력 P를 나타내면 다음과 같다.

$$\text{손실율 } h = \frac{P_l}{P} = \frac{PR}{V^2\cos^2\theta} \tag{1.2}$$

$$\therefore P = \frac{h\,V^2\cos^2\theta}{R}\text{[W]} \tag{1.3}$$

즉, 전력 P는 저항 R, 손실률 h 및 부하역률 $\cos\theta$가 일정할 경우 전압 V^2에 비례하게 된다($P \propto V^2$). 이와 같이 많은 전력을 송전하려면 가능한 전압을 높게 해야 한다. 식 (1.2)에서

$$R = \frac{hV^2\cos^2\theta}{P} \tag{1.4}$$

전선의 단면적을 $A\,[\mathrm{mm^2}]$, 고유저항을 $\rho[\Omega/\mathrm{m}-\mathrm{mm^2}]$라 하면

$$R = \rho\frac{l}{A} = \frac{hV^2\cos^2\theta}{P} \tag{1.5}$$

$$\therefore A = \frac{\rho l P}{hV^2\cos^2\theta} \tag{1.6}$$

따라서 전선 재료의 밀도를 $\sigma\,[\mathrm{kg/mm^3}]$라고 하면 전선의 전중량 $W[\mathrm{kg}]$는

$$W = 3\sigma A l = \frac{3\sigma\rho l^2 P}{hV^2\cos^2\theta}[\mathrm{kg}] \tag{1.7}$$

으로 되어 l, P, h 및 전선재료(σ, ρ)가 일정할 경우 소요되는 전선의 중량은 전압의 제곱에 반비례한다$\left(W \propto \frac{1}{V^2}\right)$.

송전전압에 대한 개략적인 송전용량과 사용전선은 표 1.2와 같다.

표 1.2 전압에 따른 송전용량과 사용전선

전압[kV]	송전용량[MW/회선]	사용전선	비 고
765	4,200	ACSR 480[$\mathrm{mm^2}$]×6	150[km] 1회선 기준
345	900	ACSR 480[$\mathrm{mm^2}$]×4	
154	150	ACSR 410[$\mathrm{mm^2}$]×2	
22.9	10	ACSR 95[$\mathrm{mm^2}$]	

예제 1-3

154[kV]의 송전전압을 345[kV]로 승압하고 같은 손실률로서 송전하면 송전전력은 승압 전의 몇 배인가?

풀이 송전전력은 송전전압의 제곱에 비례하므로 비례계수를 K라 하면

$$P = KV^2 = K\left(\frac{345}{154}\right)^2 = 5K$$

가 된다. 즉, 5배나 많은 전력을 송전할 수 있다.

1.7 송전전압의 선정 및 공칭전압

미국인 Alfred Still은 경제적인 송전전압에 대하여 다음과 같은 실험식을 제안한 바 있다.

$$\text{사용전압[kV]} = 5.5\sqrt{0.6 \times \text{송전거리[km]} + \frac{\text{송전전력[kW]}}{100}} \tag{1.8}$$

이 식은 중거리 송전선로에서 대략적인 전압값을 얻는 데 적합하다.

이와 같이 일정한 송전전력을 일정한 송전거리에 송전할 경우에는 가장 경제적인 전압이 존재한다는 것이다. 그러나 이 경제적인 전압을 송전선로마다 따로 선정하게 되면 송전선로에 사용되는 설비는 전압의 종류만큼 많아져서 호환성이 결여될 뿐만 아니라 제작비도 비싸지고 예비 부품수도 늘어나게 되어서 비경제적으로 될 것이다. 그러므로 선로 및 설비의 표준화를 위하여 표준전압(standard voltage)을 설정하고 있다.

표준전압에는 공칭전압과 최고전압이 있다. 공칭전압(nominal voltage)이란 전선로를 대표하는 송전단 선간전압이며, 보통 수전단 전압보다 10[%] 높은 전압이다. 실제에 있어서는 위치에 따라 공칭전압보다 5~10[%] 높은 전압으로 운전되는 경우가 있으므로 그 최대값을 최고전압(highest voltage)이라 한다.

최고전압은 그 전선로에서 발생하는 최고의 선간전압으로서 염해 대책, 1선 지락 고장 등의 내부 이상전압, 코로나 장해, 정전 유도장해 등을 고려할 때의 표준이 되는 전압이다.

표 1.3은 우리나라에서 채택하고 있는 표준전압(KS C 0501) 중 일부이다.

표 1.3 우리나라의 표준전압

공칭전압	최고전압	비 고
765[kV]	800[kV]	송전전압
345[kV]	362[kV]	
154[kV]	169[kV]	
22.9/13.2[kV-Y]	24/14[kV-Y]	배전전압

예제 1-4

62,000[kW]의 전력을 60[km] 떨어진 지점에 송전하려면 몇 [kV]의 송전전압이 적당한가?

풀이 Still의 식에 의하면

$$V = 5.5 \times \sqrt{0.6 \times 60 + \frac{62,000}{100}} = 140[\mathrm{kV}]$$

1.8 765[kV] 송전전압의 격상

1.8.1 필요성

경제성장과 생활수준의 향상으로 인하여 전력수요의 증가가 예상됨에 따라 전력 공급설비의 확충과 안정적인 전력 전송체계가 필요하다. 우리나라의 전력수요 증가전망은 표 1.4와 같다.

표 1.4 전력수요 증가전망

구 분 \ 연 도	1996년	2011년	2021년	비 고
전력수요[MW]	32,282	69,280	78,430	1996년도의 전력수요는 실적값이며, 2011년과 2121년은 추정값 임
증가율[%]	100	215	243	

그러나 표 1.4와 같이 예상되는 수요에 부응하여 전력을 공급하기 위해서는 기존의 345[kV]의 송전체계로는 송전용량이 작으므로 부적절하다.

그 이외에도 송전선로 경과지 확보 및 발전소 부지확보의 어려움으로 인하여 대도시로부터 멀리 떨어진 거리에 대용량의 발전단지를 만들게 되므로 장거리 대용량의 송전전력이 필요하게 된다.

또한 경인지역의 전력수요는 전국 전력수요의 40[%] 이상이 필요하며, 이에 필요한 전력을 공급하기 위하여 서해안, 동해안 및 남해안에 소재하는 대용량의 발전소로부터 효율적인 송전을 위하여 765[kV]의 송전선로가 필요하게 되었다.

1.8.2 건설개요

765[kV] 송전선로의 건설개요는 그림처럼 당진 화력발전소와 신서산 변전소 사이 구간, 신서산 변전소와 신안성 변전소 구간, 신태백 변전소와 신가평 변전소 사이 구간과 신안성 변전소와 신가평 변전소 사이 구간, 울진원자력 발전소와 신태백 변전소 구간, 신고리원자력 발전소와 신안성 변전소 구간 등으로 건설되어 있다.

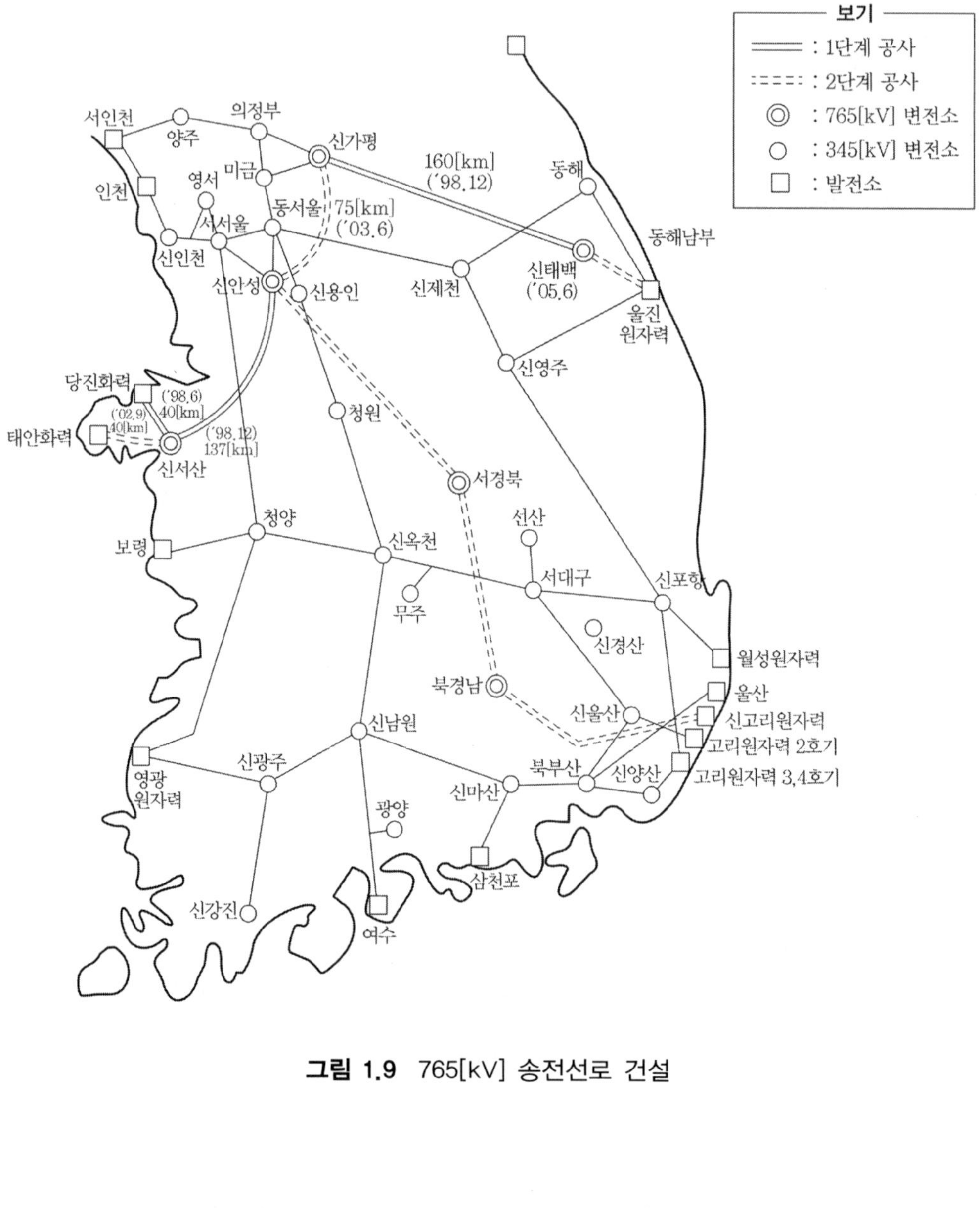

그림 1.9 765[kV] 송전선로 건설

1.8.3 특성비교

765[kV] 송전선로를 다른 송전선로와 비교하면 표 1.5와 같다. 이 표에 의하면 345[kV] 선로의 송전용량이 90만[kW] (선로길이 150[km] 기준인 경우)인 반면 765[kV]의 경우에는 420만[kW]이므로 4.7배나 많은 전력을 송전할 수 있다. 송전손실은 345[kV]의 경우 전체전력의 0.26[%]인 반면에 765[kV]의 경우 0.05[%]이므로 대략 20[%]에 지나지 않는다.

표 1.5 765[kV] 송전선로의 특성비교

항목 \ 전압별		154[kV]	345[kV]	765[kV]
송전용량[kW]		15만	90만	420만
손실[%]		1.2	0.26	0.05
공사비[km당]		4.3억	7.5억	23억
1련 애자개수		10	18개	45개
사용전선		ACSR 410[mm^2]×2	ACSR 480[mm^2]×4	ACSR 480[mm^2]×6
철 탑	높이[m]	35	50	90
	중량[t]	13	45	140
	부재형상	산형강	산형강	원형강관
	부지면적[평]	40	60	160

부지면적을 보면 345[kV]의 경우 철탑 1기당 소요부지가 60평이며, 765[kV]의 경우에는 160평이 필요하지만, 단위 송전용량을 기준해서 살펴보면 765[kV] 선로의 경우 10,000 [kW]당 0.38평이 소요되는 반면 345[kV] 선로는 0.67평이 소요되므로 57[%]에 불과하다.

또한, 765[kV]의 송전계통이 운전됨으로서 우리나라의 송배전 전압계급은 다음과 같다.

765[kV] → 345[kV] → 154[kV] → 22.9[kV] → 220/380[V]

참고로 일부 국가의 전압체계는 표 1.6과 같다.

표 1.6 각국의 전압체계

국 명	송전전압[kV]
미 국	765→500→345→230→161→138
일 본	1000→500→275→154
프랑스	400→225→150
북 한	220→110→66→22

연 습 문 제

e x e r c i s e

1-1 3상 송배전선로의 공칭전압이란? [14. 산업기사]

㉮ 무부하 상태에서 그의 수전단의 선간전압
㉯ 무부하 상태에서 그의 송전단의 상전압
㉰ 전부하 상태에서 그의 송전단의 선간전압
㉱ 전부하 상태에서 그의 수전단의 상전압

1-2 교류 송전방식에 비하여 직류 송전방식의 장점에 해당되지 않는 것은? [99. 전기기사]

㉮ 기기 및 선로의 절연을 요하는 비용이 절감됨
㉯ 안정도의 한계가 없으므로 송전용량을 전류용량의 한도까지 높일 수 있음
㉰ 1선지락 고장시 인접 통신선의 전자 유도장해가 적음
㉱ 고전압, 대전류의 차단이 용이함

1-3 직류 전송방식의 장점이 아닌 것은? [93. 공사기사]

㉮ 회전자계가 쉽게 얻어진다.
㉯ 역률은 항상 1이므로 송전능률이 높다.
㉰ 리액턴스의 강하가 생기지 않는다.
㉱ 지중송전의 경우에는 유전체손을 고려하지 않아도 된다.

1-4 직류 송전방식이 교류 송전방식에 비하여 유리한 점이 아닌 것은? [15. 산업기사]

㉮ 표피효과에 의한 송전손실이 없다.
㉯ 통신선에 대한 유도잡음이 적다.
㉰ 선로의 절연이 용이하다.
㉱ 정류가 필요 없고 승압 및 강압이 쉽다.

1-5 장거리 대전력 송전에 있어서 직류 송전방식의 장점이 아닌 것은? [12. 공사산업기사]

㉮ 전력손실이 작다.
㉯ 절연내력이 강하다.
㉰ 비동기 연계가 가능하다.
㉱ 전압의 승압과 강압이 용이하다.

1-6 **송전방식에서 선간전압, 선로전류, 역률이 일정할 때 (3상 3선식 / 단상 2선식)의 전선 1선당 전력비는 약 몇 %인가?** [16. 산업기사]

㉮ 87.5　　㉯ 94.7
㉰ 115.5　　㉱ 141.4

1-7 **우리 나라에서 현재 가장 많이 사용되는 송전방식은?** [96. 전기기사]

㉮ 단상 2선식　　㉯ 단상 3선식
㉰ 3상 3선식　　㉱ 3상 4선식

1-8 **다음 식은 무엇을 결정할 때 쓰이는 식인가?**

$$5.5 \times \sqrt{0.6l + \frac{P}{100}}$$

단, l 은 송전거리[km], P는 송전전력[kW]이다. [94. 산업기사]

㉮ 송전전압을 결정할 때
㉯ 송전선의 굵기를 결정할 때
㉰ 역률 개선시 콘덴서의 용량을 결정할 때
㉱ 발전소의 발전전압을 결정할 때

1-9 **전송전력이 400[MW], 송전거리가 200[km]인 경우의 경제적인 송전전압은 약 몇 [kV]인가?. 단, Still의 식에 의하여 산정한다.** [07. 공사산업기사]

㉮ 57　　㉯ 173
㉰ 353　　㉱ 645

1-10 **송전거리 50[km], 송전전력 5,000[kW]일 때의 Still의 식에 의한 경제적인 송전전압은 대략 몇 [kV] 정도가 적당한가?** [12. 산업기사]

㉮ 10　　㉯ 30
㉰ 50　　㉱ 70

1-11 **배전전압을 $\sqrt{3}$ 배로 하였을 때 같은 전력 손실률로 보낼 수 있는 전력은 몇 배가 되는가?** [94. 전기기사]

㉮ 2　　㉯ $\sqrt{3}$
㉰ 4　　㉱ 3

1-12 배전전압을 6,600[V]에서 11,000[V]로 높이면 수송전력이 같을 때 전력손실은 처음의 약 몇 배로 줄일 수 있는가? [94. 산업기사]

㉮ $\frac{1}{2}$ ㉯ $\frac{1}{3}$

㉰ $\frac{2}{3}$ ㉱ $\frac{3}{4}$

1-13 송전전력, 거리, 전선의 밀도 및 전력 손실률이 일정하다고 할 때 전선의 단면적 $A\,[\mathrm{mm}^2]$는 전압 V와 어떤 관계에 있는가? [16. 전기기사]

㉮ V에 비례 ㉯ $1/V$에 비례

㉰ $1/V^2$에 비례 ㉱ V^2에 비례

1-14 고압 배전선로의 선간전압을 3,300[V]에서 5,700 [V]로 승압하는 경우, 같은 전선으로 전력손실을 같게 한다면 약 몇 배의 전력을 공급할 수 있겠는가? [16. 산업기사]

㉮ 1 ㉯ 2

㉰ 3 ㉱ 4

1-15 송전전력, 거리, 전력손실율과 전선의 밀도가 일정할 경우 전선 단면적 $A\,[\mathrm{mm}^2]$는 전압 V[V]와 어떤 관계에 있는가? [16. 전기기사]

㉮ V에 비례한다. ㉯ V^2에 비례한다.

㉰ $\frac{1}{V^2}$에 비례한다. ㉱ $\frac{1}{V}$에 비례한다

1-16 단거리 3상 3선식 송전선에서 전선의 중량은 전압이나 역률에 어떠한 관계에 있는가? [13. 산업기사]

㉮ 비례 ㉯ 반비례

㉰ 제곱에 비례 ㉱ 제곱에 반비례

1-17 다음 ( )에 알맞은 내용으로 옳은 것은? 단, 공급전력과 선로손실률은 동일하다. [19. 산업기사]

선로의 전압을 2배로 승합할 경우 공급전력은 승압 전의 (①)로 되고 선로손실은 승압 전의 (②)로 된다.

㉮ ① $\frac{1}{4}$배 ② 2배　　㉯ ① $\frac{1}{4}$배 ② 4배

㉰ ① 4배 ② $\frac{1}{4}$배　　㉱ ① 2배 ② $\frac{1}{4}$배

1-18 송전전압을 높일 경우에 생기는 문제점이 아닌 것은? [01. 전기기사]

㉮ 전선 주위의 전위경도가 커지기 때문에 코로나손, 코로나 잡음이 발생한다.

㉯ 변압기, 차단기 등의 절연레벨이 높아지기 때문에 건설비가 많이 든다.

㉰ 표준상태에서 공기의 절연이 파괴되는 전위경도는 직류에서 50[kV/cm]로 높아진다.

㉱ 태풍, 뇌해, 염해 등에 대한 대책이 필요하다.

1-19 우리나라의 전력계통에서 송전전압을 나타내는 것은? [01. 산업기사]

㉮ 표준전압　　㉯ 최고전압

㉰ 선간전압　　㉱ 수전단전압

1-20 단면적 A, 길이 l인 전선의 도전율을 k라 하면 전선의 저항은?

㉮ $\frac{kl}{A}$　　㉯ $\frac{l}{kA}$

㉰ $\frac{kA}{l}$　　㉱ $\frac{A}{kl}$

해 답

1. ㉰ 2. ㉱ 3. ㉮ 4. ㉱ 5. ㉱ 6. ㉰ 7. ㉰ 8. ㉮ 9. ㉰ 10. ㉰ 11. ㉱ 12. ㉯ 13. ㉰ 14. ㉰ 15. ㉰ 16. ㉱ 17. ㉰ 18. ㉰ 19. ㉰ 20. ㉯

power engineering

Chapter 02

전선로

2.1 가공선로의 구성

송배전 선로에는 가공선로와 지중선로가 있다. 가공선로는 그림 2.1와 같이 도체, 가공지선(공중 낙뢰유도선), 애자, 철탑 또는 철근 콘크리트주와 같은 지지물로 구성되어 있다.

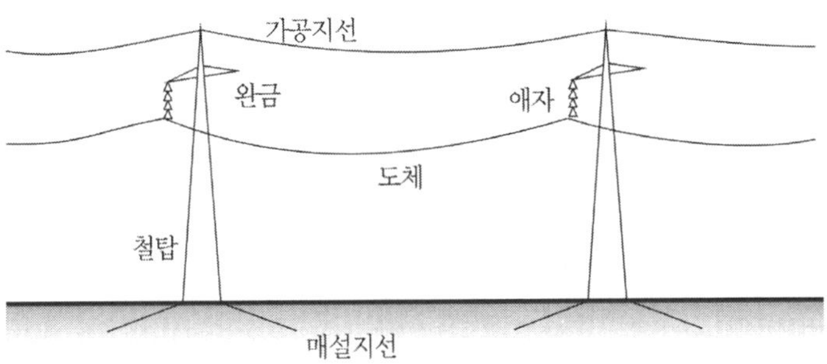

그림 2.1 가공선로의 구성

2.2 전선

2.2.1 전선의 구비조건

전선은 다음과 같은 조건을 구비하여야 한다.

① 도전율이 클 것
② 기계적 강도가 충분할 것
③ 내부식성이 있을 것
④ 가공성(유연성)이 클 것
⑤ 비중이 작고 가격이 저렴할 것
⑥ 가선이 용이할 것

2.2.2 전선의 종류

가공 전선으로는 경동연선(HDCC) 및 강심 알루미늄연선(ACSR)이 있지만 강심 알루미늄연선은 경동연선에 비하여 동일한 저항에서 지름이 크고 가격이 저렴하기 때문에 대부분의 송배전선로에 사용된다.

일반적으로 가공선로는 공기의 절연성을 이용할 수 있으므로 절연전선이 아닌 나전선이 사용되며, 전선의 종류는 다음과 같다.

(1) 구조에 의한 분류

1) 단선 (solid wire)

한 가닥으로 구성된 단선은 원형이며, 굵기는 단면적 [mm^2]으로 나타낸다. 송배전용 전선은 단면적이 큼으로 취급하기 쉽도록 연선을 사용한다.

2) 연선 (stranded wire)

소선 여러 가닥을 꼬아서 만든 전선이 연선이다. 보통 연선은 그림 2.2와 같이 중심에 중심소선을 두고 그 주위에 여러 층의 소선을 연합시킨 동심연선이 된다.

(a) 외관 (b) 단면

그림 2.2 연선의 외관 및 구조

동심연선은 층수에 따라서 일정한 소선 개수가 있다. 소선의 지름이 모두 같은 동심연선인 경우에는 중심소선을 중심으로 1층에 6개, 2층에는 12개(2×6개), 3층에는 18개(3×6개)의 소선으로 구성되어 있다. 그러므로 층수가 n 인 연선의 소선 개수 N은 다음과 같이 나타낼 수 있다.

$$
\begin{aligned}
N &= 1 + 1\times 6 + 2\times 6 + 3\times 6 + \cdots\ n\times 6 \\
&= 1 + 6(1+2+3\ \cdots\ n) = 1 + 6(1+n)\frac{n}{2} \\
&= 1 + 3n(n+1) \qquad (2.1)
\end{aligned}
$$

또한, 소선의 지름이 d 이면 n 층인 연선의 지름 D 는 다음과 같다.

$$D = (1 + 2n)d \tag{2.2}$$

3) 중공연선 (hollow stranded wire)

초고압 송전선로에서는 코로나의 발생을 억제하기 위하여 송전용량과 관계없이 적어도 지름 25[mm] 이상의 전선이 필요하다.

이 경우 보통의 연선을 사용하면 많은 양의 재료가 소요되므로 전선의 중심부분이 비어 있는 중공연선이 사용되는 경우도 있으나 우리나라에서는 사용하지 않는다.

(2) 재질에 의한 분류

1) 경동연선 HDCC (Hard Drawn Copper Conductor)

경동연선은 각 층을 동심원으로 결합시킨 것으로서 도전율 96~98[%], 인장강도 34~48[kg/mm^2]이며, 성능은 우수한 반면 가격은 비싸다.

2) 강심 알루미늄연선 ACSR (Aluminum Conductor Steel Reinforced)

그림 2.3에 나타낸 바와 같이 전선의 중심부에 인장강도가 큰(125[kg/mm^2] 이상)강선을 사용하고, 그 주위에 경알루미늄선(약 61 [%])을 꼬아 만든 구조로 되어 있다.

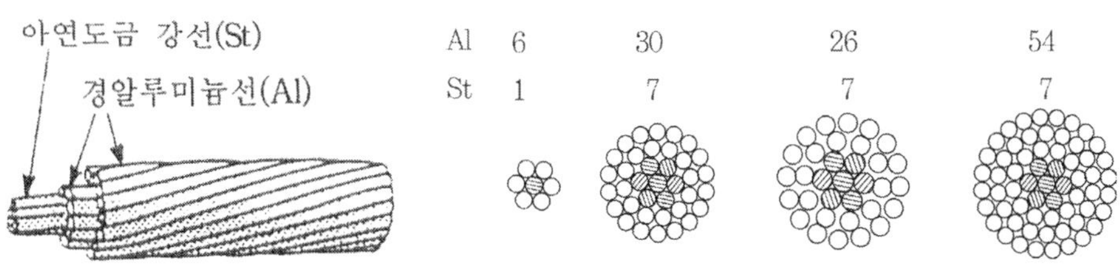

그림 2.3 강심 알루미늄연선의 구조 및 소선수

경동선에 비하여 도전율은 작지만 기계적 강도가 크고 가벼우며, 같은 저항값의 경동선에 비하여 전선지름이 크기 때문에 코로나 발생억제에 유효하며, 가격이 저렴하므로 대부분의 송배전용 가공전선으로 사용되고 있다. 한편 알루미늄선은 전선표면이 연하기 때문에 쉽게 손상되므로 가선 시에 주의가 필요하다.

3) 내열 강심알루미늄연선 TACSR (Thermal-resistant Aluminum Conductor Steel Reinforced)

이 전선은 알루미늄에 소량의 지르코늄(Zr)을 첨가한 내열 알루미늄 합금선을 사용한 것으로 내열성이 우수하다(ACSR의 연속 허용온도가 90[℃]인 데 비하여 TACSR은 150[℃]이다). 이 전선은 ACSR에 비하여 전류용량이 1.5~1.6배이며 대용량의 초고압 송전선에 사용된다.

최근에는 내열성이 더 높은 초내열 강심알루미늄 연선 (UTACSR, 연속 허용온도 210[℃])이 개발되어 실용화되고 있다.

4) 아연도금 강연선 GSW (Galvanized Steel Wire)

가공지선에 사용되는 아연도금 강연선은 도전율(8~12[%])이 작고 내부식성은 약하지만 기계적 강도(55~100[kg/mm^2])가 큰 특징이 있다.

5) 알루미늄 피복강선 AW (Alumoweld Wire)

강선에 알루미늄을 용착시킨 알루미늄 피복강선은 통신선의 전자유도 경감을 위한 가공지선(차폐선)으로 사용되고 있다.

송전선에 사용되는 대표적인 전선의 종류와 특징을 요약하면 표 2.1과 같다.

표 2.1 대표적인 전선의 종류와 특징

종 류	약 칭	도전율 [%]	기계적 강도 [kg/mm^2]	사용온도 [℃]	용 도	비 고
경동연선	HDCC	97 이상	34~48	연속 90 단시간 100	저전압 송전선 굵기가 작은 송전선	
강 심 알루미늄선	ACSR	61 이상	125	연속 90 단시간 100	일반적인 송전선	Al선의 중심부에 강선을 사용함으로써 인장강도를 증대시킨 복합 연선
내열 강심 알루미늄선	TACSR	58 이상	125	연속 150 단시간 180	대용량 송전선	알루미늄에 Zr 또는 ZrN을 0.1[%] 정도 첨가, 전류용량은 ACSR보다 1.5~1.6배 증가
알루미늄 피복강선	AW	20.3	125	연속 150 단시간 180	차폐선용의 가공지선	

2.2.3 전선의 허용전류

전선에 전류가 흐르면 열이 발생하여 온도가 상승되며, 이 온도가 어느 한계 이상으로 높아지면 전선의 인장강도가 저하되어 단선될 수 있다. 따라서 단선사고 없이 안전하게 보낼 수 있는 전류를 허용전류라 한다.

허용전류 I는 전선의 사용 온도범위 내에서 전선의 부하전류에 의한 손실전력 I^2R과 대류에 의해서 전선 주위에 방사되는 열량 $\pi dlkt$가 같아지는 조건으로부터 구해진다.

$$I^2R = \pi dlkt$$

$$\therefore I = \sqrt{\frac{\pi dlkt}{R}} \tag{2.3}$$

여기서, R : 길이 l인 전선의 저항[Ω]

d : 전선의 바깥지름[m]

l : 전선의 길이[m]

k : 열방산 계수(전선 주위온도, 풍속, 일사량에 의해서 정해지는 계수)

t : 온도상승[deg]

경동연선이나 강심 알루미늄연선 등의 최고 허용온도는 장시간 연속 사용할 때에는 전선 접속부분의 열화를 고려하여 90[℃]로 한다. 이때의 전류를 연속 허용전류라고 한다.

고장시 또는 30분~1시간 정도는 100[℃]로 상승하여도 무방하며, 이때의 전류를 단시간 허용전류라고 한다.

여름철과 겨울철의 주위 온도는 각각 40[℃]와 25[℃]로 하며, 겨울철 주위온도는 여름철에 비하여 15[℃] 정도 낮으므로 허용전류는 약 15[%] 증가한다.

내열 강심알루미늄연선(TACSR)은 내열성이 풍부하기 때문에 최고 허용온도는 연속 사용할 때는 150[℃], 단시간 사용할 때는 180[℃]이며, 허용전류는 경동연선이나 ACSR보다 50~60[%] 가량 증가한다.

경동연선과 ACSR의 허용전류는 다음과 같다.

표 2.2 경동연선의 허용전류

공칭 단면적[mm^2]	연선구성	연속 허용전류[A] (90[℃])	단시간 허용전류[A] (100[℃])
250	61/2.3	752	845
200	19/3.7	660	740
150	19/3.2	550	615
100	19/2.6	420	468
60	19/2.0	300	333
38	7/2.6	220	245

표 2.3 ACSR의 허용전류

공칭 단면적 [mm²]	연선구성		연속 허용전류 (90[℃]) [A]	단시간 허용전류 (100[℃]) [A]
	Al.	st.		
95	6/4.5	1/4.5	330	360
97	12/3.2	7/3.2	321	359
120	12/3.5	7/3.5	360	403
160	30/2.6	7/2.6	455	510
240	30/3.2	7/3.2	595	670
330	26/4.0	7/3.1	720	810
410	26/4.5	7/3.5	835	945
480	45/3.7	7/2.47	917	1,036
520	54/3.5	7/3.5	965	1,090

2.2.4 전선의 굵기 선정

전선의 굵기를 선정하는 데에 있어서는 전력손실, 코로나, 허용전류, 전압강하 등의 전기적 특성과 기계적인 강도 및 내부식성, 가격 등을 고려하여 경제적인 전선을 선정해야한다.

전선의 굵기를 경제적으로 선정할 수 있는 켈빈의 법칙은 다음과 같다.

즉, 켈빈의 법칙이란 「전선의 단위길이당의 연간손실 전력량의 비용 p_1」과 「건설 시 구입한 전선의 단위 길이당의 연간경비 p_2(이자와 감가상각비(depreciation)의 합)」가 같은 경우의 전선 굵기가 가장 경제적임을 나타낸다.

전선의 단면적을 $A[\mathrm{mm}^2]$라 하면 $p_1 = k_1/A$, $p_2 = k_2 A$이므로 $p_1 + p_2$를 최소로 하는 단면적 A는 $d(p_1+p_2)/dA = 0$으로 놓으면 $p_1 = p_2$가 된다.

2.3 전선의 이도

2.3.1 이도의 필요성

전선의 늘어짐을 나타내는 이도(dip)는 전선의 지지점을 연결하는 수평선으로부터 최대 수직 길이를 말한다.

가공전선은 여름철에는 강렬한 햇빛을 받으며 겨울철에는 상당한 저온에 노출되며, 장소에 따라서는 전선 주위에 빙설이 부착하게 되므로 이들의 악조건에 견딜 수 있도록 적당한 이도가 필요하다.

일반적으로 이도는 전선로에 대해서 아래와 같은 영향을 미친다.

① 이도의 대소는 지지물의 높이를 좌우한다.
② 이도가 너무 크면 전선은 그만큼 좌우로 진동해서 다른 전선에 접촉하거나 수목에 접촉하는 위험이 있다.
③ 이도가 너무 작으면 전선의 장력이 증가하며 심할 경우에는 전선이 단선된다.

2.3.2 이도의 계산

전선 지지점에 고저차가 없는 경우의 이도를 계산해 본다. 그림 2.4와 같은 전선 지지점간의 거리(경간)를 S[m], 전선의 최저점에서의 수평장력을 T[kg], 전선의 중량을 w[kg/m]라 하면 이도 D[m]는 다음 식과 같이 구할 수 있다.

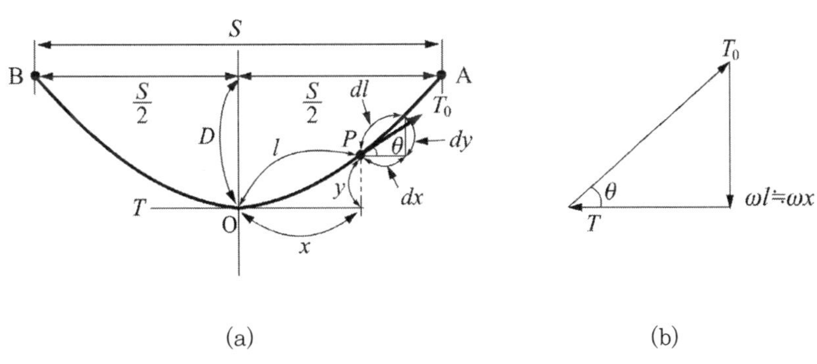

그림 2.4 전선의 이도

그림 2.4(a)에 있어서 전선의 최저점 O에서 x[m] 떨어진 P점에서의 힘의 관계는 그림 2.4(b)에서

$$\tan\theta = \frac{dy}{dx} = \frac{wl}{T} \fallingdotseq \frac{wx}{T} \tag{2.7}$$

로 된다. 여기서 l 은 그림 2.4(a)의 O－P 간의 전선 길이이다. 위 식에서 $dy = \frac{w}{T}x\,dx$ 이므로

$$\therefore y = \int_0^x dy = \int_0^x \frac{w}{T}x\,dx = \frac{w\,x^2}{2T} \tag{2.8}$$

와 같이 되며, $x = S/2$ 이면 $y = D$ 로 되기 때문에 다음과 같은 관계를 얻을 수 있다.

$$D = \frac{w\,S^2}{8T}\,[\mathrm{m}] \tag{2.9}$$

즉, 전선의 이도 D 는 경간 S 의 제곱과 전선 중량 w 에 비례하고 전선의 수평장력 T 에 반비례함을 나타내고 있다.

또한, 전선에 걸리는 장력 T 와 전선의 허용장력 T' 와의 비를 안전율 $f\left(=\frac{T}{T'}\right)$ 이라 한다. 즉, 허용장력 $T' = \frac{T}{f}$ 이므로 허용장력 T' 를 작게 하기 위해서는 안전율 f 만큼 이도 D 를 크게 해야 한다. 안전율 f 를 고려하면 이도 D' 는 다음과 같다.

$$D' = fD = \frac{w\,S^2}{8\dfrac{T}{f}}\,[\mathrm{m}] \tag{2.10}$$

일반적으로 안전율은 경동선에서는 2.2 이상, 기타 전선에서는 2.5 이상으로 한다.

다음에 전선의 실제의 길이를 L [m] 라고 하면 이도 D 와 경간 S 와의 사이에 다음의 관계식이 성립한다.

$$L = S + \frac{8D^2}{3S}\,[\mathrm{m}] \tag{2.11}$$

즉, 전선의 길이 L 은 경간 S 보다 $8D^2/3S$ 만큼 더 길어지게 되는데 이것은 S 에 비해서 보통은 0.1[%] 정도밖에 되지 않는다.

위에서 설명한 w 로서는 전선의 자체중량만을 생각하였으나 실제로는 빙설이 부착하거나 또는 풍압이 여기에 가해지므로 이들의 하중도 함께 고려하여야 한다.

지금 전선의 자체중량을 w, 부착빙설의 중량을 w_i, 수평풍압을 w_w 라고 하면 합성하중 W 는 그림 2.5에 의하여 다음과 같이 된다.

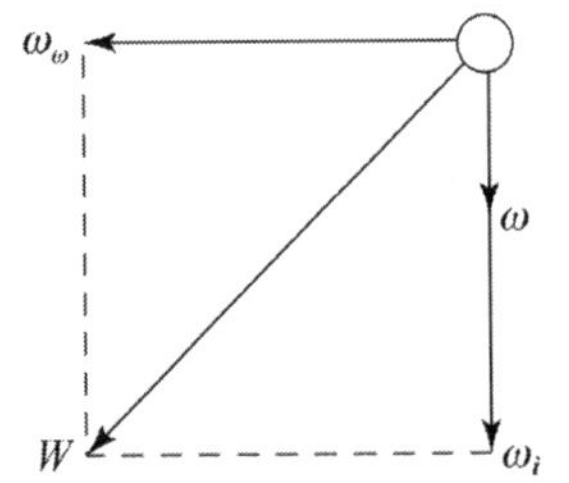

그림 2.5 합성하중

$$W = \sqrt{(w + w_i)^2 + w_w^2} \tag{2.12}$$

그림 2.4에서 전선의 지지점 A, B에 있어서의 장력을 T_A , T_B 라고 하면 이 경우 T_A 와 T_B 는 같으며, 이는 최저점에서의 수평장력 T 에 전선 중량 w 과 이도 D 와의 곱을 더한 것과 같다.

$$T_A = T_B = T + w\,D\,[\mathrm{kg}] \tag{2.13}$$

위 식에서 $w\,D$ 는 보통 T 의 0.1[%] 정도이므로 $T_A = T_B \fallingdotseq T$, 즉 전선의 각 지점의 장력은 수평장력 T 와 같다고 가정해서 설계하여도 별문제가 없다.

2.3.3 전선의 진동과 도약(conductor vibration & sleet jump)

매초 수[m]의 미풍이 전선과 직각방향으로부터 불 때에는 그 전선의 배후에 공기의 소용돌이(와류)가 생기고, 이 때문에 전선의 수직방향에 교번력이 작용해서 상하로 진동하게 된다. 그 진동수가 전선의 고유 진동수와 같게 되면 공진을 일으켜서 진동을 지속하게 된다.

이 현상은 ACSR과 같이 전선지름은 크고 무게가 가벼운 경우에 일어나기 쉽고, 이 진동이 계속되면 전선은 지지점에서 반복되는 응력을 받아서 피로현상을 나타내고 드디어 단선된다.

현재 많이 쓰이고 있는 진동 억제장치로서는 지지점에 가까운 곳에서 1개소 또는 2개소에 추(damper)를 달아서 진동을 감소시키는 방법(stock bridge damper, torsional damper)과 지지점 부근의 전선을 보강하는 방법(armour rod), 가공지선에 별도의 선을 첨가하여 보강하는 방법(bate's damper) 등이 있다. 그림 2.6은 각각 이들 제동장치를 나타내고 있으며, stock bridge damper가 많이 사용된다.

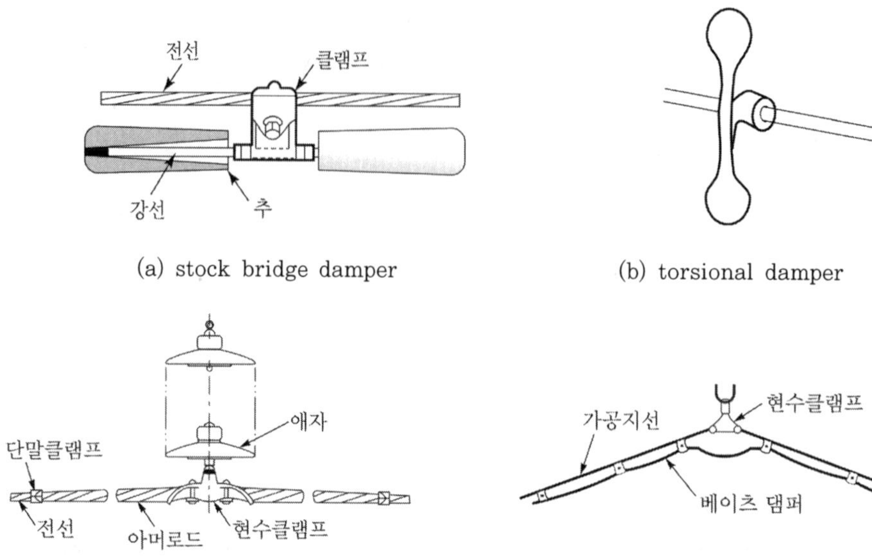

(a) stock bridge damper (b) torsional damper

(c) armour rod (d) bate's damper

그림 2.6 여러 가지 제동장치

복도체의 경우에는 소도체 사이의 간격을 유지해 주는 스페이서(spacer)가 진동방지를 할 수 있도록 개발된 스페이서 댐퍼(spacer damper)가 있는데 765[kV] 및 345[kV] 선로에서는 이것을 사용하고 있다.

스페이서는 소도체 사이의 간격을 유지하기 위하여 사용하며, 댐퍼는 전선의 진동에너지를 흡수하기 위한 것이니 만큼 2기능을 동시에 가지고 있는 스페이서 댐퍼의 설치는 공사비를 그 만큼 절감할 수 있을 것이다. 그림 2.7은 스페이서 댐퍼의 모양이다.

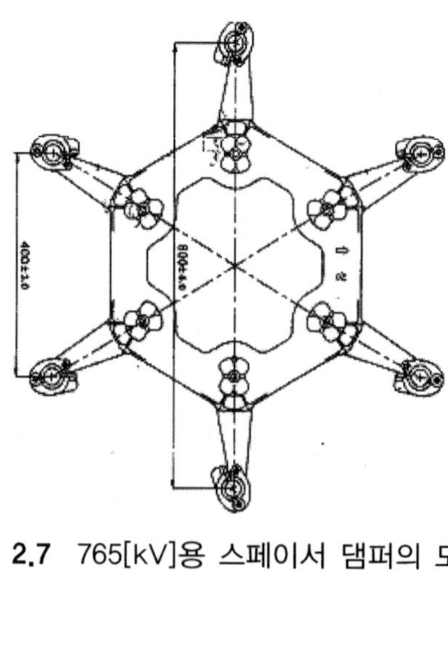

그림 2.7 765[kV]용 스페이서 댐퍼의 모양

또한 전선 주위에 부착했던 빙설이 어떤 원인으로 떨어지면 전선이 갑자기 반동적으로 튀어 오르면서 상부전선과 접촉해서 단락사고를 일으키는 수가 있다. 이를 전선의 튕김(도약)이라 하며, 눈이 많이 오는 지방에서는 이 때문에 선로사고를 일으키고 있다.

이를 피하기 위해서는 사고발생의 우려가 있는 곳에서는 수평배치의 1회선 철탑을 사용하거나 또는 그림 2.8에 보이는 바와 같이 철탑으로부터의 전선의 오프셋(off set)을 충분히 취해 주도록 하여야 한다.

오프셋이란 수직 배치된 전선 상호간의 수평거리의 차이를 말하며, 우리나라의 경우 강원도와 같이 눈이 많이 오는 지방에서는 보통 지방에 비하여 오프셋을 크게 잡고 있다.(그림에서 a, b의 값은 154[kV]의 경우 눈이 많은 지방에서는 1.9[m], 1.15[m]인 반면 보통 지방에서는 1[m], 0.1[m] 정도이다.)

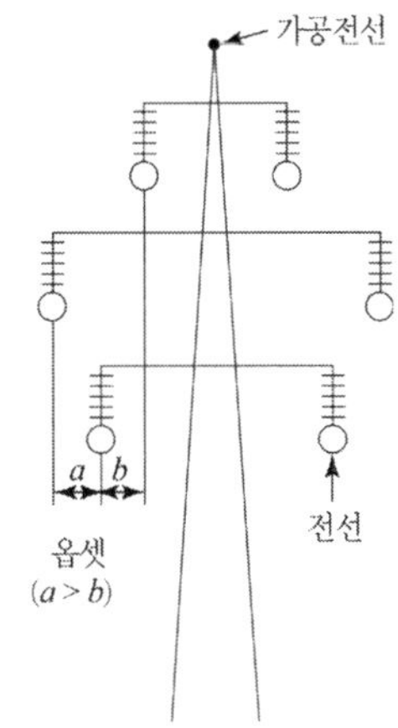

그림 2.8 철탑의 오프셋

2.4 애자

2.4.1 애자의 구비조건

전선을 지지물에 고정시키고 절연하기 위해서 사용하는 절연체를 애자(insulator)라고 한다.

애자의 역할은 송전선을 철탑 등의 지지물로부터 전기적으로 절연하며, 각종 외력과 전선 자체의 중량 등에 대하여 기계적으로 고정될 수 있어야 하므로 다음과 같은 조건이 요구된다.

① 충분한 절연내력을 가져야 한다.
② 비, 눈, 안개 등에 대해서도 필요한 절연저항을 가져야 한다.
③ 충분한 기계적 강도를 가져야 한다.
④ 오랜 기간 사용하여도 전기적 및 기계적 특성의 열화가 적어야 한다.
⑤ 온도의 급변에 견디고 습기를 흡수하지 않아야 한다.

이상의 조건을 만족하는 것으로서 도자기제의 애자(porcelain insulator)가 일반적으로 사용되고 있으며, 유리 애자(glass insulator), 폴리머 애자(polymer insulator)도 사용되고 있다.

2.4.2 애자의 종류

(1) 핀애자(pin type insulator)

핀애자는 그림 2.9와 같은 구조를 가지며 고압용과 저압용이 있다. 고압용 핀 애자는 갓모양의 도자기편(또는 유리편)을 2~4층으로 하여 시멘트로 접착하고 베이스를 접착한 후 핀(pin)을 박는다. 저압용은 도자기편(또는 유리편) 내측에 핀을 직접 시멘트로 접합한 것도 있다. 핀 애자는 30[kV] 이하의 선로에 주로 사용된다.

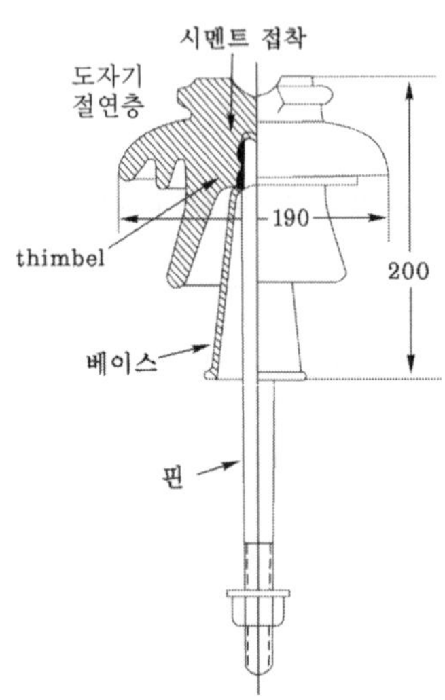

그림 2.9 핀 애자의 구조

(2) 현수애자(suspension insulator)

일반적으로 사용되고 있는 애자로서 그림 2.10과 같이 도자기제 상하에 연결금구를 시멘트로 접착시켜 만든 것으로서 전압에 따라 필요한 개수만큼 연결하여 사용할 수 있다.

송전선로에는 대부분 현수애자를 사용하며, 연결 방법에 따라서 클리비스형(clevis type)과 볼 소켓형(ball and socket type)이 있으며, 작업 등의 편의상 볼 소켓형이 주로 사용된다.

또한, 도자기부분의 최대지름에 따라서 180[mm], 254[mm](편의상 250[mm]라 부른다), 280[mm], 320[mm] 등이 있으며, 일반적으로 250[mm] 애자를 사용한다.

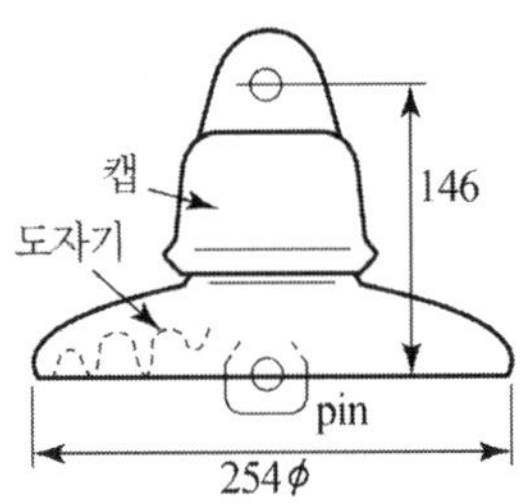

(a) 250[mm] 클리비스형

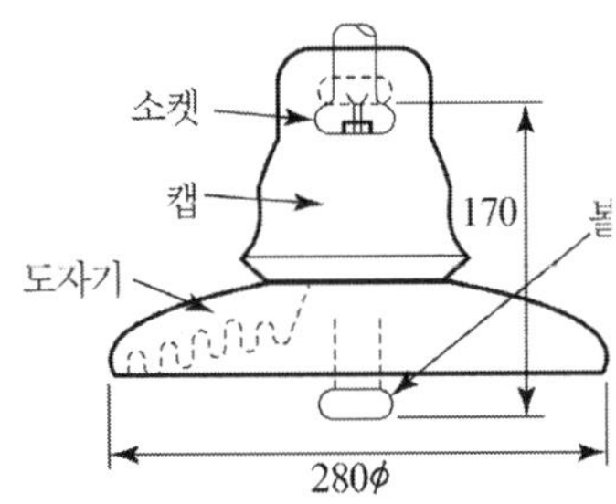

(b) 280[mm] 볼 소켓형

그림 2.10 현수애자의 구조

(3) 내무애자(smog insulator)

내무애자는 그림 2.11과 같이 갓의 두께를 두껍게 하여 주름을 깊게 한 것으로 보통의 현수애자에 비하여 표면 누설거리를 크게 한 애자이다. 해안지대나 공장지대를 통과하는 송전선로에는 염분이나 먼지 등이 붙어서 안개 또는 이슬비가 내리면 습기가 가해지므로 애자의 절연내력이 저하되어 섬락사고를 일으키는 수가 있다.

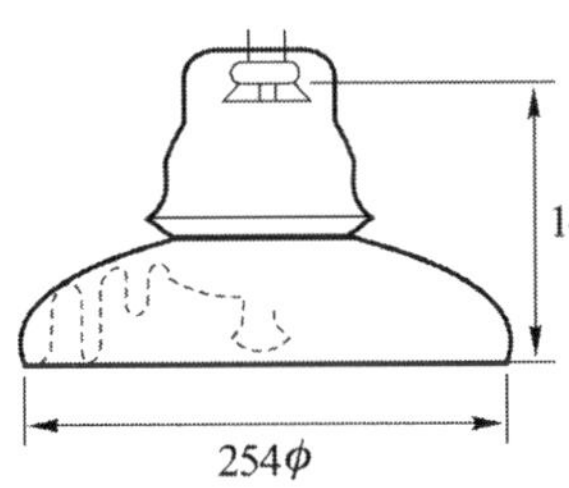

그림 2.11 내무애자의 구조

이와 같은 선로에는 표면 누설거리가 큰 내무애자를 사용하여 섬락사고를 방지하여야 한다. 내무애자는 동일한 인장강도의 현수애자에 비하여 표면 누설거리가 1.4~1.5배 정도 크기 때문에 염분에 의한 오손이 심한 지역에 사용된다.

(4) 장간애자(long rod insulator)

그림 2.12와 같이 여러 개의 갓을 가지는 절연체의 양단에 캡을 씌운 구조이다. 장간애자(긴 애자)의 특징은 열화현상이 거의 없고 애자점검 및 보수가 용이하며 비에 의한 세척효과가 큼으로 염진해(鹽塵害)대책의 일환으로 사용하기도 한다.

장간애자의 양단에는 초호각(arcing horn) 또는 초호환(arcing ring)을 취부 하여 뇌격 등의 아크에 의한 파손을 방지하고 사용전압에 따라 여러 개를 연결하여 사용한다.

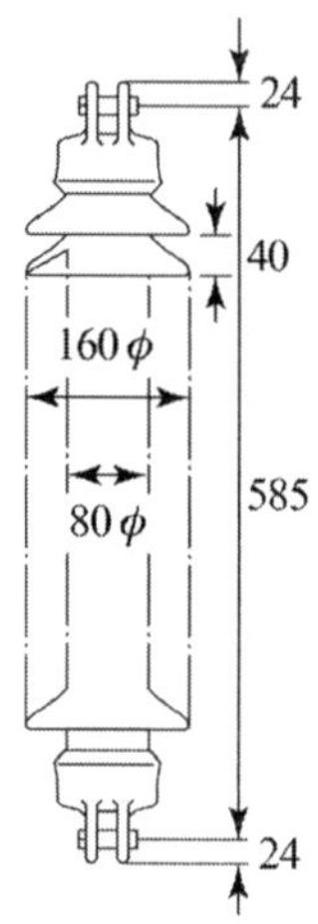

그림 2.12 장간애자의 구조

2.4.3 현수애자와 핀애자의 비교

(1) 현수애자의 장점

① 애자의 연결 개수를 가감하여 임의의 전압에 사용할 수 있으며 하중에 따라서 2연(줄) 또는 3연으로 사용할 수 있다.

② 핀애자에 비하여 열화가 적고 애자연 전부가 동시에 나빠지는 일은 없다.

③ 모든 송전전압에 공통으로 사용할 수 있기 때문에 예비애자 개수를 줄일 수 있다.

④ 철탑 상호간에 불평력 장력이 생길 때 애자연이 기울어져서 불평력 장력을 완화시킨다.

(2) 핀애자의 장점

① 애자의 길이가 짧고 횡진동이 없으므로 전선과 지지물간의 필요한 절연간격이 적어진다.
② 전압이 낮을 경우에는 현수애자에 비하여 애자 비용이 적다.
③ 심블(thimble)장치이면 구부러지거나 부러진 핀을 교체하여 다시 사용할 수 있다.

따라서 고전압에서는 현수애자를 사용하고, 저전압에서는 핀애자를 사용한다.

2.4.4 애자개수의 결정

애자 연결개수는 내부 이상전압(송전계통 내부원인으로 인한 이상전압)에 대해서 충분한 절연을 확보할 수 있도록 결정하여야 한다. 애자연의 절연은 강우시에는 크게 저하되기 때문에 이때 지락고장이 발생하여 고장 서지가 발생하여도 절연을 확보할 수 있어야 한다.

즉, 애자에 가해지는 상용주파수 주수 섬락전압(注水 閃絡電壓)이 선로의 대지전압(對地電壓)의 4배 이상이 되도록 하는 개수를 기준으로 하며, 여기에 애자의 보수에 필요한 1개를 더하여 1연의 개수로 한다. 그밖에 염해대책을 고려할 경우에는 다시 몇 개를 추가해서 애자 1연의 개수를 정하고 있다. 표 2.4는 전압 계급별 애자 개수를 나타낸다.

표 2.4 전압 계급별 애자개수

공칭전압[kV]	66	154	220	345	765
애 자 개 수	4~6	10~11	12~13	18~20	40~45

예제 2-1

송전선로에 사용되는 현수애자 1연의 연결개수는 어떻게 정하는가?

풀이 일반적으로는 뇌와 같은 대단히 높은 전압에 대해서도 계통 절연이 견디도록 할 수 없지만, 이로 인하여 섬락이 생겨도 사고에 이르지 않도록 해야 한다.

또한, 내부원인으로 인한 각종 이상전압에 대해서는 섬락사고를 일으키지 않도록 절연설계를 하고 있다.

내부원인으로 계통에 발생하는 각종 이상전압이 대지전압의 최대값의 4~4.5배 정도이므로 현수애자 1연의 개수를 결정할 때에는, 이 정도의 이상전압에 대하여 섬락이 일어나지 않도록 현수애자 1연의 개수를 결정하면 된다.

따라서 주수 섬락전압이 상규 대지전압의 4~4.5배가 되도록 현수애자의 개수를 선정한다.

염분이 많은 해안지방의 선로, 먼지, 안개 등이 많은 장소나 산간지방으로서 보수, 점검이 어려운 장소에서는 애자 개수를 이것보다 약간 증가하는 것이 보통이다.

2.4.5 애자의 전기적 특성

(1) 애자의 섬락전압

애자의 표면 누설거리가 길수록 표면저항은 크기 때문에 애자의 전기적 특성은 양호하다. 표면 누설거리란 애자의 상부금속과 하부금속 사이의 도자기의 표면거리이며, 이것을 크게 하기 위해서는 올록볼록한 부분을 많이 만들어야 한다.

현수애자의 경우 애자의 상하 금속체 사이에 전압을 인가하고 서서히 올리면 어느 전압에서는 두 금속체 사이에 지속적인 아크가 발생한다. 이것을 전면적인 절연파괴를 뜻하는 섬락(flashover)이라 하며, 이 전압을 섬락전압(flashover voltage)이라 한다.

애자에 대한 섬락전압은 다음과 같다.

1) 건조 섬락전압

20[℃], 760[mmHg], 상대습도 65~85[%]인 공기 중에서 깨끗한 애자의 양 금속 사이에 상용주파수 전압으로 섬락을 일으키는 전압으로서 실효값으로 나타낸다. (250[mm] 현수애자의 경우 80[kV])

2) 주수 섬락전압

비가 와서 애자표면이 젖었을 때의 섬락 특성을 나타내는 것으로 고유저항 10[kΩ·cm]인 물을 비와 같이 위쪽에서 45° 각도로 애자 전체에 매분 3[mm]의 비율로 주수할 경우 섬락을 일으키는 상용주파수 전압이며 실효값으로 나타낸다.(250[mm] 현수 애자의 경우 50[kV])

3) 50[%] 충격 섬락전압

애자를 건조한 상태에서 양 금속 사이에 표준 충격전압 (1.2×50[μs])을 인가하여 인가회수의 50[%] 정도 섬락된 때의 전압으로서 파고값으로 나타낸다. 이는 낙뢰 등에 의하여 발생하는 충격전압에 대한 절연강도를 나타낸다.(250[mm] 현수애자의 경우 125[kV])

(2) 애자의 전압분포

애자의 섬락전압은 연결개수에 정비례하지 않고 포화되는 경향이 있다. 그 원인은 애자 1연(줄)의 전압분포가 균등하지 않기 때문이다. 그러므로 현수애자 1연에서 각 애자의 분담전압을 될 수 있는 대로 고르게 분포시키는 것이 중요하다.

현수애자를 여러 개 연결해서 사용할 경우의 각 애자의 분담전압은 그 위치에 따라서 다르다.

그림 2.13은 그 예로 1연 10개의 경우를 표시한 것인데 송전선측에서 보아 첫 번째 애자는 전체 전압의 약 21[%]를 분담하고, 두 번째 애자는 약 17[%]를 분담한다. 철탑(대지)측의 맨 나중 애자는 약 7[%]를 분담하고, 최소의 분담은 여덟 번째의 애자인데 약 5[%]이다.

1연의 섬락전압은 애자 연결개수를 증가시킴에 따라서 연결개수에 비례하여 증가하지 않는다. 애자 1개의 섬락전압을 V_1이라 하고 n개로 된 1연의 섬락전압을 V_n이라 하면 연효율(string efficiency)η은 다음과 같다.

$$\eta = \frac{V_n}{nV_1} \qquad (2.14)$$

그러나 애자개수 n의 값이 증가함에 따라서 η의 값은 점점 저하된다.

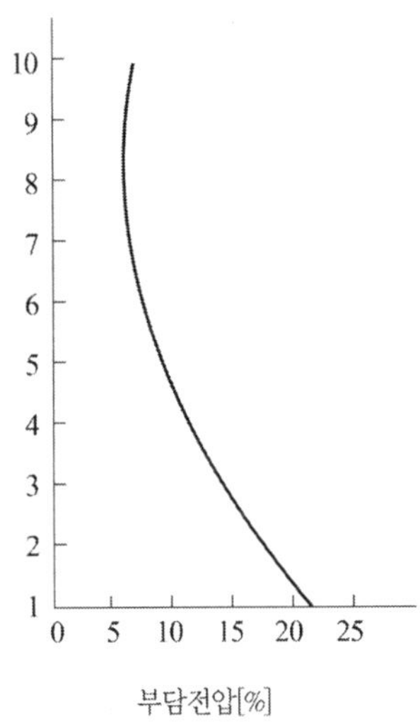

그림 2.13 애자 연의 전압분포

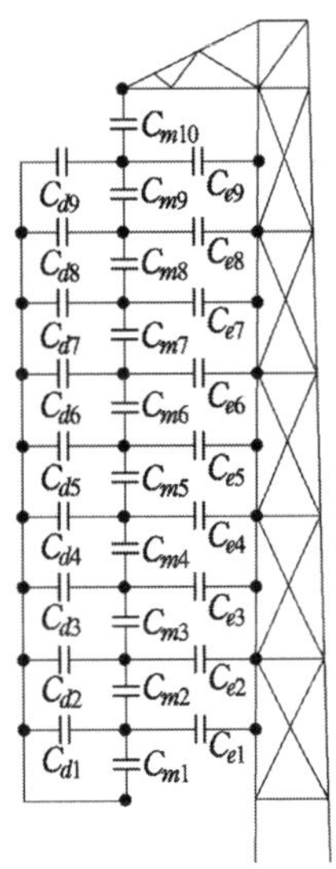

그림 2.14 애자 연의 등가회로

이것은 그림 2.14와 같이 애자 상호간의 정전용량 C_{m1}, C_{m2}, …… , 애자 금속부분과 철탑(대지) 사이의 정전용량 C_{e1}, C_{e2}, …… , 애자 금속 부분과 전선 사이의 정전용량 C_{d1}, C_{d2}, …… 가 있기 때문이다.

실제 경우에 있어서 전선과 애자 금속부분 사이의 정전용량 C_d는 애자 금속부분과 대지 사이의 용량 C_e에 비하여 작기 때문에 C_d를 증대시켜서 C_e와 같은 정도로 할 것 같으면 전압분포는 대단히 좋아진다.

또한 애자 연효율을 1에 가깝게 하려면 첫 번째 애자(전선측)의 정전용량을 크게 하면 된다.

정전용량을 크게 하면 용량성 리액턴스가 감소하므로 그 애자의 분담전압은 감소하게 된다.

이러한 효과를 높이기 위해서 전선측에 이른바 초호환(arcing ring) 또는 초호각(arcing horn)을 붙여서 전선에 대한 정전용량(C_d)을 늘리도록 하고 있다.

또, 이들 초호환 또는 초호각은 위의 목적 외에 선로 섬락시 애자가 열적으로 파괴되는 것을 막는 데에도 효과가 있다.

그림 2.15는 이들의 개요를 나타낸 것이다. 즉, 초호장치(招弧裝置, 또는 召弧裝置)는 애자의 연효율을 높일 뿐만 아니라 낙뢰 등으로 애자연에 이상전압이 생겨서 섬락이 발생할 경우 이들 초호장치 사이에서 아크가 직접 연결되어서 도자기부분에는 손상을 입히지 않도록 하고 있다.

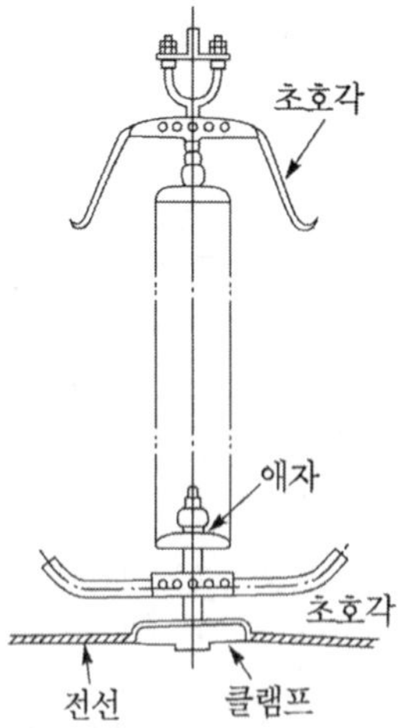

(a) 초호각

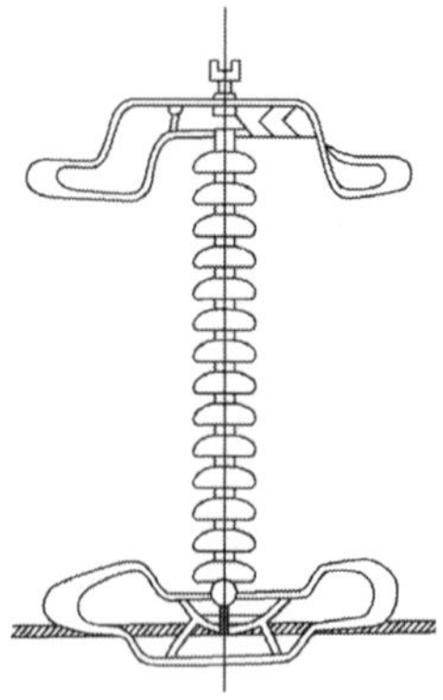

(b) 초호환

그림 2.15 초호장치

예제 2-2

250[mm] 현수애자 1개의 건조 섬락전압은 80[kV]이다. 이것을 10개 직렬로 접속한 애자연의 건조 섬락전압은 650[kV]일 때 연효율은 얼마인가?

풀이 애자 연효율을 나타내는 식에서

$$\eta = \frac{V_n}{n V_1} = \frac{650}{10 \times 80} = 0.8125$$

2.5 지지물

지지물은 폭풍우, 지진, 뇌, 눈 등의 자연재해로부터 가공 전선로를 안전하게 지지하여야 한다. 따라서 지지물은 전선을 지지하는 데 충분한 강도를 가져야 하며 오랜 기간에도 견딜 수 있는 것이어야 한다.

지지물의 종류로서는 철탑, 철근 콘크리트주, 철주, 목주 등이 있으며, 이 외에도 강판조립주(판저 마스터)라든지 MC 철탑(콘크리트가 충진되어 있는 강관 철탑) 및 알루미늄탑 등도 있다.

154[kV]급 이상의 송전선로에는 거의 철탑을 사용하고, 66[kV]급 이하의 송전선로 지지물로는 주로 철근 콘크리트주를 사용하나 중요개소에는 철탑, 철주 또는 강판 조립주를 사용하기도 한다.

2.5.1 철탑

(1) 철탑의 종류

일반적으로 송전선로의 지지물로는 철탑이 사용된다. 철탑은 강재편을 결구재로 조립한 것으로서 강도, 내구성, 안전성이 다른 지지물에 비하여 우수한 반면 건설에 많은 비용이 필요하다.

철탑의 종류는 그 사용목적에 따라서 전선로의 표준경간에서 사용하는 표준형 철탑과 장경간 개소 또는 특수한 장소에서 사용하는 특수형 철탑으로 구분하고 있다.

- 철탑
  - 표준형 철탑
    - 직선철탑
    - 각도철탑
    - 인류철탑
    - 내장철탑
  - 특수형 철탑

1) 형상에 의한 분류

① 4각 철탑(square tower)

정사각형 철탑으로서 4면이 같은 강도를 가지는 구조의 철탑이며 가장 많이 사용되고 있다. 2회선용으로는 주로 4각 철탑을 사용한다.

② 방형 철탑(rectangular tower)

직사각형 철탑으로서 마주보는 2면이 각각 같은 모양과 강도를 가진 철탑으로서 선로방향과 선로 직각방향의 강도가 다른 철탑이며, 주로 1회선용 철탑에 사용되고 있다.

③ 우두형 철탑(corset type tower)

철탑의 중앙부를 좁게 하고 위 부분을 확대시킨 형태의 철탑으로서 1회선 철탑으로 사용된다. 이것은 조형적으로도 아름다운 것이 특징이다.

④ 문형 철탑(gantry tower)

문 모양을 한 철탑으로서 전차선로나 도로, 수로 위에 전선로를 건설할 때 사용된다.

⑤ 회전형 철탑(rotated type tower)

철탑의 중앙부 이상과 이하의 단면이 45° 회전된 모양의 철탑으로서 철탑부재의 강도를 가장 유효하게 이용한 철탑이다.

⑥ MC(motor columbus) 철탑

스위스의 motor columbus사에서 개발한 철탑으로서 콘크리트를 채운 강관을 사용해서 조립한 것이다. 이의 장점으로는 철강 재료가 적게 들고, 원형 단면이므로 풍압이 적어 철탑을 경량화 할 수 있고 운반조립이 용이하다는 것이다.

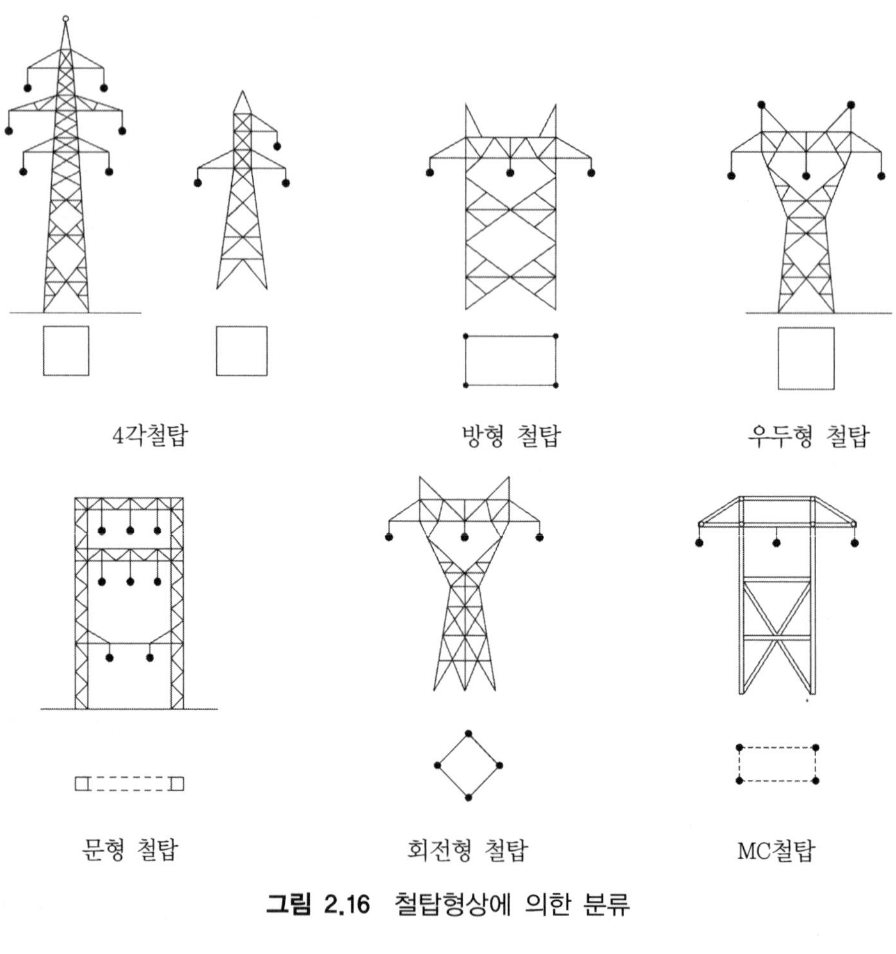

그림 2.16 철탑형상에 의한 분류

(2) 사용목적에 의한 분류

1) 표준형 철탑

① 직선철탑(straight tower)

선로의 직선 부분 또는 수평각도 3° 이내의 장소에 사용할 수 있는 철탑이며, A형(수평각도 1° 이내), F형 또는 SF형(수평각도 3° 이내) 철탑이 있다.

② 각도철탑(angle tower)

전선로의 수평각도가 30° 이하의 장소에 사용하며, 수평각도 20°이하에서 사용하는 경각도 철탑(B형 철탑)과 수평각도 30°이하에서 사용하는 중각도 철탑(C형 철탑)으로 구분한다.

③ 인류철탑(anchor tower)

인류철탑은 송전선로의 종단에서 전체의 가공선을 잡아매는 곳(발변전소의 출입구)에 사용하는 철탑으로서 기호는 D형 철탑이다.

④ 내장철탑(strain tower)

선로의 직선 부분에서 보강용으로 세워지는 것으로서 직선 철탑 10기 이하마다 1기의 비율로 장력에 견딜 수 있는 내장철탑(E형 철탑)을 세워 나간다. 또, 인접하는 철탑의 경간이 크게 달라서 지나친 불평형 장력이 가해질 경우에도 내장형으로 하게 된다.

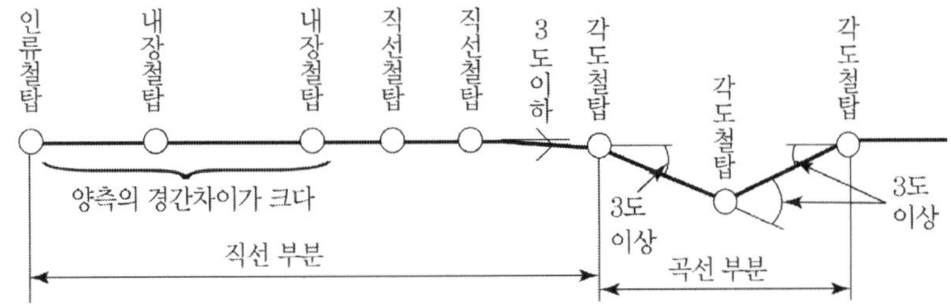

그림 2.17 철탑의 용도에 의한 분류

2) 특수형 철탑

하천이나 계곡을 횡단할 경우와 같이 경간이 큰 장소에 주로 사용하며, 기타 특수성으로 인하여 표준형 철탑을 사용할 수 없는 경우에 적용하도록 특수 설계된 철탑을 말한다. 기호는 표준철탑의 기호 뒤에 S자를 첨가하며, 연가용 철탑기호는 TC로 한다.

(2) 철탑구조

철탑의 구조는 상부와 기초부로 나눌 수 있으며, 상부는 그림 2.18과 같이 주주재(main post), 암(arm), 사재, 수평재, 보조재, 접속판(plate)으로 구성되며, 주주재 이외의 부재를 복재(bracing)라고도 한다. 철탑의 기초는 철탑에 걸리는 하중을 지반에 전달하고 지반상에 철탑을 안전하게 지지하여야 한다.

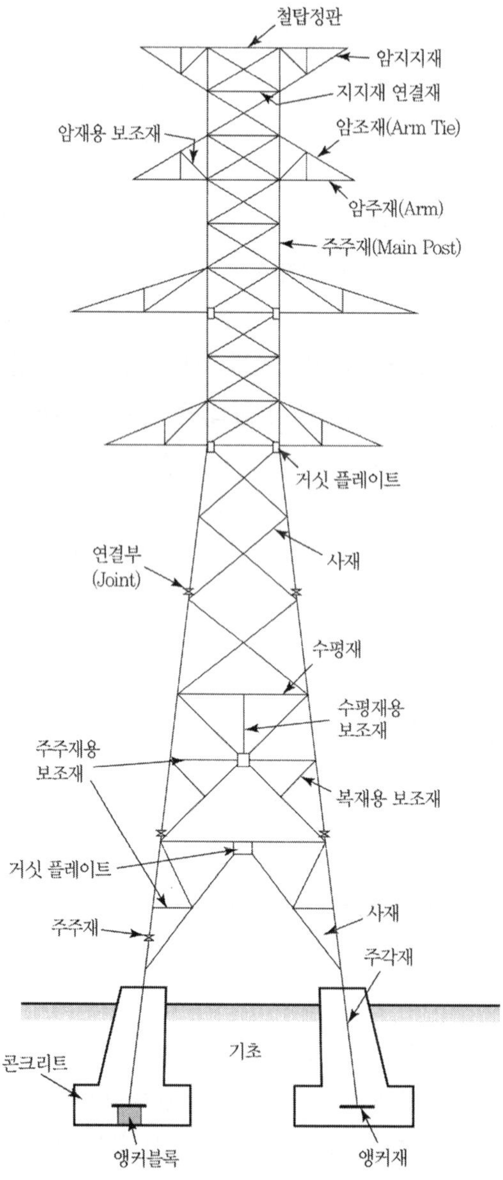

그림 2.18 철탑구조

(3) 표준경간

경간에는 표준경간과 특수경간이 있으며, 표준경간은 보통개소에 있어서 경제적인 경간으로 송전선로의 설계를 시행할 때 기준이 되는 경간이며, 특수경간은 하천횡단, 산악지대의 계곡횡단, 해협횡단 등의 장경간(표준경간에 250[m]을 가산한 경간)으로서 표준경간으로 설계할 수 없는 특수한 경우의 경간이다.

경간을 길게 하면 지지물 개수는 감소하나 전선의 이도는 경간의 2승에 비례하여 커지므로 지지물의 높이가 높아지며 중량이 커진다. 반대로 경간을 짧게 하면 지지물의 개수는 증가된다.

이와 같이 경간을 크게 하는 경우도 공사비가 증가되고, 경간을 짧게 하는 경우도 증가되므로 양자 간에 공사비가 최소가 되는 경간이 존재하게 되는데 이 경간을 표준경간으로 정하고 있다.

송전전압별 철탑의 사용전선과 표준경간은 표 2.5와 같다.

표 2.5 송전 전압별 사용하는 철탑의 표준경간

전 압[kV]	사용전선[mm^2]	표준경간[m]	전선 지상고[m]
765	ACSR 480×6	500	28
345	ACSR 480×4	350~400	19
154	ACSR 410×2	300	6.5
66	ACSR 95~240	250	6

2.6 지중선로의 개요

지중선로(underground line)는 지하에 전력 케이블(power cable)을 부설하여 송전하는 선로를 말한다.

지중선로가 채용되는 것은 다음과 같은 이유 때문이다.

① 주위 환경과의 조화 또는 경제성으로 보아 지중선로가 유리할 경우
② 뇌, 풍수해 등에 의한 사고에 대해서 안정성이 요구되는 경우
③ 법규상의 제한 또는 용지상의 제약으로 인하여 가공선로를 건설할 수 없는 경우

그러나 지중선로는 가공선로에 비해서 건설비가 비싸고 사고가 났을 경우 고장 발생지점의 발견이나 복구가 까다롭다는 이유 등으로 종래에는 별로 사용되지 않았다.

그러나 최근에는 케이블 제조기술이 발달하고 점검보수 기술의 향상 등으로 인하여 인구가

밀집한 도시에는 보안 및 도시환경과의 조화를 고려하여 지중선로로 건설한다.

지중선로는 가공선로와 비교해서 다음과 같은 특징이 있다.

① 도시 미관을 해치지 않는다.
② 안전성 및 신뢰성이 높다.
③ 많은 회선을 부설할 수 있다.
④ 가공선식에 비하여 송전용량은 작다.
⑤ 건설비가 고가이며, 사고복구에 장시간이 소요된다.

2.7 전력 케이블의 종류

전력 케이블의 구성은 도체, 절연물 및 외피로 되어 있다. 도체로는 동선이 사용되며, 단면적이 작을 경우는 단선, 단면적이 클 경우는 연선이 사용된다.

심선의 수에 따라 단심, 2심, 3심 케이블로 구분된다.

절연물에는 유침지(油浸紙), 절연유, 고무, 플라스틱 등이 있으며, 절연물에의 습기 방지 및 보호를 위하여 절연물의 외장으로 금속 외피(sheath)를 씌우는데, 금속 외피에는 연피, 강대, 강선, 알루미늄 및 쥬우트 등이 사용된다. CV케이블, OF케이블, POF케이블 대하여 설명한다.

(1) CV케이블(가교폴리에틸렌 케이블)

가교폴리에틸렌은 폴리에틸렌의 분자 사이를 가교시켜서 폴리에틸렌의 결점인 열연화성(熱軟化性)을 해소시킨 절연재료이다. 폴리에틸렌은 융점 이상으로 가열하면 결정상태가 되었던 분자가 해방되어 액체상태가 되지만 분자 간에 화학적으로 결합된 폴리에텔렌은 융점을 넘어도 분자 사이가 자유롭지 않기 때문에 액체상태로 되지 않는다. 이 상태를 가교(cross linked)라고 하며, 구조는 3차원 그물 모양이다.

가교방법은 폴리에틸렌 중에 가교제(화학제)를 1~3[%] 혼합해 두고 분해온도 이하에서 도체상에 폴리에틸렌을 압출 피복한 뒤에 가열 가압하여 가교시킨다. 가교방식은 전기 히터를 이용하여 가열하고, N_2가스로 가압하는 방식을 사용한다.

열특성이 향상된 가교폴리에틸렌은 250[℃]에서도 변형하지 않고 연속 사용 온도도 90[℃]에 이른다.

가교폴리에틸렌을 절연재료로 사용하고 외피에 비닐을 사용한 케이블을 가교폴리에틸렌절연비닐시스 케이블(cross linked polyethylene insulated vinyl sheathed cable ; CV 케이블 또는 XLPE 케이블)이라고 부른다.

CV 케이블은 압력케이블(OF 케이블, POF 케이블)에 비하여 절연유 공급설비가 없고, 유지 보수가 간단하며 화재나 환경면에서 유리하므로 널리 사용하고 있다.

우리나라에서는 345[kV]의 지중선로에서 사용하고 있으나 일본에서는 500[kV]까지 사용되고 있다.

이 케이블의 특징은 다음과 같으며 폴리에틸렌 케이블과 비교하여 도체 최고 허용 온도 특성은 표 2.6과 같다.

① 가벼우며 절연 성능도 우수하다.
② 유전체 손실이 작다. (절연물의 유전율(tanδ)이 적다)
③ 중량이 가벼우며 접속 작업이 용이하다.
④ 절연유를 사용하지 않으므로 보수, 점검이 간편하다.
⑤ 도체의 허용온도가 높기 때문에 전류용량이 크다.

표 2.6 CV 케이블의 온도 특성 비교

절연 재료	연속 사용온도	단시간 사용온도	단락온도
폴리에틸렌	75[℃]	90[℃]	140[℃]
가교폴리에틸렌	90[℃]	130[℃]	250[℃]

또한, 22.9[kV] 배전선로에 사용되는 CNCV 케이블이 있다. 그림과 같이 CV 케이블의 절연체 외부에 동심 중성선이 있으며 이를 CNCV 케이블(Concentric Neutral Type CV Cable)이라 한다.

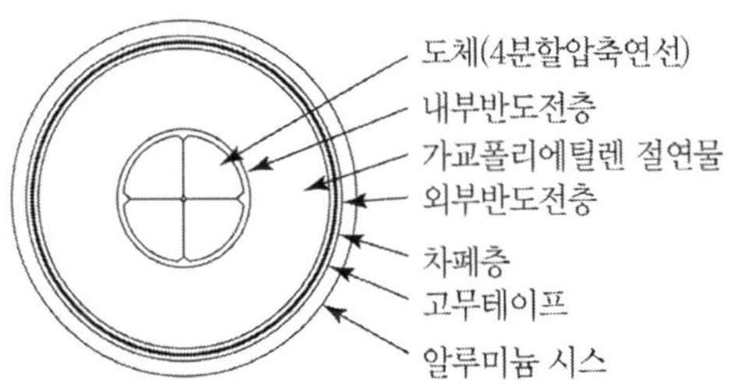

그림 2.19 CV 케이블의 구조

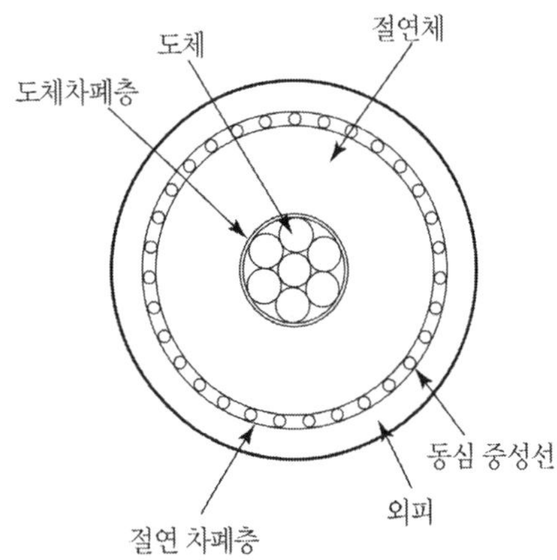

그림 2.20 CN-CV 케이블의 구조

(2) OF 케이블(절연유 충전 케이블)

OF 케이블(oil filled cable)은 신뢰성 및 경제성으로 볼 때 우수한 특성이 있으므로 초고압 케이블로서 많이 사용된다. 그림 2.21에 나타낸 바와 같이 케이블 내의 절연유 통로가 있으며, 절연유를 대기압 이상의 압력으로 항상 충만시켜 놓는다.

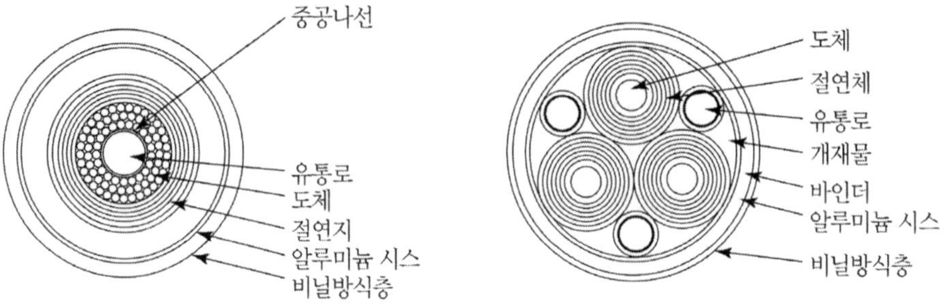

그림 2.21 OF 케이블

즉, 솔리드형 케이블(solid type cable)에서는 부하전류에 의한 온도상승으로 인하여 외피가 팽창되며, 온도가 저하된 경우에도 외피는 팽창된 대로 있게 된다. 이 때문에 절연체 내에는 공극이 생기며, 이 부분에서 전리가 일어나 절연체 열화의 원인으로 된다.

그러나 OF 케이블은 그림과 같이 내부에 절연유 통로를 설치해서, 낮은 점도의 절연유를 케이블에 충진하고 상시 대기압 이상의 압력을 가하여 공극이 생기지 않게 하므로 안정된 절연성능을 가진다.

OF 케이블은 전 구간에 걸쳐서 대기압 이상의 압력(1[kg/cm^2] 이상)을 가해야 하며 상시 최대허용 유압은 8[kg/cm^2]이다. 또한, 절연유의 냉각작용으로 도체의 온도상승을 크게 허용할 수 있으므로 송전용량은 크며, 급유설비나 기타 부속품의 설치장소가 필요하므로 가격은 비싸진다.

우리나라에서도 운전되고 있는 154[kV]급 지중선로의 대부분은 이 케이블을 사용하며, 세계적으로는 500[kV], 765[kV]뿐만 아니라 1,100[kV]의 UHV(Ultra High Voltage)급까지 개발되어 실용화되어 있다.

이 케이블의 특징은 다음과 같다.

① 절연유를 가압하여 충진하므로 절연체 공극이 발생하지 않는다.

② 온도 변화에 의한 팽창 수축을 급유 탱크에서 흡수한다.

③ 외기의 침입이 방지되는 구조이다.
④ 절연체의 두께를 얇게 할 수 있다.
⑤ 허용온도가 높으므로 송전용량을 크게할 수 있다.

(3) POF 케이블(강관형 절연유 충전 케이블)

강관형 절연유 충전 케이블인 POF 케이블(pipe type oil filled cable)은 그림 2.22에 나타낸 바와 같이 강관 내에 세 가닥의 유침지로 절연된 도체를 삽입하고 절연유를 약 15[kg/cm^2] 의 압력으로 충전시킨 것이다. 이 케이블도 OF 케이블과 마찬가지로 온도 상승에 의한 공극이 생기지 않으므로 안정된 절연 성능을 가진다.

더욱이 절연유를 순환시킴에 따라 냉각효과가 얻어지므로 송전용량을 증가시킬 수가 있으나 대규모의 가압설비와 다량의 절연유가 필요하며, 특히 지하에 직접 매설하기 때문에 전철 운행에 따른 전기부식(電蝕)이 발생할 우려가 크다.

이 케이블은 주로 국토가 넓은 미국을 비롯하여 일본에서도 일부 사용하고 있으며 우리나라에서도 그림 2.23과 같이 1970년대 서울 도심지의 154[kV] 지중선로에 설치되어 있다.

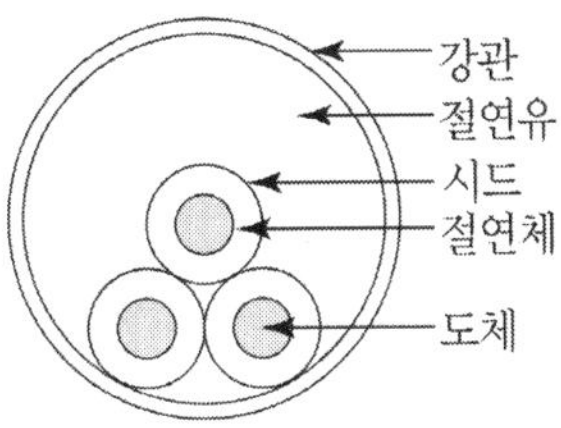

그림 2.22 POF 케이블

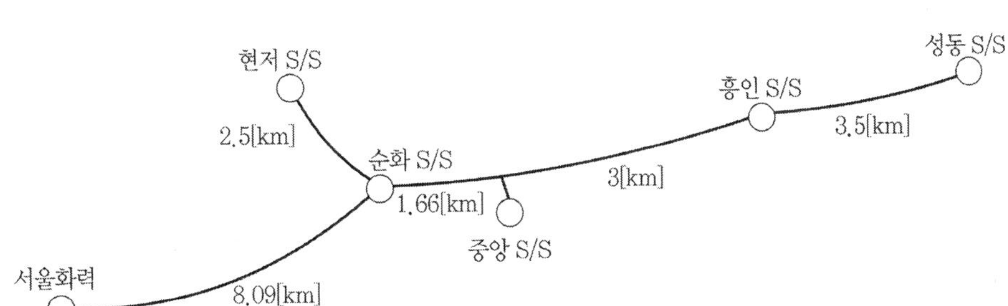

그림 2.23 서울 도심지 POF 케이블 설치도

이 케이블의 특징은 다음과 같다.

① 케이블 중량이 가볍다.
② 제조 과정이 용이하다.
③ OF케이블에 비하여 접속 방법이 용이하다.
④ 기계적 강도가 크다.
⑤ 대규모 가압장치가 필요하다.
⑥ 강관에 대한 전식방지 대책이 필요하다.

2.8 케이블의 손실

케이블의 손실에는 도체저항에서 일어나는 저항손, 유전체손, 외피손 등이 있다.

(1) 저항손

케이블에서의 저항손 W_r[W]은 전류를 I[A], 도체 저항을 R[Ω]이라 할 때 다음과 같다.

$$W_r = I^2 R\,[\mathrm{W}] \tag{2.15}$$

여기서 도체의 저항 R은 다음과 같이 나타낸다.

$$R = \frac{1}{58} \times \frac{100}{C} \times \frac{l}{A}\,[\Omega]$$

단, C : 도전율(일반적으로 연동은 100[%], 경동은 95[%], 알루미늄은 61[%])
A : 단면적[mm^2]
l : 길이 [m]

(2) 유전체손

전극 사이에 있는 절연물(유전체)에 교류전압을 인가하였을 때 발생하는 손실이 유전체손이다.

유전체 손실을 살펴보기 위하여 그림 2.24 (a)의 3상 전력케이블을 (b)의 등가회로로 놓을 수 있으며 다시 (c)와 같이 1상분의 등가회로로 나타낼 수 있다.

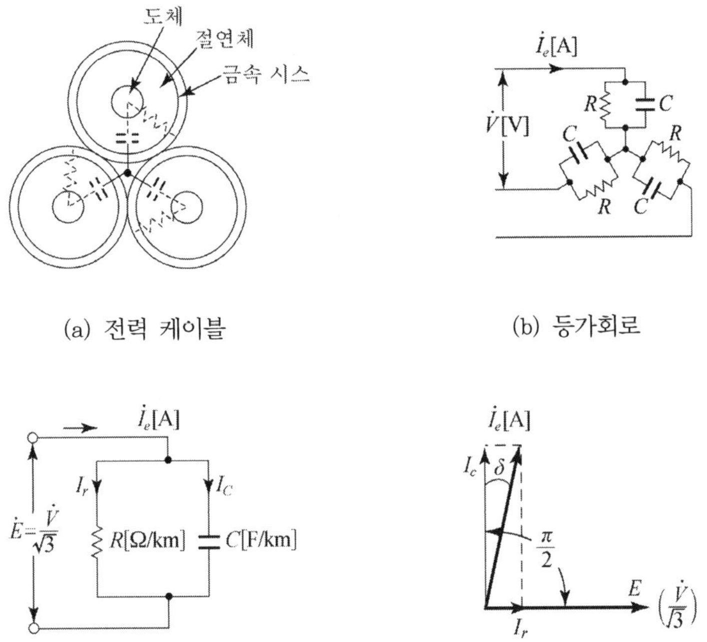

(a) 전력 케이블 (b) 등가회로

(c) 1상분의 등가회로 (d) 벡터도

그림 2.24 유전체손

케이블에 전압을 인가하였을 때 흐르는 전류는 (c)도에서 유전체의 정전용량 C에 의한 충전전류 I_c와 누설저항 R에 의한 누설전류 I_r로 이루어지며, (d)의 벡터도에서 $E\times I_r$ 이 유전체의 손실전력으로 된다.

즉, 유전체손 W_d 는 케이블의 도체 1선당의 전압 E와 누설전류 I_r 의 곱으로 계산된다.

$$\begin{aligned} W_d &= EI_r = EI_c\tan\delta = 2\pi f\, CE^2\tan\delta \\ &= 2\pi f\, C\frac{V^2}{3}\tan\delta[\mathrm{W/km}] \end{aligned} \quad (2.16)$$

단, I_c : 충전전류 $(=2\pi f CE)$

f : 주파수[Hz]

C : 1선의 작용 정전용량[F/km]

V : 선간전압[V] (상전압 $E=\frac{V}{\sqrt{3}}$[V])

$\tan\delta$: 유전체 역률 (CV 케이블 : 0.003, OF 케이블 : 0.005)

위 식에서 유전체손 W_d 는 V^2에 비례하므로 22[kV] 이상의 전압에서는 유전체손을 무시할 수 없다.

또, OF 케이블용 유침지의 $\tan\delta$는 80[℃]까지는 0.3[%] 정도로 적지만 100[℃]를 넘으면 급격히 증가하기 시작하여 120[℃]에서 방열량보다도 유전체손이 많아지므로 절연체의 온도는 가속적으로 상승하여 열 파손(thermal breakdown)에 이른다.

따라서 OF 케이블은 상시 80[℃]을 넘지 않게끔 하고 있다.

(3) 외피손(sheath loss)

외피손(시스손)은 케이블의 도전성 외피에서 발생하는 손실이다. 외피손은 외피 와전류손과 외피 회로손이 있으며, 외피 와전류손은 케이블 단면의 외피 내에서 발생하는 손실이고, 외피 회로손은 외피의 양단을 접지할 때 발생하는 순환전류에 의한 손실이다.

단심 케이블에 전류I가 흐르면 도체로부터의 전자 유도작용에 의해서 외피에 전압이 유도된다. 이 외피전압을 E_s [V]라고 하면 다음 식과 같다.

$$E_s = j\omega L I = jX_m I [\text{V/km}] \tag{2.17}$$

여기서 L, X_m : 도체와 외피 사이의 상호 인덕턴스 및 리액턴스[Ω/km]

이와 같이 유도된 외피전압에 의하여 그림 2.25와 같이 외피 와전류와 외피 회로전류가 흐르게 되고, 또한 이로 인하여 손실이 생기며 케이블의 발열원인이 된다. 그러므로 외피전압의 허용치는 100[V]로 제한하고 있다.

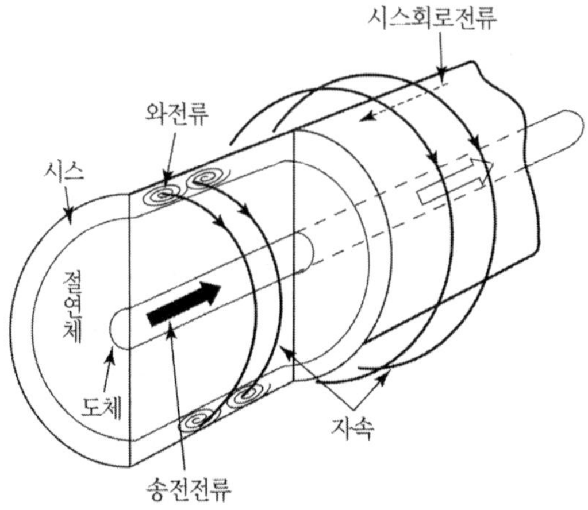

그림 2.25 외피손 발생과정

외피손은 외피의 저항률이 작을수록, 전류의 크기나 주파수가 클수록, 또 1회선을 형성하는 각상의 단심 케이블의 이격거리가 클수록 크게 된다.

이러한 손실을 줄이기 위하여 단심 케이블은 가능한 한 근접해서 시공하는 것이 좋다. 또, 케이블을 적당히 연가하거나 외피 자체를 일정거리마다 절연해서 외피전류를 적게 흐르도록 한다.

단심 케이블에서 외피의 유기전압을 저하시키기 위하여 외피를 접지하여 폐회로를 만들면 외피 내에 흐르는 전류에 의하여 외피손실이 커지고 송전용량이 감소된다. 따라서 외피의 접지는 전위와 전류를 동시에 줄일 수 있는 접지방식을 선택하여야 한다. 이에는 편단접지와 크로스본드 접지가 있다.

1) 편단접지(single point bonding)

외피에 유기되는 전압은 심선에 흐르는 전류 및 케이블 길이에 비례하므로 발・변전소 인출용 선로와 같이 길이가 짧은 경우에는 그림 2.26 (a)와 같이 일단에서 접지하고 타단을 개방하여 두는 방식이 편단접지이다.

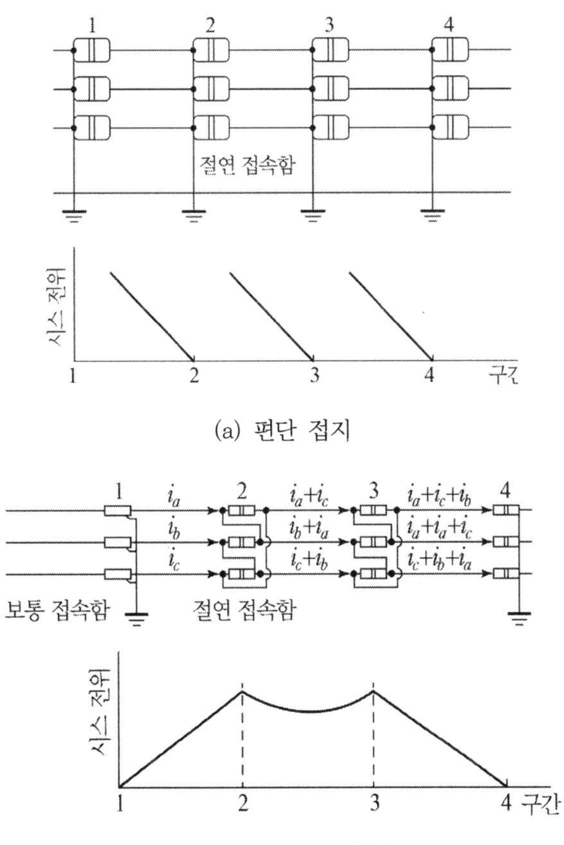

그림 2.26 시스회로 접지방식과 시스 전위분포

즉, 양단을 접지하게 되면 시스(외피) 전위는 감소하지만 폐회로에 흐르는 외피전류로 인하여 손실이 증대되고 따라서 송전용량이 감소되므로 양단을 접지하지 않는다.

2) 크로스본드 접지(cross bonding)

그림 2.26 (b)와 같이 크로스본드 접지방식이 있다. 길이가 길어 편단접지로는 효과가 없을 때는 크로스본드 방식으로 접지한다. 이 방식은 케이블을 적당한 간격(우리나라의 경우 시스전압이 30[V] 이하가 되도록 구간 길이를 정한다)으로 구분하거나 전기적으로 절연해서 외피(시스)를 연가한 후 본드(bond)선으로 연결하여 접지하는 것이다.

즉, 각 상의 외피 유기전류를 i_a, i_b, i_c 라 하고 외피를 본드 선으로 연가한 후 접속하면 각 상의 외피전류는 $i_a+i_b+i_c \fallingdotseq 0$ 으로 된다.

이 경우 외피전위는 크로스본드 시작점인 1번(보통 접속함)에서 2번(절연 접속함) 사이에서는 증가하며, 2번과 3번 사이에는 감소하다가 증가하며, 마지막 구간인 3번과 4번 사이에는 감소하는 경향을 보이고 있다.

이와 같이 케이블의 3가지 손실 중 저항손과 유전체손은 송전 중 불가피하게 생기는 것이다. 그러나 외피손은 금속외피를 적당히 접지함으로써 어느 정도 경감시킬 수 있는 것이다.

2.9 케이블의 부설

2.9.1 부설방식

전력 케이블의 부설방법으로는 직접 매설식, 관로식 및 전력구식이 있다.

(1) 직접 매설식

직접 매설식은 그림 2.27에 나타낸 바와 같이 지중 케이블을 직접 대지 중에 매설하는 방식으로서 케이블을 보호하기 위하여 철근 콘크리트제 트로프(trough) 등을 깔아서 이 속에 케이블을 넣고 그 주위를 모래로 채워서 철근 콘크리트제의 뚜껑으로 덮어 준 다음 흙으로 묻어 주는 것이다.

이때 덮어 주는 흙의 깊이는 차도 및 중량물의 압력을 받는 곳에서는 1.0[m] 이상, 기타의 장소에서는 0.6[m] 이상으로 하여야 하지만 다른 지하 매설물과의 관계를 고려하여 매설깊이를 조정하여야 한다.

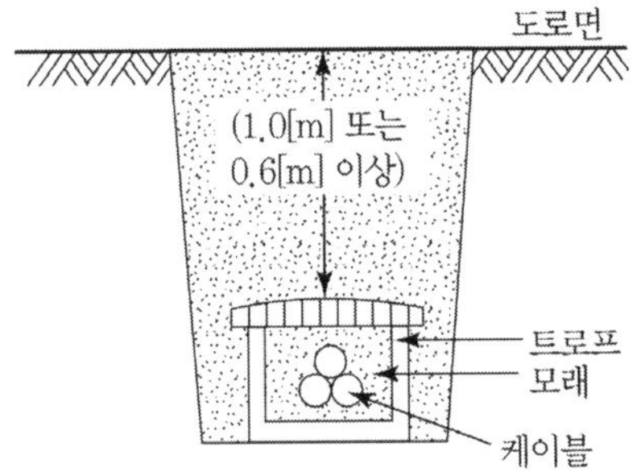

그림 2.27 직접 매설식 케이블 설치도

이 방식의 장점은 관로식에 비해서 공사비가 싸고 케이블의 열 방산이 좋아 허용 전류가 크며 케이블의 도중 접속이 가능하고 공사기간이 짧다. 단점으로는 케이블이 손상을 받기 쉽고 케이블의 재시공이나 증설이 곤란하며 보수점검이 불편하다 것이다.

(2) 관로식(管路式)

관로식은 그림 2.28에 보인 것으로 합성수지관, 철근 콘크리트관 등을 사용해서 관로(duct)를 축조하고 적당한 간격(일반적으로 250～300[m] 정도)으로 설치한 맨홀(manhole)을 이용하여 케이블을 집어넣는 방식인데 케이블은 맨홀 내에서 접속한다.

이 방식은 직접매설식과 같이 도로를 장기간 굴착된 상태로 유지할 수 없는 도심지에 적용되며 장래 증설이 예상되는 장소에서 재굴착에 따른 문제점을 고려하여 미리 관로와 맨홀을 설치한다.

즉, 동일 경과지에 여러 회선의 케이블을 부설할 때, 또는 케이블의 증설 및 교체가 예상될 때 유리하며, 직접매설식과 비교해서 건설비가 많이 들고 공기도 길어지지만 사고가 나더라도 땅을 파낼 것 없이 그냥 맨홀에서 케이블을 뽑아내어 복구할 수 있다는 장점이 있다.

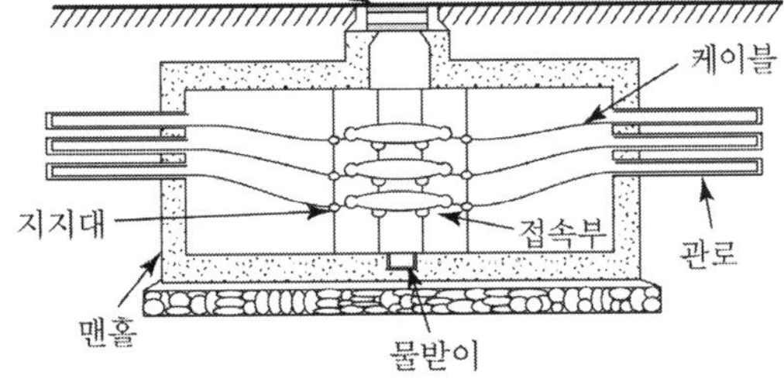

그림 2.28 관로식 케이블 설치도

(3) 전력구식(電力溝式)

이 방식은 그림 2.29와 같이 지중에 전력구(暗渠)를 설치하고, 전력구 내의 케이블 설치대(행거, hanger) 위에 케이블을 설치하는 방식이다.

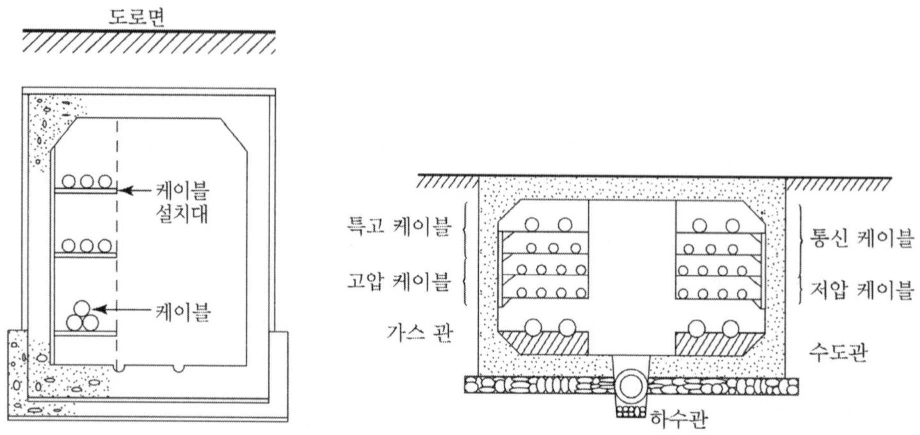

(a) 전력구식 (b) 공동구식

그림 2.29 전력구식 케이블 설치도

또, 근래에 와서 많이 쓰이고 있는 공동구식(共同溝式)도 이의 일종이다. 이것은 지하 터널을 만들어서 지중 매설 금속물(상하수도관, 가스관, 전화케이블, 전력케이블 등)을 공동으로 설치하는 방식이다.

또한, 전력구의 규모를 결정하기 위해서는 다음 사항을 결정하여야 한다.

① 케이블의 종류, 회선수 및 지지방법
② 배기, 환기
③ 도로조건
④ 방재대책
⑤ 작업용 공간
⑥ 출입구 및 분기구

2.9.2 부설방식의 비교

지중선로를 어느 방식으로 부설하는가는 그 선로의 성질, 경과지의 상태 및 이들 부설방식의 장·단점을 비교해서 결정할 필요가 있다. 표 2.7은 이들 부설방식의 장·단점을 비교하였다.

표 2.7 케이블 부설방식의 비교

부설방식	장 점	단 점
직 접 매설식	· 공사비가 적다. · 열방산이 좋아서 허용전류가 크다. · 굴곡이 다소 있어도 지장 없이 부설할 수 있다. · 공사기간이 짧다.	· 외상을 받기 쉽다. · 보수, 점검이 불편하다. · 케이블의 교체, 증설이 곤란하다.
관로식	· 외상을 받지 않는다. · 보수, 점검이 편리하다. · 케이블의 교체, 증설이 용이하다.	· 관로 공사비가 많다. · 부설 관로수가 많으면 허용전류가 작아진다. · 굴곡이 있으면 관로부설에 제약을 받는다. · 공사기간이 길다.
전력구식	· 다수의 케이블 부설에 편리하다. · 열 방산이 양호하므로 허용전류가 크다.	· 공사비가 많이 소요된다. · 공사기간이 길다.

2.10 전력 케이블의 고장

2.10.1 고장원인

전력 케이블의 고장은 단선이나 지락이며 그 원인은 다음과 같다.

① 케이블이 외상을 받았거나 외부에서의 가열
② 지진 또는 어떤 원인으로 지반침하
③ 다른 케이블의 고장전류나 그 아크에 의한 손상
④ 부설 당시의 무리한 만곡, 접속부의 불량
⑤ 절연물의 자연적인 열화
⑥ 외피의 전식 또는 화학적인 부식
⑦ 과부하 또는 이상전압에 의한 절연파괴

보통 케이블 1권의 길이는 150~200[m]에 지나지 않으므로 선로의 도중에서 이것을 접속하여야 하며, 이러한 접속 부분은 절연상의 취약점으로 되고 있다. 전력 케이블에서 발생하는 대부분의 사고는 케이블 접속개소에서 일어남으로 접속작업은 세심한 기술을 필요로 한다.

2.10.2 전력 케이블의 고장탐색

케이블의 고장점 탐색방법으로는 다음과 같은 것이 있다.

(1) 머레이 루프법(Murray loop method)

훼스톤 브리지의 평형상태를 이용하여 고장 점까지의 도체저항으로부터 거리를 측정한다. 이 방법의 장점은 케이블의 고장건수가 많은 1선 지락사고시 또는 2선 단락고장시에 간단한 조작으로 측정할 수 있으며, 현장측정에 적합하다.

그러나 단선 사고에서는 적용할 수 없으며, 지락 저항이 높아서 회로구성이 안될 경우에는 고장점 탐색이 불가능하다. 뿐만 아니라 3상 동시 지락시에도 병행하는 건전상이 없으므로 역시 측정은 안 된다.

그림 2.30과 같이 케이블의 지락상과 건전성을 일단($B-B'$)에서 단락시키고 타단(A-A')에서 측정회로를 접속하여 가변저항 R_1, R_2의 조정에 의하여 브리지 회로가 평형(검류계 G의 지침이 0을 가리킴)을 이루면 $R_2 \cdot x = R_1 \cdot (2l-x)$이므로 측정 장소로부터 고장점까지의 거리 x는 다음과 같이 계산된다.

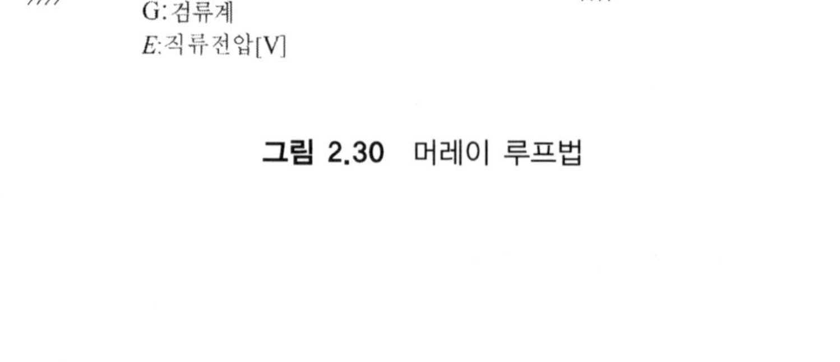

그림 2.30 머레이 루프법

$$x = \frac{R_1}{R_1 + R_2} 2l\,[\text{m}] \tag{2.18}$$

여기서, l : 케이블의 전체 길이[m]

R_1, R_2 : 머레이 루프의 저항값[Ω]

이 경우에 지락저항이 수백[Ω] 이하이면 45[V] 축전지 1~3개를 사용하면 되지만 그 이상으로 높아지면 케노트론(Kenotron)으로 교류를 정류시킨 2,000~3,000[V]의 직류전압을 사용할 필요가 있다.

(2) 정전용량의 측정에 의한 방법

정전용량은 길이에 비례하는 관계를 이용하여 선로 전체의 정전용량을 알고 있으면 식 (2.19)과 같이 고장 점까지의 정전용량을 측정하여 그 값으로부터 거리를 알 수 있다.

$$x = \frac{C_x}{C_0} L \tag{2.19}$$

여기서, x : 고장 점까지의 거리[m]

L : 케이블의 길이[m]

C_0 : 건전한 케이블의 정전용량

C_x : 고장 점까지의 정전용량

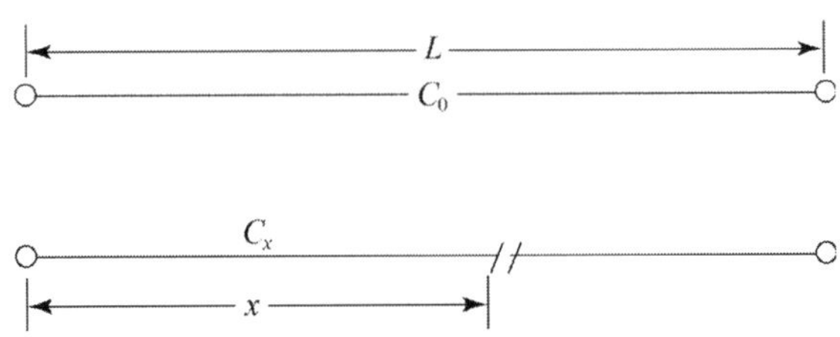

그림 2.31 정전용량에 의한 측정회로

(3) 수색 코일법

지락고장의 경우 케이블 한쪽에서 주파수 600[Hz] 전후의 단속전류(斷續電流)를 흘리고, 한편 지상에서는 수색코일에 증폭기와 수화기를 가지고 케이블을 따라서 고장점을 수색한다.

전원 측으로부터 고장점 사이에는 단속전류에 의하여 수색코일에 전압이 유도되므로 소리가 들리지만 고장점을 넘어서면 소리가 작아지므로 고장점이 판명된다.

수색코일은 2×3×10[cm] 정도인 철심에 0.5[mm] 정도의 에나멜선을 3,000회 정도 감은 것이 사용된다.

(4) 펄스에 의한 측정법(pulse radar method)

케이블 한쪽에서 펄스를 입사시키면 고장 점에서는 케이블의 서지 임피던스(surge impedance)가 급변하기 때문에 입사파의 일부는 고장 점에서 반사되어 되돌아온다. 그 시간을 측정하면 펄스의 케이블 내의 전파속도에 의해서 고장 점까지의 거리를 구할 수가 있다.

지금 펄스를 보내고 되돌아올 때까지의 시간을 t[s], 펄스의 전파속도 v[m/μs]는 $v \simeq v_0 / \sqrt{\epsilon_s} = (0.51 \sim 0.54) v_0$ (v_0 : 광속도)이므로 약 160[m/μs]이며, 고장 점까지의 거리 x[m]은 다음과 같이 계산된다.

$$x = \frac{v \cdot t}{2} \text{ [m]} \tag{2.20}$$

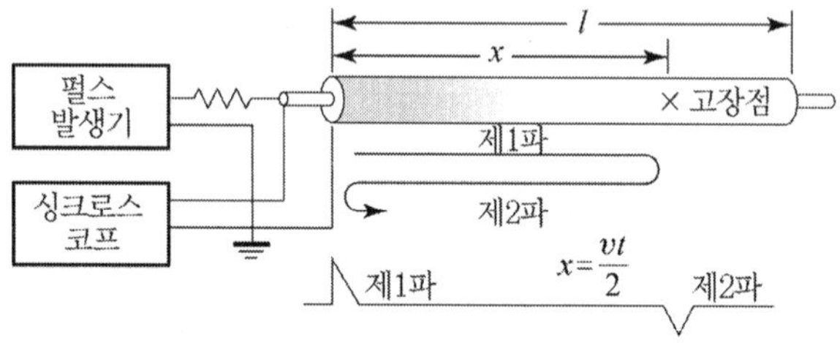

그림 2.32 펄스에 의한 고장점 측정

(5) 음향에 의한 방법

고장 케이블에 고전압의 펄스를 보내어 고장 점의 방전음(放電音)을 듣고, 고장점을 찾아내는 방법이다.

예제 2-3

그림 2.33의 머레이 루프법에서 케이블 길이 12[km], 최대 1,000의 습동 저항선이며, 234 위치에서 검류계의 눈금이 0이 되었다. 고장점의 거리는 몇 [km]인가?

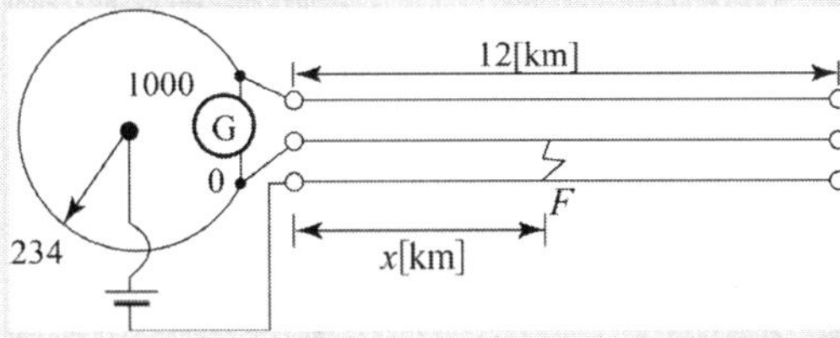

그림 2.33

풀이 문제의 회로를 그림 2.34와 같이 등가회로(브리지회로)로 나타내면 다음 식이 성립한다.

$$(1,000-234)x = 234(24-x)$$

$$766x = 5,616-234x$$

$$1,000x = 5,616$$

$$\therefore x = \frac{5,616}{1,000} = 5.616[\text{km}]$$

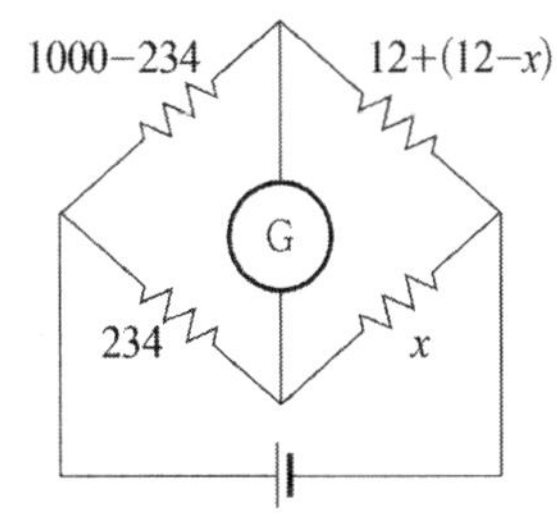

그림 2.34

2.11 전기 부식

2.11.1 개요

전기 부식 즉, 전식(electrolytic corrosion)이란 주로 전기철도 레일로부터 흐르는 직류 누설전류가 지하 매설케이블의 외피에 유입하면 어느 개소에서는 반드시 유출하게 되며, 누설전류가 토양 가운데로 유출하는 경우에는 금속이 양이온이 되어 유출하게 되므로 케이블의 외피가 부식되는 현상이다.

그림 2.35는 전기철도의 레일에서 누설되는 전류에 의해서 생기는 전식의 회로도이다.

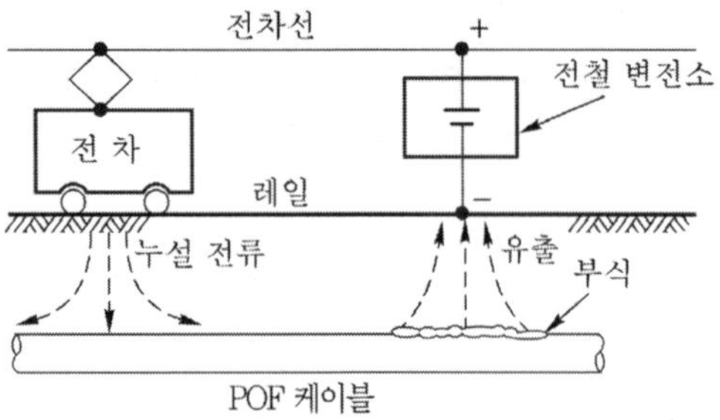

그림 2.35 전식의 회로도

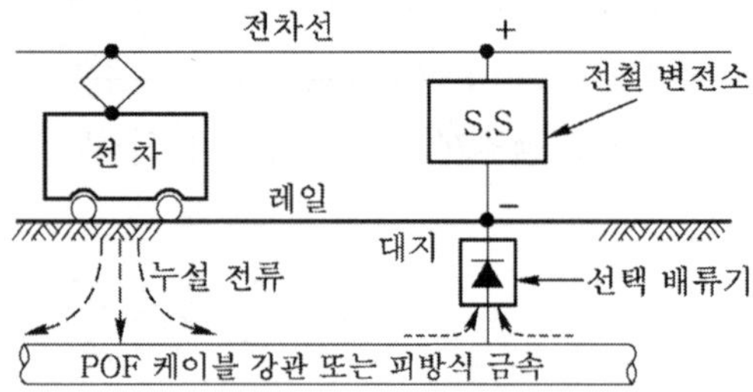

그림 2.36 선택 배류법에 의한 방식법

2.11.2 방지대책

보통 케이블의 포설장소는 관로 또는 전력구이므로 전식사고는 거의 발생하지 않는다. 그러나 서울 도심지에 매설되어 있는 POF 케이블과 같이 직접 매설법으로 포설되어 있는 경우에는 누설전류에 의한 영향을 크게 받으므로 전식이 발생된다.

이에 대한 방지대책으로는 누설전류가 대지로 유출하지 않고 바로 철도레일로 돌아가도록 전기적으로 접속하는 배류법과 직류 전원장치를 이용하여 누설전류를 상쇄시키는 외부전원법(강제 배류법)이 있다.

매설금속물에 유입한 누설전류가 대지로 유출하지 않고 바로 철도레일로 돌아가도록 전기적으로 접속하는 배류법에는 직접 배류법, 선택 배류법이 있다.

직접 배류법은 매설 금속물과 전철레일을 직접 도선으로 접속해서 배류하는 것인데 실제로는 거의 채용되지 않는다.

선택 배류법은 그림 2.36과 같이 매설금속물인 케이블 외피와 레일을 선택 배류기를 통하여 접속하는 것으로서 계전기 또는 정류기를 이용하여 유출하는 전류만 내보내고 유입하는 전류는 막아 주는 역할을 하게 된다.

이 방식은 유지비가 싸고 효과적이기 때문에 많이 채용된다.

연 습 문 제

e x e r c i s e

2-1 19/1.8[mm] 경동연선의 바깥지름은 몇 [mm]인가? [17. 전기산업기사]

㉮ 5 ㉯ 7

㉰ 9 ㉱ 11

2-2 가공전선로에 사용하는 전선의 굵기를 결정할 때 고려사항이 아닌 것은? [17. 전기기사]

㉮ 절연저항 ㉯ 전압강하

㉰ 허용전류 ㉱ 기계적 강도

2-3 인장강도는 작으나 도전율이 높아 옥내배선용으로 주로 사용되는 전선은? [12. 공사산업기사]

㉮ 연동선 ㉯ 알루미늄선

㉰ 경동선 ㉱ 동복강선

2-4 Kelvin 법칙이 적용되는 것은? [97. 전기·공사산업기사]

㉮ 전력 손실량을 축소시킬 때 ㉯ 경제적인 전선의 굵기를 선정할 때

㉰ 전압강하를 축소시킬 때 ㉱ 부하배분의 균형을 얻을 때

2-5 복도체에서 2본의 전선이 서로 충돌하는 것을 방지하기 위하여 2본의 전선 사이에 적당한 간격을 두어 설치하는 것은? [94. 전기기사]

㉮ 아머 로드 ㉯ 댐퍼

㉰ 아킹 혼 ㉱ 스페이서

2-6 1[m]의 하중 0.37[kg]의 전선을 지지점이 수평인 경간 80[m]에 가설하여 딥을 0.8[m]로 하려면 장력은 몇 [kg]인가? [93. 전기기사]

㉮ 350 ㉯ 360

㉰ 370 ㉱ 380

2-7 경간 200[m]인 가공선로가 있다. 사용전선의 길이[m]는 경간보다 얼마나 크면 되는가? 단, 전선의 1[m]당 하중은 2.0[kg], 인장하중은 4,000[kg]이며 풍압하중은 무시하고 전선의 안전율을 2로 한다. [94. 전기산업기사]

㉮ $\frac{1}{3}$ ㉯ $\frac{1}{2}$

㉰ $\sqrt{2}$ ㉱ $\sqrt{3}$

2-8 고저차가 없는 가공 전선로에서 이도 및 전선 중량을 일정하게 하고 경간을 2배로 했을 때 전선의 수평장력은 몇 배가 되는가? [94. 공사산업기사]

㉮ 2배 ㉯ 4배

㉰ 6배 ㉱ 8배

2-9 경간이 200[m], 전선 하중 0.2[kg/m], 장력 1000[kg]인 경우 이도는 몇 [m]인가? [17. 전기기사]

㉮ 1 ㉯ 11

㉰ 12 ㉱ 13

2-10 공칭단면적 200[mm^2], 전선무게 1.838[kg/m], 전선의 바깥지름 18.5[mm]인 경동연선을 경간 250[m]로 가선하는 경우 이도는? 단, 경동연선의 인장하중은 7910[kg], 빙설하중은 0.416[kg/m], 풍압하중은 1.525[kg/m]이고 안전율은 2.2이다. [12. 공사산업기사]

㉮ 약 2.17[m] ㉯ 약 3.78[m]

㉰ 약 4.73[m] ㉱ 약 5.92[m]

2-11 전선 지지점의 높이가 31[m]이고, 전선의 이도가 9[m]라면 전선의 평균높이는 몇 [m]인가? [08. 전기산업기사]

㉮ 25.0 ㉯ 26.5

㉰ 28.5 ㉱ 30.0

2-12 풍압이 P[kg/m^2]이고 빙설이 많지 않은 지방에서 직경이 d[mm]인 전선 1[m]가 받는 풍압하중은 표면계수를 k라고 할 때 몇 [kg/m]가 되겠는가? [13. 전기산업기사]

㉮ $\frac{Pk(d+12)}{1,000}$ ㉯ $\frac{Pk(d+6)}{1,000}$

㉰ $\frac{Pkd}{1,000}$ ㉱ $\frac{Pkd^2}{1,000}$

2-13 **전선의 자중과 빙설하중을 W_1, 풍압하중을 W_2라 할 때 그 합성하중은?**

㉮ $\sqrt{W_1^2 + W_2^2}$ ㉯ $W_1 + W_2$ [94. 전기산업기사]

㉰ $W_1 - W_2$ ㉱ $W_2 - W_1$

2-14 **전선양측의 지지점의 높이가 동일한 경우 전선의 단위 길이당 중량을 W[kg], 수평장력을 T[kg], 경간을 S[m], 전선의 이도를 D[m]라 할 때 전선의 실제 길이 L[m]을 계산하는 식은?** [13. 전기산업기사]

㉮ $L = S + \frac{8S^2}{3D}$ ㉯ $L = S + \frac{8D^2}{3S}$

㉰ $L = S + \frac{3S^2}{8D}$ ㉱ $L = S + \frac{3D^2}{8D}$

2-15 **단면적 330[mm^2]의 강심 알루미늄선을 경간이 300[m]이고 지지점의 높이가 같은 철탑 사이에 가설하였다. 전선의 이도가 7.4[m]이면 전선의 실제 길이는 몇 [m]인가? 단, 풍압·온도 등의 영향은 무시한다.** [97. 전기·공사산업기사]

㉮ 300.287 ㉯ 300.487

㉰ 300.685 ㉱ 300.575

2-16 **가공선로를 가선할 때에는 하중조건과 온도조건을 고려하여 적당한 이도를 주도록 하여야 한다. 다음 중 이도에 대한 설명으로 옳은 것은?** [04. 전기공사기사]

㉮ 이도가 작으면 전선이 좌우로 크게 흔들려서 다른 상의 전선에 접촉하여 위험하게 된다.

㉯ 전선을 가선할 때 전선을 팽팽하게 가선하는 것을 이도를 크게 준다고 한다.

㉰ 이도를 작게 하면 이에 비례하여 전선의 장력이 증가되며, 너무 작으면 전선 상호간이 꼬이게 된다.

㉱ 이도의 대소는 지지물의 높이를 좌우한다.

2-17 **가공 송전선에 사용되는 애자 1연 중 전압부담이 최대인 애자는?** [08. 전기산업기사]

㉮ 철탑에 제일 가까운 애자

㉯ 전선에 제일 가까운 애자

㉰ 중앙에 있는 애자

㉱ 철탑과 애자련 중앙의 그 중간에 있는 애자

2-18 154[kV] 송전선로에 10 개의 현수애자가 연결되어 있다. 다음 중 전압부담이 가장 적은 것은? [13. 전기산업기사]

㉮ 철탑에 가장 가까운 것　　㉯ 철탑에서 3번째

㉰ 전선에서 가장 가까운 것　　㉱ 전선에서 3번째

2-19 공칭전압 154[kV]에 대한 250[mm] 현수애자가 연결 개수는 대략 몇 개 정도인가? [13. 전기산업기사]

㉮ 5∼6　　㉯ 9∼10

㉰ 14∼15　　㉱ 19∼23

2-20 애자가 갖추어야 할 구비조건으로 옳은 것은? [08. 전기산업기사]

㉮ 온도의 급변에 잘 견디고 습기도 잘 흡수해야 한다.

㉯ 지지물에 전선을 지지할 수 있는 충분한 기계적 강도를 갖추어야 한다.

㉰ 비, 눈, 안개 등에 대해서도 충분한 절연저항을 가지며 누설전류가 많아야 한다.

㉱ 선로전압에는 충분한 절연내력을 가지며, 이상전압에는 절연내력이 매우 적어야 한다.

2-21 송전선로에서 소호환(arcing ring)을 설치하는 이유는? [93. 공사산업기사]

㉮ 전력 손실감소　　㉯ 송전 전력증대

㉰ 애자에 걸리는 전압분포의 균일　　㉱ 누설전류에 의한 편열방지

2-22 현수애자의 연효율(string efficiency) η[%]는? 단, V_1은 현수애자 1개의 섬락전압, n은 1련의 사용 애자수이고, V_n은 애자련의 섬락전압이다 [95. 공사산업기사]

㉮ $\eta = \dfrac{V_n}{n V_1} \times 100$　　㉯ $\eta = \dfrac{n V_1}{V_n} \times 100$

㉰ $\eta = \dfrac{n V_n}{V_1} \times 100$　　㉱ $\eta = \dfrac{V_1}{n V_n} \times 100$

2-23 250[mm] 현수애자 10개를 직렬로 접속한 애자련의 건조 섬락전압이 590[kV]이고, 연능률(string efficiency)은 0.74이다. 현수애자 한 개의 건조 섬락전압은 약 몇 [kV]인가? [04. 공사산업기사]

㉮ 80　　㉯ 90

㉰ 100　　㉱ 120

2-24 송전선에 댐퍼(damper)를 다는 이유는? [08. 전기산업기사]

㉮ 전선의 진동방지　　㉯ 전자유도 감소
㉰ 코로나의 방지　　㉱ 현수애자의 경사방지

2-25 소호각(arcing horn)의 사용목적은? [94. 전기산업기사]

㉮ 이상전압의 발생장치　　㉯ 전선의 진동방지
㉰ 애자의 보호　　㉱ 절연강도 증가

2-26 아킹혼(arcing horn)의 설치목적은 무엇인가? [15. 전기산업기사]

㉮ 코로나손의 방지　　㉯ 이상전압 제한
㉰ 지지물의 보호　　㉱ 섬락사고시 애자의 보호

2-27 소호환(arcing ring)의 설치목적은? [97. 전기·공사산업기사]

㉮ 애자련의 보호　　㉯ 클램프의 보호
㉰ 이상전압 발생의 방지　　㉱ 코로나손의 방지

2-28 철탑에서 전선의 오프셋(off set)을 주는 이유로 옳은 것은? [14. 전기산업기사]

㉮ 상하전선의 접촉방지　　㉯ 불평형 전압의 유도방지
㉰ 전선의 진동방지　　㉱ 지락사고 방지

2-29 전선로의 지지물 양쪽의 경간 차가 큰 장소에 사용되며, 일명 E 철탑이라고도 하는 표준철탑의 일종은? [96. 전기산업기사]

㉮ 직선형 철탑　　㉯ 내장형 철탑
㉰ 각도형 철탑　　㉱ 인류형 철탑

2-30 송전선용 표준철탑 설계의 경우 일반적으로 가장 큰 하중은? [04. 전기산업기사]

㉮ 풍압　　㉯ 애자, 전선의 중량
㉰ 빙설　　㉱ 전선의 인장강도

2-31 다음의 고무 플라스틱 절연 전력케이블 중에서 154[kV]급 송전선에 사용하는 케이블은? [전기산업기사]

㉮ EP형 ㉯ EV형
㉰ CV형 ㉱ BN형

2-32 OF 케이블의 유압은 얼마인가? [전기산업기사]

㉮ 0.001[kg/cm^2] 이하 ㉯ 0.1~0.3[kg/cm^2]
㉰ 0.3~0.7[kg/cm^2] ㉱ 1[kg/cm^2] 이상

2-33 케이블의 전력손실과 관계가 없는 것은? [99. 전기산업기사]

㉮ 도체의 저항손 ㉯ 유전체손
㉰ 연피손 ㉱ 철손

2-34 주파수 f, 전압 E일 때 유전체 손실은 다음 어느 것에 비례하는가? [전기산업기사]

㉮ E/f ㉯ fE
㉰ f/E^2 ㉱ fE^2

2-35 케이블의 연피손의 원인은? [전기기사]

㉮ 표피작용 ㉯ 히스테리시스 현상
㉰ 전자 유도작용 ㉱ 유전체손

2-36 케이블 부설 후 절연내력 시험을 할 때 직류로 하는 이유로 가장 적당한 것은? [04. 전기공사기사]

㉮ 절연 파괴시까지의 피해가 적다.
㉯ 절연내력은 직류가 크다.
㉰ 시험용 전원의 용량이 적다.
㉱ 케이블의 유전체손이 없다.

2-37 선로를 개로한 후에도 잔류전하에 의한 안전상 위험이 있어 방전을 요하는 것은? [전기산업기사]

㉮ 개로한 전로가 전력 케이블인 것
㉯ 나선의 가공 송전선로
㉰ 전동기에 연결된 전로
㉱ 전철회로

2-38 지중 케이블의 사고점 탐색법이 아닌 것은? [97. 전기·공사산업기사]

㉮ 머레이 루프법(Murray loop method)

㉯ 펄스로 하는 방법

㉰ 탐색 코일로 하는 방법

㉱ 차단전류의 역률개선

2-39 지중케이블에 있어서 고장점을 찾는 방법이 아닌 것은? [99. 전기산업기사]

㉮ 머레이 루프(Murray loop) 시험기에 의한 방법

㉯ 메거(Megger)에 의한 측정방법

㉰ 수색 코일(Search coil)에 의한 방법

㉱ 펄스에 의한 측정법

2-40 선택 배류기는 다음 어느 공작물에 설치하는가? [전기산업기사]

㉮ 급전선 ㉯ 가공통신 케이블

㉰ 가공 전화선 ㉱ 지하전력 케이블

해 답

1. ㉰ 2. ㉮ 3. ㉮ 4. ㉯ 5. ㉱ 6. ㉰ 7. ㉮ 8. ㉯ 9. ㉮ 10. ㉱ 11. ㉮ 12. ㉰ 13. ㉮ 14. ㉯ 15. ㉯ 16. ㉱ 17.㉯ 18. ㉯ 19. ㉯ 20. ㉯ 21. ㉰ 22. ㉮ 23. ㉮ 24. ㉮ 25. ㉰ 26. ㉱ 27. ㉮ 28. ㉮ 29. ㉯ 30. ㉮ 31. ㉰ 32. ㉱ 33. ㉱ 34. ㉱ 35. ㉰ 36. ㉱ 37. ㉮ 38. ㉱ 39. ㉯ 40. ㉱

power engineering

Chapter

03 선로정수 및 코로나

3.1 개 요

송전선로는 그림 3.1에 나타낸 바와 같이 저항 R, 인덕턴스 L, 정전용량 C 및 누설 컨덕턴스 g 라는 4가지의 정수로 되어 있는 회로이다. 이를 선로정수(line constants)라 부르며 전압강하, 전력손실, 충전전류 등의 송전선로의 전기적 특성을 해석하는 데에 필요하다.

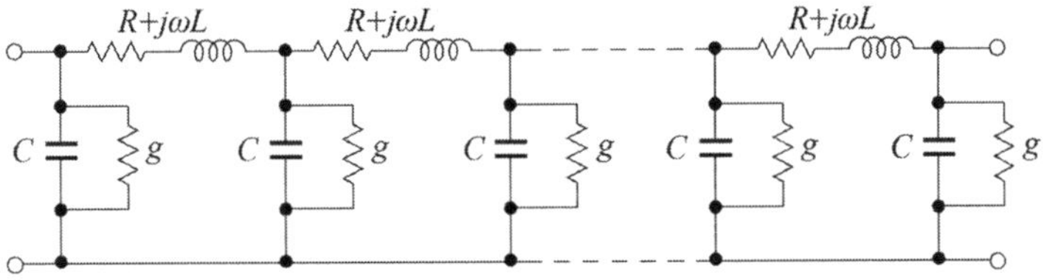

그림 3.1 선로정수의 구성

선로정수는 전선의 종류, 굵기, 배치에 따라서 정해지며 송전전압, 전류, 역률, 기상 등에는 영향을 받지 않는다. 그러나 전류밀도가 커지면 발열 때문에 온도가 상승되어 저항이 다소 커지게 된다.

3.2 저항

전선의 저항 R은 다음과 같이 나타낸다.

$$R=\rho\frac{l}{A}[\Omega] \tag{3.1}$$

단, l : 전선의 길이[m]

A : 전선의 단면적[mm^2]

ρ : 전선의 고유저항[$\Omega/m \cdot mm^2$]

ρ는 전선의 길이가 1[m]이고 단면적이 1[mm^2]인 전선의 고유한 저항이다. 도전율 C[%]인 연동선의 고유저항 ρ는 표준연동선의 고유저항이 1/58[Ω]이므로 다음과 같다.

$$\rho=\frac{1}{58}\times\frac{100}{C}[\Omega/m \cdot mm^2]$$

또한 경동선 및 경알루미늄선의 도전율은 95[%], 61[%]이므로 이를 정리하면 표 3.1과 같다.

표 3.1 전선의 고유저항

종 류	고유저항[$\Omega/m \cdot mm^2$]	도전율[%]
표 준 연 동 선	1/58	100
경 동 선	1/55	95
경 알루미늄선	1/35	61

고유저항은 20[℃]를 기준으로 하며 온도가 상승할수록 커진다. 온도가 t_0에서 t[℃]로 상승할 경우 전선저항 R_t는 식 (3.2)와 같이 상승함을 알 수 있다.

$$R_t=R_{t0}\{1+\alpha(t-t_0)\}[\Omega] \tag{3.2}$$

여기서, R_{t0}는 온도 t_0에서 저항이며, 저항의 온도계수 α는 20[℃]를 기준으로 하여 온도가 상승할수록 표 3.2와 같이 약간씩 증가한다.

표 3.2 저항의 온도계수

α_0 (0[℃])	α_{20} (20[℃])	α_{30} (30[℃])
0.00413	0.00381	0.0037

전선저항은 그 단면을 전류가 균등한 밀도로 흐르고 있을 경우의 저항(즉, 직류에 대한 저항)이다.

그러나 교류에서는 전자유도 작용에 의한 표피효과(表皮効果, skin effect)에 의하여 전류가 전선의 중심부보다는 표면부근에 집중하여 흐르는 성질이 있다. 이것은 전선의 중심부분을 흐르는 전류는 전류 자신이 만드는 자속과 쇄교하므로 전선단면 내의 중심부일수록 자속 쇄교수가 많아져서 인덕턴스가 커지기 때문이다. 그 결과 전선의 중심부에는 리액턴스가 커져서 전류가 흐르기 어렵고 전선표면으로 갈수록 전류가 많이 흐르게 된다. 이 때문에 전선의 유효 단면적은 줄고 저항은 직류의 경우보다 약간 커진다. 이것을 표피효과라고 한다.

표피효과는 주파수가 높을수록, 전선이 굵을수록 또한 비투자율이 클수록 크게 되지만, 그 영향은 비교적 작아서 상용 주파수에서는 2~3[%] 정도 커진다.

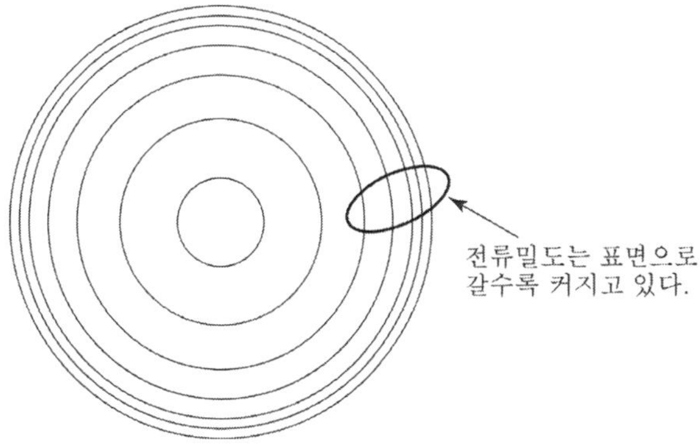

그림 3.2 도체의 표피효과

예제 3.1

7/3.2[mm]인 경동연선의 20[℃]에서 도전율은 97[%]이다. 이 전선의 40[℃]에서의 저항은 1[km]당 얼마인가? 단, 연선의 연입률은 2[%], 20[℃]에 대한 온도계수는 0.00381이다.

풀이 경동연선의 20[℃]에서 고유저항은 도전율이 97[%]이므로

$$\rho_{20} = \frac{1}{58} \times \frac{100}{97} = 0.0178[\Omega/\text{m} \cdot \text{mm}^2]$$

이며, 지름 3.2[mm]인 소선의 단면적 A는 다음과 같다.

$$A = \pi \cdot \left(\frac{3.2}{2}\right)^2 = 8.042[\text{mm}^2]$$

7가닥 연선의 연입률을 2[%]라 하면 실제 길이는 2[%] 증가하므로 연선 저항은

$$\begin{aligned} R_{20} &= \rho_{20} \cdot \frac{l \cdot (1+0.02)}{A \times 7} \\ &= 0.0178 \times \frac{1000(1+0.02)}{8.042 \times 7} = 0.322[\Omega/\text{km}] \end{aligned}$$

그러므로 40[℃]에서 전선의 저항은 다음과 같이 된다.

$$\begin{aligned} R_{40} &= R_{20}\{1 + \alpha_{20}(t_2 - t_1)\} \\ &= 0.322\{1 + 0.00381(40-20)\} = 0.347[\Omega/\text{km}] \end{aligned}$$

3.3 인덕턴스

3.3.1 인덕턴스의 정의

인덕턴스는 도체에 단위전류(1[A])가 흐를 때 도체에 쇄교하는 자속수(flux inter- linkage)로 정의된다.

회로에 흐르는 전류 i를 변화시키면 그림 3.3과 같이 역기전력 e가 유도된다. 이 역기전력은 전류 i의 시간적인 변화에 비례해서 다음과 같이 나타낼 수 있다.

$$e = -L\frac{di}{dt} \tag{3.3}$$

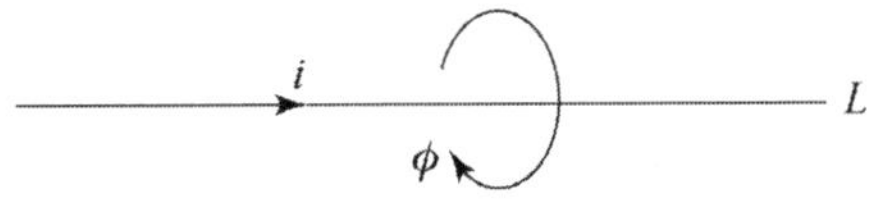

그림 3.3 자기 인덕턴스의 개념도

이 비례정수 L을 그 회로의 자기 인덕턴스(self inductance)라고 한다.

또, 역기전력 e는 다음과 같이 쇄교자속 ϕ의 시간적인 변화의 비율로도 표현할 수 있다.

$$e = -\frac{d\phi}{dt} \tag{3.4}$$

따라서, 위의 두 식으로부터 $e = -L\frac{di}{dt} = -\frac{d\phi}{dt}$ 이므로

$$L = \frac{d\phi}{di}$$

로 된다. 또, 투자율(透磁率)이 일정하다면

$$L = \frac{\phi}{i} \tag{3.6}$$

의 관계가 성립한다.

식 (3.6)으로부터 단위전류 i (1[A])가 흐를 때의 자속쇄교수 ϕ는 그 회로의 인덕턴스 L를 나타낸다. 그러므로 인덕턴스를 구하기 위해서는 쇄교자속수를 먼저 구해야 한다.

또한, 그림 3.4와 같이 a, b 두 회로에 각각 전류 i_a, i_b가 흐를 때 i_b에 의해서 a회로에 유도되는 기전력 e_a는

$$e_a = -\frac{d\phi_b}{dt} = -M\frac{di_b}{dt} \tag{3.7}$$

이며, i_a에 의해 b회로에 유기되는 기전력 e_b는

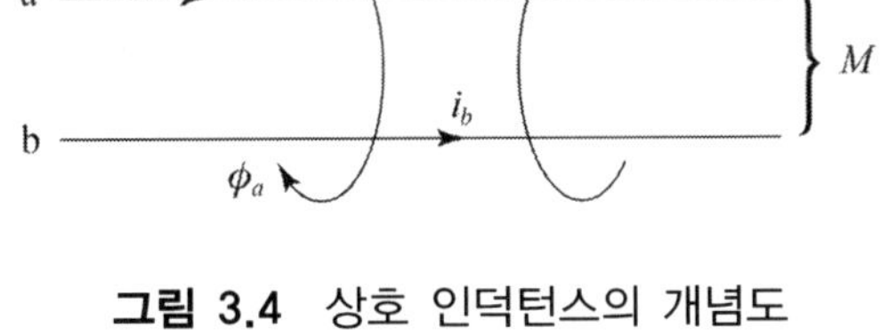

그림 3.4 상호 인덕턴스의 개념도

$$e_b = -\frac{d\phi_a}{dt} = -M\frac{di_a}{dt} \tag{3.8}$$

이다. 위 식에서 비례정수 M은 a, b 양 회로 사이의 상호 인덕턴스(mutual inductance)이다.

보통 송전선로에서는 자기 인덕턴스 L과 상호 인덕턴스 M을 합쳐서 그 전선의 인덕턴스라고 부르며, 단위는 헨리[H] 또는 밀리 헨리[mH]를 사용한다.

1[H]란 매초 1[A]의 비율의 전류 변화가 있을 경우에 1[V]의 역기전력을 일으키는 회로의 인덕턴스를 말한다.

3.3.2 1선 도체의 인덕턴스

1선의 도체에 전류가 흐르면 자속은 도체의 중심축으로부터 원통상으로 발생된다. 도체의 쇄교자속수는 도체 외부에서 쇄교하는 자속수와 도체 내부에서 쇄교하는 자속수를 각각 구해서 서로 합하면 전체 쇄교 자속수가 된다. 그러므로 도체의 전 쇄교 자속수에서 전류 $i=1$로 놓으면 바로 인덕턴스 L이 구해진다.

(1) 도체 외부의 쇄교 자속수

그림 3.5와 같이 도체에 전류 i[A]를 흘릴 경우 반지름 r[m]의 도체의 중심 O로부터 x[m]의 거리에 두께 dx[m] 길이 1[m]의 원통을 생각하면, 원통 위의 자계의 세기는

$$H = \frac{i}{2\pi x}\,[\text{AT/m}] \tag{3.9}$$

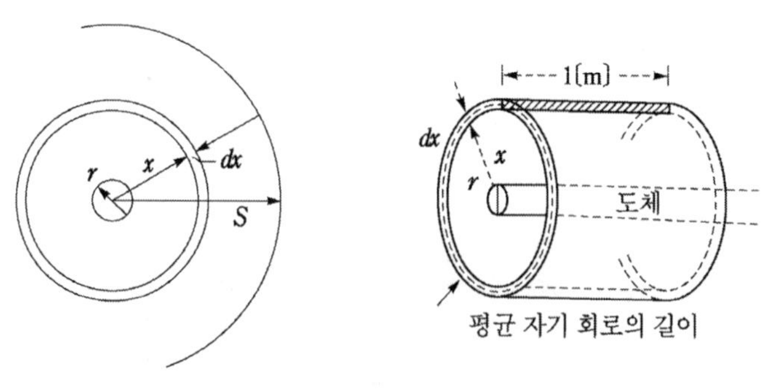

그림 3.5 도체 외부의 쇄교 자속수

으로 되고, 도체 외부 공간의 투자율이 μ 이면 자속밀도 B는 다음과 같다.

$$B = \mu H = \mu_0 \mu_s H \tag{3.10}$$

여기서, μ : 매질의 투자율($\mu = \mu_0 \mu_s$)

μ_0 : 진공의 투자율($\mu_0 = 4\pi \times 10^{-7}$)

μ_s : 매질의 비투자율(공기의 경우$\mu_s \fallingdotseq 1$)

공기의 투자율은 진공의 경우와 같아서 $\mu_s = 1$ 이고 $\mu_0 = 4\pi \times 10^{-7}$ 이기 때문에

$$B = 4\pi \times 10^{-7} \times \frac{i}{2\pi x} = \frac{2i}{x} \times 10^{-7} \ [\text{Wb/m}^2] \tag{3.11}$$

으로 된다.

따라서, 두께가 dx 이고 길이가 1[m]인 원통의 단면적 $dx \times 1[\text{m}^2]$의 부분을 통과하는 자속 $d\phi$ 는

$$d\phi = B \cdot dx \times 1 = \frac{2i}{x} \times 10^{-7} dx \tag{3.12}$$

이며, 전류 i 와의 쇄교자속수는 $d\lambda$ 는 다음과 같다.

$$d\lambda = i \cdot d\phi = \frac{2i^2}{x} \times 10^{-7} dx \tag{3.13}$$

그러므로 도체 반지름 r 에서 S[m]까지의 범위 내의 쇄교 자속수는

$$\begin{aligned} \lambda_{rS} &= \int_r^S d\lambda = 2i^2 \times 10^{-7} \int_r^S \frac{dx}{x} \\ &= 2i^2 \times 10^{-7} \log_e \frac{S}{r} [\text{A} \cdot \text{Wb}] \end{aligned} \tag{3.14}$$

와 같이 표시된다.

(2) 도체 내부 쇄교 자속수

그림 3.6처럼 도체의 중심 O로부터 반지름 x[m]의 원을 그리고, 두께 dx[m] 길이 1[m]의 원통을 통과하는 쇄교자속을 구한다.

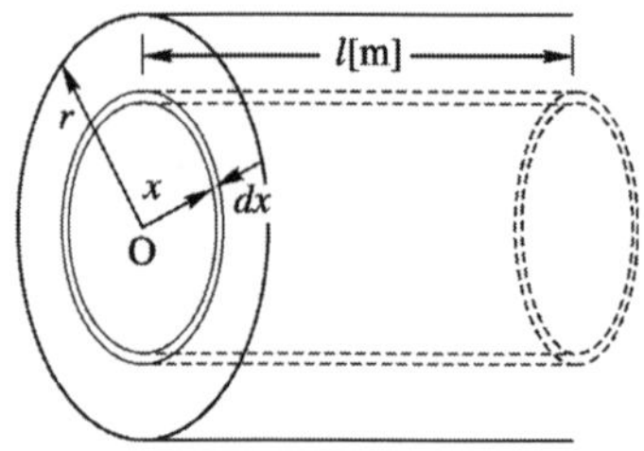

그림 3.6 도체 내부의 쇄교 자속수

반지름 r [m]의 단면에 흐르고 있는 전류 i [A]와 반지름 x [m]의 면적에 흐르고 있는 전류 i_x [A]와는 면적에 비례한 크기로 되므로 다음과 같이 된다.

$$i_x = i\,\frac{x^2}{r^2}\,[\mathrm{A}] \tag{3.15}$$

전선은 원형 도체이므로 자계의 세기 H는 도체에 전류 i [A]가 도체 중심축에 집중해서 흐른다고 볼 때 중심으로부터 x인 거리에서의 자계의 세기 H_x는

$$H_x = \frac{i_x}{2\pi x}\,[\mathrm{AT/m}] \tag{3.16}$$

이고, 도체의 투자율(permeability)이 μ이면 자속밀도 B는 다음과 같다.

$$\begin{aligned} B &= \mu H_x = \frac{\mu i_x}{2\pi x} = \frac{\mu_0 \mu_s i_x}{2\pi x} \\ &= \frac{4\pi \times 10^{-7} \times \mu_s i_x}{2\pi x} = \frac{2\mu_s}{x} \times i_x \times 10^{-7}\,[\mathrm{Wb/m^2}] \end{aligned} \tag{3.17}$$

두께가 dx 이고 길이가 1[m]인 전선의 단면적 $dx \times 1\,[\mathrm{m^2}]$ 부분을 통과하는 자속을 $d\phi$ 라 하면

$$d\phi = B \times (1 \times dx)\,[\mathrm{Wb/m^2}] \tag{3.18}$$

로 된다. 또한, i_x 와의 쇄교 자속수를 $d\lambda$ 는 다음과 같이 나타낸다.

$$\begin{aligned} d\lambda &= i_x \cdot d\phi = i\,\frac{x^2}{r^2}\,d\phi \\ &= \frac{2\mu_s \times 10^{-7} \times i^2 x^3 dx}{r^4}\,[\mathrm{A \cdot Wb}] \end{aligned} \tag{3.19}$$

따라서, 도체 내부의 쇄교 자속수는 중심 O로부터 반지름 r 까지를 고려해야 하므로 다음과 같이 나타낸다.

$$\lambda_{Or} = \int_O^r d\lambda = \frac{2\mu_s \times 10^{-7} \times i^2}{r^4} \int_O^r x^3 dx$$

$$= \frac{\mu_s}{2} i^2 \times 10^{-7} [\text{A} \cdot \text{Wb}] \tag{3.20}$$

이 결과 도체의 내부와 외부의 단위 길이당의 자속 쇄교수는

$$\lambda = \lambda_{Or} + \lambda_{rS} = i^2 \times 10^{-7} \left(\frac{\mu_s}{2} + 2\log_e \frac{S}{r} \right) [\text{A} \cdot \text{Wb}] \tag{3.21}$$

로 된다.

3.3.3 왕복 2도체의 인덕턴스

그림 3.7과 같이 a, b 의 2도체가 D[m]의 간격으로 가선되고, 여기에 각각 $+i$ 와 $-i$ 의 전류가 흐르고 있다고 한다.

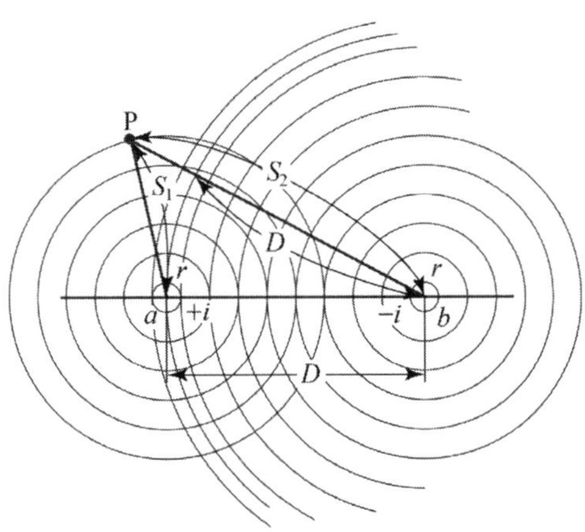

그림 3.7 왕복 2도체의 쇄교자속수

앞 절에서와 같이 도체 a를 흐르는 전류 $+i$에 의해서 도체 a의 내부 쇄교 자속수와 외부 쇄교 자속수는 반지름 r로부터 멀리 떨어져 있는 점 P의 거리인 S_1까지 쇄교하는 것으로 가정하면

$$\lambda_{aa}=i^2\times 10^{-7}\left(\frac{\mu_s}{2}+2\log_e\frac{S_1}{r}\right)[\text{A}\cdot\text{Wb}] \tag{3.22}$$

으로 된다.

다음에 b선의 전류에 의한 자속 중 a선과 쇄교하는 것은 b선의 중심으로부터 선간거리 D [m]보다 바깥쪽에 있는 것뿐이다. 그러므로 b선의 전류 $-i$에 의해서 점 P의 거리 S_2까지의 범위 내에 존재하는 자속은

$$\begin{aligned}\phi_{DS_2}&=2(-i)\times 10^{-7}\int_D^{S_2}\frac{dx}{x}\\&=-2i\times 10^{-7}\times\log_e\frac{S_2}{D}[\text{Wb}]\end{aligned} \tag{3.23}$$

로 된다. 따라서 이것과 a선과의 쇄교 자속수는 다음과 같이 된다.

$$\lambda_{ab}=i\phi_{DS_2}=-2i^2\times 10^{-7}\times\log_e\frac{S_2}{D}[\text{A}\cdot\text{Wb}] \tag{3.24}$$

거리 S를 2선의 간격 D보다 훨씬 크게 잡아 주면 $S_1=S_2=S$으로 볼 수 있으므로 a선의 전류 i와의 총 쇄교 자속수 λ_a는(길이 1[m]에 대한 쇄교 자속수)

$$\begin{aligned}\lambda_a=\lambda_{aa}+\lambda_{ab}&=\left(\frac{\mu_s}{2}+2\log_e\frac{S}{r}-2\log_e\frac{S}{D}\right)i^2\times 10^{-7}\\&=\left(\frac{\mu_s}{2}+2\log_e\frac{D}{r}\right)i^2\times 10^{-7}[\text{A}\cdot\text{Wb}]\end{aligned} \tag{3.25}$$

로 된다.

따라서, 보다 실용적인 계산을 위해서는 자연대수 대신 상용대수를 사용하며, 도체의 재료가 구리이면 비투자율은 1이 된다. ACSR도 강심에 전류가 흐르지 않고 알루미늄 부분에 흐르기 때문에 역시 비투자율을 1로 볼 수 있다.

그러므로 H → mH로, m → km로 바꾸고([H/m] $=10^6$[mH/km]), 인덕턴스의 정의에 의하여 $i=1$[A]로 두면 다음 식을 얻는다.

$$L_a = \left(\frac{\mu_s}{2} + 2\log_e \frac{D}{r}\right) \times 10^{-7} [\mathrm{H/m}]$$

$$= 0.05 + 0.4605\log_{10} \frac{D}{r} [\mathrm{mH/km}] \tag{3.26}$$

가 얻어진다. b 선에 대해서도 같은 방법으로 계산할 수 있다.

예제 3-2

지름 5[mm]의 경동선을 간격 1[m]로 배치된 가공전선의 1선 1[km]당 작용 인덕턴스 [mH/km]는? 단, $\log_{10} 2 = 0.3010$이다.

풀이

$$L = 0.05 + 0.4605\log_{10} \frac{D}{r} = 0.05 + 0.4605\log_{10} \frac{1 \times 10^3}{2.5}$$

$$= 0.05 + 0.4605\log_{10} 400 = 0.05 + 0.4605(\log_{10} 2^2 + \log_{10} 10^2)$$

$$= 0.05 + 0.4605(2 \times 0.3010 + 2) = 1.248 [\mathrm{mH/km}]$$

3.3.4 3상 1회선 송전선로의 인덕턴스

정삼각형으로 배치된 3상 평형선로는 항상 $\dot{I}_a + \dot{I}_b + \dot{I}_c = 0$ 관계가 성립한다. 또, 전선 b와 c에 흐르는 전류의 합은 $(\dot{I}_b + \dot{I}_c) = -\dot{I}_a$인 관계로부터 그림 3.8의 (a)를 단상 2선식인 (b)와 같이 나타낼 수 있다.

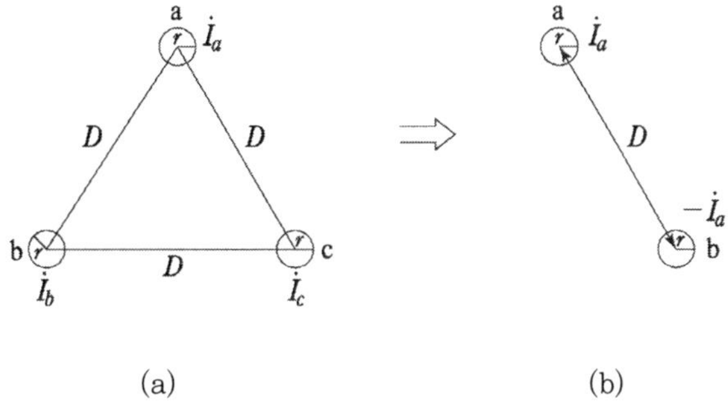

그림 3.8 정삼각형 배치

따라서, 전선 a의 단위 길이당의 인덕턴스는 왕복 2도선의 경우와 마찬가지로 다음 식으로 계산할 수 있다.

$$L = L_a = L_b = L_c$$
$$= 0.05 + 0.4605 \log_{10} \frac{D}{r} \text{[mH/km]} \tag{3.27}$$

3.3.5 송전선의 연가

일반적인 3상 3선식 선로에서는 정삼각형 배치가 아니며, 또 지표상의 높이도 서로 같지 아니하므로 이러한 경우에는 각 전선의 인덕턴스 및 정전용량은 다르게 된다. 이러한 경우 송전단에서 대칭전압을 인가하더라도 수전단에서는 비대칭으로 될 것이다. 따라서 이를 평형시키기 위하여 송전선로의 길이를 3의 정수배 구간으로 등분하고 각상의 전선위치를 구간마다 바꾸어 전체적으로 평형 시키는데 이것을 연가(撚架, 전선 위치 바꿈, transposition)라 한다.

이에 의하여 각상의 인덕턴스와 정전용량의 같아지므로 선로정수를 평형화함과 동시에 인접 통신선에 대하여 유도장해를 감소시킬 수 있다.

보통 선로길이 30~50[km]마다 1회 완전 연가를 하며, 연가 방법에는 1개의 연가용 철탑에서 점퍼(jumper)선에 의해 연가하는 점퍼선식과 2~3 경간에 걸쳐서 연가하는 회전식 등이 있다.

점퍼선식은 그림과 같은 연가용 특수 철탑을 이용하여 점퍼로서 연가를 시키며, 회전식은 지지물과 지지물 사이에 별도의 표준 지지물을 삽입해서 전선 상호간에 적당한 간격을 유지하면서 전선의 위치를 바꿔 놓는 경우이다.

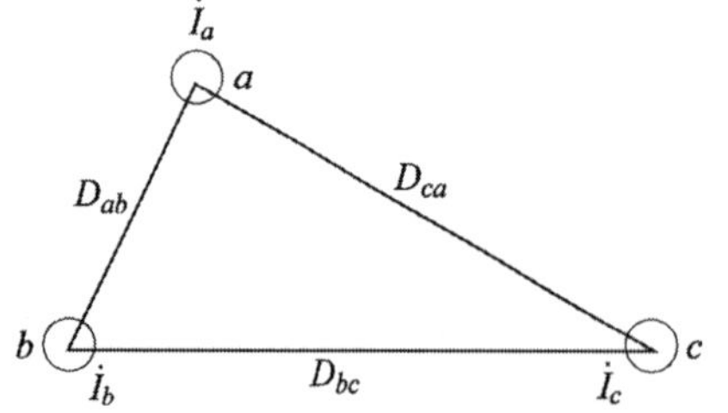

그림 3.9 비정삼각형 배치

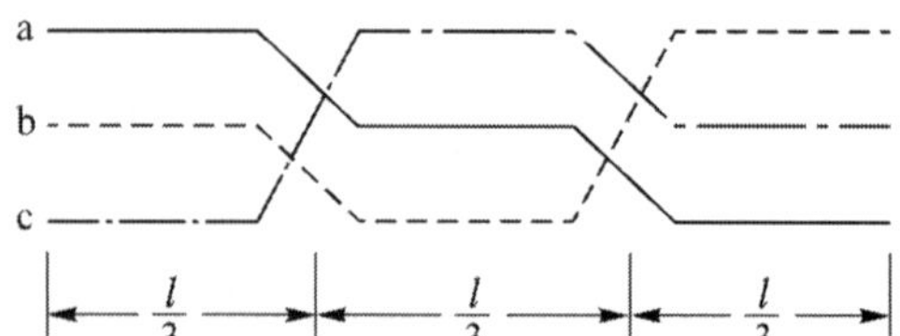

그림 3.10 연가의 설명

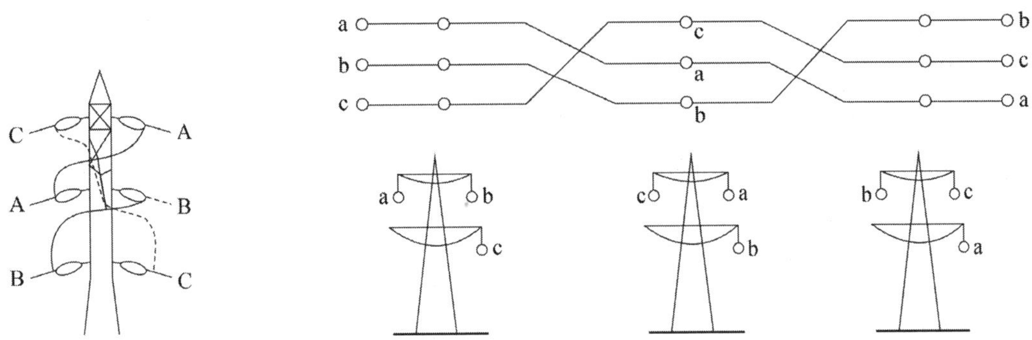

(a) 점퍼선식 (b) 회전식

그림 3.11 연가 방법

한편 인덕턴스의 계산식에는 대수항이 포함되어 있기 때문에 거리는 산술적 평균값이 아니고 다음 식과 같이 기하 평균거리를 취하여야 한다.

$$D = \sqrt[3]{D_{ab}\, D_{bc}\, D_{ca}} \tag{3.28}$$

연가 후 각상의 인덕턴스는 같게 되며 식 (3.29)와 같이 나타낼 수 있다.

$$L_a = L_b = L_c = 0.05 + 0.4605\log_{10}\frac{D}{r}\,[\mathrm{mH/km}] \tag{3.29}$$

또, 3상 2회선의 경우에 있어서도 회선 상호간에 연가가 완전히 이루어진다면 회선 2의 영향이 회선 1에 나타나지 않고, 또 회선 1의 영향도 회선 2에 나타나지 않으므로 결국 3상 1회선의 경우와 마찬가지로 계산하면 된다.

회선 상호간의 연가는 그림 3.12와 같이 하여야 한다.

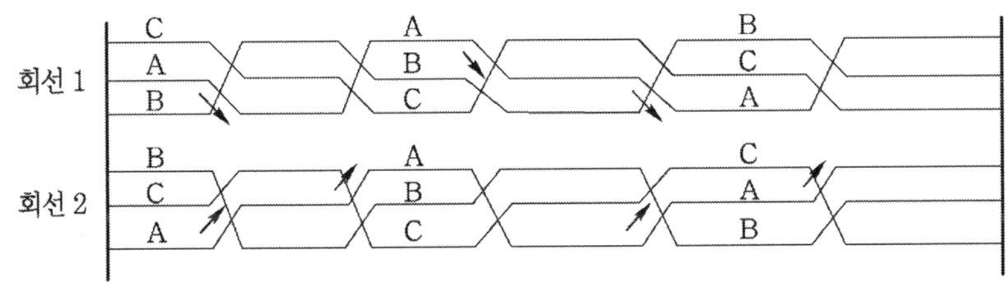

그림 3.12 3상 2회선 선로의 연가

예제 3-3

반지름 6[mm]인 경동선을 사용한 3상 1회선 전선로가 있다. 2[m] 간격의 정삼각형으로 배치된 경우 및 수평선상에 일직선으로 2[m] 간격으로 배치된 경우에 대해서 연가전후의 각 전선의 인덕턴스[mH/km]를 계산하여라.

풀이 (1) 정삼각형 배치

$$L_a = L_b = L_c = 0.05 + 0.4605\log_{10}\frac{2}{0.006} = 1.2117[\text{mH/km}]$$

(2) 수평배치

① 연가 전 : $L_a = L_c = 0.05 + 0.4605\log_{10}\dfrac{\sqrt{2\times 4}}{0.006} = 1.28[\text{mH/km}]$

$$L_b = 0.05 + 0.4605\log_{10}\frac{2}{0.006} = 1.2117[\text{mH/km}]$$

② 연가 후 : $L_a = L_b = L_c = 0.05 + 0.4605\log_{10}\dfrac{\sqrt[3]{2}\times 2}{0.006} = 1.258[\text{mH/km}]$

3.3.6 대지를 귀로로 하는 인덕턴스

지락고장의 경우에는 대지를 귀로로 하는 전류가 흐르며, 이때 선로 자신의 전류와 대지귀로 전류와의 사이에 서로 영향을 미치게 된다.

그림 3.13에 보인 것처럼 지표상 h[m]에 가선된 반지름 r[m]의 전선을 왕로로 하고 대지를

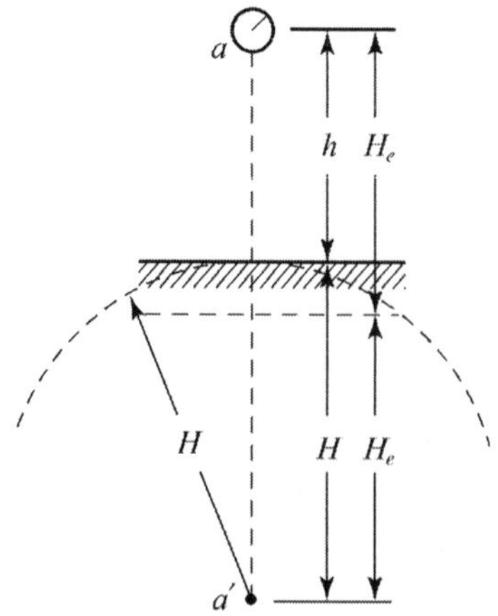

그림 3.13 대지 귀로 인덕턴스

귀로로 해서 전류를 흘리면 대지 중의 전류는 상당히 큰 깊이로 퍼져서 흐르게 된다.

이 경우 대지전류의 중심과 가공선과의 거리의 평균값 H_e 를 등가대지면의 깊이(equivalent earth depth) H_e 라고 부르며 다음 식과 같이 계산한다.

$$H_e = \frac{1}{2}(h + H)[\text{m}] \tag{3.30}$$

이 깊이는 주파수와 도전율(導電率)이 커질수록 작아진다. 상용주파수에서 실측결과 평지에서 300[m], 산악지대에서는 600~900[m] 정도이다.

대지의 투자율을 1로 보아서 왕로인 가공선의 인덕턴스 L_a 는

$$L_a = 0.05 + 0.4605\log_{10}\frac{2H_e}{r}[\text{mH/km}] \tag{3.31}$$

이고, 대지귀로의 인덕턴스 L_a' 는 반지름 H[m]의 큰 전선이 대지 중에 있는 것으로 가정할 수 있으며, $2H_e \fallingdotseq H$라고 하면

$$L_a' = 0.05 + 0.4605\log_{10}\frac{2H_e}{H} \fallingdotseq 0.05[\text{mH/km}] \tag{3.32}$$

이므로, 전선을 왕로로 하고 대지를 귀로로 하는 가공선 1선의 인덕턴스는 다음과 같다.

$$L_e^{(1)} = L_a + L_a' = 0.1 + 0.4605\log_{10}\frac{2H_e}{r}[\text{mH/km}] \tag{3.33}$$

2선을 병렬로 일괄하고 대지를 공통귀로로 할 경우 1선당의 자기 인덕턴스를 L_e 라하고 1선과 대지귀로 사이의 상호인덕턴스를 L_e'라 하면 다음의 결과를 얻는다.

$$L_e^{(2)} = L_e + L_e' = 0.15 + 0.4605\log_{10}\frac{(2H_e)^2}{rD}[\text{mH/km}] \tag{3.34}$$

마찬가지로 3상 3선식 1회선 송전선에서 3선을 일괄하고 대지를 공통귀로로 하면

$$L_e^{(3)} = L_e + 2L_e' = 0.2 + 0.4605\log_{10}\frac{(2H_e)^3}{rD^2}[\text{mH/km}] \tag{3.35}$$

으로 되며, 3상 2회선을 일괄하고 대지를 공통귀로로 할 경우에는

$$L_e^{(6)} = L_e + 5L_e{}' = 0.35 + 0.4605\log_{10}\frac{(2H_e)^6}{rD^2D'^2}\,[\text{mH/km}] \tag{3.36}$$

으로 된다. 여기서, D'는 등가 회선간 거리 [m]이며, L_e $L_e{}'$는 다음과 같다.

$$L_e = 0.1 + 0.4605\log_{10}\frac{2H_e}{r}\ [\text{mH/km}]$$

$$L_e{}' = 0.05 + 0.4605\log_{10}\frac{2H_e}{D}\ [\text{mH/km}]$$

예제 3-4

3상 1회선인 송전선로가 있다. 2선을 일괄하여 대지를 귀로로 하는 인덕턴스를 측정한 결과 1.78[mH/km], 3선을 일괄하여 대지를 귀로로 하는 인덕턴스를 측정한 결과 1.57[mH/km]이었다. 이 실측값에서 송전선로의 대지를 귀로로 하는 1선 1 [km]당의 자기 인덕턴스, 상호 인덕턴스 및 작용 인덕턴스를 구하여라.

풀이 1선과 대지 귀로의 자기 인덕턴스를 L_e, 상호 인덕턴스를 $L_e{}'$라 하면 다음 식이 성립한다.
2선을 일괄할 경우

$$\frac{1}{2}(L_e + L_e{}') = 1.78$$

3선을 일괄할 경우

$$\frac{1}{3}(L_e + 2L_e{}') = 1.57$$

이 식을 풀면 $L_e = 2.41\,[\text{mH/km}]$, $L_e{}' = 1.15\,[\text{mH/km}]$로 됨으로 작용 인덕턴스는

$$L = 2.41 - 1.15 = 1.26\,[\text{mH/km}]$$

이다.

3.4 정전용량(靜電容量)

어느 도체의 정전용량(capacitance)이란 그 도체에 전하(電荷) Q를 주었을 때 나타나는 전위를 V라 하면 Q/V로 표현할 수 있다.

3.4.1 왕복 2도선의 정전용량

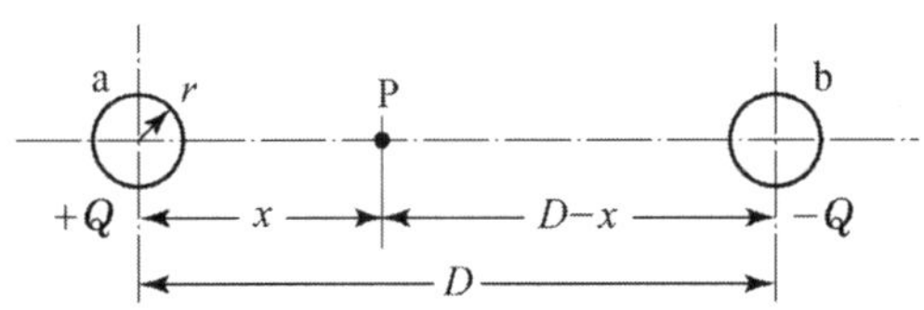

그림 3.14 왕복 2도선의 정전용량

반지름 r[m]인 두 전선 a, b가 그림 3.14와 같이 선간거리 D[m]인 상태에서, 각각 $+Q$[C/m] 및 $-Q$[C/m] 전하가 주어졌다고 한다. a, b 전선의 전하에 의하여 P점에 생기는 전계의 세기 E_a, E_b는

$$E_a = \frac{2Q}{x} \times 9 \times 10^9 [\text{V/m}] \tag{3.37}$$

$$E_b = -\frac{2Q}{D-x} \times 9 \times 10^9 [\text{V/m}] \tag{3.38}$$

로 되는데, P점의 전계의 세기 $E = E_a - E_b$이고, 전선 a, b 사이의 전위 V_{ab}는 전계의 세기 E를 반지름 r에서 $D-r$까지 적분함으로서 구할 수 있다.

$$V_{ab} = \int_r^{D-r} E dx = 2Q \times 9 \times 10^9 \left(\log_e \frac{D-r}{r} - \log_e \frac{r}{D-r} \right)$$

$$= 4Q \times 9 \times 10^9 \log_e \frac{D}{r} [\text{V}] \tag{3.39}$$

단, $D \gg r$이므로 $(D-r)/r \fallingdotseq D/r$

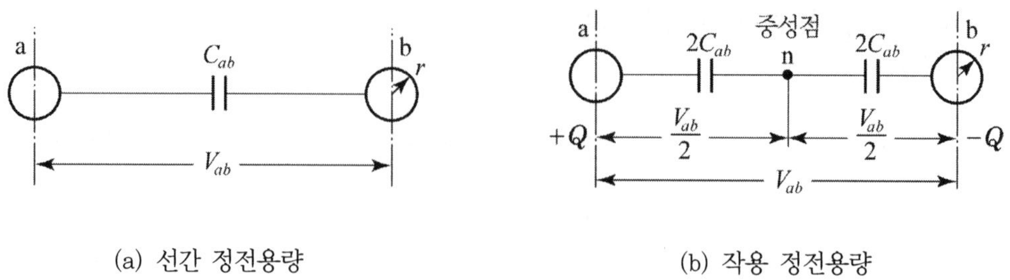

그림 3.15 전선 상호간 및 1선과 중성점 사이의 정전용량

그림 3.15 (a)에서 전선 a ,b 간의 선간 정전용량 $C_{ab} = Q/V_{ab}$이므로 다음과 같이 나타낸다 ($[\mathrm{F/m}] = 10^9\ [\mu\mathrm{F/km}]$, 자연대수를 상용대수로 변환).

$$C_{ab} = \frac{Q}{V_{ab}} = \frac{1}{4 \times 9 \times 10^9 \times \log_e \dfrac{D}{r}} [\mathrm{F/m}]$$

$$= \frac{1}{4 \times 2.3026 \log_{10} \dfrac{D}{r} \times 9 \times 10^9} \times 10^9 [\mu\mathrm{F/km}]$$

$$= \frac{0.02413}{2 \log_{10} \dfrac{D}{r}} [\mu\mathrm{F/km}] \tag{3.40}$$

또한 1선과 중성점 n 사이의 작용 정전용량(working capacitance)은 그림 3.15(b)와 같이 $C = 2C_{ab}$이므로 다음과 같이 된다.

$$C = 2\,C_{ab} = \frac{0.02413}{\log_{10} \dfrac{D}{r}} [\mu\mathrm{F/km}] \tag{3.41}$$

예제 3-5

반지름 7[mm]인 경동선을 사용하는 3상 송전선이 있다. 선간거리가 2[m]인 경우 작용 정전용량을 구하여라.

풀이 작용 정전용량 $C = \dfrac{0.02413}{\log_{10} \dfrac{2 \times 10^3}{7}} = 0.0098 [\mu\mathrm{F/km}]$

3.4.2 3상 1회선 송전선로의 정전용량

일반적으로 송전선로는 3상 3선식을 취하고 있는데 그림 3.16에서 보는 바와 같이 전선과 대지와의 사이에 대지 정전용량 C_s와 전선과 전선 사이에는 상호정전용량 C_m이 있다.

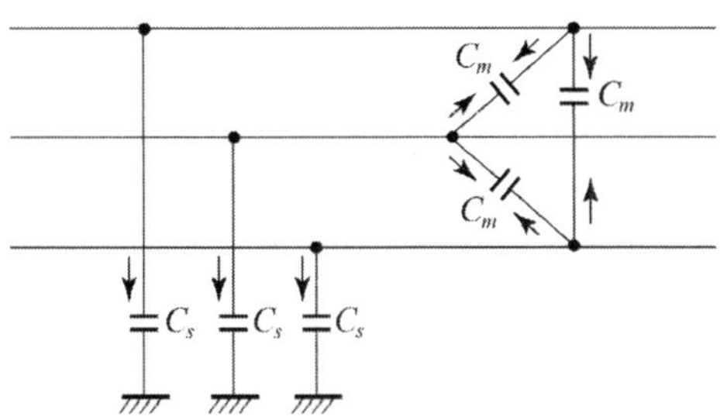

그림 3.16 3상 3선식 선로에서의 정전용량

여기서, C_s는 Y로 연결되고, C_m는 △로 연결되어 있는 것과 같기 때문에 선로를 충전할 경우 C_s에 걸리는 전압은 Y전압이고 C_m에 걸리는 전압은 △전압이므로 이들 양자간에 크기는 $\sqrt{3}$ 배, 위상각은 30°씩 서로 다르게 되어 있다.

일반적으로 1선에 작용하는 정전용량을 계산할 경우에는 △결선을 Y결선으로 환산해야 한다. 즉, 1선에 작용하는 정전용량은 그림 3.17과 같이 상호 정전용량 C_m을 Y로 변환한 $3C_m$과 대지 정전용량 C_s가 병렬로 작용하므로 이를 합한 것으로서 나타낼 수 있다.

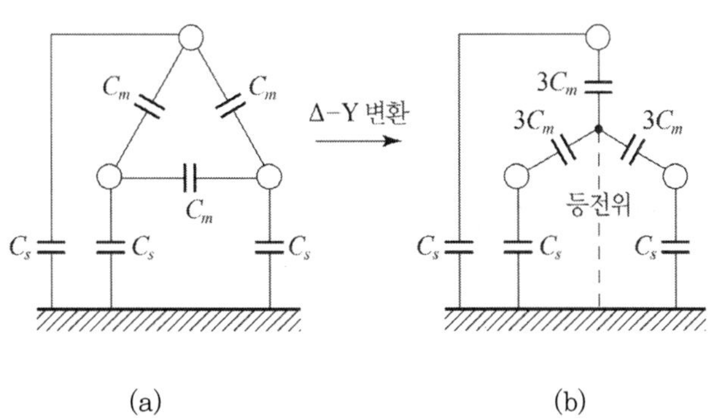

그림 3.17 상호 정전용량 C_m의 △-Y 환산

작용 정전용량(作用靜電容量)은 다음과 같다.

$$C = C_s + 3C_m \tag{3.42}$$

단, 이것은 어디까지나 송전선로의 각 상전압이 평형되고 있을 경우에만 성립하는 관계식이다.

예제 3-6

3상 1회선의 송전선로에 3상 전압을 인가하면 전선 1가닥에 흐르는 충전전류는 32[A], 또 3선을 일괄하여 이것과 대지 사이에 선간전압의 $1/\sqrt{3}$ 을 가해 충전할 때 전 충전전류는 60[A]이다. 이 경우 전선 1가닥의 대지 정전용량 C_s 와 선간용량 C_m 의 비를 구하여라.

풀이 작용 정전용량 C_n, 대지 정전용량 C_s, 선간 정전용량 C_m 의 사이에는 $C_n = 3C_m + C_s$ 의 관계가 있다. 다음에 선간전압을 V라 하면 문제의 뜻에 따라 다음 식이 성립한다.

$$w\,C_n \frac{V}{\sqrt{3}} = w(3C_m + C_s)\frac{V}{\sqrt{3}} = 32 \tag{1}$$

$$w3\,C_s \frac{V}{\sqrt{3}} = \sqrt{3}\,w\,C_s V = 60 \tag{2}$$

식 (2)에서 $wV = \dfrac{60}{\sqrt{3}\,C_s}$ 이므로, 이것을 식 (1)에 대입하여 정리하면

$$20 + 60\frac{C_m}{C_s} = 32$$

이다. 그러므로 $\dfrac{C_m}{C_s} = \dfrac{1}{5}$ 이 된다.

3.4.3 정전용량의 개략값

선로의 작용 정전용량은 표 3.3에 보는 바와 같이 회선수나 가공지선에 관계없이 같은 값을 나타내고 있다.

표 3.3 정전용량

정전용량별	2회선 사용		1회선 사용	
	가공지선 유	가공지선 무	가공지선 유	가공지선 무
C_s	0.00392	0.00345	0.00520	0.00474
C_m	0.001748	0.001899	0.00132	0.00143
C_n	0.00916	0.00916	0.00916	0.00916

표 3.3은 154[kV] 실계통의 정전용량을 계산해서 얻은 값이다.

대개 단도체 방식의 3상 선로에서의 작용 정전용량 C은 회선수에 관계없이 0.009[μF/km] 정도이다.

3.4.4 누설 콘덕턴스

애자(insulator)는 전선 상호간 또는 전선과 대지 사이를 절연하지만 완전한 절연은 아니므로 약간의 누설전류가 흐르게 되며, 이로 인한 유전체 손실도 있다. 또한, 전선을 지지하는 클램프가 자기회로를 구성하므로 히스테리시스 손실(hysterisis loss)이 있으며, 코로나가 발생하면 코로나 손실(corona loss)도 발생하게 된다.

이와 같은 손실을 표시하기 위해서는 그림 3.18과 같이 1선과 중성선 사이에 정전용량 C와 병렬로 누설저항 R_i을 등가적으로 나타낼 수 있다.

누설저항은 상당히 크기 때문에 그 역수인 누설 콘덕턴스(leakage conductance) g는 대단히 작아서 선로정수로서는 실용상 고려할 필요는 없다. 그러나 장거리 선로에서는 이 누설 콘덕턴스의 영향을 무시할 수 없으므로 고려하여야 한다.

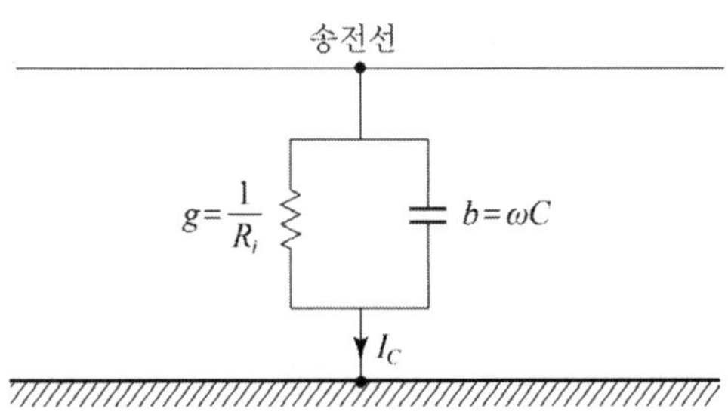

그림 3.18 송전선의 병렬 어드미턴스

일반적으로 송전선 1선의 누설 콘덕턴스를 g [℧/km], 서셉턴스를 b [℧/km]라 하고 대지 정전용량을 C[F/km], 각속도를 ω ($\omega = 2\pi f$)라고 하면 병렬 어드미턴스 $\dot{Y}$는 다음과 같이 표시된다. (어드미턴스 Y, 콘덕턴스 g, 서셉턴스 b의 단위는 [S]이지만, 종전처럼 [℧]로 표시)

$$\dot{Y} = g + jb = g + j\omega C [℧/\text{km}] \tag{3.43}$$

이와 같이 송전선에는 병렬로 어드미턴스가 존재하는데, 누설 컨덕턴스 g는 대단히 작으므로 장거리 송전선로와 같이 특별한 경우를 제외하고는 $g = 0$으로 놓고 어드미턴스 $Y \fallingdotseq j\omega C$로 하는 것이 보통이다.

예제 3-7

현수애자 10개를 1연으로 하는 154[kV] 송전선로가 있다. 애자 1개의 절연저항은 1500[MΩ]이며, 이 선로의 경간이 200[m]라 하면 1[km]당 누설 컨덕턴스는 얼마인가?

풀이 1연의 절연저항은

$$1500 \times 10 = 15,000[\text{M}\Omega] = 15 \times 10^9 [\Omega]$$

이다. 1[km]당 5련의 현수애자가 병렬로 있으므로 합성저항 R은

$$R = 15 \times 10^9 \times \frac{1}{5} [\Omega]$$

이다. 그러므로 1[km]당 누설 컨덕턴스 g는 합성저항 R의 역수이므로 다음과 같다.

$$g = \frac{5}{15} \times 10^{-9} = 0.33 \times 10^{-9} [℧]$$

3.5 복도체 선로의 인덕턴스와 정전용량

200[kV] 이상의 초고압 선로에 있어서는 1상분의 도체를 여러 개의 소도체로 분할(소도체 사이 간격은 40[cm] 정도)하여 송전하는 복도체 방식을 채용한다.

복도체 방식은 단도체 방식에 비해서 건설비는 증가하지만 다음과 같은 유리한 점이 있다.

① 전선의 인덕턴스 L이 감소되고 정전용량 C는 증가한다.
(송전용량이 증가하고 안정도가 높아진다)

② 전선표면의 전위경도가 저감되므로 코로나 임계전압을 높일 수 있다.
(코로나 손실, 코로나 잡음 등의 장해가 저감된다)

3.5.1 인덕턴스

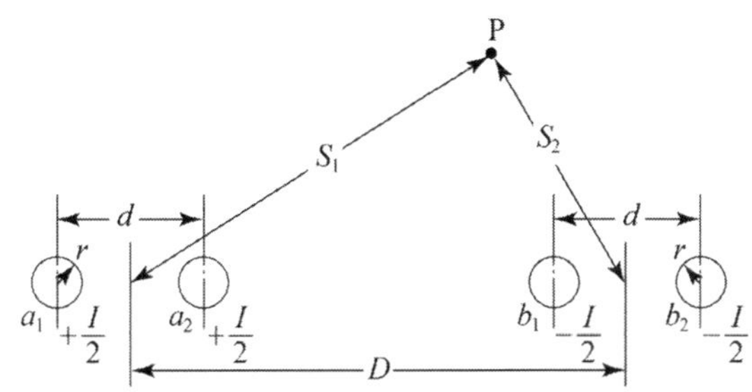

그림 3.19 2도체 방식의 배치

그림 3.19에서 표시하는 바와 같이 1상을 2개의 소도체로 분할한 경우에 있어서 소도체의 반지름을 r[m], 소도체 간격을 d[m], 상간거리를 D[m]라 하고, a 상의 소도체 a_1, a_2에 각각 $+I/2$[A], b 상의 소도체 b_1, b_2에 $-I/2$[A]인 전류가 흐른다고 하자.

소도체에서 먼 거리 S_1, S_2인 점 P를 취하고, 점 P까지의 전선 1상당의 전 자속 쇄교수를 구한다. 즉, 소도체 a_1, a_2에서 발생하는 자속 중 P점까지 쇄교하는 자속수 λ_{a1}, λ_{a2}를 각각 구해서 합산하여 a상에 대한 전 쇄교자속수를 구한 후 전류 $I=1$[A]로 놓음으로써 인덕턴스를 구할 수 있다(S_1, $S_2 \gg D$ 이므로 $S_1 \fallingdotseq S_2 = S$).

(1) a_1 소도체에 쇄교하는 자속수

$$\lambda_{a_1} = \left\{\frac{1}{2} + 2\log_e \frac{D(D+d)}{rd}\right\} \times \left(\frac{I}{2}\right)^2 \times 10^{-7}[\text{A} \cdot \text{Wb}] \tag{3.44}$$

(2) a_2 소도체에 쇄교하는 자속수

$$\lambda_{a_2} = \left\{\frac{1}{2} + 2\log_e \frac{D(D-d)}{rd}\right\} \times \left(\frac{I}{2}\right)^2 \times 10^{-7}[\text{A} \cdot \text{Wb}] \tag{3.45}$$

a 상의 소도체 a_1, a_2와 쇄교하는 전 자속수 λ_a 은

$$\lambda_a = \lambda_{a_1} + \lambda_{a_2}$$
$$= \left\{\frac{1}{4} + \frac{1}{2} log_e \frac{D^4(1-d^2/D^2)}{r^2 d^2}\right\} \times I^2 \times 10^{-7} [\text{A} \cdot \text{Wb}] \quad (3.46)$$

이 되며, $D \gg d$ 이므로

$$\lambda_a \fallingdotseq \left(\frac{1}{4} + 2\log_e \frac{D}{\sqrt{rd}}\right) \times I^2 \times 10^{-7} [\text{A} \cdot \text{Wb}] \quad (3.47)$$

이다. 이 때 인덕턴스 L_2는 전류를 1[A]라 두고, 자연대수를 상용대수로, [H/m]를 [mH/km]로 변환 정리하면 다음 식과 같이 된다.

$$L_2 = \left(\frac{1}{4} + 2\log_e \frac{D}{\sqrt{rd}}\right) \times 10^{-7} [\text{H/m}]$$
$$= 0.025 + 0.4605\log_{10} \frac{D}{\sqrt{rd}} [\text{mH/km}] \quad (3.48)$$

단도체에 대한 인덕턴스식과 비교하면 내부 쇄교 자속수가 0.05에서 0.025로 감소하며, 반지름 r 이 $\sqrt{rd}$ 로 변경됨을 알 수 있다.

그러므로 n 개의 소도체로 구성된 복도체의 경우에 1상당의 인덕턴스 L_n 은 다음 식으로 된다.

$$L_n = \frac{0.05}{n} + 0.4605\log_{10} \frac{D}{\sqrt[n]{rd^{n-1}}} [\text{mH/km}] \quad (3.49)$$

단, 정사각형으로 배치된 4개의 소도체 상호간의 등가 평균거리는 다음과 같다.

$$d = \sqrt[3]{d_0 \times \sqrt{2}\, d_0 \times d_0} = \sqrt[6]{2}\, d_0 \quad (3.50)$$

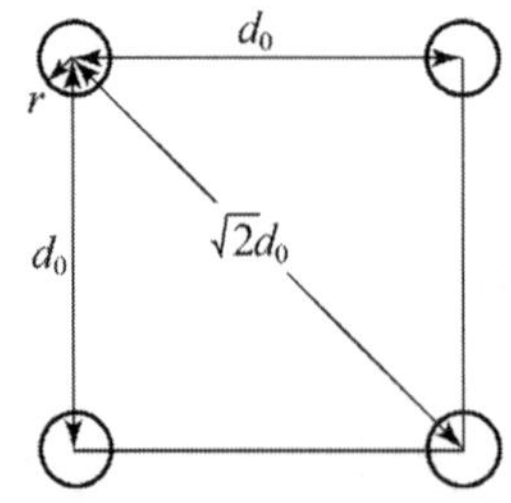

그림 3.20 4개의 소도체 배치

예제 3-8

4개의 소도체로 구성된 복도체 방식의 3상 3선식 송전선로가 있다. 소도체의 지름 2[cm], 소도체 간격 36[cm] 등가 선간거리 120[cm]인 경우에 인덕턴스[mH/km]를 계산하여라.

풀이 소도체 상호간의 등가 평균거리는

$$d = \sqrt[6]{2}\, d_0 = \sqrt[6]{2} \times 36 = 40.4[\text{cm}]$$

인덕턴스 L_4는

$$L_4 = \frac{0.05}{4} + 0.4605\log_{10}\frac{120}{\sqrt[4]{1 \times 40.4^{4-1}}}$$
$$= 0.0125 + 0.4605\log_{10}7.49 = 0.4152[\text{mH/km}]$$

3.5.2 정전용량

복도체 선로의 작용 정전용량 계산은 단도체의 경우에 있어서 반지름 r 대신에 등가반지름 $\sqrt{rd}$ 를 대입하면 된다. 2도체 방식의 복도체의 작용 정전용량 C_2은 등가 선간거리를 D라 하면

$$C_2 = \frac{0.02413}{\log_{10}\dfrac{D}{\sqrt{rd}}}[\mu\text{F/km}] \tag{3.51}$$

이 되며, n도체 방식의 경우에는

$$C_n = \frac{0.02413}{\log_{10}\dfrac{D}{\sqrt[n]{rd^{n-1}}}}[\mu\text{F/km}] \tag{3.52}$$

로 된다.

예제 3-9

345[kV] 송전선로에서 480[mm^2]×4인 복도체를 사용할 때 1선당 작용 정전용량 [μF/km]을 계산하여라. 단, 등가 선간거리는 9.12[m], 소도체 지름은 31.5[mm], 소도체간 거리는 400[mm]이다.

풀이 소도체 상호간의 평균거리는

$$d = \sqrt[6]{2} \times 400 = 449[\text{mm}]$$

작용 정전용량 C_4는

$$C_4 = \frac{0.02413}{\log_{10} \dfrac{9.12 \times 10^3}{\sqrt[4]{15.75 \times 449^{4-1}}}} = 0.0144[\mu\text{F/km}]$$

3.6 케이블의 정전용량

3.6.1 3심 케이블의 정전용량 계산

3심 케이블의 작용정전용량은 대지 정전용량 C_s 와 상호 정전용량 C_m 의 결합으로 나타나지만 C_s 와 C_m 은 직접 측정할 수 없다. 그래서 다음과 같은 간접적인 방법으로 구한다.

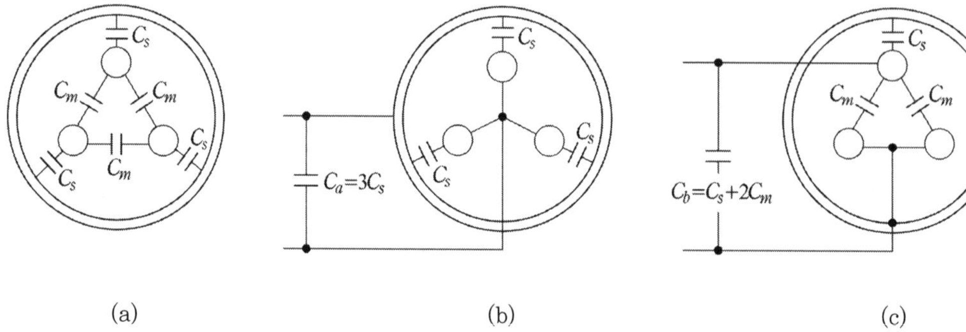

그림 3.21 3심 케이블의 정전용량

그림 3.21(b)처럼 3심을 일괄하면 상호 정전용량 C_m은 존재하지 아니하고 대지 정전용량 C_s만 존재하며, C_s 상호간은 병렬이므로 3심을 일괄한 점과 케이블 외피사이의 정전용량 C_a는 $C_a = 3C_s$이다. 그러므로 C_s는 다음과 같다.

$$\therefore C_s = \frac{C_a}{3} \tag{3.53}$$

다음에 그림 (c)처럼 2심과 외피를 연결하고 나머지 1심과의 사이에서 측정한 정전용량 C_b는 2개소의 상호 정전용량 C_m과 1개소의 대지 정전용량 C_s만 존재하며, 이 또한 병렬이므로 $C_b = C_s + 2C_m$이 되며 다음과 같이 작용 정전용량을 계산할 수 있다.

$$\therefore C_m = \frac{1}{2}(C_b - C_s) = \frac{1}{2}\left(C_b - \frac{C_a}{3}\right) \tag{3.54}$$

그러므로 케이블 1상에 작용하는 정전용량 C는 다음과 같다.

$$C = C_s + 3C_m = \frac{9C_b - C_a}{6} \tag{3.55}$$

즉, 그림 (b), (c)에서 측정한 C_a, C_b를 이용하여 작용 정전용량 C를 위 식에 의하여 구할 수 있다.

예제 3-10

3심 케이블에 대하여 그림 3.22 (a) 및 (b)의 접속에서 정전용량을 측정했더니 $C_A = 0.25$ [μF/km], $C_B = 0.15$[μF/km]이었다. 이 케이블의 대지 정전용량(C_s), 상호 정전용량(C_m) 및 작용 정전용량(C)을 구하여라.

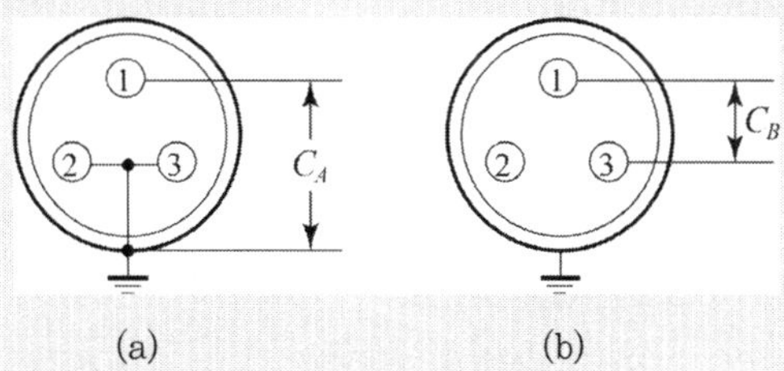

그림 3.22

풀이 일반적으로 3심 케이블에서 대지 정전용량 C_s[μF/km] 및 상호 정전용량 C_m[μF/km]은 측정값 C_A, C_B를 다음 식으로 나타낼 수 있다.

$$C_A = C_s + 2C_m, \quad C_B = \frac{1}{2}C_s + \frac{3}{2}C_m$$

$C = C_s + 3C_m$에 대립하여 정리하면

$$C_s = 3C_A - 4C_B, \ C_m = 2C_B - C_A$$

이 된다. C_A, C_B의 측정값을 대입하면 대지 정전용량 C_s, 상호 정전용량 C_m 및 작용 정전용량 C는 다음과 같이 구할 수 있다.

$$C_s = 3\times 0.25 - 4\times 0.15 = 0.15[\mu\text{F/km}]$$
$$C_m = 2\times 0.15 - 0.25 = 0.05[\mu\text{F/km}]$$
$$C = 0.15 + 3\times 0.05 = 0.30[\mu\text{F/km}]$$

3.6.2 케이블의 충전전류와 충전용량 계산

케이블의 충전전류 I_c[A]는 1선의 작용 정전용량을 C[F], 대지전압은 E[V](선간전압은 V[V])라 하면 다음 식으로 계산된다.

$$I_c = \frac{E}{X_c} = \frac{E}{\dfrac{1}{\omega C}} = \omega CE$$
$$= \omega C\frac{V}{\sqrt{3}} = 2\pi f C\frac{V}{\sqrt{3}}[\text{A}] \qquad (3.56)$$

여기서, 각속도 $\omega = 2\pi f$이며 f는 주파수[Hz]를 나타낸다.

케이블은 정전용량 C가 크므로 사용전압이 높아짐에 따라서 충전전류 I_c가 커져서 유효전류를 송전하는 데 제약을 주고 있다.

케이블의 충전용량 Q_c[kVA]는 다음과 같이 계산한다.

$$Q_c = \sqrt{3}\,VI_c\times 10^{-3} = \sqrt{3}\,V\times\omega C\frac{V}{\sqrt{3}}\times 10^{-3}$$
$$= \omega CV^2\times 10^{-3}[\text{kVA}] \qquad (3.57)$$

예제 3-11

전압 22,900[V], 주파수 60[c/s]), 선로 길이 7[km] 1회선의 3상 지중 송전선로가 있다. 이의 3상 무부하 충전 전류 및 충전 용량을 구하여라. 단, 케이블의 1선당 작용 정전용량은 0.4[μF/km]라고 한다.

풀이 무부하 충전회로는 그림 3.23과 같이 되고 3상 무부하 충전전류 I_c는

$$I_c = 2\pi f C \frac{V}{\sqrt{3}}$$
$$= 2 \times 3.14 \times 60 \times (0.4 \times 7 \times 10^{-6}) \times \frac{22,900}{\sqrt{3}}$$
$$\fallingdotseq 13.95[\text{A}]$$

이때의 충전용량 Q_c는

$$Q_c = \sqrt{3}\, V I_c \times 10^{-3}$$
$$= \sqrt{3} \times 22,900 \times 13.95 \times 10^{-3}$$
$$\fallingdotseq 553.5[\text{kVA}]$$

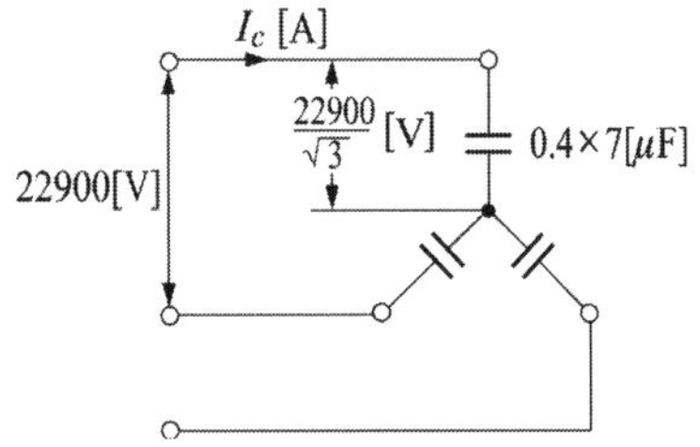

그림 3.23

3.7 코로나

3.7.1 개요

코로나란 송전선의 전위경도가 공기의 절연강도를 초과하여 전선 주위의 공기가 이온화하여 부분적으로 절연이 파괴되는 현상이다.

즉, 코로나 방전(corona discharge)은 전선 주위에 있는 공기의 절연이 부분적으로 파괴되는 현상이며, 섬락(flash over) 이전에 생기는 방전이다.

공기의 절연이 파괴되는 전위는 (표준 기상상태인 20[℃], 760[mmHg]에서) 직류에서 약 30[kV/cm], 정현파 교류(실효값)에서는 21.1[kV/cm] (30/$\sqrt{2}$)의 전위경도를 가하면 절연이 파괴되는데, 이것을 파열극한 전위경도(disruptive critical potential gradient)라 한다.

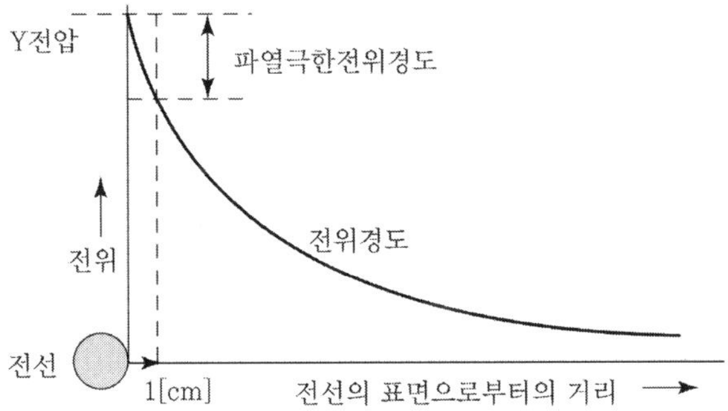

그림 3.24 전위경도

일반적으로 송전선로의 전선 표면에서의 전위경도가 위에서 보인 한도를 넘으면 그 부분만의 공기의 절연이 파괴된다. 이와 같이 공기의 절연이 부분적으로 파괴되면서 낮은 소리나 엷은 빛을 내는 현상을 코로나(corona) 또는 코로나 방전(corona discharge)이라고 한다.

코로나 발생은 전선에 흐르는 전류와는 관계가 없고 인가전압과 전선 표면의 상태, 주위의 공기 상태에 의하여 영향을 받으며, 전선지름이 클수록 코로나 발생이 감소된다.

즉, 345[kV] 선로와 같이 초고압 송전선을 복도체로 하는 것은 도체의 등가 반지름을 크게 하여 코로나 발생을 억제하고 송전용량을 증대시키기 위함이다. 또한 전선표면이나 가선 금구류 등에 돌기 부분이 있는 경우는 그 점에서 코로나가 쉽게 발생되며, 우천시나 눈이 올 때도 코로나가 쉽게 발생된다.

이와 같은 코로나가 발생하면 오존 O_3이 생성되어 전선과 애자의 금속부분 부식, 전력 손실(코로나 손실)로 인한 송전효율 저하, 통신선에의 유도장해 발생 및 송전선 부근의 라디오나 TV수신에 장애를 주는 등 나쁜 영향을 미치게 된다.

따라서 초고압 송전선로에 있어서 코로나 대책은 중요한 문제로 된다.

3.7.2 코로나 임계전압

전선 표면에 있어서 교류 21.1[kV]의 전위경도가 되면 코로나가 발생하므로 대지전압이 어느 정도이면 코로나가 발생하는지를 알아보자.

여기서, 전선 주위의 공기 절연이 파괴되어 코로나가 발생할 때의 대지전압을 코로나 임계전압(corona critical voltage)이라 한다.

반지름 r [m]인 전선에 단위 길이당 q [c/m]의 전하를 주었을 때의 전선표면의 전계의 세기, 즉 전위경도 g 는

$$g = \frac{2q}{r} \times 9 \times 10^9 \,[\text{V/m}] \tag{3.58}$$

로 표시된다. 이 값이 파열극한 전위경도를 넘으면 코로나가 발생한다.

지금, 작용 정전용량을 C[F/m] 라고 하면 $q = CE_0$ [C/m]이며,

$$C = \frac{1}{2\log_e \dfrac{D}{r} \times 9 \times 10^9} \,[\text{F/m}]$$

이므로 위 식은 다음과 같이 나타낸다.

$$g = \frac{2CE_0}{r} \times 9 \times 10^9 = \frac{2E_0}{r} \times \frac{1}{2\log_e \frac{D}{r}} \,[\mathrm{V/m}] \tag{3.59}$$

또한 전선의 반지름 $r\,[\mathrm{cm}]$, 등가선간거리 $D\,[\mathrm{cm}]$, 대지전압 $E_0\,[\mathrm{kV}]$라 하면 전선 표면의 전위경도 $g\,[\mathrm{kV/cm}]$는 자연대수를 상용대수로 바꾸고, 전위경도 $g = 21.1\,[\mathrm{kV/cm}]$로 놓으면 다음과 같다.

$$g = \frac{0.4343E_0}{r\log_{10}\frac{D}{r}} = 21.1\,[\mathrm{kV/cm}] \tag{3.60}$$

따라서 이 때 코로나가 발생하는 선로의 대지전압 즉, 코로나 임계전압 $E_0\,[\mathrm{kV}]$는 다음과 같다.

$$E_0 = 48.6 \times r \times \log_{10}\frac{D}{r} = 24.3d\log_{10}\frac{2D}{d}\,[\mathrm{kV}] \tag{3.61}$$

그런데 위의 식은 전선단면이 원형 모양의 단선이고, 표준 기상상태로 한 것인데, 실제로는 단선이 아닌 연선을 쓰고 기상조건도 나쁜 경우가 있으므로 코로나 임계전압은 더욱 낮아진다. 따라서 실제 상태에 있어서 코로나 임계전압은 다음 식으로 된다.

$$E_0 = 24.3m_0 m_1 \delta d\log_{10}\frac{2D}{d}\,[\mathrm{kV}] \tag{3.62}$$

① m_0 : 전선표면의 상태계수

표 3.4에 나타낸 바와 같이 연선의 가닥수가 많을수록, 또 표면이 거칠수록 낮은 값이 된다.

표 3.4 전선표면의 상태계수

전선의 표면상태	m_0의 값
잘 닦아진 단선	1.0
표면이 거친 단선	0.93~0.98
중공 연선	0.90~0.94
7가닥 연선	0.83~0.87
19~61가닥 연선	0.80~0.85

② m_1 : 기후 계수

맑은 날은 1.0이며, 우천시에는 0.8, 서리가 많은 날은 0.7~0.6으로 한다.

③ δ : 상대 공기밀도

표준 대기상태에서 벗어난 정도를 나타내며, 다음과 같이 정의한다.

$$\delta = \frac{0.386\,b}{273 + t} \tag{3.63}$$

단, t : 기온[℃], b : 기압[mmHg]

그러므로 기온 $t = 20$[℃], 기압 $b = 760$[mmHg]일 때 상대 공기밀도 $\delta = 1$이 된다. 표 3.5에서처럼 표고가 높으면 기압이 낮아지며, 또한 상대공기밀도가 낮아지므로 산악지대를 통과하는 송전선로는 코로나 임계전압이 낮아진다.

표 3.5 기압과 표고의 관계

표 고[m]	기 압[mmHg]
0	760
500	711
1,000	668
1,500	627
2,000	590

3.7.3 코로나 장해

(1) 코로나 손실

송전선의 코로나 손실에 관한 미국인 피크(F. W. Peek)의 실험식은 다음과 같다.

$$P = \frac{241}{\delta}(f + 25)\sqrt{\frac{d}{2D}}(E - E_0)^2 \times 10^{-5}[\text{kW/km/1선}] \tag{3.64}$$

여기서, δ : 상대 공기밀도

f : 주파수

d : 전선의 지름[cm]

D : 선간거리[cm]

E : 전선의 대지전압[kV]

E_0 : 코로나 임계전압[kV]

위 식에서 코로나 임계전압 E_0가 크면 코로나 손실은 작아짐을 알 수 있다.

(2) 코로나 잡음 및 소음

코로나는 전선 표면의 전위경도가 21.1[kV/cm]를 넘을 때에만 일어나는 것이므로 교류전압의 반파마다 간헐적으로 일어나게 된다.

이와 같이 과도적으로 발생하는 코로나 펄스는 전파되어 송전선로 근방에 있는 라디오 및 텔레비전의 수신 또는 반송 계전기나 반송 통신설비에 잡음을 주게 된다.

코로나 소음은 코로나 방전에 의하여 직접 공간에 방출되는 가청음이다.

(3) 통신선에의 유도장해

코로나에 의한 제 3고조파 성분은 중성점 직접 접지방식의 송전 선로에서는 대지를 귀로로 하는 영상전류이므로 부근의 통신선에 유도장해를 일으킬 우려가 있다.

(4) 전선의 부식촉진

코로나에 의한 화학작용으로 오존(O_3) 및 산화질소(NO)가 발생하며, 수분이 있으면 산화질소는 초산(NHO_3)으로 되어서 전선을 부식시킨다.

한편 코로나 발생으로 인한 장점으로는 코로나의 저항 작용으로 이상전압의 파고값을 감소시킬 수 있다. 그러나 코로나로 인한 나쁜 영향이 크므로 코로나의 발생을 억제하여야 한다.

3.7.4 코로나 방지대책

코로나 방지대책으로서는 무엇보다도 코로나 임계전압을 대지전압 이상으로 높여야 하므로 이를 위한 방법으로는 다음과 같다.

(1) 굵은 전선을 사용한다.

전선을 굵게 하면 전선표면의 전위 기울기는 완만하게 되어 코로나의 임계전압이 올라가므로 코로나 발생을 억제하게 된다. 한편 굵은 전선을 사용하면 전선의 중량이 무거워지고 철탑도 커야 하므로 경제적이 못 된다. 이 때문에 송전선에서는 모두 ACSR를 사용하고 있다.

(2) 복도체를 사용한다.

각 상의 전선을 소도체로 나누어서 송전하는 복도체 방식을 채용한다. 실험에 의하면 전선을 2개의 소도체로 분할해서 25~50[cm] 간격을 두었더니 임계전압이 15~25[%] 높아졌다는 예도 있다.

이 밖에도 복도체는 단선의 경우와 비교해서 선로의 작용 인덕턴스 L은 줄어들고 정전용량 C는 증대되기 때문에 송전전력을 증대시킬 수 있다는 장점도 있다.

(3) 가선금구(加線金具)를 개량한다.

가선 금구류 등에 돌기 부분(突起 部分)이 있는 경우에는 그 부분에서 코로나가 쉽게 발생되므로 돌기 부분이 없도록 개량한다.

예제 3-12

선간전압 154[kV], 60[Hz]의 3상 송전선이 있다. 전선은 19/3.2[mm] 경동연선 (반지름 = 0.8[cm])으로, $D = 400$[cm]의 정삼각형 배치를 하고 있다. 기압 730[mmHg], 기온 30[℃], 맑은 날씨인 경우에 있어서의 코로나 임계전압, 1[km]당의 코로나 손실을 구하여라. 여기서 전선의 표면계수 m_0는 0.85이다.

풀이 상대 공기밀도 δ는

$$\delta = \frac{0.386 \times 730}{273 + 30} = 0.93$$

임계전압 E_0는

$$E_0 = 24.3 \times 0.85 \times 0.93 \times 1.6 \times \log_{10}\frac{800}{1.6} = 83[\mathrm{kV}]$$

(선간전압으로 환산하면 $v_0 = \sqrt{3} \times 83 = 144[\mathrm{kV}]$임)

즉, 송전전압 154[kV]에서는 코로나가 발생하므로 보다 굵은 전선으로 바꾸어야 한다.
코로나 손실은

$$P_c = \frac{241}{0.93}(60 + 25)\sqrt{\frac{1.6}{800}}\left(\frac{154}{\sqrt{3}} - 83\right)^2 \times 10^{-5} = 0.344[\mathrm{kW/km/line}]$$

이 되며, 전선 3가닥에 대한 손실은 다음과 같다.

$$3 \times 0.344 = 1.03[\mathrm{kW/km}]$$

연 습 문 제

exercise

3-1 직경 5[mm]의 경동선을 간격 1[m]로 정삼각형 배치를 한 가공전선의 1선 1[km]당의 작용 인덕턴스는 몇 [mH/km]인가? [94. 공사산업기사]

㉮ 1.05　　㉯ 1.15

㉰ 1.25　　㉱ 1.35

3-2 지름이 d[m]이고 선간거리가 D[m]인 선로 한 가닥의 작용 인덕턴스는 몇 [mH/km]인가? 단, 선로의 투자율은 1이라 한다. [07. 전기산업기사]

㉮ $0.5 + 0.4605\log_{10}\dfrac{D}{d}$　　㉯ $0.05 + 0.4605\log_{10}\dfrac{D}{d}$

㉰ $0.5 + 0.4605\log_{10}\dfrac{2D}{d}$　　㉱ $0.05 + 0.4605\log_{10}\dfrac{2D}{d}$

3-3 3상 3선식에서 전선의 선간거리가 각각 1[m], 2[m], 4[m]라고 할 때 등가 선간거리는 몇 [m]인가? [98. 공사산업기사]

㉮ 1　　㉯ 2

㉰ 3　　㉱ 4

3-4 3상 3선식 송전선로의 선간거리가 D_1, D_2, D_3[m], 전선의 직경이 d[m]로 연가된 후에 전선 1[km]의 인덕턴스는 몇 [mH]인가? [95. 공사산업기사]

㉮ $0.05 + 0.4605\log_{10}\dfrac{\sqrt[3]{D_1 D_2 D_3}}{d}$

㉯ $0.05 + 0.4605\log_{10}\dfrac{2\sqrt[3]{D_1 D_2 D_3}}{d}$

㉰ $0.05 + 0.4605\log_{10}\dfrac{d\sqrt[3]{D_1 D_2 D_3}}{d}$

㉱ $0.05 + 0.4605\log_{10}\dfrac{d}{\sqrt[3]{D_1 D_2 D_3}}$

3-5 송배전선로에서 도체의 굵기는 같게 하고 경간을 크게 하면 도체의 인덕턴스는?

[04. 전기공사기사]

㉮ 커진다.

㉯ 작아진다.

㉰ 변함이 없다.

㉱ 도체의 굵기 및 경간과는 무관하다.

3-6 7/3.7[mm]인 경동연선(반지름 0.555[cm])을 그림과 같이 배치한 완전 연가의 66[kV] 1회용 송전선이 있다. 1[km]당 작용 인덕턴스[mH/km]는? [94. 전기기사]

㉮ 1.237

㉯ 1.287

㉰ 2.849

㉱ 2.899

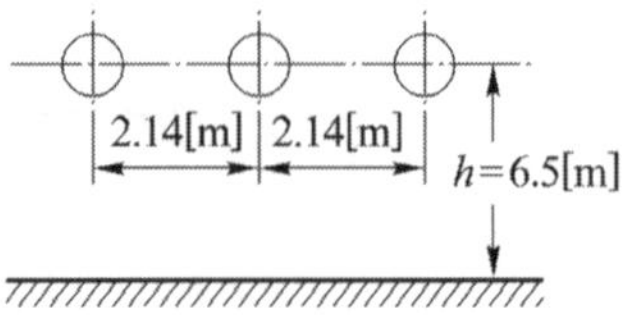

3-7 송전선로의 저항을 R, 리액턴스를 X라 하면 다음의 어느 식이 성립하는가?

[15. 전기산업기사]

㉮ $R > X$ ㉯ $R < X$

㉰ $R = X$ ㉱ $R \leq X$

3-8 연가해도 효과가 없는 것은? [04. 전기공사산업기사]

㉮ 선로정수의 평형 ㉯ 유도뢰의 방지

㉰ 작용정전용량 감소 ㉱ 각 상 임피던스 평형

3-9 전선에서 전류의 밀도가 도선의 중심으로 들어갈수록 작아지는 현상은?

[07. 전기산업기사]

㉮ 페란티 효과 ㉯ 표피 효과

㉰ 근접 효과 ㉱ 접지 효과

3-10 복도체 선로에서 소도체의 지름이 8[mm]이고, 소도체 사이의 간격이 40[cm]일 때 등가 반지름은 몇 [cm]인가? [04. 전기공사산업기사]

㉮ 2.8 ㉯ 3.6

㉰ 4.0 ㉱ 5.7

3-11 등가 선간거리 9.37[m], 공칭 단면적 330[mm^2], 도체 외경 25.3[mm], 복도체 ACSR인 인덕턴스는 몇 [mH/km]인가? 단, 소도체 간격은 40[cm]이다. [93. 공사산업기사]

㉮ 1.001　　㉯ 0.010
㉰ 0.100　　㉱ 1.1

3-12 송배전 선로의 작용 정전용량은 무엇을 계산하는 데 사용되는가? [94. 전기산업기사]

㉮ 비접지 계통의 1선 지락고장 전류계산
㉯ 정상 운전시 선로의 충전 전류계산
㉰ 선간단락 고장시 고장 전류계산
㉱ 전선로의 중성점 잔류전압을 일으킨다.

3-13 선간거리가 $2D$[m]이고, 지름이 d[m]인 선로의 단위 길이당 정전용량 C[μF/km]는? [94. 전기산업기사]

㉮ $\dfrac{0.02413}{\log_{10}\dfrac{4D}{d}}$　　㉯ $\dfrac{0.02413}{\log_{10}\dfrac{2D}{d}}$

㉰ $\dfrac{0.2413}{\log_{10}\dfrac{D}{d}}$　　㉱ $\dfrac{0.2413}{\log_{10}\dfrac{4D}{d}}$

3-14 송전선의 정전용량은 선간거리를 D, 전선의 반지름을 r이라 할 때? [94. 공사산업기사]

㉮ $\log\dfrac{D}{r}$에 비례한다.　　㉯ $\log\dfrac{D}{r}$에 반비례한다.

㉰ $\log\dfrac{r}{D}$에 비례한다.　　㉱ $\log\dfrac{r}{D}$에 반비례한다.

3-15 송전선로의 정전용량은 등가 선간거리 D가 증가하면 어떻게 되는가? [97. 공사산업기사]

㉮ 증가한다.
㉯ 감소한다.
㉰ 변하지 않는다.
㉱ D^2에 반비례하여 감소한다.

3-16 복도체 방식의 송전선로를 단도체 방식의 송전선로와 비교한 것으로 알맞은 것은? 단, 복도체의 단면적은 단도체의 단면적 합과 같은 것으로 한다. [16. 전기기사]

㉮ 작용인덕턴스와 작용정전용량이 모두 감소한다.
㉯ 작용인덕턴스와 작용정전용량이 모두 증가한다.
㉰ 작용인덕턴스는 감소하고, 작용정전용량은 증가한다.
㉱ 작용인덕턴스와 증가하고, 작용정전용량은 감소한다.

3-17 복도체를 사용하면 송전용량이 증가하는 주된 이유로 알맞은 것는? [08. 전기산업기사]

㉮ 코로나가 발생하지 않는다.
㉯ 선로의 작용 인덕턴스가 감소한다.
㉰ 전압강하가 적어진다.
㉱ 무효전력이 적어진다.

3-18 전선 4개의 도체가 정사각형으로 배치되어 있을 때 각 도체간의 거리를 D라 하면 소도체 간의 기하 평균거리는? [03. 전기공사산업기사]

㉮ D ㉯ $4D$
㉰ $^3\sqrt{2}\,D$ ㉱ $^6\sqrt{2}\,D$

3-19 복도체에 있어서 소도체의 반지름을 r [m], 소도체 사이의 간격을 s [m]라 할 때 2개의 소도체를 사용한 복도체의 등가 반지름은? [94. 전기산업기사]

㉮ $\sqrt{rs}$ ㉯ $\sqrt{r^2 s}$
㉰ $\sqrt{rs^2}$ ㉱ rs

3-20 정사각형으로 배치된 4도체 송전선이 있다. 소도체의 반지름이 1[cm]이고, 한변의 길이가 32[cm]일 때 소도체간의 기하학적 평균거리는 몇 [cm]인가? [07. 공사산업기사]

㉮ $32 \times 2^{\frac{1}{3}}$ ㉯ $32 \times 2^{\frac{1}{4}}$
㉰ $32 \times 2^{\frac{1}{5}}$ ㉱ $32 \times 2^{\frac{1}{6}}$

3-21 다도체를 사용한 송전선로가 있다. 단도체를 사용했을 때와 비교할 때 옳은 것은? 단, L은 작용 인덕턴스이고, C는 작용 정전용량이다. [96. 전기산업기사]

㉮ L과 C 모두 감소한다.
㉯ L과 C 모두 증가한다.
㉰ L은 감소하고 C는 증가한다.
㉱ L은 증가하고 C는 감소한다.

3-22 3상 3선식 3각형 배치의 송전선로에 있어서 각 선의 대지정전용량이 0.5038[μF]이고, 선간 정전용량이 0.1237[μF]이다. 1선의 작용 정전용량은 몇 [μF]인가? [08. 전기산업기사]

㉮ 0.6275
㉯ 0.8749
㉰ 0.9264
㉱ 0.9755

3-23 송전선로의 정전용량 $C = 0.008$[μF/km], 선로의 길이 $L = 173$[km], 전압 E=37,000[V]이고 주파수 $f = 60$[Hz]일 때 충전전류[A]는? [93. 공사산업기사]

㉮ 8.7
㉯ 11.1
㉰ 13.7
㉱ 14.7

3-24 대지 정전용량 0.007[μF/km], 상호 정전용량 0.001[μF/km], 선로의 길이 100[km]인 3상 송전선이 있다. 여기에 154[kV], 60[Hz]를 가했을 때 1선에 흐르는 충전전류는 몇 [A]인가? [93. 공사산업기사]

㉮ 33.5
㉯ 58.0
㉰ 73.4
㉱ 100.5

3-25 3상 1회선 송전선로에 3상 전압을 가해 충전할 때 1선에 흐르는 충전전류는 32[A], 또 3선을 일괄하여 이것과 대지 사이에 상전압을 가하여 충전시켰을 때 전 충전전류는 60[A]가 되었다. 이 선로의 대지 정전용량과 선간 정전용량의 비는 얼마이겠는가? [95. 공사산업기사]

㉮ 5 : 1
㉯ 15 : 8
㉰ 3 : 1
㉱ $\sqrt{3}$

3-26 22,000[V], 60[Hz], 1회선의 3상 지중 송전선에 대한 무부하 충전용량은 약 몇 [kVar] 정도 되겠는가? 단, 송전선의 길이는 20[km], 1선 1[km]당의 정전용량은 0.5[μF]이다. [97. 전기·공사산업기사]

㉮ 1,750
㉯ 1,825
㉰ 1,900
㉱ 1,925

3-27 **60[Hz], 154[kV], 길이 100[km]인 송전선로에서 대지 정전용량 $C_s = 0.005[\mu F/km]$, 전선간의 상호 정전용량 $C_m = 0.0014[\mu F/km]$일 때 1선에 흐르는 충전전류는 약 몇 [A]인가?** [98. 전기기사]

㉮ 17.8　　㉯ 30.8
㉰ 34.4　　㉱ 53.4

3-28 **3상 1회선과 대지간의 충전전류가 0.3[A/km]일 때 길이가 35[km]인 선로의 충전전류는 몇 [A]인가?** [97. 공사·전기기사]

㉮ 8.5　　㉯ 10.5
㉰ 13.5　　㉱ 15.5

3-29 **송전선로의 코로나 방지에 가장 효과적인 방법은?** [15. 전기기사]

㉮ 전선의 높이를 가급적 낮게 한다.
㉯ 복도체를 사용한다.
㉰ 코로나 임계전압을 낮게 한다.
㉱ 선로의 절연을 강화한다.

3-30 **송전선로에서 코로나 임계전압이 높아지는 경우는 다음 중 어느 것인가?** [08. 산업기사]

㉮ 기압이 낮은 경우　　㉯ 전선의 직경이 큰 경우
㉰ 온도가 높아지는 경우　　㉱ 상대 공기밀도가 작은 경우

3-31 **송전선로의 코로나 손실을 나타내는 Peek식에서 E_0에 해당하는 것은? 단, Peek식은 $P = \frac{241}{\delta}(f+25)\sqrt{\frac{d}{2D}}(E-E_0)^2 \times 10^{-5}$[kW/km/선]이다.** [07. 공사기사]

㉮ 코로나 임계전압　　㉯ 전선에 걸리는 대지전압
㉰ 송전단 전압　　㉱ 기준충격 절연강도 전압

3-32 **송전선로의 코로나 손실과 관계없는 사항은?** [15. 전기산업기사]

㉮ 전원주파수　　㉯ 전선의 연가
㉰ 상대공기밀도　　㉱ 선간거리

3-33 코로나 현상에 대한 설명이 아닌 것은? [17. 전기기사]

㉮ 전선을 부식시킨다.

㉯ 코로나방전에 의하여 전파장해가 일어난다.

㉰ 전력의 손실을 일으킨다.

㉱ 코로나 손실은 주파수의 2/3제곱에 비례한다.

3-34 송전선에 코로나가 발생하면 전선이 부식된다. 무엇에 의하여 부식되는가? [93. 공사기사]

㉮ 산소 ㉯ 질소

㉰ 수소 ㉱ 오존

3-35 현수애자 4개를 1연으로 한 66[kV] 송전선로가 있다. 현수애자 1개의 절연저항은 1,500[MΩ], 이 선로의 경간이 200[m]라면 선로 1[km]당의 누설 컨덕턴스는 몇 [℧]인가? [99. 전기산업기사]

㉮ 0.83×10^{-9} ㉯ 0.83×10^{-6}

㉰ 0.83×10^{-3} ㉱ 0.83×10^{-7}

해 답

1. ㉰ 2. ㉱ 3. ㉯ 4. ㉯ 5. ㉰ 6. ㉯ 7. ㉯ 8. ㉰ 9. ㉯ 10. ㉰ 11. ㉮ 12. ㉯ 13. ㉮ 14. ㉯ 15. ㉯ 16. ㉰ 17. ㉯ 18. ㉱ 19. ㉮ 20. ㉱ 21. ㉰ 22. ㉯ 23. ㉯ 24. ㉮ 25. ㉮ 26. ㉯ 27. ㉯ 28. ㉯ 29. ㉯ 30. ㉯ 31. ㉮ 32. ㉯ 33. ㉱ 34. ㉱ 35. ㉮

power engineering

Chapter 04

송전특성

4.1 개 요

송전선로는 3상 교류회로이며, 각 상마다 저항 R, 인덕턴스 L, 정전용량 C 및 누설 컨덕턴스 g가 선로에 따라서 분포되어 있는 전기회로이다. 따라서 이것을 정확하게 취급하려면 분포 정수회로(distributed constant circuit)로서 다루어야 하겠지만, 선로 길이가 짧을 경우에는 이를 간단히 나타내기 위하여 선로정수가 한 곳에 집중해 있다고 보는 집중 정수회로(lumped constant circuit)로 취급한다.

선로의 길이에 따라서 다음과 같이 3가지 회로로 나누어서 해석한다.

① 단거리 송전선로(수[km] 정도)

저항 R과 인덕턴스 L이 전선로의 어느 1개소에 집중되어 있는 집중 정수회로(集中 定數回路)로 나타낸다.

② 중거리 송전선로(수십[km] 정도)

저항 R, 인덕턴스 L, 정전용량 C가 전선로에 집중되어 있는 집중 정수회로(集中 定數回路)로 취급한다.

단, 정수의 배치에 따라서 T형회로와 π형회로가 있다.

③ 장거리 송전선로(100[km] 이상)

저항 R, 인덕턴스 L, 정전용량 C, 누설 컨덕턴스 g가 전선로에 분포되어 있는 분포 정수회로(分布 定數回路)로 취급한다.

4.2 단거리 송전선로

단거리 송전선로에서는 정전용량 및 누설 컨덕턴스가 아주 작으므로 이를 무시하고, 저항 R과 인덕턴스 L만이 존재하는 회로로 취급한다.

그러므로 1상의 등가회로는 그림 4.1처럼 임피던스 회로가 된다.

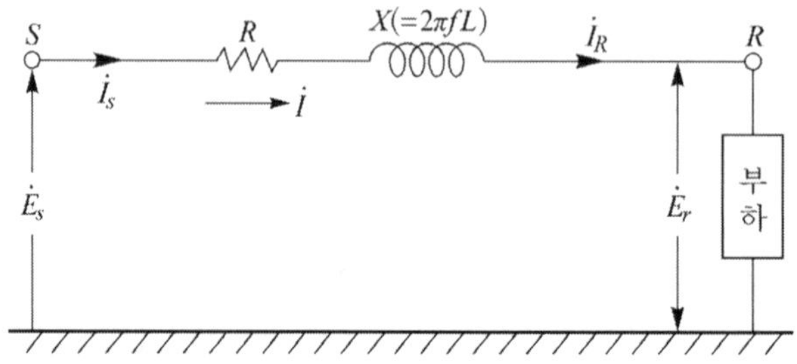

그림 4.1 단거리 송전선로의 등가회로

지금 수전단 전압 $\dot{E}_r$과 송전전류 $\dot{I}$와의 상차각을 θ라고 하고, $\dot{E}_r$을 기준벡터로 하면 선로의 저항강하 $\dot{I}R$은 송전전류 $\dot{I}$와 동위상이 되고, 리액턴스 강하 $\dot{I}X$는 90° 앞서므로 그림 4.2와 같이 수전단 전압 $\dot{E}_r$와 저항강하 $\dot{I}R$, 리액턴스 강하 $\dot{I}X$의 합이 송전단 전압 $\dot{E}_s$가 된다.

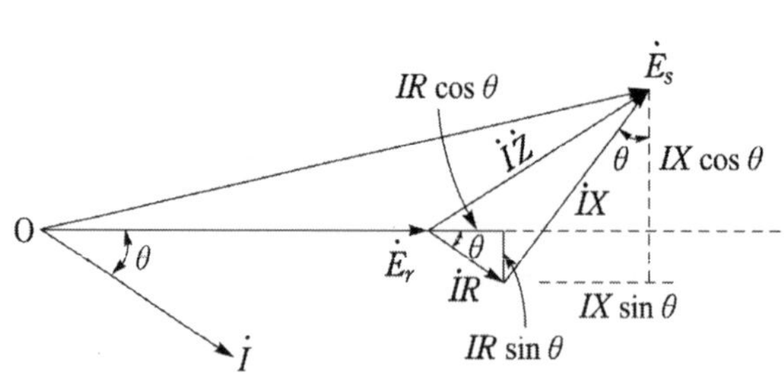

그림 4.2 단거리 송전선로의 벡터도

그러므로 그림 4.2의 벡터도로부터 송전단 전압은 다음 식과 같이 실수부와 허수부로 나타낸다.

$$E_s = (E_r + IR\cos\theta + IX\sin) + j(IX\cos\theta - IR\sin\theta)\,[\mathrm{V}] \tag{4.1}$$

단거리 선로에서 위상각 θ는 작으므로 제 2항은 제 1항에 비하여 작다. 그러므로 제 2항을 무시하면 다음과 같은 약산 식을 얻을 수 있다.

$$E_s \fallingdotseq E_r + I(R\cos\theta + X\sin\theta)[\text{V}] \qquad (4.2)$$

또한, 선로의 전압강하 e는 송전단 전압 E_s와 수전단 전압 E_r과의 차에 해당하므로 다음과 같이 된다.

$$e = E_s - E_r = I(R\cos\theta + X\sin\theta) \qquad (4.3)$$

전압강하 e와 수전단 전압 E_r과의 비의 백분율을 전압 강하율 ϵ이라 한다.

$$\text{전압 강하율} \quad \epsilon = \frac{E_s - E_r}{E_r} \times 100[\%]$$
$$= \frac{I(R\cos\theta + X\sin\theta)}{E_r} \times 100[\%] \qquad (4.4)$$

참고로 부하변화에 따른 수전단 전압의 변동하는 정도를 나타내는 전압 변동율은 다음과 같다.

$$\text{전압 변동율} = \frac{E_{ro} - E_r}{E_r} \times 100[\%] \qquad (4.5)$$

여기서, E_{ro} : 무부하시 수전단 전압
E_r : 전부하시 수전단 전압

식 (4.2)을 선간전압으로 나타내기 위하여 양변에 $\sqrt{3}$을 곱하면 $\sqrt{3}E_s = V_s$가 되고, $\sqrt{3}E_r = V_r$이므로 다음 식과 같이 된다.

$$V_s = V_r + \sqrt{3}I(R\cos\theta + X\sin\theta)[\text{V}] \qquad (4.6)$$

또, 송전단 전력 P_s는 다음과 같이 수전단 전력 P_r과 선로손실 $3I^2R$의 합으로 나타낼 수 있다. 이때의 수전단 전력은 $P_r = \sqrt{3}V_r I\cos\theta$가 된다.

$$P_s = P_r + 3I^2R = \sqrt{3}V_r I\cos\theta + 3I^2R \qquad (4.7)$$

예제 4-1

3상 송전선에서 1선 저항이 10[Ω], 리액턴스 15[Ω]이다. 수전단 전압 60[kV], 부하역률 0.8, 전류 100[A]인 경우 송전단 전압[V]을 계산하여라.

풀이 송전단 전압은

$$V_s = V_r + \sqrt{3}\,I(R\cos\theta + X\sin\theta)$$
$$= 60{,}000 + \sqrt{3} \times 100(10 \times 0.8 + 15 \times 0.6)$$
$$= 62{,}944[\text{V}]$$

예제 4-2

길이 20[km], 저항 0.3[Ω/km], 리액턴스 0.4[Ω/km]인 단거리 송전선로가 있다. 수전단 전압 140[kV], 부하역률 0.8, 선로손실이 10[%]라 할 때 송전단 전압[V]은 얼마인가?

풀이 수전전력을 P[kW]라 하면 선로전류 I는

$$I = \frac{P}{\sqrt{3} \times 140 \times 0.8}[\text{A}]$$

로 되며, 선로손실을 수전전력의 10[%]로 하기 위한 수전전력 P는 다음과 같이 계산된다.

$$P \times 10^3 \times 0.1 = 3 \times \left(\frac{P}{\sqrt{3} \times 140 \times 0.8}\right)^2 \times 0.3 \times 20$$

$$10^2 = \frac{0.3 \times 20}{(140 \times 0.8)^2} P$$

$$P = \frac{(140 \times 0.8)^2}{6} \times 10^2 = 209{,}066[\text{kW}]$$

선로전류 I는

$$I = \frac{209{,}066 \times 10^3}{\sqrt{3} \times 140 \times 10^3 \times 0.8} = 1{,}077.7[\text{A}]$$

이므로, 송전단 전압 V_s는 다음과 같이 된다.

$$V_s = 140 \times 10^3 + \sqrt{3} \times 1{,}077.7 \times (0.3 \times 20 \times 0.8 + 0.4 \times 20 \times 0.6)$$
$$= 157{,}919[\text{V}]$$

4.3 중거리 송전선로

길이가 수십[km] 정도인 중거리 선로에서는 정전용량의 영향을 무시할 수 없으므로 저항 R, 인덕턴스 L(즉, 리액턴스 X)과 정전용량 C만을 고려한다.

선로의 직렬 임피던스 $\dot{Z}$ 및 병렬 어드미턴스 $\dot{Y}$의 배치모양에 따라서 T형 또는 π형의 회로가 있다.

(1) T형 회로

그림 4.3에 나타낸 바와 같이 임피던스 $\dot{Z}$를 2등분하고 그의 중앙에 병렬 어드미턴스 $\dot{Y}$를 놓으면 T형 회로가 된다.

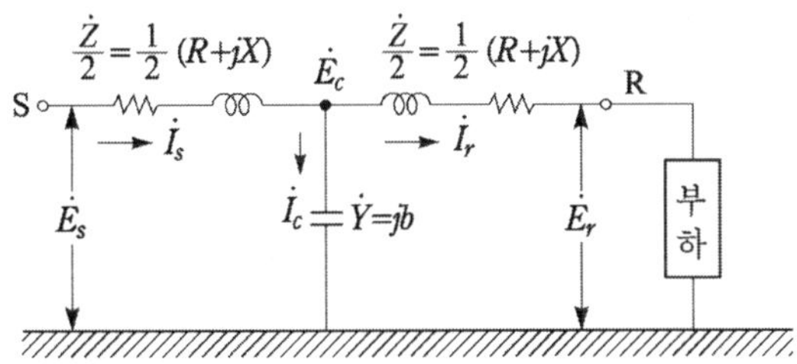

그림 4.3 T형 회로도

그림에서 각 부분의 전압, 전류는

$$\dot{E}_c = \dot{E}_r + \frac{1}{2}\dot{Z}\dot{I}_r, \quad \dot{I}_c = \dot{Y}\dot{E}_c \tag{4.8}$$

으로 되므로, 수전단의 전압 $\dot{E}_r$ 및 전류 $\dot{I}_r$에 대하여 정리하면 다음과 같이 된다.

$$\dot{E}_s = \dot{E}_c + \frac{\dot{Z}}{2}\dot{I}_s = \left(1 + \frac{\dot{Z}\dot{Y}}{2}\right)\dot{E}_r + \dot{Z}\left(1 + \frac{\dot{Z}\dot{Y}}{4}\right)\dot{I}_r$$

$$\dot{I}_s = \dot{I}_r + \dot{I}_c = \dot{Y}\dot{E}_r + \left(1 + \frac{\dot{Z}\dot{Y}}{2}\right)\dot{I}_r \tag{4.9}$$

일반적으로 어드미턴스 $\dot{Y}$는 $\dot{Y} = g + jb = g + j2\pi f C$로 표현하지만 누설 컨덕턴스 g를 무시하면 $\dot{Y} \fallingdotseq j2\pi f C$로 나타낼 수 있다.

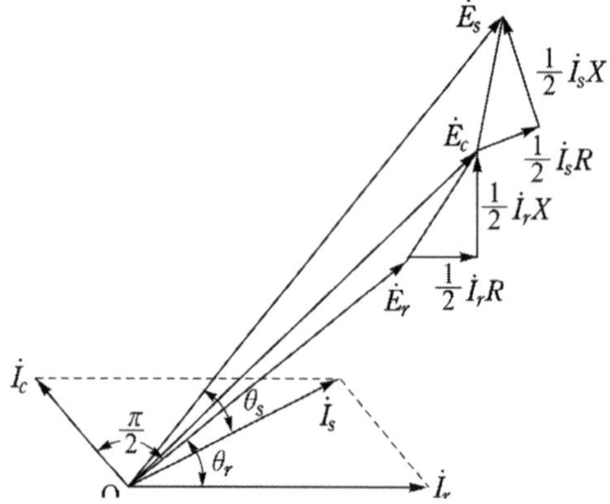

그림 4.4 T형 회로의 벡터도

이것을 벡터도로 나타내면 그림 4.4와 같이 된다. 대부분 유도부하이므로 수전단 전류 $\dot{I}_r$ 을 기준으로 하면 수전단 전압 $\dot{E}_r$ 은 θ_r 만큼 앞선다. 수전단측 저항의 전압강하 $\frac{R}{2}\dot{I}_r$은 $\dot{I}_r$ 와 동위상이며, 리액턴스 전압강하 $\frac{X}{2}\dot{I}_r$은 $\dot{I}_r$ 보다 90° 앞서게 된다.

이로부터 어드미턴스 $\dot{Y}$에 걸리는 전압 $\dot{E}_c$가 구해진다. 전류 $\dot{I}_c$는 $\dot{E}_c$보다 90° 앞서며, $\dot{I}_r+\dot{I}_c$로부터 송전단 전류 $\dot{I}_s$ 가 구해진다. 또한, 송전단측 저항강하 $\frac{1}{2}\dot{I}_sR$은 $\dot{I}_s$와 동위상, 리액턴스 강하 $\frac{X}{2}\dot{I}_s$ 는 $\dot{I}_s$보다 역시 90° 앞서므로 이들의 값으로부터 송전단 전압 $\dot{E}_s$를 나타낼 수 있다.

(2) π형 회로

π형 회로는 그림 4.5와 같이 병렬 어드미턴스 $\dot{Y}$의 1/2을 각각 송전단, 수전단에 놓고 선로의 중앙에 직렬 임피던스 $\dot{Z}$를 배치한 회로이다.

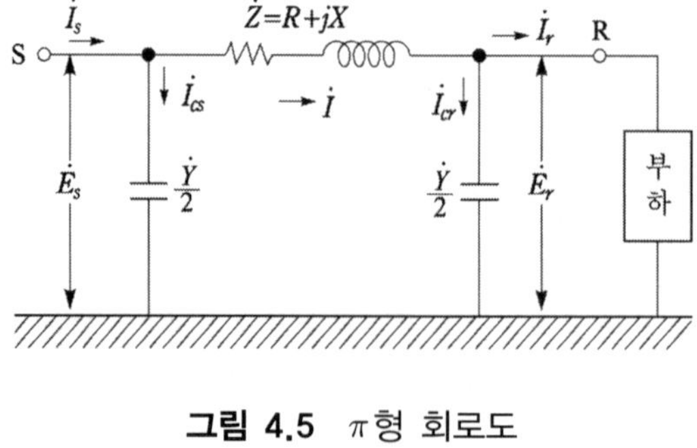

그림 4.5 π형 회로도

이 경우 회로도에 의한 각 부분의 전압, 전류는

$$\dot{I}_{cr} = \frac{\dot{Y}}{2}\dot{E}_r \ , \quad \dot{I} = \dot{I}_{cr} + \dot{I}_r = \frac{\dot{Y}}{2}\dot{E}_r + \dot{I}_r \ , \quad \dot{I}_{cs} = \frac{\dot{Y}}{2}\dot{E}_s \tag{4.10}$$

이므로 수전단 전압 $\dot{E}_r$ 및 전류 $\dot{I}_r$ 에 대하여 정리하면 송전단 전압 및 전류는 다음과 같이 된다.

$$\begin{aligned} \dot{E}_s &= \dot{E}_r + \dot{Z}\dot{I} = \left(1 + \frac{\dot{Z}\dot{Y}}{2}\right)\dot{E}_r + \dot{Z}\dot{I}_r \\ \dot{I}_s &= \dot{I} + \dot{I}_{cs} = \dot{Y}\left(1 + \frac{\dot{Z}\dot{Y}}{4}\right)\dot{E}_r + \left(1 + \frac{\dot{Z}\dot{Y}}{2}\right)\dot{I}_r \end{aligned} \tag{4.11}$$

그림 4.6은 이에 대한 벡터도이다. 대부분 유도부하이므로 $\dot{E}_r$ 보다 $\dot{I}_r$ 의 위상이 늦다. 수전단 전류 $\dot{I}_r$ 를 기준벡터로 하면 수전단 전압 $\dot{E}_r$ 은 부하 역률각 θ_r 만큼 앞서고, 수전단측 어드미턴스에 흐르는 전류 $\dot{I}_{cr}$ 은 충전전류이므로 $\dot{E}_r$ 보다 $\frac{\pi}{2}$ 만큼 앞서게 된다. $\dot{I}_{cr} + \dot{I}_r$ 로부터 송전선 전류 $\dot{I}$를 나타낼 수 있으며 선로 임피던스강하 중 저항강하 $\dot{I}R$은 전류 $\dot{I}$와 동위상이며 리액턴스 강하 $\dot{I}X$는 저항강하 $\dot{I}R$보다 $\frac{\pi}{2}$ 만큼 앞서게 된다.

이로부터 송전단 전압 $\dot{E}_s$가 구해지며 송전단측 어드미턴스에 흐르는 전류 $\dot{I}_{cs}$는 $\dot{E}_s$보다 $\frac{\pi}{2}$ 만큼 앞서며, $\dot{I}_{cs} + \dot{I}$ 로부터 송전단측 전류 $\dot{I}_s$를 구할 수 있다.

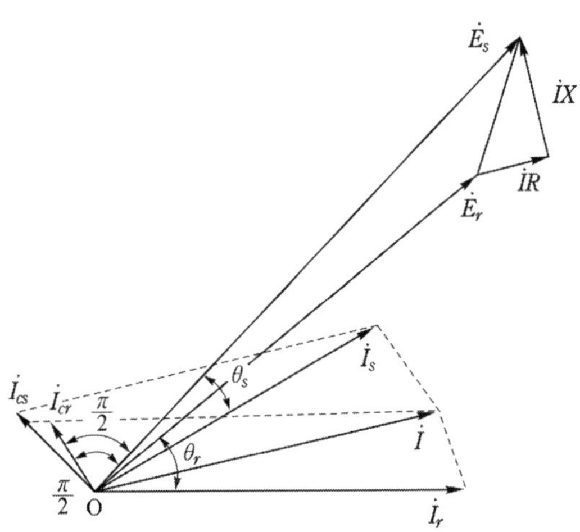

그림 4.6 π형 회로의 벡터도

4.4 장거리 송전선로

4.4.1 전파방정식

송전선로가 100[km] 이상이 되면 분포 정수회로로서 취급한다. 그 이유는 장거리 송전선로에서는 선로정수 r, L, C, g가 선로에 따라서 균일하게 분포되어 있기 때문에 이것을 집중정수로 취급하면 오차가 커지기 때문이다.

지금 송전선로 단위 길이당의 직렬 임피던스 $\dot{z}$ 및 병렬 어드미턴스 $\dot{y}$를 다음과 같이 나타낼 수 있다.

$$\dot{z} = r + j\omega L = r + jx\,[\Omega/\text{km}]$$
$$\dot{y} = g + j\omega C = g + jb\,[\mho/\text{km}] \qquad (4.12)$$

그림 4.7과 같이 수전단에서 x의 거리에 있는 미소길이 dx의 전압 전류의 변화분 $d\dot{E} = \dot{I}\dot{z}\,dx$, $d\dot{I} = \dot{E}\dot{y}\,dx$가 된다. 이를 양변을 dx로 나누고 x에 대해서 미분하여 정리하면 다음과 같다.

$$\frac{d^2\dot{E}}{dx^2} = \dot{z}\frac{d\dot{I}}{dx} = \dot{z}\dot{y}\dot{E}$$
$$\frac{d^2\dot{I}}{dx^2} = \dot{y}\frac{d\dot{E}}{dx} = \dot{z}\dot{y}\dot{I} \qquad (4.13)$$

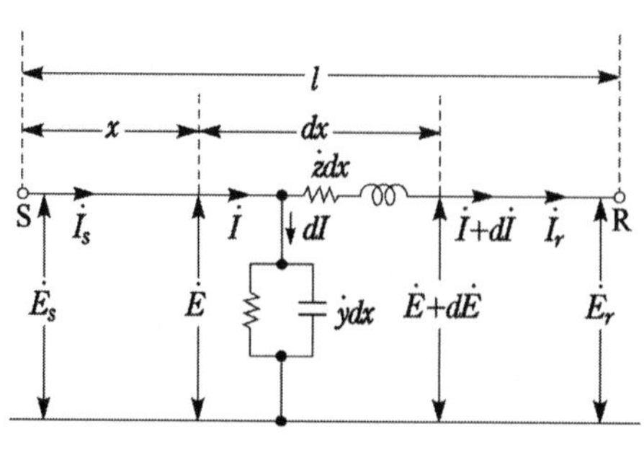

그림 4.7 장거리 송전선로 각 부분의 전압, 전류의 관계

이것은 송전선의 기본성질을 나타내는 2계선형 미분방정식인데 $\dot{r} = \sqrt{\dot{z}\dot{y}}$, $\dot{Z}_c = \sqrt{\dfrac{\dot{z}}{\dot{y}}}$ 로 두고 정리하면 송전단 전압 $\dot{E}_s$ 및 송전단 전류 $\dot{I}_s$ 에 대하여

$$\dot{E}_s = \dot{E}_r \cosh\dot{\gamma}l + \dot{I}_r \dot{Z}_c \sinh\dot{\gamma}l$$

$$\dot{I}_s = \dot{E}_r \frac{1}{\dot{Z}_c}\sinh\dot{\gamma}l + \dot{I}_r \cosh\dot{\gamma}l \tag{4.14}$$

로 된다. 이는 전선로에 전해지는 교류전압 및 전류의 성질을 나타내는 기본 식으로서 전파방정식(transmission equation)이라고 한다.

참고 : 쌍곡선 함수

$$\sinh x = \frac{e^x - e^{-x}}{2} = x + \frac{x^3}{3!} + \frac{x^5}{5!} + \cdots\cdots$$

$$\cosh x = \frac{e^x + e^{-x}}{2} = 1 + \frac{x^2}{2!} + \frac{x^4}{4!} + \cdots\cdots$$

$$\tanh x = \frac{\sinh x}{\cosh x} = \frac{e^x - e^{-x}}{e^x + e^{-x}}$$

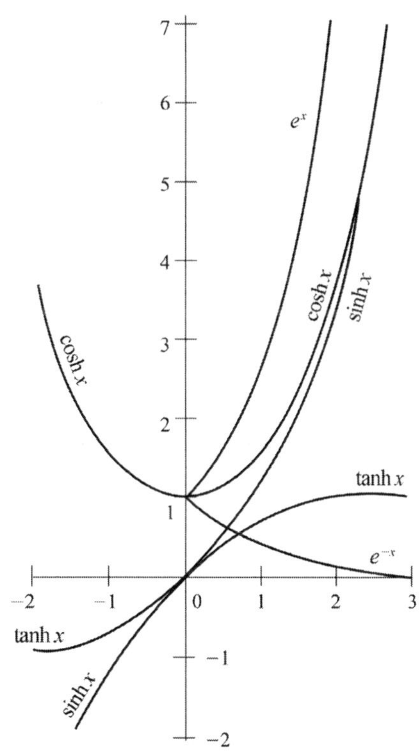

그림 4.8

4.4.2 특성 임피던스와 전파정수

특성 임피던스(characteristic impedance) $\dot{Z}_c$는 송전선을 따라서 전파되는 진행파에 대한 전압과 전류의 비$(\dot{E}/\dot{I})$이다.

$\dot{Z}_c$는 선로의 길이와는 무관하고 위치에만 관계되는 정수로서 송전선의 특유한 값이며, 저항 및 누설 컨덕턴스를 무시하면 다음과 같이 나타낸다.

$$\dot{Z}_c = \sqrt{\frac{\dot{z}}{\dot{y}}} = \sqrt{\frac{r+jx}{g+jb}} \fallingdotseq \sqrt{\frac{j\omega L}{j\omega C}} = \sqrt{\frac{L}{C}}\,[\Omega] \tag{4.15}$$

특성 임피던스를 파동 임피던스 또는 서지 임피던스라 부르기도 한다.

또한 가공 송전선 1선당 작용 인덕턴스 L은 대략 1.3[mH/km], 작용 정전용량 C는 0.009[μF/km]이므로 $\dot{Z}_c$를 계산해 보면 380[Ω] 정도의 값이 나오므로 가공 송전선의 특성 임피던스는 대략 300~500[Ω] 정도로 본다.

다음에 전파정수(propagation constant) $\dot{\gamma}$도 저항과 누설 컨덕턴스를 무시하면

$$\begin{aligned}\dot{\gamma} &= \sqrt{\dot{z}\dot{y}} = \sqrt{(r+jx)(g+jb)} \\ &\fallingdotseq \sqrt{j\omega L \cdot j\omega C} = j\omega\sqrt{LC}\,[\text{rad}]\end{aligned} \tag{4.16}$$

로 나타내는데, 이것은 전압 전류가 송전단에서부터 전파됨에 따라서 그 진폭 및 위상이 변해가는 특성을 나타내는 것이다.

지금 $\gamma = \alpha + j\beta$로 두면 $\epsilon^{-\gamma x} = \epsilon^{-\alpha x}\epsilon^{-j\beta x}$로 되며, 이중 실수부인 $\epsilon^{-\alpha x}$는 송전단으로부터 멀어져 감에 따라서 전압 및 전류의 감쇄를, 허수부인 $\epsilon^{-j\beta x}$는 위상이 늦어져 가는 특성(phase lag)을 나타내므로 α를 감쇄정수(attenuation constant), β를 위상정수(phase constant)라고 부르고 있다.

역시 가공 송전선 1상당의 작용 인덕턴스 L과 작용 정전용량 C의 값을 대입하여 계산해 보면 $j1.28\times10^{-3}$[rad]이 나오므로 가공 송전선의 전파정수는 대략 $j(1.2\sim1.4)\times10^{-3}$ 정도이다.

또한, 특성 임피던스 $\dot{Z}_c$와 전파정수 $\dot{\gamma}$는 송전선로의 무부하 시험과 단락시험을 통하여 구할 수 있다. 어드미턴스 $\dot{Y}_0$를 계산하기 위하여 수전단을 개방(무부하 시험)하면 송전단 전압 $\dot{E}_{so}$ 인가시 송전단 전류 $\dot{I}_{so}$가 흐르므로 송전단에서 본 어드미턴스 $\dot{Y}_0$는 다음과 같다.

$$\dot{Y}_0 = \frac{\dot{I}_{so}}{\dot{E}_{so}} \tag{4.17}$$

또한 수전단을 단락후 송전단 전압 $\dot{E}_{ss}$ 인가시 송전단 전류 $\dot{I}_{ss}$로 되므로 송전단에서 본 임피던스 $\dot{Z}_s$는

$$\dot{Z}_s = \frac{\dot{E}_{ss}}{\dot{I}_{ss}} \tag{4.18}$$

로 된다. 이와 같이 위 식으로부터 $\dot{Z}_s$, $\dot{Y}_0$를 이용하여 특성 임피던스 $\dot{Z}_c$와 전파정수 $\dot{\gamma}$ 계산할 수 있다.

예제 4-3

파동 임피던스가 300[Ω]인 가공 송전선 1[km]당 인덕턴스[mH/km]는? 단, 저항과 누설 컨덕턴스는 무시한다.

풀이 내부 쇄교자속수에 해당하는 값을 무시하면 L, C는 다음 식으로 나타낼 수 있다.

$$L = 0.4605\log_{10}\frac{D}{r} + 0.05 \fallingdotseq 0.4605\log_{10}\frac{D}{r}\,[\text{mH/km}]$$

$$C = \frac{0.02413}{\log_{10}\frac{D}{r}}\,[\mu\text{F/km}]$$

특성 임피던스는

$$Z = \sqrt{\frac{L}{C}} = \sqrt{0.4605\log_{10}\frac{D}{r}\times 10^{-3} \Big/ \frac{0.02413\times 10^{-6}}{\log_{10}\frac{D}{r}}}$$

$$= 138\log_{10}\frac{D}{r} = 300\,[\Omega]$$

$$\log_{10}\frac{D}{r} = \frac{300}{138}$$

그러므로 인덕턴스는 다음과 같이 나타낼 수 있다.

$$L = 0.4605\log_{10}\frac{D}{r} = 0.4605\times\frac{300}{138} \fallingdotseq 1.0\,[\text{mH/km}]$$

4.5 4단자 정수

실제의 송전선로에서는 정수가 다른 선로가 연결되거나 변압기가 접속된다든지 해서 복잡한 회로를 구성하게 된다. 이와 같은 경우 4단자 정수(four terminal constants)를 쓰면 선로 종류에 관계없이 회로해석을 간단하게 할 수 있다.

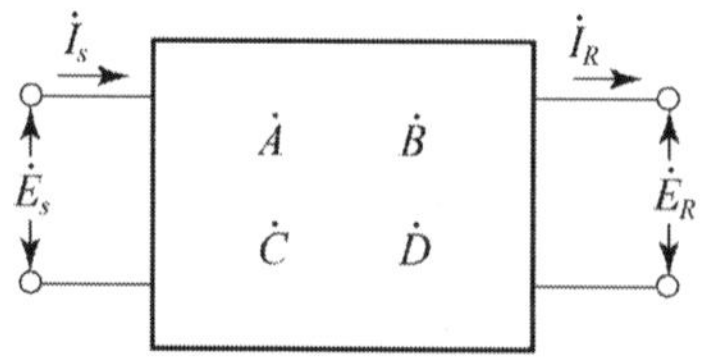

그림 4.9 4단자 정수회로

그림 4.9와 같이 송전선로는 송·수전단에 2개의 단자를 가지고 있고, 또한 중간에 기전력을 보유하지 않기 때문에 이것을 4단자 회로로서 취급할 수 있으므로 송·수전단의 전압, 전류의 관계는 다음과 같이 된다.

$$\dot{E}_s = \dot{A}\dot{E}_R + \dot{B}\dot{I}_R$$
$$\dot{I}_s = \dot{C}\dot{E}_R + \dot{D}\dot{I}_R \tag{4.20}$$

여기서, $\dot{A}$, $\dot{B}$, $\dot{C}$, $\dot{D}$는 회로의 구성요소에 의하여 정해지는 4단자 정수이며 $\dot{A}\dot{D} - \dot{B}\dot{C} = 1$이라는 관계를 이용하여 이들 4단자 정수값을 검증할 수 있다.

그림 4.10에 나타낸 것처럼 송전선의 4단자 정수 $\dot{A}_1$, $\dot{B}_1$, $\dot{C}_1$, $\dot{D}_1$ 이외에 수전단에 임피던스가 $\dot{Z}_{tr}$인 변압기가 접속된 경우 합성 4단자 정수를 구해 본다. 이때 변압기 인입측의 전압과 전류를 $\dot{E}_r'$, $\dot{I}_r'$라 하면 변압기 임피던스 $\dot{Z}_{tr}$에 대한 4단자 정수는

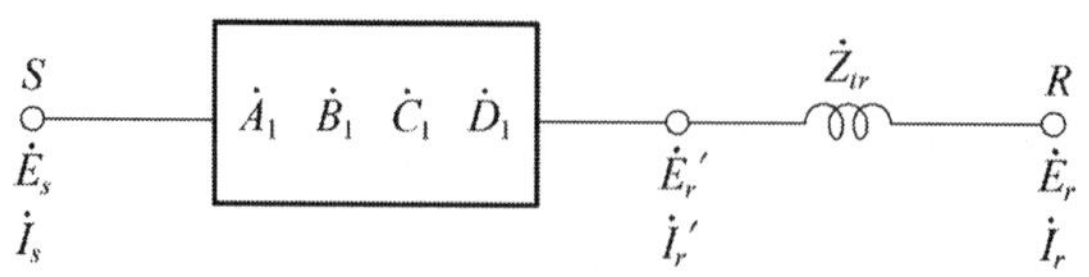

그림 4.10 수전단에 임피던스가 $\dot{Z}_{tr}$인 변압기가 접속된 경우

$$\dot{E}_r' = \dot{E}_r + \dot{Z}_{tr}\,\dot{I}_r$$
$$\dot{I}_r' = \dot{I}_r \qquad (4.21)$$

의 관계로부터 4단자 정수는 $\begin{bmatrix} 1 & \dot{Z}_{tr} \\ 0 & 1 \end{bmatrix}$ 이므로 이때 전체적인 합성 4단자 정수 $\dot{A}_0$, $\dot{B}_0$, $\dot{C}_0$, $\dot{D}_0$는 다음과 같이 행렬계산을 통해서 구할 수 있다.

$$\begin{bmatrix} \dot{A}_0 & \dot{B}_0 \\ \dot{C}_0 & \dot{D}_0 \end{bmatrix} = \begin{bmatrix} \dot{A}_1 & \dot{B}_1 \\ \dot{C}_1 & \dot{D}_1 \end{bmatrix} \begin{bmatrix} 1 & \dot{Z}_{tr} \\ 0 & 1 \end{bmatrix} = \begin{bmatrix} \dot{A}_1 & \dot{A}_1\dot{Z}_{tr} + \dot{B}_1 \\ \dot{C}_1 & \dot{C}_1\dot{Z}_{tr} + \dot{D}_1 \end{bmatrix} \qquad (4.22)$$

또한, 그림 4.11처럼 송전단 및 수전단에 임피던스가 $\dot{Z}_{ts}$, $\dot{Z}_{tr}$인 변압기가 4단자정수 $\dot{A}$ $\dot{B}$ $\dot{C}$ $\dot{D}$인 선로에 접속되어 있을 경우 합성 4단자 정수 $\dot{A}_0$ $\dot{B}_0$ $\dot{C}_0$ $\dot{D}_0$도 행렬을 통하여 구할 수 있다.

$$\begin{bmatrix} \dot{A}_0 & \dot{B}_0 \\ \dot{C}_0 & \dot{D}_0 \end{bmatrix} = \begin{bmatrix} 1 & \dot{Z}_{ts} \\ 0 & 1 \end{bmatrix} \begin{bmatrix} \dot{A} & \dot{B} \\ \dot{C} & \dot{D} \end{bmatrix} \begin{bmatrix} 1 & \dot{Z}_{tr} \\ 0 & 1 \end{bmatrix}$$
$$= \begin{bmatrix} \dot{A} + \dot{C}\dot{Z}_{ts} & \dot{B} + \dot{A}\dot{Z}_{tr} + \dot{D}\dot{Z}_{ts} + \dot{C}\dot{Z}_{ts}\dot{Z}_{tr} \\ \dot{C} & \dot{D} + \dot{C}\dot{Z}_{tr} \end{bmatrix} \qquad (4.23)$$

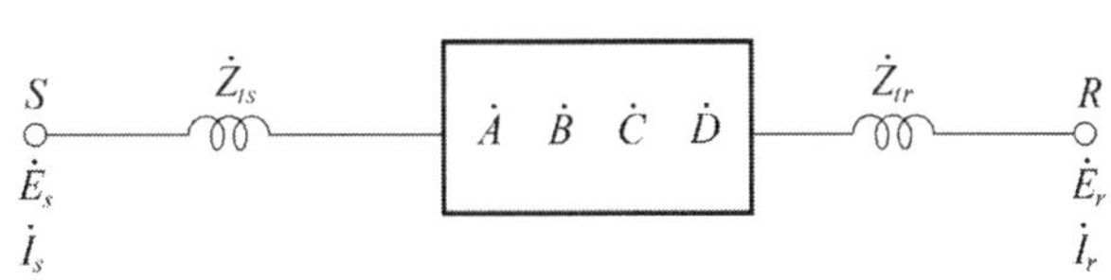

그림 4.11 송·수전단에 임피던스가 $\dot{Z}_{ts}$, $\dot{Z}_{tr}$인 변압기가 접속되어 있을 경우

4.6 전력 방정식

전압을 $\dot{E}$, 전류를 $\dot{I}$, 역률을 $\cos\varphi$라고 하면 유효전력은 $P = EI\cos\varphi$, 무효전력은 $Q = EI\sin\varphi$로 표현된다. 여기서, φ는 전압 및 전류 벡터의 위상차 각이다.

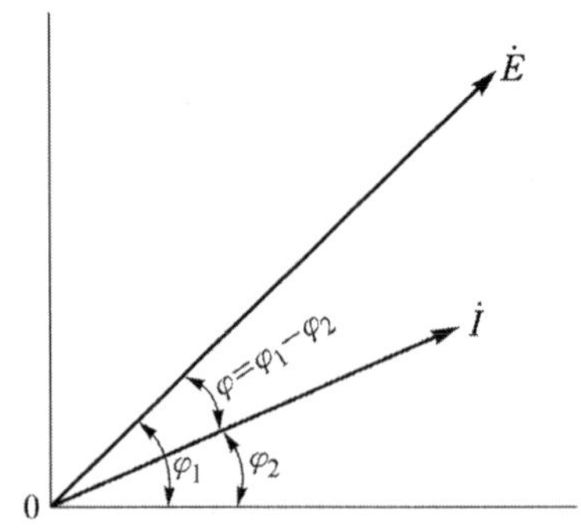

그림 4.12 전압, 전류의 벡터도($\varphi_1 > \varphi_2$)

그림 4.11에 나타낸 것처럼 $\dot{E}=E\underline{/\varphi_1}$, $\dot{I}=I\underline{/\varphi_2}$라고 할 때 유도부하인 경우 $\varphi_1 > \varphi_2$이므로 상차각 φ는 $\varphi=\varphi_1-\varphi_2$로 나타내어야 한다. 그러나 전압벡터와 전류벡터의 곱에 의한 전력벡터는

$$\dot{W}=\dot{E}\dot{I}=E\underline{/\varphi_1}\cdot I\underline{/\varphi_2}=EI\underline{/\varphi_1+\varphi_2}$$

로 되며, 이는 상차각이 $\varphi_1-\varphi_2$가 아닌 $\varphi_1+\varphi_2$로 됨으로써, 결과적으로 전력벡터를 나타내지 못하였다.

전력을 벡터적으로 표시할 경우에는 전압 및 전류 벡터의 위상차 각이 $(\varphi_1-\varphi_2)$로 표시되어야 하므로 전압 전류 중 어느 한쪽에는 반드시 공액(conjugate)을 취하여야 한다.

가령 전압 벡터 $\dot{E}$의 공액 $\dot{E}^*$을 취하면 전력 벡터 $\dot{W}$는 $\varphi_1 > \varphi_2$이므로

$$\begin{aligned}\dot{W}&=\dot{E}^*\dot{I}=E\underline{/-\varphi_1}\cdot I\underline{/\varphi_2}=EI\underline{/\varphi_2-\varphi_1}\\&=EI\cos(\varphi_2-\varphi_1)+jEI\sin(\varphi_2-\varphi_1)\\&=EI\cos\varphi-jEI\sin\varphi=P-jQ\end{aligned} \tag{4.24}$$

로 되고, 반대로 전류 $\dot{I}$의 공액 $\dot{I}^*$를 취하면

$$\begin{aligned}\dot{W}&=\dot{E}\dot{I}^*=E\underline{/\varphi_1}\cdot I\underline{/-\varphi_2}=EI\underline{/\varphi_1-\varphi_2}\\&=EI\cos(\varphi_1-\varphi_2)+jEI\sin(\varphi_1-\varphi_2)\\&=EI\cos\varphi+jEI\sin\varphi=P+jQ\end{aligned} \tag{4.25}$$

로 된다.

일반적으로 지상부하가 많기 때문에 지상 무효전력을 정(+)으로 표현함이 편리하며, 이를 위하여 위 식과 같이 전류에 공액을 취하여($\dot{W}=\dot{E}\dot{I}^*$) 전력벡터를 나타내기로 한다. 이와 같은 방법으로 송전단과 수전단의 전력 방정식을 나타내기로 하자.

또한 송전단의 전압 전류를 4단자 정수로 표현하면 $\dot{E}_s=\dot{A}\dot{E}_r+\dot{B}\dot{I}_r$, $\dot{I}_s=\dot{C}\dot{E}_r+\dot{D}\dot{I}_r$로 됨은 앞에서 설명한 바와 같다.

이 식을 전류 $\dot{I}_s$, $\dot{I}_r$에 대해서 나타내면

$$\dot{I}_s=\frac{\dot{D}}{\dot{B}}\dot{E}_s-\frac{1}{\dot{B}}\dot{E}_r\ ,\quad \dot{I}_r=\frac{1}{\dot{B}}\dot{E}_s-\frac{\dot{A}}{\dot{B}}\dot{E}_r \tag{4.26}$$

로 된다.

지금 수전단 전압 $\dot{E}_r$을 기준으로 잡고, 또한 $\dot{E}_s$는 $\dot{E}_r$보다 위상이 θ만큼 앞선 것으로 하여

$$\dot{E}_r=E_r\ \underline{/0}\ ,\quad \dot{E}_s=E_s\ \underline{/\theta} \tag{4.27}$$

로 두고, $\dot{B}$는 4단자 회로에서의 직렬 임피던스를 나타내므로 임피던스의 크기를 b, 임피던스각을 β라 하면 $\dot{B}=b\ \underline{/\beta}$로 둘 수 있다. 또한, 4단자 정수 $\dot{A}$ $\dot{B}$ $\dot{C}$ $\dot{D}$에서 $\dot{A}/\dot{B}$ 및 $\dot{D}/\dot{B}$ 중 실수부와 허수부로 나누어 정리하면

$$\begin{aligned}\frac{\dot{A}}{\dot{B}}&=m-jn\\ \frac{\dot{D}}{\dot{B}}&=m'-jn'\\ \frac{1}{\dot{B}}&=\frac{1}{b}\ \underline{/-\beta}\end{aligned} \tag{4.28}$$

라고 두고 이것을 식 (4.26)에 대입하여 송전단 전류 $\dot{I}_s$와 수전단 전류 $\dot{I}_r$에 대하여 나타내면 다음과 같다.

$$\begin{aligned}\dot{I}_s&=(m'-jn')E_s\ \underline{/\theta}-\frac{E_r}{b}\ \underline{/-\beta}\\ \dot{I}_r&=\frac{1}{b}E_s\ \underline{/\theta-\beta}-(m-jn)E_r\end{aligned} \tag{4.29}$$

그러므로 송전단 전력 $\dot{W}_s$ 는

$$\dot{W}_s = \dot{E}_s \dot{I}_s^* = E_s \underline{/\theta} \left\{(m'+jn')E_s \underline{/-\theta} - \frac{E_r}{b}\underline{/\beta}\right\}$$

$$= (m'+jn')E_s^2 - \frac{E_s E_r}{b}\underline{/\theta+\beta}$$

$$= (m'+jn')E_s^2 - \rho\underline{/\theta+\beta} \tag{4.30}$$

단, $\rho = \dfrac{E_s E_r}{b}$

수전단 전력 $\dot{W}_r$ 도

$$\dot{W}_r = \dot{E}_r \dot{I}_r^* = E_r \underline{/0} \left\{\frac{1}{b}E_s \underline{/\beta-\theta} - (m+jn)E_r\right\}$$

$$= \frac{E_s E_r}{b}\underline{/\beta-\theta} - (m+jn)E_r^2$$

$$= \rho\underline{/\beta-\theta} - (m+jn)E_r^2 \tag{4.31}$$

위 식은 송·수전단의 전력 방정식(power equation)으로서 뒤에 설명하는 전력원선도를 작도하기 위한 기본 자료이다.

4.7 전력원선도

송전계통의 전압은 일정전압을 유지하는 것이 바람직하다. 발전소의 전압을 일정하게 유지한 상태에서 부하가 증가할수록 선로의 전압강하에 의하여 수전단 전압은 점점 떨어진다.

그러나 양질의 전력을 공급하기 위해서는 부하가 증가하여도 수전단의 전압을 항상 일정하게 유지하여야 한다.

그러므로 그림 4.13에서 부하변화에 대해서는 송전단전압 $\dot{E}_s$ 와 수전단전압 $\dot{E}_r$ 사이의 상차각 θ를 조정하여 $\dot{E}_s$ 와 $\dot{E}_r$ 의 크기를 일정하게 유지하자는 것이 정전압 송전(constant voltage transmission)의 원리이다.

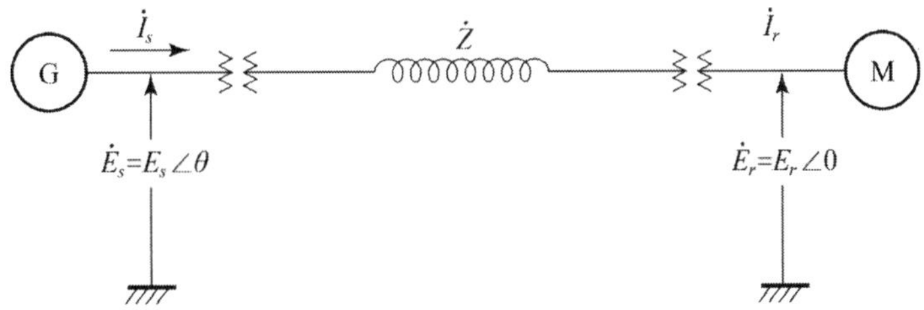

그림 4.13

따라서 선로의 송·수전단 전압의 크기는 일정하다는 가정 아래 송전계통의 여러 가지 특성을 파악할 수 있는 전력원선도(power circle diagram)에 대하여 살펴본다.

식 (4.30)과 (4.31)에서 나타낸 송전단 전력과 수전단 전력에 대한 전력계산식은

$$\dot{W}_s = P_s + jQ_s = (m' + jn')E_s^2 - \rho \underline{/\theta+\beta}$$
$$\dot{W}_r = P_r + jQ_r = -(m + jn)E_r^2 + \rho \underline{/\beta-\theta} \qquad (4.32)$$

이므로 이것을 유효전력과 무효전력별로 나누어 정리하면 다음과 같이 된다.

$$(P_s - m'E_s^2) + j(Q_s - n'E_s^2) = -\rho \underline{/\theta+\beta}$$
$$(P_r + mE_r^2) + j(Q_r + nE_r^2) = \rho \underline{/\beta-\theta} \qquad (4.33)$$

또한, 크기에 대해서만 나타내기 위하여 위 식의 양변을 제곱하면

$$(P_s - m'E_s^2)^2 + (Q_s - n'E_s^2)^2 = \rho^2$$
$$(P_r + mE_r^2)^2 + (Q_r + nE_r^2)^2 = \rho^2 \qquad (4.34)$$

으로 되며, 이는 원의 방정식과 같은 형식이므로, 원의 중심과 반지름을 찾아서 원선도를 그릴 수 있다.

위 식으로부터 원의 중심점과 반지름은 다음과 같다.

송전단 전력방정식 : $(m'E_s^2,\ n'E_s^2),\ \rho$

수전단 전력방정식 : $(-mE_r^2,\ -nE_r^2),\ \rho$

그림 4.14는 이 관계식을 이용하여 나타낸 전력원선도(power circle diagram)이며, 그림의 위쪽이 송전단 전력원선도, 아래쪽은 수전단 전력원선도를 나타낸다.

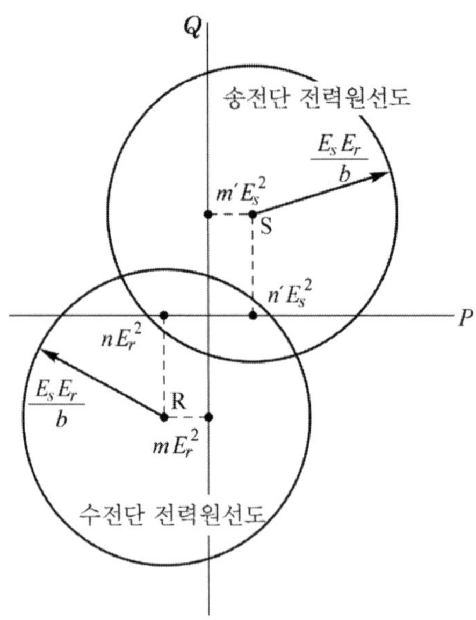

그림 4.14 전력원선도

정전압 송전방식에서 중요한 사항은 반지름 ρ 가 일정하므로 송·수전단의 운전점은 항상 이 원선도의 원주 상에 존재하여야 한다는 점이다.

(1) 송전단 전력원선도의 작도

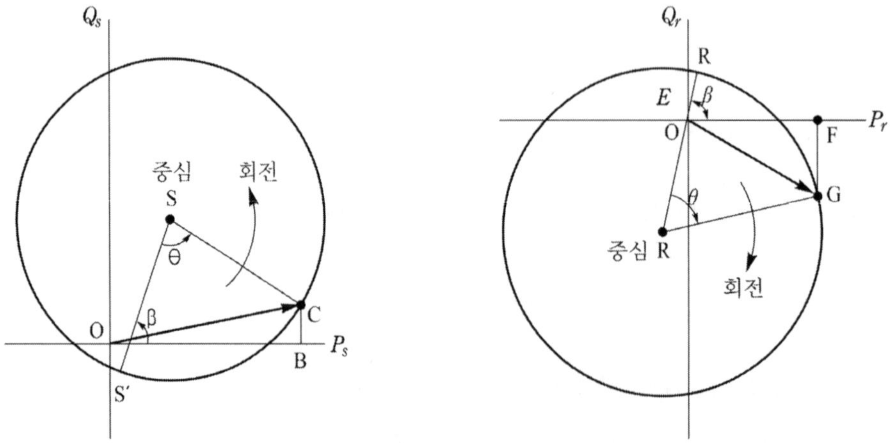

(a) 송전단 전력원선도 (b) 수전단 전력원선도

그림 4.15 송·수전단 전력원선도

그림 4.15(a)에서 먼저 횡축(유효전력 P_s)과 종축(무효전력 Q_s)에서 원의 중심점 S $(m'E_s^2, n'E_s^2)$를 정한다. 이 S를 중심으로 반지름 $\rho\left(=\dfrac{E_s E_r}{b}\right)$의 원을 그리면 송전단 전력원선도가 되는 것이다.

(2) 수전단 전력원선도의 작도

그림(b)처럼 횡축(P_r)과 종축(Q_r)에서 원의 중심점 $R(-mE_r^2, -nE_r^2)$을 정하고, 이로부터 반지름 $\rho\left(=\dfrac{E_s E_r}{b}\right)$의 원을 그린다.

(3) 송전단 운전점 설정

그림 4.15(a)에서 반지름 SS′는 횡축과 임피던스각 β의 각도를 이르는 기준선이 되는데, 그 동작특성은 부하가 증가하여 E_s, E_r 사이의 상차각 θ가 커짐에 따라 기준선 SS′로부터 반시계 방향($-\rho\,\underline{/\theta+\beta}$ 항에 의하여)으로 각도 θ가 되는 SC에 의하여 동작점 C를 찾게 된다.

동작점이 C인 경우의 송전단의 유효전력은 $P_s=\overline{\mathrm{OB}}$, 무효전력은 $Q_s=\overline{\mathrm{BC}}$이며, 피상전력은 $W_s=\overline{\mathrm{OC}}$이고, 무효전력은 +방향이므로 지상을 나타내며, 송전단 역률 $\cos\theta_s$는 $(\overline{\mathrm{OB}}/\overline{\mathrm{OC}})$로 구해진다.

(4) 수전단 운전점 설정

그림(b)에서 동작점 G는 반지름 RR′를 기준으로, 시계 방향($\rho\,\underline{/\beta-\theta}$ 항에 의하여)으로 각도 θ가 되는 RG에 의하여 동작점 G를 찾게 된다.

동작점이 G인 경우 수전단 유효전력 $P_r=\overline{\mathrm{OF}}$, 무효전력 $Q_r=\overline{\mathrm{FG}}$로 나타내며, 피상전력 $W_r=\overline{\mathrm{OG}}$, 수전단 역률 $\cos\theta_r$은 $(\overline{\mathrm{OF}}/\overline{\mathrm{OG}})$로 나타낸다.

4.8 조상용량과 전력원선도

송전계통에서는 송·수전단 전압을 일정하게 유지하도록 정전압 송전방식이 적용되고 있는데, 양단의 전압을 일정하게 유지하는 것은 계통 운용상 바람직하다.

그림 4.16과 같은 정전압 송전계통에서는 전력원선도에서 알 수 있는 바와 같이 송·수전단 유효전력 및 무효전력인 P_s, Q_s, P_r, Q_r 중에서 어느 하나가 정해지면 나머지 세 가지도 정해지는 것이다.

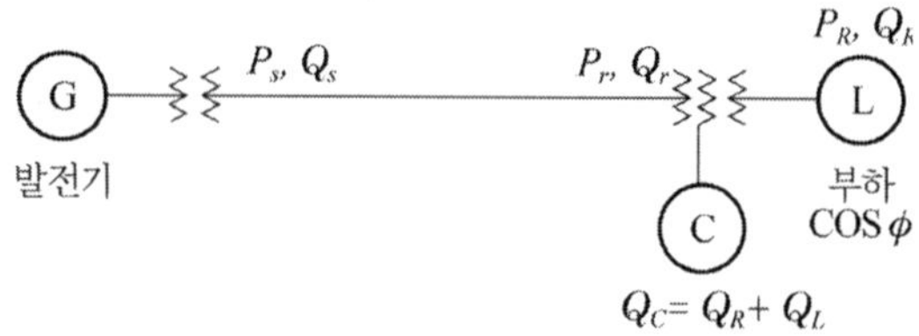

그림 4.16 전력계통과 조상설비

예를 들면, 유효전력 P_r 을 수전하려면 이것에 대응하는 수전단 무효전력 Q_r, 송전단 유효전력 및 무효전력 P_s, Q_s 로 운전하여야 한다. 수전단에서는 부하의 무효전력과 원선도가 요구하는 무효전력이 일치하지 않으면 조상설비를 설치하여 그 차이만큼 무효전력을 조정하지 않으면 안 된다.

즉, 수전단의 전압을 일정하게 유지하기 위해서는 운전점이 원선도의 원주를 벗어나면 원주 상에 오도록 하여야 한다.

그림 4.17의 수전단 전력원선도에서 직선 OMf 는 역률 $\cos\phi$(지상)의 부하를 나타내는 부하선이다. 지금 부하의 역률이 $\cos\phi$ 이고, 유효전력 P_R, 무효전력(지상) Q_R 일 때 운전점 G′는 원선도의 원주 상을 벗어나 있으므로 조상설비에 의해서 진상무효전력을 공급하여 운전점을 G 까지 옮겨야 한다. 그러므로 이 경우의 필요한 조상용량 Q_C 는 다음과 같다.

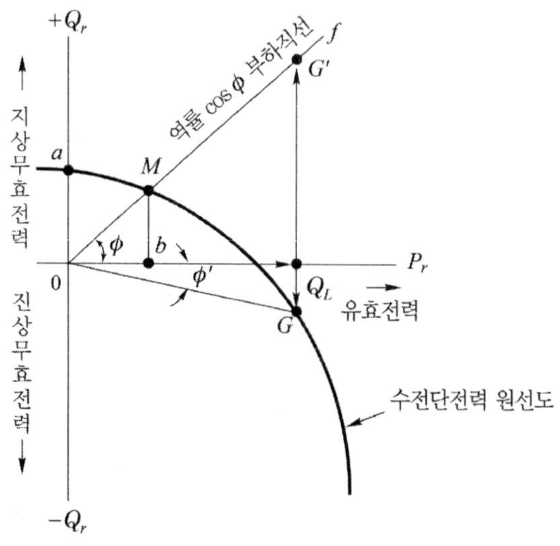

그림 4.17 필요한 조상설비 용량

$$Q_C = Q_R + Q_L = Q_R + P_R \tan\phi' \tag{4.35}$$

결국 G′에서 G까지의 거리에 해당하는 조상용량이 필요하다. G′에 있는 운전점이 진상무효전력 Q_C에 의하여 G로 내려오므로 수전단 전압은 $\dot{E}_r$로 유지된다는 것이다(그 이유는 원선도의 반지름 ρ는 송·수전단 전압의 크기와 선로 임피던스의 크기인 $\left(\dfrac{E_s E_r}{b}\right)$로 정해지기 때문이다).

그러므로 운전점이 원선도의 위부분에 있을 경우에는 진상 무효전력을, 아래 부분에 있을 경우에는 지상 무효전력이 필요하다.

즉, b점보다 작은 경부하시에는 지상 무효전력을, b점보다 큰 중부하시에는 진상 무효전력을 공급하여야 한다. 또, b점에서는 원주상의 M 점에 있으므로 이 경우에는 무효전력을 공급할 필요가 없다. 뿐만 아니라 무부하시에는 일정전압을 유지하기 위해서는 Oa에 해당하는 지상 무효전력을 공급해야 한다.

운전점이 G′에서 G로 옮겨지면 역률도 $\cos\phi$에서 $\cos\phi'$로 변하게 된다.

(1) 전력원선도 작도시 필요한 값

① 송전단 및 수전단 전압 $\dot{E}_s$, $\dot{E}_r$

② 선로에 대한 일반 회로정수($\dot{A}$, $\dot{B}$, $\dot{C}$, $\dot{D}$)

(2) 전력원선도로부터 알 수 있는 사항

① 최대 수전전력($P_{r,\max} = \rho - mE_r^2$)

② 필요한 전력을 보내기 위한 송전단 전압과 수전단 전압 사이의 상차각 θ

③ 필요한 조상용량 Q_c

④ 무효전력 조정 후 새로운 수전단의 역률 $\cos\phi'$

⑤ 선로손실($P_l = P_s - P_r$)과 송전효율

4.9 조상설비

조상설비(調相設備, 무효전력 보상장치)는 무효전력을 조정하는 설비이며, 동기 조상기, 전력용 콘덴서, 분로리액터 및 정지형 무효전력 보상장치(SVC)가 있다. 일반적으로 회전기인 동기조상기는 사용하지 아니하며, 대신에 경제적이고 보수가 간편한 전력용 콘덴서와 분로 리액터 또는 SVC가 사용되고 있다.

4.9.1 동기조상기

동기조상기(synchronous phase modifier)는 동기전동기를 무부하로 회전시켜 직류 계자전류 I_f 의 크기를 조정하여 전기자에 흐르는 무효전력 I_a을 진상 또는 지상으로 조정하는 기기이다.

그림에서 여자전류를 증가시켜 과여자(over excited)로 하면 직류 자속을 초과할 만큼의 진상전류가 조상기에 유입되며, 부족여자(under excited)로 하면 조상기에는 지상전류가 흐르게 된다.

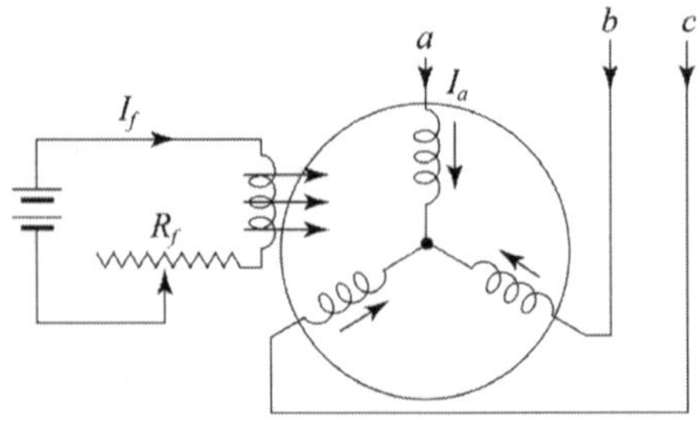

그림 4.18 동기조상기

즉, 동기조상기는 계자저항 R_f 을 가변시켜 송전선로에 진상 또는 지상전류를 흐르게 할 수 있으므로 전력계통의 무효전력 Q를 제어할 수 있다.

그림 4.19는 조상기의 V곡선(V curve)을 나타내고 있다. 지상용량의 진상용량에 대한 비는

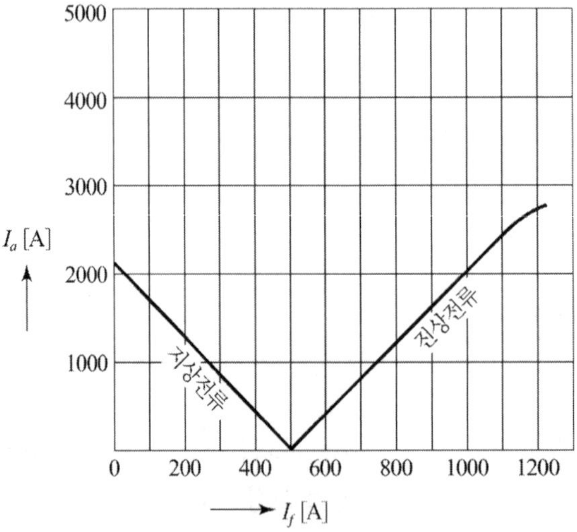

그림 4.19 동기조상기의 V곡선

일반적으로 0.5~0.8이고, 또 전압이 11~16.5[kV]이므로 그림 4.23과 같이 변압기의 3차측 권선에 접속하여 운전한다. 그러나 동기조상기는 회전기이기 때문에 지금은 사용하지 않는다.

4.9.2 전력용 콘덴서

전력용 콘덴서(power condenser)는 정지형 기기이므로 전력손실이 대단히 적으며 소음이 없고, 필요에 따라 용량 조정이 간편하므로 많이 사용되고 있다. 전력용 콘덴서 설비는 그림 4.20과 같이 부하와 병렬로 선로에 접속하며, 콘덴서 본체, 직렬리액터, 방전코일로 구성되어 있고, 용량군은 5~40[MVA]이므로 필요에 따라 몇 군으로 나누어 설치한다.

일반적으로 송전 계통에 전력용 콘덴서를 접속하면 회로가 용량성이 되므로 변압기의 자기포화 등으로 3고조파 내지 5고조파를 포함하는 전압을 발생시켜 그림 4.21(b)처럼 전압의 크기를 변형시킨다.

그러나 제 3고조파 전압은 변압기의 △결선에 의하여 변압기 내부에서 순환하며 선로에는 나타나지 않지만, 제 5고조파 전압은 선로에 나타나게 된다.

따라서 제 5고조파로 인한 파형의 변형을 개선하기 위하여 5배 주파수($5f$)에 대하여 전력용 콘덴서와 공진될 수 있도록 리액터를 콘덴서와 직렬로 접속하는 직렬 리액터(series reactor)를 사용한다.

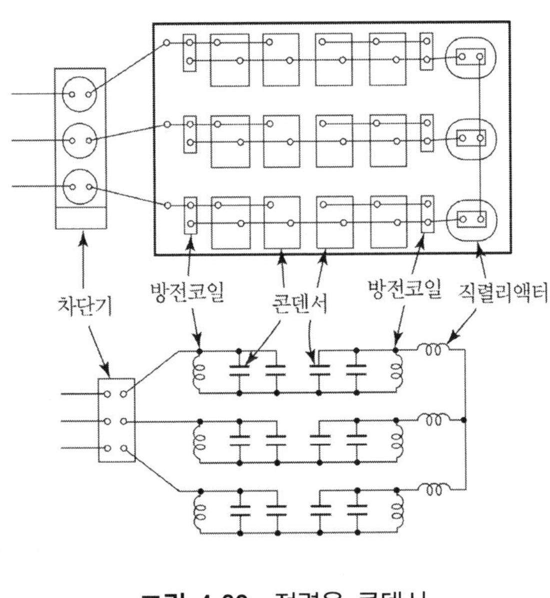

그림 4.20 전력용 콘덴서

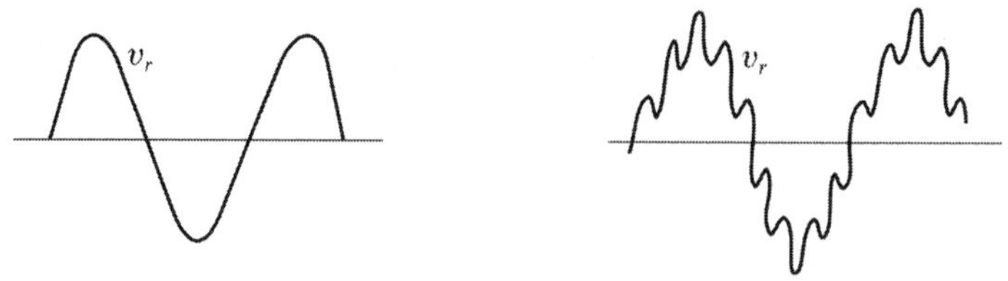

(a) 5고조파 제거 (b) 5고조파 포함

그림 4.21 수전단 전압파형

즉, 5배 주파수에서 직렬 리액터의 인덕턴스 L은 전력용 콘덴서의 정전용량 C와 공진(유도성 리액턴스=용량성 리액턴스)이 되도록 다음 식이 성립하여야 한다.

$$5\omega L = \frac{1}{5\omega C} \tag{4.36}$$

$$\therefore \omega L = \frac{1}{\omega C} \times \frac{1}{25} = \frac{1}{\omega C} \times 0.04 \tag{4.37}$$

즉, 용량성 리액턴스의 4[%]되는 유도성 리액턴스를 전력용 콘덴서와 직렬로 접속하면 되는데, 실제의 전력계통에서는 손실을 고려하여 콘덴서 용량의 5~6[%]인 리액터를 접속하고 있다.

전력용 콘덴서를 사용하여 무효전력을 제어하기 위해서는 콘덴서 용량을 적당히 분할하여 각각의 회로에 차단기를 설치한다.

차단기는 전류값이 0인 순간에 차단하게 되므로 진상전류를 차단하는 경우 전압은 항상 최대가 된다. 따라서 전력용 콘덴서에는 최대의 전하가 남아 있는 상태로 개방되므로 반드시 방전코일(discharge coil)을 설치하여 잔류전하를 방전시켜야 한다.

방전코일로는 운전시의 손실을 경감시키기 위해서 철심이 들어 있는 리액터가 사용되고 있고, 5초 이내에 콘덴서의 단자전압을 50[V] 이하까지 저하시킬 수 있도록 한다.

4.9.3 분로 리액터

대도시에는 지중 케이블이 많이 포설되어 있고, 수용가에는 역률개선용 콘덴서가 설치되어 있으므로 심야 경부하시에는 진상 무효전력으로 인하여 변전소 모선전압이 상승하는 경향이 있다. 따라서 모선전압 상승을 억제할 목적으로 분로 리액터를 설치한다.

지상 무효전력을 발생하는 분로 리액터(shunt reactor)는 비교적 대용량(10∼48 [MVA])인 3상 리액터가 사용되며, △결선 또는 Y결선으로 하여 계통에 직접 또는 변압기의 3차 권선에 접속시켜 운전하고 있다. 구조는 전력용 변압기와 유사하며, 변압기에 비해서 진동과 소음이 크다.

4.9.4 정지형 무효전력 보상장치

대전력용 반도체 소자의 발달에 힘입어 정밀한 전압 및 무효전력 제어가 가능하고 보수가 용이한 정지형 무효전력 보상장치(SVC, Static Var Compensator)가 있다.

SVC는 사이리스터를 이용하여 병렬 콘덴서와 분로 리액터에 흐르는 무효전력을 신속하게 제어하는 장치로서, 다음과 같은 방식이 있다.

① TCR(Thyristor Controlled Reactor) 방식 :
분로 리액터에 흐르는 전류를 사이리스터로 위상제어 하는 방식

② TSC(Thyristor Switched Capacitor) 방식 :
콘덴서 뱅크를 사이리스터로 스위칭하는 방식

TSC 방식은 무효전력의 조정이 계단모양으로 되고, 또 콘덴서의 잔류전하 때문에 제어시 시간이 지연되는 결점이 있으나, TCR 방식은 무효전력이 연속적으로 제어되고 교류의 반사이클마다 점호의 위상각을 바꾸어서 제어할 수 있기 때문에 불규칙하게 급변하는 무효전력을 보상하는 데 적합하므로 이 방식을 주로 사용하고 있다.

SVC의 특징은 응답특성이 빠르며, 조작에 제한이 거의 없고, 신뢰성이 높으며 유지보수가 간단하고 조작성이 뛰어나다는 점이다.

그림 4.22 (a)는 부하의 무효전력 Q_F을 조정하기 위하여 CT, PT를 통하여 무효전력을 검출하며(Q 검출회로), 이를 사이리스터 제어회로를 통하여 분로 리액터의 무효전력 Q_L을 조정하며, 콘덴서의 무효전력 Q_C과 함께 SVC의 무효전력 Q_R이 연속적으로 제어할 수 있는 무효전력 보상장치이다 (그림 4.22 (b) 참조).

표 4.1은 동기조상기, 전력용 콘덴서 및 분로 리액터의 특성을 비교하여 나타낸 것이다. 송전계통의 규모가 작은 시기에는 전압조정을 연속적으로 행할 필요가 있어서 동기조상기 또는 동기조상기와 전력용 콘덴서를 병용하였다.

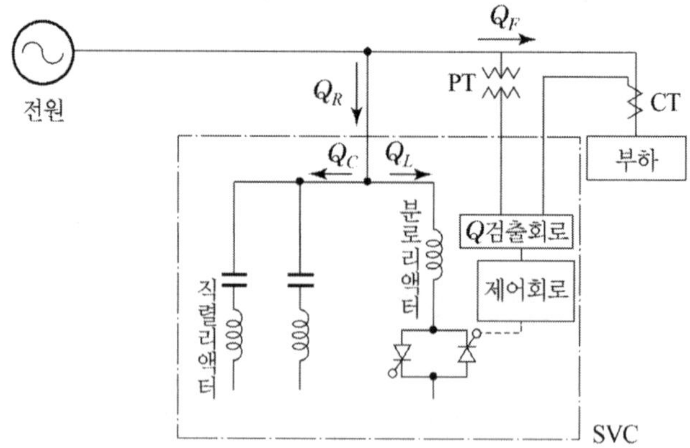

(a) 무효전력의 흐름

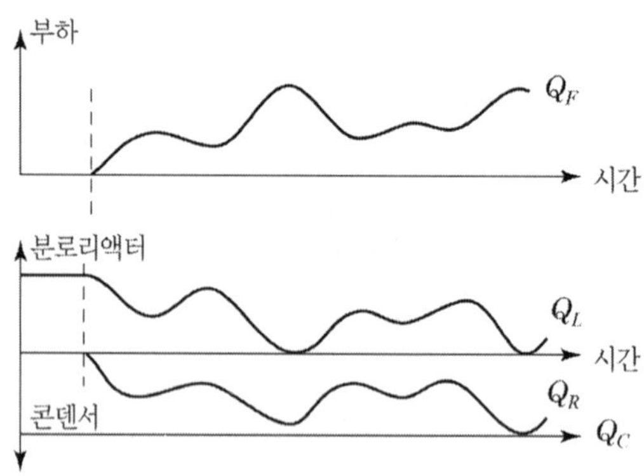

(b) 각 무효전력의 관계

그림 4.22 SVC의 제어

표 4.1 여러 가지 조상설비의 비교

	동기조상기	전력용 콘덴서	분로 리액터
전력손실	많음(1.5~2.5[%])	적음(0.3[%] 이하)	적음(0.6[%] 이하)
가격	비싸다(전력용 콘덴서, 분로 리액터의 1.5~2.5배)	저렴	저렴
무효전력	진상, 지상 양용	진상전용	지상전용
조정	연속적	계단적	계단적
사고시 전압유지	큼	작음	작음
시송전	가능	불가능	불가능
보수	손질필요	용이	용이

그러나 요즈음은 대전력망이 연계되어 있으므로 연속적인 전압조정이 필요 없으며, 경제적이고 보수가 용이한 전력용 콘덴서와 분로 리액터를 이용하여 조상설비로 사용하고 있다.

그림 4.23은 조상설비의 접속 예를 나타낸 것으로서 일반적으로 3권선 변압기의 3차측에 접속한다. (Y-Y-△ 결선에서 1차측과 2차측의 Y 결선은 송전선로에 접속하고 3차측 △결선은 조상설비에 접속한다)

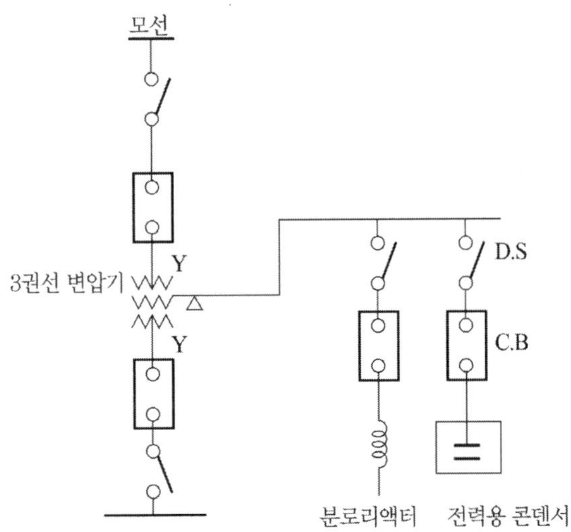

그림 4.23 조상설비의 접속 예

4.10 페란티 효과

장거리 송전선로에 있어서는 정전용량의 영향이 크게 나타난다. 특히 무부하인 송전선로를 충전할 경우에 문제가 생긴다.

그림 4.24와 같이 지상전류 $\dot{I}$가 송전선로에 흐르면 수전단 전압 $\dot{E}_r$은 송전단 전압 $\dot{E}_s$ 보다 낮아진다. 그런데 장거리 송전선로가 무부하시에는 정전용량으로 인한 충전전류의 영향이 커져서 전압보다 전류가 앞선 진상전류로 된다.

이러한 경우는 그림 4.25와 같이 수전단 전압 $\dot{E}_r$은 오히려 송전단 전압 $\dot{E}_s$ 보다도 높아지는 현상을 페란티 현상(ferranti phenomena)이라 한다.

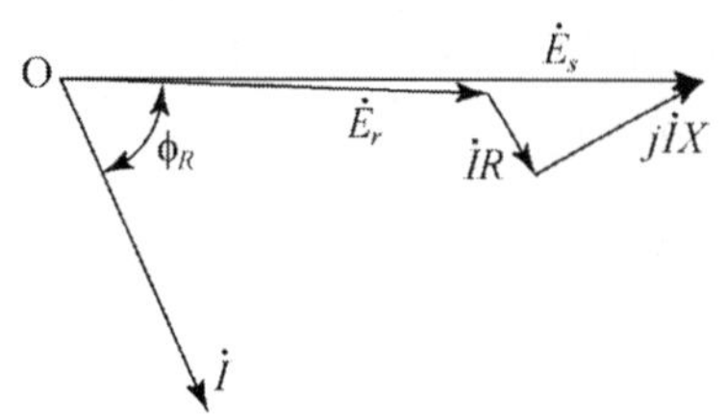

그림 4.24 지상전류일 때의 벡터도($\dot{E}_s > \dot{E}_r$)

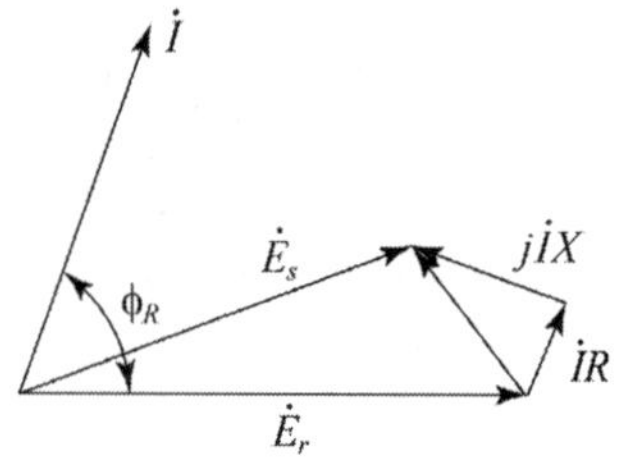

그림 4.25 진상전류일 때의 벡터도($\dot{E}_s < \dot{E}_r$)

페란티 현상은 송전선의 단위길이당의 정전용량이 클수록 또 송전선로의 길이가 길수록 심해진다. 페란티 현상으로 인하여 수전단 전압이 높아지면 수전단 측에 연결되어 있는 각종 기기의 절연강도에 손상을 받게 된다.

이와 같은 페란티 현상을 방지하기 위하여 변전소 모선에 분로 리액터(shunt reactor)를 설치하여 진상전류를 감소시킨다.

무부하일 때에는 $\dot{I}_r = 0$이므로 $\dot{E}_s = \dot{A}\dot{E}_r$이 되어 $\dot{A}$의 절대값은 1보다 작기 때문에 수전단 전압이 상승되는 것을 알 수 있다.

4.11 전력계통의 안정도

4.11.1 개 요

송전선로로 보낼 수 있는 최대전력은 송전계통의 임피던스에 의해서 제한된다. 이것은 송전전력을 증가하면 송수양단의 상차각이 점점 벌어져서 90° 가까이 되면 극한전력(power limit)에 이른다. 만일 그 이상의 전력을 송전하면 상차각의 증가에 따라 수전할 수 있는 전력은 감소하기 때문에 탈조(step out)를 일으킨다.

실제의 송전계통에서는 송전단과 수전단 전압 사이의 상차각이 30~40° 정도 되도록 운전하고 있다.

이와 같이 전력계통에서 부하변화 또는 고장시에도 각 발전기의 전압이 일정한 상차각을 유지하고, 정상운전을 계속할 수 있는 능력을 안정도(stability)라 한다.

안정도는 송전계통의 구성, 발전기와 부하의 전압특성, 무효전력 설비의 응답특성 등이 서로 관련되어 결정되며, 계통이 탈조하는 일이 없이 안정하게 운전할 수 있는 능력으로서 정상상태의 안정도에 대하여 살펴보면 다음과 같다.

정상상태의 안정도, 즉, 정태안정도(定態安定度, steady state stability)란 송전계통이 일정한 부하 또는 서서히 증가하는 부하에 대하여 계속적으로 안정하게 송전할 수 있는 능력을 뜻한다.

동기발전기에 의하여 동기전동기에 전력을 공급하고 있는 간단한 계통에 대하여 알아본다.

일반적으로 전력계통은 저항과 대지정전용량이 작으므로 이를 무시하면 리액턴스만이 존재하는 회로로 나타낼 수 있다.

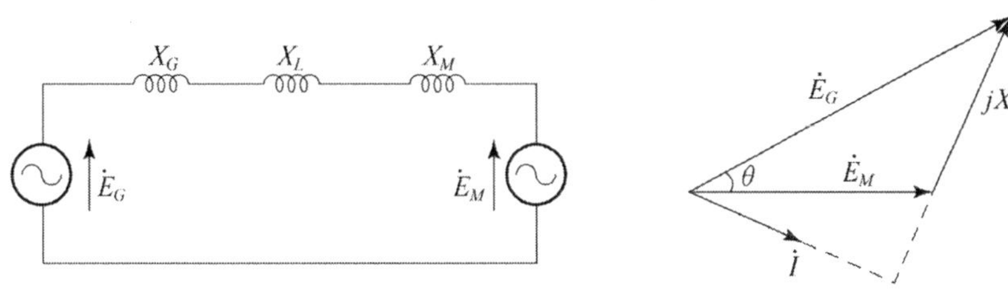

그림 4.26

그림처럼 유도기전력과 리액턴스를 각각 발전기는 $\dot{E}_G$, X_G, 전동기는 $\dot{E}_M$, X_M, 선로는 X_L로 표시하면 합성리액턴스는 $X = X_G + X_L + X_M$ 이므로 발전기의 유도기전력은 다음과 같다.

$$\dot{E}_G = \dot{E}_M + jX\dot{I} \tag{4.39}$$

따라서 전류 $\dot{I}$ 는 다음과 같이 표현된다.

$$\dot{I} = \frac{\dot{E}_G - \dot{E}_M}{jX} \tag{4.40}$$

이다.

또한, $\dot{E}_M$을 기준벡터로 하고 θ를 $\dot{E}_G$, $\dot{E}_M$ 사이의 상차각이라 하면

$$\dot{E}_G = E_G \underline{/\theta} \ , \qquad \dot{E}_M = E_M \underline{/0°}$$

이므로 송전전력 $\dot{W}$는 다음과 같이 나타낼 수 있다.

$$\dot{W} = P + jQ = \dot{E}_G \dot{I}^*$$

$$= E_G \angle\theta \left(\frac{\dot{E}_G - \dot{E}_M}{jX} \right)^* = E_G \angle\theta \left(\frac{E_G \angle -\theta - E_M}{-jX} \right)$$

$$= \frac{E_G E_M \sin\theta}{X} + j\, \frac{E_G^2 - E_G E_M \cos\theta}{X} \tag{4.41}$$

위 식에서 유효전력 P는 다음과 같다.

$$P = \frac{E_G E_M}{X} \sin\theta \tag{4.42}$$

식 (4.42)의 유효전력 P는 발전기와 전동기 사이의 상차각 θ의 정현(sine)에 비례하여 변화하는 것으로 표시되며, 이 변화는 그림 4.27과 같다.

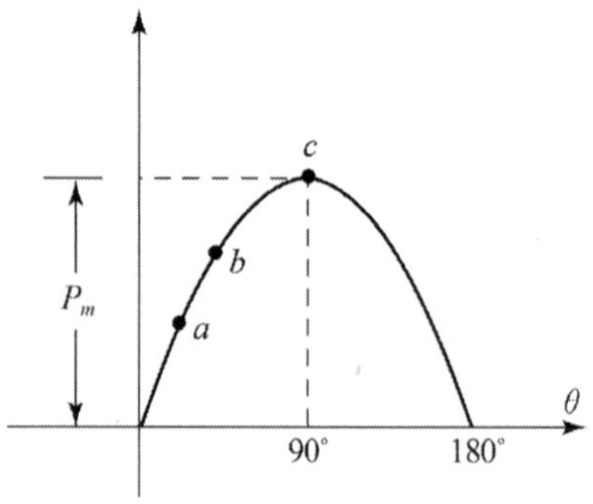

그림 4.27 전력-위상각 관계

안정된 상태에서 리액턴스 X를 통하여 보낼 수 있는 최대전력 P_m은 $\theta = 90°$일 때이므로

$$P_m = \frac{E_G E_M}{X} \tag{4.43}$$

으로 표시된다. 따라서 발전기와 전동기의 전압 $\dot{E}_G$, $\dot{E}_M$을 증가시키든지, X를 감소시키면 최대전력을 증대시킬 수가 있다. 또한 상차각 θ에 따라서 안정운전, 안정한계 및 불안정 운전 영역별로 나누면 다음과 같다.

안정운전 영역 : $0° < \theta < 90° \ (dP/d\theta > 0)$
안정한계 : $\theta = 90° \ (dP/d\theta = 0)$
불안정 운전영역 : $90° < \theta < 180° \ (dP/d\theta < 0)$

상차각 θ가 $0° < \theta < 90°$일 때 즉, $dP/d\theta > 0$일 때의 계통운전은 안정하다. 이 $dP/d\theta$의 값을 발전기의 동기화력(synchronizing power)이라고 부르며 이것이 양(+)의 조건을 만족하는 영역은 안전운전 영역이다.

예를 들어 그림 4.27에서 a 점에서 안전상태로 운전되고 있다고 하자. 이 때 발전기의 기계적 입력은 전동기의 기계적 출력과 같다. 그러나 전동기에 걸린 부하가 약간 증가하면 전동기의 입력전력은 일정하므로 회전속도는 차차 감소되어 상차각 θ는 증가한다. 따라서 전동기의 입력전력은 증가하여 입·출력이 평형을 이루는 점 b에 도달된다. 이것을 반복하여 전동기의 입력전력이 최대전력 c 점에 도달하였을 때 또 다시 전동기의 부하가 증가되면 상차각 θ는 증가되겠지만 입력전력은 감소하여 전동기의 속도는 감소되고 드디어 동기속도에서 벗어나 탈조되어 버린다. 이 때의 P_m을 이 계통의 정태안정 극한전력(定態安定 極限電力)이라 한다. 대체로 장거리 송전선로에서는 상차각 θ를 30~40° 정도로 잡는 것이 적당하다고 한다.

예제 4-4

송전단 전압 154[kV], 수전단 전압 134[kV], 상차각 60°, 리액턴스 39.8[Ω]인 송전선로에서 송전전력[MW]은 얼마인가?

풀이

$$P = \frac{E_G E_M}{X} \sin\theta = \frac{154 \times 134}{39.8} \sin 60 = 449[\text{MW}]$$

4.11.2 안정도 향상대책

전력계통의 안정도를 향상시킨다는 것은 송전용량을 증대시키는 것으로 되며, 이에 대한 향상대책은 다음과 같다.

(1) 송전전압을 높인다.

송전전력은 $P = \dfrac{E_G E_M}{X} \sin\theta$와 같이 송·수전단의 전압을 높이면 크게 된다. 따라서 동일

출력에 대해서는 상차각 θ도 작아지므로 안정도의 향상이 기대된다.

대전력의 장거리 송전에 있어서 송전전압을 높이는 이유가 바로 여기에 있다.

(2) 직렬 리액턴스를 작게 한다.

역시 송전전력을 나타내는 식에서와 같이, 직렬 리액턴스 X를 작게 하면 안정도의 향상이 기대된다. 그러기 위해서는 다음과 같은 방법이 있다.

① 기기의 리액턴스를 작게 한다.

동기기의 리액턴스를 작게 설계하면 단락비가 큰 기계로 되어 관성정수도 크게 되므로 안정도면에서 유리하게 된다. 또, 중성점 직접접지계통에서는 단권변압기를 사용함으로써 리액턴스를 대폭 감소시킬 수 있다.

② 다회선 송전선이나 복도체 방식을 채용한다.

어느 것이나 선로의 리액턴스를 작게 하는 효과를 가지는데, 특히 복도체 방식은 리액턴스를 20[%] 이상 감소시킴과 동시에 코로나의 개시전압이 상승하기 때문에 송전전압도 높일 수 있다.

③ 직렬 콘덴서(series condenser) 방식을 채용한다.

유도성 리액턴스가 X_L인 선로에 용량성 리액턴스가 X_C인 콘덴서를 직렬로 삽입하면, 선로의 합성 리액턴스는 $X = X_L - X_C$이므로, X_C의 값에 따라서는 선로의 합성 리액턴스 X를 줄일 수 있다.

그러나 선로의 리액턴스를 너무 작게 하면 단락이나 지락사고 등이 발생했을 때에는 고장전류가 크게 흐르므로 리액턴스 X의 값을 너무 작게 할 수는 없다.

(3) 전압변동 억제

부하변동이나 사고 발생시 전압이나 주파수의 변동을 억제하면 안정도의 향상이 기대된다. 특히 사고시 각 동기기의 입·출력의 불평형을 작게 하면 과도안정도가 크게 향상된다. 이것에는 다음과 같은 방법이 있다.

① 속응 여자방식의 채용

송전선의 사고전류로 인하여 발전기의 단자전압이 저하하면 건전한 송전선의 송전전력도 낮아지게 된다. 이 경우 전압이 감소하기 시작함과 동시에 발전기의 여자를 강화시키면 발전전압이 증가되므로 안정도를 향상시킬 수 있다.

이와 같이 발전기의 여자를 강화시키는 방식을 속응 여자방식(quick response exciting system)이라 한다.

② 계통 안정화 장치의 채용

보통의 자동전압 조정기 (AVR, Automatic Voltage Regulator)는 발전기의 단자전압이 일정하게 유지되도록 여자전류를 제어하지만, 제어신호로 단자전압 V_t 만이 아니고, 발전기 회전자의 속도 변화율 $d\delta/dt$, 발전기 출력 P의 변화율 dP/dt 등을 조합시켜서 사용하면 계통의 동요상태에 응해서 그 전기적 출력을 여러 가지로 변화시킬 수 있다. 이러한 장치를 계통안정화장치 (PSS, Power System Stabilizer)라 하며 과도안정도의 유지에 효과가 있다.

③ 계통연계

계통을 연계하면, 사고시에 전압이나 주파수의 변동을 작게 할 수 있어서 안정도가 향상된다. 그러나 이것에 의하여 단락용량도 증대되므로 그 대책이 필요하다.

④ 중간 조상기방식

송전계통의 중간에 조상기를 설치하는 목적은 무효전력을 발생시켜서, 선로의 중간점에 있어서의 전압을 일정하게 유지함으로써 안정도를 증진시킬 수 있다. 이와 같은 중간 조상기는 장거리 송전선로에서 활용하면 유효하다. 그림 4.28은 중간 조상기 설치 예이다.

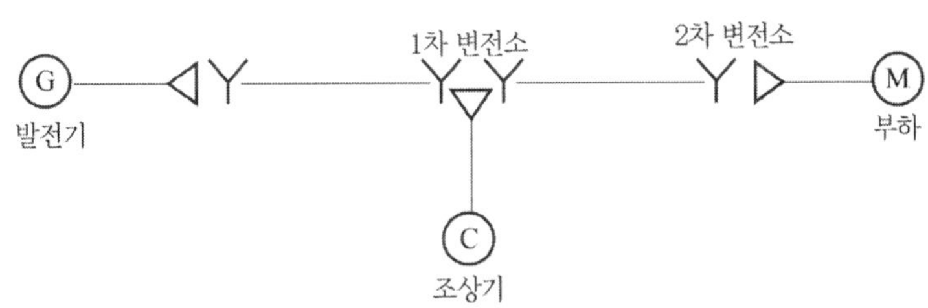

그림 4.28 중간 조상기 설치 예

(4) 고장 중 발전기 입·출력 경감

① 조속기 동작의 신속화

조속기는 일반적으로 자동전압 조정기에 비하여 응답속도가 늦어서, 빠른 과도 동요에 대해서는 억제효과가 작다. 그러나 전기조속기 등 비교적 응동이 빠른 것을 채용하면 안정도 향상이 기대된다.

② 제동저항의 채용

안정도가 상실되는 것은 발전기의 전기적 출력이 기계적 입력에 비하여 작아서 발전기가 가속되는 것 등의 원인이 있으므로 발전기의 가속을 억제할 수 있도록 제동저항을 접속한다.

과도안정도를 향상시키기 위해서는 제동저항을 너무 늦게 접속하면 효과가 없기 때문에 투입시간을 정확하게 선정할 필요가 있다.

③ 고속밸브 제어

고속밸브를 이용하여 발전기의 입력을 제한해도 가속을 억제할 수 없다. 수차발전기는 작동유체가 물이기 때문에 빨리 제어하기가 어렵지만, 화력이나 원자력 발전소에서는 터빈의 밸브를 급히 닫음과 동시에 바이패스(bypass) 통로의 밸브를 열어서 증기의 흐름을 터빈으로부터 다른 곳으로 옮기면 안정도를 향상시킬 수 있게 된다. 이러한 방식을 고속밸브 제어라 한다.

(5) 계통에 주는 충격경감

계통에 사고가 발생한 경우 사고 지속시간을 가능한 단축시키고 또 사고 발생 전과 사고 후의 계통구성의 변화를 작게 하는 것은 과도안정도 향상대책으로 중요하며 다음과 같은 방법이 있다.

- 고장시 고속도 차단
- 고속도 재폐로 방식
- 적당한 중성점 접지방식

4.12 송전용량

송전용량은 어떠한 지장도 없이 계속하여 송전할 수 있는 최대 송전전력을 말한다. 단거리 송전선로에서는 전선의 허용전류나 전압강하, 송전손실 등에 의하여 결정되지만, 장거리 선로의 경우에는 이러한 요소 이외에도 필요한 조상설비 용량이나 안정도 등을 검토해야 한다.

송전용량 산정에는 다음과 같은 점을 고려해야 한다.

① 장기간에 걸쳐 전력 공급신뢰도를 확보할 수 있을 것

② 송·수전단 전압 사이의 상차각 θ가 적당할 것 (장거리 송전선로의 경우 30~40°에서 운전)

③ 조상설비 용량이 적당할 것 (수전전력의 75[%]를 넘지 않을 것)

④ 송전효율이 양호할 것 (90[%] 이상)

송전선로를 건설함에 있어서 송전용량(즉, 최대 송전전력)의 개략적인 값을 알아둘 필요가 있으므로 이를 계산할 수 있는 방법은 다음과 같다.

4.12.1 고유부하법

수전단에 선로의 특성 임피던스와 같은 임피던스를 가지는 부하를 연결하면 전기에너지는 반사 없이 송전할 수 있으므로 가장 이상적이라고 할 수 있다. 이와 같은 부하를 고유부하라 하며, 이 경우의 송전전력은 다음과 같다.

$$P = VI = \frac{V^2}{Z_c}[\mathrm{MW}] \tag{4.44}$$

여기서, V : 수전단 선간전압[kV]

Z_c : 특성 임피던스[Ω]

송전선로의 특성 임피던스를 400[Ω] 정도로 보고, 전력의 단위를 [kW]로 놓으면 위의 식은 다음과 같이 나타낼 수 있다.

$$P = \frac{V^2}{400} \times 1{,}000 = 2.5\,V^2[\mathrm{kW}] \tag{4.45}$$

즉, 수전단 전압 V_r의 제곱에 2.5배를 곱하여 개략적인 송전용량으로 결정할 수 있다.

4.12.2 송전용량 계수법

송전용량을 결정하는 데에는 송전전력은 전압의 제곱에 비례하고 송전거리(즉, 리액턴스)에 반비례하므로 비례계수를 도입하여 다음과 같은 근사법으로 나타낸다.

$$P = k\frac{V^2}{l}[\mathrm{MW}] \tag{4.46}$$

여기서, V : 수전단 선간전압[kV], l : 송전거리[km], k : 송전용량 계수

k는 송·수전단 전압의 비율, 전선의 종류, 굵기 및 배열 등에 따라서 결정되는 정수로서 표 4.2와 같다.

표 4.2 송전용량 계수

전압계급	송전용량 계수 k
60[kV]	0.6
100[kV]	0.8
140[kV] 이상	1.2

만약 송전용량 계수 k의 값이 600, 800, 1200이 되면 송전용량 P의 단위는 [kW]가 될 것이다.

예제 4-5

154[kV] 송전선로에 송전거리가 100[km]라 할 때 송전용량 계수법에 의한 송전용량[kW]은 얼마인가? 단, 송전용량 계수는 1,200이다.

풀이

$$P = k\frac{V^2}{l} = 1{,}200 \times \frac{154^2}{100} = 284{,}592\,[\text{kW}]$$

연 습 문 제

exercise

4-1 장거리 송전선로의 특성을 정확하게 다루기 위한 회로로 알맞은 것은? [08. 전기산업기사]

㉮ 분포정수회로
㉯ 분산부하회로
㉰ 집중정수회로
㉱ 특성임피던스회로

4-2 저항 10[Ω], 리액턴스 15[Ω]인 3상 송전선이 있다. 수전단 전압 60[kV], 부하역률 0.8[lag], 전류 100[A]라고 한다. 이 때의 송전단 전압은 몇 [V]인가? [95. 공사산업기사]

㉮ 55,750
㉯ 55,950
㉰ 81,560
㉱ 62,940

4-3 3상 3선식 가공송전선로가 있다. 전선 한 가닥의 저항은 15[Ω], 리액턴스는 20[Ω]이고, 부하전류는 100[A], 부하역률은 0.8로 지상이다. 이 때 전압강하는 몇 [V]인가? [08. 전기산업기사]

㉮ 2,400
㉯ 4,157
㉰ 6,062
㉱ 10,500

4-4 수전단 전압 66[kV], 전류 100[A], 선로저항 10[Ω], 선로리액턴스 15[Ω]인 단거리 송전선로의 전압강하율은 몇 [%]인가? 단, 수전단 역률은 0.8이다. [96. 전기산업기사]

㉮ 2.57
㉯ 3.25
㉰ 3.74
㉱ 4.46

4-5 그림과 같이 전압 3.3[kV] 역률은 0.85(지상)의 부하 300[kW]에 공급하는 선로가 있다. 이 때 송전단 전압은 약 몇 [V]인가? [04. 전기공사기사]

㉮ 2930
㉯ 3230
㉰ 3630
㉱ 3830

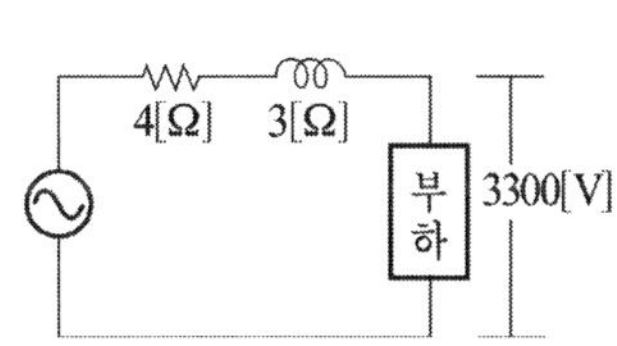

4-6 **3상 3선식 배전선로에서 역률이 0.8(지상)인 3상 평형 부하 40[kW]를 연결했을 때 전압 강하는 몇 [V]인가? 단, 부하전압은 200[V], 전선 1조의 저항은 0.02[Ω]이고 리액턴스는 무시한다.** [07. 공사산업기사]

㉮ 2 ㉯ 3
㉰ 4 ㉱ 5

4-7 **수전단 전압 3,300[V]이고, 전압강하율이 4 [%]인 송전선의 송전단 전압은 몇 [V]인가?** [08. 전기산업기사]

㉮ 3,395 ㉯ 3,432
㉰ 3,495 ㉱ 5,678

4-8 **송전단 전압이 154[kV], 수전단 전압이 150[kV]인 송전선로에서 수전단의 부하를 끊을 경우에 수전단 전압이 152[kV]가 되었다면 전압 변동률은 몇 [%]인가?** [17. 전기산업기사]

㉮ 1.11 ㉯ 1.33
㉰ 1.63 ㉱ 2.25

4-9 **중거리 송전선로의 T형 회로에서 송전단전류 I_S는? 단, Z, Y는 선로의 직렬임피던스와 병렬어드미턴스이고, E_r은 수전단전압, I_r은 수전단 전류이다.** [07. 전기산업기사]

㉮ $\dot{Y}\dot{E}_r + \left(1 + \frac{\dot{Z}\dot{Y}}{2}\right) I_r$ ㉯ $\dot{E}_r\left(1 + \frac{ZY}{2}\right) + Z\left(1 + \frac{\dot{Z}\dot{Y}}{4}\right) I_r$

㉰ $\dot{Z}I_r + \left(1 + \frac{\dot{Z}\dot{Y}}{2}\right) E_r$ ㉱ $\dot{I}_r\left(1 + \frac{ZY}{2}\right) + Y\left(1 + \frac{\dot{Z}\dot{Y}}{4}\right) E_r$

4-10 **선로의 특성 임피던스에 대한 설명으로 옳은 것은?** [98. 전기기사]

㉮ 선로의 길이가 길어질수록 값이 커진다.
㉯ 선로의 길이가 길어질수록 값이 작아진다.
㉰ 선로의 길이와 선로의 재질에 영향이 크다.
㉱ 선로의 길이에 관계없이 일정하다.

4-11 **3상 3선식 송전선로에서 1선 1[km]의 임피던스를 Z, 어드미턴스를 Y라 하면 특성임피던스는?** [17. 전기산업기사]

㉮ $\sqrt{\frac{Y}{Z}}$ ㉯ $\sqrt{\frac{Z}{Y}}$
㉰ $\sqrt{ZY}$ ㉱ $\sqrt{Z+Y}$

4-12 송전선로에서 수전단을 단락한 경우 송전단에서 본 임피던스는 300[Ω]이고, 수전단을 개방한 경우에는 900[Ω]일 때 이 선로의 특성 임피던스[Ω]는?

㉮ 520 ㉯ 510 [15. 전기기사]
㉰ 500 ㉱ 490

4-13 어떤 가공선의 인덕턴스가 1.6[mH/km]이고 정전용량이 0.008[μF/km]일 때 특성 임피던스는 약 몇 [Ω]인가? [99. 전기산업기사]

㉮ 128 ㉯ 224
㉰ 345 ㉱ 447

4-14 파동 임피던스가 300[Ω]인 가공 송전선 1[km]당의 인덕턴스는 몇 [mH/km]인가?

㉮ 0.5 ㉯ 1.0 [93. 공사산업기사]
㉰ 1.5 ㉱ 2.0

4-15 T회로의 일반 회로정수에서 C는 무엇을 의미하는가? [97. 전기·공사기사]

㉮ 저항 ㉯ 리액턴스
㉰ 임피던스 ㉱ 어드미턴스

4-16 그림과 같은 회로에서 4단자 정수를 A, B, C, D는? 단, E_S, I_S는 송전단 전압 전류이고, E_R, I_R는 수전단 전압 전류, Y는 병렬 어드미턴스이다. [04. 전기공사기사]

㉮ $A=1,\ B=0,\ C=Y,\ D=1$
㉯ $A=1,\ B=Y,\ C=0,\ D=1$
㉰ $A=1,\ B=Y,\ C=1,\ D=0$
㉱ $A=1,\ B=0,\ C=0,\ D=1$

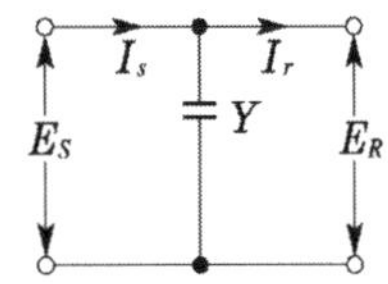

4-17 그림과 같은 회로의 일반 회로정수가 아닌 것은? [17. 전기기사]

㉮ $B=Z+1$
㉯ $A=1$
㉰ $C=0$
㉱ $D=1$

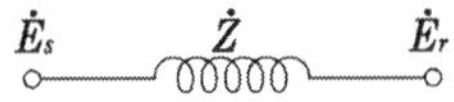

4-18 송전선로의 4단자 정수를 A, B, C, D라 하면 다음 중 옳은 것은? [04. 공사산업기사]

㉮ $AC-BD=1$　　㉯ $AB-CD=1$

㉰ $ABCD=1$　　㉱ $AD-BC=1$

4-19 회로정수 A, B, C, D인 송전선로에 변압기 임피던스 Z_r로 수전단에 접속했을 때 변압기 임피던스 Z_r을 포함한 새로운 회로정수 D_0는? 단, 그림에서 E_s, I_s는 송전단 전압과 전류이고, E_R, I_R는 수전단의 전압과 전류이다. [97. 전기·공사산업기사]

㉮ $B+AZ_r$

㉯ $B+CZ_r$

㉰ $D+AZ_r$

㉱ $D+CZ_r$

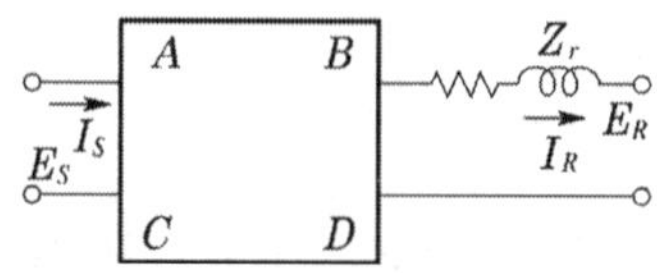

4-20 그림과 같이 정수가 서로 같은 평행 2회선에서 일반회로 정수 C_0는 얼마인가? [03. 전기공사산업기사]

㉮ $\frac{C_1}{4}$

㉯ $\frac{C_1}{2}$

㉰ $2C_1$

㉱ $4C_1$

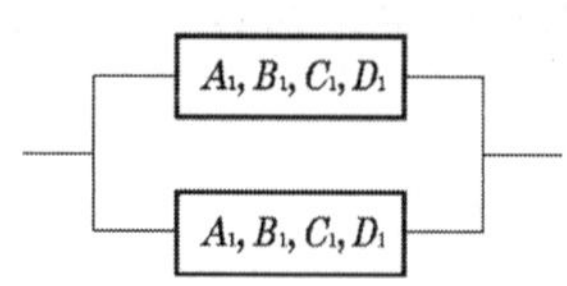

4-21 정전압 송전방식에서 전력원선도를 그리려면 무엇이 주어져야 하는가? [04. 전기공사기사]

㉮ 송수전단 전압, 선로의 일반회로 정수

㉯ 송수전단 역률, 선로의 일반회로 정수

㉰ 조상기 용량, 수전단 전압

㉱ 송전단 전압, 수전단 전류

4-22 송·수 양단의 전압을 E_s, E_r이라 하고, 4단자 정수를 A, B, C, D라 할 때 전력원선도의 반지름은? [97. 전기·공사산업기사]

㉮ $\frac{E_s E_r}{A}$　　㉯ $\frac{E_s^2 E_r^2}{A}$

㉰ $\frac{E_s^2 E_r^2}{B}$　　㉱ $\frac{E_s E_r}{B}$

4-23 전력원선도의 가로축(㉠)과 세로축(㉡)을 나타내는 것은? [17. 전기산업기사]

㉮ ㉠ 최대전력, ㉡ 피상전력　　㉯ ㉠ 조상용량, ㉡ 송전손실
㉰ ㉠ 송전효율, ㉡ 코로나손실　　㉱ ㉠ 유효전력, ㉡ 무효전력

4-24 전력원선도에서 알 수 없는 것은? [16. 전기기사]

㉮ 선로손실　　㉯ 조상용량
㉰ 정태안정 극한전력　　㉱ 송전단의 역률

4-25 조상설비가 아닌 것은? [17. 전기기사]

㉮ 정지형 무효전력 보상장치
㉯ 자동고장구분 개폐기
㉰ 전력용 콘덴서
㉱ 분로 리액터

4-26 동기 조상기에 대한 설명으로 틀린 것은? [16. 전기기사]

㉮ 동기 발전기의 V곡선을 이용하는 설비이다.
㉯ 동기전동기를 과여자로 하여 콘덴서로 사용한다.
㉰ 동기전동기를 부족여자로 하여 컨덕터로 사용한다.
㉱ 송전계통의 전압을 일정하게 유지하기 위한 설비이다.

4-27 전력용 콘덴서에 직렬로 콘덴서 용량의 5[%] 정도의 유도리액터를 삽입하는 목적은? [07. 공사산업기사]

㉮ 제 3 고조파를 제거시키기 위하여
㉯ 제 5 고조파를 제거시키기 위하여
㉰ 이상전압의 발생을 방지하기 위하여
㉱ 정전용량을 조절하기 위하여

4-28 제 5 고조파 전류 억제를 위해 전력용 콘덴서에 직렬로 삽입하는 유도리액턴스의 값으로 적당한 것은? [15. 전기기사]

㉮ 전력용 콘덴서 용량의 약 6[%] 정도
㉯ 전력용 콘덴서 용량의 약 12[%] 정도
㉰ 전력용 콘덴서 용량의 약 18[%] 정도
㉱ 전력용 콘덴서 용량의 약 24[%] 정도

4-29 전력용 콘덴서에서 방전코일의 역할은? [08 전기산업기사]

㉮ 잔류전하의 방전 ㉯ 고조파의 억제
㉰ 역률의 개선 ㉱ 콘덴서 수명연장

4-30 전력계통의 전압을 조정하는 가장 보편적인 방법은? [94. 전기기사]

㉮ 발전기의 유효전력 조정 ㉯ 부하의 유효전력 조정
㉰ 계통의 주파수 조정 ㉱ 계통의 무효전력 조정

4-31 전력계통의 조상설비중 전력용 콘덴서를 동기조상기와 비교할 때 옳은 것은? [15. 전기기사]

㉮ 전력손실이 크다.
㉯ 지상무효전력을 공급할 수 있다.
㉰ 전압조정을 계단적으로 밖에 못한다.
㉱ 송전선로를 시충전할 때 선로를 충전할 수 있다.

4-32 수전단 전압이 송전단 전압보다 높아지는 현상을 무엇이라 하는가? [08. 전기산업기사]

㉮ 페란티 효과 ㉯ 표피효과
㉰ 근접효과 ㉱ 도플러 효과

4-33 페란티 현상이 생기는 원인은? [94. 공사산업기사]

㉮ 선로의 인덕턴스 ㉯ 선로의 정전용량
㉰ 선로의 누설 컨덕턴스 ㉱ 선로의 저항

4-34 초고압 장거리 송전선로에 접속되는 1차 변전소에 병렬 리액터를 설치하는 목적은? [15. 전기공사산업기사]

㉮ 전압강하 경감 ㉯ 코로나손실 경감
㉰ 선로 손실 경감 ㉱ 페란티 효과 방지

4-35 송전단 전압 154[kV], 수전단 전압 134[kV], 상차각 60°, 리액턴스 39.8[Ω]일 때 선로손실을 무시하면 전송전력은 약 몇 [MW]가 되는가? [08. 전기산업기사]

㉮ 392 ㉯ 449
㉰ 558 ㉱ 680

4-36 송전단 전압 164[kV], 수전단 전압 154[kV], 상차각 60°, 리액턴스 45[Ω]일 때 선로손실을 무시하면 전송전력은 약 몇 [MW]가 되는가? [07. 전기산업기사]

㉮ 397 ㉯ 486

㉰ 563 ㉱ 624

4-37 전력계통에서 안정도의 종류에 속하지 않는 것은? [17. 전기산업기사]

㉮ 정태안정도 ㉯ 과도안정도

㉰ 동태안정도 ㉱ 상태안정도

4-38 전력계통의 안정도 향상대책이라 볼 수 없는 것은? [15. 전기산업기사]

㉮ 직렬 콘덴서 설치

㉯ 병렬 콘덴서 설치

㉰ 중간 개폐소 설치

㉱ 고속차단, 재폐로 방식채용

4-39 송전계통의 안정도 증진방법에 대한 설명으로 옳지 않은 것은? [07. 전기산업기사]

㉮ 고장시 발전기 입·출력의 불평형을 작게 한다.

㉯ 전압변동을 작게 한다.

㉰ 고장전류를 줄이고 고장구간을 신속하게 차단한다.

㉱ 직렬 리액턴스를 크게 한다.

4-40 송전선로의 안정도 향상대책과 관계가 없는 것은? [98. 공사산업기사]

㉮ 속응여자 방식채용 ㉯ 재폐로 방식의 채용

㉰ 역률의 신속한 조정 ㉱ 리액턴스 조정

4-41 송전계통의 안정도를 증진시키는 방식이 아닌 것은? [16. 전기기사]

㉮ 직렬 리액턴스를 크게 한다.

㉯ 전압 변동을 적게 한다.

㉰ 제동저항기를 크게 한다.

㉱ 중간조상방식을 채용 한다.

4-42 전력계통의 안정도 향상 방법이 아닌 것은? [17. 전기기사]

㉮ 선로 및 기기의 리액턴스를 낮게 한다.
㉯ 고속도 재폐로 차단기를 채용한다.
㉰ 중성점 직접접지 방식을 채용한다.
㉱ 고속도 AVR을 채용한다.

4-43 송배전선로의 도중에 직렬로 삽입하여 선로의 유도성 리액턴스를 보상함으로써 선로정수 그 자체를 변화시켜 선로의 전압강하를 감소시키는 직렬콘덴서 방식의 득실에 대한 설명으로 옳은 것은? [98. 공사기사]

㉮ 최대 송전전력이 감소하고 정태안정도가 감소된다.
㉯ 부하변동에 따른 수전단의 전압변동률은 증대된다.
㉰ 장거리 선로의 유도 리액턴스를 보상하고 전압강하를 감소시킨다.
㉱ 송·수양단의 전달 임피던스가 증가하고 안정극한 전력이 감소한다.

4-44 송전선에 직렬 콘덴서를 설치하는 경우 많은 이점이 있는 반면, 이상 현상도 일어날 수 있다. 직렬 콘덴서를 설치하였을 때 이치에 맞지 않는 사항은? [97. 전기·공사기사]

㉮ 선로 중에서 일어나는 전압강하를 감소시킨다.
㉯ 송전전력의 증가를 꾀할 수 있다.
㉰ 부하역률이 좋을수록 설치효과가 크다.
㉱ 단락사고가 발생하는 경우 직렬공진을 일으킬 우려가 있다.

4-45 송전선에 재폐로 방식을 사용하는 목적은? [94. 전기기사]

㉮ 역률개선　　㉯ 안정도 증진
㉰ 속응 여자방식의 채용　　㉱ 차폐선의 채용

4-46 교류송전에서는 송전거리가 멀어질수록 동일 전압에서의 송전 가능전력이 적어진다. 다음 중 그 이유로 가장 알맞은 것은? [08. 전기산업기사]

㉮ 선로의 어드미턴스가 커지기 때문이다.
㉯ 선로의 유도성 리액턴스가 커지기 때문이다.
㉰ 코로나 손실이 증가하기 때문이다.
㉱ 표피효과가 커지기 때문이다.

4-47 **345[kV] 2회선 선로의 길이가 220[km]이다. 송전용량 계수법에 의하면 송전용량은 약 몇 [MW]인가? 단, 345[kV]의 송전용량 계수는 1,200이다.** [97. 전기·공사기사]

㉮ 525　　㉯ 650
㉰ 1,050　　㉱ 1,300

4-48 **1차 변전소에서는 어떤 결선의 3권선 변압기가 가장 유리한가?** [전기기사]

㉮ △-Y-Y　　㉯ Y-△-△
㉰ Y-Y-△　　㉱ △-Y-△

4-49 **중간 조상방식(intermediate phase modifying system)이란?** [94. 전기산업기사]

㉮ 송전선로의 중간에 동기 조상기 연결
㉯ 송전선로의 중간에 직렬 전력 콘덴서 삽입
㉰ 송전선로의 중간에 병렬 콘덴서 연결
㉱ 송전선로의 중간에 개폐소 설치, 리액터와 전력 콘덴서 병렬연결

4-50 **지상 부하를 갖는 단거리 송전선로의 전압강하의 근사식은? 단, P는 3상부하전력[kW], E는 선간전압[kV], R은 선로저항[Ω], X는 리액턴스[Ω], θ는 부하의 역률각이다.** [03. 공사산업기사]

㉮ $\dfrac{\sqrt{3P}}{E}(R+X\tan\theta)$　　㉯ $\dfrac{O}{\sqrt{3E}}(R+X\tan\theta)$
㉰ $\dfrac{P}{E}(R+X\tan\theta)$　　㉱ $\dfrac{P}{\sqrt{3E}}(R\cos\theta+X\sin\theta)$

해 답

1. ㉮ 2. ㉱ 3. ㉯ 4. ㉱ 5. ㉱ 6. ㉰ 7. ㉯ 8. ㉯ 9. ㉮ 10. ㉱ 11. ㉯ 12. ㉮ 13. ㉱ 14. ㉯ 15. ㉱ 16. ㉮ 17. ㉮ 18. ㉱ 19. ㉱ 20. ㉰ 21. ㉮ 22. ㉱ 23. ㉱ 24. ㉰ 25. ㉯ 26. ㉰ 27. ㉯ 28. ㉮ 29. ㉮ 30. ㉱ 31. ㉰ 32. ㉮ 33. ㉯ 34. ㉱ 35. ㉯ 36. ㉯ 37. ㉱ 38. ㉯ 39. ㉱ 40. ㉰ 41. ㉮ 42. ㉰ 43. ㉰ 44. ㉰ 45. ㉯ 46. ㉯ 47. ㉱ 48. ㉰ 49. ㉮ 50. ㉰

power engineering

Chapter 05

계통 접지방식과 유도장해

5.1 개 요

대개 송전계통의 중성점은 접지하며, 접지방식에 따라서 지락사고시에 계통에 미치는 영향이 크다. 이 경우의 송전선 및 기기의 절연, 통신선에 대한 유도장해, 차단기의 차단용량, 보호계전기의 동작 등에 영향을 주기 때문이다.

그러므로 저전압 단거리 송전선로에서는 중성점을 접지하지 않더라도 별지장은 없으나, 고전압 장거리 송전선로에서는 중성점을 접지하지 않을 경우 지락고장시 이상전압이 발생하거나 보호계전기 동작이 안 되는 등 여러 가지 장해가 생기므로 중성점은 가능한 한 접지하도록 하고 있다.

계통 접지방식의 종류는 그림 5.1과 같이 중성점의 접지 임피던스 Z_N의 크기에 따라서 다음과 같이 나눌 수 있다.

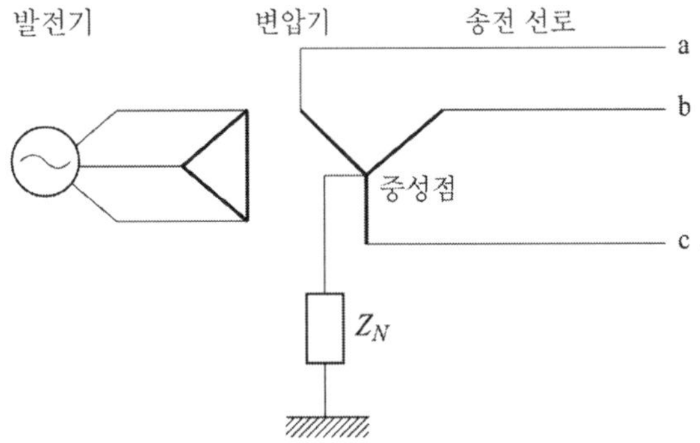

그림 5.1 계통 접지방식

① 비접지 방식($Z_N = \infty$)

② 직접접지 방식($Z_N = 0$)

③ 저항접지 방식($Z_N = R$)

④ 소호 리액터 접지방식($Z_N = jX$)

저전압 단거리에 해당하는 22[kV] 선로는 비접지 방식을, 그 이외의 송전선로는 직접접지 방식을 채택하고 있다.

5.2 계통 접지방식의 종류

5.2.1 비접지 방식

비접지 방식은 변압기의 결선을 △-△로 하고, 이에 대한 중성점을 접지하지 않는 방식이다(△ 결선은 중성점이 없다). 이것은 주로 선로의 길이가 짧거나 전압이 낮은 계통에 적용된다.

이러한 선로에서는 1선 지락사고가 일어나면 건전상의 전위가 상전압에서 선간전압으로 상승하게 된다. 이 경우 대지 정전용량(C_s)이 작기 때문에 대지 충전전류는 크지 않으며, 그림 5.2와 같이 1선 지락고장이 발생하면 지락전류는 저항과 리액턴스가 무시되므로 다음 식과 같다.

$$\dot{I}_g = j3\omega C_s \dot{E}\,[\mathrm{A}] \tag{5.1}$$

여기서, C_s : 1상당 대지 정전용량[F]

$\dot{E}$: 고장발생 직전의 고장점 대지전위[V]

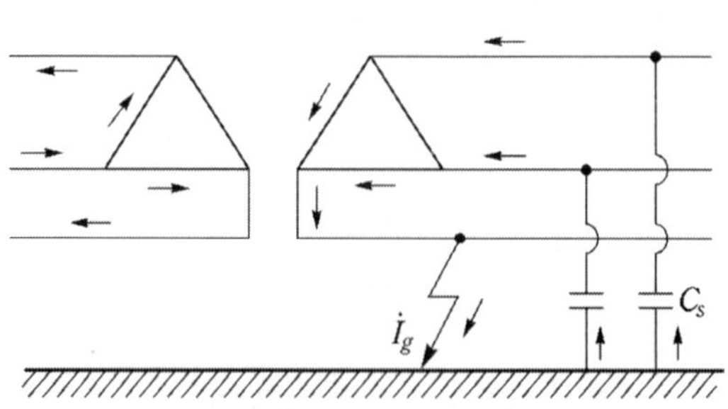

그림 5.2 비접지 방식에서의 1선 지락고장

△-△ 결선으로 되어 있는 비접지 방식에서는 변압기의 고장 또는 점검 수리할 경우에는 V 결선으로 바꾸어서 송전을 계속할 수 있다는 장점이 있다.

그러나 이 방식을 고전압 장거리 선로에 적용하면 1선 지락 고장시 충전전류에 의한 간헐 아크 지락(intermittent arcing ground)을 일으켜서 이상전압을 발생하게 된다. 그러므로 비접지 방식은 22[kV] 송전선로와 같이 전압이 낮은 단거리 선로에 적용되었으나 현재는 사용되지 않고 있다.

5.2.2 직접 접지방식

직접 접지방식은 계통에 접속된 변압기의 중성점을 직접 도선으로 접지하는 방식으로서 초고압 송전선로에서 절연 레벨(insulation level)을 저감하는 데 유용한 접지 방식이다. 그림 5.3은 이 방식의 1선 지락시 고장전류 분포의 개념을 보인 것이다.

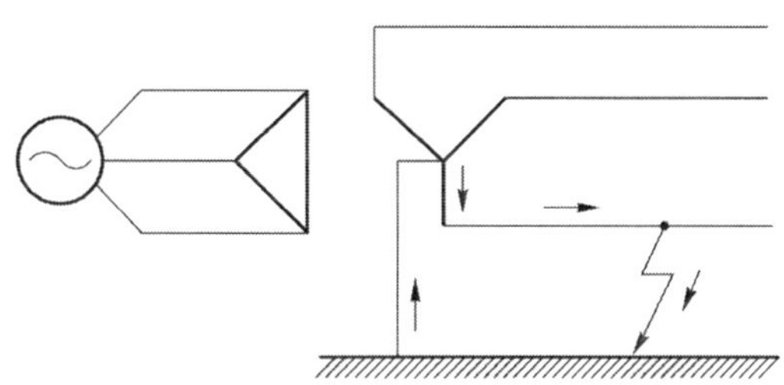

그림 5.3 직접 접지방식의 고장전류 분포도

이 방식의 장점은 다음과 같다.

① 절연 레벨을 저하시킬 수 있다.

1선 지락 사고시 건전상의 대지전압 상승은 1.3배 이하이고, 또 아크 지락에 의한 이상전압도 낮으므로 선로의 애자개수를 줄이고 기기의 절연강도를 줄인다.

② 정격전압이 낮은 피뢰기를 사용할 수 있다.

일반적으로 직접 접지방식에서는 0.8~1.0 V, 저항 접지방식 또는 소호 리액터 접지방식에서는 1.4~1.6 V의 정격전압을 가지는 피뢰기를 사용한다. 단, V는 공칭전압이다.

③ 단절연(graded insulation)된 변압기를 사용할 수 있다.

변압기의 중성점의 전위는 0[V]이므로 단절연된 변압기를 사용할 수 있으며, 이로 인하여 변압기의 중량과 가격을 저하시킬 수 있다.

④ 지락 계전기(ground relay)의 동작을 확실하게 할 수 있다.
　1선 지락 사고시에는 지락전류가 커지기 때문이다.

이와 반면에 지락전류가 크기 때문에 다음과 같은 단점도 있다.
① 과도안정도가 나빠진다.
② 통신선에 전자 유도장해를 일으키게 된다.
③ 대용량의 차단기가 필요하다.

이상과 같은 장단점이 있으나 직접 접지방식의 장점은 절연 레벨의 저감에 있으므로 절연비용이 커지는 초고압 송전선로에서는 유리한 접지방식이다.

우리나라에서도 154[kV]뿐만 아니라 345[kV], 765[kV] 송전계통의 중성점 접지방식은 모두 직접 접지방식을 채용하고 있다.

5.2.3 소호 리액터 접지방식

이 방식은 리액터를 이용하여 중성점을 접지하는 방식으로서, 송전선로의 대지 정전용량과 리액터가 병렬 공진하여 고장점의 고장전류를 소멸시키는 원리이다. 이 리액터는 발명자의 이름을 붙여 Petersen 코일 또는 소호 리액터(arc suppressing reactor)라고 부르고 있다.

이 접지방식의 장점은 1선 지락고장시 고장점에는 고장전류가 거의 흐르지 않으며, 또한 고장상의 전압 상승률이 작기 때문에 지락 아크가 자연 소멸되므로 정전 없이 송전을 계속할 수 있다는 점이다. 우리나라에서도 일부 66[kV] 송전선에 채용되었으나 지금은 철거한 상태이다.

그림 5.4에 나타낸 바와 같이 1선당의 대지 정전용량이 C[F], 상전압이 $\dot{E}_a$, $\dot{E}_b$, $\dot{E}_c$[V]인 선로에 대하여 소호원리를 살펴보기로 한다.

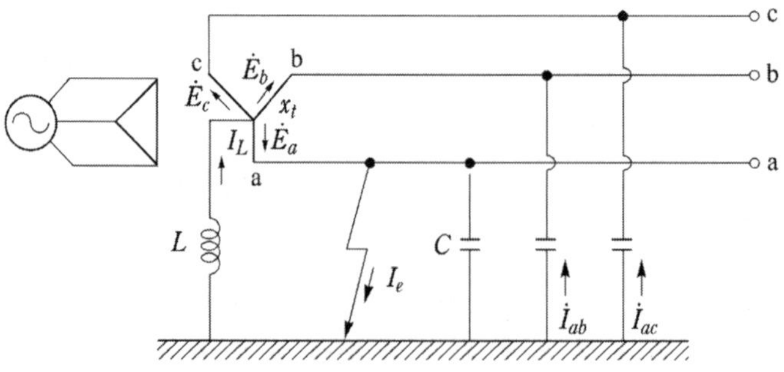

그림 5.4 소호 리액터 접지계통의 지락고장

a상이 지락 되었다고 하면 지락전류 I_e 는 L 을 흐르는 지상전류 $\dot{I}_L$ 과 b상 및 c상의 대지 정전용량 C를 흐르는 진상전류 $\dot{I}_{ab}$ 및 $\dot{I}_{ac}$ 로 분류된다. 이들 전류의 합성값이 0으로 되면 지락점의 지락전류는 흐르지 않으므로 아크가 발생하지 않는다.

즉, 소호작용(消弧作用)을 위하여 $\dot{I}_L + \dot{I}_{ab} + \dot{I}_{ac} = 0$이 되어야 하므로

$$\frac{\dot{E}_a}{j\omega L} + j\omega C(\dot{E}_a - \dot{E}_b) + j\omega C(\dot{E}_a - \dot{E}_c) = 0 \tag{5.2}$$

으로 되어야 하며, 전원전압 $\dot{E}_a = E$, $\dot{E}_b = a^2 E$, $\dot{E}_c = aE$의 관계를 대입하여 정리하면

$$\omega L = \frac{1}{3\omega C}[\Omega] \tag{5.3}$$

으로 된다.

즉, 지락전류 $I_e = 0$이 되기 위해서는 식 (5.3)과 같이 소호 리액터의 유도성 리액턴스와 계통의 용량성 리액턴스가 같아야 한다.

이것이 소호 리액터 접지방식에서의 병렬공진 조건이다. 이로부터 소호 리액터의 인덕턴스 L은

$$L = \frac{1}{3\omega^2 C}[\mathrm{H}] \tag{5.4}$$

가 된다.

만일 변압기의 1상당 임피던스 x_t 까지 포함하여 소호 리액턴스 ωL 의 값을 구하면 다음과 같다. 즉, 중성점에서 바라본 변압기의 합성 임피던스는 변압기 3상이 병렬이므로 $x_t/3$가 되며, 계통의 유도성 리액턴스의 합계와 용량성 리액턴스는 다음과 같이 서로 같아야 소호작용을 할 수 있다.

$$\omega L + \frac{x_t}{3} = \frac{1}{3\omega C}[\Omega] \tag{5.5}$$

그러므로 리액터의 리액턴스 ωL 은 다음과 같이 된다.

$$\omega L = \frac{1}{3\omega C} - \frac{x_t}{3}[\Omega] \tag{5.6}$$

예제 5-1

1상의 대지 정전용량은 0.53[μF], 주파수 60[Hz]의 3상 송전선이 있다. 이 선로에 소호 리액터를 설치하려 한다. 소호 리액터의 공진 탭에 대한 리액턴스[Ω]를 구하여라. 단, 소호 리액터를 접속하는 변압기의 1상당 리액턴스는 9[Ω]이다.

풀이 공진 탭의 리액턴스는 식 (5.6)에 의하여

$$\omega L = \frac{1}{3\omega C} - \frac{x_t}{3} = \frac{1}{3 \times 2\pi \times 60 \times 0.53 \times 10^{-6}} - \frac{9}{3} = 1{,}665[\Omega]$$

5.3 유효접지와 비유효접지

1선 지락사고가 발생하였을 경우 건전상의 전압이 평상시의 대지전압의 1.3배 이하(계통선간 전압의 75[%]가 되도록 중성점 임피던스를 낮게 접지하는 것을 유효접지(effective grounding)라 하고, 1.3배를 넘는 것을 비유효접지라 한다.

중성점 직접 접지방식은 유효접지에 속하고, 기타방식은 비유효 접지에 속한다. 유효접지에서는 1선 지락 사고시의 건전상의 대지전압 상승을 저감시킬 수 있고, 또 개폐서지 이상전압도 억제시킬 수 있으므로 선로 및 기기의 절연강도의 경감, 정격전압이 낮은 피뢰기를 사용할 수 있는 장점이 있다.

5.4 중성점 잔류전압

그림 5.5와 같이 평형 3상 전압이 공급되어 있는 경우 3상의 대지정전용량 C_a, C_b, C_c 가 모두 같으면 중성점 n 의 전위는 0이 된다. 그러나 연가가 불완전해서 3선의 대지 정전용량이 서로 같지 않으면 중성점 n 은 어떤 전위를 갖게 된다.

중성점에 나타나는 이 전압을 잔류전압(residual voltage)이라 한다. 중성점에 잔류 전압이 나타나면 소호 리액터 접지의 선로에 있어서는 직렬공진의 원인이 되고, 이로 인하여 이상전압이 발생하며 직렬공진에 의한 전류 때문에 근접 통신선에 유도장해를 미칠 수 있다.

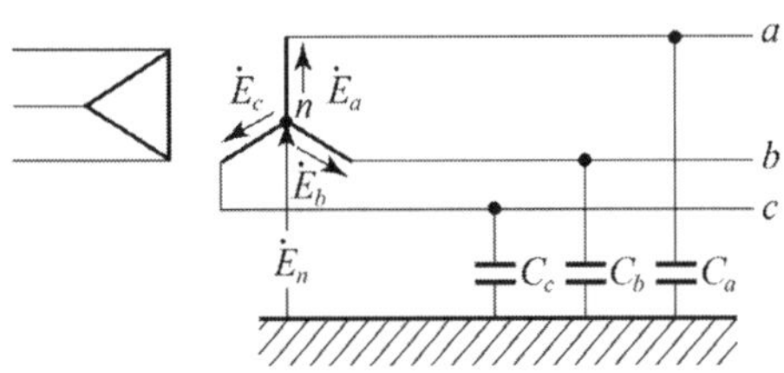

그림 5.5 중성점의 잔류전압

지금 송전선 각 상의 대지 정전용량을 C_a, C_b, C_c 라 하고, 각 상전압을 $\dot{E}_a$, $\dot{E}_b$, $\dot{E}_c$라 할 때 중성점의 잔류전압 $\dot{E}_n$은 다음과 같다. 그림 5.5에서 각 상의 대지전압은 $(\dot{E}_a+\dot{E}_n)$, $(\dot{E}_b+\dot{E}_n)$, $(\dot{E}_c+\dot{E}_n)$이 되므로 이 경우의 각 상의 전류는

$$\begin{aligned} \dot{I}_a &= j\omega C_a(\dot{E}_a+\dot{E}_n) \\ \dot{I}_b &= j\omega C_b(\dot{E}_b+\dot{E}_n) \\ \dot{I}_c &= j\omega C_c(\dot{E}_c+\dot{E}_n) \end{aligned} \tag{5.9}$$

가 된다. 이때 $\dot{I}_a+\dot{I}_b+\dot{I}_c=0$ 이므로

$$\begin{aligned} & j\omega C_a(\dot{E}_a+\dot{E}_n)+j\omega C_b(\dot{E}_b+\dot{E}_n)+j\omega C_c(\dot{E}_c+\dot{E}_n)=0 \\ & \dot{E}_n = -\frac{C_a\dot{E}_a+C_b\dot{E}_b+C_c\dot{E}_c}{C_a+C_b+C_c} \end{aligned} \tag{5.10}$$

이 되며, 전원전압 $\dot{E}_a=E$, $\dot{E}_b=a^2E$, $\dot{E}_c=aE$ 이므로 $\dot{E}_n$ 의 크기에 대하여 나타내면

$$|E_n| = \frac{\sqrt{C_a(C_a-C_b)+C_b(C_b-C_c)+C_c(C_c-C_a)}}{C_a+C_b+C_c}E \tag{5.11}$$

가 된다. 만일 $C_a=C_b=C_c$ 라 하면(연가를 해야 한다) 위 식에서 중성점 잔류전압 $E_n=0$이 된다. 또, 그림 5.6과 같이 중성점 n 을 L 인 인덕턴스로 접지시키고 선로의 합성저항을 R' 라 하면 L 에 흐르는 접지전류 $\dot{I}_L$ 및 중성점의 대지전압 $\dot{E}_{nL}$은 다음과 같이 된다.

소호 리액터 계통에 있어서는 $\omega L = \dfrac{1}{\omega(C_a+C_b+C_c)}$ 이므로

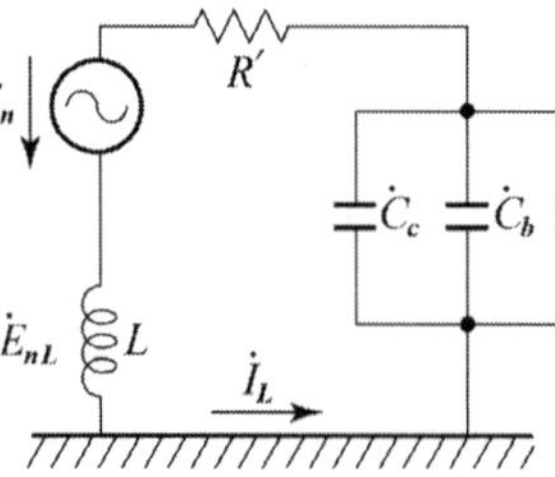

그림 5.6

$$\dot{I}_L = \frac{\dot{E}_n}{R'} \tag{5.12}$$

$$\dot{E}_{nL} = jwL I_L = \frac{j\omega L\dot{E}_n}{R'} = \frac{j\dot{E}_n}{R'\omega(C_a + C_b + C_c)} \tag{5.13}$$

이 된다. 이것이 소호 리액터 접지계통의 직렬공진(series resonance)이고, 비교적 낮은 잔류 전압에서도 많은 전류가 흘러서 변압기의 중성점에 높은 전압이 나타나게 된다.

즉, 소호 리액터 접지방식에서 소호원리는 병렬공진을 이용하지만, 각 상간에 충분한 연가가 되어 있지 않으면 직렬공진의 원인이 되어 이상전압을 일으키게 된다.

참고로 변압기의 표준결선과 단권변압기를 살펴보면 다음과 같다.

발전전압을 송전전압으로 승압하기 위한 발전소 구내 변전소의 변압기 결선은 저압측(발전기측)은 △결선, 고압측(선로측)은 Y 결선으로 하고 있으며, 1차 변전소(primary substation)에서는 1차, 2차측 모두가 송전선과 연결되므로 Y 결선으로 해서 중성점을 접지하고, 3차측은 △결선으로 해서 제3고조파 전류가 △결선 내부에 순환하고 선로 측으로 나가지 않도록 한다. 뿐만 아니라 3차측은 조상설비를 접속하여 선로의 무효전력을 제어함으로써 일정 전압을 유지하도록 한다.

2차 변전소(secondary substation)에서 고압측은 Y 결선, 저압측은 △결선으로 송전전압을 적당한 전압으로 강압하여 부하에 공급하도록 한다.

그림 5.7은 송전계통에서 변압기 표준 결선의 예이다.

일반적으로 초고압 송전계통에서는 단권변압기를 사용하고 있다.

단권변압기(auto transformer)는 그림 5.8과 같이 1, 2차 권선을 하나의 권선으로 하며, 권선의 일부분을 공통회로로 사용하는 변압기이다.

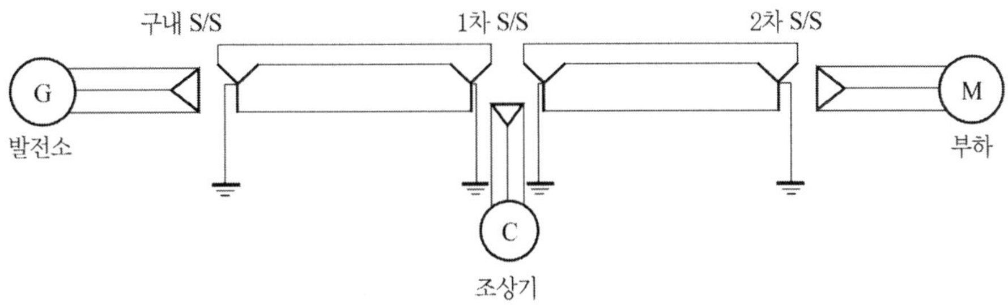

그림 5.7 변압기 표준결선 예

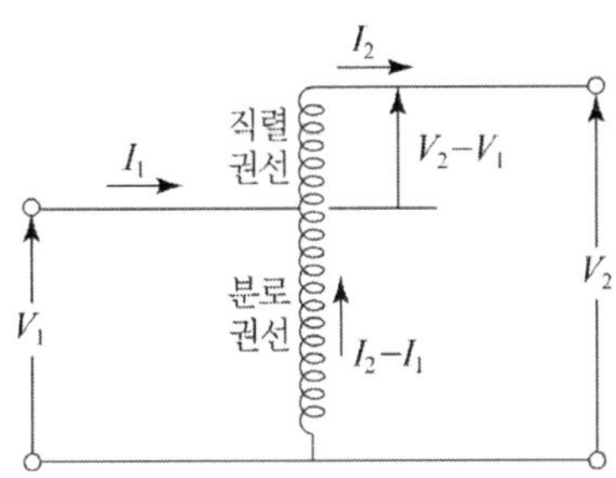

그림 5.8 단권변압기

그림에서 2차 전류 I_2 의 전류용량이 필요한 부분은 직렬권선이며 분로권선에는 I_2 와 I_1 의 차 전류가 흐른다. 이 때문에 분로권선의 전류용량이 작게 되고 손실이 작게 되어 효율이 높으며 소형으로 할 수 있다.

단권변압기의 자기용량은 $P_0 = (V_2 - V_1)I_2$가 되며, 접속할 수 있는 부하용량은 $P = V_2 I_2$ 가 된다.

특징으로서는 1, 2차 권선을 따로 갖는 일반 변압기에 비해 권선량을 줄일 수 있으므로 동손이 감소하여 효율이 좋아지고 온도 상승이 저하된다. 또한 일반 변압기에 비해 전압변동률이 좋아지는 장점이 있는 반면에 1차측에 이상전압이 발생하면 2차측이 받는 영향이 크며, 누설 임피던스가 적으므로 단락사고시에는 단락전류가 커서 기계적인 강도가 커야 하는 단점이 있다.

5.5 유도장해

5.1.1 개요

일반적으로 송전선에 의하여 통신선에 이상전압을 유도하면 통신에 장애를 줄뿐만 아니라, 어느 한계를 넘을 경우 통신설비의 소손 및 감전사고까지 유발할 수 있는 현상을 유도장해라고 한다.

통신선에 일어나는 유도장해로서는 정전유도, 전자유도 및 고조파 유도 등이 있다. 정전유도는 송전선과 통신선과의 상호 정전용량에 의해 발생하는 것이고 전자유도는 송전선과 통신선과의 상호 인덕턴스에 의해 발생하는 것이다.

평상 운전시에는 정전유도(electro static induction)가 문제로 되고 지락 고장시에는 주로 전자유도(electro magnetic induction)가 문제로 된다. 또한, 상용주파수보다 고조파의 유도에 의하여 잡음장해를 일으키는 고조파 유도가 있다.

5.5.2 정전유도

정전유도 전압은 송전선과 통신선과의 상호 정전용량을 통하여 송전선의 전압이 통신선에 유도되는 전압을 말한다. 그림 5.9에 나타낸 바와 같이 송전선 각 상의 대지전압을 $\dot{E}_a$, $\dot{E}_b$, $\dot{E}_c$ 통신선의 유도전압을 $\dot{E}_s$, 송전선과 통신선의 상호 정전용량을 C_a, C_b, C_c 통신선의 대지 정전용량을 C_s 라고 하면 $\dot{I}_a + \dot{I}_b + \dot{I}_c = \dot{I}_{cs}$ 로 된다.

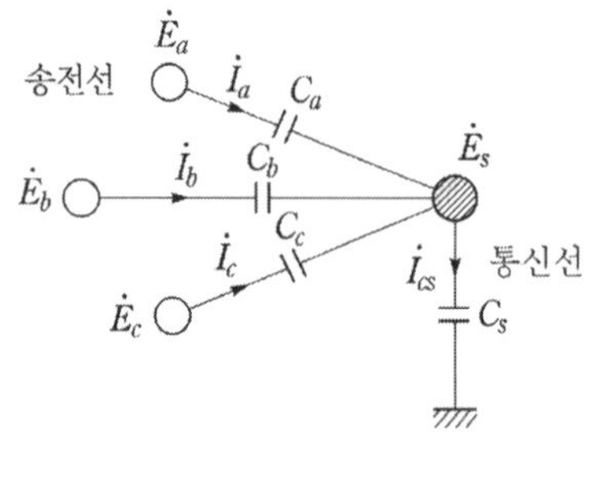

그림 5.9 정전유도

$$\omega C_a(\dot{E}_a - \dot{E}_s) + \omega C_b(\dot{E}_b - \dot{E}_s) + \omega C_c(\dot{E}_c - \dot{E}_s) = \omega C_s \dot{E}_s \tag{5.14}$$

그러므로 통신선에 유도되는 전압 $\dot{E}_s$는

$$\dot{E}_s = \frac{C_a \dot{E}_a + C_b \dot{E}_b + C_c \dot{E}_c}{C_a + C_b + C_c + C_s} \tag{5.15}$$

로 된다. 송전선 전압이 3상 평형이면 $\dot{E}_a = E$, $\dot{E}_b = a^2 E$, $\dot{E}_c = aE$ 이므로 $\dot{E}_s$ 의 절대값으로 나타내면

$$|E_s| = \frac{\sqrt{C_a(C_a - C_b) + C_b(C_b - C_c) + C_c(C_c - C_a)}}{C_a + C_b + C_c + C_s} \times E \tag{5.16}$$

로 된다. 여기서, E는 송전선의 대지전압이다.

식 (5.16)에서 알 수 있는 바와 같이 정전유도 전압은 송전선의 대지전압 E에만 비례하고 있다. 또, 위 식에서 $C_a = C_b = C_c$ 이면 $E_s = 0$으로 된다. 즉, 완전히 연가하면 각 상의 상호 정전용량이 같게 되므로 정전유도 전압을 방지할 수 있다.

또한, 정전유도를 방지하기 위해서는 통신선을 금속피복으로 감싸고 이것을 접지하면 금속피복의 유도전하가 대지로 흘러 통신선에 유도장해가 발생하지 않는다. 이와 같이 금속피복으로 감싸는 것을 차폐라 하며, 대부분의 통신선이 차폐 케이블을 사용하므로 정전유도는 큰 문제가 되지 않는다.

5.5.3 전자유도

전자유도 전압은 송전선에서 발생한 자속이 통신선에 쇄교함으로써 통신선에 전압을 유도하는 작용이다. 전자유도 전압은 평상시에는 송전선의 3상 평형전류에 의하여 발생하는 자속이 대부분 상쇄되므로 대단히 적다. 그러나 지락고장 등과 같이 영상전류가 흐를 때 통신선에는 많은 자속이 쇄교되어 높은 전자유도 전압이 발생된다.

그림 5.10과 같이 송전선 a, b, c상과 통신선 사이에 상호 인덕턴스가 M_1, M_2, M_3[H/m]이고, 각 상의 전류는 $\dot{I}_a$, $\dot{I}_b$, $\dot{I}_c$이며, 양선의 병행거리가 l[m]이면 송전선으로부터의 전자유도 전압은 다음과 같다.

$$E_m = -j\omega l(M_1 \dot{I}_a + M_2 \dot{I}_b + M_3 \dot{I}_c) \tag{5.17}$$

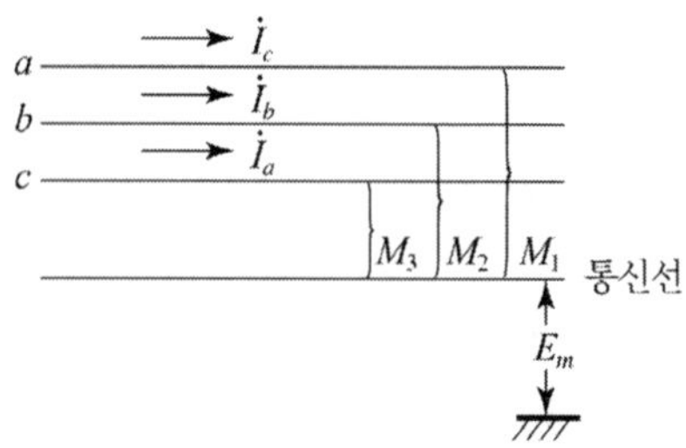

그림 5.10 전자유도

송전선이 완전히 연가되어 있으면 $M_1 = M_2 = M_3 = M$ 으로 되므로

$$E_m = -j\omega l\, M(\dot{I}_a + \dot{I}_b + \dot{I}_c) = -j\omega Ml \times 3I_0 \tag{5.18}$$

으로 된다.

전자유도 전압 E_m 은 대지를 귀로로 하는 영상전류 I_0 에 의하여 발생하며, $3I_0$ 는 유도전압을 일으키는 전류라는 의미에서 기유도전류(inducing current)라 한다.

송전선은 정상운전시에는 평형부하를 유지하기 때문에 $\dot{I}_a + \dot{I}_b + \dot{I}_c = 0$ 이 되어 유도전압은 거의 발생하지 않는다. 그러나 1선 지락사고가 발생하면 고장전류가 흐르게 되며, 이것은 대지를 귀로로 하는 영상전류 I_0 로서 통신선에 유도장해를 일으키는 원인이 된다.

전자 유도전압의 계산은 다음과 같은 실험식을 사용하고 있다.

그림 5.11에서와 같이 5만분의 1의 지도상에 통신 선로와 송전 선로를 그려 넣어서 이 두 선로의 도면상의 관계 위치로부터 통신선의 유도전압을 다음과 같은 실험식을 사용해서 구한다.

$$E_m = Kf\,I\left\{\Sigma\frac{l_{12}}{\frac{1}{2}(b_1 + b_2)} + \Sigma\frac{l}{100}\right\}[\mathrm{V}] \tag{5.19}$$

여기서, K : 지질계수(산악 : 0.0002~0.0008, 평지 : 0.0004)

f : 지락전류의 주파수

l_{12}, l, b_1, b_2 등은 그림 5.11 참조

I : 기유도 전류[A]

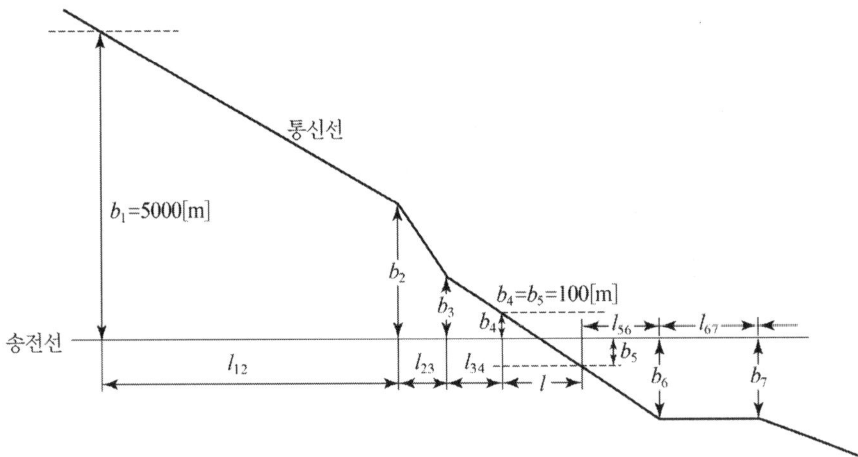

그림 5.11 전자 유도 계산의 일례

앞의 식 (5.18)에서 나타낸 바와 같이 전자 유도전압 송전선과 통신선과의 병행 길이 l 에 비례하므로 상당히 떨어진 통신선이더라도 b 의 값은 5[km]까지 계산해 주어야 한다.

예제 5-2

통신선과 병행하는 3상 1회선 송전선이 있다. 1선 지락 사고로 80[A]의 영상전류가 흐르면 통신선에 유도되는 전자유도전압은 몇 [V]인가? 단, 송전선과 통신선의 상호 인덕턴스는 0.06[mH/km], 병행길이는 40[km], 주파수는 60[Hz]이다.

풀이 기유도전류의 크기는 $3I_0 = 3\times 80 = 240$[A]이므로 전자유도 전압의 크기는

$$E_m = -j\omega Ml \times 3I_0$$
$$= -2\pi\times 60\times 0.06\times 10^{-3}\times 40\times 240 = -217[V]$$

즉, 217[V]의 전압이 유도된다.

5.5.4 고조파 유도

최근 사이리스터(thyrister)는 소규모 기기에서부터 대규모 기기에 이르기까지 많은 제어분야에 사용되고 있다. 사이리스터 응용기기는 고조파를 많이 발생하기 때문에 주변의 통신선에

잡음 장애를 주고 있다.

고조파 장애를 감소시키기 위하여 여과기(filter)를 사용하고 전력설비의 접지와 통신설비의 접지를 분리시켜야 한다. 또한, 고조파를 발생하는 전력설비와는 충분한 이격거리를 두어야 하며 근접 병행할 경우에는 차폐 케이블을 사용하는 방법이 있다.

5.5.5 계통 접지방식과 영상전류 분포

송전선에 있어서 영상전류의 분포는 고장의 종류, 위치 및 계통접지방식에 따라서 그 양상을 달리한다. 여기서는 계통 접지방식에 따른 영상전류의 분포를 알아본다.

(1) 비접지 방식

비접지 방식에 있어서 1선 지락시의 영상전류는 충전전류 $(\dot{I}_c = j\omega C_s \dot{E})$뿐이므로 그 분포는 그림 5.12와 같으며 이 경우의 전자유도 전압은 비교적 작다.

비접지 계통에서는 지락고장의 선택 차단이 어렵기 때문에 건전상의 전위상승으로 인하여 다른 지점에서 다시 지락을 일으키는 수가 있다. 이 경우에는 건전한 2상이 대지를 통해서 단락하게 됨으로써 지락된 2지점간에 영상전류가 크게 흐르게 된다.

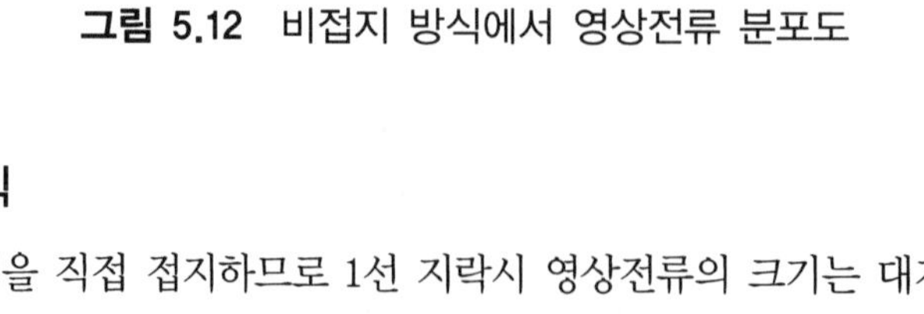

그림 5.12 비접지 방식에서 영상전류 분포도

(2) 직접접지 방식

이 방식을 중성점을 직접 접지하므로 1선 지락시 영상전류의 크기는 대지를 귀로로 하는 임피던스에 반비례하기 때문에 중성점에 가까운 고장일수록 크게 된다. 따라서 송・수전단 다같이 직접접지 방식인 경우에 지락사고가 일어나면 사고 전류는 선로 임피던스에 의하여 결정된다. 그러므로 사고 전류의 분포는 그림 5.13과 같이 지락 점으로부터 선로의 양단까지의 거리에 반비례하는 전류가 양단으로부터 흘러들어오게 된다. 중성점 직접접지 방식은 다른 어느 방식보다 지락사고시 영상전류가 커서 통신선에 주는 유도장해가 크게 된다.

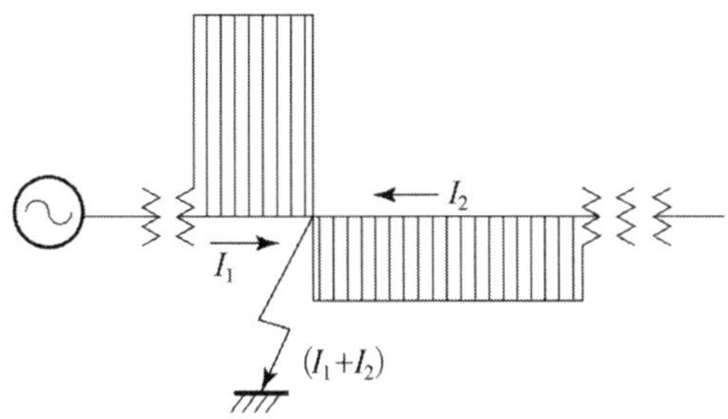

그림 5.13 직접접지 방식에서 영상전류 분포

(3) 소호 리액터 접지방식

소호 리액터 접지방식에서는 1선 지락시 지락지점에는 거의 전류가 흐르지 않지만 선로에는 대지 충전전류에 상당하는 영상전류가 흐른다. 그러나 기유도 전류(inducing current)는 작으므로 유도장해도 비교적 작다. 이 방식의 특징은 1선 지락사고의 위치에 관계없이 영상전류의 분포가 같다는 것이다.

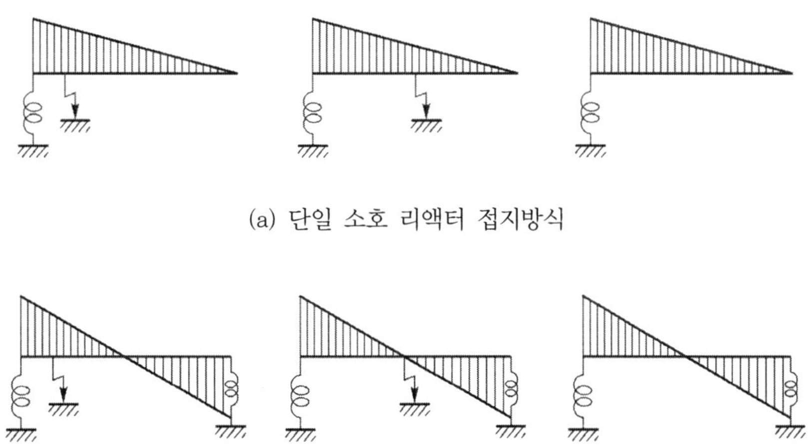

(a) 단일 소호 리액터 접지방식

(b) 양단 소호 리액터 접지방식

그림 5.14 소호 리액터 접지방식에서 영상전류 분포

5.5.6 유도장해 경감대책

여기서는 주로 문제가 되는 전자 유도장해 대책에 대해서 설명하면 다음과 같다.

(1) 송전선에 대한 대책

① 송전선의 경과지(route)를 통신선로로부터 멀리 떨어지도록 한다.
송전선로와 통신선로사이의 상호 인덕턴스 M을 줄일 수 있다.

② 중성점 접지 저항값을 가능한 크게 한다.
그러나 대부분의 송전계통 중성점은 직접 접지되어 있으므로 접지 저항값 조정은 불가능하며, 이 경우 접지장소를 통신선으로부터 멀리 떨어지도록 하여 기유도 전류(inducing current)의 분포를 조절한다.

③ 고속도 차단방식(0.1초 이내 차단)을 채용한다.
중성점 직접접지 계통에서는 사고시 고장 지속시간이 단축된다.

④ 가공 송전선을 지중 케이블로 매설하고 케이블의 금속외피를 접지한다.
이에는 막대한 건설비용이 필요하므로 순수한 유도대책만을 위해서는 어려우며, 지중 케이블(OF 케이블, CV 케이블 등)로 시설할 경우 차폐효과가 크다.

⑤ 철탑 꼭대기에 가공지선을 시설한다.
가공지선에 도전율이 좋은 전선을 사용하면 낙뢰보호 외에 통신선에 대한 유도장해에 대한 차폐효과가 있다.

(2) 통신선에 대한 대책

① 통신선의 도중에 절연변압기를 사용한다.
절연변압기는 그림 5.15와 같이 선로와 통신기기를 절연하는 것으로서 높은 전압의 유도를 받는 통신선에 사용된다.

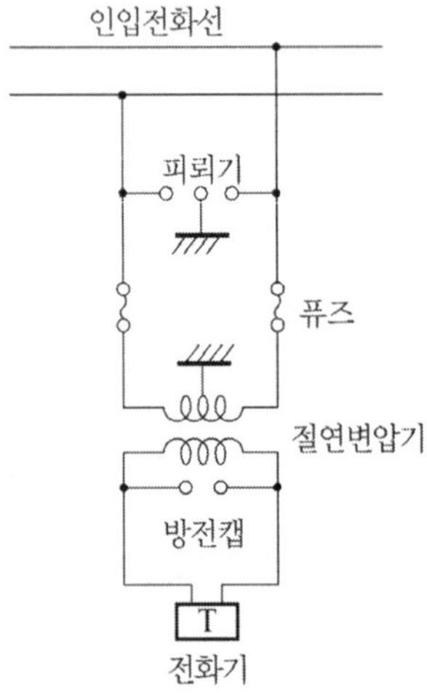

그림 5.15 전화회선의 보안장치

② 통신선에 차폐 케이블을 사용한다.
상호 인덕턴스 M을 줄일 수 있다.

③ 통신선측에 통신용 피뢰기를 설치한다.

④ 통신선에 광섬유(optical fiber) 케이블을 사용한다.

⑤ 배류코일(drainage coil)을 사용한다.
배류코일은 그림 5.16에 표시한 바와 같이 저항이 낮고, 인덕턴스 L이 높은 코일로서 통신선의 선간에 접속시켜 그 중성점을 접지하는 것으로서, 상용주파수의 유도전압에 대해서는 저임피던스로 작용하여 접지점을 통하여 방전되며, 주파수가 높은 통신신호에 대해서는 고임피던스로 작용하여 통신설비로 보내 준다.

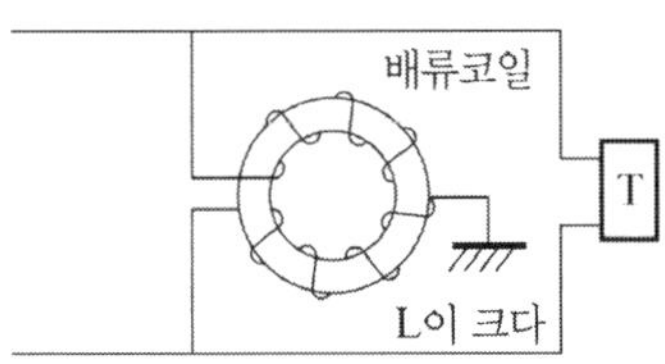

그림 5.16 배류 코일

유도전압의 제한 값은 1선 지락사고 등이 발생한 경우에는 0.1초 이내에 사고를 제거할 수 있는 송전선에서는 430[V], 일반 송전선에서는 300[V]이었으나, 국제적으로 송전선에 650[V]까지 인정함에 따라 우리나라에서도 잠정적으로 650[V]로 하고 있다.

5.5.7 차폐선의 효과

차폐선(shielding wire)의 차폐원리는 다음과 같다. 차폐선은 송전선에 근접해서 양단에 대지와 단락되어 있는 전선으로서 그림 5.17에 보인 것처럼 송전선의 영상전류 I_0에 의하여 발생된 자속 M은 차폐선과 통신선에 쇄교하게 된다.

차폐선에 쇄교된 자속 M에 의하여 전압이 유도되므로 여기에 단락전류 I_s이 흐르게 되며 이 단락전류에 의해 발생한 자속 M'도 통신선과 쇄교하게 된다. 이 자속 M'와 송전선 전류I_0에 의해 발생되었던 자속 M과는 위상이 반대이므로 통신선과의 쇄교자속 M의 값을 줄이게 되어 결국 통신선에 나타나는 유도전압은 반 정도로 줄어들게 된다.

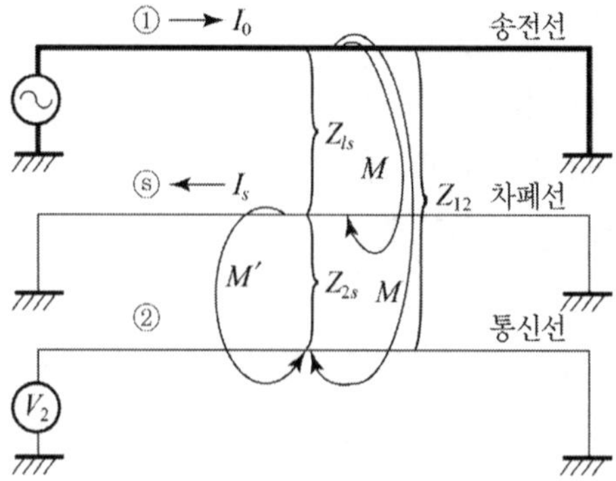

그림 5.17 차폐선의 차폐효과

통신선에 유도되는 전압 V_2는 송전선의 영상전류를 I_0, 차폐선의 유도전류(단락전류)를 I_s이라 하면 다음 식으로 계산된다.

$$V_2 = -Z_{12}I_0 + Z_{2s}I_s = -Z_{12}I_0 + Z_{2s}\frac{Z_{1s}I_0}{Z_s}$$

$$= -Z_{12}I_0\left(1 - \frac{Z_{1s}Z_{2s}}{Z_sZ_{12}}\right) \qquad (5.20)$$

여기서, Z_{12} : 전력선과 통신선간의 상호 임피던스

Z_{1s} : 전력선과 차폐선간의 상호 임피던스

Z_{2s} : 통신선과 차폐선간의 상호 임피던스

Z_s : 차폐선의 임피던스

이 식에 있어서 $(-Z_{12}I_0)$는 차폐선이 없을 경우의 유도전압이기 때문에 $\left(1 - \frac{Z_{1s}Z_{2s}}{Z_sZ_{12}}\right)$는 차폐선의 차폐계수 또는 저감계수라고 한다. 이것을 λ라고 한다면

$$\lambda = \left(1 - \frac{Z_{1s}Z_{2s}}{Z_sZ_{12}}\right) \qquad (5.21)$$

로 표시된다.

만약 차폐선을 송전선에 접근해서 설치할 경우에는 $Z_{12} \fallingdotseq Z_{2s}$로 되므로 유도전압 V_2는

$$V_2 = -Z_{12} I_0 \left(1 - \frac{Z_{1s}}{Z_s}\right) \tag{5.22}$$

으로 된다. 이때의 차폐선의 차폐계수 λ는 다음과 같이 된다.

$$\lambda = \left(1 - \frac{Z_{1s}}{Z_s}\right) \tag{5.23}$$

차폐선의 임피던스 Z_s를 될 수 있는 대로 작게 해서 차폐선에 흐르는 전류를 크게 해 주면 그만큼 차폐효과를 더 올릴 수 있게 된다는 것이다.

실제의 차폐선은 송전철탑의 꼭대기에 가설된 가공지선을 차폐선으로 이용한다. 원래 가공지선은 송전선로에 대한 뇌의 직격을 막기 위해서 가설되는 것이고 그 재질은 아연도금한 철선이기 때문에 임피던스가 커서 큰 단락전류를 크게 흘릴 수 없다.

차폐선의 차폐효과를 높이기 위해서는 차폐선의 임피던스를 작게 해야 하므로 송전선과 같은 강심알루미늄선을 사용해서 유도전압 경감과 가공지선으로서의 역할을 동시에 수행하도록 하고 있다.

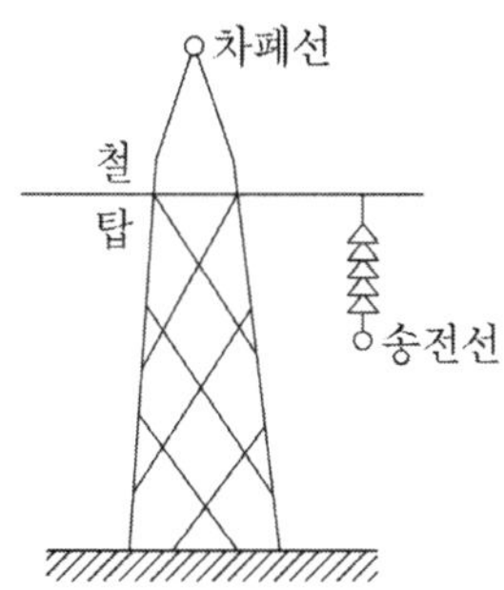

그림 5.18 차폐선의 가설

연 습 문 제

exercise

5-1 송전선로의 중성점을 접지하는 목적이 아닌 것은? [17. 전기기사]

㉮ 송전용량의 증가　　㉯ 과도안정도의 증진
㉰ 이상전압 발생의 억제　　㉱ 보호계전기의 신속, 확실한 동작

5-2 송전계통의 중성점을 직접 접지하는 목적과 관계없는 것은? [08. 전기산업기사]

㉮ 보호 계전기의 신속 정확한 동작　　㉯ 전선로 및 기기의 절연레벨 경감
㉰ 고장전류 크기의 억제　　㉱ 이상전압 발생의 방지

5-3 비접지식 송전선로에서 1선 지락고장이 생겼을 경우, 지락점에 흐르는 전류는?

㉮ 직류 전류 [17. 전기기사]
㉯ 고장 상의 영상전압과 동상의 전류
㉰ 고장상의 영상전압보다 90° 빠른 전류
㉱ 고장상의 영상전압보다 90° 늦은 전류

5-4 이상전압의 발생 우려가 가장 적은 중성점 접지방식은? [07. 공사산업기사]

㉮ 비접지방식　　㉯ 직접 접지방식
㉰ 고저항 접지방식　　㉱ 소호 리액터 접지방식

5-5 송전계통에 있어서 지락보호 계전기의 동작이 가장 확실한 방식은? [08. 전기산업기사]

㉮ 비접지　　㉯ 고저항 접지
㉰ 직접 접지　　㉱ 소호 리액터 접지

5-6 유효접지는 1선 접지시에 건전상의 전압이 상규 대지전압의 몇 배를 넘지 않도록 하는 중성점 접지를 말하는가? [93. 공사산업기사]

㉮ 0.8　　㉯ 1.3
㉰ 3　　㉱ 4

5-7 송전계통의 중성점을 직접 접지할 경우 관계가 없는 것은? [15. 전기기사]

㉮ 계전기 동작 확실 ㉯ 기기의 절연수준 저감
㉰ 과도안정도 증진 ㉱ 단절연변압기 사용 가능

5-8 직접 접지방식에서 변압기에 단절연을 할 수 있는 이유는? [97. 전기공사기사]

㉮ 고장전류가 크므로 ㉯ 중성점 전위가 낮으므로
㉰ 이상전압이 낮으므로 ㉱ 보호계전기의 동작이 확실하므로

5-9 선로, 기기 등의 저감절연 및 전력용 변압기의 단절연을 모두 행할 수 있는 중성점 접지방식은? [94. 전기기사]

㉮ 직접 접지방식 ㉯ 소호 리액터 접지방식
㉰ 고저항 접지방식 ㉱ 비접지 방식

5-10 직접접지 방식이 초고압 송전선에 채용되는 이유 중 가장 적당한 것은?

㉮ 지락고장시 병행 통신선에 유기되는 유도전압이 적기 때문에 [08. 전기산업기사]
㉯ 지락시의 지락전류가 적으므로
㉰ 계통의 절연을 낮게 할 수 있으므로
㉱ 송전선의 안정도가 높으므로

5-11 송전계통의 접지에 대하여 기술하였다. 다음 중 옳은 것은? [94. 공사산업기사]

㉮ 소호 리액터 접지방식은 선로의 정전용량과 직렬공진을 이용한 것으로 지락전류가 타방식에 비해 좀 큰 편이다.
㉯ 고저항 접지방식은 이중 고장을 발생시킬 확률이 거의 없으며 비접지식보다는 많은 편이다.
㉰ 직접 접지방식을 채용하는 경우 이상전압이 낮기 때문에 변압기 선정시 단절연이 가능하다.
㉱ 비접지 방식을 택하는 경우 지락전류 차단이 용이하고 장거리 송전을 할 경우 이중 고장의 발생을 예방하기 좋다.

5-12 전력선과 통신선과의 상호 인덕턴스에 의하여 발생되는 유도장해는? [94. 전기산업기사]

㉮ 정전 유도장해 ㉯ 전자 유도장해
㉰ 고조파 유도장해 ㉱ 전력 유도장해

5-13 소호 리액터 접지 계통에서 리액터의 탭을 완전 공진상태에서 약간 벗어나도록 하는 이유는? [93. 공사산업기사]

㉮ 전력손실을 줄이기 위하여

㉯ 선로의 리액턴스분을 감소시키기 위하여

㉰ 접지 계전기의 동작을 확실하게 하기 위하여

㉱ 직렬공진에 의한 이상전압의 발생을 방지하기 위하여

5-14 1상의 대지 정전용량 0.53[μF], 주파수 60[Hz]의 3상 송전선의 소호 리액턴스의 공진탭 [Ω]은? 단, 소호 리액터를 접속시키는 변압기의 1상당의 리액턴스는 9[Ω]이다. [94. 공사산업기사]

㉮ 1,665　　㉯ 1,668

㉰ 1,671　　㉱ 1,674

5-15 1선지락의 경우 지락전류의 크기가 최소인 중성점 접지방식은? [07. 전기산업기사]

㉮ 비접지 방식　　㉯ 소호 리액터 접지방식

㉰ 직접 접지방식　　㉱ 고저항 접지방식

5-16 송전선로에서 1선지락시의 지락전류가 가장 적은 중성점 접지방식은? [08. 전기산업기사]

㉮ 직접접지　　㉯ 저항접지

㉰ 리액터 접지　　㉱ 소호 리액터 접지

5-17 소호 리액터 접지방식에서 사용되는 탭의 크기로 일반적인 것은? [97. 전기 · 공사기사]

㉮ $\omega L > \dfrac{1}{3\omega C}$　　㉯ $\omega L < \dfrac{1}{3\omega C}$

㉰ $\omega L > \dfrac{1}{3\omega^2 C}$　　㉱ $\omega L < \dfrac{1}{3\omega^2 C}$

5-18 송전선로에서 단선 고장시 이상전압이 가장 큰 접지방식은? [94. 전기산업기사]

㉮ 비접지 방식　　㉯ 직접 접지방식

㉰ 저항접지 방식　　㉱ 소호리액터 접지방식

5-19 **① 직접접지 3상 3선 방식, ② 저항접지 3상 3선식, ③ 리액터(reactor) 접지 3상 3선 방식, ④ 비접지 3상 3선식 중 1선 지락전류가 큰 순서대로 배열된 것은?** [98. 전기공사기사]

㉮ ④, ①, ②, ③　　㉯ ④, ②, ①, ③
㉰ ①, ②, ④, ③　　㉱ ②, ①, ④, ③

5-20 **중성점 접지방식에서 직접 접지방식에 대한 설명으로 틀린 것은?** [99. 전기산업기사]

㉮ 보호계전기의 동작이 확실하여 신뢰도가 높다.
㉯ 변압기의 저감절연이 가능하다.
㉰ 과도안정도가 대단히 높다.
㉱ 단선고장시의 이상전압이 최저이다.

5-21 **소호 리액터 접지에 대한 설명으로 옳지 않은 것은?** [99. 전기기사]

㉮ 지락전류가 적다.
㉯ 전자 유도장해가 경감된다.
㉰ 지락 중에도 송전이 가능하다.
㉱ 선택지락 계전기의 동작이 용이하다.

5-22 **어떤 선로의 양단에 같은 용량의 소호리액터를 설치한 3상 1회선 송전선에서 전원 측으로부터 선로길이의 1/4지점에 1선 지락고장이 발생했다면 영상전류의 분포는 대략 어떠한가?** [04. 전기공사기사]

㉮

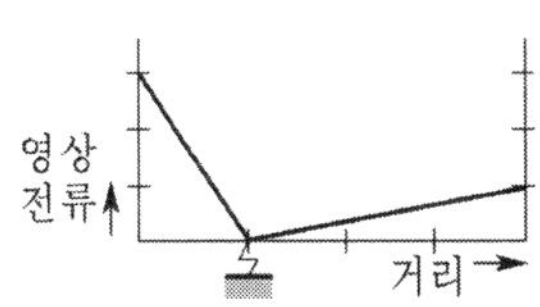

㉯

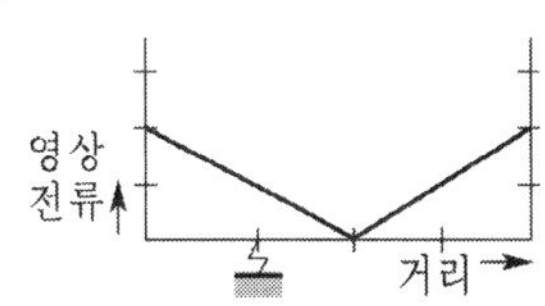

㉰

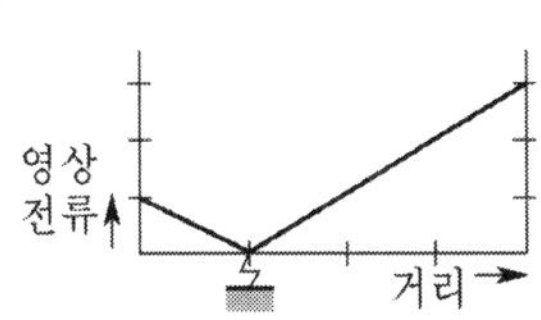

㉱

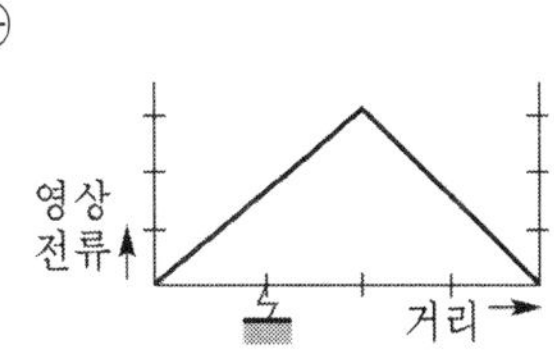

5-23 **송전선로에서 제 3 고조파를 제거하기 위한 방법으로 가장 적당한 것은?** [15. 전기기사]

㉮ 동기조상기를 설치한다.　　㉯ 변압기를 △결선한다.
㉰ 직렬리액터를 설치한다.　　㉱ 전력용 콘덴서를 설치한다.

5-24 최근에 초고압 송전계통에서 단권변압기가 사용되고 있는데 그 이유로 볼 수 없는 것은?

㉮ 자로가 단축되어 재료를 절약할 수 있다. [17. 전기기사]

㉯ 전압 변동률이 적다.

㉰ 효율이 높다.

㉱ 단락전류가 적다.

5-25 전력선 1선의 대지전압 E, 통신선의 대지 정전용량을 C_b 전력선과 통신선 사이에 상호 정전용량을 C_{ab}라고 하면 통신선의 정전 유도전압은? [95. 공사산업기사]

㉮ $\dfrac{C_{ab}+C_b}{C_b}E$ ㉯ $\dfrac{C_{ab}+C_b}{C_{ab}}E$

㉰ $\dfrac{C_b}{C_{ab}+C_b}E$ ㉱ $\dfrac{C_{ab}}{C_{ab}+C_b}E$

5-26 선로정수를 전체적으로 평행되게 하고 근접 통신선에 대한 유도장해를 줄 일 수 있는 방법은? [93. 공사산업기사]

㉮ 딥(dip)을 준다. ㉯ 연가를 한다.

㉰ 복도체를 사용한다. ㉱ 소호 리액터 접지를 한다.

5-27 전력선에 의한 통신선로의 전자유도 장해의 발생 요인은 주로 무엇 때문인가?

㉮ 영상전류가 흘러서 ㉯ 부하전류가 크므로 [07. 공사산업기사]

㉰ 전력선의 교차가 불충분하여 ㉱ 상호정전용량이 크므로

5-28 송전계통에서 1선 지락 고장시 인접 통신선의 유도장해가 가장 큰 중성점 접지방식은?

㉮ 비접지 ㉯ 직접 접지 [08. 전기산업기사]

㉰ 고저항 접지 ㉱ 소호 리액터 접지

5-29 전력선과 통신선과의 상호인덕턴스에 의하여 발생되는 유도 장해는? [07. 공사산업기사]

㉮ 전력유도장해 ㉯ 고조파유도장해

㉰ 전자유도장해 ㉱ 정전유도장해

5-30 전력선과 통신선 사이에 그림과 같이 차폐선을 설치하며, 각 선 사이의 상호 임피던스를 각각 Z_{12}, Z_{1s}, Z_{2s} 라 하고 차폐선 자기 임피던스를 Z_s 라 할 때 저감계수를 나타낸 식은? [93. 공사기사]

㉮ $\left|1-\dfrac{Z_{1s}\,Z_{2s}}{Z_s\,Z_{12}}\right|$

㉯ $\left|1-\dfrac{Z_{12}\,Z_{1s}}{Z_s\,Z_{2s}}\right|$

㉰ $\left|1-\dfrac{Z_s\,Z_{2s}}{Z_{12}\,Z_{1s}}\right|$

㉱ $\left|1-\dfrac{Z_s\,Z_{12}}{Z_{1s}\,Z_{2s}}\right|$

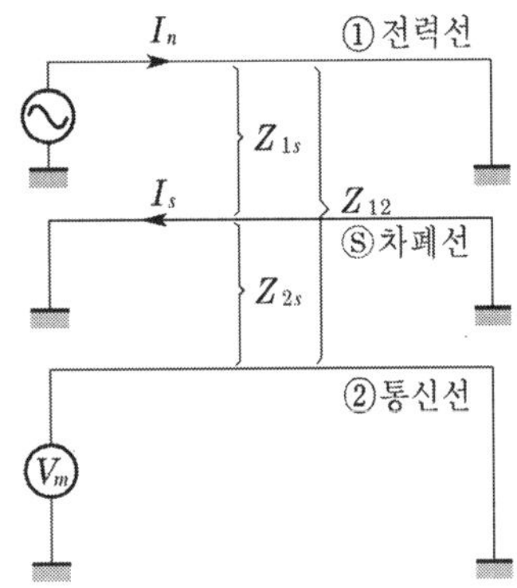

5-31 유도장해의 방지책으로 차폐선을 사용하면 유도전압은 얼마 정도[%] 줄일 수 있는가? [94. 전기산업기사]

㉮ 10~20
㉯ 30~50
㉰ 70~80
㉱ 80~90

5-32 전력선에 의한 통신선로의 전자 유도장해의 주된 원인은? [03. 전기산업기사]

㉮ 전력선의 연가 불충분
㉯ 전력선과 통신선 사이의 차폐효과 불충분
㉰ 영상전류가 흘러서
㉱ 전력선의 전압이 통신선보다 높기 때문

5-33 송전선로의 1선 지락 고장시 인접 통신선에 대한 전자 유도장해의 방지대책이 아닌 것은? [97. 전기·공사기사]

㉮ 전력선과 통신선과의 병행거리 단축
㉯ 전력선과 통신선과의 이격거리 단축
㉰ 고속도 계전기 및 차단기 채용
㉱ 도전율이 높은 도체로 가공지선 설치

5-34 전력선에 영상전류가 흐를 때 통신선로에 발생되는 유도 장해는? [01. 전기기사]

㉮ 고주파유도장해
㉯ 전력유도장해
㉰ 정전유도장해
㉱ 전자유도장해

해 답

1. ㉮ 2. ㉱ 3. ㉰ 4. ㉱ 5. ㉰ 6. ㉯ 7. ㉰ 8. ㉯ 9. ㉮ 10. ㉰ 11. ㉰ 12. ㉯ 13. ㉱ 14. ㉮ 15. ㉯ 16. ㉱ 17. ㉯ 18. ㉱ 19. ㉰ 20. ㉰ 21. ㉱ 22. ㉯ 23. ㉯ 24. ㉱ 25. ㉱ 26. ㉯ 27. ㉮ 28. ㉯ 29. ㉰ 30. ㉮ 31. ㉯ 32. ㉰ 33. ㉯ 34. ㉱

Chapter 06

고장해석과 이상전압

6.1 고장해석의 개요

가공송전선로는 자연재해(비, 눈, 바람 등)로 인하여 고장이 발생할 수 있다. 송전선로에서 발생하는 고장으로는 1선 지락사고가 가장 많다.

송전선에 지락 또는 단락사고가 발생하면 얼마만한 크기의 사고전류가 흐를 것인가 하는 것을 미리 알아야 한다. 즉, 차단기의 용량을 결정하거나 보호 계전기의 정정(setting) 등에 이들 고장 전류값이 사용되기 때문이다.

또, 지락전류가 대지에 흐르게 되면 송전선 부근을 통과하고 있는 통신선에 유도장해를 일으키기 때문에 사전에 그 유도전압이 어느 정도인가도 알아두어야 하며, 유도전압이 기준값을 초과하면 이에 대한 대책을 세워야 한다.

사고시의 회로상태로서는 3상 단락사고의 경우는 대칭회로 사고이지만, 1선 지락 사고와 같은 경우에는 비대칭 회로 사고가 된다.

대칭회로인 경우에는 % 임피던스법을 이용하여 고장전류를 계산하며, 비대칭회로인 경우에는 대칭좌표법(symmetrical components calculus)에 의하여 계산한다.

6.2 %법과 3상 단락전류 계산

6.2.1 %법

전력계통에서 3상 단락사고의 발생은 드문 일이지만, 일단 사고가 일어나면 다른 사고에 비하여 대단히 큰 단락전류가 흐르므로 차단기의 용량결정, 계전기의 정정(setting) 등의 목적으로 단락전류를 계산한다.

단락전류 계산법에는 임피던스를 이용하는 방법(Ω의 단위)과 %임피던스법(%의 단위)이 있으나 계산의 간편성을 고려하여 %임피던스법에 대하여 살펴보자.

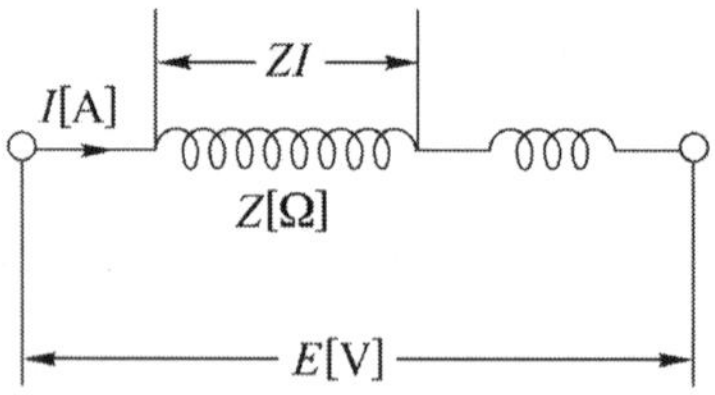

그림 6.1 %임피던스의 개념도

%임피던스는 임피던스[Ω]를 %단위로 나타낸 값이다. 그림 6.1에 나타낸 바와 같이 임피던스 Z[Ω]이 접속되고 E[V]의 전압이 인가되어 있는 회로에 전류 I[A]가 흐를 경우, Z[Ω]의 임피던스는 회로의 전체 임피던스(E/I)의 몇 [%]에 해당하는가 하는 관점으로 나타내는 것이 $\%Z$이다.

$$\%Z = \frac{Z\ [\Omega]}{\dfrac{E\ [\text{V}]}{I\ [\text{A}]}} \times 100 = \frac{Z \times I}{E} \times 100\,[\%] \tag{6.1}$$

또한, 식 (6.1)을 살펴보면 Z[Ω]의 임피던스에 걸리는 전압강하 $Z\times I$[V]는 회로에 인가되는 전압 E[V]에 비하여 몇 [%]에 해당하는가 하는 뜻도 된다.

%임피던스법의 특징은 Ω의 단위를 가지는 임피던스처럼 전압에 대한 환산이 필요 없다는 것이다.

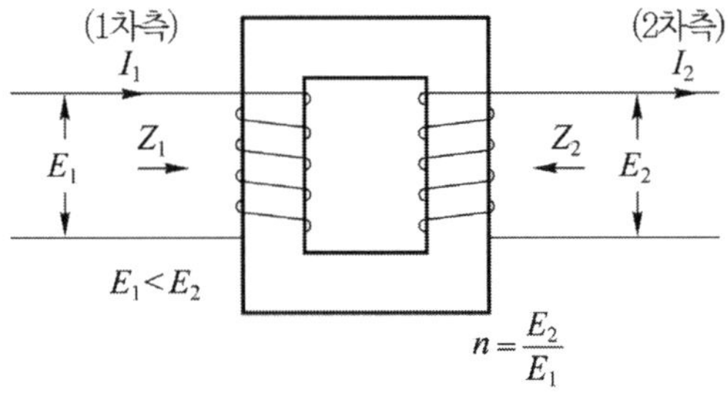

그림 6.2 변압기 임피던스

예를 들어 그림 6.2에서 1차측 전압 E_1 을 2차측 전압 E_2 로 승압하는 변압기 $(E_1 < E_2)$ 에서 권선비를 $n \left(n = \frac{E_2}{E_1} = \frac{I_1}{I_2} \right)$ 이라 하고, 1차측에서 본 % 임피던스를 $\% Z_1$, 2차측에서 본 %임피던스를 $\% Z_2$ 로 나타낼 경우에는

$$\% Z_2 = \frac{Z_2 I_2}{E_2} \times 100 = \frac{n^2 Z_1 \times \frac{1}{n} I_1}{n E_1} \times 100$$

$$= \frac{Z_1 I_1}{E_1} \times 100 = \% Z_1 \tag{6.2}$$

으로 되어 $\% Z_2$ 와 $\% Z_1$ 이 같으므로 서로 환산할 필요가 없음을 알 수 있다. 바로 이것이 $\% Z$ 법의 특징이라 할 수 있다.

참고

1차측 임피던스 Z_1 [Ω]를 2차측 임피던스 Z_2 로 변환하기 위해서는 n^2 을 곱해야 한다.
즉, 승압용 변압기의 경우

$$Z_2 = \frac{E_2}{I_2} = \frac{nE_1}{\frac{I_1}{n}} = n^2 \frac{E_1}{I_1} = n^2 Z_1$$

식 (6.1)에서 정격전압 E 를 [kV] 단위로 나타내면 이 식은

$$\% Z = \frac{Z I}{1{,}000 E} \times 100 = \frac{Z I}{10 E} \tag{6.3}$$

으로 되며, 분자와 분모에 E[kV]를 곱하면 다음과 같이 된다.

$$\% Z = \frac{ZI}{10E} = \frac{ZI \times E}{10E^2} = \frac{Z \times (KVA)_1}{10E^2} \tag{6.4}$$

식 (6.4)에서 $(KVA)_1$은 단상 정격용량인데 3상 정격용량을 $(KVA)_3$로 하고 선간전압은 V[kV]라고 하면 %임피던스는 다음과 같다.

$$\% Z = \frac{Z \times (KVA)_3}{10V^2} \tag{6.5}$$

즉, 선로의 정격용량[kVA]과 선간전압 V[kV]로부터 $\% Z$를 나타낼 수 있다. 이와 같이 $\% Z$법에는 정격용량[kVA]의 영향을 받기 때문에 발전기, 변압기, 선로 등 각 부분의 [kVA] 용량이 다를 경우에는 아래와 같이 먼저 $\% Z$를 기준용량(basic capacity)에 대하여 환산한 다음 고장점에서 집계하여야 한다.

$$\text{기준용량}\,\% Z = \text{정격용량}\,\% Z \times \frac{\text{기준용량}}{\text{정격용량}} \tag{6.6}$$

예를 들어 2000[kVA]의 변압기가 6[%]라는 임피던스를 가지고 있다면 기준용량으로 1000[kVA]를 채택할 경우 기준용량에서의 $\% Z$는 3[%]가 된다.

보통 송전선로의 전압이 154[kV] 이하의 계통에서는 일반적으로 기준용량을 10,000[kVA]를 잡고, 200[kV] 이상의 초고압 계통에서는 100,000[kVA]을 기준으로 잡아서 기기라든지 선로의 $\% Z$를 그려 넣고 있다. 그러나 기준용량으로서 무엇을 선정하는지 뒤에서 설명하는 단락전류 계산에는 영향을 미치지 않는다.

또한, 어떤 기준값에 대한 백분율로 나타내지 아니하고 이 기준값을 1로 해서 나타내는 단위법(P.U.법 : per unit method)도 있다. 단위법은 %법에 비하여 100의 계수를 가지지 않기 때문에 계산하기가 쉽고, 수치가 정리되어 있으므로 동기기를 포함하여 복잡한 연계계통 등에 사용된다.

변압기의 임피던스 강하를 보면 %임피던스법이 편리함을 알 수 있다. 가령 6000/ 100[V]로 변환하는 변압기의 %임피던스는 대략 $\% Z = 3.0$으로 명판(name plate)에 표시되어 있다. 이는 식 (6.1)의 %임피던스 식에서와 같이 2차측 정격전압인 100[V]측에서 볼 때 권선에서 3[V]의 임피던스 강하(ZI)가 있음을 뜻한다.

다시 말해서 전부하일 때 3[V]의 임피던스가 생겨서 2차전압은 100[V]로 되도록 설계되어 있는 것이다. 만일 무부하시에는 임피던스 강하가 없어지므로 단자전압은 103[V]로 된다는 것을 알 수 있다.

이처럼 임피던스를 %로 나타내는 것이 Ω의 단위로 나타낸 경우보다 편리하다. 그것은 임피던스를 Ω의 단위로 나타내면 계통의 전체 임피던스에 비하여 큰 것인지 아니면 작은 것인지 쉽게 판단할 수 없기 때문이다.

예제 6-1

66[kV], 1회선 송전선로의 1선 리액턴스가 22[Ω], 전류가 300[A] 흐를 때 % 리액턴스를 식 (6.1)과 식 (6.5)의 두 방법으로 계산하여라.

풀이 **방법(1)** 식 (6.1)에서

$$\% Z = \frac{Z \times I}{E} \times 100[\%]$$

$$= \frac{22 \times 300}{66{,}000/\sqrt{3}} \times 100 = 17.32[\%]$$

방법(2) 식 (6.5)에서 3상용량

$$(KVA)_3 = \sqrt{3}\ VI = \sqrt{3} \times 66 \times 300 = 34{,}294.6[\text{kVA}]$$

으로 되므로 $\% Z$는 다음과 같다.

$$\% Z = \frac{Z \times (KVA)_3}{10\ V^2} = \frac{22 \times 34{,}294.6}{10 \times 66^2} = 17.32[\%]$$

6.2.2 3상 단락전류 계산

앞에서 설명한 바와 같이 송전계통에서 3상 단락(3 phase short circuit) 사고는 드문 일이나 일단 발생하면 다른 사고에 비하여 사고전류가 대단히 크게 흐르므로 차단기의 용량결정, 계전기의 정정 등의 목적으로 3상 단락전류를 계산한다.

정격전류를 I[A], 정격전압을 E[V]라고 하면 $\% Z$를 나타내는 식 (6.1)을 $Z[\Omega]$에 대하여 변형하면 다음과 같다.

$$Z[\Omega] = \frac{\% Z \times E}{100\, I}[\Omega] \tag{6.7}$$

위 식에서 나온 $Z[\Omega]$을 이용하여 3상 단락전류를 계산하면 다음과 같다.

$$I_s = \frac{E}{Z} = \frac{E}{\frac{\%Z \times E}{100I}} = \frac{100}{\%Z} \times I[\text{A}] \tag{6.8}$$

이와 같이 %법을 이용하여 단락전류를 계산하면 변압기 1, 2차 회로에 따른 임피던스 환산 없이 기준용량에 따른 %임피던스를 그대로 합산하여 식 (6.8)과 같이 간단히 계산할 수 있다.

또한, 단락전류의 크기를 계산하지 않아도 정격전류 I에 비하여 $\frac{100}{\%Z}$배의 단락전류가 흐름을 알 수 있다. 예를 들면 $\%Z$가 4인 계통에서 100/4배, 즉 정격전류 I의 25배나 되는 단락전류가 흐른다.

또, 식 (6.8)의 양변에 $\sqrt{3}\,V$을 곱하면 (V = 선간전압[kV])

$$\sqrt{3}\,VI_s = \frac{100}{\%Z} \times \sqrt{3}\,VI$$

가 되며, 좌변 $\sqrt{3}\,VI_s$는 3상 단락용량 P_s가 되고, 우변 $\sqrt{3}\,VI$는 정격용량 P_n이므로 다음과 같이 된다.

$$P_s = \frac{100}{\%Z} \times P_n[\text{kVA}] \tag{6.9}$$

송전선의 사고 중 단락사고가 가장 가혹한 사고이므로 단락 고장전류를 차단할 수 있도록 충분한 용량의 차단기가 필요하며, 적어도 3상 단락용량과 같은 용량의 차단기를 설치하여야 한다. 차단기 용량의 단위는 [kVA] 또는 [MVA]이다.

예제 6-2

선로용량 10,000[kVA], 선간전압 22[kV]이며 계통의 %임피던스는 4[%]인 선로에서 3상 단락전류를 계산하여라.

풀이 용량 10,000[kVA]에 대한 송전선의 정격전류는 다음과 같다.

$$I = \frac{P}{\sqrt{3}\,V} = \frac{10{,}000}{\sqrt{3} \times 22} = 262.4[\text{A}]$$

그러므로 3상 단락전류 I_s는

$$I_s = \frac{100}{\%Z} \cdot I = \frac{100}{4} \times 262.4 = 6{,}560.8[\text{A}]$$

예제 6-3

그림 6.3과 같은 345[kV] 초고압 송전선이 있다. P 점에서 3상 단락 사고시 고장전류를 계산하여라.

여기서, $P_g = 360,000$[kVA], $\% X_g = 95$,

$P_t = 400,000$[kVA], $\% X_t = 15$

$\% Z_l = \% R + j\% X = 2 + j20$ (400,000[kVA] 기준)

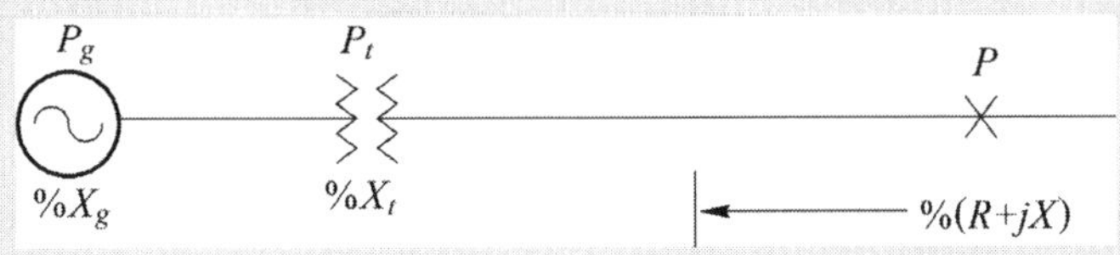

그림 6.3

풀이 기준용량으로서 100,000[kVA]를 잡으면 각 부분의 $\% Z$는 다음과 같이 된다.

$$\% Z_g = 95 \times \frac{100,000}{360,000} = 26.4[\%]$$

$$\% Z_t = 15 \times \frac{100,000}{400,000} = 3.75[\%]$$

$$R + jX = (2 + j20) \times \frac{100,000}{400,000} = 0.5 + j5.0[\%]$$

그러므로 합성 $\% Z$는

$$\% Z = 0.5 + j5.0 + j3.75 + j26.4 = 0.5 + j35.15[\%]$$

이며, 용량 100,000[kVA]에 대하여 선간전압 345[kV]이면 정격전류 I는

$$I = \frac{100,000}{\sqrt{3} \times 345} = 167.3[\text{A}]$$

이 된다. 그러므로 단락전류는 식 (6.8)에 의하여 다음과 같이 계산된다.

$$I_s = \frac{100}{\% Z} \times I[\text{A}] = \frac{100}{0.5 + j35.15} \times 167.3 = 476[\text{A}]$$

6.3 대칭 좌표법

1선 지락사고와 같은 불평형 고장에서 전류나 전압을 계산할 때에는 대칭좌표법을 이용 한다. 대칭좌표법(symmetrical components calculus)은 미국인 Fortescue가 고안한 방법으로서 불평형인 3상의 전류나 전압을 3개의 대칭분인 영상분, 정상분 및 역상분으로 분해해서 각 대칭분마다 독립된 회로에 대하여 필요한 계산을 하며, 계산결과를 중첩해서 실제의 불평형 전류와 전압을 얻고자 하는 방법이다.

6.3.1 대칭분 전류

그림 6.4와 같이 불평형 3상전류 $\dot{I}_a$, $\dot{I}_b$, $\dot{I}_c$가 a, b, c 상의 순서로 흐르고 있다고 한다.

(a) (b)

그림 6.4 불평형 전류의 개념도

이 때 a상의 전류 $\dot{I}_a$를 기준으로 해서 다음과 같은 전류를 만들어 본다.

$$\dot{I}_0 = \frac{1}{3}(\dot{I}_a + \dot{I}_b + \dot{I}_c)$$
$$\dot{I}_1 = \frac{1}{3}(\dot{I}_a + a\dot{I}_b + a^2\dot{I}_c) \tag{6.10}$$
$$\dot{I}_2 = \frac{1}{3}(\dot{I}_a + a^2\dot{I}_b + a\dot{I}_c)$$

여기서, $a = 1\underline{/120°} = \epsilon^{j2\pi/3} = -\dfrac{1}{2} + j\dfrac{\sqrt{3}}{2}$

$$a^2 = 1\underline{/240°} = \epsilon^{j4\pi/3} = -\frac{1}{2} - j\frac{\sqrt{3}}{2}$$

$$a^3 = 1\underline{/360° = 1}$$

$$1 + a + a^2 = 0$$

이므로 이 관계를 나타내면 그림 6.5처럼 된다.

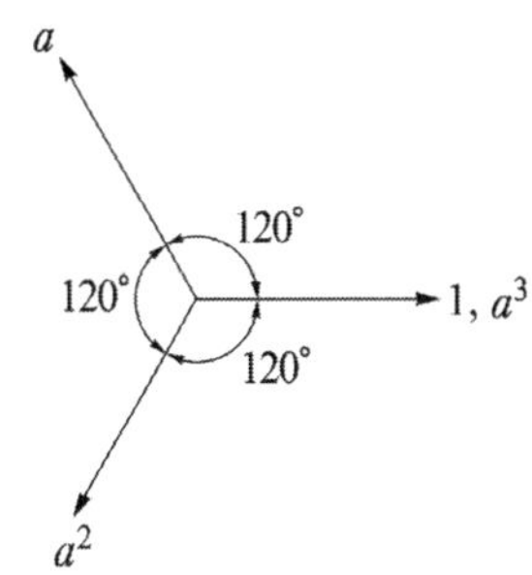

그림 6.5 벡터 오퍼레이터

a, a^2 을 곱하는 의미는 크기는 변화시키지 않고 위상각만을 120°, 240°만큼 앞서게 하므로 이것을 벡터 오퍼레이터(vector operator)라 한다. 식 (6.10)의 관계를 적용하여 각 상의 전류를 구하면 다음 식과 같이 되며, 이것을 벡터로 표현하면 그림 6.6과 같다.

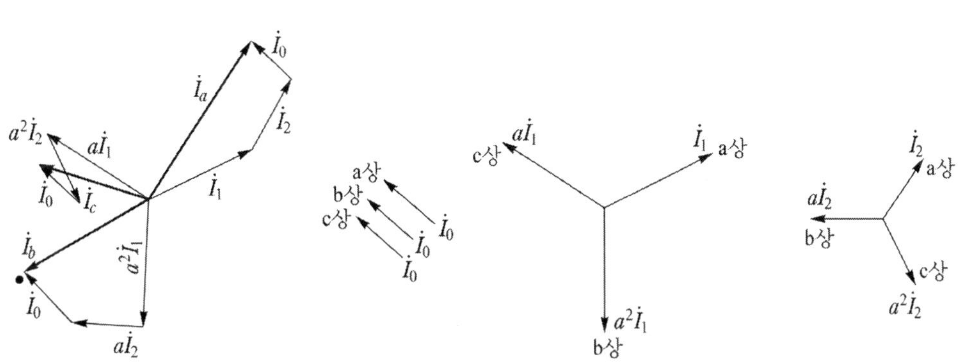

(a) 불평형 전류 $\dot{I}_a$, $\dot{I}_b$, $\dot{I}_c$ (b) 영상전류 (c) 정상전류 (d) 역상전류

그림 6.6 대칭분 전류의 합성결과

$$\dot{I}_a = \dot{I}_0 + \dot{I}_1 + \dot{I}_2$$
$$\dot{I}_b = \dot{I}_0 + a^2\dot{I}_1 + a\dot{I}_2 \qquad (6.11)$$
$$\dot{I}_c = \dot{I}_0 + a\dot{I}_1 + a^2\dot{I}_2$$

이 결과로부터 불평형 3상전류 $\dot{I}_a$, $\dot{I}_b$, $\dot{I}_c$는 각각 평형된 3개의 성분 $\dot{I}_0$, $\dot{I}_1$, $\dot{I}_2$로 구성되어 있으며, 3가지 대칭분 전류 합의 형태로 된다는 것을 알 수 있다. 그림 6.7은 1선 지락고장 등이 발생하였을 때 흐르는 불평형 전류를 각 대칭분 전류로 분해해서 각 상별로 보인 것이다.

이 중 $\dot{I}_0$는 각 상별로 같은 크기와 같은 위상각을 가진 단상전류이므로 영상전류(zero phase current)라고 한다. 이 전류는 통신선에 대해서는 전자 유도장해를 일으키는 전류이며 지락 고장시에는 지락계전기를 동작시키기도 한다.

$\dot{I}_1$은 a, b, c 상 가운데 $\dot{I}_1$, $a^2\dot{I}_1$, $a\dot{I}_1$이라는 형태로 된 평형 3상 교류로서 전원과 같은 상회전 방향이기 때문에 정상전류(positive phase current)라고 하며, 이 전류가 전동기에 흐르면 회전 토크를 발생하게 된다.

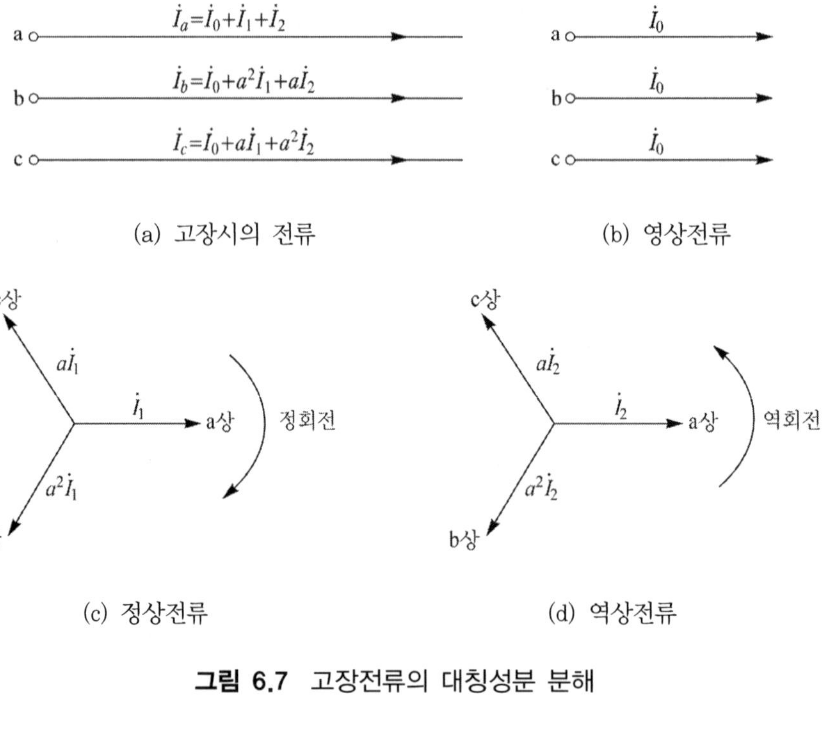

그림 6.7 고장전류의 대칭성분 분해

$\dot{I}_2$, $a^2\dot{I}_2$, $a\dot{I}_2$는 $\dot{I}_1$과 상회전이 반대인 3상 평형전류로서 역상전류(negative phase current)라고 부르며, 전동기에 역상전류가 흐르면 제동 작용을 해서 그만큼 전동기의 출력을 감소시키게 된다. 이처럼 3상 불평형 전류는 각각 3개의 평형된 대칭 성분의 전류로 이루어지고 있다는 것이 바로 대칭 좌표법의 기본인 것이다.

대칭분 전압에 대해서도 전류와 마찬가지의 관계가 성립한다.

$$\begin{aligned}\dot{V}_0 &= \frac{1}{3}(\dot{V}_a + \dot{V}_b + \dot{V}_c)\\ \dot{V}_1 &= \frac{1}{3}(\dot{V}_a + a\dot{V}_b + a^2\dot{V}_c)\\ \dot{V}_2 &= \frac{1}{3}(\dot{V}_a + a^2\dot{V}_b + a\dot{V}_c)\end{aligned} \tag{6.12}$$

그러므로, 각 상의 불평형 전압은

$$\begin{aligned}\dot{V}_a &= \dot{V}_0 + \dot{V}_1 + \dot{V}_2\\ \dot{V}_b &= \dot{V}_0 + a^2\dot{V}_1 + a\dot{V}_2\\ \dot{V}_c &= \dot{V}_0 + a\dot{V}_1 + a^2\dot{V}_2\end{aligned} \tag{6.13}$$

으로 된다. 이와 같이 불평형 전류와 전압을 각각의 대칭성분의 합으로 나타낼 수 있다.

또한 다음과 같은 3상 동기발전기의 기본식은 고장계산을 하는 데 있어서 중요한 역할을 한다.

$$\begin{aligned}\dot{V}_0 &= -\dot{Z}_0\dot{I}_0\\ \dot{V}_1 &= \dot{E}_a - \dot{Z}_1\dot{I}_1\\ \dot{V}_2 &= -\dot{Z}_2\dot{I}_2\end{aligned} \tag{6.14}$$

가령 불평형 전류 $\dot{I}_a$, $\dot{I}_b$, $\dot{I}_c$가 주어지면 대칭좌표법에 의하여 전류의 대칭분 $\dot{I}_0$, $\dot{I}_1$, $\dot{I}_2$을 얻을 수 있으며, 이것을 위의 발전기의 기본식에 대입함으로써 발전기 단자에 나타나는 전압의 대칭분 $\dot{V}_0$, $\dot{V}_1$, $\dot{V}_2$을 구할 수 있게 된다. 이렇게 해서 대칭분 전압이 구해지면 각 단자의 불평형 전압 $\dot{V}_a$, $\dot{V}_b$, $\dot{V}_c$의 값을 알 수 있다.

즉, 발전기의 기본식을 이용하여 발전기의 단자에 불평형 전압이 주어지면 불평형 전류를 구할 수 있으며, 불평형 전류가 주어지면 불평형 전압을 구할 수 있다.

예제 6-4

3상 전압이 불평형으로 되어 다음과 같은 대칭분으로 주어져 있다. 이 송전계통의 각 상전압을 구하여라.

$$V_0 = 10\underline{/0°}[\text{V}],\quad V_1 = 80\underline{/30°}[\text{V}],\quad V_2 = 40\underline{/-30°}[\text{V}]$$

풀이 불평형 각 상전압은 다음과 같다.

$$V_0 = 10\underline{/0°}[\text{V}] = 10\cos 0° + j10\sin 0° = 10$$
$$V_1 = 80\underline{/30°}[\text{V}] = 80\cos 30° + j80\sin 30° = 69.3 + j40$$
$$V_2 = 40\underline{/-30°}[\text{V}] = 40\cos(-30°) + j40(-30°) = 34.6 - j20$$

그러므로 각 상전압은 대칭좌표법에 따라 다음과 같이 계산된다.

$$\dot{V}_a = \dot{V}_0 + \dot{V}_1 + \dot{V}_2$$
$$= 10 + 69.3 + j40 + 34.6 - j20 = 114 + j20 = 116\underline{/9.9°}[\text{V}]$$
$$\dot{V}_b = \dot{V}_0 + a^2\dot{V}_1 + a\dot{V}_2$$
$$= 10\underline{/0°} + 80\underline{/-90°} + 40\underline{/90} = 10 - j40 = 41.2\underline{/-76°}[\text{V}]$$
$$\dot{V}_c = \dot{V}_0 + a\dot{V}_1 + a^2\dot{V}_2$$
$$= 10\underline{/0°} + 80\underline{/150°} + 40\underline{/-150°} = -94 + j20 = 96.1\underline{/168°}[\text{V}]$$

6.4 1선 지락고장계산

송전선로에서 발생하는 여러 가지 고장 중에서 많이 발생하는 1선 지락사고에 대하여 살펴보기 위하여 발전기에서 1선 지락사고시의 계산을 한다.

우선 그림 6.8 (a)와 같이 무부하 상태에 있는 발전기의 a상 단자가 지락되고 b, c상의 단자는 개방되어 있는 경우 지락전류 $\dot{I}_a$와 건전상의 전압은 어떻게 되는가를 구하여 본다.

먼저 고장 발생시 주어진 조건은

$$\dot{I}_b = \dot{I}_c = 0,\quad \dot{V}_a = 0 \tag{6.15}$$

으로 된다.

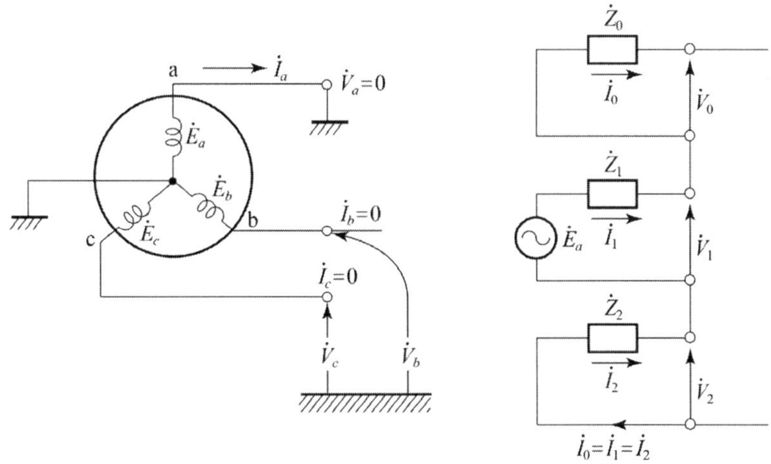

(a) (b)

그림 6.8 1선 지락고장의 표현과 대칭분 회로접속

b, c상의 전류 $\dot{I}_b$, $\dot{I}_c$를 대칭좌표법으로 나타내고, $\dot{I}_b-\dot{I}_c$로부터 전류의 대칭성분을 구하면 다음과 같다.

$$\begin{aligned}\dot{I}_b-\dot{I}_c &= (\dot{I}_0+a^2\dot{I}_1+a\dot{I}_2)-(\dot{I}_0+a\dot{I}_1+a^2\dot{I}_2)\\ &= (a^2-a)\dot{I}_1+(a-a^2)\dot{I}_2 \qquad (6.16)\\ &= (a^2-a)(\dot{I}_1-\dot{I}_2)=0\end{aligned}$$

으로 된다.

한편 $(a^2-a)\neq 0$이므로 $(\dot{I}_1-\dot{I}_2)=0$이 되어야 한다. 그러므로 $\dot{I}_1=\dot{I}_2$로 되는데 이 관계를 $\dot{I}_b$의 식에 대입하면

$$\begin{aligned}\dot{I}_b &= \dot{I}_0+a^2\dot{I}_1+a\dot{I}_1\\ &= \dot{I}_0+(a^2+a)\dot{I}_1=\dot{I}_0-\dot{I}_1=0\\ \therefore\ \dot{I}_0 &= \dot{I}_1=\dot{I}_2 \qquad (6.17)\end{aligned}$$

즉, 1선 지락사고일 경우에는 대칭분 전류 $\dot{I}_0$, $\dot{I}_1$, $\dot{I}_2$는 크기와 위상각이 모두 같게 된다. 다음에 a상이 지락되고 있으므로 $\dot{V}_a=0$이 되며, 발전기의 기본식을 대입하면 전류의 대칭성분을 구할 수 있다.

$$\begin{aligned}\dot{V}_a &= \dot{V}_0 + \dot{V}_1 + \dot{V}_2 \\ &= -\dot{Z}_0\dot{I}_0 + \dot{E}_a - \dot{Z}_1\dot{I}_1 - \dot{Z}_2\dot{I}_2 \\ &= \dot{E}_a - (\dot{Z}_0 + \dot{Z}_1 + \dot{Z}_2)\dot{I}_0 = 0\end{aligned} \tag{6.18}$$

$$\therefore \dot{I}_0 = \frac{\dot{E}_a}{\dot{Z}_0 + \dot{Z}_1 + \dot{Z}_2} = \dot{I}_1 = \dot{I}_2 \tag{6.19}$$

그러므로 a상의 지락전류 $\dot{I}_a$는

$$\dot{I}_a = \dot{I}_0 + \dot{I}_1 + \dot{I} = 3\dot{I}_0 = \frac{3\dot{E}_a}{\dot{Z}_0 + \dot{Z}_1 + \dot{Z}_2} \tag{6.20}$$

로 된다. 이것이 1선 지락전류를 구하는 계산식이다. 즉, 1선 지락전류 계산은 a상의 유도기전력을 3 배해서 대칭분 임피던스의 3성분의 합으로 나눔으로써 가능하다.

다음에 개방단자의 전압 $\dot{V}_b$, $\dot{V}_c$는 위의 대칭분 전류를 발전기의 기본식에 대입해서 전압의 대칭성분 $\dot{V}_0$, $\dot{V}_1$, $\dot{V}_2$를 다음과 같이 계산하여 구할 수 있다.

$$\begin{aligned}\dot{V}_0 &= -\dot{Z}_0\dot{I}_0 = -\frac{\dot{Z}_0\dot{E}_a}{\dot{Z}_0 + \dot{Z}_1 + \dot{Z}_2} \\ \dot{V}_1 &= \dot{E}_a - \dot{Z}_1\dot{I}_1 = \frac{(\dot{Z}_0 + \dot{Z}_2)}{\dot{Z}_0 + \dot{Z}_1 + \dot{Z}_2}\dot{E}_a \\ \dot{V}_2 &= -\dot{Z}_2\dot{I}_2 = -\frac{\dot{Z}_2\dot{E}_a}{\dot{Z}_0 + \dot{Z}_1 + \dot{Z}_2}\end{aligned} \tag{6.21}$$

따라서, 이것으로부터 b, c상의 전압 $\dot{V}_b$, $\dot{V}_c$는 다음과 같이 된다.

$$\begin{aligned}\dot{V}_b &= \dot{V}_0 + a^2\dot{V}_1 + a\dot{V}_2 = \frac{(a^2-1)\dot{Z}_0 + (a^2-a)\dot{Z}_2}{\dot{Z}_0 + \dot{Z}_1 + \dot{Z}_2}\dot{E}_a \\ \dot{V}_c &= \dot{V}_0 + a\dot{V}_1 + a^2\dot{V}_2 = \frac{(a-1)\dot{Z}_0 + (a-a^2)\dot{Z}_2}{\dot{Z}_0 + \dot{Z}_1 + \dot{Z}_2}\dot{E}_a\end{aligned} \tag{6.22}$$

이와 같이 고장발생 조건으로부터 대칭분 전류와 전압을 구해서, 이로부터 고장상의 전류와 건전한 상의 전압을 구할 수 있다. 이 경우의 대칭분 등가회로는 식 (6.20) 및 식 (6.21)로부터 그림 6.8 (b)와 같이 나타낼 수 있다.

예제 6-5

어느 발전소의 발전기가 13.2[kV], 93,000[kVA]이다. 1선 지락 사고시 지락전류를 구하여라. 단, 발전기의 리액턴스는 $X_1 = X_2 = j0.562[\Omega]$, $X_0 = j0.187[\Omega]$라 한다.

풀이 1선 지락전류는 식 (6.20)을 이용하여 계산할 수 있다.

$$I_a = \frac{3\dot{E}_a}{\dot{Z}_0 + \dot{Z}_1 + \dot{Z}_2} = \frac{3 \times 13{,}200/\sqrt{3}}{j\,0.187 + 2 \times j0.562} = j17{,}439[\mathrm{A}]$$

6.5 송전계통의 고장계산

그림 6.9와 같은 송전계통에서 1선 지락사고시 고장발생 지점 F로부터 가상단자를 빼내어 이 단자에서 고장이 발생하였다면 송전계통은 고장발생 직전의 F점의 전압을 유도 기전력 E_a로 하는 3상 발전기의 a상 지락사고라고 생각해서 전항에서 유도한 식을 그대로 적용할 수 있게 된다.

즉, 그림 6.9에서 고장점 F에 있어서의 3개의 가상단자를 만들고 그 단자로부터 바라본 송전계통 전체를 1대의 발전기로 간주할 수 있다.

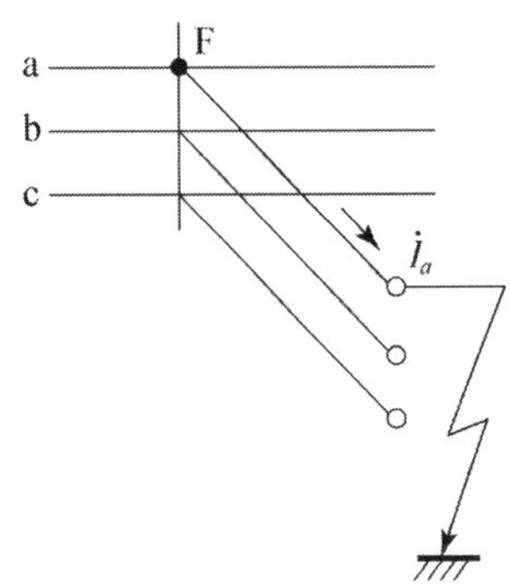

그림 6.9 송전계통에서의 고장계산

지금 가상단자로부터 본 영상, 정상 및 역상 임피던스를 각각 $\dot{Z}_0$, $\dot{Z}_1$, $\dot{Z}_2$라 하고 고장발생 직전의 대지전압을 $\dot{E}_a$라고 한다면 F점의 지락 전류 $\dot{I}_a$는 식 (6.20)과 같다.

$$\dot{I}_a = \frac{3\dot{E}_a}{\dot{Z}_0 + \dot{Z}_1 + \dot{Z}_2} \tag{6.23}$$

따라서, 이제 필요한 것은 고장점에서 바라본 대칭분 임피던스 $\dot{Z}_0$, $\dot{Z}_1$, $\dot{Z}_2$를 어떻게 계산하는가 하는 문제가 있다. 대칭분 임피던스를 구하기 위해서는 먼저 송전계통을 영상회로, 정상회로 및 역상회로로 분해해서 계산하여야 한다.

6.5.1 영상회로

영상회로란 그림 6.10과 같이 3상 송전선에서 단자 a, b, c를 일괄하고 이것과 대지와의 사이에 단상전압을 가했을 때 이 단상교류가 흐르는 회로이다.

즉, 영상전류는 중성점을 통해서 대지로 흐르므로 **영상회로에는 선로 및 변압기의 임피던스와 중성점 저항이 포함된다. (발전기와 부하는 포함되지 않음)** 이때 **중성점의 접지선에는 3상분의 영상전류($3I_0$)가 흐르므로 1상분의 영상회로에서는 중성점의 저항값을 3배로 하여야 한다.**

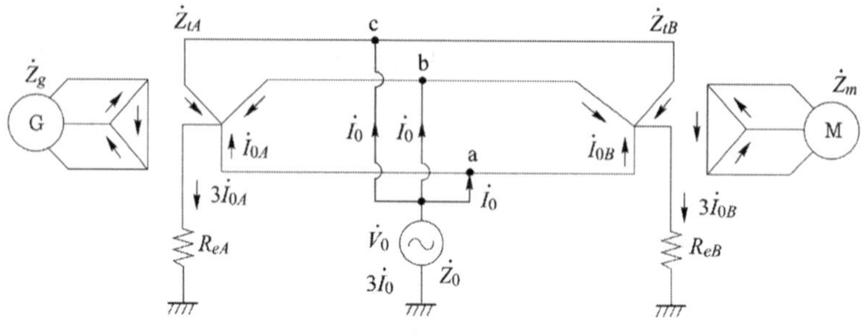

(a) 영상회로

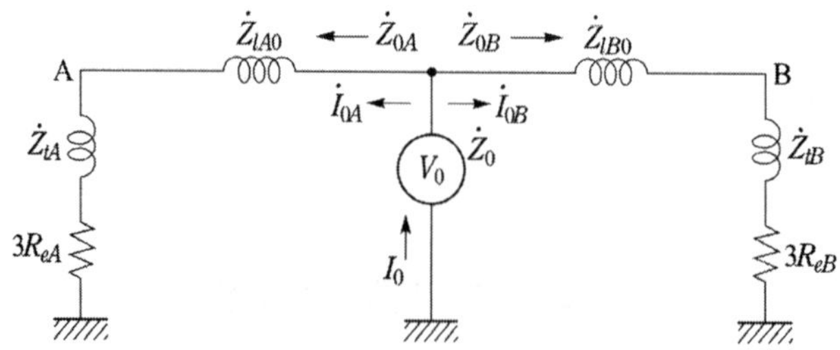

(b) 영상회로의 등가회로

그림 6.10 영상회로

지금 F점에서 송전단 및 수전단까지의 선로 임피던스를 $\dot{Z}_{lA0}$, $\dot{Z}_{lB0}$, 송·수전단 변압기의 임피던스를 $\dot{Z}_{tA}$, $\dot{Z}_{tB}$, 송·수전단 접지저항을 R_{eA}, R_{eB}라 하면 고장점에서 전원측 영상 임피던스를 $\dot{Z}_{0A}$, 부하측 영상 임피던스를 $\dot{Z}_{0B}$라 하면

$$\dot{Z}_{0A} = \dot{Z}_{lA0} + \dot{Z}_{tA} + 3\dot{R}_{eA}$$
$$\dot{Z}_{0B} = \dot{Z}_{lB0} + \dot{Z}_{tB} + 3\dot{R}_{eB} \tag{6.24}$$

이 된다. 고정점에서 바라본 전 계통의 영상 임피던스 $\dot{Z}_0$는 $\dot{Z}_{0A}$와 $\dot{Z}_{0B}$는 병렬이므로

$$\dot{Z}_0 = \frac{\dot{Z}_{0A}\dot{Z}_{0B}}{\dot{Z}_{0A} + \dot{Z}_{0B}} \tag{6.25}$$

로 되고, 또 고장점에 나타나는 영상전압을 $\dot{V}_0$라 하면 선로 각 부분의 영상전류는

$$\dot{I}_0 = \frac{\dot{V}_0}{\dot{Z}_0}, \quad \dot{I}_{0A} = \frac{\dot{V}_0}{\dot{Z}_{0A}}, \quad \dot{I}_{0B} = \frac{\dot{V}_0}{\dot{Z}_{0B}} \tag{6.26}$$

으로 된다.

6.5.2 정상회로 및 역상회로

정상회로란 그림 6.11의 가상단자 a, b, c에 상회전 방향이 전원전압과 같은 3상 평형전압을 인가할 때 이 3상전류가 흐르는 범위가 정상회로이며, 역상회로는 단지 상회전 방향이 전원전압과 반대일 뿐이고 역상전류가 흐르는 범위는 정상회로와 같다.

이 회로에 흐르는 전류는 평형 3상 교류이기 때문에 **중성점 접지회로는 전류가 흐르지 않으므로 대칭분 임피던스에 포함되지 않는다**. 그 이외의 임피던스는 발전기 정상 임피던스 $\dot{Z}_{g1}$, 부하의 정상 임피던스 $\dot{Z}_{m1}$, 송·수전단 변압기 임피던스 $\dot{Z}_{tB}$, $\dot{Z}_{tA}$, F점에서 송전단 및 수전단까지의 선로 임피던스를 $\dot{Z}_{lA1}$, $\dot{Z}_{lB1}$이라 하고 고장점으로부터 전원측 정상 임피던스가 $\dot{Z}_{1A}$, 부하측 정상 임피던스가 $\dot{Z}_{1B}$라 하면

$$\dot{Z}_{1A} = \dot{Z}_{lA1} + \dot{Z}_{tA} + \dot{Z}_{g1}$$
$$\dot{Z}_{1B} = \dot{Z}_{lB1} + \dot{Z}_{tB} + \dot{Z}_{m1} \tag{6.27}$$

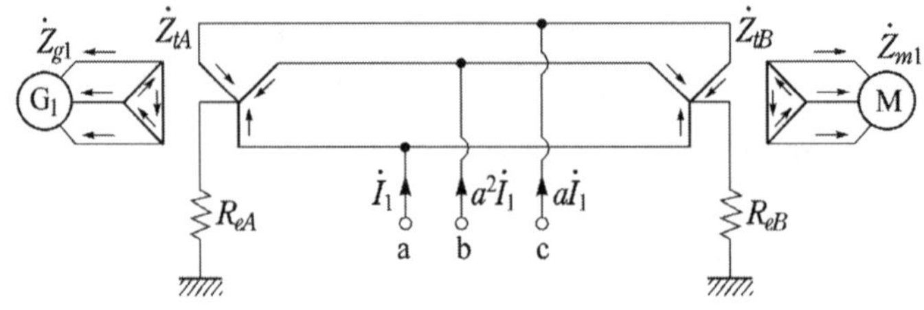

(a) 정상회로

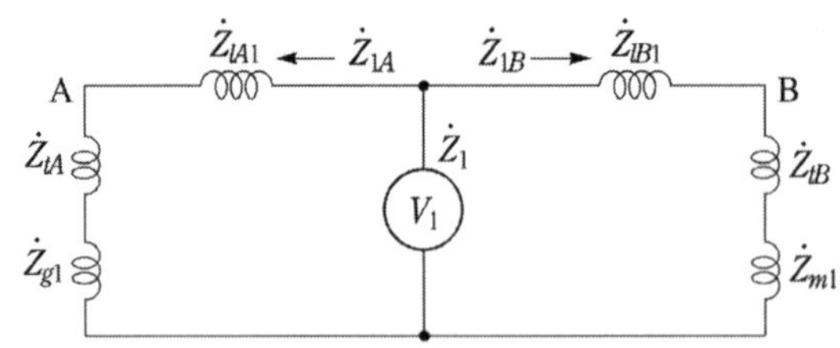

(b) 정상회로의 등가회로

그림 6.11 정상회로

이며, F점에서 바라본 전 계통의 정상 임피던스는 $\dot{Z}_{1A}$와 $\dot{Z}_{1B}$가 병렬이므로 정상 임피던스는 $\dot{Z}_1$은 다음과 같다.

$$\dot{Z}_1 = \frac{\dot{Z}_{1A}\dot{Z}_{1B}}{\dot{Z}_{1A} + \dot{Z}_{1B}} \tag{6.28}$$

또한, 역상 임피던스 $\dot{Z}_2$에 대한 식은 정상 임피던스 $\dot{Z}_1$에 관련된 식과 같으며, 회전기인 발전기 역상 임피던스 Z_{g2} 부하의 역상 임피던스 $\dot{Z}_{m2}$만 다를 뿐 그 이외의 정수는 정상분과 같다.

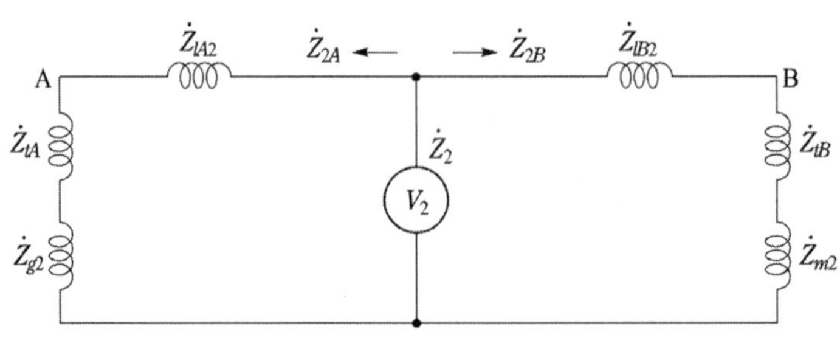

그림 6.12 역상회로

$$\dot{Z}_2 = \frac{\dot{Z}_{2A}\dot{Z}_{2B}}{\dot{Z}_{2A}+\dot{Z}_{2B}}$$

대칭분 임피던스의 실례로서는 송전전압 270[kV], 송전거리 230[km]인 선로에 있어서 영상분 임피던스 $\dot{Z}_0$과 정상분 임피던스 $\dot{Z}_1$의 실측값은 다음과 같다.

$$\dot{Z}_0 = 0.300 + j1.675[\Omega/\text{km}]$$
$$\dot{Z}_1 = 0.076 + j0.487[\Omega/\text{km}] \tag{6.29}$$

이와 같이 정상분의 저항분은 0.076[Ω]이며 리액턴스는 0.487[Ω]이므로 리액턴스는 저항의 6.4배가 되며, 간단한 고장계산시에는 저항분은 무시해도 좋다.

또, 정상분 리액턴스는 0.487[Ω]인 반면 영상분은 1.675[Ω]이므로 영상분 리액턴스가 정상분의 3.4배나 크다. 그러므로 지락 고장시에는 영상분 임피던스가 미치는 영향이 크다.

예제 6-6

그림과 같은 회로의 영상, 정상 및 역상 임피던스 Z_0, Z_1, Z_2를 구하라.

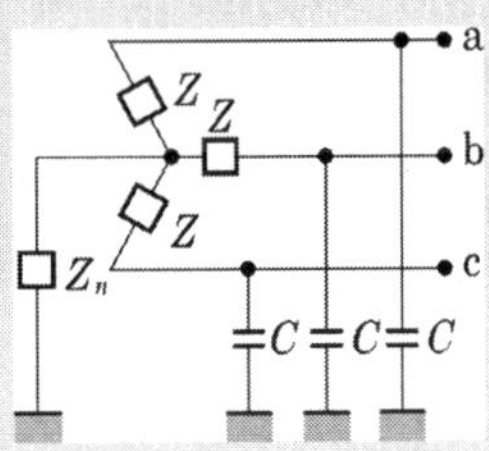

풀이 1상분에 대한 영상회로를 등가회로로 그리면 다음과 같으며 $Z+3Z_n$과 C는 병렬이므로 영상임피던스 Z_0는

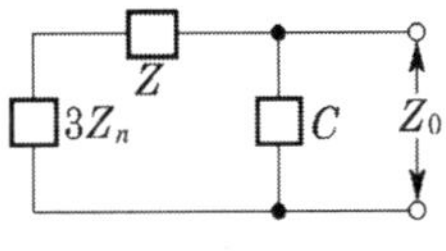

$$Z_0 = \frac{\frac{1}{jwC}(Z+3Z_n)}{\frac{1}{jwC}+(Z+3Z_n)} = \frac{Z+3Z_n}{1+j\omega C(Z+3Z_n)}$$

으로 된다.

역시 정상회로를 등가회로로 그려 보면 다음과 같으며, 변압기는 회전기가 아니므로 정상임피던스 Z_1과 역상임피던스 Z_2는 같다.

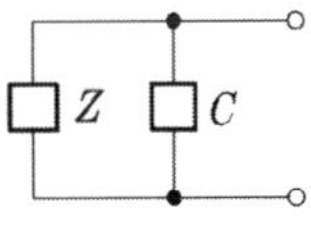

$$Z_1 = Z_2 = \frac{\frac{1}{jwC}Z}{\frac{1}{jwC}+Z} = \frac{Z}{1+j\omega CZ}$$

6.6 이상전압의 개요

이상전압(over voltage)이란 최고전압(표준전압)보다 높은 전압을 말하며, 이는 두 가지로 나눌 수 있다.

① 내부 이상전압(internal over voltage) :
송전계통 내부의 원인으로 발생하는 이상전압

② 외부 이상전압(external over voltage) :
뇌방전 등에 의한 송전계통 외부의 원인으로 발생하는 이상전압

내부 이상전압은 차단기의 개폐 시에 나타나는 과도전압(개폐서지, switching surge)으로서, 내부 이상전압의 크기를 작게 하여야 한다. 이는 계통 절연 설계상 중요하며 피뢰기의 동작책무를 경감시키기 위해서도 필요하다.

외부 이상전압은 뇌가 송전선 또는 가공지선을 직격할 때 발생하는 직격뢰(direct stroke)와 뇌전하를 띄고 있는 구름(雷雲) 바로 밑에 있는 송전선에 유도된 구속전하가 뇌운 전하의 방전에 의해 자유전하로 되어 송전선로를 전파하는 유도뢰(indirect stroke)가 있다.

직격뢰는 그 파고값이 대단히 높아서 계통절연에 위협을 주지만, 유도뢰는 발생빈도는 높지만 파고값이 그다지 높지 않기 때문에 송전선로의 절연상 문제가 되지 않는다.

6.7 내부 이상전압

6.7.1 개폐서지

차단기 개폐시에 개폐서지(switching surge)가 발생한다. 개폐서지는 차단기를 투입할 때 일어나는 투입서지(投入surge)와 차단할 때 일어나는 개방서지(開放surge)로 나누어지는데, 투입서지는 기껏해야 대지전압 파고값의 2배 정도 밖에 되지 않으므로 여기서는 개방서지에 관해서만 살펴보자.

개방서지는 무부하 송전선로를 차단하는 경우에 이상전압이 가장 크게 나타난다.

그림 6.13의 등가회로에서 차단기가 투입된 정상적인 상태에서 선로의 정전용량 C의 양단에는 발전기 전압 $V_m \cos\omega t$ 가 가해져 있다. 그림 6.14의 점 A에서 차단기가 개방되면 A점 전압 V_m 에 상당한 전하가 선로의 정전용량 C에 남는다.

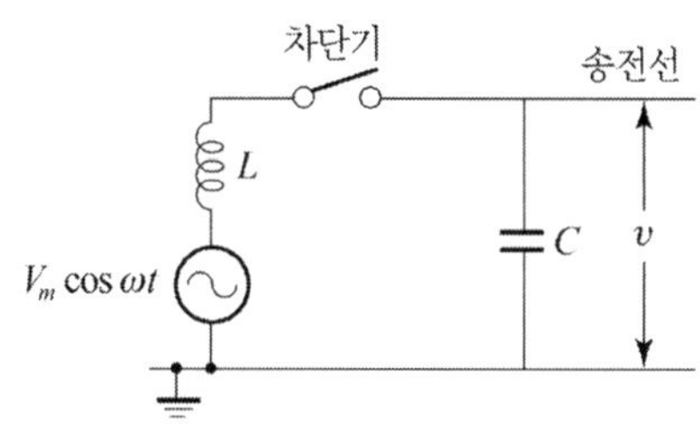

그림 6.13 송전선의 등가회로

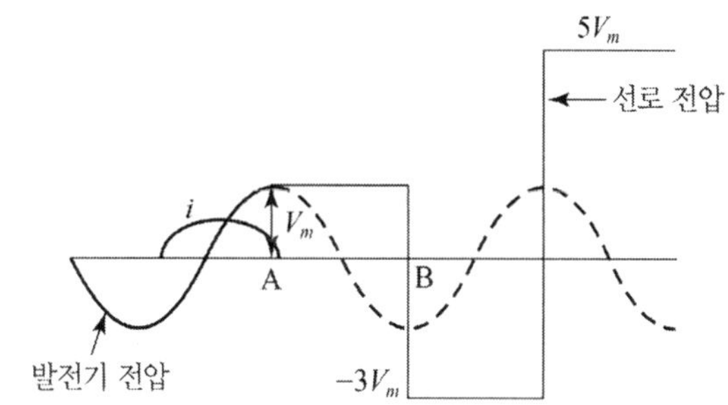

그림 6.14 무부하 송전선의 개방서지

따라서 차단기 개방 후 반사이클 후(B점)에는 차단기 양단의 전압은 발전기 전압($-V_m$)과 정전용량 C에 충전된 전압($+V_m$)과의 대수적 합($2V_m$)이 된다. 만일 이 순간에 차단기의 가동전극이 충분히 떨어져 있지 않아서 전극간의 절연이 $2V_m$ 에 견딜 수 없을 경우에는 절연이 파괴되어서 전극간에 다시 아크로 연결된다. 이것을 재점호(reignition of arc)라고 한다.

B에서 재점호가 일어나면 $+V_m$ 으로 충전된 선로 전압이 $-V_m$ 으로 되려고 하지만 선로의 인덕턴스나 관성 때문에 이것을 지나치게 되고 다른 제동작용이 없으면 $-3V_m$ 까지 내려간다.

이때 선로측이 $-3V_m$ 으로 충전되어 있으며, 다음 반사이클 후 발전기측의 전압이 $+V_m$ 으로 되므로 전극간의 전압은 $4V_m$ 으로 되어 극간거리가 이 $4V_m$ 에 견딜 수 없으면 또 다시 재점호가 일어나서 이번에는 $+V_m$ 을 중심으로 해서 $4V_m$ 을 진폭으로 하는 고주파 진동이 일어나기 때문에 $5V_m$ 의 높은 이상전압이 발생한다.

이와 같이 재점호 현상이 계속해서 일어나면 $7V_m$, $9V_m$ 의 높은 이상전압을 발생하게 될 것이다.

실제로는 송전계통의 저항이나 위와 같은 고전압에 기인하는 코로나 등으로 인하여 전압 진행파가 감쇠하므로 그렇게 높아지지는 않는다.

무부하 송전선로의 충전전류를 차단하는 경우의 재점호는 개폐서지의 대표적인 이상전압이지만, 차단기를 고속도로 차단하는 초고압 송전계통에서는 재점호가 일어나지 않는다고 본다.

개폐서지의 크기는 선로의 길이, 차단기의 성능, 중성점 접지방식에 따라서 차이는 있으나 대부분의 경우 상규 대지전압의 4배를 넘는 경우는 거의 없다.

6.7.2 지락서지

가공선로에 있어서 뇌 또는 섬락방전으로 인하여 애자가 파괴되면 고장을 야기하는데, 그 중에서도 1선 지락고장이 가장 많다. 이 경우의 이상전압은 계통의 중성점 접지방식과 밀접한 관계가 있다.

직접접지 방식에서는 지락시 고장전류가 큰 반면 고장점을 확실히 선택 차단할 수 있으며, 또 건전상의 대지전압은 거의 영향을 받지 않는다. 소호 리액터 접지방식에서는 지락전류가 신속히 소멸되므로 지락아크로 진전하지 않는다. 그런데 비접지 방식에서는 고장점 전류는 충전전류가 대부분이므로 아크 지락(arc ground)을 야기할 우려가 있다.

아크 지락에 의한 이상전압의 발생 메커니즘은 충전전류의 차단시에 있어서의 차단기 내부접점 사이의 재점호 현상과 같다. 즉, 중성점 비접지방식에서 1선 지락사고가 발생한 경우는 고장점과 대지사이에 반주기마다 소호와 재점호의 현상을 되풀이하기 때문에 건전상의 전압은 누진적으로 증대한다. 실측에 의하면 대지전압의 7배 이상에 달한 기록도 발표되어 있다.

6.8 외부 이상전압

가공선로에 발생하는 자연재해 중에서 뇌에 의한 사고가 가장 많으며, 거의 60 [%] 이상을 차지한다. 뇌사고는 송전선로에 직접 낙뢰하는 직격뢰와 송전선로에 유도되는 유도뢰가 있으며, 외부 이상전압은 주로 직격뢰에 의한 경우이다.

6.8.1 직격뢰

직격뢰(direct stroke)는 송전선, 지지물, 가공지선 등에 직접 뇌격하여 선로의 절연을 위협하게 된다. 가공 선로가 뇌의 직격을 받았을 때는 아무리 절연을 강화하여도 이것에 견딜 수 없으므로 거의 섬락을 일으킨다.

뇌에 대한 관측 결과 대부분의 뇌격은 부극성(負極性)을 갖는 구름에서 나오며, 방전직전의 전위차는 대지에 대해서 백만 ~ 1억[V] 정도이며, 주방전 계속시간은 100[μs], 방전전류의 최대값은 수만 ~ 20만[A] 정도이다.

뇌방전은 대단히 급격하므로 이것에 의하여 생기는 이상전압은 충격파로 된다. 이 충격파는 지극히 짧은 시간에 파고값에 달하고, 또 빨리 소멸하는 파형을 가진 것이다. 전기기기에 대한 충격전압 시험을 하기 위하여 그림 6.15와 같은 표준충격 전압파(standard impulse voltage wave)를 이용한다.

그림에서 파고값의 30[%]와 90[%]의 점을 직선으로 잇고 규약원점 t_0 와 파고값 점t_1 을 정하고 이 사이의 시간을 파두장 T_f 라 하고, 파미가 파고값의 50[%]이 되는 점 t_2까지의 시간을 파미장 $T_t\,[\mu s]$로 나타낸다.

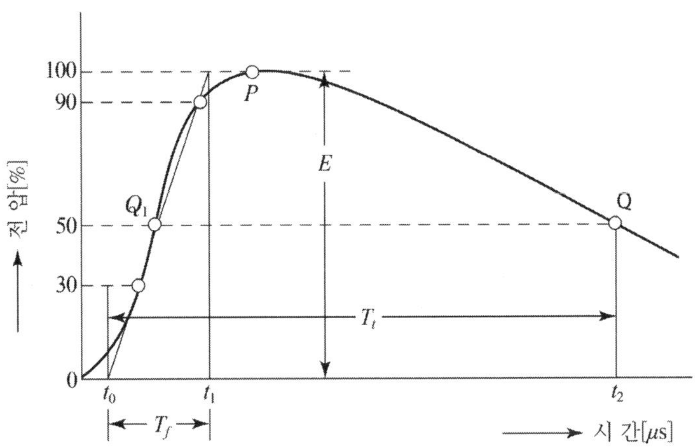

그림 6.15 충격전압의 표준파형

충격전압 시험시의 표준 충격전압 파형으로는 우리나라와 일본에서는 $1.2 \times 50[\mu s]$($T_f = 1.2[\mu s]$, $T_t = 50[\mu s]$), IEC 및 유럽에서는 $1 \times 50[\mu s]$, 미국에서는 $1.5 \times 40[\mu s]$를 각각 표준으로 하고 있다.

직격뢰에 의한 충격 전압파의 파고값은 대단히 높고, 10[MV] 이상이라고 추정되고 있으며, $T_f = 1 \sim 10[\mu s]$, $T_t = 10 \sim 100[\mu s]$ 정도이다. 이와 같이 충격파는 파고값, 파두장, 파미장 및 극성으로 나타낸다.

그림 6.16과 같이 뇌우발생 일수를 등뢰빈도(等雷頻度) 곡선으로 표시한다. 그림의 숫자는 1년간 그 지점에서 발생한 연간뇌우일수(IKL, isokeraunic level)이며, 여러 해 동안 관측된 낙뢰일수의 평균을 표시한다. 우리나라의 평균 IKL은 대략 10일 정도임을 알 수 있다.

낙뢰의 빈도는 송전선 100[km]당 연간 몇 회의 뇌격이 있었는가 하는 값으로 나타낼 수 있으며, 1976년 일본 전력 중앙연구소가 발표한 낙뢰빈도 N은 다음과 같다.

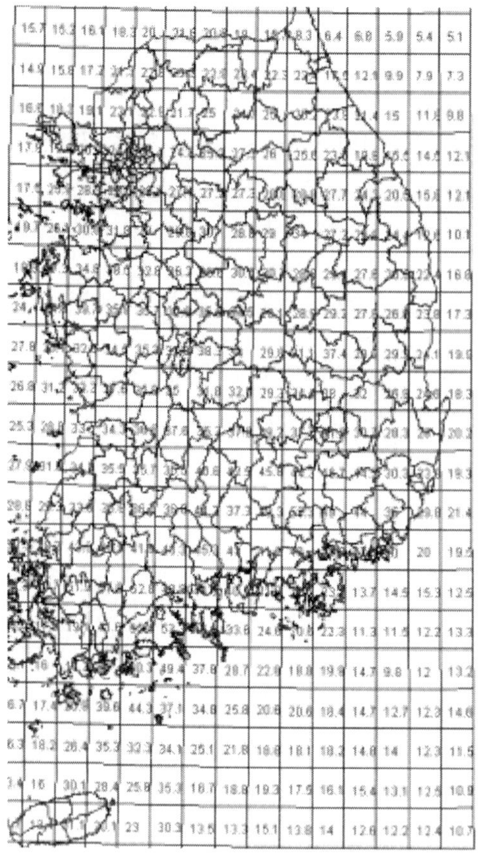

그림 6.16 우리나라의 연간 뇌우일수(IKL) 분포

$$N = 4.3 \times \frac{\text{IKL}}{32.5} \times \sqrt{\frac{h}{25}} \ [\text{회/년} \cdot 100\ \text{km}]$$

여기서, IKL : 송전선이 통과하는 지역의 연간 뇌우일수

h : 철탑 높이[m]

통계에 의하면 계통사고의 약 1/2 이상이 뇌에 의한 것이므로 뇌에 대한 대책은 중요하나, 완전한 대책은 불가능하며 다만 그 피해를 어느 정도 낮추는 것이 필요하다.

6.8.2 유도뢰

송전선 가까이 뇌운이 있으면 정전유도 작용에 의하여 송전선에는 뇌운 하부의 전하와는 반대극성의 구속전하(bound charge)가 유도된다. 이때 뇌운의 전하가 소멸되면 송전선에 구속된 전하는 자유전하로 되므로 송전선의 대지정전용량에 따른 이상전압을 일으킨다.

실측결과에 의하면 유도뢰 전압의 파고값은 수십[kV] 정도의 것이 대부분이고 200[kV]를 넘는 경우는 거의 없다. 다만 유도뢰는 직격뢰에 비해서 발생회수는 많지만 이로 인한 애자의 절연파괴는 일어나지 않으므로 절연설계는 직격뢰에 대해서만 대비하면 될 것이다.

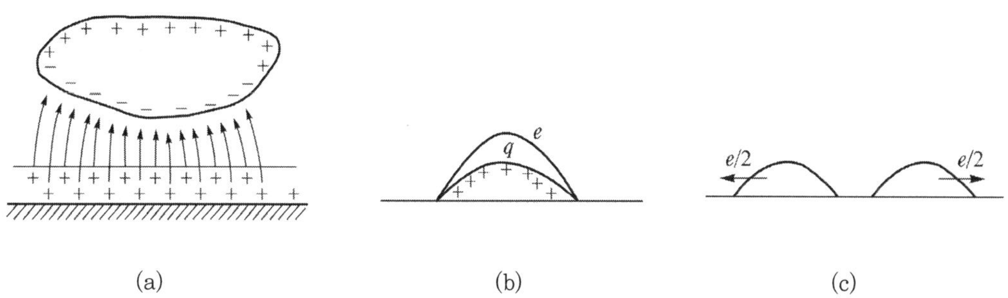

그림 6.17 유도뢰에 의한 이상전압

6.9 전압 · 전류 진행파

어떤 파형을 가진 전압 또는 전류가 전파되어 나아가는 경우, 이것을 전압 진행파 또는 전류 진행파라 한다. 이 진행파가 선로의 종단, 가공선과 케이블 또는 선로와 기기의 접속점과 같은 특성 임피던스가 다른 점(변이점; transition point)에 도달하면 일부는 반사되고 나머지는 투과한다.

진행파가 진행하는 도중 선로에는 L과 C만이 분포되어 있는 선로에서는 진행파의 파형 변화가 없기 때문에 무손실 회로라고 한다. 여기서는 무손실 회로에 있어서의 진행파에 대하여 특성임피던스와 전파속도를 살펴보자.

그림 6.18과 같이 선로의 정수는 L, C뿐이고 무한히 긴 무손실 선로에서 구형파의 전위진행파가 임의 점 a까지 진행해 왔다. 이로 인해 a점의 전위는 e로 되고 a점으로부터 dx만큼 앞쪽의 b점의 전위는 0이 된다.

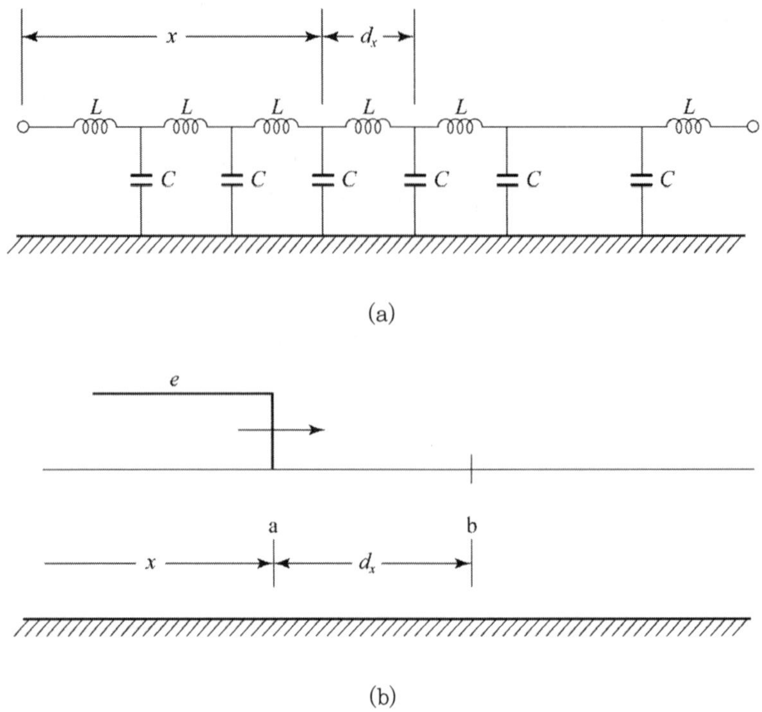

그림 6.18 진행파의 개념도

진행파가 dx 구간에 축적될 전하 dq 는 $dq = e\,C dx$ 이다. 그러므로 dx 구간을 충전하기 위해서는 흐르는 전류진행파 i 는

$$i = \frac{dq}{dt} = e\,C\frac{dx}{dt} = e\,Cv \tag{6.30}$$

로 된다. 여기서 $\frac{dx}{dt}$ 는 진행파의 전파속도 v 가 된다.

또한 전류 i 에 의해서 생긴 자속 ϕ중 dx 부분의 자속 $d\phi$는 $d\phi = i\,L dx$ 로 된다. 이것이 전선 내에 역기전력을 발생시켜 전위를 가지게 된다.

이 전위 진행파e 의 크기는 다음과 같다.

$$e = \frac{d\phi}{dt} = i\,L\frac{dx}{dt} = i\,Lv \tag{6.31}$$

이때 e 와 i 의 비율은 임피던스를 나타내며 이것을 Z_c 라고 하면 다음과 같다.

$$Z_c = \frac{e}{i} = \frac{iLv}{eCv} = \sqrt{\frac{L}{C}} \tag{6.32}$$

이때의 Z_c를 특성임피던스 또는 파동임피던스(surge impedance)라고 부르며 단위는 Ω이다. Z_c의 값은 선로의 길이에 관계없이 어느 점(a 또는 b)에서 전압 e 와 전류 i 의 비를 나타낸다.

또한 전파속도 v 는 식 (6.32)에 의하여 다음과 같이 된다.

$$v = \frac{1}{\sqrt{LC}} \tag{6.33}$$

특성임피던스는 전선의 굵기와 높이에 따라 달라지며(대개 가공선로에서는 300~500[Ω]), 전파속도는 빛의 속도와 같은 3×10^8[m/s]으로 된다.

선로정수가 다른 선로와 접속된 경우의 전압 및 전류진행파의 특성은 다음과 같다.

그림 6.19와 같이 특성 임피던스 Z_1 과 Z_2 인 선로의 접속점 P 에 전류 진행파가 도달하는 것으로 하고 입사파를 i_1, 반사파를 i_1', 투과파를 i_2 라고 하면 Kirchhoff의 법칙으로부터

$$i_2 = i_1 - i_1' \tag{6.34}$$

의 관계가 성립한다.

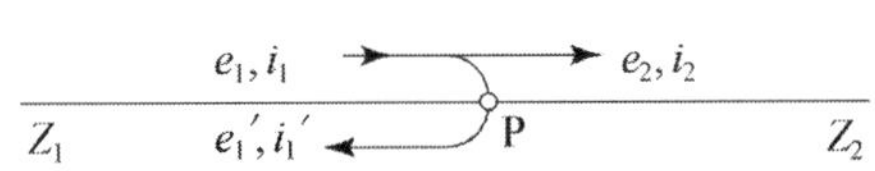

그림 6.19 입사파, 반사파 및 투과파의 관계

또, 전압 진행파에 대해서는 입사파 e_1, 반사파 e_1', 투과파를 e_2 라고 하면

$$e_2 = e_1 + e_1' \tag{6.35}$$

이 된다. 식 (6.34)의 i_1'가 부(−) 부호인 것은 전하의 이동 방향에 의하여 정하여짐을 표시하고 식 (6.35)의 e_1'가 정(+) 부호인 것은 전압은 반사가 생겨도 전하의 부호가 변화하지 않기 때문이다.

전압 진행파와 전류 진행파 및 특성 임피던스 Z_1, Z_2 사이에 다음과 같은 관계가 성립된다.

$$e_1 = Z_1 i_1$$
$$e_1' = Z_1 i_1' \tag{6.36}$$
$$e_2 = Z_2 i_2$$

이것을 식 (6.34), (6.35)에 대입하고, 입사파 e_1, i_1 에 의한 반사파 e_1', i_1'와 투과파 e_2, i_2를 구하면

$$e_1' = \frac{Z_2 - Z_1}{Z_2 + Z_1} e_1$$
$$e_2 = \frac{2Z_2}{Z_2 + Z_1} e_1$$
$$i_1' = -\frac{Z_2 - Z_1}{Z_2 + Z_1} i_1 \tag{6.37}$$
$$i_2 = \frac{2Z_1}{Z_2 + Z_1} i_1$$

즉, 반사파와 투과파는 어느 것이나 동일한 파형이나 그 크기는 위 식과 같은 값을 가진다. 여기에서 e_1'/e_1, i_1'/i_1를 반사계수(coefficient of reflection), e_2/e_1, i_2/i_1를 투과계수(coefficient of transmission)라 하며 표 6.1과 같이 된다.

표 6.1 진행파의 반사계수와 투과계수

	반 사 계 수	투 과 계 수
전 압 진 행 파	$\frac{Z_2 - Z_1}{Z_2 + Z_1}$	$\frac{2Z_2}{Z_2 + Z_1}$
전 류 진 행 파	$-\frac{Z_2 - Z_1}{Z_2 + Z_1}$	$\frac{2Z_1}{Z_2 + Z_1}$

$Z_2 = \infty$ 로 놓으면 선로종단이 개방된 경우가 되며, $Z_2 = 0$으로 놓으면 단락된 경우가 된다. 또, $Z_2 > Z_1$ 의 경우는 반사계수가 정(+)이 되므로 정반사라 하고 $e_1' > 0$, $i_1' > 0$가 되며, 전압의 투과파는 입사파보다 높아진다.

또, $Z_2 < Z_1$의 경우를 부(−) 반사라 하고 $e_1' < 0$, $i_1' < 0$이 되며, 전압 투과파는 입사파보다 낮아진다.

예제 6-7

특성 임피던스가 $Z_1 = 400[\Omega]$, $Z_2 = 1,200[\Omega]$인 송전선이 접속되어 있다. 800[kV]의 전압파가 입사되면 반사파 및 투과파의 파고값은 얼마인가?

풀이 식 (6.37)을 이용해서 다음과 같이 계산한다.

(1) 전압 반사파의 파고값

$$e_1{}' = \frac{Z_2 - Z_1}{Z_2 + Z_1} e_1 = \frac{1,200 - 400}{1,200 + 400} \times 800 = 400[\text{kV}]$$

(2) 전압 투과파의 파고값

$$e_2 = \frac{2 Z_2}{Z_2 + Z_1} e_1 = \frac{2 \times 1200}{1200 + 400} \times 800 = 1200[\text{kV}]$$

6.10 이상전압 방지대책

송전계통의 이상전압 방지대책으로서는 다음과 같은 방법이 있다.

① 피뢰기 설치 (전기기기 보호)

② 가공지선 설치 (가공 송전선로 보호)

③ 매설지선 설치 (역섬락 방지)

6.10.1 피뢰기

(1) 개요

피뢰기(LA, lightning arrester)는 송전계통의 이상전압을 대지에 방전시킴으로 써 전력설비를 보호하고, 나아가서 방전시 피뢰기에 흐르는 방전전류(기류(dynamic current) 또는 속류(follow current))를 차단하여 계통을 원래상태로 회복시키기 위한 보안장치이다.

피뢰기는 뇌서지(낙뢰충격전압)를 대상으로 개발되었으나 근래에는 개폐서지까지도 대상으로 하며, 이를 surge arrester라 부르기도 한다.

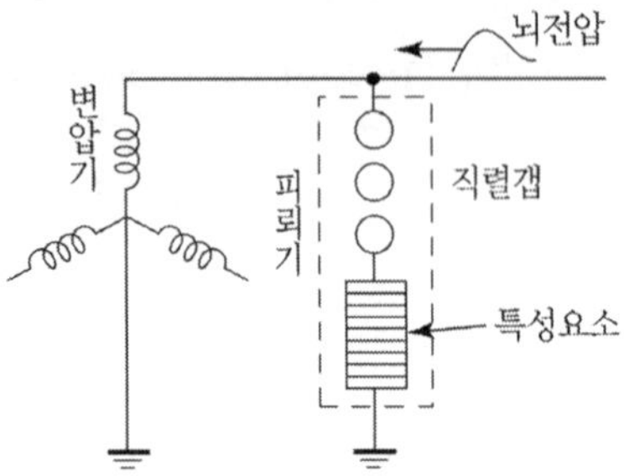

(a) 직렬갭 사용의 피뢰기

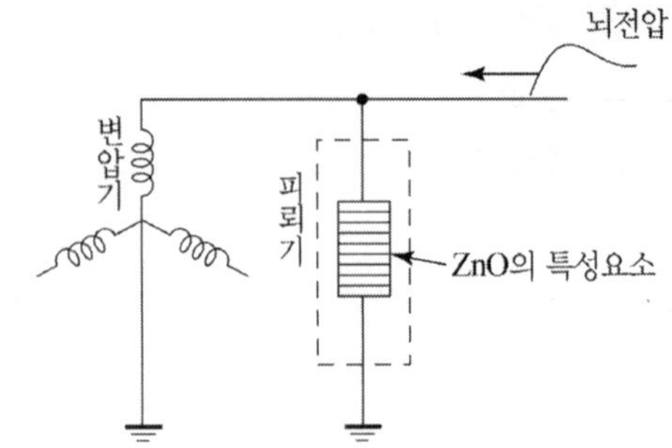

(b) 산화아연형 피뢰기

그림 6.20 피뢰기의 설치

피뢰기는 그림 6.20 (a)에 나타낸 바와 같이 피보호기기와 대지간에 설치하며, 평상시는 전류를 흘리지 않으나 이상전압이 들어오면 이 전압을 대지로 방전한다.

직렬갭(series gap)과 특성요소(特性要素, 비직성 저항체)로 구성된 일반적인 피뢰기와 그림 6.20(b)와 같이 직렬갭 없이 산화아연(ZnO)의 특성요소만으로 구성된 산화아연 피뢰기(gapless lightning arrester)가 있다.

직렬갭을 가지는 피뢰기에 뇌전압이 침입하면 직렬갭에 일어나는 아크방전에 의하여 선로와 대지가 연결되어 뇌전압이 대지로 방전하게 된다. 방전으로 뇌전압의 파고치가 낮아지면 직렬갭의 아크는 소멸되어 방전전류를 차단한다.

산화아연 피뢰기는 산화아연(ZnO)의 전압-전류 특성에 의하여 직렬갭이 필요 없게 된다. 그림 6.21에 탄화규소(SiC)와 산화아연(ZnO)을 주성분으로 하는 특성요소의 전압-전류 특성이다.

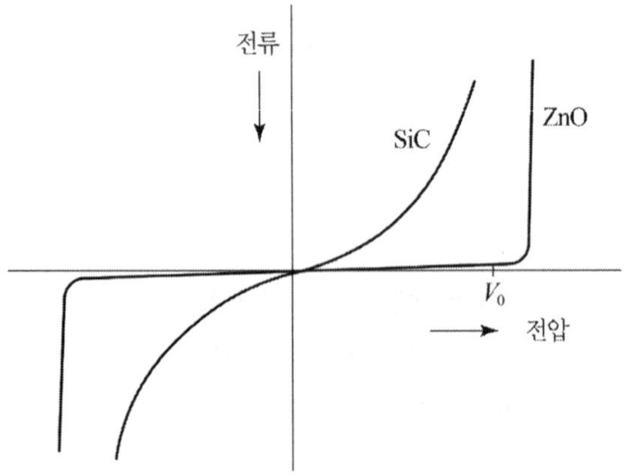

그림 6.21 SiC와 ZnO 특성요소의 전압-전류 특성

산화아연 특성요소는 그림 6.21의 일정전압 V_0 이하에서는 거의 전류가 흐르지 않기 때문에 선로의 교류전압의 최대 순시값을 이 전압보다 낮게 하면 특성요소에 전류가 흐르지 않으므로 직렬갭이 필요 없게 된다.

이와 같이 피뢰기를 설치하는 목적은 계통에 들어오는 이상전압은 방전하고, 곧이어 흐르는 속류(follow current)를 차단하기 위함이다.

(2) 피뢰기의 제한전압과 접지방식

제한전압(residual voltage)이란 피뢰기 방전 중에 피뢰기 양 단자에 남아있는 전압(충격전압의 파고치)이다.

그러므로 피뢰기는 이상전압을 제한전압으로 낮추어 주는 역할을 한다.

또한 피뢰기에 나타나는 전압은 피뢰기의 제한전압과 피뢰기의 접지저항에 의한 전압의 합이므로 피보호기인 변압기의 절연강도를 다음과 같이 낮게 설계할 수 있다.

(변압기의 절연강도) > (피뢰기의 제한전압 + 접지저항에 의한 전압)

위 식으로부터 접지저항이 작을수록 접지저항에 의한 전압이 작으므로 변압기 절연강도를 낮게할 수 있다. 그래서 피뢰기의 접지는 10[Ω] 이하로 하도록 규정하고 있다. 그 때문에 중요한 변전소에서는 접지망을 만들어서 모든 접지선을 이 접지망에 연결하는 망상 접지방식(mesh ground method)으로 되어 있다.

기본적으로 요구되는 피뢰기의 성능은 다음과 같다.

① 제한전압(residual voltage)이 낮을 것
② 충격 방전개시전압(impulse sparkover voltage)도 낮을 것
③ 상용주파 방전개시전압은 (계통전압보다) 높을 것
④ 속류 차단능력이 충분할 것
⑤ 장기간 사용할 수 있을 것

(3) 피뢰기의 정격전압

피뢰기가 동작하여 대지중으로 방전할 때 흡사 송전선로의 지락사고와 같기 때문에 상용주파수의 전류가 피뢰기에 흐르게 한다. 이 전류(속류)를 신속히 차단하지 않으면 피뢰기는 과열하여 소손하게 된다.

피뢰기의 정격전압이란 피뢰기의 양 단자 사이에 인가할 수 있는 상용주파수의 최대전압을 말한다. 만일 평상시 피뢰기의 정격전압 이상의 전압이 인가되면 피뢰기는 속류 차단능력이 상실되어 소손되고 만다.

이와 같이 피뢰기의 정격전압이란 **속류차단이 가능한 최고의 교류전압**을 말한다. 따라서 피뢰기의 정격전압은 상용주파수의 대지전압보다 높아야 한다.

정격전압이 몇 볼트인 피뢰기를 사용할 것인지는 그 선로에 최고 몇 볼트의 이상전압이 발생되는가를 조사하여 이 값을 상회하는 정격전압의 피뢰기를 사용하여야 한다. 또한 이상전압은 계통접지방식과 밀접한 관계를 가지고 있으므로 피뢰기 정격전압의 선정은 다음과 같이 한다.

$$\left.\begin{array}{ll}\text{직접접지방식} & 0.8\sim1.0\,V\text{의 피뢰기} \\ \text{저항 또는 소호 리액터 접지방식} & 1.4\sim1.6\,V\text{의 피뢰기}\end{array}\right\} \tag{6.38}$$

여기서, V는 선로의 공칭전압을 1.1로 나눈 값이다.

일반적으로 피뢰기의 정격전압 E_R은 다음 식으로 선정한다.

$$E_R = \alpha\beta\frac{V_m}{\sqrt{3}} \tag{6.39}$$

여기서, α : 접지계수

β : 여유도(margin level)

V_m : 선간의 최고 허용전압$\left(V_m = \text{공칭전압} \times \left(\frac{1.2}{1.1}\right)\right)$

유효접지 계통의 접지계수 α는 1.1 ~ 1.3(비유효접지 계통은 $\sqrt{3}$), 여유도 β는 1.15로 한다.

계통전압별로 적용되는 피뢰기의 정격전압은 표 6.2와 같다.

표 6.2 피뢰기의 정격전압

송전전압[kV]	정격전압[kV]	계통접지방식
765	580	유효접지
345	288	유효접지
154	144	유효접지
66	72	소호 리액터 접지
22	24	비접지
22.9	21(18)	3상 4선식 다중접지(수변전용)

예제 6-8

765[kV], 345[kV] 및 154[kV] 계통에 설치할 피뢰기의 정격전압을 결정하여라.

풀이 피뢰기는 상용 주파수의 전압에는 동작하지 않아야 한다. 상용 주파수에 해당하는 이상전압의 크기는 계통의 접지계수에 따라야 한다.

$E_R = \alpha\beta\dfrac{V_m}{\sqrt{3}}$ 에서 각각의 접지계수를 1.1, 1.2와 1.3으로 하고 여유도를 1.15배로 하면 다음과 같다.

- 765[kV] 계통의 피뢰기의 정격전압 : $1.1 \times 1.15 \times \dfrac{800}{\sqrt{3}} \fallingdotseq 580[\text{kV}]$
- 345[kV] 계통의 피뢰기의 정격전압 : $1.2 \times 1.15 \times \dfrac{362}{\sqrt{3}} \fallingdotseq 288[\text{kV}]$
- 154[kV] 계통의 피뢰기의 정격전압 : $1.3 \times 1.15 \times \dfrac{169}{\sqrt{3}} \fallingdotseq 144[\text{kV}]$

(4) 피뢰기의 설치위치

피뢰기의 보호능력을 높이기 위해서는 변압기에 가까운 곳에 설치하여야 한다. 변압기로부터 피뢰기의 설치장소가 떨어져 있으면 진행파의 파두준도(wave front steepness)가 높은 경우는 피뢰기가 동작하여도 진행파의 반사작용에 의하여 변압기의 단자전압은 대단히 높아져 절연을 파괴하게 된다.

그림 6.22와 같이 피뢰기를 변압기로부터 l 만큼 떨어진 위치에 설치하였다고 하자. 전압 진행파 v_0 는 피뢰기의 위치에서 파고값이 제한전압 v_a 까지 저하된다. 이 제한전압이 다음의 구간에 대해서는 투과파로 되며, 거리 l 을 통과하여 변압기의 단자에 도달한다.

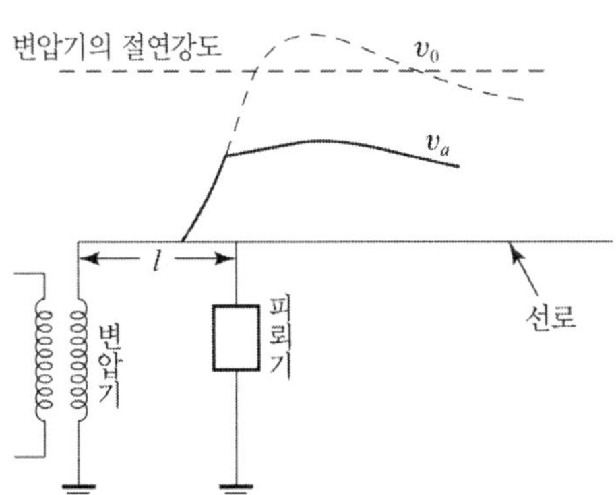

그림 6.22 피뢰기의 설치위치

또한, 변압기의 특성 임피던스는 선로의 특성 임피던스보다 대단히 크기 때문에 변압기의 단자에서 정반사를 일으킨다. 이것이 피뢰기의 설치점으로 돌아와 부반사를 일으켜 다시 변압기에 이르게 되며, 피뢰기와 변압기 사이에서 전압 진행파의 왕복진동이 반복되어 변압기 단자에 걸릴 전압의 파고값 v_t 는 증대하게 된다.

$$v_t = v_a + \frac{2sl}{v} = v_a + 2st\,[\mathrm{kV}] \tag{6.40}$$

여기서, v_a : 피뢰기의 제한전압

s : 파두준도[kV/μs]

l : 피뢰기와 변압기와의 거리[m]

v : 진행파의 전파속도[m/μs]

$t = \frac{l}{v}$: 진행파의 전파시간[μs]

피뢰기의 설치점 l 이 변압기로부터 멀게 되면 v_t 의 왕복 진동주기가 길어져 변압기의 단자에 걸리는 전압은 점점 높아지게 되어 변압기의 절연이 소손될 수 있다.

대개 피뢰기와 변압기 사이의 간격은 20～30[m] 이내의 범위가 적절하다.

(5) 피뢰기의 접지저항

피뢰기에 뇌격전류가 흐를 때 이 전류에 의한 접지저항 전압강하만큼 피뢰기 자체의 전압이 상승하므로 접지 저항은 작을수록 좋다. 그래서 한국전기설비규정(KEC)에서는 10[Ω] 이하로 하도록 규정하고 있다.

피뢰기가 안전하게 동작하기 위한 최소한의 접지저항을 알아보자. 그림 6.23과 같이 특성 임피던스 Z_1 인 가공선과 Z_2 인 케이블이 연결된 접속점에 피뢰기가 있는 경우에 가공 선로측에서 파고값 e_1 의 진행파 전압이 입사하면 반사파 e_1' 에 의하여 다음 식이 성립한다.

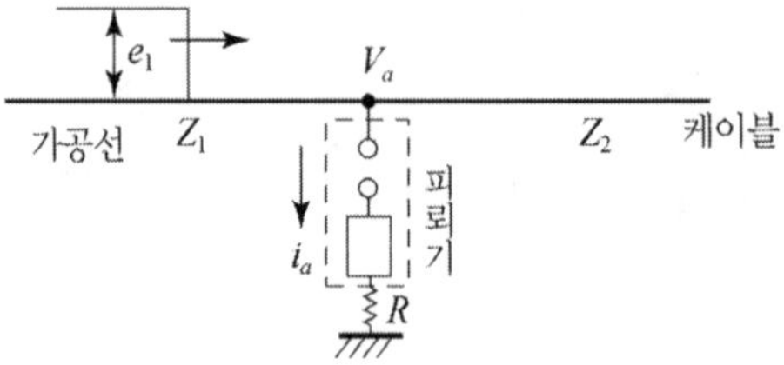

그림 6.23 피뢰기의 접지저항

$$V_a = e_1 + e_1{}' \tag{6.41}$$

또한, 피뢰기 접속점에서 전류의 흐름을 보면 Kirchhoff의 법칙으로부터 $i_1 - i_1{}' = i_a + i_2$ 이므로

$$\frac{e_1}{Z_1} - \frac{e_1{}'}{Z_1} = i_a + \frac{V_a}{Z_2} \tag{6.42}$$

으로 된다. 위 식에서 반사파 전압 e'를 소거하고 투과파 전압, 즉 피뢰기 접속점의 전압 V_a (피뢰기의 제한전압)를 구하면 다음과 같다.

$$V_a = \frac{Z_2}{Z_1 + Z_2}(2e_1 - Z_1 i_a) \tag{6.43}$$

또, 피뢰기의 접지저항을 R 라고 하면 $i_a = \frac{V_a}{R}$ 이므로 위 식은

$$V_a = \frac{2Z_2 R}{Z_1 Z_2 + R(Z_1 + Z_2)} \cdot e_1 \tag{6.44}$$

으로 나타낼 수 있다. 위 식을 이용하면 피뢰기의 제한전압을 V_a 로 낮추는 데 필요한 접지 저항 R을 계산할 수 있다.

예제 6-9

특성 임피던스가 $Z_1 = 500[\Omega]$, $Z_2 = 400[\Omega]$인 송전선 접속점에 피뢰기를 설치할 경우 Z_1 선로로부터 파고값 900[kV]의 전압파가 내습하였다. 선로 Z_2 에 전압 투과파의 파고를 30[kV]로 제한하기 위해서는 피뢰기의 접지저항을 얼마로 하면 되겠는가?

풀이 식 (6.42)에 의하여 피뢰기의 제한전압 V_a 는

$$V_a = \frac{Z_2}{Z_1 + Z_2}(2e_1 - Z_1 i_a) = \frac{2Z_2}{Z_1 + Z_2}\left(e_1 - \frac{Z_1}{2} i_a\right)$$

에서 $i_a = \frac{V_a}{R}$ 를 대입하고 정리하면 다음과 같다.

$$30[\text{kV}] = \frac{2 \times 400}{500 + 400}\left(900 - \frac{500}{2} \times \frac{30}{R}\right)$$

$$\therefore R = 8.66[\Omega]$$

6.10.2 가공지선

직격뇌로부터 송전선을 보호하기 위하여 철탑 꼭대기에 가공지선(공중 낙뢰유도선, overhead ground wire)을 설치한다. 종래에는 아연도금 강연선이 사용되었으나 차폐효과를 높이기 위해서는 도전성이 좋은 강심 알루미늄선(ACSR)을 사용한다.

또한, 외측의 알루미늄 피복강선을 뇌격 차폐용으로 하고, 내측의 알루미늄관 속에 광섬유 케이블을 넣어서 정보통신 케이블로 이용할 수 있는 광섬유 복합 가공지선 OPGW(composite fiber OPtic Ground Wire)도 있다. 광섬유는 높은 절연성이 있기 때문에 외부의 노이즈에 대해서도 무유도의 특성이 있으며 낙뢰시에도 별문제 없이 사용할 수 있다. 그림 6.24는 OPGW 단면의 예로서 알루미늄관 내에 6심의 광섬유 3조가 있다.

가공지선을 설치하는 목적은 뇌에 대한 차폐와 진행파의 감쇠에 있다.

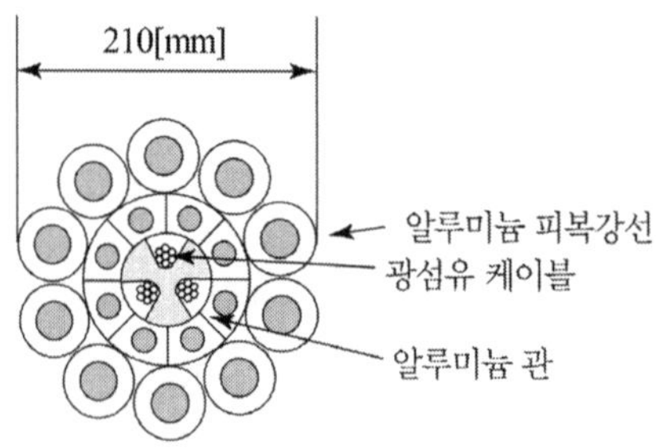

그림 6.24 OPGW 단면(260[mm^2])의 예

(1) 유도뢰에 대한 차폐

전위가 영(零)인 가공지선이 전선에 근접해 있기 때문에 뇌운으로부터 정전유도에 의하여 전선에 유도되는 전하의 양은 줄어든다. 가공지선이 있을 경우 전선 상에 유도되는 전하를 단위 길이당 q_1, 가공지선이 없을 때의 유도 전하를 q_0라고 하면 아래 식으로 표시되는 m을 가공지선의 보호율이라고 한다.

$$m = \frac{q_1}{q_0} \tag{6.45}$$

보호율 m의 개략적인 값은 3상 1회선 가공지선 1가닥의 경우 0.5, 2가닥의 경우 0.3~0.4 정도이다. 곧 가공지선을 설치함으로써 유도전하를 50[%] 이하로 줄일 수 있어서 유도뢰를 그만큼 저감시킬 수 있게 된다.

단, 유도뢰에 의한 이상전압은 그 값이 낮기 때문에 비교적 전압이 낮은 선로에서는 유효하지만 고전압 선로에 대해서는 그다지 큰 효과를 생각할 수 없다.

(2) 직격뢰에 대한 차폐

가공지선을 설치하는 목적은 송전선을 뇌의 직격으로부터 보호하는 데 있는 것이며 그 차폐효과는 송전선의 내뢰설계(耐雷設計) 중 중요한 것이다. 그러나 본래 뇌의 직격 양상이 일정하지 않기 때문에 가공지선을 어느 정도의 높이에 가설하는 것이 안전할 것인가는 알 수가 없다.

그림 6.25에 나타낸 바와 같이 가공지선과 전력선을 잇는 직선의 수직선에 대한 각 θ을 보호각 또는 차폐각(shielding angle)이라 한다. 보호각은 될 수 있는 대로 작게 하는 것이 바람직하지만 이것을 작게 하려면 그 만큼 가공지선을 높이 가선해야 하기 때문에 철탑의 높이가 높아진다.

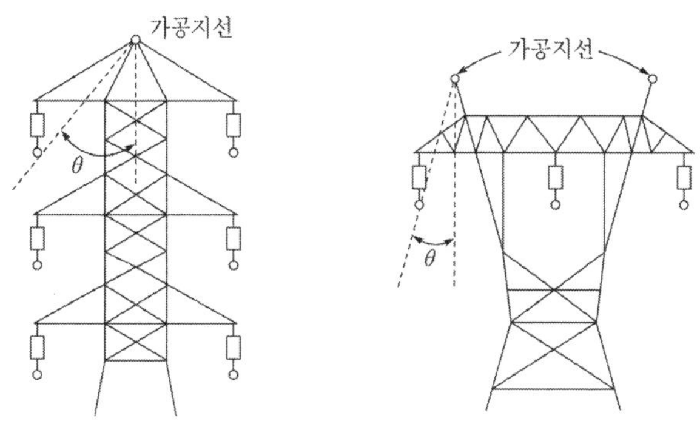

그림 6.25 가공지선과 차폐각 θ

2회선 가공 송전선에 대해서 가공지선 1가닥의 경우는 보호각을 35 ~ 40° 정도로 잡는 경우가 많으며, 초고압 송전선에서는 가공지선을 2가닥으로 가설해서 보호각을 0° 또는 부(−)의 보호각이 되도록 한다.

이와 같이 가공지선을 2가닥으로 함으로써 차폐효과가 향상될 뿐만 아니라 통신선의 정전 유도전압에 대한 차폐효과도 크며 서지 임피던스가 낮아지기 때문에 경간 역섬락도 억제되는 효과가 있으며, 송전선로 보호면에서 우수하기 때문에 초고압 송전 선로에서는 2가닥으로 시설한다. 우리나라에서도 1986년부터 154[kV] 송전선로에도 2가닥으로 설치하고 있다.

765[kV] 송전선로의 경우 차폐각을 −8°로 설계함으로써 IKL이 20일 경우 뇌습회수를 0.35 [회/100 km/년] 이하가 되도록 되어 있다.

가공지선에 의하여 뇌의 몇 [%]가 선로에 직격되지 않는가를 가공지선의 보호효율(protective

efficiency)이라 한다. 가령 보호효율 90[%]라는 것은 선로에 대한 뇌직격 100회 중 10회는 전선에 직격되지만 나머지 90회는 가공지선이 막아 준다는 뜻이다.

표 6.3은 전압별 가공지선의 보호각 및 보호효율을 나타내었다.

표 6.3 전압별 가공지선의 보호각 및 보호효율

전 압[kV]	보호각[°]	가닥수	보호효율[%]	비 고
66	45	1	90 이상	IKL = 20
154	5	2	95 이상	
345	0	2	100	
765	−8	2	100	

6.10.3 매설지선

철탑의 맨 꼭대기 또는 가공지선에 직격뢰가 있을 경우 뇌전류는 철탑을 통해서 직접 대지로 방전하는 것 외에 가공지선에도 일부 진행파로 되어서 분류하게 된다.

이처럼 뇌전류가 철탑으로부터 대지로 흐를 경우 철탑 전위(파고값) e는 뇌격전류(파고값) i [A]와 탑각 접지저항(footing resistance) r [Ω]의 곱으로 나타낸다.

이와 같이 뇌격시에는 $i \times r$에 의하여 철탑 전위가 올라가게 되고 이때의 전위 e가 애자련의 절연파괴 전압 이상으로 될 경우에는 철탑으로부터 전선을 향해서 섬락을 일으키게 된다. 이것을 역섬락(reverse flashover, 역방향 불꽃 방전)이라 한다.

이를 방지하기 위해서는 탑각 접지저항 r을 작게 해야 하며, 이를 위하여 철탑의 다리에 매설접지선을 설치한다.

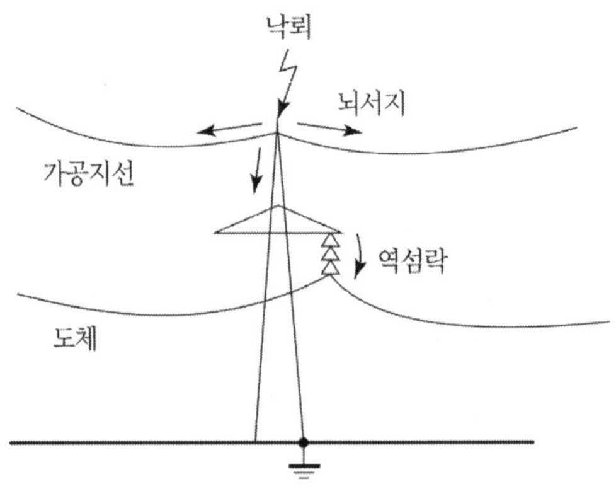

그림 6.26 역섬락

보통 이를 위해서 $38[mm^2]$ (7/2.6) 아연 도금한 접지선을 사용하며, 매설깊이는 평지에서는 80[cm], 산악지대에서는 50[cm] 이상으로 한다. 매설지선(counter poise)의 길이 및 가닥수는 접지 저항값이 목표값(345[kV]인 경우는 대략 20[Ω] 이하) 이하가 되도록 하며, 매설지선의 길이는 30[m] 이하, 가닥수는 철탑 1기당 4가닥 이하로 한다.

또한, 매설지선 설치에 따른 불편함을 덜기 위하여 접지봉에 다수의 톱니모양의 칼날이 있는 침상접지봉(earth bar with needles)도 있다. 대지 중에서의 방전효과를 높이기 위하여 침상전극은 뇌격전류 방전시 확실히 접지저항 저감효과가 있다는 것이 이전부터 알려져 있었다. 이러한 침상 전극봉에 대한 연구가 진전되면 매설지선을 대체할 수 있을 것으로 전망된다.

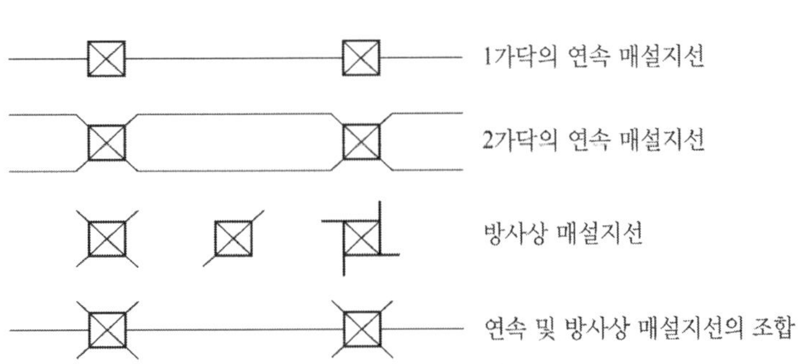

그림 6.27 매설지선의 시공방식

한편 상술한 것은 철탑 정상부분에만 뇌격이 있었을 때의 경우인데 때로는 가공선로 중앙에 경간 역섬락이 일어나는 수도 있다.

이에 대한 대책으로서는 가공지선의 장력을 세게 해서 전선과의 절연 간격을 넓히거나 가공지선이 2가닥일 경우에는 경간 중앙에 교락편을 설치해서 직격점 전위가 낮아지도록 하고 있다.

예제 6-10

154[kV] 선로에 직격뢰로 인하여 45[kA]의 뇌격전류가 철탑에 흐를 때 역섬락을 일으키지 않은 탑각접지 저항은 몇 [Ω]인가? 단, 현수애자 1련의 섬락전압은 860 [kV]이다.

풀이 뇌격전류가 철탑에 흐를 때 철탑전위는 현수애자 1련의 섬락전압보다 낮아야 한다.

$$45[kA] \times R[\Omega] < 860[kV]$$
$$\therefore R < 19[\Omega]$$

즉, 탑각접지 저항은 19[Ω] 이하가 되어야 한다.

6.11 송전선의 절연간격

전선이 풍압을 받았을 때 현수 애자연은 횡진동을 일으키는데, 이 경우에도 전선과 철탑 사이에 섬락이 일어나지 않도록 하는 절연간격을 설정해야 한다. 풍속 40[m/s]일 때의 최대 진동 각도는 현수식 애자에서는 60°, 내장식 애자에서는 40°로 본다.

송전선로의 철탑설계시 애자연의 뇌서지(雷surge)에 대하여 견딜 수 있는 공기절연거리를 표준절연거리라고 한다. 154[kV] 송전선로에서 현수식 애자인 경우 애자연이 20°까지 횡진동하였을 때 표준절연간격은 1400[mm]이며, 345[kV] 4도체인 경우에는 15°까지 횡진동하였을 때 유지하여야 할 표준절연간격은 2700[mm]이다.

보통절연간격은 개폐서지에 대하여 송전선의 애자련이 견딜 수 있는 공기절연간격으로서 154[kV] 송전선로 현수애자인 경우 40°까지 횡진동 하였을 때 유지하여야 할 보통절연간격은 1150[mm]이며, 345[kV] 4도체에서는 2200[mm]이다.

송전선로에서 1선 지락사고시 발생하는 상용주파수의 과전압에 대한 애자련의 절연강도와 협조할 수 있는 공기절연거리를 최소절연간격이라 한다.

이때 애자연의 오손에 대한 것까지 고려하며, 공기절연거리는 애자연이 최대로 횡진동할 때를 기준으로 한다. 154[kV]의 경우 60°까지 횡진동할 때 최소절연간격은 900[mm]이며 345[kV]에서는 1100[mm]이다.

이렇게 횡진동 각도를 최대로 보는 것은 개폐서지나 뇌서지는 간혹 일어나지만 상용주파수에 대한 과전압은 자주 일어나기 때문이다. 그림 6.28은 송전선의 절연간격을 나타낸 예이다.

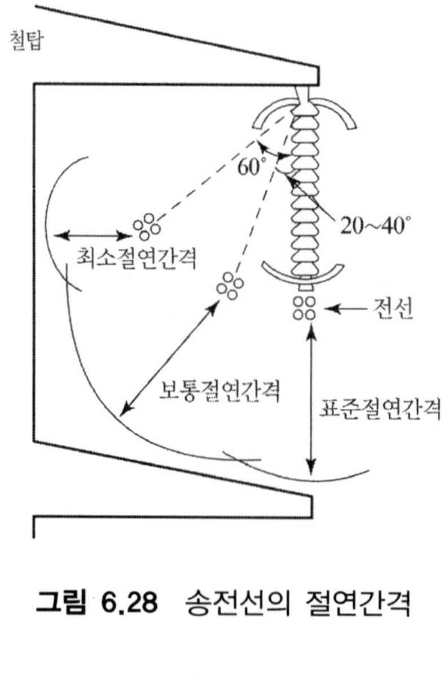

그림 6.28 송전선의 절연간격

6.12 절연협조

절연협조(coordination of insulation)는 송전선로에서 발생하는 이상전압에 대하여 피뢰기와 같은 보호장치를 이용하여 계통 절연을 합리적이며 경제적으로 절연하는 것을 뜻한다.

만일 계통 각 부분의 절연강도가 상호무관하면 절연강도가 가장 낮은 특정한 기기에 절연파괴가 집중적으로 일어나게 된다. 이 때문에 계통 각 부분의 절연강도의 적정유지 필요성이 제기된다.

개폐서지와 같은 내부 이상전압에 대하여는 절연강도를 충분히 확보하여 절연파괴가 일어나지 않도록 해야 한다.

이에 반하여 외부 이상전압의 파고값은 1,000만[V] 이상이 될 때도 있어, 피뢰기와 같은 보호장치 없이는 기기 자신의 절연강도를 이것에 견딜 수 있도록 높인다는 것은 불가능하다. 따라서 절연협조는 외부 이상전압(충격전압)만을 대상으로 고려하면 된다.

즉, 피뢰기의 제한전압보다도 높은 기준충격 절연강도(BIL, Basic Impulse insulation Level)를 정해 놓고 변압기와 기기의 절연강도 결정에 이용한다. BIL은 기기절연을 표준화할 목적으로 제정되었으며, 또 통일된 절연체계를 구성할 목적으로 절연계급을 설정하고 있다. 표 6.4는 피뢰기의 신뢰성과 여러 나라의 많은 경험을 기초로 하여 결정된 절연협조 대조표이다.

표 6.4 기준 충격 절연강도의 절연협조 대조표

절연계급(호)	20	60	140	200
공칭전압[kV]	22	66	154	220
BIL[kV]	150	350	750	1,050
발·변전소용 피뢰기의 제한 전압[kV](10[kA]용)	94	281	656	703
250[mm] 현수애자 일련의 개수	2	4	9	12
250[mm] 현수애자 50[%] 섬락전압[kV]	255	440	860	1105

우선 피뢰기의 제한전압을 기준으로 하고 이것에 대하여 변압기가 어느 정도의 여유 폭이 있도록 절연을 한다. 이어서 차단기, 단로기, 부싱의 절연강도를 정한다. 절연협조의 기준은 구체적으로

① 송전선로의 현수애자의 일련의 개수는 내부 이상전압에 견디도록 한다.

② 피뢰기의 제한전압은 기준충격 절연강도 BIL의 80[%] 이하로 제한한다.

③ 전력용 변압기 및 계기용 변압기의 절연강도는 기준충격 절연강도 BIL 정도로 한다. 피뢰기는 가능한 한 이들 기기의 근접 위치에 설치한다.

④ 교류기기의 내압 시험전압을 기준충격절연강도 BIL의 1.1배로 한다.

⑤ 부싱, 차단기(CB), 선로 개폐기(LS) 등의 지지애자는 기준충격절연강도 BIL의 1.1배로 한다.

⑥ 보호 장치가 없는 장소에서는 특히 필요하다면 1계급 높은 절연계급의 기기를 사용한다.

현재 우리나라의 345[kV]의 초고압 송전계통에서의 절연협조의 예를 들면 표 6.5와 같다. 또한, 이에 의한 절연협조 비교는 그림 6.29와 같다.

표 6.5 345[kV] 선로의 절연협조의 예

기준 전압[kV]		345
최고 운전전압[kV]		362
BIL[kV]	선로, 애자	1,367
	부싱, 차단기	1,175
	변압기	1,050
피뢰기 (정격전압 288[kV])	제한전압	725

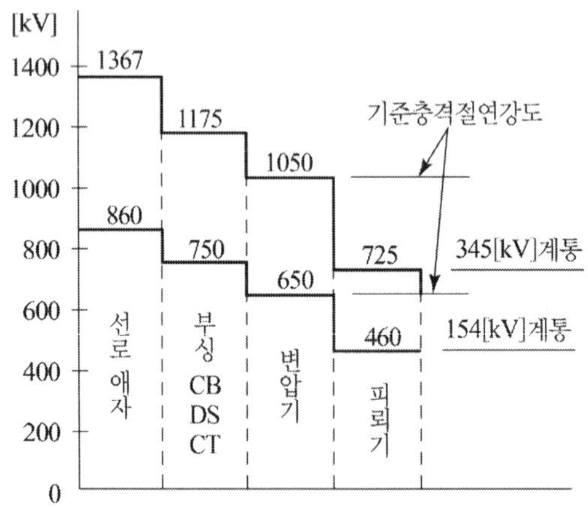

그림 6.29 절연협조 비교

연습문제

exercise

6-1 송전선로에서 가장 많이 발생되는 사고는? [93. 공사산업기사]

㉮ 단선사고 ㉯ 단락사고
㉰ 지지물 전도사고 ㉱ 지락사고

6-2 한류 리액터를 사용하는 가장 큰 목적은? [15. 전기기사]

㉮ 충전전류의 제한 ㉯ 접지전류의 제한
㉰ 단락전류의 제한 ㉱ 누설전류의 제한

6-3 송전용량이 증가함에 따라 송전선의 단락 및 지락전류도 증가하여 계통에 여러 가지 장해 요인이 되고 있다. 이들의 경감대책으로 적합하지 않은 것은? [17. 전기기사]

㉮ 계통전압을 높인다.
㉯ 고장 시 모선 분리 방식을 채용한다.
㉰ 발전기와 변압기의 임피던스를 작게 한다.
㉱ 송전선 또는 모선 간에 한류리액터를 삽입한다.

6-4 선간전압 66[kV], 1회선 송전선로의 1선 리액턴스가 30[Ω], 정격전류가 220[A]일 때 % 리액턴스는? [94. 전기산업기사]

㉮ 10 ㉯ $10\sqrt{2}$
㉰ $10\sqrt{3}$ ㉱ $10/\sqrt{3}$

6-5 전원으로부터 합성 임피던스가 0.5[%] (15,000[kVA] 기준)인 곳에 설치하는 차단기 용량은 몇 [MVA] 이상이어야 하는가? [94. 공사산업기사]

㉮ 2,000 ㉯ 2,500
㉰ 3,000 ㉱ 3,500

6-6 어느 발전소의 발전기는 그 정격이 13.2[kV], 93,000[kVA], 95[%] Z라고 평판에 쓰여 있다. 이것은 약 [Ω]인가? [94. 공사산업기사]

㉮ 1.2 ㉯ 1.8
㉰ 1,200 ㉱ 1,780

6-7 **그림과 같은 전선로의 단락용량은 약 몇 [MVA]인가? 단, 그림의 수치는 10,000[kVA]를 기준으로 한 %리액턴스를 나타낸다.** [95. 공사산업기사]

㉮ 33.7
㉯ 66.7
㉰ 99.7
㉱ 133.7

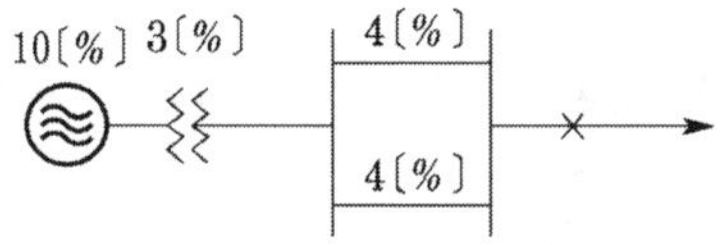

6-8 **3상 변압기의 %임피던스는? 단, 임피던스는 $Z[\Omega]$, 선간전압은 V[kV], 변압기의 용량은 P[kW]이다.** [04. 전기공사산업기사]

㉮ $\frac{PZ}{V}$ ㉯ $\frac{PZ}{10V}$ ㉰ $\frac{PZ}{10V^2}$ ㉱ $\frac{10PZ}{V^2}$

6-9 **%임피던스에 대한 설명으로 틀린 것은?** [17. 전기산업기사]

㉮ 절대량이 아닌 기준량에 대한 비를 나타낸 것이다.
㉯ 기기 용량의 크기에 관계없이 일정한 범위의 값을 갖는다.
㉰ 변압기나 동기기의 내부임피던스에만 사용할 수 있다.
㉱ 단위를 갖지 않는다.

6-10 **단락용량 5,000[MVA]인 모선의 전압이 154[kV]라면 등가 모선임피던스는 약 몇 Ω 인가?** [16. 전기기사]

㉮ 2.54 ㉯ 4.74
㉰ 6.34 ㉱ 8.24

6-11 **154/22.9[kV], 40[MVA] 3상 변압기의 %리액턴스가 14[%]라면 고압측으로 환산한 리액턴스는 몇 [Ω]인가?** [94. 전기기사]

㉮ 95 ㉯ 83
㉰ 75 ㉱ 61

6-12 **정격용량 20000[kVA], 임피던스 8[%]인 3상변압기가 2차 측에서 3상 단락되었을 때 단락용량은 몇 [MVA]인가?** [03. 전기공사산업기사]

㉮ 160 ㉯ 200
㉰ 250 ㉱ 320

6-13 **정격용량 P_n[kVA], 정격 2차전압 V_{2n}[kV], %임피던스 Z[%]의 3상 변압기의 2차 단락 전류는 몇 [A]인가?** [97. 전기·공사산업기사]

㉮ $\dfrac{P_n}{\sqrt{3}\ V_{2n}\cdot Z}$ ㉯ $\dfrac{P_n}{V_{2n}\cdot Z}$

㉰ $\dfrac{100P_n}{\sqrt{3}\ V_{2n}\cdot Z}$ ㉱ $\dfrac{100P_n}{V_{2n}\cdot Z}$

6-14 **전압 V_1[kV]에 대한 %리액턴스 값이 X_{p1}이고, 전압 V_2[kV]에 대한 %리액턴스 값이 X_{p2}일 때, 이 들 사이의 관계로 옳은 것은?** [16. 전기기사]

㉮ $X_{p1}=\dfrac{V_1^2}{V_2}X_{p2}$ ㉯ $X_{p1}=\dfrac{V_1}{V_2^2}X_{p2}$

㉰ $X_{p1}=\dfrac{V_2^2}{V_1^2}X_{p2}$ ㉱ $X_{p1}=\dfrac{V_2}{V_1^2}X_{p2}$

6-15 **그림과 같은 3상 교류회로에서 유입 차단기 3의 차단용량은 몇 [MVA]인가?**

단, 발전기 G_1 : 용량 15,000[kVA], $\%X=10$[%] [97. 전기·공사기사]

발전기 G_2 : 용량 30,000[kVA], $\%X=10$[%]

변압기 Tr : 용량 45,000[kVA], $\%X=5$[%]

이고 기타 제시되지 않은 수치는 무시한다.

㉮ 150
㉯ 300
㉰ 450
㉱ 600

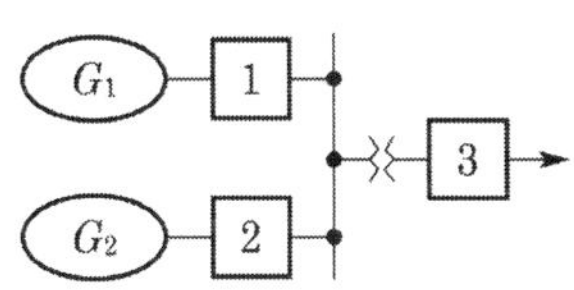

6-16 **역상전류가 각 상 전류로 바르게 표시된 것은?** [전기산업기사]

㉮ $I_2=I_a+I_b+I_c$ ㉯ $I_2=\dfrac{1}{3}(I_a+aI_b+a^2I_c)$

㉰ $I_2=\dfrac{1}{3}(I_a+a^2I_b+aI_c)$ ㉱ $I_2=aI_a+I_b+a^2I_c$

6-17 평형 3상발전기에서 a상이 지락한 경우 지락전류는? 단, Z_1, Z_2, Z_0는 정상, 역상, 영상 임피던스이며, E_a는 지락상의 무부하 기전력이다. [15. 전기산업기사]

㉮ $\dfrac{E_a}{Z_0+Z_1+Z_2}$ ㉯ $\dfrac{E_1}{Z_0+Z_1+Z_2}\times E_a$

㉰ $\dfrac{3E_a}{Z_0+Z_1+Z_2}$ ㉱ $\dfrac{E_0}{Z_0+Z_1+Z_2}\times E_a$

6-18 송전선로의 정상, 역상 및 영상 임피던스를 각각 Z_1, Z_2 및 Z_0라 할 때 옳은 것은? [17. 전기기사]

㉮ $Z_1=Z_2=Z_0$ ㉯ $Z_1=Z_2>Z_0$

㉰ $Z_1>Z_2=Z_0$ ㉱ $Z_1=Z_2<Z_0$

6-19 다음 그림에서 계기 X가 지시하는 것은? [09. 전기산업기사]

㉮ 정상 전압
㉯ 역상 전압
㉰ 영상 전압
㉱ 정상 전류

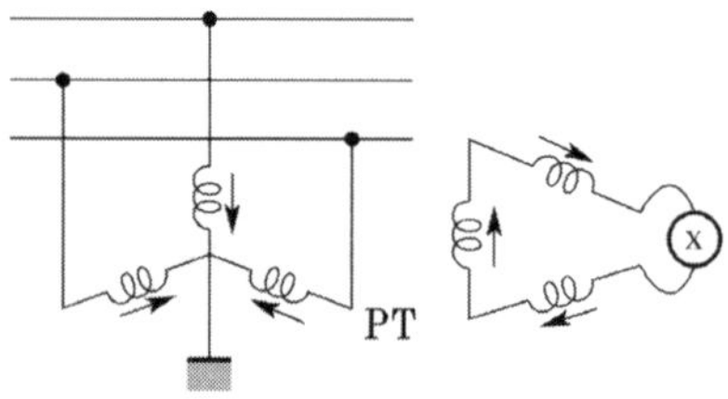

6-20 송전선 1선 지락시 선로에 흐르는 전류를 바르게 나타낸 것은? [08. 전기공사기사]

㉮ 영상전류만 흐른다.
㉯ 영상전류 및 정상전류만 흐른다.
㉰ 영상전류 및 역상전류만 흐른다.
㉱ 영상전류, 정상전류 및 역상전류가 흐른다.

6-21 그림과 같은 회로의 영상, 정상 및 역상 임피던스 Z_0, Z_1, Z_2는? [99. 전기기사]

㉮ $Z_0=\dfrac{Z+3Z_n}{1+j\omega C(Z+3Z_n)}$, $Z_1=Z_2=\dfrac{Z}{1+j\omega CZ}$

㉯ $Z_0=\dfrac{3Z_n}{1+j\omega C(3Z+Z_n)}$, $Z_1=Z_2=\dfrac{3Z_n}{1+j\omega CZ}$

㉰ $Z_0=\dfrac{Z+Z_n}{1+j\omega C(Z+Z_n)}$, $Z_1=Z_2=\dfrac{Z}{1+j3\omega CZ_n}$

㉱ $Z_0=\dfrac{3Z_n}{1+j\omega C(Z+Z_n)}$, $Z_1=Z_2=\dfrac{3Z}{1+j3\omega CZ}$

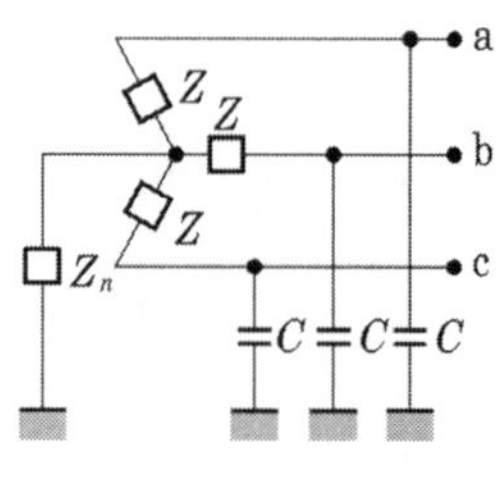

6-22 전력계통에서 내부 이상전압의 크기가 가장 큰 경우는? [16. 전기기사]

㉮ 유도성 소전류 차단시
㉯ 수차발전기의 부하 차단시
㉰ 무부하 선로 충전전류 차단시
㉱ 송전선로 부하차단기 투입시

6-23 차단 시 재점호가 발생하기 쉬운 경우는? [15. 전기산업기사]

㉮ R-L회로의 차단
㉯ 단락전류의 차단
㉰ C회로의 차단
㉱ L회로의 차단

6-24 파동 임피던스 $Z_1 = 500[\Omega]$, $Z_2 = 300[\Omega]$인 두 무손실 선로 사이에 그림과 같이 저항 R을 접속한다. 제1 선로에서 구형파가 진행하여 왔을 때 무반사로 하기 위한 R의 값은 몇 $[\Omega]$인가? [93. 공사기사]

㉮ 100
㉯ 200
㉰ 300
㉱ 500

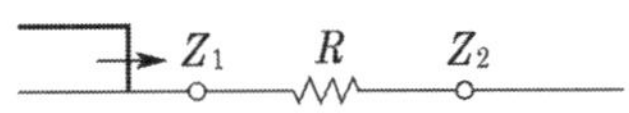

6-25 서지파(진행파)가 서지 임피던스 Z_1의 선로측에서 서지 임피던스 Z_2의 선로측으로 입사할 때 투과계수(투과파 전압 ÷ 입사파 전압) b를 나타내는 식은? [94. 전기기사]

㉮ $b = \dfrac{Z_2 - Z_1}{Z_1 + Z_2}$
㉯ $b = \dfrac{2Z_2}{Z_2 + Z_1}$
㉰ $b = \dfrac{Z_1 - Z_2}{Z_1 + Z_2}$
㉱ $b = \dfrac{2Z_1}{Z_1 + Z_2}$

6-26 서지파(진행파)가 서지 임피던스 Z_1의 선로측에서 서지 임피던스 Z_2 선로측으로 입사할 때 반사계수(반사파 전압÷입사파 전압) a를 나타내는 식은? [97. 전기·공사기사]

㉮ $a = \dfrac{Z_2 - Z_1}{Z_1 + Z_2}$
㉯ $a = \dfrac{2Z_2}{Z_1 + Z_2}$
㉰ $a = \dfrac{Z_1 - Z_2}{Z_1 + Z_2}$
㉱ $a = \dfrac{2Z_1}{Z_1 + Z_2}$

6-27 전력손실이 없는 송전선로에서 서지파(진행파)가 진행하는 속도는 어떻게 표시하는가? 단, L : 단위선로 길이당 인덕턴스, C : 단위선로 길이당 커패시턴스 [98. 전기기사]

㉮ $\sqrt{\dfrac{L}{C}}$ ㉯ $\sqrt{\dfrac{C}{L}}$ ㉰ $\sqrt{\dfrac{1}{LC}}$ ㉱ $\sqrt{LC}$

6-28 송전선의 파동 임피던스를 $Z_0[\Omega]$, 전파속도를 V라 할 때 이 송전선의 단위길이에 대한 인덕턴스는 몇 [H]인가? [96. 전기산업기사]

㉮ $L=\dfrac{V}{Z_0}$ ㉯ $L=\dfrac{Z_0}{V}$

㉰ $L=\sqrt{Z_0}\,V$ ㉱ $L=\dfrac{Z_0^2}{V}$

6-29 송전계통에서 이상전압의 방지대책이 아닌 것은? [04. 전기공사산업기사]

㉮ 철탑 접지저항의 저감
㉯ 가공 송전선로의 피뢰용으로서의 가공지선에 의한 뇌차폐
㉰ 기기 보호용으로서의 피뢰기 설치
㉱ 복도체 방식 채택

6-30 피뢰기의 구조는? [94. 전기산업기사]

㉮ 특성요소와 직렬 캡 ㉯ 특성요소와 콘덴서
㉰ 소호 리액터와 콘덴서 ㉱ 특성요소와 소호 리액터

6-31 다음 중 피뢰기를 가장 적절하게 설명한 것은? [08. 전기산업기사]

㉮ 동요전압의 파두, 파미의 파형의 준도를 저감하는 것
㉯ 이상전압이 내습하였을 때 방전에 의한 이상전압을 경감시키는 것
㉰ 뇌동요 전압의 파고를 저감하는 것
㉱ 1선이 지락할 때 아크를 소멸 시키는 것

6-32 피뢰기의 제한전압이란? [16. 전기기사]

㉮ 상용 주파수의 방전 개시전압
㉯ 속류의 차단이 되는 최고의 교류전압
㉰ 속류가 차단되는 최고의 교류전압
㉱ 피뢰기 동작 중 단자전압의 파고치

6-33 **피뢰기의 제한전압이 728[kV]이고 변압기의 기준 충격절연강도가 1040[kV]라고 하면 보호 여유도는 약 몇 [%]정도 되는가?** [04. 전기공사기사]

㉮ 31　　㉯ 38　　㉰ 43　　㉱ 47

6-34 **유효접지 계통에서 피뢰기의 정격전압을 결정하는 데 가장 중요한 요소는?**

㉮ 선로 애자련의 충격 섬락전압 [93. 공사기사]
㉯ 내부 이상전압 중 과도 이상전압의 크기
㉰ 유도뢰의 전압의 크기
㉱ 1선 지락고장시 건전상의 대지전위, 즉 지속성 이상전압

6-35 **피뢰기가 역할을 잘 하기 위하여 구비되어야 조건으로 틀린 것은?** [16. 전기기사]

㉮ 속류를 차단할 것
㉯ 내구력이 높을 것
㉰ 제한전압은 피뢰기의 정격전압과 같게 할 것
㉱ 충격방전 개시전압이 낮을 것

6-36 **직격뢰에 대한 방호설비로서 가장 적당한 것은?** [94. 전기기사]

㉮ 가공지선　　㉯ 서지 흡수기
㉰ 복도체　　㉱ 정전 방전기

6-37 **가공지선의 설치목적이 아닌 것은?** [94. 전기기사]

㉮ 정전 차폐효과　　㉯ 전압강하의 방지
㉰ 직격 차폐효과　　㉱ 전자 차폐효과

6-38 **송전선로에 낙뢰를 방지하기 위하여 설치하는 것은?** [15. 전기산업기사]

㉮ 댐퍼　　㉯ 초호환　　㉰ 가공지선　　㉱ 애자

6-39 **유도뢰에 대한 차폐에서 가공지선이 있을 경우 전선상에 유기되는 전하를 q_1, 가공지선이 없을 때 유기되는 전하를 q_0 라 할 때 가공지선의 보호율은?** [17. 전기산업기사]

㉮ $\dfrac{q_0}{q_1}$　　㉯ $\dfrac{q_1}{q_0}$　　㉰ $q_1 \times q_0$　　㉱ $q_1 - q_0$

6-40 철탑의 탑각 접지저항이 커지면 생기는 문제점은? [13. 전기산업기사]

㉮ 속류발생 ㉯ 역섬락 발생
㉰ 코로나 증가 ㉱ 가공지선의 차폐각 증가

6-41 송전선로 매설지선의 설치목적은? [94. 전기산업기사]

㉮ 코로나 전압감소 ㉯ 뇌해방지
㉰ 기계적 강도증가 ㉱ 절연 강도증가

6-42 가공지선에 대한 설명 중 옳지 않은 것은? [04. 전기공사산업기사]

㉮ 직격뢰에 대해서는 특히 유효하며, 탑 상부에 시설함으로써 뇌는 주로 가공지선에 내습한다.
㉯ 가공지선 때문에 송전선로의 대지용량이 감소하므로 대지와의 사이에 방전할 때 유도전압이 특히 커서 차폐효과가 좋다.
㉰ 송전선 지락시 지락전류의 일부가 가공지선에 흘러 차폐작용을 하므로 전자유도 장해를 적게 할 수 도 있다.
㉱ 가공지선은 아연도 철선, ACSR 등을 사용하며 보통 300[m], 때로는 50[m]마다 접지하기도 한다.

6-43 송전선로에서 역섬락을 방지하려면? [15. 전기·공사기사]

㉮ 피뢰기 설치 ㉯ 소호각 설치
㉰ 가공지선 설치 ㉱ 탑각 접지저항 감소

6-44 송전선로에서 역섬락이 생기기 쉬운 때는? [03. 전기공사산업기사]

㉮ 선로손실이 클 때
㉯ 코로나 현상이 발생할 때
㉰ 선로정수가 균일하지 않을 때
㉱ 탑각의 접지저항이 클 때

6-45 다음 중 뇌해방지와 관계가 없는 것은? [08. 전기산업기사]

㉮ 댐퍼 ㉯ 소호각
㉰ 가공지선 ㉱ 매설지선

6-46 접지봉을 사용하여 희망하는 접지저항까지 줄일 수 없을 때 사용하는 선은? [98. 공사기사]

㉮ 차폐선　　㉯ 가공지선
㉰ 변압기　　㉱ 매설지선

6-47 154[kV] 송전선과 그 지지물, 완금류, 지주 또는 지선과의 최소 절연간격은 몇 [mm]인가? [93. 전기산업기사]

㉮ 900　　㉯ 1,150
㉰ 1,250　　㉱ 1,400

6-48 송전계통에서 절연협조의 기본이 되는 것은? [15. 전기기사]

㉮ 피뢰기의 제한전압　　㉯ 애자의 섬락전압
㉰ 변압기 부싱의 섬락전압　　㉱ 권선의 절연내력

6-49 송전계통의 절연협조에 있어 절연 레벨을 가장 낮게 잡고 있는 기기는? [15. 전기기사]

㉮ 차단기　　㉯ 단로기
㉰ 변압기　　㉱ 피뢰기

6-50 154 kV 송전선로의 철탑에 90[kA]의 직격전류가 흐를 때 역섬락을 일으키지 않을 탑각 접지저항은 몇 [Ω] 인가? 단, 154[kV]의 송전선로에서 1련의 애자는 9개를 사용하였고, 이 때 애자의 섬락전압은 860[kV]이다. [01. 산업기사]

㉮ 9.6　　㉯ 14.6
㉰ 17.2　　㉱ 21.2

6-51 계통의 기기 절연을 표준화 하고 통일된 절연 체계를 구성하는 목적으로 절연계급을 설정하고 있다. 이 절연 계급에 해당하는 내용을 무엇이라 부르는가? [07. 공사산업기사]

㉮ 제한전압　　㉯ 기준충격절연강도
㉰ 상용주파 내전압　　㉱ 보호계전

해 답

1. ㉱ 2. ㉰ 3. ㉰ 4. ㉰ 5. ㉰ 6. ㉯ 7. ㉯ 8. ㉰ 9. ㉰ 10. ㉯ 11. ㉯ 12. ㉰ 13. ㉰
14. ㉰ 15. ㉯ 16. ㉰ 17. ㉰ 18. ㉱ 19. ㉰ 20. ㉮ 21. ㉮ 22. ㉰ 23. ㉯ 24. ㉯ 25. ㉯ 26. ㉮
27. ㉰ 28. ㉯ 29. ㉱ 30. ㉮ 31. ㉰ 32. ㉱ 33. ㉰ 34. ㉱ 35. ㉰ 36. ㉮ 37. ㉯ 38. ㉰ 39. ㉯
40. ㉯ 41. ㉯ 42. ㉯ 43. ㉱ 44. ㉱ 45. ㉮ 46. ㉱ 47. ㉮ 48. ㉮ 49. ㉱ 50. ㉮ 51. ㉯

power engineering

Chapter 07 보호계전방식 및 전력개폐장치

7.1 개 요

송전계통에 사고가 발생하면 고장전류가 흐르게 되며, 이 결과 계통에 접속되어 있는 각종 전기 설비가 손상을 입기 때문에 고장 구간은 될 수 있는 대로 빨리 계통으로부터 분리하여야 한다.

이 경우 고장선로를 차단하기 위해서는 고장의 종류, 고장전류와 전압, 고장점의 위치 등을 측정해서 고장구간을 고속도로 선택하여 차단하기 위하여 설치된 것이 보호계전기(protective relay)이다.

또, 보호계전기와 사고 상태를 검출하는 기기와 고장구간을 차단하는 차단기를 조합하여 보호계전 방식(protective relay scheme)을 이룬다. 따라서 보호계전방식의 역할은 우선 사고를 신속하게 검출해서 확실하게 제거하는 것이다.

보호계전방식의 구성은 그림 7.1과 같이 계통 상태를 검출하기 위한 계기용변압기(전압변성기, PT, Potential Transformer) 변류기(전류변성기 CT, Current Transformer)와 고장 발생 시에는 보호계전기가 동작하여 그 접점을 닫아 차단기(CB, Circuit Breaker)의 트립코일 (TC, Trip Coil)을 여자하여 고장구간을 차단한다. 이 차단기 트립에 필요한 전원으로서는 일반적으로 직류전원인 축전지를 사용한다.

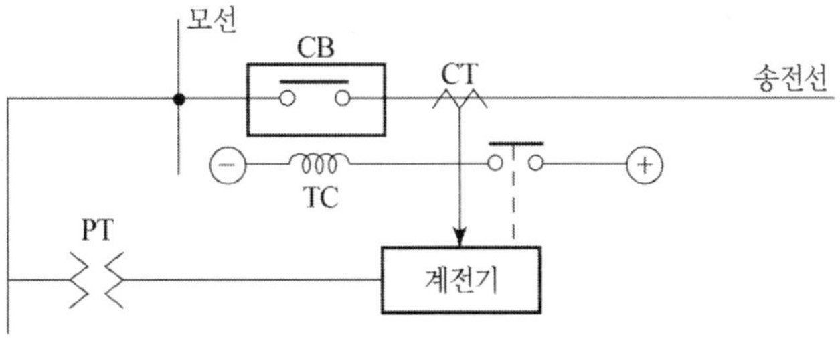

그림 7.1 보호계전방식의 구성

7.2 보호계전기의 분류

7.2.1 보호계전기의 특성

보호계전기의 역할은 고장 구간를 신속히 제거하고, 건전 부분에는 송전을 계속하여 전력공급 지장을 최소한으로 줄이기 위한 것이다. 그러므로 보호계전기에 필요한 특성은 다음과 같다.

① **선택성** : 차단구간이 최소한이 되도록 고장구간을 선택할 수 있어야 한다.
② **신뢰성** : 오동작으로 인하여 계통에 영향이 미치지 않도록 신뢰성을 확보하여야 한다.
③ **감도** : 어떠한 계통구성이나 운전조건에서도 동작할 수 있는 감도를 가져야 한다.
④ **속도** : 계통의 안정도 유지 및 사고 확대방지에 필요한 속도로 동작해야 한다.

7.2.2 동작원리에 의한 분류

보호계전기는 처음에 유도형으로 시작되었으며, 1960년부터 보호계전기에 트랜지스터를 적용하게 되어 1970년에는 IC 소자를 사용한 정지형(solid state type)이 나왔으나 1980년부터 마이크로프로세스를 사용하는 디지털형(digital type)이 출현되었다.

① **유도형** : 2개의 코일이 만드는 이동자계와 그 이동자계에 의해 발생하는 와류(eddy current)와의 상호작용으로 알루미늄 원판이 회전하고, 이때 접점이 닫혀지면 동작하는 계전기이다.
② **전류력계형** : 2개의 코일 사이에 작용하는 전자력을 이용한 것
③ **가동철심형** : 코일에 전류가 흐를 때 흡인력 또는 반발력에 의해 가동부를 움직여 접점을 개폐하는 계전기이다.
④ **가동코일형** : 영구자석의 자계 중에 가동코일의 회전력을 이용하는 것으로서, 주로 직류 계전기로 사용된다.
⑤ **정지형** : 소형 경량이면서 성능이 좋은 IC 등의 회로소자가 개발됨에 따라 각 종 논리회로 및 전자부품을 이용한 계전기이다.
⑥ **디지털형** : 마이크로프로세스를 이용하여 고장상태를 비교 검색하여 차단지령을 내리는 동시에 사고내용을 저장하여 원인을 분석할 수 있는 계전기이다.

7.2.3 동작시간에 의한 분류

계전기에 정해진 동작값을 넘는 전압 또는 전류가 인가되었을 때부터 계전기의 접점을 닫을 때까지에 소요되는 시간을 동작시간 또는 한시(time limit)라고 하며 이에 대한 계전기를 분류하면 다음과 같다.

① **순한시 계전기(instantaneous time limit relay)**
계전기에 동작전류 이상의 전류가 흐르면 즉시 동작하는 계전기이다. 보통 0.3초 이내에서 동작하도록 하고 있으나, 0.5~2 사이클 정도의 짧은 시간에서 동작하는 것을 고속도 계전기라고 부르고 있다.

② **정한시 계전기(definite time limit relay)**
설정된 값 이상의 전류가 흘렀을 때 동작전류의 크기와는 관계없이 항상 일정한 시간 후에 동작하는 계전기이다.

③ **반한시 계전기(inverse time limit relay)**
동작시간이 전류값에 반비례해서 전류값이 클수록 빨리 동작하고 반대로 전류값이 작아질수록 느리게 동작하는 계전기이다.

④ **반한시 · 정한시 계전기(inversedefinite time limit relay)**
어느 전류값까지는 반한시성이지만 그 이상이 되면 정한시성으로 동작하는 계전기이다.

그림 7.2는 계전기의 한시특성을 보인 것이다.

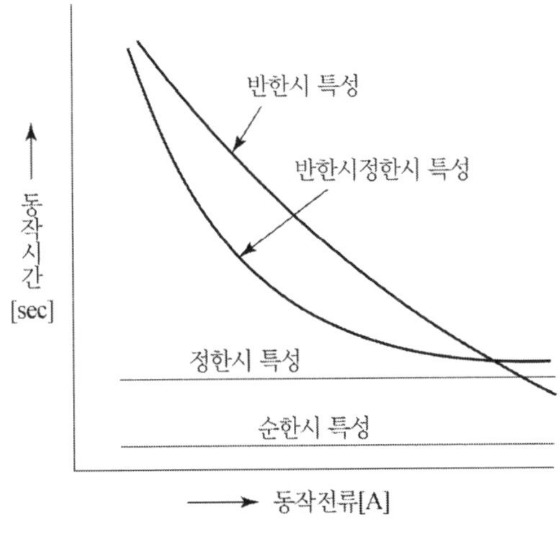

그림 7.2 계전기의 한시특성

7.2.4 용도(기능)상의 분류

계전기를 용도면에서 분류하면 다음과 같다.

(1) 단락보호용 계전기

1) 과전류 계전기 OCR (OverCurrent Relay)

일정값 이상의 전류가 흘렀을 때 동작하며, 과부하 계전기라고도 한다. 단락사고 또는 과부하 검출에 사용된다.

2) 과전압 계전기 OVR (Over Voltage Relay)

일정값 이상의 전압이 걸렸을 때 동작하는 계전기이다. 일반적으로 발전기가 무부하로 되었을 경우의 과전압 보호용으로 사용된다.

3) 부족전압 계전기 UVR (Under Voltage Relay)

일정한 값 이하로 전압이 걸렸을 때 동작하는 계전기이다. 대형 유도 전동기 등에서 갑자기 공급전압이 내려갔을 때 지나친 과전류가 흐르지 않게끔 동작하게 된다.

4) 방향 단락 계전기 DSR (Directive Short Circuit Relay)

어느 일정 방향으로 일정값 이상의 단락전류가 흐를 경우에 동작하는 것으로서 보통 이때 동시에 전력조류가 반대로 되기 때문에 역전력계전기(revers power relay)라고도 한다.

5) 단락회로 선택 계전기 SSR (Selectional Short circuit Relay)

병행 2회선 송전선로에서 어느 1회선에 단락고장이 발생할 경우 고장회선을 선택차단 할 수 있는 것으로서, 방향 단락계전기 또는 양회선의 전류차로 동작하는 계전기를 사용한다.

6) 거리 계전기 ZR (Distance Relay)

계전기가 설치된 위치로부터 고장점까지의 임피던스(전압과 전류의 비)에 비례하여 동작하는 것으로서, 고장점까지의 거리에 따라서 동작시간을 달리한다. 임피던스는 송전선의 거리의 척도이므로 거리계전기라 부른다.

7) 방향 거리 계전기 DZR (Directional distance Relay)

거리 계전기에 방향성을 가지게 한 것으로서 복잡한 계통에서 방향 단락 계전기의 대용으로 쓰인다.

(2) 지락보호 계전기

1) 과전류 지락 계전기 OCGR (Over Current Ground Relay)

과전류 계전기의 동작전류를 특별히 작게 한 것으로서 지락사고를 검출하는 데 사용된다.

2) 방향 지락 계전기 DGR (Directional Ground Relay)

1선 지락사고의 방향을 판정하는 계전기인데, 영상전압($-3V_0$)과 영상전류($3I_0$)의 위상관계를 이용하여 방향 판정을 행한다.

3) 지락과전압 계전기 OVGR (Over Voltage Ground Relay)

지락사고시에 나타나는 영상전압으로 동작되며, 영상전압 검출회로는 그림 7.3과 같다.

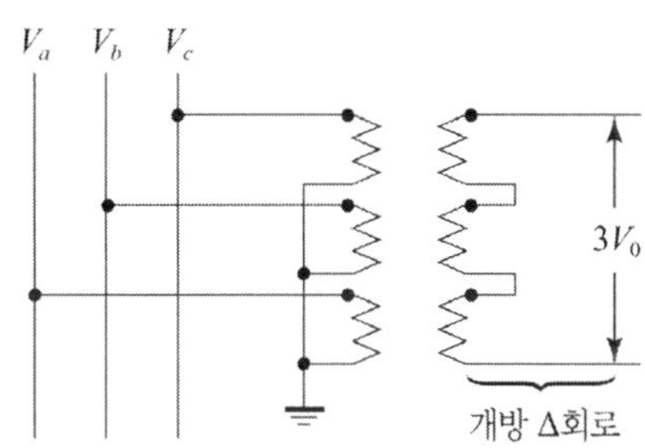

그림 7.3 영상전압 검출회로

(3) 설비보호 계전기

전력설비를 보호하는 계전기에는 차동계전기 (DR, Differential Relay)가 있다.

차동계전기는 보호구간에 유입하는 전류와 유출하는 전류의 차전류에 의하여 동작하는 계전기이다. 그림 7.4에서 보호구간 외부 사고시에는 양단 변류기 CT에서 유입되는 차전류는 $\dot{I}_1 - \dot{I}_2 = 0$로 되기 때문에 계전기는 동작하지 않지만, 내부사고시에는 차전류 $\dot{I}_1 - \dot{I}_2$가 차동회로(동작코일 OC)에 흘러서 동작하게 된다. 차동계전기는 발전기 변압기 모선 등의 기기보호에 널리 쓰인다.

실제의 차동계전기에서는 외부 사고시에 변류기의 특성의 불일치 또는 철심포화에 의한 오동작을 피하기 위하여 그림 7.5와 같은 비율차동 계전기 (RDR, Ratio Differential Relay)가 쓰인다. 즉, 억제코일 RC에 흐르는 전류보다 동작코일 OC에 흐르는 전류가 어느 비율(일반적으로 20～50[%]) 이상일 때 동작하게 된다.

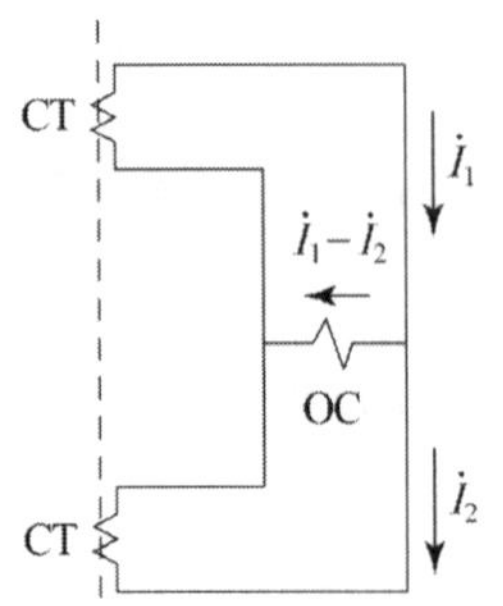

그림 7.4 차동계전기

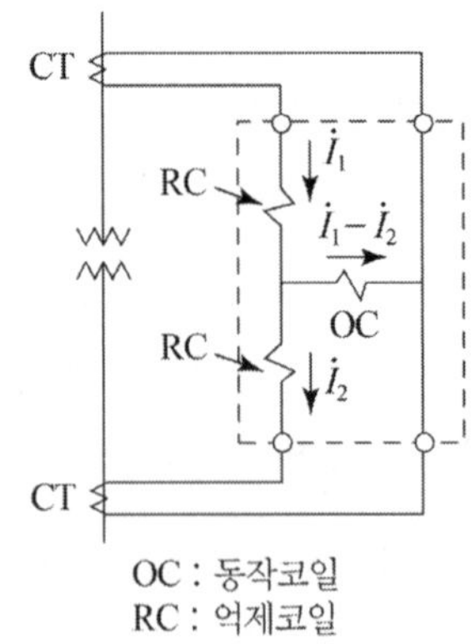

그림 7.5 비율차동 계전기

7.3 계기용 변성기

계측기 또는 보호계전기를 직접 고압회로에 접속하는 것은 위험하므로 계기용변성기를 이용하여 고압회로의 전압 전류를 일정한 비율로 변환(통상 110[V], 5[A])하여 계측기나 보호계전기에 공급한다.

이와 같이 계측기나 보호계전기에 필요로 하는 전압을 공급하는 계기용 변압기 PT(전압변성기, Potential Transformer)와 전류를 공급하는 변류기 CT(전류변성기, Current Transformer)를 총칭하여 계기용변성기(instrument transformer)라고 한다.

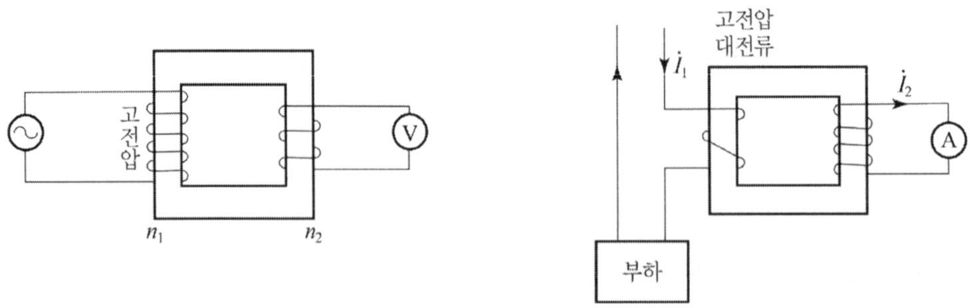

(a) 계기용변압기 (b) 변류기

그림 7.6 계기용변압기와 변류기

7.3.1 계기용변압기

계기용변압기(전압변성기) PT는 변압기의 원리를 이용하여 고압회로의 전압을 계측기나 보호계전기를 위하여 강압시키는 것이다. 즉, 송전전압은 위험하여 직접 계측기나 보호계전기에 접속할 수 없으므로 일정한 비율로 권선을 감아 2차 단자에 110[V]로 변환시켜 사용한다.

계기용변압기에는 전자유도 원리를 이용한 전자형 계기용변압기와 콘덴서형 계기용변압기(CPD, Capacitance Potential Device)가 있다. 전자는 오차가 적고 특성이 양호하지만 구조상 절연에 대한 신뢰도가 낮아서 일반적으로 66[kV] 이하의 회로에서 사용한다. 후자는 콘덴서 분압기 원리를 응용한 것으로 154[kV] 이상 회로에 주로 사용된다.

PT 사용시 주의사항은 다음과 같다.

① PT의 2차측을 단락하면 과대한 전류가 흘러 권선을 소손시킬 수 있으므로 단락시키지 말 것
② PT 변환비 또는 정격부담 변동시에는 전압계도 함께 바꾸어야 한다.

7.3.2 변류기

변류기(전류변성기) CT는 1차회로의 전류를 계측기나 보호계전기에 적합한 소전류로 변환시키는 목적으로 사용한다.

CT의 공칭 변류비는 정격1차전류/정격2차전류로 표시하는데, 정격 2차전류는 1[A], 5[A]가 있으나 5[A]를 표준으로 사용한다.

변류기에는 권선형(wound type)과 부싱형(bushing type)이 있는데, 권선형 변류기의 특성이 우수하다. 부싱형 변류기는 고압용으로서 변압기와 같이 부싱을 사용하는 기기에 취부하며, 이것은 1차측이 관통되어 있으므로(1회의 권선) 오차가 크다.

그림 7.7은 부싱형 변류기의 일례이다.

변류기의 2차 단자에 접속되는 전선과 보호계전기 또는 계측기에 소요되는 전력을 부담(burden)이라 하며 [VA]의 단위로 나타낸다.

정격부담이란 그 계기용변압기의 성능과 특성을 보증할 수 있는 한도를 나타낸 것이며 다음과 같이 정한다.

계기용변압기의 정격부담[VA] ≥ (계측기 또는 보호계전기의 부담)+(접속 전선의 부담)

CT 사용시 주의 사항은 다음과 같다.

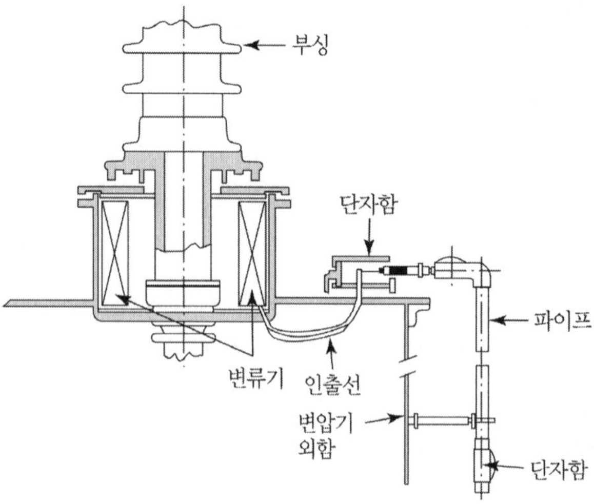

그림 7.7 부싱형 변류기

① CT 1차 전류가 흐르고 있을 때에 2차측을 개방하면 1차 전류는 모두 여자전류가 되어 2차측에 이상전압이 발생하여 권선이 소손되므로 사용 중에는 2차측을 개방하지 않는다.

② CT의 변환비 또는 정격부담이 바뀌어서 교체할 때에는 전류계도 함께 바꾸어야 한다.

예제 7-1

수전전압이 3[kV]이며 700[kW]를 역률 0.85로 수전하는 공장에서 시설하는 CT의 변류비를 계산하여라.

풀이 1차회로의 전류 I_1은 다음과 같다.

$$I_1 = \frac{700}{\sqrt{3} \times 3 \times 0.85} = 158.4[\mathrm{A}]$$

1차회로의 전류 I_1이 158.4[A]이므로 정격 1차 전류 200[A]의 CT를 사용해야 하며, CT의 2차 전류는 5[A]가 표준이므로 변류비는

$$n = \frac{200}{5} = 40$$

이다. 그러므로 적당한 변류비는 40이다.

7.3.3 영상전류변성기

지락고장이 발생하면 회로에 흐르는 영상전류를 검출하여 보호계전기에 고장상태를 전달하는 기기를 영상전류변성기 ZCT(Zero phase Current Transformer)라 한다. 즉, 영상전류변성기는 지락사고가 발생한 경우 영상전류(누설전류)를 검출하여 과전류지락계전기 OCGR 를 동작시켜 차단기를 트립시키는 기기이다(중성점 비접지식 회로의 지락전류 검출).

그림 7.8은 2차 권선을 감은 철심에 3심 케이블 또는 단심케이블 3줄을 관통하여 사용하는 ZCT이다.

ZCT는 비접지 배전선로의 지락보호에 선택지락계전기 SGR(Selective Ground Relay)과 함께 사용된다.

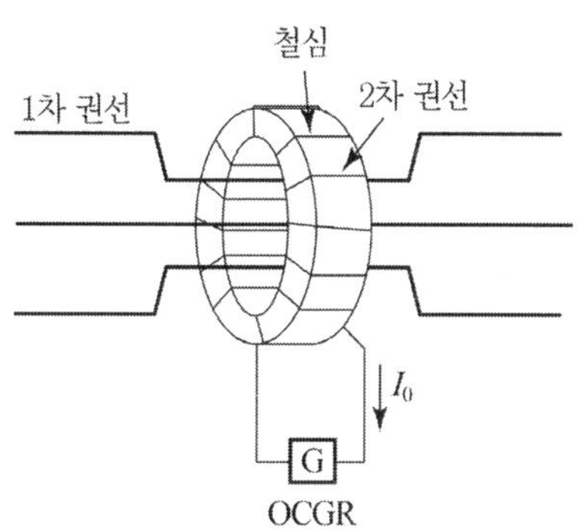

그림 7.8 ZCT

7.3.4 전압전류변성기

전압전류변성기 MOF(Metering Out Fit)는 하나의 상자 속에 전류변성기인 CT(변류기)와 전압변성기인 PT(계기용변압기)가 조합되어 있으며, 1차회로의 고전압 대전류를 적산전력량계에 인가할 수 있도록 110[V], 5[A]로 낮추어 준다. MOF는 적산전력량계와 조합하여 소비전력량을 측정할 때 사용된다.

7.3.5 영상전압 및 영상전류의 검출회로

지락보호용 계전기에 도입하는 영상전압과 영상전류를 검출하는 회로는 다음과 같다.

(1) 영상전압 검출

영상전압을 검출하기 위해서는 그림 7.9와 같은 회로가 사용된다. 그림 7.9 (a)는 중성점 접지용 PT에 의하는 방법, (b)는 중성점 접지 회로에 삽입한 CT의 2차측 병렬저항의 전압 강하를 이용하는 방법, (c)는 소호리액터의 2차 권선에 의하는 방법이다.

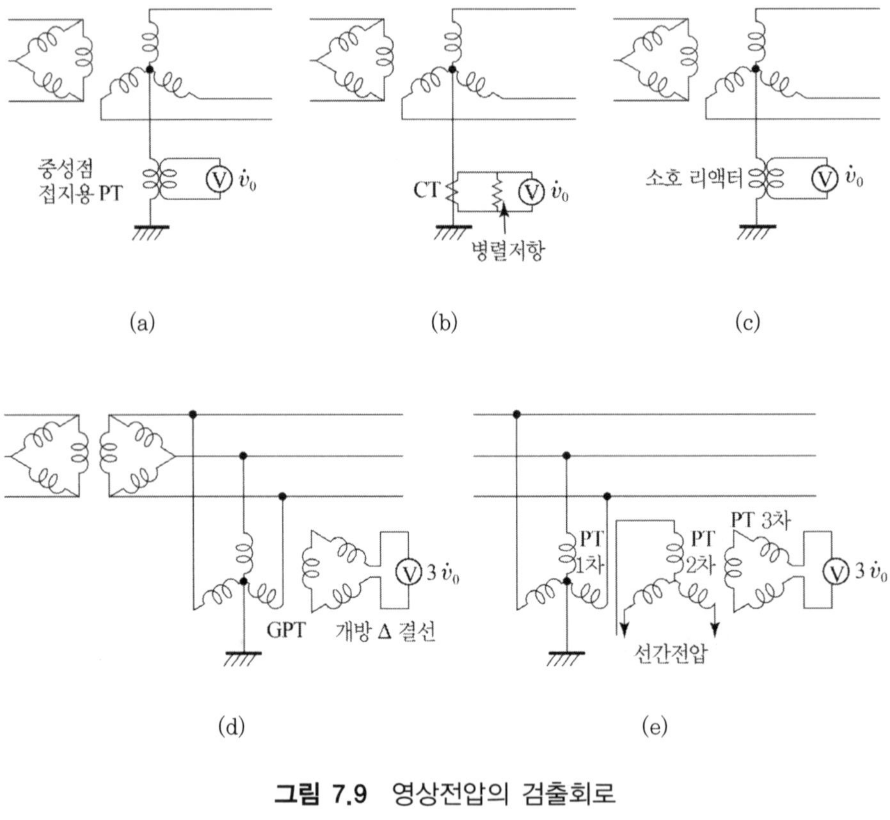

(a) (b) (c) (d) (e)

그림 7.9 영상전압의 검출회로

주변압기의 중성점이 없는 경우에는 (d)와 같이 접지변압기 GPT(Grounding PT)를 사용해서 1차측 중성점을 접지하고, 2차측은 개방 △ 결선(broken delta connection)으로 하는 것이다. 1선 지락사고시 개방 △ 결선에는 $3\dot{V}_0$ 의 영상전압이 발생한다. (e)는 (d)와 같지만 2차 권선에 의하여 선간전압도 얻을 수가 있다.

(2) 영상전류 검출

영상전류를 검출하기 위해서는 그림 7.10과 같은 회로가 사용된다. (a), (b) 회로는 CT 3개를 병렬로 이어서 잔류회로를 만들어 영상전류 $3\dot{I}_0$를 구하는 방법인데, (b) 회로는 각 상의 전류 $\dot{I}_a$, $\dot{I}_b$, $\dot{I}_c$ 도 이용하도록 하고 있다. (c)는 CT의 3차 권선을 이용하는 경우로서, 이렇게 하면 1차 권선과 3차 권선의 변류비를 부하전류에 관계없이 일정하게 할 수 있는 장점이 있다. (d)는 Y결선의 중성점 전류를 이용하는 것이고, (e)는 영상변류기 ZCT를 이용하는 방법이다.

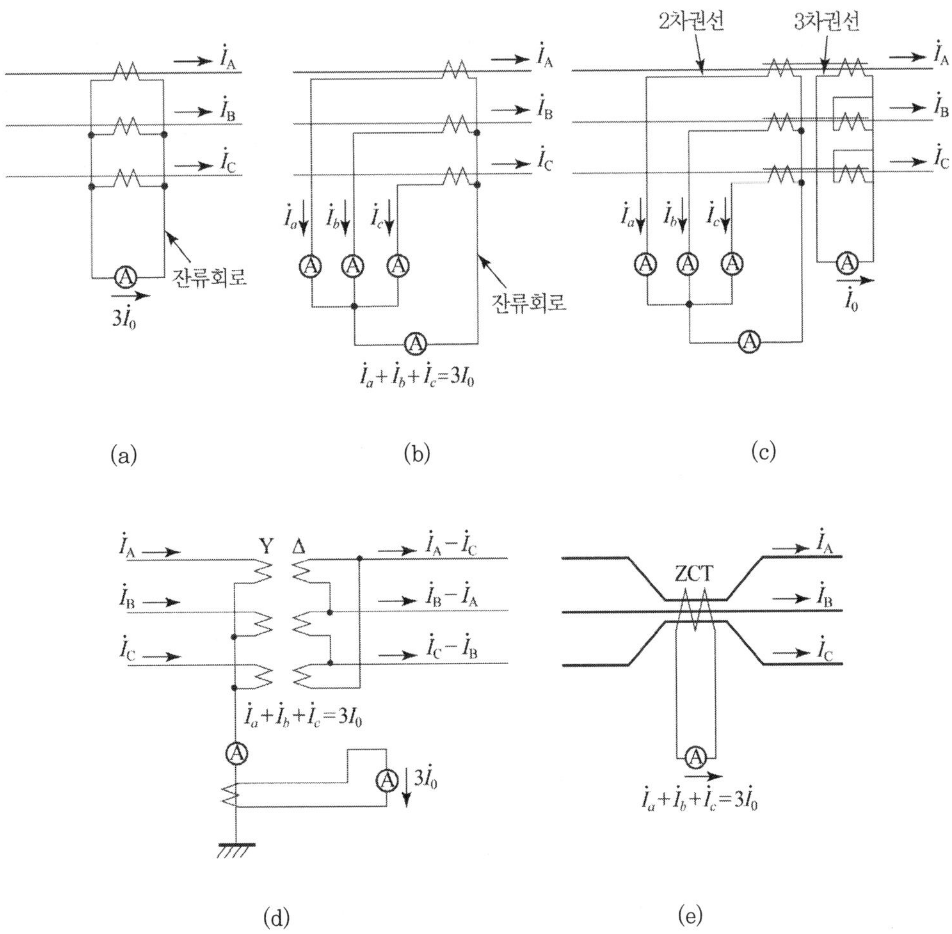

그림 7.10 영상전류의 검출회로

7.4 보호계전방식

7.4.1 보호계전방식의 개요

과전류 계전기 OCR는 과전류로부터 선로를 보호하기 위하여 적용되며, 과전압 계전기 OVR는 과전압으로부터 선로와 기기를 보호를 목적으로 사용된다.

그리고 뇌서지와 같은 순간적인 이상전압은 피뢰기(LA)에 의존하지만, 완만한 공진현상과 같이 일정값에 도달하는 데 시간을 요하는 이상전압은 과전압 보호계전방식으로 보호한다.

송전계통에는 파일럿 계전방식(pilot wire relaying), 방향 비교 파일럿 계전방식 및 거리 계전방식이 있으며, 변전소에는 거리 계전기(distance relaying), 과전류 계전기, 동기 탈조 검출 계전기, 재폐로 계전기 등이 있다.

7.4.2 과전류 계전방식(overcurrent relaying)

과전류 계전기를 이용하여 과부하나 단락사고시에 흐르는 과전류를 검출하여 작동하는 보호계전방식으로서 방사상 계통의 송배전 선로, 변압기 및 전동기 보호에 적용된다.

이 보호계전방식은 그림 7.11에 나타낸 바와 같이 구성되어 있으며, 송전선에서 고장이 발생한 경우 평상시의 부하전류보다 많은 고장전류가 흐르게 되며, 이것을 과전류 계전기 OCR이 검출하여 차단기 CB를 차단시킨다.

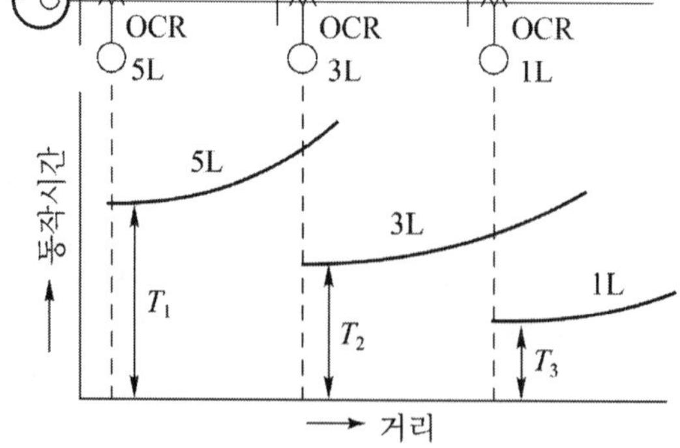

그림 7.11 과전류 계전방식

이 경우 각 모선에 설치되어 있는 과전류 계전기는 반한시 특성을 가지며, 전원에서 먼 모선일수록 빨리 동작하도록 설정한다. 예를 들어 BC 사이에서 사고가 발생하면 A모선의 계전기 동작시간 T_1 보다 B모선의 계전기 동작시간 T_2 가 더 빨리 동작하여 정전구간을 축소토록 한다.

결국 이 방식은 전원으로부터 가장 먼 위치에 설치된 계전기의 동작시간을 가장 짧게 하고, 전원에 가까울수록 길게 하여 그의 동작시간 차에 의해서 고장구간을 선택 차단하는 것이다.

그러므로, 이 방식은 전원에 가까운 곳에 사고가 발생하면 보호계전기의 동작이 지연되는 단점이 있다.

7.4.3 방향과전류 계전방식(directional overcurrent relaying)

그림 7.12와 같이 양단전원의 경우는 고장전류가 양방향으로부터 유입되므로 방향성이 없는 과전류 계전방식으로는 고장구간을 선택 차단할 수 없다.

이 때 방향성 과전류 계전기를 사용하면 각각의 전원으로부터 흐르는 고장전류를 과전류 계전방식의 경우와 같이 고장구간의 선택이 가능하다. 즉, 전원 A에서 공급되는 고장전류에 대해서는 계전기 1, 2, 3으로, 전원 B에서 공급되는 고장전류에 대해서는 계전기 A, B, C에 의하여 보호하면 된다.

이 경우 동작시한은 계전기 1보다는 계전기 2가 빨리 동작하게 하고 계전기 A보다는 계전기 B의 동작을 빠르게 하면 고장구간을 선택할 수 있다.

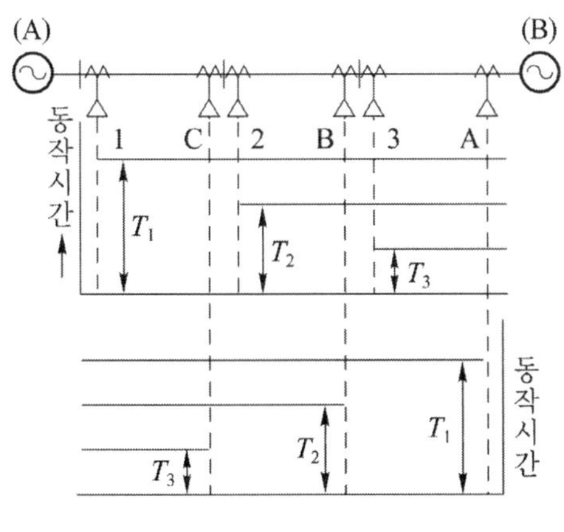

그림 7.12 방향과전류 계전방식

7.4.4 병행회선 선택 계전방식(current or power balance relaying)

우리나라에서는 송전용량을 증대시키기 위하여 하나의 철탑에 2회선으로 송전하는 경우가 많다. 이와 같이 2회선 중에서 1회선만 고장이 발생한 경우 양쪽 회선의 전류 또는 전력의 방향을 비교하여 고장회선을 선택하여 차단하는 계전방식이 병행회선 선택 계전방식(SSR)이다.

그림 7.13은 고장회선의 전류방향과 건전회선의 전류방향을 비교하여 선택하는 계전방식이다. 즉, 선로의 양단에 설치한 변류기CT의 2차측을 교차 접속하고, 그 회로에 흐르는 차동전류를 SSR에 흘리며, (a)의 보호구간 내의 고장에서는 차동전류는 양단의 방향계전기에 서로 역방향으로 흐르기 때문에 계전기가 접점을 닫아 고장회선을 선택한다. (b)와 같이 보호구간 외부의 고장일 때는 차회로에 전류가 흐르지 않으므로 전력방향 계전기는 동작하지 않는다.

이 방식은 고속도 거리계전방식과 파일럿 계전방식이 적용되기 이전에는 송전선 고장에 대한 순시보호 방법으로 널리 사용되었으나 현재는 거의 사용되지 않는다.

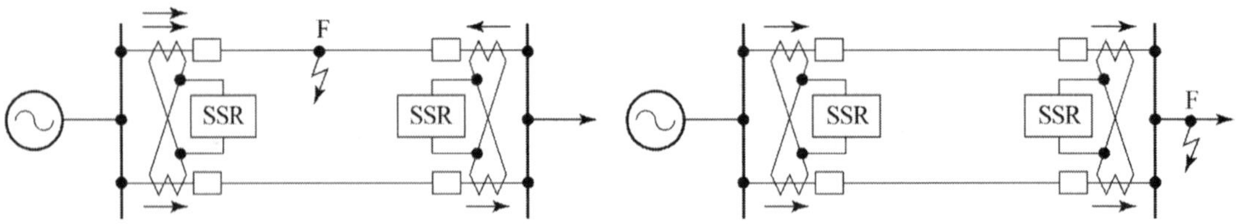

(a) 보호구간 내 (b) 보호구간 외

그림 7.13 병행회선 선택 계전방식

7.4.5 거리 계전방식(distance relaying)

거리계전기의 원리는 고장시 전압 E와 전류 I를 이용하여 계전기 설치점에서 고장점까지의 선로임피던스($Z = E/I$)를 산출하고, 이 값이 보호범위 내의 임피던스보다 작으면 계전기가 동작하여 차단기를 개방하도록 하는 계전방식이다. 이 방식은 계전기의 거리 판정오차에 의해서 보호구간을 완전히 보호하기가 어렵기 때문에 그림 7.14와 같이 단계별로 한시거리 계전방식이 적용된다.

제 1단계(zone 1)는 보호구간 임피던스의 80[%] 이내의 고장에서는 고속 동작(1~3[Hz])한다. 이와 같이 80[%]로 하는 것은 전압 전류변성기(PT, CT) 및 계전기 등에 오차가 생겨도 인

접구간의 사고에서는 오동작하지 않도록 하기 위해서이다.

제 2단계(zone 2)는 보호구간의 150[%]까지를 동작범위로 하고 제 1단계 계전기와 협조를 위해서 20[Hz] 정도의 지연동작을 시켜서 제 1단계 계전기에 대한 후비보호 계전기로 사용한다.

제 3단계(zone 3)는 보호구간 선로의 225[%]에 해당하는 거리의 고장까지 동작하도록 하고 동작시간은 100[Hz] 정도의 지연동작을 시켜서 제 1단계와 제 2단계 계전기에 대한 후비보호 계전기로 사용한다.

거리계전방식의 특징은 건전상태와 고장상태 식별이 우수하며 보호구간이 명확하고 고장전류의 크기에 상관없이 동작할 수 있으나 보호구간의 80 ~100[%] 내에서는 지연 차단되는 단점이 있다.

이 방식은 66[kV] 송전선의 주보호 계전방식으로 쓰이고, 154[kV] 이상의 송전선에서는 파일럿 계전방식의 후비보호를 한다.

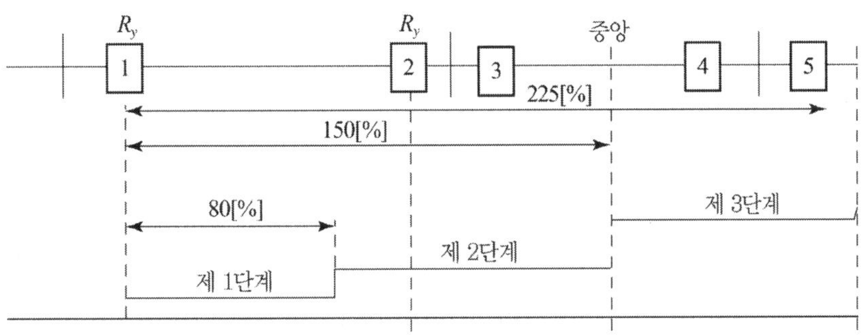

그림 7.14 거리 계전방식의 보호특성

7.4.6 파일럿 계전방식(pilot relaying)

앞에서 설명한 보호계전방식은 송전선의 양단을 동시에 고속 차단하는 것이 곤란하다. 따라서 보호범위 내의 사고에 대하여 고장점의 위치에 관계없이 선로 양단을 동시에 차단하기 위하여 보호구간의 양단간에 통신수단을 두고 사고가 보호 범위 내에서 발생됨을 확인한 후 양단을 동시에 차단하는 보호 방식을 파일럿 계전방식이라 한다.

우선 통신수단에 따라서 분류하면 송전선 양단간에 표시선(pilot wire)을 이용하는 표시선 계전방식(pilot wire relaying)과 반송계전방식(carrier relaying)이 있다.

반송계전방식에는 전력선을 이용하여 신호를 전송하는 전력선 반송 계전방식(power line

carrier relaying)과 마이크로파(micro wave channel)를 이용하는 마이크로파 반송 계전방식이 있다.

(1) 표시선 계전방식

송전선 보호구간의 양단에 설치하는 표시선(polot wire)은 설치비용이 거리에 비례하므로 주로 10~15[km] 이내의 단거리 선로에 적용된다. 표시선의 사용방법으로서 전류순환식(circulating current type), 전압반향식(opposed voltage type)이 있다.

그림 7.15 (a)의 전류순환식은 평상시 부하전류나 외부사고시의 전류가 표시선을 순환하는 방식으로서, 내부 고장시 양단 변류기의 벡터 차 전류가 각 동작코일(OC)에 분류하여 동작한다. 이 방식은 전압 반향식에 비하여 CT의 소비부담이 적고 동작특성이 좋다.

그림 7.15 (b)는 전압반향식의 원리도이며 표시선의 극성이 반대로 접속되어 있다. 이는 내부 고장일 때만 동작코일에 전류가 흐르며, 평상시에는 표시선에 전류가 흐르지 않는다. 이 방식은 부하전류에 의하여 상시 표시선에 전압이 인가됨으로써 표시선간의 정전용량을 통하여 전류가 흐르기 쉽다. 더욱이 고조파분 돌입전류에 대해서는 표시선간의 정전용량이 저임피던스가 되므로 이로 인하여 오동작하지 않도록 주의가 필요하다. 전압반향식은 전력케이블이나 단거리의 송전선의 주 보호계전기로 사용되고 있다.

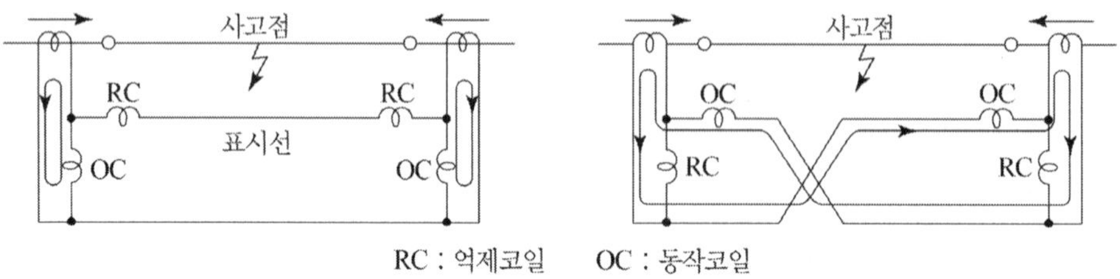

(a) 전류순환식 (b) 전압반향식

그림 7.15 표시선 계전방식

(2) 반송계전방식

반송계전방식은 파일럿 계전방식의 일부로서 반송파(carrier)를 통신수단으로 하는 계전방식을 말한다.

전력선 반송계전방식은 가공송전선을 이용하여 반송파를 전송하는 계전방식으로서 송전계통 보호에 널리 적용되고 있다. 일반적으로 사용되는 반송파의 주파수 범위는 30~300[kHz]이다.

마이크로파 송전계전방식은 micro wave 설비를 이용하여 무선으로 송・수신하는 반송계전방식이다. 이 방식은 전송수단이 송전선과는 별개이므로 전력계통의 개폐이상전압 또는 아크지락(arc grounding) 등의 영향을 받지 않는 장점이 있다.

기본방식으로서 방향비교방식, 위상비교방식, 전류차동 및 전송 차단방식 등이 있으며, 그중 방향비교 계전방식에 대하여 설명 한다.

방향비교 계전방식은 방향성 계전기에 의해 얻어진 정보를 반송신호를 통하여 서로 비교함으로써 보호구간 내부의 사고인가 아닌가를 판별하는 보호방식이다.

신호전송에는 전력선 반송이 사용되고 있으며, 평상시에 신호를 송출하고 있는 상시 송출방식과 고장시에만 신호를 송출하는 고장시 송출방식이 있는데 어느 것이나 신호는 차단기의 트립을 저지하는 신호를 사용하고 있다.

동작원리는 그림 7.16 (b)와 같이 외부사고에서는 고장전류가 보호구간을 통과할 때는 전류 유입단자는 차단을 시도하는데, 전류 유출단자로부터의 저지신호를 수신하기 때문에 동작하지

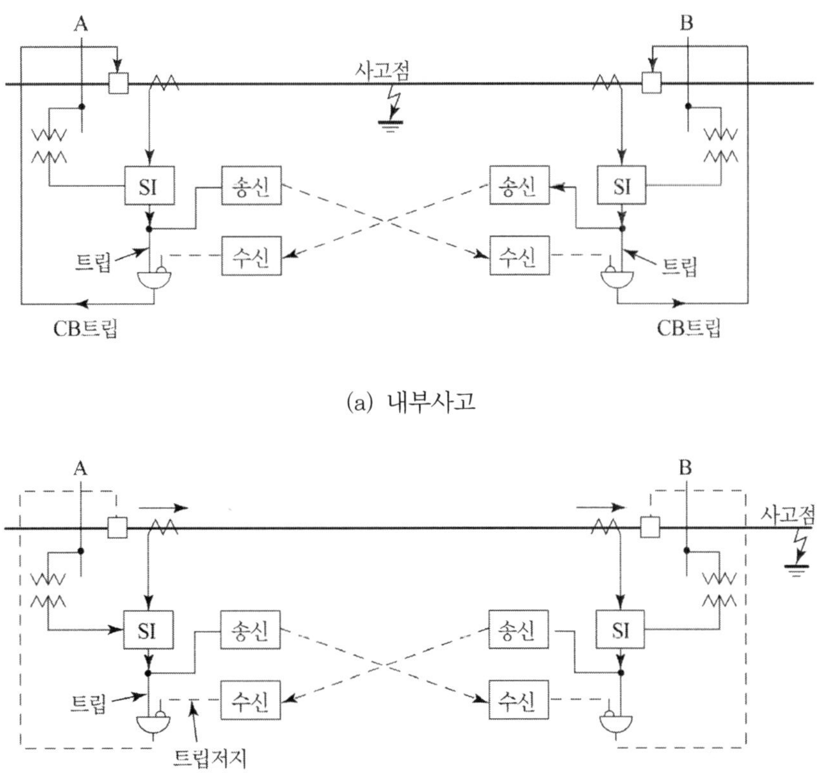

(a) 내부사고

(b) 외부사고

그림 7.16 방향비교 계전방식

않는다. 그러나 그림 7.16 (a)의 내부사고에 대해서는 전류 유출단자는 없고, 트립 저지신호의 송출이 없기 때문에 동작한다. 이 방식은 154[kV] 급 송전선의 주보호 계전방식으로서 많이 사용되고 있다. (SI : 내부사고 검출계전기)

참고로 전력선 반송계전방식에 이용되는 반송통신에 대한 개념은 다음과 같다.

음성주파수와 같이 높은 주파수(50~450[kHz])를 음성전류로 변조해서 송전선으로 통신하는 방식의 전화를 전력선 반송전화라고 한다. 이에 대한 원리는 그림 7.17과 같이 블로킹 코일(blocking coil 또는 wave trap)의 인덕턴스를 작게 함으로써 60[Hz]의 송전선로에는 영향을 끼치지 않는다. 또한 결합 콘덴서(coupling condenser)는 정전용량을 작게 함으로써 높은 임피던스가 되므로 선로전류의 유입을 막을 수 있다.

한편 반송파 전류(50~450[kHz])에 대해서는 블로킹코일과 병렬콘덴서에서 동조회로를 이루어서 고임피던스로 되므로 반송전류가 발변전소의 전원설비에 유입하지 않으며, 저임피던스의 결합콘덴서는 반송파 전류가 전화장치에 유입토록 한다.

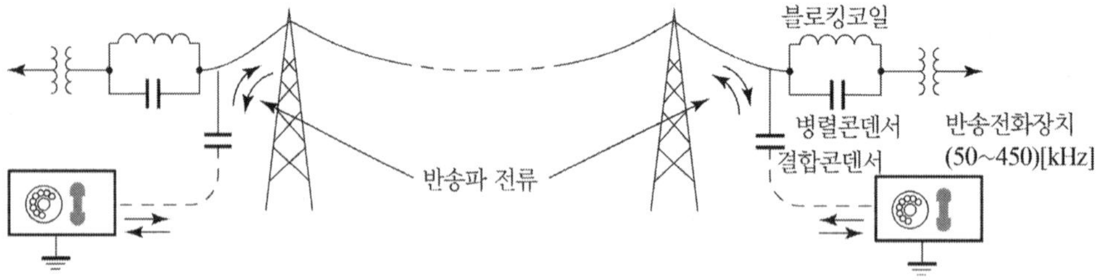

그림 7.17 반송전화장치의 결합

7.4.7 모선 보호(busbar protective relaying)

변전소 모선에서 사고가 발생하면, 그 영향이 광범위하게 퍼져서 전력공급의 지장을 초래하게 된다.

모선보호방식으로서는 전류차동방식과 전압차동방식이 있다.

(1) 전류차동 계전방식

이 방식은 그림 7.18과 같이, 각 회선의 CT 2차 회로를 병렬 접속하여 일괄한 차동회로의 전류를 동작력으로 한 것인데, 내부사고에서는 사고전류에 비례한 전류가 동작코일 OC에 흘러서 동작하지만, 외부사고 및 보통의 부하상태에서는 모선에 유입하는 전류와 유출하는 전류가 같아서, 동작코일 OC에는 흐르지 않는다.

그런데 각 CT의 특성상에 의하여 외부사고에도 OC에 흐르는 전류가 크게 될 때가 있어서, 이것에 의한 오동작을 방지하기 위하여, 억제코일 RC를 두고 억제효과를 갖도록 해서 비율특성으로 동작한다. (87B : 모선용 전류차동계전기)

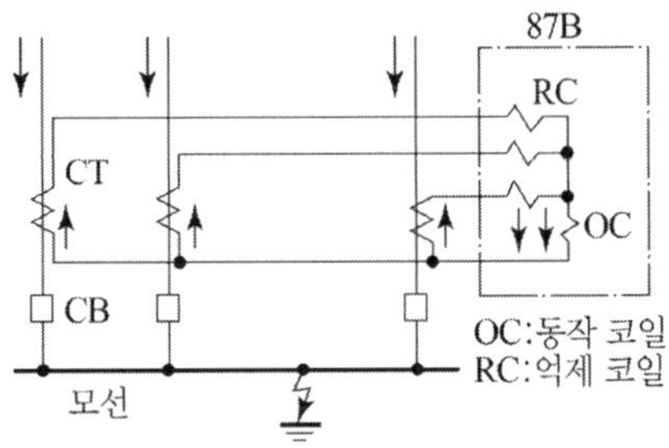

그림 7.18 전류차동방식

(2) 전압차동 계전방식

전압차동방식은 그림 7.19과 같이 전회선의 CT를 병렬로 접속하고, 그 차동회로에 고임피던스의 과전압계전기(전압 차동계전기)를 접속한다.

이것은 외부사고 및 통상의 부하상태에서는 모선에 유입하는 전류와 유출하는 전류가 같아서 각 CT 상호간을 환류할 뿐, 그림의 CD 사이에는 거의 전압이 걸리지 않는다. 그러나 그림과 같은 내부사고에서는 유입하는 전류뿐이므로 각 CT의 2차 전류에 의하여 CD 사이에 높은 전압을 유기시켜 전압 차동계전기를 동작시킨다.

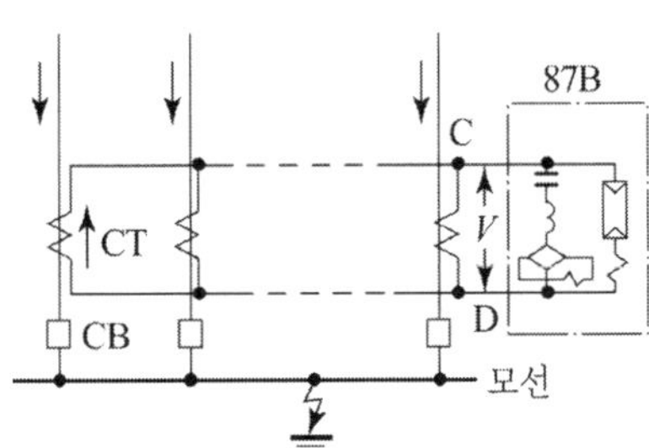

그림 7.19 전압차동방식

7.4.8 발전기의 보호

발전기 전기자 권선간의 단락보호 및 지락보호에는 그림 7.20과 같은 비율차동 계전기 RDR(Ratio Differential Relay)가 이용된다. 즉, 발전기 내부사고시에는 차전류 $\dot{I}_1 - \dot{I}_2$가 차동회로에 흘러서 동작하게 되며, 억제코일 RC에 흐르는 전류보다 동작코일 OC에 흐르는 전류가 어느 비율(대개 20~50[%]) 이상일 때 동작한다.

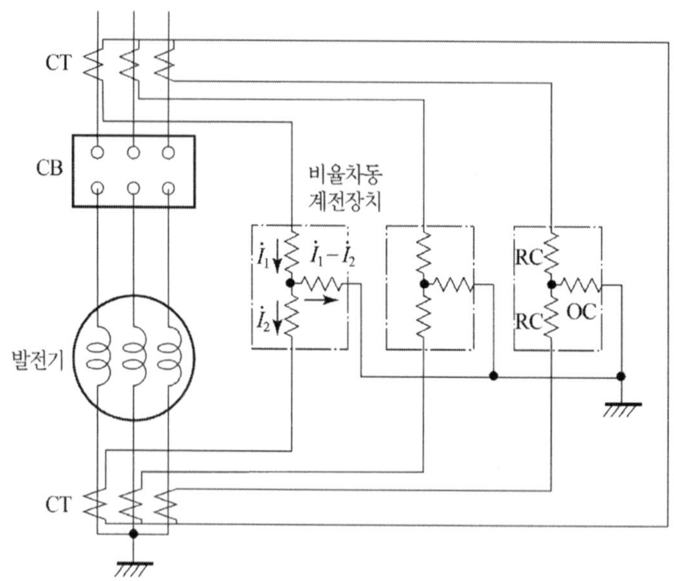

그림 7.20 발전기 보호회로

7.4.9 변압기의 보호

변압기의 권선단락사고를 보호하는 방법으로는, 용량이 작은 경우에는 과전류 계전기 방식만으로도 되지만, 용량이 커지면 내부 사고를 확실히 검출할 수 있는 차동 계전방식이 쓰이며, 기계적 보호방식도 병용한다.

(1) 차동 계전방식

이 방식에는 단순한 차동 계전방식과 비율 차동계전방식이 있는데, 비율 차동계전방식이 널리 쓰이고 있다. 이것은 그림 7.21과 같이 변압기 1차·2차 CT의 특성 불일치에 의한 오동작을 막기 위하여 비율 차동계전기 RDR을 사용한다. 억제코일에는 부하전류가 흐르며, 동작코일에는 차 전류를 흘려, 일정비율(차전류/부하전류) 이상으로 되면 동작토록 하는 계전방식이다(비율은 25～50[%] 이상).

또한 변압기는 ⊿-Y로 결선됨에 따라서 1차, 2차 사이의 위상차가 30° 있으므로 이를 보상하기 위하여 변압기 결선이 ⊿이면 CT 2차는 Y로 하고, 변압기 결선이 Y이면 CT 2차는 ⊿결선으로 한다.

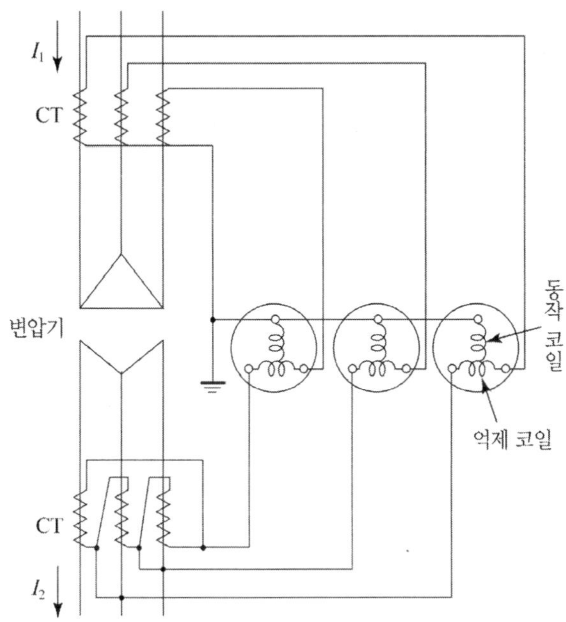

그림 7.21 변압기의 비율차동보호

(2) 기계적 보호방식

변압기의 주 탱크(외함)와 콘서베이터(conservator)를 연결하는 관에 부흐홀쯔(Buchholtz's) 계전기를 설치하여, 내부사고로 인한 압력상승이나 아크방전에 의하여 발생하는 분해가스 또는 콘서베이터로 빠져 나가는 기름의 흐름에 의하여 동작토록 한다. 부흐홀쯔 계전기는 경미한 사고를 조기에 검출할 수 있는 이점은 있으나 지진 등의 외부진동에 오동작할 수도 있다.

또한 변압기 내부의 압력상승을 외부로 방출시키는 방압밸브(0.5～0.8[kg/cm^2] 등의 기계적인 보호 장치가 그림 7.22와 같이 설치되어, 전기적 보호방식과 함께 이용된다.

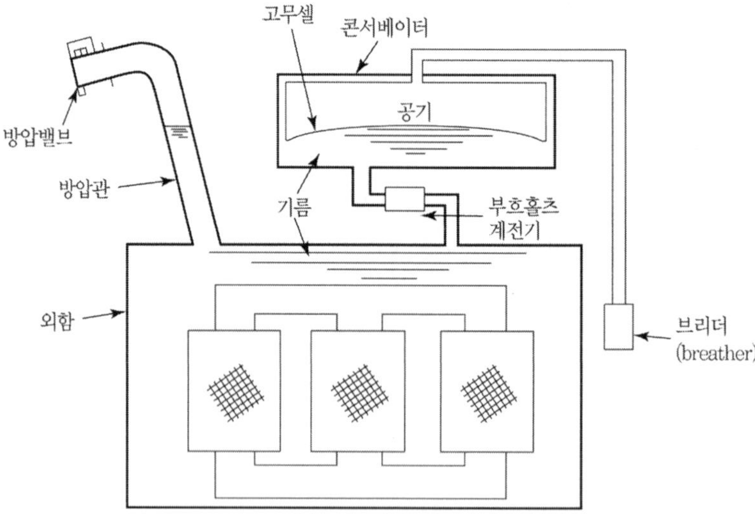

그림 7.22 각종 기계적 계전기 장치 예

7.5 전력 개폐장치

7.5.1 개요

송전계통의 사고 발생시 사고구간을 신속하게 차단하여야 하기 때문에 적당한 장소에 전력 개폐장치를 설치하고 있다. 전력 개폐장치는 다음과 같은 3가지가 있다.

(1) 차단기(CB, Circuit Breaker)

차단기는 부하전류 뿐만 아니라 고장전류도 개폐할 수 있다. 또, 이것은 보호계전기와 조합되어서 고장부분을 신속하게 검출하여 차단함으로써 사고 확대를 방지한다.

(2) 단로기(DS, Disconnecting Switch)

단로기는 무부하 회로를 개폐하는 장치로서 부하전류는 개폐 할 수 없다. 단로기를 사용하는 목적은 기기의 점검 및 수리 등을 할 때 충전부분으로부터 확실하게 분리시켜서 안전을 확보하기 위함이다.

단로기는 무부하 회로를 개폐하는 장치이지만 선로의 충전전류나 변압기의 여자전류는 개폐할 수 있다.

최근 대용량의 변전소에서는 SF_6 가스절연개폐장치(GIS) 중에 설치하여 사용하기도 한다.

(3) 부하 개폐기(LS, Load break Switch)

고장전류와 같은 대전류는 차단할 수 없지만 평상 운전시의 부하전류는 개폐할 수 있는 설비로서 배전선 등의 개폐빈도가 별로 많지 않은 장소에 사용한다, 부하개폐기는 유입스위치(OS), 나이프스위치(KS) 등이 있다.

7.5.2 차단기의 종류

차단기는 사용 목적에 따라서 발전기용, 선로용, 변압기용, 전력용, 콘덴서용 및 분로 리액터용이 있으며, 그 용도에 따라서 적합한 차단기를 선정하여야 한다.

또한, 소호매질(아크 제거 물질)에 따라서 여러 가지로 나눌 수 있으나 대표적인 것에 대하여 그 원리를 설명한다.

(1) 유입차단기 OCB(Oil Circuit Breaker)

차단시에 발생하는 아크를 절연유에 의하여 소호시키는 방식의 차단기이다. 절연유의 절연내력은 공기보다 수 배 높고, 이것을 절연매질로 사용하면 공기보다 소호하기가 쉽다. 즉, 절연유에서 아크가 발생하면 아크는 절연유를 분해시켜 기화하기 때문에 가스가 발생된다. 이때 발생

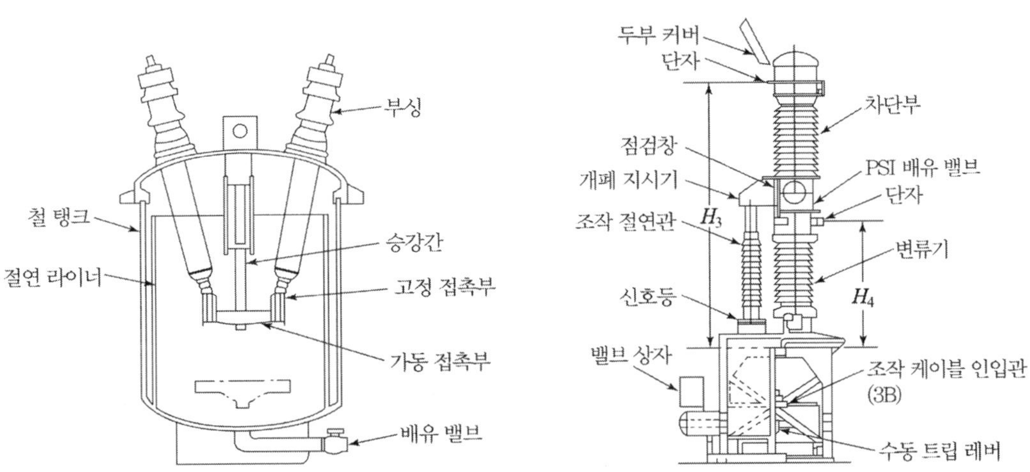

(a) 탱크형 (b) 애자형

그림 7.23 유입차단기

된 가스의 약 70[%]는 수소이며 그 열전도율은 대단히 커서 아크를 냉각시키게 되며, 이 때 많은 열을 흡수함으로써 소호시킨다.

유입차단기에는 탱크형(tank type)과 소유량형 유입차단기(minimum oil circuit breaker)인 애자형이 있다. 탱크형은 철제의 탱크 내부의 절연유 중에서 소호 시키는 것이며 애자형은 탱크 대신에 자기의 애관을 사용한 것이다.

애자형은 유량이 많이 소요되지 않으므로 경제적이며 유지 보수시 작업시간이 적게 소요되나 차단부가 높아 작업시 불편한 점도 있다.

(2) 공기차단기 ABB(Air Blast circuit Breaker)

공기차단기는 15～30[kg/cm^2]의 압축공기를 차단시 아크에 분사하여 소호하는 차단기이다.

압축공기의 절연내력은 압력이 높아짐에 따라서 증가하고 약 7[kg/cm^2]에서 양질의 절연유와 동등하게 되며, 소호뿐만 아니라 조작에도 압축공기가 사용된다.

압축공기의 장점은 절연 및 소호특성이 우수한 반면, 단점으로는 압축공기를 대기 중에 방출할 때 큰 폭발음을 발생한다.

차단부는 1개당 30～40[kV]의 차단이 가능하므로 사용전압에 따라 이것을 직렬로 적정 개수를 연결하는 다중 차단방식을 취한다.

공기차단기는 고속도 차단기의 제작이 가능하고, 고속도 재폐로에 사용되며, 보수점검도 편리하므로 대용량의 전력계통에 사용된다.

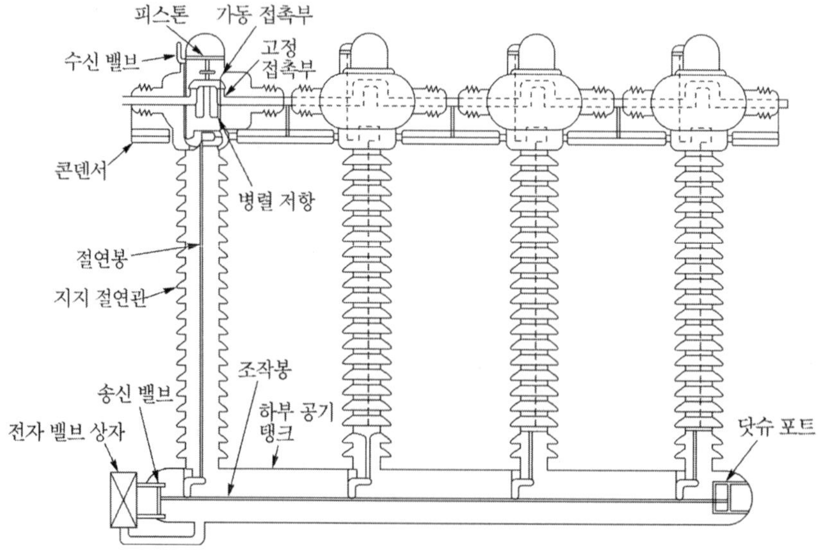

그림 7.24 초고압용 공기차단기

(3) 가스차단기 GCB(Gas Circuit Breaker)

가스차단기의 소호매질은 SF_6가스를 이용하며, 공기에 비해 소호능력이 약 100배이다. SF_6가스의 특징은 화학적으로 불활성이며, 안전하고 무취무독(無臭無毒)하며, 1기압 하에서 공기보다 2~3배 절연내력이 높아서 소호능력이 뛰어나므로 고전압 대전류 차단에 적합하다.

이 차단기는 차단시에 외부로 가스를 방출하지 않으므로 공기차단기와 같은 폭발음은 없다. 또한, 이상전압의 발생이 적고 아크 소멸 후 절연회복이 우수하므로 유입차단기 또는 공기차단기를 대신하여 널리 사용되고 있다.

가스차단기의 결점으로는 절연내력을 높이기 위해서는 높은 압력의 가스탱크를 필요로 하며, SF_6가스 중에 수분이 있으면 절연물이나 금속을 부식시키는 경우도 있다. 따라서 SF_6가스 중의 먼지나 수분관리에 주의가 필요하다.

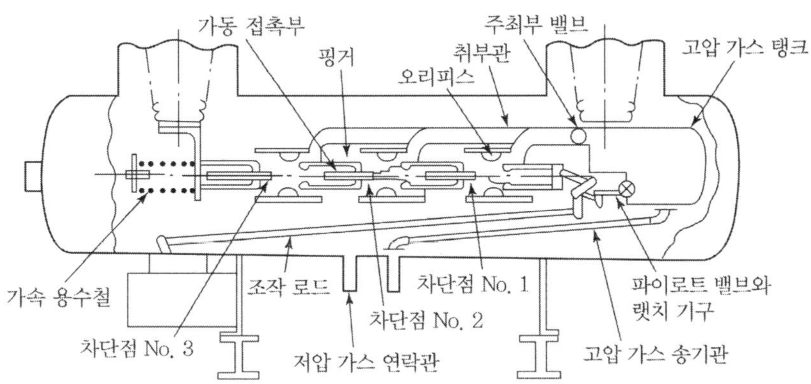

그림 7.25 SF_6 가스차단기

(4) 진공차단기 VCB(Vacuum Circuit Breaker)

진공차단기는 진공 중에서 차단동작을 하는 전력개폐장치이다. 이는 높은 진공(10^{-4}[Torr] 이상) 중에서는 절연내력이 높고 또한 소호작용이 좋기 때문에 진공용기 내에서 차단을 행하도록 하는 것이다.

이 차단기의 특징은 소형 경량이고 소음이 없으며 차단성능이 우수하다. 정격전압은 3~7.2[kV], 정격전류 400~3,000[A], 정격차단 용량은 50~250[MVA]급이 일반적이다.

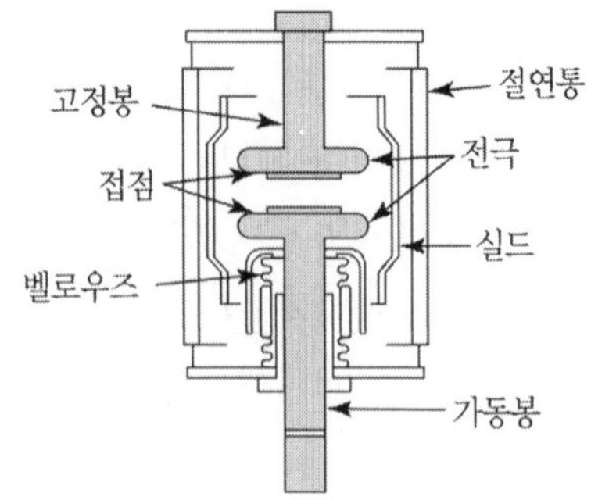

그림 7.26 진공차단기의 구조(밸브)

(5) 자기차단기 MCB(Magnetic Circuit Breaker)

그림 7.27과 같이 차단시 발생하는 아크를 자계에 의하여 소호실에 흡입하여 냉각 차단하는 것이다. 자기차단기는 가연물이 없으므로 화재의 위험이 없으며, 12[kV]까지 실용화되고 있다.

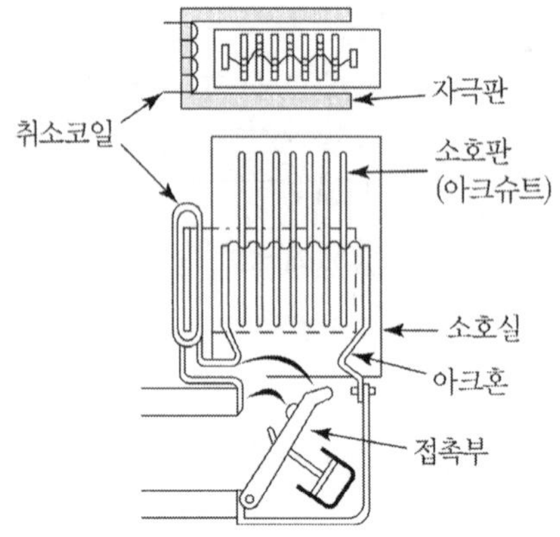

그림 7.27 자기차단기의 구조

7.5.3 차단기의 정격

차단기의 정격이란 정해진 조건하에서 그 차단기를 사용할 수 있는 한도, 즉 성능 보증한계를 말한다.

(1) 정격전압(rated voltage)

차단기의 정격전압은 차단기에 부과할 수 있는 계통전압으로 나타낸다. 차단기의 정격전압은 송전계통의 공칭전압과 사고시에 과도적으로 발생하는 최고전압 등을 고려하여 정하여야 하며 정격전압의 표준은 표 7.1과 같다.

(2) 정격 차단전류

정격 차단전류는 차단기의 회로조건 하에서 표준 동작책무를 수행할 수 있는 차단전류의 한도를 말하며 실효값으로 나타낸다. 정격 차단정류의 표준값은 12.5, 20, 25, 31.5, 40, 50[kA] 등이 있다.

(3) 정격 투입전류

차단기의 정격 투입전류란 차단성능에 지장 없이 투입할 수 있는 전류의 한도를 말하며, 투입전류의 최초 주파수에서의 최대값으로 나타낸다. 크기는 정격 차단전류(실효값)의 2.5배를 표준으로 한다.

(4) 정격 차단시간

정격 차간시간은 정격 차단전류를 표준 동작책무 및 동작 상태에 따라 차단할 때의 차단시간이다. 고장 발생한 후 계전기가 차단기의 트립코일을 여자할 때까지의 시간이 계전기 동작시간이다.

이 동작시간 직후부터 차단기의 가동전극이 움직이기 시작하는 개극시간과 접점이 충분히 떨어져서 아크가 완전히 소멸될 때까지의 아크지속시간의 합을 차단기의 정격 차단시간이라고 한다. (정격 차단시간 = 개극시간 + 아크지속시간)

차단기의 정격 차단시간은 정격주파수를 기준으로 3, 5, 8[Hz]의 값을 표준으로 하며 표 7.1과 같다.

표 7.1 차단기 정격

공칭전압[kV]	정격전압[kV]	정격 차단시간[Hz]	차단용량[MVA]
22.9	25.8	5	1,000
66	72.5	5	1,500
154	170	3	15,000
345	362	3	25,000
765	800	2	70,000

(5) 표준동작책무

차단기가 송전계통에서 사용될 때는 차단-투입-차단의 동작을 반복하게 된다.

차단동작을 O(Open), 투입동작을 C(Close), 투입 즉시 차단하는 동작을 CO(Close and Open)라 할 때 어느 시간 간격을 두고 행하여지는 일련의 동작을 차단기의 동작책무(duty cycle)라고 한다.

즉, 차단기의 동작책무란 1~2회 이상의 투입, 차단 또는 투입 즉시 차단을 일정한 시간간격으로 행해지는 동작을 말하며, 이것을 기준으로 하여 그 차단기의 차단성능, 투입성능 등을 정한 것을 표준동작책무(standard duty cycle)라 한다.

한국전력의 표준규격(ESB150)에서는 국제표준규격(IEC)에 따라 표준동작책무를 표 7.2와 같이 2종류로 하고 있다.

표 7.2 표준동작책무

종 별	동 작 책 무
일 반 용	CO – 15초 – CO
고속도 재투입용	O – 0.3초 – CO – 1분 – CO

표준동작책무를 적용한 예는 다음과 같다.

① 7.2[kV]급 차단기 : CO – 15초 – CO

② 25.8[kV]급 이상의 차단기 : O – 0.3초 – CO – 3분 – CO

③ 전력용 콘덴서용 차단기 및 분로 리액터용 차단기 : CO – 15초 – CO

(6) 차단용량

차단기의 정격 차단용량은 정격 차단전류에 정격전압을 곱하며, 3상 교류이면 $\sqrt{3}$을 곱한다.

$$\text{정격 차단용량} = \sqrt{3} \times (\text{정격전압}) \times (\text{정격 차단전류}) \ [\text{kVA 또는 MVA}]$$

우리나라에서 사용되는 차단기 용량은 표 7.1과 같다.

7.6 가스절연 개폐장치

가스절연 개폐장치 GIS(Gas Insulated Switchgear)는 변전소 부지 확보의 어려움을 타개하고 주위 환경문제에 대처하기 위하여 차단기, 단로기, 피뢰기, 접지장치 등의 변전설비를 SF_6 가스를 충전한 금속제 함에 넣은 구조의 변전설비이다. 충전부에 대한 절연을 공기에 의존해야 하는 종래의 변전소를 도심지에 건설하기란 어려운 일이므로 이에 대한 해결책으로 SF_6가스를 사용하는 가스절연 개폐장치가 개발되었다.

GIS의 특징은 다음과 같다.

① 변전소의 크기를 작게 할 수 있다.
② 충전부가 밀봉되어 있기 때문에 낙하물 및 조수(鳥獸)로부터 보호된다.
③ 외부가 접지된 금속제 함이므로 신뢰도 및 안전도가 우수하다.
④ 염해 및 가청잡음(audible noise) 문제가 해결된다.

그림 7.28은 GIS의 구조를 나타낸 일례이다.

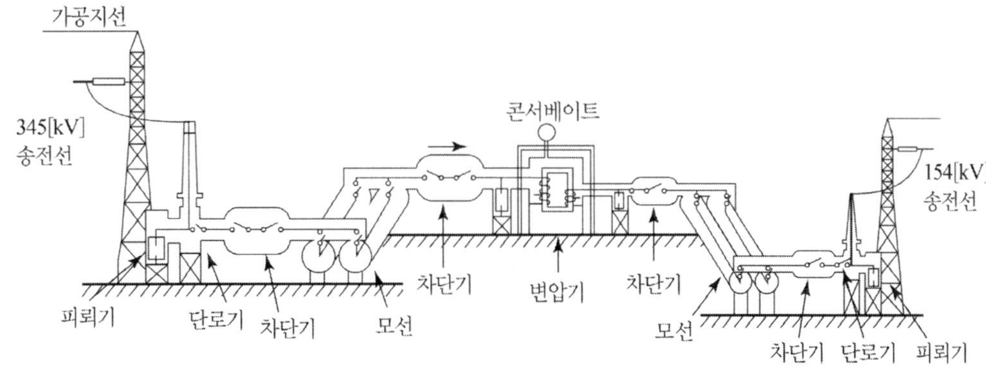

그림 7.28 GIS의 구조 예

7.7 자동 재폐로방식

7.7.1 개 요

송전선로의 고장 중에는 애자의 표면섬락, 수목접촉, 조류접촉 등에 의한 순간 지락사고가 많은데 이와 같은 경우는 차단기로 고장구간을 차단해서 일단 선로를 무전압 상태로 해 주면 고장원인이 해소되므로 이후 아무 이상 없이 재송전할 수 있는 경우가 많다. 특히 고장 발생시 선로차단을 고속도로 해 주면 고장 점의 손상은 경감되므로 재송전의 성공률은 그만큼 높아지게 될 것이다.

이처럼 차단, 재투입 조작을 고속도로 자동 동작하는 방식을 자동재폐로 방식(automatic reclosing system)이라고 하며, 현재 중요한 송전선로에서 널리 이용되고 있다.

자동재폐로 방식은 영구지락사고가 많은 발전기, 변압기, 모선 및 케이블에서는 실시하지 아니하고 순간지락사고가 많은 가공송전선에만 적용한다.

7.7.2 단상 재폐로 방식과 3상 재폐로 방식

자동재폐로 방식에서 1상 지락시에 고장 상만을 차단, 재투입하는 단상 재폐로방식과 고장의 종류에 관계없이 3상을 함께 차단하고 재투입하는 3상 재폐로방식이 있다.

단상재폐로 방식에선 나머지 건전한 2상을 이용하여 충분하지는 않겠지만 전력 공급을 계속해 나갈 수 있기 때문에 안정도라는 측면에서는 바람직하다.

3상재폐로 방식은 보통 2회선 구간에 적용한다. 1회선 송전선로에서도 이 방식을 적용할 수 있지만, 이 경우 송수전단의 전압을 비교하여 그 크기 및 위상차가 허용범위 내에 들어 있다는 것을 확인한 후에 재폐로 시키지 않으면 안 된다.

7.7.3 자동 재폐로방식의 장점과 문제점

자동 재폐로방식의 장점은 다음과 같다.

① 고장상을 고속도 차단 후 고속도 재투입함으로써 계통의 과도 안정도가 향상된다.
② 송전용량을 2회선 용량한도까지 증대시켜서 사용 가능하다.

③ 1회선 구간에서는 신뢰도를 향상시켜 2회선에 맞먹는 능력을 보유할 수 있다.
④ 정전시 공급지장시간을 단축시켜 안정된 전력공급을 기할 수 있다.

보통 고속도 차단에 요하는 시간은 계전기 동작에 2~3 사이클, 차단기 동작에 3~5 사이클이 필요하므로 고장발생 후 5~8 사이클로 된다. 차단 후 재투입할 때까지의 시간인 무전압시간은 송전의 신뢰성과 과도안정도의 향상이라는 관점에서는 짧게 하는 것이 바람직하지만 이에는 어쩔 수 없는 일정한도가 있다. 그 이유는 고장점에서 잔류이온이 소멸되어 절연이 회복될 때까지에는 어느 정도의 시간을 필요로 하기 때문이다.

연 습 문 제

e x e r c i s e

7-1 **정정된 값 이상의 전류가 흘렀을 때 동작 전류의 크기와 관계없이 항시 정해진 시간이 경과한 후에 동작하는 계전기는?** [08. 전기산업기사]

㉮ 순한시 계전기 ㉯ 정한시 계전기

㉰ 반한시 계전기 ㉱ 반한시 정한시성 계전기

7-2 **보호계전기의 반한시 정한시 특성은?** [15. 전기기사]

㉮ 동작전류가 커질수록 동작시간이 짧게 되는 특성

㉯ 동작전류가 적은 동안에는 동작전류가 커질수록 동작시간이 짧아지고 어떤전류 이상이 되면 동작전류의 크기에 관계없이 일정한 시간에서 동작하는 특성

㉰ 최소 동작전류 이상의 전류가 흐르면 즉시 동작하는 특성

㉱ 동작전류 크기에 관계없이 일정한 시간에 동작하는 특성

7-3 **보호 계전기가 구비하여야 할 조건이 아닌 것은?** [97. 전기·공사산업기사]

㉮ 보호동작이 정확, 확실하고 감도가 예민할 것

㉯ 열적, 기계적으로 견고할 것

㉰ 가격이 싸고, 또 계전기의 소비전력이 클 것

㉱ 오래 사용하여도 특성의 변화가 없을 것

7-4 **과전류계전기의 반한시 특성이란?** [15. 전기산업기사]

㉮ 동작전류가 커질수록 동작시간이 짧아진다.

㉯ 동작전류가 적을수록 동작시간이 짧아진다.

㉰ 동작전류에 관계없이 동작시간은 일정하다.

㉱ 동작전류가 커질수록 동작시간이 길어진다.

7-5 **변류기 개방 시 2차측을 단락하는 이유는?** [15. 전기산업기사]

㉮ 2차측 절연보호 ㉯ 2차측 과전류 보호

㉰ 측정 오차방지 ㉱ 1차측 과전류 방지

7-6 배전반에 연결되어 사용 중인 PT와 CT를 점검할 때에는? [93. 공사기사]

㉮ CT는 단락 ㉯ CT와 PT 모두 단락

㉰ CT와 PT 모두 개방 ㉱ PT는 단락

7-7 22.9[kV] 자가용 수전설비의 계기용 변압기의 2차측 정격전압은 몇 [V]인가?

㉮ 190 ㉯ $110\sqrt{3}$ [16. 전기기사]

㉰ 110 ㉱ $190\sqrt{3}$

7-8 3상으로 표준전압 3[kV]이며 700[kW]를 역률 0.85로 수전하는 공장의 수전회로에 시설하는 계기용 변류비는 다음 중 어느 것이 적당한가? [95. 공사산업기사]

㉮ 10 ㉯ 20

㉰ 30 ㉱ 40

7-9 그림과 같은 이상변압기에서 2차측에 5[Ω]의 저항부하를 연결하였을 때 1차측에 흐르는 전류 I는 몇 [A]인가? [95. 공사산업기사]

㉮ 0.6

㉯ 1.8

㉰ 20

㉱ 660

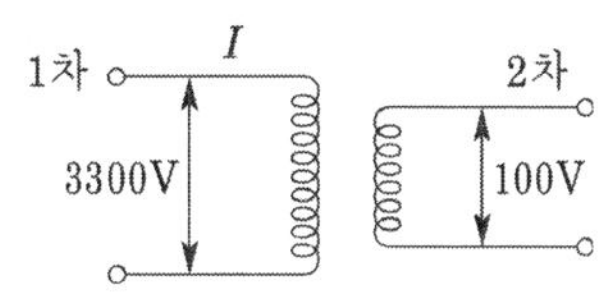

7-10 그림과 같이 200/5(CT) 1차측에 150[A]의 3상 평형 전류가 흐를 때 전류계 A_3에 흐르는 전류는 몇 [A]인가? [95. 공사산업기사]

㉮ 3.75

㉯ $3.75\sqrt{3}$

㉰ 5

㉱ 7.5

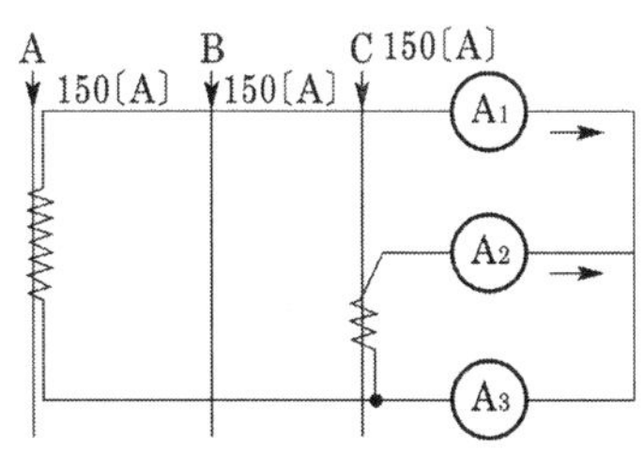

7-11 변전소에서 비접지선로의 접지 보호용으로 사용되는 계전기에 영상전류를 공급하는 것은? [04. 전기공사기사]

㉮ CT ㉯ GPT

㉰ ZCT ㉱ PT

7-12 전원이 양단에 있는 방사선 송전선로의 단락보호에 사용되는 계전기의 조합은?

[07. 전기산업기사]

㉮ 방향거리계전기와 과전압계전기의 조합
㉯ 방향단락계전기와 과전류계전기의 조합
㉰ 선택접지계전기와 과전류계전기의 조합
㉱ 부족전류계전기와 과전압계전기의 조합

7-13 중성점 저항 접지방식의 병행 2회선 송전선로의 지락사고 차단에 사용되는 계전기는?

[03. 공사산업기사]

㉮ 선택접지 계전기　　㉯ 과전류 계전기
㉰ 거리 계전기　　㉱ 역상 계전기

7-14 선로의 탈락보호 또는 계통탈조 사고의 검출용으로 사용되는 계전기는?

[95. 공사산업기사]

㉮ 접지 계전기　　㉯ 역상 계전기
㉰ 재폐로 계전기　　㉱ 거리 계전기

7-15 동일모선에 2개 이상의 피더(feeder)를 가진 비접지 배전계통에서 지락사고에 대한 선택 지락 보호계전기는?

[97. 전기·공사기사]

㉮ OCR　　㉯ OVR　　㉰ GR　　㉱ SGR

7-16 파이롯트 와이어(pilot wire)계전방식에 해당되지 않는 것은?

[03.공사산업기사]

㉮ 고장점의 위치에 관계없이 양단을 동시에 고속 차단할 수 있다.
㉯ 송전선에 평행하도록 양단을 연락한다.
㉰ 고장시 장해를 받지 않게 하기 위하여 연피케이블을 사용한다.
㉱ 고장점의 위치에 관계없이 부하 측 고장을 고속 차단한다.

7-17 발전기 또는 주변압기의 내부 고장보호용으로 가장 널리 쓰이는 계전기는?

[94. 전기산업기사]

㉮ 과전류 계전기　　㉯ 비율차동 계전기
㉰ 방향단락 계전기　　㉱ 거리 계전기

7-18 인입되는 전압이 일정값 이하로 되었을 때 동작하는 것으로서 단락 고장검출 등에 사용되는 계전기는?

[16. 전기기사]

㉮ 접지 계전기　　㉯ 부족전압 계전기
㉰ 역전력 계전기　　㉱ 과전압 계전기

7-19 영상전압과 영상전류에 의해서 동작되는 계전기는 어떤 목적에 사용되는가?

㉮ 선로의 선택차단 [94. 전기기사]

㉯ 변압기와 송전선의 차단

㉰ 중성점 소호 리액터 접지계통의 충전 정류차단

㉱ 계통의 과전압 차단

7-20 다음 중 변압기 보호에 쓰이지 않는 것은? [96. 전기산업기사]

㉮ 부흐홀쯔 계전기 ㉯ 임피던스 계전기

㉰ 차동전류 계전기 ㉱ 비율차동 계전기

7-21 변압기의 내부 고장보호에 사용되는 계전기는? [98. 공사기사]

㉮ 전압 계전기 ㉯ 접지 계전기

㉰ 거리 계전기 ㉱ 비율차동 계전기

7-22 교류 발전기나 주변압기 보호용으로 가장 적합한 계전기를 기호로 표시하면?

㉮ OCR ㉯ OVR [98. 전기기사]

㉰ PDR ㉱ TR

7-23 모선 보호형 계전기로 사용하면 가장 유리한 것은? [98. 전기기사]

㉮ 재폐로 계전기 ㉯ 옴형 계전기

㉰ 역상 계전기 ㉱ 차동 계전기

7-24 보기의 전기공작물(1)과 보호계전기(2)의 결합으로 적당한 것은?

[보기]	(1) 발전기의 상간 층간 단락보호 : A	(2) 부흐홀쯔 계전기 : BH
	변압기의 내부고장 : B	과전류 계전기 : OC
	송전선의 단락보호 : C	차동 계전기 : DF
	고압 전동기 : D	지락회선 선택 계전기 : SG

㉮ A-DF, B-BH, C-SG, D-OC ㉯ A-SG, B-BH, C-OC, D-DF

㉰ A-DF, B-SG, C-OC, D-BH ㉱ A-BH, B-OC, C-DF, D-SG

7-25 배전선로용 퓨즈는 주로 어떤 전류의 차단을 목적으로 사용하는가? [16. 전기기사]

㉮ 충전전류 ㉯ 과부하 전류
㉰ 단락전류 ㉱ 과도전류

7-26 단로기(Disconnecting Switch)의 사용목적은? [15. 공사산업기사]

㉮ 과전류의 차단 ㉯ 단락사고의 차단
㉰ 부하의 차단 ㉱ 회로의 개폐

7-27 부하전류가 흐르는 전로는 개폐할 수 없으나 기기의 점검이나 수리를 위하여 회로를 분리하거나 계통의 접속을 바꾸는데 사용하는 것은? [17. 전기기사]

㉮ 차단기 ㉯ 부하개폐기
㉰ 단로기 ㉱ 전력용 퓨즈

7-28 유입차단기에 대한 설명으로 옳지 않는 것은? [04. 전기공사산업기사]

㉮ 기름이 분해하여 발생되는 가스의 주성분은 수소가스이다.
㉯ 부싱 변류기를 사용할 수 없다.
㉰ 기름이 분해하여 발생되는 가스는 냉각 작용을 한다.
㉱ 보통 상태의 공기 중에서보다 소호능력이 크다.

7-29 다음은 변전소의 경우 수용가에 공급되는 전력을 끊고 소내기기를 점검할 필요가 있을 경우와 다음에 점검이 끝난 후 차단기와 단로기를 개폐시키는 동작을 설명한 것이다. 옳은 것은? [94. 전기산업기사]

㉮ 점검이 필요한 경우, 차단기로 부하회로를 끊고 난 다음 단로기를 열어야 하며 점검이 끝난 경우 차단기로 부하회로를 연결하고 난 다음 단로기를 넣어야 한다.
㉯ 점검이 필요한 경우, 단로기를 열고 난 다음 차단기를 열어야 하며 점검이 끝난 경우 단로기를 넣고 난 다음 차단기로 부하회로를 연결하여야 한다.
㉰ 점검이 필요한 경우, 단로기를 열고 난 다음 차단기를 열어야 하며 점검이 끝난 경우 차단기를 부하에 넣고 난 다음 단로기를 넣어야 한다.
㉱ 점검이 필요한 경우, 차단기로 부하회로를 끊고 난 다음 단로기를 열어야 하며 점검이 끝난 경우 단로기를 넣고 난 다음 차단기를 넣어야 한다.

7-30 압축된 공기를 아크에 불어 넣어서 차단하는 차단기 ? [07. 공사산업기사]

㉮ ABB ㉯ MBB

㉰ VCB ㉱ ACB

7-31 다음 그림과 같은 배전선이 있다. 부하에 급전 및 정전할 조작 방법 중 옳은 것은? [15. 전기산업기사]

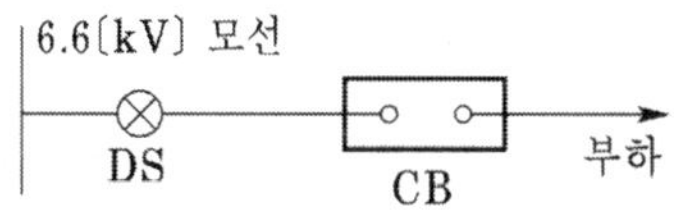

㉮ 급전 및 정전할 때는 항상 DS, CB 순으로 한다.

㉯ 급전 및 정전할 때는 항상 CB, DS 순으로 한다.

㉰ 급전시는 DS, CB 순이고 정전시는 CB, DS 순이다.

㉱ 급전시는 CB, DS 순이고 정전시는 DS, CB 순이다.

7-32 차단기의 정격차단 시간은? [16. 전기기사]

㉮ 가동접촉자 시동부터 소호까지의 시간

㉯ 고장발생부터 소호까지의 시간

㉰ 트립코일 여자부터 가동접촉자 시동까지의 시간

㉱ 트립코일 여자부터 소호까지의 시간

7-33 차단기의 정격차단 시간의 표준이 아닌 것은? [93. 공사산업기사]

㉮ 3[c/sec] ㉯ 5[c/sec]

㉰ 8[c/sec] ㉱ 10[c/sec]

7-34 다음은 변전소 안에 설치될 역률 개선용 진상 콘덴서용의 차단기 선정에 대한 설명이다. 옳지 않은 것은? [94. 전기산업기사]

㉮ 차단기 투입시 돌입전류 때문에 차단기의 접점손상이 발생하며 절연유가 오손되기 쉽다.

㉯ 콘덴서 회로를 열 때 재 점호하기 쉬우므로 재 점호가 잘 발생하도록 개로시켜야 하며 점호가 발생하지 않으면 직렬리액터의 층간절연을 파괴한다.

㉰ 콘덴서 회로를 열 때 90°의 진전류가 흐르기 때문에 재점호가 잘 된다.

㉱ 차단기 투입시 발생하는 돌입전류를 제한하기 위하여 일전용량 이상의 것에는 보조접점이 있는 것을 사용한다.

7-35 다음 그림은 유입차단기의 구조도이다. A의 명칭은? [96. 전기기사]

㉮ 절연 liner
㉯ 승간간
㉰ 가동접촉자
㉱ 고정접촉자

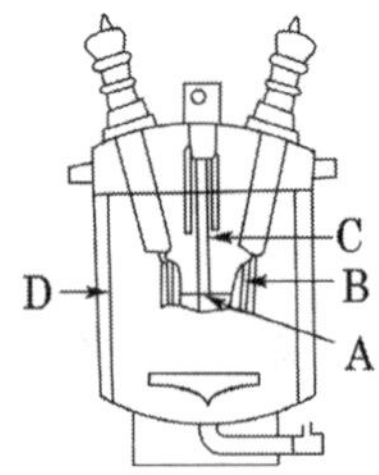

7-36 소호 원리에 따른 차단기의 종류 중에서 소호실에서 아크에 의한 절연유 분해 가스의 흡부력(吸付力)을 이용하여 차단하는 것은? [15. 전기산업기사]

㉮ 유입차단기 ㉯ 기중차단기
㉰ 자기차단기 ㉱ 가스차단기

7-37 차단기의 소호재료가 아닌 것은? [13. 전기산업기사]

㉮ 기름 ㉯ 공기
㉰ 수소 ㉱ SF_6

7-38 다음 중 VCB의 소호원리로 맞는 것은? [17. 전기산업기사]

㉮ 고진공에서 전자의 고속도 확산에 의해 차단
㉯ 압축된 공기를 아크에 불어넣어서 차단
㉰ 절연유 분해가스의 흡부력을 이용해서 차단
㉱ 고성능 절연특성을 가진 가스를 이용하여 차단

7-39 SF_6 가스차단기에 대한 설명으로 옳지 않은 것은? [15. 전기산업기사]

㉮ 공기에 비하여 소호능력이 약 100배 정도이다.
㉯ 절연거리를 적게 할 수 있어 차단기 전체를 소형, 경량화할 수 있다.
㉰ SF_6 가스를 이용한 것으로서 독성이 있으므로 취급에 유의하여야 한다.
㉱ SF_6 가스 자체는 불활성 기체이다.

7-40 접촉자가 외기로부터 격리되어 있어 아크에 의한 화재의 염려가 없으며 소형 경량으로 구조가 간단하고 보수가 용이하며 진공중의 아크 소호 능력을 이용하는 것은? [16. 전기기사]

㉮ 유입차단기 ㉯ 공기차단기
㉰ 진공차단기 ㉱ 가스차단기

7-41 다음 중 3상용 차단기의 정격차단용량으로 알맞은 것은? [08. 전기산업기사]

㉮ 정격전압 × 정격차단전류
㉯ $\sqrt{3}$ × 정격전압 × 정격차단전류
㉰ 3 × 정격전압 × 정격차단전류
㉱ 3 $\sqrt{3}$ ×정격전압 × 정격차단전류

7-42 가스절연 개폐장치(GIS)의 특징이 아닌 것은? [97. 전기·공사기사]

㉮ 감전사고 위험감소
㉯ 밀폐형이므로 배기 및 소음이 없음
㉰ 신뢰도가 높음
㉱ 변성기와 변류기는 따로 설치

7-43 초고압용 차단기에서 개폐저항기를 사용하는 이유는? [04. 전기공사기사]

㉮ 개폐서지 이상전압 억제
㉯ 차단 전류감소
㉰ 차단속도 증진
㉱ 차단전류의 역률개선

7-44 차단기의 차단책무가 가장 가벼운 것은? [97. 전기·공사기사]

㉮ 중성점 저항접지 계통의 지락전류 차단
㉯ 중성점 직접접지 계통의 지락전류 차단
㉰ 송전선로의 단락사고시의 단락사고 차단
㉱ 중성점을 소호 리액터로 접지한 장거리 송전선로의 충전전류 차단

7-45 고속도 재투입용 차단기의 표준동작 책무는? 단, t는 임의 시간간격으로 재투입하는 시간을 말하며 O : 차단동작, C : 투입동작, CO : 투입동작해서 계속해서 차단동작하는 것을 말함 [94. 공사기사]

㉮ O−1분−CO
㉯ CO−15초−CO
㉰ CO−1분−CO−t초−CO
㉱ O−t초−CO−1분−CO

7-46 전력용 콘덴서용 차단기의 표준 동작책무는? [95. 공사기사]

㉮ O−0.3초−CO−3분−CO
㉯ CO−0.3초−O−3분−O
㉰ O−15초−CO
㉱ CO−15초−CO

7-47 전력선 반송 전화장치를 송전선에 접속하는 장치로 사용되는 것은? [99. 전기산업기사]

㉮ 정전 방전기
㉯ 전력용 콘덴서
㉰ 중계선로
㉱ 결합 콘덴서

7-48 차단기의 고속도재폐로의 목적은? [01. 전기기사]

㉮ 고장의 신속한 제거 ㉯ 안정도 향상
㉰ 기기의 보호 ㉱ 고장전류 억제

7-49 인터록(inter lock)의 기능에 대한 설명이 맞는 것은? [16. 전기기사]

㉮ 차단기가 닫혀 있어야 단로기를 닫을 수 있다.
㉯ 차단기가 열려 있어야 단로기를 닫을 수 있다.
㉰ 차단기와 단로기를 별도로 닫고, 열 수 있어야 한다.
㉱ 조작자의 의중에 따라 개폐되어야 한다.

7-50 변전소의 역할에 대한 설명으로 옳지 않은 것은? [08. 전기산업기사]

㉮ 유효전력과 무효전력을 제어한다. ㉯ 전력을 발생하고 분배한다.
㉰ 전압을 승압 또는 강압한다. ㉱ 전력조류를 제어한다.

해 답

1. ㉯ 2. ㉯ 3. ㉰ 4. ㉮ 5. ㉮ 6. ㉮ 7. ㉰ 8. ㉱ 9. ㉮ 10. ㉮ 11. ㉰ 12. ㉯ 13. ㉮ 14. ㉱ 15. ㉱ 16. ㉱ 17. ㉯ 18. ㉯ 19. ㉮ 20. ㉯ 21. ㉱ 22. ㉮ 23. ㉱ 24. ㉮ 25. ㉰ 26. ㉱ 27. ㉰ 28. ㉯ 29. ㉱ 30. ㉮ 31. ㉰ 32. ㉱ 33. ㉱ 34. ㉯ 35. ㉰ 36. ㉮ 37. ㉰ 38. ㉮ 39. ㉰ 40. ㉰ 41. ㉯ 42. ㉱ 43. ㉮ 44. ㉱ 45. ㉱ 46. ㉱ 47. ㉱ 48. ㉯ 49. ㉯ 50. ㉯

Chapter 08

배전선로의 구성 및 특성

8.1 개 요

배전선로(distribution line)란 발·변전소로부터 수용가에 이르는 전선로를 말하며, 배전선로를 통하여 수용가에 전력을 공급하는 것을 배전(distribution)이라고 한다.

송전선로와 다른 점은 전선로는 짧고 저전압이며, 회선수가 많고 각 선로 전류는 불평형으로 되는 등의 특징이 있다.

우리나라에서 과거 사용되어 온 배전전압은 공칭전압 3,300[V] 또는 6,600[V](비접지 3상 3선식)이며 가정의 전등용으로는 100[V](단상 2선식), 전동기용으로 200[V](3상 3선식)로 운용되어 왔다.

그러나 지난 70년대 초부터는 전력소비 증대에 따른 저전압 현상을 개선하고 전력손실을 줄이기 위하여 고압선은 22.9[kV](3상 4선식 공통 중성선 다중 접지방식)으로, 저압선은 전등용으로는 단상 220[V], 전동기용으로는 3상 380[V](3상 4선식)로 승압하였다. 다만 승압하는 기간에 단상 3선식인 110/220[V] 방식으로 공급되는 곳도 있었으나 승압이 완료된 지금은 모두 철거되었다.

8.2 배전선의 구성

8.2.1 고압배전선

배전용 변전소에서 인출되는 배전선로에서 최초의 분기점까지의 전선을 급전선(feeder)이라고 하며, 급전선에서 분기선까지의 선로를 간선(main line)이라고 한다. 또한, 간선으로부터 분기되는 선로를 분기선(branch line)이라고 한다.

이와 같이 배전선은 급전선, 간선 및 분기선으로 이루어지며, 배전선의 형식은 그림 8.1과 같이 간선의 형태에 따라서 수지식(tree system), 환상식(loop system)과 망상식(network system)이 있다.

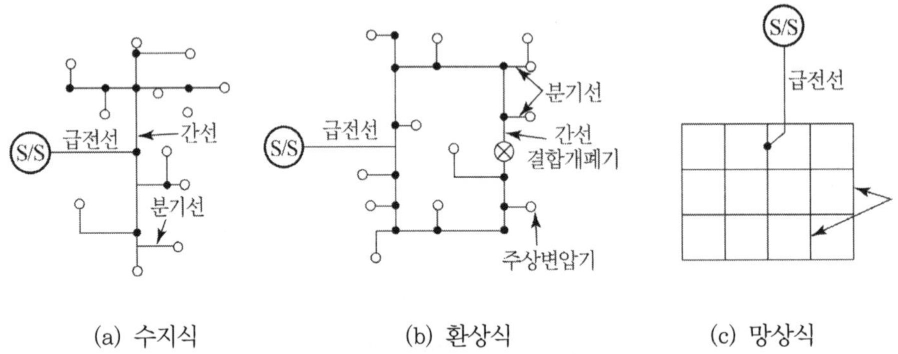

그림 8.1 배전선로의 구성과 형태

(1) 수지식(樹枝式)

이 방식은 그림 8.1(a)와 같이 나무 가지 모양으로 분기선을 내는 방식이다. 이 방식은 새로운 수용가에 대하여 간선 및 분기선을 연장해 가는 형태의 것으로서 공사비가 저렴하기 때문에 우리나라에서도 널리 이용되고 있으나 전압강하가 크고 사고시 정전범위가 크므로 공급신뢰도가 낮은 단점이 있다.

(2) 환상식(環狀式)

수지식에서는 급전선 또는 간선 사고시에 정전범위가 넓다. 따라서 이러한 정전 범위를 줄이기 위하여 그림 8.1(b)와 같이 상시 양방향으로부터 공급받는 방식이 환상식이다.

이 방식은 선로 고장시 고장 부분을 제거하고 전력공급을 계속할 수 있는 장점이 있으며, 선로의 전압강하와 전력손실이 적으므로 수용가가 밀집한 대도시에 적합하다.

환상식에도 결합개폐기를 항상 개로하여 두고 사고시 또는 작업시에 투입해서 역송하는 상시개로식과 결합개폐기를 항상 닫아두는 상시폐로식이 있다. 상시폐로식은 전압강하와 전력손실이 경감되고 배전용량을 증가시킬 수 있으나 보호방식과 보수작업이 복잡하고 단락용량이 커지는 등의 문제점이 있다.

(3) 망상식(網狀式)

2회선 이상의 송전선에서 공급받는 변전소를 배전선으로 서로 연계하여 일부 전원측에서 고장이 발생하여도 다른 전원을 이용하여 계속 공급할 수 있는 무정전 공급방식이다. 환상식보다 무정전 공급에 대한 신뢰성이 높고 새로운 수용증가에 대하여 쉽게 대처할 수 있지만 설비비 및 운전비가 많이 소요되는 관계로 우리나라에서는 적용되지 않는다.

8.2.2 저압 배전선

저압 배전선로는 방사상 방식(radial system), 저압 뱅킹방식(low voltage banking system)이 있는데 우리나라에서는 방사상 방식이 주로 이용되고 있다.

(1) 방사상 방식

배전 변압기마다 저압배전선이 독립되어 있는 방식으로서 일반적인 방식이다. 이 방식은 고압 배전선의 수지식과 같이 선로 구성이 간단하고 공사비가 저렴한 반면에 전압변동 및 전력손실이 크고 사고시 정전 범위가 넓어지기 때문에 신뢰성이 낮아지는 단점이 있다.

(2) 저압 뱅킹방식

그림 8.2와 같이 고압배전선에 접속되어 있는 2대 이상의 변압기의 2차측을 서로 접속하여 공동으로 사용하는 배전방식을 저압뱅킹(low voltage banking system) 방식이라 한다.

이 방식은 다음과 같은 특징을 지니고 있다.

① 전압변동에 의한 플리커(flicker)가 적다.
② 전압강하와 전력손실이 적다.

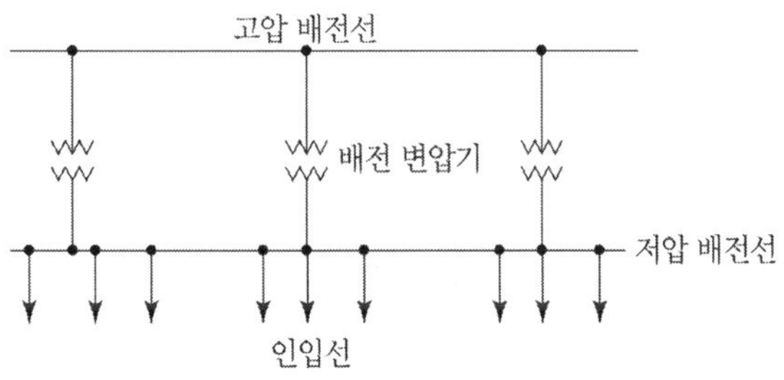

그림 8.2 저압뱅킹 방식의 일례

③ 변압기를 공동으로 사용하므로 변압기의 용량을 줄일 수 있다.
④ 수지식에 비하여 건설비는 높다.
⑤ 공급 신뢰도는 좋다. 그러나 보호협조가 잘 이루어지지 않으면 캐스케이딩(cascading)을 일으킬 우려가 있다.

저압 뱅킹방식에서 보호협조가 잘 이루어지지 않으면 어떤 장소에서 발생한 사고가 그 뱅크 내의 전체 변압기로 확대되어 나간다는 이른바 캐스케이딩이 일어난다.

즉, 캐스케이딩이란 일부 변압기 또는 선로의 사고에 의해서 뱅킹 내의 모든 변압기가 연쇄적으로 차단되는 현상(변압기의 1차측 퓨즈가 끊어짐)을 말한다.

이에 대해서 일반적으로 채택하고 있는 고장보호 방식으로는 그림 8.3에 나타낸 바와 같이 변압기의 1차측에 COS(Cut Out Switch)를 설치하고 인접 변압기의 2차측을 서로 구분할 수 있도록 2차측의 중간에는 구분퓨즈를 설치한다.

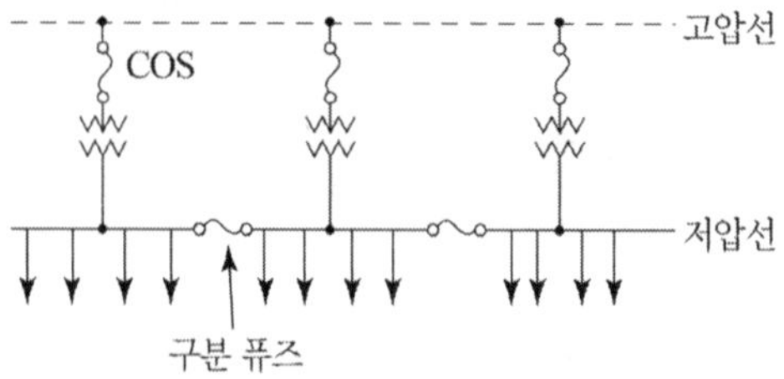

그림 8.3 뱅킹방식에서의 보호 장치

변압기 또는 저압선에 고장이 일어나면 1차측 COS와 구분퓨즈가 끊어지므로 그 구간의 수용가만 정전되고 나머지 변압기의 수용가는 계속 전력공급을 받게 된다. 이때 1차측 COS보다 구분퓨즈가 보다 빨리 끊어지도록 설치하여야 한다.

8.3 가공 배전선로의 건설

배전선로는 인구밀집 지역 또는 상가지역 등에서 항상 양질의 전기를 공급하여야 하므로 설계면에서나 공사면에서 충분한 검토가 있어야 한다.

(1) 건주 및 철근 콘크리트주

일반적으로 전주의 경간은 고압선만을 지지한다면 상당히 길게 취할 수 있지만, 저압선도 동시에 가선하게 되면 인입선이 필요하므로 도시에서는 30~40[m], 기타 지역에서는 50[m]가 표준으로 되어 있다.

배전선로의 지지물에는 주로 철근 콘크리트주가 사용된다.

철근 콘크리트주 CP(Concreat Pole)의 건주(健柱)는 인력으로는 어렵기 때문에 건주차에 의하는 경우가 많다. 배전선로에 사용하는 철근 콘크리트주는 용도에 따라서 일반용과 중하중용이 있다. 중하중용은 태풍 피해가 심한 지역, 전선과 통신케이블이 병행 가선된 전주 등에 사용하며, 그 이외의 장소에는 일반용을 사용한다.

표 8.1은 일반적으로 사용되는 14~16[m]의 철근 콘크리트주에 대한 제원이다.

표 8.1 철근 콘크리트주 제원

구분		규격			중량 [kg]
길이 [m]	설계하중 [kg]	끝지름 [cm]	밑지름 [cm]	땅에 묻히는 깊이 [cm]	
14	500	19	37.7	240	1,190
15	500	19	39.0	250	1,310
15	700	19	39.0	250	1,550
15	1,000	22	42.0	270	2,050
16	500	19	40.4	270	1,440
16	1,000	19	43.4	270	2,210

(2) 장주(裝柱)

지지물에는 전선 이외에도 변압기, 개폐기류 또는 전력용 콘덴서, 피뢰기 등의 각종 기기를 장착하는 것을 장주라 한다. 또한, 장주에는 암(arm), 암타이(arm tie), 랙(rack) 등의 쇠붙이가 필요한데 철제품은 모두 아연도금을 해서 사용한다.

(3) 가선(架線)

전선을 설치하는 가선은 전선 드럼에서 전선을 풀어내어, 여러 지지물의 완금에 장착한 도르래에 전선을 통과시켜 윈치(winch) 또는 차량으로 연선(전선 펴기)한다. 그 뒤 전선을 장선기 등으로 잡아당겨서 적정한 이도를 주어 애자에 단다.

(4) 지선(지지선)

철근 콘크리트주나 철주 등은 지지물만의 강도로 여러 가지 하중에 견디기 어려울 때가 있으므로 이들 하중의 일부분을 지선에 분담토록 한다. 그러므로 지선은 전주의 강도를 보강하고, 전주에 가해지는 장력을 분담하도록 설계하여야 한다.

일반적으로 지선을 사용하는 경우는 다음과 같다.

① 전선로의 시작단 및 끝단
② 불평형 장력이 작용하는 경우
③ 선로의 방향을 바꾸는 경우
④ 전주의 강도가 부족하거나 지반이 약한 경우
⑤ 전주가 넘어질 우려가 있는 경우

지선은 그림 8.4와 같이 그 형태에 따라서 다음과 같은 종류가 있으며, 주위 여건에 따라서 적당한 것을 이용한다.

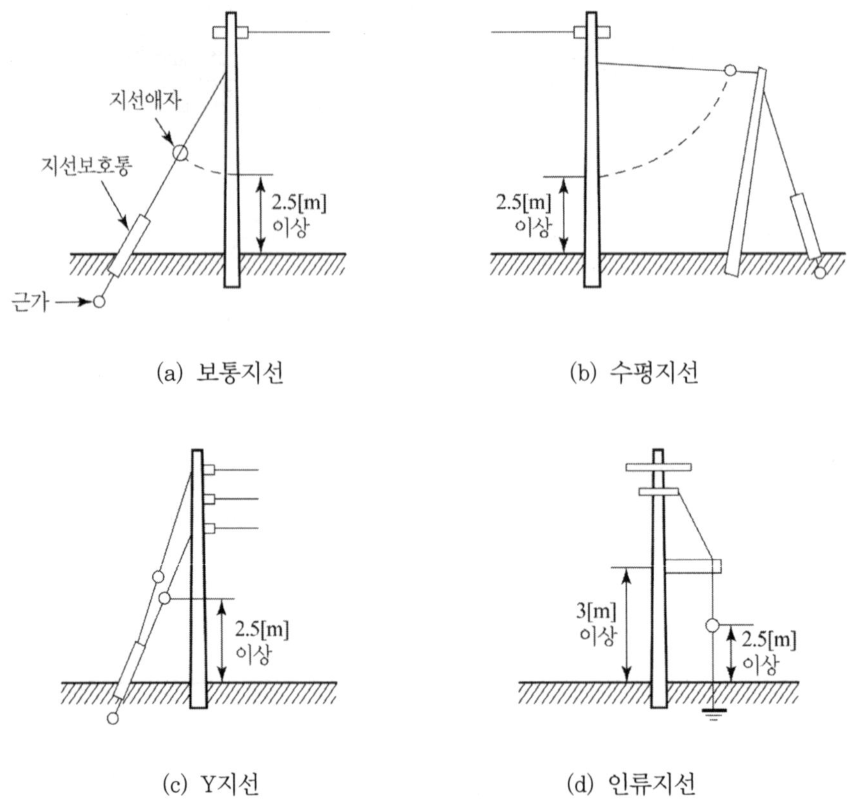

그림 8.4 각종 지선공사의 예

1) 보통지선

전주에서 상당한 간격을 두고 지선용 근가를 매설하며, 일반적으로 이것을 채용한다.

2) 수평지선

토지의 상태, 그 밖의 여건으로 보통지선을 설치할 수 없는 경우에 다른 지주와의 사이에 거의 수평으로 지선을 시설한다.

3) Y지선

완금이 많고, 또 장력이 큰 전주에 있어서 지선을 2단으로 설치한다.

4) 인류지선

장소가 좁아서 보통지선을 설치할 수 없는 경우에 적용되며, 전주의 보강 역할이 적다.

도시에 설치하는 전주 또는 복잡한 전주에 사용하는 지선에는 지선애자를 사용한다. 이것은 지선과 전선의 접촉 또는 누설에 의하여 지선에 전압이 걸리는 경우 지선과 대지 사이를 절연시켜서 인축에 위험을 방지하기 위함이다. 지선애자의 위치는 사람이 쉽게 닿지 않도록 2.5[m] 이상으로 한다. 또, 지선은 지상 2[m]까지 지선 보호통을 설치하여 보호하는 경우도 있다.

지선으로는 아연도금 강연선 지름 2.6[mm] 이상의 소선 3가닥 이상을 연선으로 꼬아서 사용하며, 허용인장하중은 500[kg/mm^2] 이상, 안전율은 2.5 이상으로 하도록 규정되어 있다.

그림 8.5와 같이 전선의 장력 T_0이면 지선에서 필요로 하는 장력 P는 $\sin\theta = \dfrac{T_0}{P}$이므로 다음 식과 같이 나타낼 수 있다.

$$P = \frac{T_0}{\sin\theta} \tag{8.1}$$

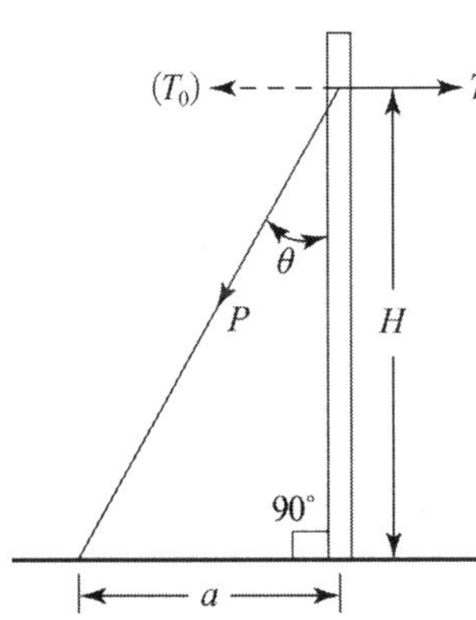

그림 8.5 지선에 가해지는 장력

그러므로 지선의 소선개수n은 소선 1선의 인장하중[kg/mm^2]을 P', 안전율을 k라 하면 다음과 같다.

$$\therefore n = \frac{P}{P'} \times k \tag{8.3}$$

(5) 인입선

배전선에서 분기하여 수용가의 인입구까지의 공급선을 인입선(고객 공급선)이라 하는데 전압에 따라서 특별고압, 고압, 저압 인입선이 있으며, 시설방법에 따라서 배전선에서 직접 수용가에 이르는 인입선과 한 수용가의 인입선에서 분기하여 다른 수용가의 인입구에 이르는 연접 인입선이 있다.

예제 8-1

그림 8.6과 같이 지선을 시설하여 전주에 가해지는 장력 600[kg]을 지지하려 한다. 지선으로는 4[mm]의 아연도금 강선을 사용한다면 이것을 몇 줄 사용하여야 하는가? 단, 1줄의 인장하중은 440[kg/mm^2], 안전율은 3이다.

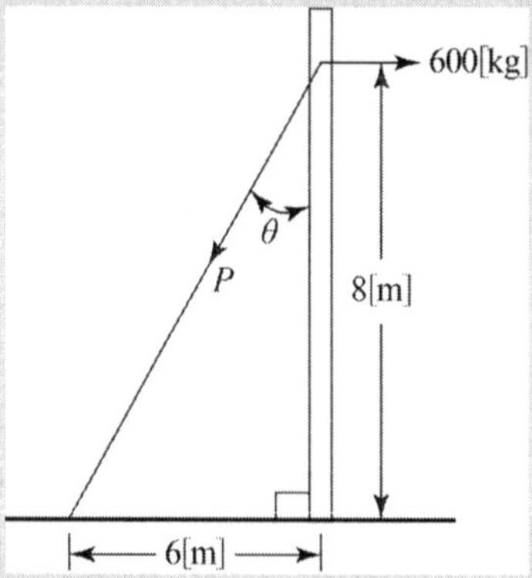

그림 8.6

풀이 $\sin\theta = \frac{a}{\sqrt{H^2+a^2}} = \frac{6}{\sqrt{8^2+6^2}} = 0.6$이므로 $P = \frac{T_0}{\sin\theta} = \frac{600}{0.6} = 1{,}000$[kg]이 필요하다.

지선의 소선 개수 n은 1줄의 인장하중이 440[kg/mm^2], 안전율이 3이므로

$$n = \frac{P}{P'} \times k = \frac{1{,}000}{440} \times 3 = 6.8\text{줄 (즉, 7줄의 강선 사용)}$$

8.4 전기방식

(1) 단상 2선식

그림 8.7과 같이 220[V]의 전등선에 사용되고 있다.

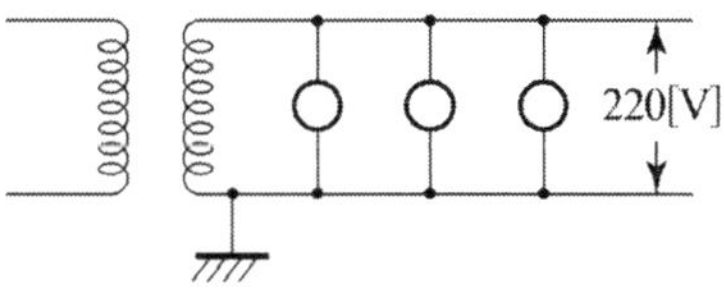

그림 8.7 단상 2선식

(2) 단상 3선식

이 방식은 그림 8.8과 같이 변압기의 중성점으로부터 중성선을 인출하고, 두 외선과 함께 3가닥의 전선으로 부하에 전력을 공급하는 방식이다.

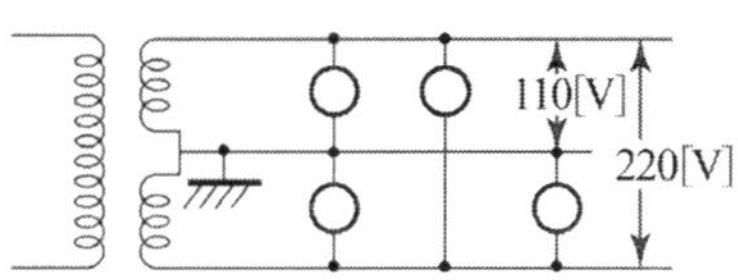

그림 8.8 단상 3선식

단상 3선식은 110/220[V]의 양 전압 방식으로서 220/380[V]로 승압하는 과정 중에 일시적으로 채택한 저압 배전방식으로서 지금은 모두 철거된 상태이다.

단상 3선식은 다음과 같은 특징을 가지고 있다(110[V] 단상 2선식에 비교).

① 전압강하 및 전력손실은 1/4로 감소한다.
② 소요 전선량이 감소한다.
③ 110[V] 부하 이외에 220[V] 부하도 사용 가능하다.
④ 상시 부하가 불평형이면 전압이 불평형으로 된다.
⑤ 중성선에는 퓨즈를 삽입하지 않는다.
　중성선이 단선되면 부하가 불평형인 경우 부하전압이 불평형 된다.
⑥ 중성선과 전압선 사이가 단락되면 단락되지 않은 측의 부하전압이 상승한다.

전압 불평형에 대한 대책으로서는 저압선의 말단에 밸런스(balancer)를 설치한다. 단상 3선식의 결선방식은 그림 8.9와 같다.

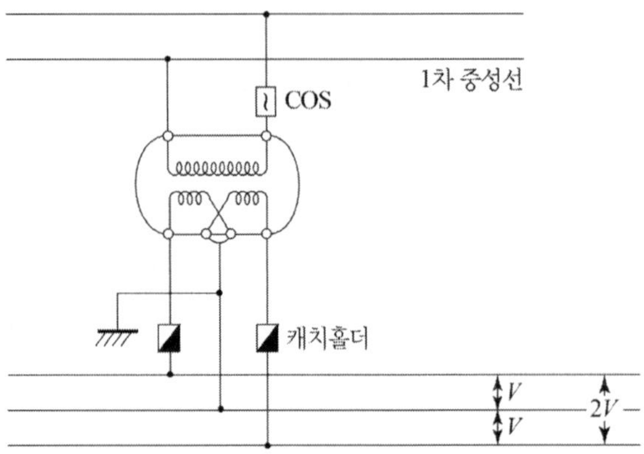

그림 8.9 단상 3선식의 결선방식

(3) 3상 3선식

Δ결선, Y결선 및 V결선이 있으며 저압 동력선에서 비교적 용량이 클 때는 단상 변압기 3개를 그림 8.10 (a)와 같이 Δ결선으로 하여 사용하지만, 그림 8.10 (b)와 같은 V결선도 사용한다.

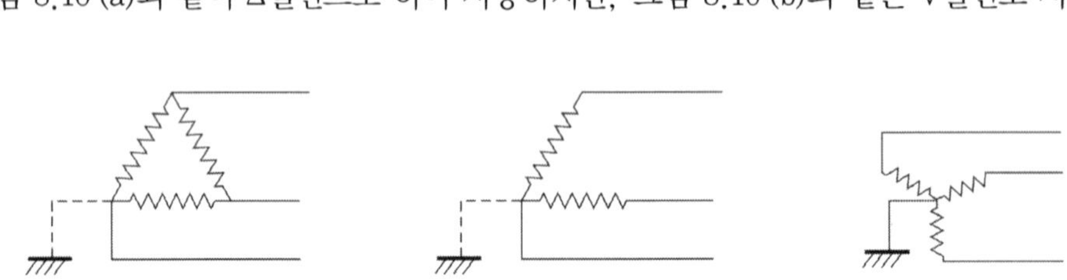

(a) △ 결선 (b) V 결선 (c) Y 결선

그림 8.10 3상 3선식

(4) 3상 4선식

보통 3상 4선식이라고 하는 것은 그림 8.11과 같은 Y결선을 말한다. 여기에서 변압기의 중성점만을 접지하는 중성선 단일 접지방식과 중성선을 여러 지점에서 접지하는 중성선 다중 접지방식이 있다. 그림처럼 22.9[kV] 배전방식은 1차측과 2차측을 하나의 중성선에 다중으로 접지하므로 공통 중성선 다중 접지방식이라고 부른다.

과거 우리나라에서는 Δ결선으로 되어 있는 3.3[kV], 6.6[kV]와 Y결선인 5.7[kV]의 배전선로를 22.9[kV] 3상 4선식으로 승압하였다.

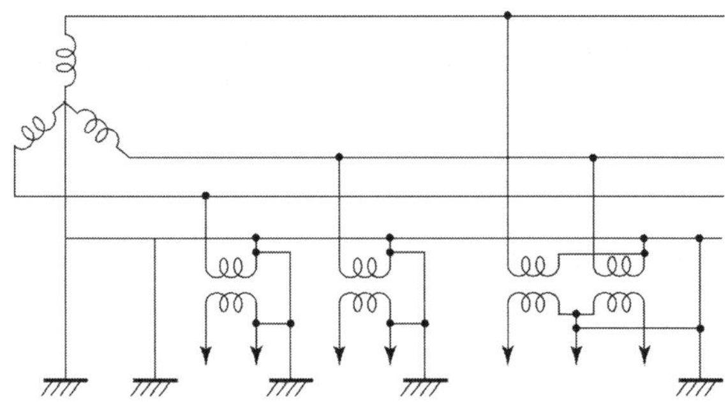

그림 8.11 공통 중성선 다중 접지방식

이 방식에서 모든 지락사고는 중성선과의 단락사고로 되기 때문에 퓨즈 또는 과전류 계전기로 보호할 수 있는 특징이 있다. 또한, 접지저항이 매우 낮기 때문에 건전상의 전위상승도 낮고, 고저압 혼촉 사고에서도 저압선의 전위상승도 낮다.

그러나 고장전류가 각 접지개소에 분류하기 때문에 고감도의 지락보호는 곤란하다. 따라서 모든 사고를 단락사고로 다룰 수 있도록 배전선로의 도중에 자동재투입 차단기인 리클로저(recloser)라든지, 이것과 협조하는 선로구분 자동개폐기인 섹셔널라이저(sectionalizer), 선로퓨즈(line fuse) 등을 삽입해서 보호한다.

그림 8.12는 22.9[kV] 3상 4선식 배전선로의 일례를 나타낸 것이다.

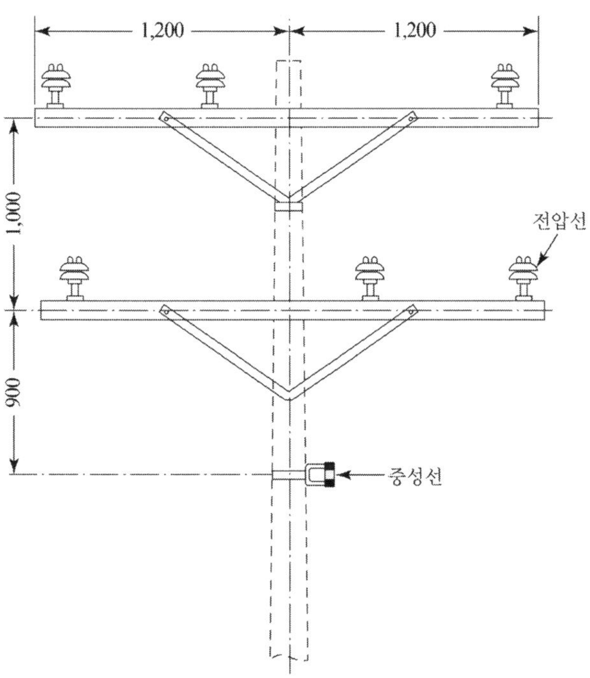

그림 8.12 22.9[kV] 3상 4선식 선로의 예

8.5 각종 전기방식에 대한 소요 전선량의 비교

배전전압, 배전전력, 전력손실과 배전거리가 같은 조건 하에서 각 배전방식에 대한 소요 전선량을 단상 2선식을 기준으로 하여 비교하여 본다.

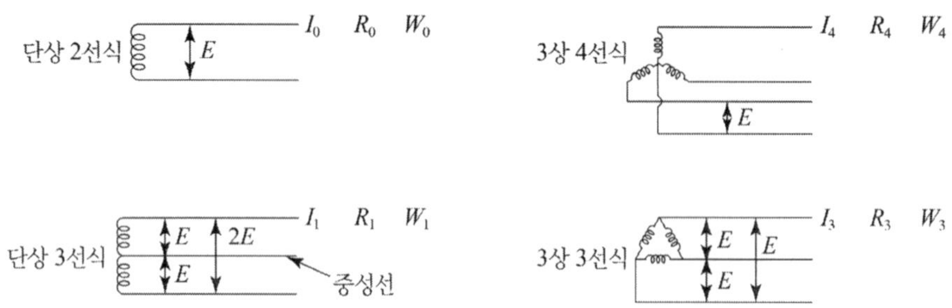

그림 8.13 각종 전기방식

단상 2선식과 단상 3선식의 소요 전선량을 비교하면 다음과 같다. 그림 8.13과 같이 단상 2선식의 전압, 전류, 저항과 중량을 각각 E, I_0, R_0 및 W_0 이며, 단상 3선식의 전압(중성선과 전압선 사이), 전류, 저항, 중량을 각각 E, I_1, R_1, W_1 이라고 하면 단상 2선식과 단상 3선식의 배전전력이 같으므로

$$EI_0 = 2EI_1 \tag{8.4}$$

으로 나타내며, 두 방식의 전력손실이 같으므로 다음 식과 같이 나타낼 수 있다.

$$2R_0 I_0^2 = 2R_1 I_1^2 \tag{8.5}$$

그러므로 두 방식의 소요 전선량은 사용전선의 밀도를 σ, 전선의 단면적을 각각 A_0, A_1 이라 하면 다음과 같다.

$$\frac{W_1}{W_0} = \frac{3\sigma A_1 l}{2\sigma A_0 l} = \frac{3A_1}{2A_0} \tag{8.6}$$

즉, 소요 전선량을 비교하기 위해서는 단면적의 비가 있어야 하며, 단면적의 비는 저항비의 역수이며, 저항비는 식 (8.5), 전류비는 (8.4)로부터 다음과 같이 계산된다.

$$\frac{A_1}{A_0} = \frac{R_0}{R_1} = \left(\frac{I_1}{I_0}\right)^2 = \left(\frac{1}{2}\right)^2 = \frac{1}{4} \tag{8.7}$$

그러므로 각 방식의 소요 전선량의 비는

$$\therefore \frac{W_1}{W_0} = \frac{3A_1}{2A_0} = \frac{3}{2} \times \frac{1}{4} = \frac{3}{8} = 0.375 = 37.5[\%] \tag{8.8}$$

으로 된다

위 방법에 따라 단상 2선식과 3상 3선식, 단상 2선식과 3상 4선식을 비교한 결과는 표 8.2와 같다.

표 8.2 전기방식에 따른 전선량 비교

전 기 방 식	소요 전선량[%]	비 고
단상 2선식	100	단상 2선식 기준
단상 3선식	37.5	
3상 3선식	75	
3상 4선식	33.3	

8.6 배전선의 전압강하

8.6.1 전압강하율과 전압변동률

배전선로에서 무부하일 때는 송전단 전압과 수전단 전압은 거의 같다. 그러나 부하가 접속되면 수전단 전압은 송전단 전압보다 낮아지며, 이 전압 차이를 전압강하(voltage drop)라 한다.

전압강하의 원인은 선로의 저항과 리액턴스에 있다. 이 전압강하의 수전단 전압에 대한 백분율을 전압강하율 e (percentage voltage drop)이라 한다.

$$e = \frac{E_s - E_r}{E_r} \times 100[\%] = \frac{I(R\cos\theta + X\sin\theta)}{E_r} \times 100 \tag{8.23}$$

여기서, E_s : 송전단 전압, E_r : 수전단 전압

배전선의 전압강하가 너무 크지 않도록 적정수준 이하로 유지할 필요가 있다. 일반적으로 전압강하의 범위는 고압배전선 10~20[%], 저압배전선 4~6[%], 배전용 변압기 2~3[%], 인입선 1~2[%]로 하고 있다.

또한, 부하가 변하였을 때의 수전단 전압의 변화를 나타내는 기준으로 전압변동률 ϵ (voltage regulation)이 있다.

$$\epsilon = \frac{E_{r0} - E_r}{E_r} \times 100[\%] \tag{8.24}$$

여기서, E_{r0} : 무부하시 수전단 전압

E_r : 전부하시 수전단 전압

예제 8-2

송전단 전압 66[kV], 수전단 전압 61[kV], 송전단에서 수전단의 부하를 끊은 경우 수전단 전압이 63[kV]일 때 전압강하율[%]과 전압변동률[%]을 계산하여라.

풀이

전압강하율 $e = \frac{E_s - E_r}{E_r} \times 100 = \frac{66-61}{61} \times 100 = 8.2[\%]$

전압변동률 $\epsilon = \frac{E_{r0} - E_r}{E_r} \times 100 = \frac{63-61}{61} \times 100 = 3.2[\%]$

8.6.2 배전선의 전압강하

배전선로의 전압강하는 (직류식에 있어서) 선로전류와 저항의 곱으로 나타내며, 일단 및 양단에서 급전하는 경우에 대하여 살펴본다.

(1) 일단에서 급전하는 경우

그림 8.14와 같이 전류 $I = \sum i$ 가 A단에서 공급되는 경우, B단까지의 전압강하 e 는 다음과 같이 계산된다.

$$e = r_1(i_1 + i_2 + i_3 + \cdots + i_n) + r_2(i_2 + i_3 + \cdots + i_n) + \cdots + r_n i_n \tag{8.25}$$

$$= r_1 i_1 + (r_1 + r_2) i_2 + \cdots + (r_1 + r_2 + r_3 + \cdots + r_n) i_n$$

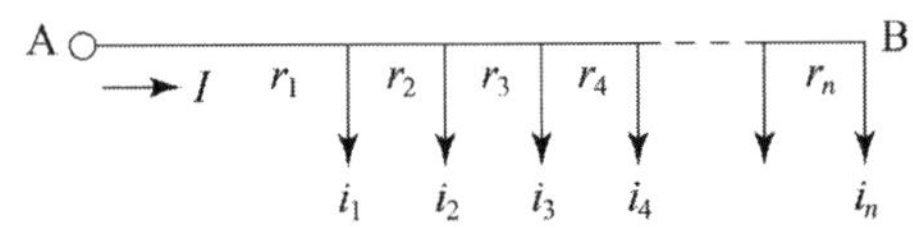

그림 8.14 일단 급전의 직류선로

(2) 양단에서 급전하는 경우

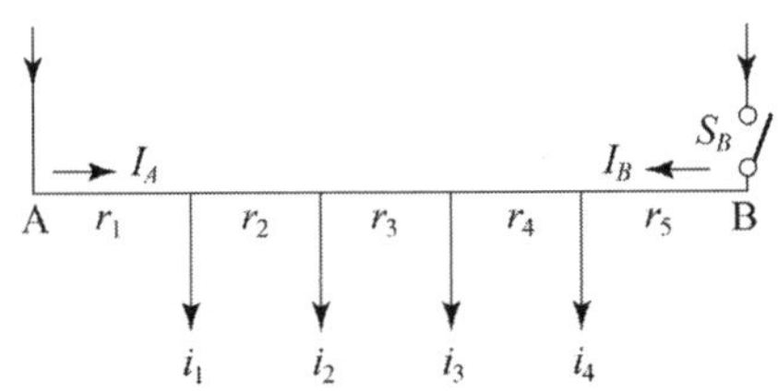

그림 8.15 양단 급전선로

그림 8.15와 같이 양단에서 전류가 유입할 경우 전류의 분포를 알아야 한다. 지금 B단의 스위치 S_B를 개방했다고 하면, 전 전류는 A단에서 공급된다. 이 전류를 $I_A{}'$라 하면

$$I_A{}' = i_1 + i_2 + i_3 + i_4 \tag{8.26}$$

로 되는데, 이때의 B단의 전압을 E라 하자. 다음에 스위치 S_B를 투입했을 때의 B단의 전압은 E_B이므로, $E_B - E = e$만큼 전압이 상승하기 때문에, B단에서 유입하는 전류 I_B는

$$I_B = \frac{e}{r_1 + r_2 + r_3 + r_4 + r_5} \tag{8.27}$$

와 같이 된다. 이때 A단에서 유입하는 전류 I_A는, 중첩의 원리에 의하여

$$I_A = I_A{}' - I_B \tag{8.28}$$

로 된다. 이렇게 하여 간선의 전류분포를 알 수 있게 되고, 또 이것을 알면 각 부하 점의 전압도 알 수 있다.

예제 8-3

그림 8.16과 같이 A, B를 급전 점으로 하는 배전선에서 A점의 전압을 55[V], B점의 전압을 50[V]로 하고 각 부하점 사이의 저항[Ω] 및 전류[A]는 그림 8.15와 같다고 할 경우 A점에서 유입하는 전류를 계산하여라.

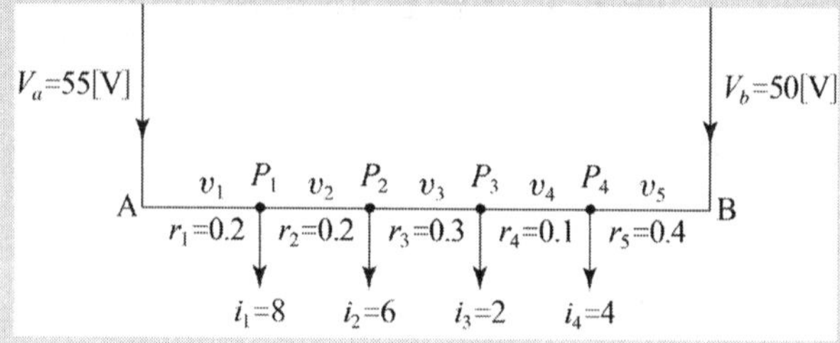

그림 8.16

풀이 먼저 B점을 개방하고 A점에서만 급전한다면 전 배전선로의 전압강하는

$$e = 20 \times 0.2 + 12 \times 0.2 + 6 \times 0.3 + 4 \times 0.1 = 8.6[\text{V}]$$

이 때 B점의 전압은 $55 - 8.6 = 46.4$[V]가 되며, B점의 급전전압은 50이므로 B점에서 유입되는 전류는 다음과 같다.

$$I_B = \frac{50 - 46.4}{0.2 + 0.2 + 0.3 + 0.1 + 0.4} = 3[\text{A}]$$

전 부하전류가 20[A]이므로 A점에서 유입되는 전류는 다음과 같다.

$$I_A = 20 - 3 = 17[\text{A}]$$

8.7 전력손실

배전선로의 저항에서 발생하는 저항손실에 대하여 알아본다.

8.7.1 선로의 저항손실

(1) 말단의 집중부하 선로의 손실전력량 계산

배전선에 전류 I[A]가 흐르고 있는 선로에 1선의 저항을 R[Ω]이라 하면 1선당의 전력손실 p_c[W/선]는 $p_c = I^2 R$이며, T시간 동안의 손실전력량 w_c[Wh/선]는

$$w_c = \int_0^T I^2 R dt \tag{8.29}$$

이다. 지금 T시간 중의 평균 전력손실$\left(\int_0^T I^2 R\, dt\right)$과 최대 전력손실($I_m^2 R T$)과의 비를 손실계수(loss factor) H라 하면

$$H = \frac{1}{I_m^2 T}\int_0^T I^2 dt \tag{8.30}$$

되어 식 (8.29)는 다음과 같이 표시된다.

$$w_c = H I_m^2 R T \tag{8.31}$$

손실계수H가 주어지면 식 (8.31)에서 손실 전력량이 구해진다. 또, T시간 중의 평균전력과 최대전력과의 비를 부하율 F라고 하며 다음과 같다.

$$F = \frac{1}{I_m T}\int_0^T I dt \tag{8.32}$$

부하율 F는 (I/I_m)의 평균값이고, 손실계수 H는 $(I/I_m)^2$의 평균값이므로 F, H, F^2의 관계는 다음과 같이 된다.

$$1 \geqq F \geqq H \geqq F^2 \geqq 0 \tag{8.33}$$

손실계수 H는 부하율 F와 부하율의 제곱 F^2의 중간이므로 부하율이 좋은 경우에는 부하율 F에 가까운 값이 되고($H \fallingdotseq F$), 부하율이 나쁜 경우에는 부하율의 제곱 F^2에 가까워진다. ($H \fallingdotseq F^2$)

일반적으로 부하율 F로부터 손실계수 H는 다음과 같이 계산된다.

$$H = \alpha F + (1-\alpha)F^2 \tag{8.34}$$

즉, α는 0.1~0.4인데 보통 0.2가 많다.

이와 같이 부하율 F만 알면 근사적으로 손실계수 H를 구할 수 있으며, 이를 식 (8.31)에 대입함으로써 T시간 동안 손실전력량 w_c를 계산할 수 있다.

(2) 균등 분산부하 선로의 손실계수 계산

그림 8.17과 같이 부하가 배전선로에 균등하게 분산되어 있는 경우에 있어서 손실계수는 다음과 같이 구할 수 있다.

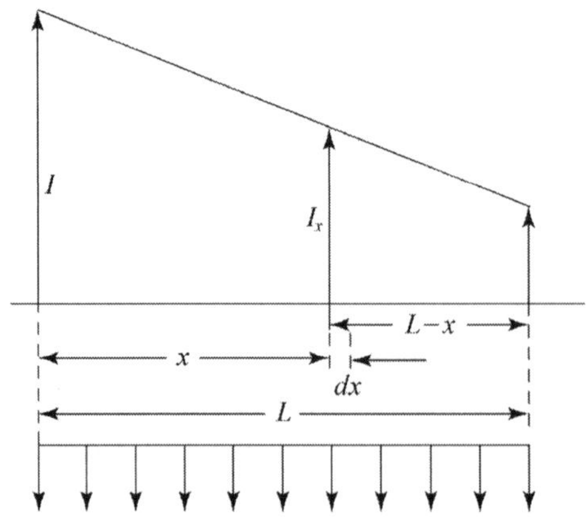

그림 8.17 균등 분산부하

선로전류는 선로의 길이에 비례하므로 송전단에서 거리 x 인 곳의 전류 I_x는 송전단전류 I와 전체길이 L 인 경우 $\frac{I}{L}=\frac{I_x}{L-x}$의 관계로부터

$$I_x = I\left(1-\frac{x}{L}\right) \tag{8.41}$$

가 된다. 또, 단위길이당의 저항을 r 이라 하면 dx 부분의 전력손실 $dp = I_x^2\, r\, dx$ 이므로, 전체 길이에 대한 전력손실 p 는 다음과 같이 된다.

$$\begin{aligned} p &= \int_0^L I_x^2\, r\, dx = \int_0^L I^2\left(1-\frac{x}{L}\right)^2 r\, dx \\ &= I^2 r\left[x-\frac{x^2}{L}+\frac{x^3}{3L^2}\right]_0^L = \frac{1}{3}I^2 r L \end{aligned} \tag{8.42}$$

$I^2 r L$ 은 수전단에 집중부하가 접속되어 있는 경우의 전력손실이므로 균등분산 부하에 대한 손실은 전체 선로길이의 1/3에 해당하는 곳에 전부하가 집중되어 있는 경우와 같다. 따라서 분산 손실계수 h는 1/3이 된다.

즉, 부하가 균등하게 분산되어 있는 경우의 손실은 수전단에 집중되어 있는 경우에 비하여 1/3 정도의 손실이 발생함을 알 수 있다.

8.8 배전계통 계획

배전계통을 계획함에 있어서 가장 중요한 것은 최대전력이다. 전력공급 설비는 연간 발생하는 최대 소비전력에 대하여 충분한 용량을 갖지 않으면 안 된다. 그런데 부하는 매년 증가하며 전력설비 또한 계속 확충하고 있다.

전력설비의 이용률(utilization factor)은

$$\text{이용률} = \frac{\text{설비에 걸리는 연간 최대전력 [kW]}}{\text{전력설비 용량}} \times 100 \tag{8.43}$$

으로 정의되며, 시설초기에는 이용률이 낮지만 부하증가와 함께 크게 되며, 일정 한도에 이르러 새로운 전력설비가 확충됨에 따라 다시 저하한다. 배전용 변압기에서는 초기 이용률을 0.6~0.7, 최종 이용률은 1.3~1.5 정도로 잡는다.

(1) 수용률

수용가의 부하설비에서 소비되는 전력은 주간과 야간에 따라서 다르며, 또한 계절에 따라서 다르다. 수용가의 모든 부하설비가 동시에 사용되는 일은 거의 없으므로 부하설비 용량에 비해 최대 수용전력은 작은 것이 보통이다.

수용가의 최대전력과 부하 설비용량과의 비를 수용률(demand factor)이라 하며 보통 백분율로 표시한다. 즉,

$$\text{수용률} = \frac{\text{최대전력}}{\text{부하 설비용량}} \times 100[\%] \tag{8.44}$$

수용률은 부하설비가 동시에 사용되는 정도를 나타내며, 보통은 모든 부하설비를 동시에 사용되지 않으므로 100[%]보다는 적다.

수용률은 측정하는 기간이 1일, 1개월, 1년의 경우 등 동일 수용가에 대해서도 다른 값이 되는데 측정기간을 1년으로 해서 나타내는 것이 일반적이다. 표 8.3은 업종별 수용률의 일례이며, 예상되는 수용률로부터 수용가의 부하 설비용량을 곱함으로써 그 수용가의 최대(소비)전력을 계산할 수 있다.

표 8.3 업종별 수용률의 일례

업 종	수용률[%]	업 종	수용률[%]
식품공업	50~65	철 강 업	40~60
섬유공업	55~75	알루미늄제조업	50~60
제지공업	60~75	금 속 공 업	35~50
화학공업	60~80	기 계 제 조 업	35~50
석유제당	50~70	조 선 업	30~45
요 업	65~75		

예제 8-4

어느 건물의 총 부하설비는 850[kW]이다. 수용률을 60[%]라고 한다면 이 건물 내의 변전소에 설치해야 할 변압기의 용량은 얼마로 하여야 하겠는가? 단, 부하의 종합역률은 0.75이다.

풀이 부하의 최대 전력 = 부하설비 용량 × 수용률이므로 다음과 같이 계산된다.

$$P_m = 850 \times 0.6 = 510[\mathrm{kW}]$$

부하의 종합역률이 0.75이므로 최대수용 전력에 해당하는 피상전력은

510/0.75=680[kVA]

이므로, 설치할 변압기 용량은 700[kVA]로 결정한다.

(2) 부등률

각각의 수용가에서 최대전력이 동시에 발생하는 일은 거의 없으며, 그 발생에는 시간적인 차이가 있다. 따라서 많은 수용가에 공급하는 배전계통의 합성 최대전력은 각 수용가의 최대전력의 합계보다는 작게 된다.

예를 들면 배전 변압기에 접속되는 각 수용가의 부하는 각각의 특성에 따라 변동하므로 최대전력이 일어나는 시각은 다르다. 이 최대전력의 발생 시각이 다른 정도를 나타내는 지표가 부등률(不等率, inequality factor)이며 각 수용가의 최대전력을 합한 값보다는 합성 최대전력이 작은 것이 보통이다.

$$\text{부등률} = \frac{\text{각 수용가의 최대전력의 합계}}{\text{합성 최대전력}} \tag{8.45}$$

따라서 부등률은 1보다 큰 값인데 그 정도는 계통의 규모, 부하의 특성, 계절 등에 따라서 다르며, 부등률이 클수록 합성 최대전력은 작아진다.

부등률은 수용가 상호간, 배전 변압기 상호간, 급전선(feeder) 상호간, 배전용 변전소 상호간에도 적용할 수 있으며, 위의 식에서 구한 합성 최대전력을 이용하여 필요한 배전설비의 용량을 계산할 수 있으므로 부등률은 배전계통에 있어서 중요한 요소이다. 부등률의 일례를 보면 표 8.4와 같다.

표 8.4 부등률의 일례

구 별	부등률
전등 수용가 상호간	1.135
전동기 수용가 상호간	1.580
전등용 배전변압기 상호간	1.175
전동기용 배전변압기 상호간	1.360
배전간선 상호간	1.086
배전용 변압기 상호간	1.026
1차 변전소 상호간	1.133

(3) 부하율

부하의 시간적인 변동 상황을 나타내는 곡선을 부하곡선(load curve)이라 한다. 이는 부하의 특성을 조사할 경우에 사용되는 기본적인 요소가 되며, 보통은 1일 중의 부하전력의 변화를 나타내는 일부하곡선(daily load curve)을 부하곡선이라 하며, 월간 또는 연간 부하곡선도 작성된다.

그림 8.18과 같이 부하곡선으로 이루어진 면적은 부하에서 소비된 전력량[kWh]을 나타내므로 그 기간의 평균전력은 다음과 같다.

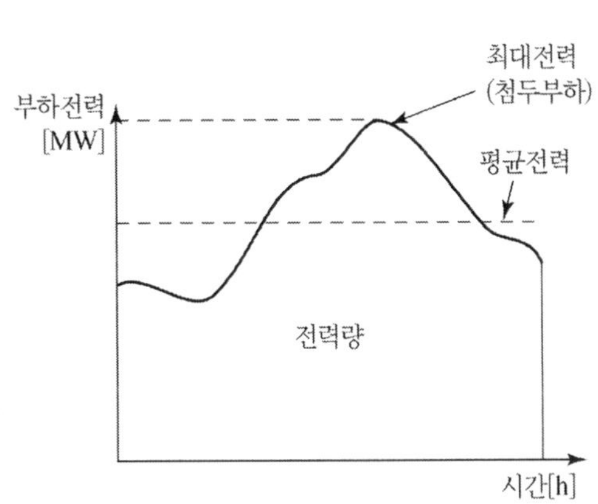

그림 8.18 부하곡선

$$평균전력[kW] = \frac{어느\ 기간의\ 전력량\ [kWh]}{그\ 기간의\ 시간수\ [h]} \tag{8.46}$$

어느 기간의 평균전력과 최대전력과의 비를 부하율(load factor)이라 한다. 즉,

$$부하율 = \frac{평균전력}{최대전력} \times 100[\%] \tag{8.47}$$

부하율은 그 기간에 따라서 일부하율(daily load factor), 월부하율(monthly load factor), 연부하율(yearly or annual load factor)이 있다.

부하율은 그 전기설비가 유효하게 이용되는 정도를 나타낸 것으로 부하율이 높으면 전기설비가 그만큼 유효하게 이용되는 것이다. 즉, 전기 공급자 측에서는 부하율이 크면 전력 공급설비를 유효하게 사용하는 것이고, 반대로 부하율이 낮으면 공급설비의 유휴분이 증가하여 경영상의 압박을 받게 된다.

따라서 심야전기 요금제도(밤 10시부터 아침 8시까지의 잉여 전기를 이용하는 제도로서 정상요금에 비하여 1/4 수준)라든지 빙축열 냉방시스템(값싼 심야전기 이용하여 얼음이나 냉수를 생산하여 축열조에 저장하였다가 주간 냉방에 이용하는 시스템)의 도입 등은 부하율 향상을 도모하기 위한 방법이다.

그러나 생활수준 향상으로 인하여 연간 가동시간이 짧은 에어컨의 보급으로 인하여 연부하율이 낮아지며, 전기밥솥, 전자레인지 등의 첨두부하형 전기기기의 보급으로 인하여 일부하율도 저하되고 있는 실정이다.

표 8.5는 전등 수용가의 부하율의 일례를 나타내었다.

표 8.5 부하율의 일례

종 류		부하율[%]
대도시	주택지역	39.7
	주택, 공장지역	40.6
	주택, 상점지역	39.2
	상점가	44.6
시지역	주택지역	40.0
	주택, 공장지역	43.0
	주택, 상점지역	41.5
	상점가	43.1
농 촌		42.6

(4) 수용률, 부등률, 부하율의 관계

지금 각 수용가의 수용률이 모두 같다고 하면 부등률 및 수용률 사이에는 다음과 같은 관계가 있다.

$$\text{합성 최대전력} = \frac{\text{각 수용가 최대전력의 합계}}{\text{부등률}} \tag{8.48}$$

최대전력은 부하설비용량×수용률이므로 이 관계를 대입하면

$$\text{합성 최대전력} = \frac{\text{각 수용가 부하설비용량의 합계} \times \text{수용률}}{\text{부등률}} \tag{8.49}$$

이와 같이 위 식으로부터 합성 최대전력이 계산되면 이 합성 최대전력에 해당하는 용량의 변압기를 선정하면 될 것이다. 또한, 식 (8.49)와 부하율 사이에는 다음과 같은 관계가 있다.

$$\begin{aligned}\text{부하율} &= \frac{\text{평균전력}}{\text{최대전력}} \\ &= \frac{\text{평균전력}}{\text{각수용가의 부하설비}} \times \frac{\text{부등률}}{\text{수용률}}\end{aligned} \tag{8.50}$$

즉, 부하율은 부등률에 비례하고 수용률에 반비례함을 알 수 있다.

예제 8-5

어느 변전소의 공급구역 내 부하용량은 전등 600[kW], 동력 800[kW]이다. 각 수용가의 수용률 전등 60[%], 동력 80[%]로 보고, 각 수용가 상호간의 부등률은 전등 1.2, 동력 1.6이며 변전소에서 전등부하와 동력부하 상호간의 부등률을 1.4라 하면, 이 변전소에서 공급하는 최대전력[kW]을 구하여라. 여기서, 배전선로의 전력손실은 부하전력의 10[%]이다.

풀이 전등부하의 최대전력 A[kW], 동력부하의 최대전력을 B[kW]라 하면

$$A = \frac{600 \times 0.6}{1.2} = 300\,[\text{kW}], \quad B = \frac{800 \times 0.8}{1.6} = 400\,[\text{kW}]$$

따라서 배전선로의 전력손실 10[%]을 포함한 변전소에서 최대전력 P은 다음과 같다.

$$P = \frac{300 + 400}{1.4}(1 + 0.1) = 550\,[\text{kW}]$$

8.9 배전용 변압기

8.9.1 주상변압기 용량

배전용 변압기인 주상변압기(柱上變壓器, pole transformer)는 단상용과 3상용이 있다. 전등용으로는 단상변압기 한 대를 사용하고, 동력용으로는 단상변압기 2대를 V결선하거나, 3대를 △결선해서 사용하고 있다. 또한, 설치장소를 줄이기 위하여 3상 변압기 1대를 설치하는 수도 있다.

일반적으로 변압기의 용량결정은 다음과 같은 식에 의하여 각 수용가의 예상되는 부하용량의 합계에 수용률을 곱해서 최대 수용전력의 합계를 구한다. 이것을 수용가 상호간의 부등률로 나누어서 합성 최대전력을 구하며, 이 합성 최대전력을 공급할 수 있는 용량의 변압기를 선정하여야 한다.

$$\text{합성 최대전력} = \frac{\text{수용가의 예상부하} \times \text{수용률}}{\text{부등률}} \tag{8.51}$$

계산된 변압기 용량에서 장래의 증가될 예상량까지 감안해서 변압기의 표준용량 가운데서 결정하게 된다.

일반적으로 사용되는 주상변압기의 용량은 다음과 같다.

10, 15, 20, 25, 30, 50, 75, 100, 150[kVA]

대개 수용가가 많을수록 수용률은 작아지고 반대로 부등률은 커지기 때문에 비교적 소용량의 변압기를 가지고도 많은 부하에 전력을 공급할 수 있다.

8.9.2 V-V 결선의 출력

단상 변압기 3대를 가지고 △-△결선해서 운전하고 있을 때 그 중 1대를 제거하면 V-V 결선으로 되어 그대로 3상 전력을 공급할 수 있다. 그림 8.19 (a)에서 UW 및 uw 간에 변압기가 없더라도 1차 전압이 대칭 3상 전압이면 그림 8.19 (b)와 같이 2차도 대칭 3상 전압을 얻게 된다.

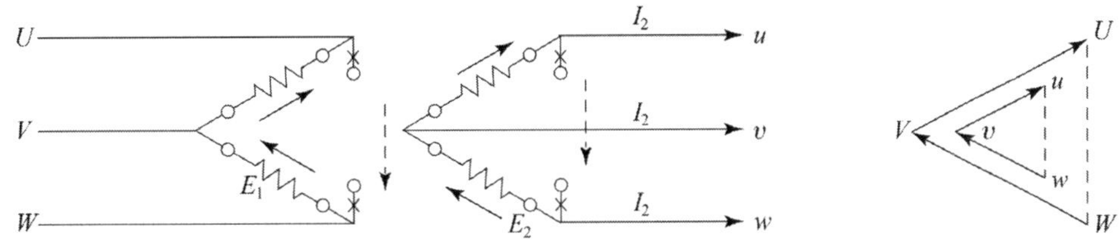

(a) 결선도 (b) 벡터도

그림 8.19 V–V 결선

이러한 성질을 이용해서 배전계통에서는 부하가 작은 초기에는 2대의 변압기로 V–V 결선으로 접속해서 전력을 공급하다가, 부하가 증가하면 1대의 변압기를 추가하여 △–△ 결선으로 바꾸어 줌으로써 부하증가에 유연하게 대응할 수 있다.

그림 8.19와 같이 V결선에서의 전압 관계는 △결선의 경우와 같이 각 변압기의 단자 사이에는 선간전압이 걸리지만 변압기에 흐르는 전류는 선전류이기 때문에 V 결선에서의 출력 P_V은 다음과 같다.

$$P_V = \sqrt{3}\,EI = \sqrt{3}\,E \times \frac{P}{E} = \sqrt{3}\,P\,[\text{kVA}] \tag{8.52}$$

여기서, P : 변압기 1대의 용량[kVA]
E : 선간전압(변압기의 정격전압[kV])
I : 변압기의 정격전류[A]

즉, V결선 변압기에서 낼 수 있는 출력은 변압기 1대의 용량의 $\sqrt{3}$ 배까지이다. 이에 대해서, 사용하는 변압기는 2대이므로 변압기의 설비용량은 $2P$가 되는 반면에, V결선 변압기의 출력은 $\sqrt{3}\,P$에 불과하므로 이때 변압기의 이용률은

$$\frac{\sqrt{3}\,P}{2P} = 0.866$$

이 된다. 즉, 변압기 용량의 86.6[%]만 이용할 수 있다. 그러므로 V결선 변압기에 접속할 수 있는 부하용량은 전체 변압기 용량($2P$)의 86.6[%] 이내이어야 한다.

또한, △ 결선으로 운전 중 변압기 1대가 고장으로 제거되고 나머지 2대로 V결선해서 계속 운전할 경우에는 △ 결선에서 공급할 수 있는 전력은 $3P$ 인 반면에 V결선에서는 $\sqrt{3}\,P$에 불과

하므로, 고장 전에 비하여 고장 후의 출력 감소율$\left(\dfrac{P_V}{P_\triangle}\right)$은 다음과 같다.

$$\frac{P_V}{P_\triangle}=\frac{\sqrt{3}\,P}{3P}=\frac{1}{\sqrt{3}}=0.577 \tag{8.53}$$

즉, V결선 변압기에서 낼 수 있는 출력 P_V은 △결선 변압기의 출력 $P_\triangle$에 비하여 57.7[%]에 불과하므로 부하도 여기에 맞추어서 감소시켜야 하며, 그렇지 않으면 과부하로 인하여 변압기가 소손될 것이다.

예제 8-6

어느 자가용 수용가에서 역률이 1인 부하가 50[kW], 역률이 0.8인 부하가 100[kW] 있다. 이 부하에 공급하는 변압기에 대해서
(1) △ 결선으로 공급할 경우 필요한 단상변압기 1대의 용량[kVA]
(2) 1대 고장으로 V결선으로 할 경우 변압기에 걸리는 과부하율[%]을 계산하여라.

풀이 이 수용가의 피상전력은
역률이 1인 50[kW] 부하의 경우 유효전력은 50[kW], 무효전력은 없다.
역률이 0.8인 100[kW] 부하의 경우 유효전력은 100[kW], 무효전력은 $100\times\dfrac{\sqrt{1-0.8^2}}{0.8}$ 이므로 75[kVar]이다.
그러므로 이 수용가에서 부하가 요구하는 전 피상전력 P_0은

$$P_0=\sqrt{(50+100)^2+75^2}=168\,[\mathrm{kVA}]$$

(1) △결선시 변압기 1대당 용량 P_T[kVA]은

$$P_T=\frac{P_0}{3}=56\,[\mathrm{kVA}]$$

변압기 용량 56[kVA]는 생산되지 않으므로 이에 해당되는 표준용량 75[kVA]의 변압기를 사용해야 한다.

(2) V결선시 출력은 $\sqrt{3}\,P_T$, 즉 130[kVA]인 반면에 부하가 요구하는 피상전력은 168[kVA]이므로 변압기에 걸리는 과부하율은

$$\frac{168}{130}\times 100=129\,[\%]$$

가 된다.

8.9.3 주상변압기의 손실과 효율

변압기의 손실은 철손과 동손이 있다. 철손은 부하의 유무에 관계없이 전압만 인가되면 발생하는 것으로서 이것을 무부하 손실이라고 한다.

이에 대하여 동손은 부하전류에 의한 권선의 손실로서 이것은 부하가 변동하면 전류의 제곱에 비례하여 증감하게 되며 보통 이것을 부하손실이라고 한다.

표 8.6은 주상 변압기에서 발생하는 철손과 동손의 비율을 나타낸다.

표 8.6 주상변압기의 철손과 동손의 비율

	철 손[%]	동 손[%]	합 계[%]
첨두부하시 손실 전력	33	67	100
손실전력량	65	35	100

변압기는 정지기이므로 기계적인 손실이 없으며, 효율은 회전기에 비하여 양호하다. 보통 5[kVA] 정도의 소형변압기이면 96[%], 10,000[kVA] 이상의 대형이면 99[%]인 것도 있다.

주상변압기의 부하는 시시각각 변하기 때문에 변압기의 효율을 종합적으로 판정하기는 어렵다. 그래서 1일 동안에 주상변압기가 얼마만큼 경제적으로 가동되고 있는가를 나타내는 데 전일효율(all day efficiency)로 나타낸다. 즉, 이 변압기에서 1일 중의 공급 전력량과 1일 중의 입력 전력량과의 비를 가지고 전일효율을 나타낸다.

$$\begin{aligned}\text{전일효율} &= \frac{\text{1일 중의 공급전력량}}{\text{1일 중의 입력전력량}} \times 100[\%] \\ &= \frac{\text{1일 중의 공급전력량}}{\text{1일 중의 공급전력량} + \text{1일 중의 손실전력량}} \times 100[\%] \\ &= \frac{p_d}{p_d + [(p_i \times 24) + p_{cd}]} \times 100[\%] \qquad (8.54)\end{aligned}$$

여기서, p_d : 1일 중의 공급전력량[kWh]

p_i : 변압기의 철손[kW]

p_{cd} : 1일 중의 변압기의 동손량[kWh]

또한, 철손은 부하에는 아무 관계없이 변압기가 운전되고 있는 한 언제나 변압기가 가지고 있는 손실이므로 수용률이 크지 않으면 변압기 효율은 낮아진다. 전일효율은 1에 가까울수록 변압기는 경제적으로 이용되고 있다.

예제 8-7

용량 30[kVA]의 주상변압기가 있다. 어느 날의 부하가 30[kW]-2 시간, 24[kW]-8시간, 6[kW]-14시간이었다. 이 변압기의 전일효율을 구하여라. 단, 부하역률은 1, 전부하시 동손은 500[W], 철손은 200[W]이다.

풀이

$$1\text{일 중의 공급 전력량} = 30\times 2 + 24\times 8 + 6\times 14 = 336[\text{kWh}]$$

철손은 부하에 상관없이 일정하며, 동손 I^2R은 부하 크기비율의 제곱에 비례하므로

$$1\text{일 중의 철손 손실량} = 200\times 24\times 10^{-3} = 4.8[\text{kWh}]$$

$$\begin{aligned}1\text{일 중의 동손 손실량} &= 500\left\{\left(\frac{30}{30}\right)^2\times 2 + \left(\frac{24}{30}\right)^2\times 8 + \left(\frac{6}{30}\right)^2\times 14\right\}\times 10^{-3}\\ &= 3.84[\text{kWh}]\end{aligned}$$

따라서,

$$\begin{aligned}\text{전일효율} &= \frac{p_d}{p_d + [(p_i\times 24) + p_{cd}]}\times 100[\%]\\ &= \frac{336}{336 + (4.8 + 3.84)}\times 100 = 97.48[\%]\end{aligned}$$

연 습 문 제

e x e r c i s e

8-1 전선의 장력이 1,000[kg]일 때 지선에 걸리는 장력은 몇 [kg]인가? [94. 공사산업기사]

㉮ 2,000
㉯ 2,500
㉰ 3,000
㉱ 3,500

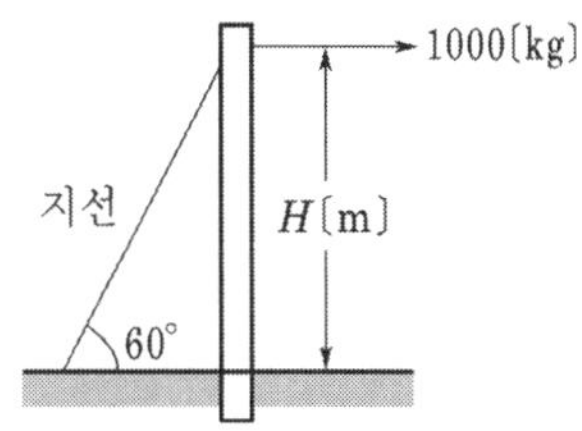

8-2 공통 중성선 다중 접지 3상 4선식 배전선로에서 고압측(1차측) 중성선과 저압측 (2차측) 중성선을 전기적으로 연결하는 목적은? [94. 전기기사]

㉮ 저압측의 단락사고를 검출하기 위함
㉯ 저압측의 접지사고를 검출하기 위함
㉰ 주상 변압기의 중성선측 부싱(bushing)을 생략하기 위함
㉱ 고저압 혼촉시 수용가에 침입하는 상승전압을 억제하기 위함

8-3 우리 나라 배전방식 중 가장 많이 사용하고 있는 것은? [94. 전기산업기사]

㉮ 단상 2선식　　㉯ 3상 3선식
㉰ 3상 4선식　　㉱ 2상 4선식

8-4 저압배전선로에 대한 설명으로 틀린 것은? [16. 전기기사]

㉮ 밸런서(balancer)는 단상2선식에 필요하다.
㉯ 저압 뱅킹방 식은 전압변동을 경감할 수 있다.
㉰ 배전선로의 부하율이 F일 때 손실계수는 F와 F^2의 중간 값이다.
㉱ 수용률이란 최대수용전력을 설비용량으로 나눈 값을 퍼센트로 나타낸 값이다.

8-5 저압 단상 3선식 배전방식의 단점은? [93. 공사기사]

㉮ 절연이 곤란하다.　　㉯ 전압의 불평형이 생기기 쉽다.
㉰ 설비 이용률이 나쁘다.　　㉱ 2종의 전압을 얻을 수 있다.

8-6 그림과 같은 단상 3선식 회로의 중성선 P점에서 단선되었다면 백열등 A (100[W])와 B (400[W])에 걸리는 단자전압은 각각 몇 [V]인가? [99. 전기산업기사]

㉮ $V_A = 160[\mathrm{V}],\ \ V_B = 40[\mathrm{V}]$

㉯ $V_A = 120[\mathrm{V}],\ \ V_B = 80[\mathrm{V}]$

㉰ $V_A = 40[\mathrm{V}],\ \ V_B = 160[\mathrm{V}]$

㉱ $V_A = 80[\mathrm{V}],\ \ V_B = 120[\mathrm{V}]$

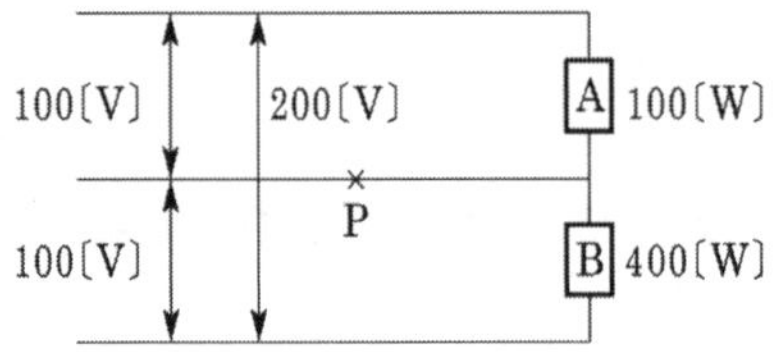

8-7 저압 뱅킹(banking) 방식의 장점이 아닌 것은? [04. 전기공사기사]

㉮ 전압강하 및 전력손실이 경감된다.

㉯ 변압기 용량 및 저압선 동량이 절감된다.

㉰ 부하변동에 대한 탄력성이 좋다.

㉱ 경부하시 변압기의 이용 효율이 좋다.

8-8 저압 뱅킹(banking) 배전방식에서 캐스케이딩(cascading) 현상이란? [08. 전기산업기사]

㉮ 전압 동요가 적은 현상

㉯ 변압기의 부하배분이 불균일한 현상

㉰ 저압선이나 변압기에 고장이 생기면 자동적으로 고장이 제거되는 현상

㉱ 저압선의 고장에 의하여 건전한 변압기의 일부 또는 전부가 차단되는 현상

8-9 네트워크(network) 배전방식의 장점이 아닌 것은? [98. 공사기사]

㉮ 무정전공급이 가능하다.

㉯ 인축의 접지사고가 적어진다.

㉰ 전압변동이 적다.

㉱ 부하증가에 대한 적응성이 크다.

8-10 부하단의 선간전압(단상 3선식의 경우는 중성선과 다른 2선과의 사이의 전압으로 한다.) 및 선로전류를 같게 한 경우 단상 3선식과 단상 2선식과의 1선당의 공급전력의 비는 약 몇 [%] 정도인가? 단, 송전전력, 송전거리, 전선로의 전력손실은 일정하고 같은 재료의 전선을 사용한 경우임 [99. 전기기사]

㉮ 70　　㉯ 133

㉰ 141　　㉱ 150

8-11 서울과 같이 부하밀도가 큰 지역에서는 일반적으로 변전소의 수와 배전거리를 어떻게 결정하는 것이 좋은가? [94. 공사산업기사]

㉮ 변전소의 수를 감소하고 배전거리를 증가한다.
㉯ 변전소의 수를 감소하고 배전거리를 감소한다.
㉰ 변전소의 수를 증가하고 배전거리를 증가한다.
㉱ 변전소의 수를 증가하고 배전거리를 감소한다.

8-12 고압 가공배전선로에서 고장 또는 보수 점검시 정전구간을 축소하기 위하여 사용되는 것은? [08. 전기산업기사]

㉮ 구분개폐기　㉯ 컷아웃 스위치
㉰ 캐치 홀더　㉱ 공기차단기

8-13 유효전력 10[kW], 무효전력 12.5[kVar]을 소비하는 3상 평형부하에 4.5[kVA]의 전력용 콘덴서를 접속하면 접속 후의 피상전력은 몇 [kVA]가 되는가? [95. 공사산업기사]

㉮ 12.8　㉯ 14.2
㉰ 15.8　㉱ 16.2

8-14 배전선로의 전기방식 중 전선의 중량이 가장 작게 소요되는 전기방식은? 단, 배전전압, 거리, 전력 및 선로손실 등은 같다. [03. 전기공사산업기사]

㉮ 단상 2선식　㉯ 단상 3선식
㉰ 3상 3선식　㉱ 3상 4선식

8-15 동일한 조건하에서 3상 4선식 배전선로의 총 소요전선량은 3상 3선식의 것에 비해 몇 배정도로 되는가? 단, 중성선의 굵기는 전력선 굵기와 같다. [04. 전기공사기사]

㉮ $\frac{1}{3}$　㉯ $\frac{3}{4}$
㉰ $\frac{3}{8}$　㉱ $\frac{4}{9}$

8-16 100[V]의 수용가를 220[V]로 승압했을 때 특별히 교체하지 않아도 되는 것은? [97. 전기·공사기사]

㉮ 백열전등의 전구　㉯ 옥내배선의 전선
㉰ 콘센트와 플러그　㉱ 형광등의 안정기

8-17 배전선로의 전압강하의 정도를 나타내는 식이 아닌 것은? 단, E_S는 송전단 전압, E_R은 수전단 전압이다. [15. 전기산업기사]

㉮ $\dfrac{I}{E_R}(R\cos\theta + X\sin\theta)\times 100[\%]$

㉯ $\dfrac{\sqrt{3}\,I}{E_R}(R\cos\theta + X\sin\theta)\times 100[\%]$

㉰ $\dfrac{E_S - E_R}{E_R}\times 100[\%]$

㉱ $\dfrac{E_S + E_R}{E_S}\times 100[\%]$

8-18 배전선로의 손실경감과 관계없는 것은? [96. 전기산업기사]

㉮ 승압 ㉯ 역률개선

㉰ 대용량 변압기 채용 ㉱ 동량의 증가

8-19 배전선의 손실계수 H와 부하율 F와의 관계는? [94. 전기기사]

㉮ $1 \geqq F \geqq H \geqq F^2 \geqq 0$ ㉯ $1 \geqq H \geqq F \geqq H^2 \geqq 0$

㉰ $1 \geqq F \geqq F^2 \geqq H \geqq 0$ ㉱ $1 \geqq H \geqq H^2 \geqq F \geqq 0$

8-20 배전선의 말단에 단일부하가 있는 경우와, 배전선에 따라 균등한 부하가 분포되어 있는 경우에 배전선 내의 전력손실을 비교하면 전자는 후자의 몇 배인가? 단, 송전단에서의 전류는 동일하다고 가정한다. [98. 공사기사]

㉮ 3 ㉯ 2

㉰ $\dfrac{1}{3}$ ㉱ $\dfrac{2}{3}$

8-21 전선의 굵기가 균일하고 부하가 균등하게 분포되어 있는 배전선로의 전력손실은 전체부하가 송전단으로부터 전체 전선로의 길이의 어느 지점에 집중되어 있는 손실과 같은가? [13. 전기산업기사]

㉮ $\dfrac{3}{4}$ ㉯ $\dfrac{2}{3}$

㉰ $\dfrac{1}{3}$ ㉱ $\dfrac{1}{2}$

8-22 **최대전류가 흐를 때의 손실이 50[kW]이며 부하율이 55[%]인 전선로의 평균손실은 몇 [kW]인가? 단, 배전선로의 손실계수 H는 0.38이다.** [98. 공사산업기사]

㉮ 7　　㉯ 11
㉰ 19　　㉱ 31

8-23 **각 선의 전류가 그림 (a)에서 그림 (b)와 같이 조정되었다. 이때 불평형의 조정으로 인한 손실전력의 감소율은 그림 (a)인 경우의 약 몇 [%] 정도 되겠는가?** [93. 공사산업기사]

㉮ 10.3
㉯ 12.3
㉰ 14.3
㉱ 20.3

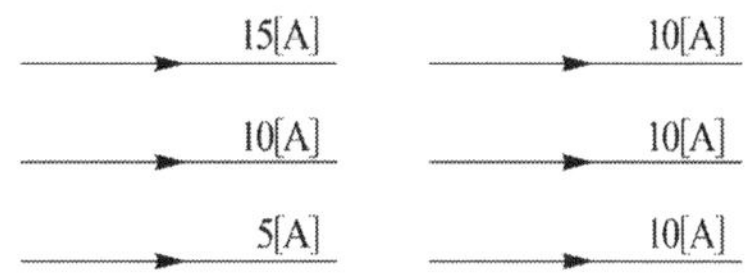

그림 (a)　　그림 (b)

8-24 **그림과 같은 회로에서 A, B, C, D의 어느 곳에 전원을 접속하면 간선 A-D간의 전력손실이 최소가 되는가?** [94. 전기산업기사]

㉮ A
㉯ B
㉰ C
㉱ D

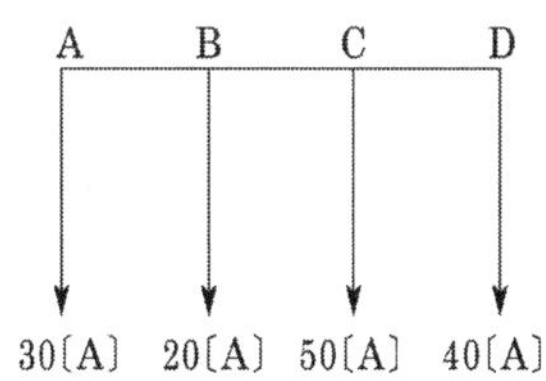

8-25 **동일 굵기의 전선으로 된 3상 3선식 2회선 송전선이 있다. (A)회선의 전류는 100 [A], (B)회선의 전류는 50[A]이고 선로손실은 합계 50[kW]이다. 개폐기를 닫아서 양 회선을 병렬로 사용하여 합계 150[A]의 전류를 통하도록 하면 선로손실은 몇 [kW]인가?**

㉮ 40　　㉯ 45　　[97. 전기·공사산업기사]
㉰ 50　　㉱ 55

8-26 **30일간의 최대 수용전력이 200[kW], 소비전력량이 72,000[kWh]일 때 월부하율은[%]?**

㉮ 30　　㉯ 40　　[94. 전기산업기사]
㉰ 50　　㉱ 60

8-27 **설비용량 900[kW], 부등률 1.2, 수용률 50[%]일 때의 합성 최대전력은 몇 [kW]인가?**

㉮ 300　　㉯ 375　　[95. 공사산업기사]
㉰ 400　　㉱ 415

8-28 **설비용량 800[kW], 부등률 1.2, 수용률이 60%라 하면 변전 시설용량은 몇 [kVA] 이상이어야 하는가? 단, 역률은 90% 이상 유지되어야 한다.** [16. 전기기사]

㉮ 400 ㉯ 450

㉰ 550 ㉱ 600

8-29 **200[V], 10[kVA]인 유도 전동기가 있다. 어느 날의 부하실적은 1일의 사용전력량 72[kWh], 1일의 최대전력이 9[kW], 최대부하일 때의 전류가 35[A]이었다. 1일의 부하율과 최대 공급전력일 때의 역률은 몇 [%]인가?** [93. 공사산업기사]

㉮ 부하율 : 31.3, 역률 : 74.2

㉯ 부하율 : 33.3, 역률 : 74.2

㉰ 부하율 : 31.3, 역률 : 82.5

㉱ 부하율 : 33.3, 역률 : 82.5

8-30 **설비 A가 150[kW], B가 350[kW], 수용률이 각각 0.6 및 0.7일 때 합성 최대전력이 279[kW]이면 부등률은?** [04. 전기공사기사]

㉮ 1.1 ㉯ 1.2

㉰ 1.3 ㉱ 1.4

8-31 **연간 최대수용전력이 70[kW], 75[kW], 85[kW], 100[kW]인 4개의 수용가를 합성한 연간 최대수용전력이 250[kW]이다. 이 수용가의 부등률은 얼마인가?** [07. 전기산업기사]

㉮ 1.11 ㉯ 1.32

㉰ 1.38 ㉱ 1.43

8-32 **각 수용가의 수용율 및 수용가 사이의 부등율이 변화할 때 수용가군 총합의 부하율에 대한 설명으로 옳은 것은?** [15. 전기기사]

㉮ 수용률에 비례하고 부등률에 반비례한다.

㉯ 부등률에 비례하고 수용률에 반비례한다.

㉰ 부등률과 수용률에 모두 비례한다.

㉱ 부등률과 수용률에 모두 반비례한다.

8-33 **다음 그림과 같이 6,300/210[V]인 배전선로에 단상 변압기 3대를 △-△ 결선하여 수전단 전압이 6,000[V]인 배전선로에 접속하였다. 이 중 2대의 변압기는 감극성이고, C, A상에 연결 변압기 1대가 가극성이었다고 한다. 이때 그림과 같이 접속된 전압계에는 몇 [V]의 전압이 유기되는가?** [04. 전기공사산업기사]

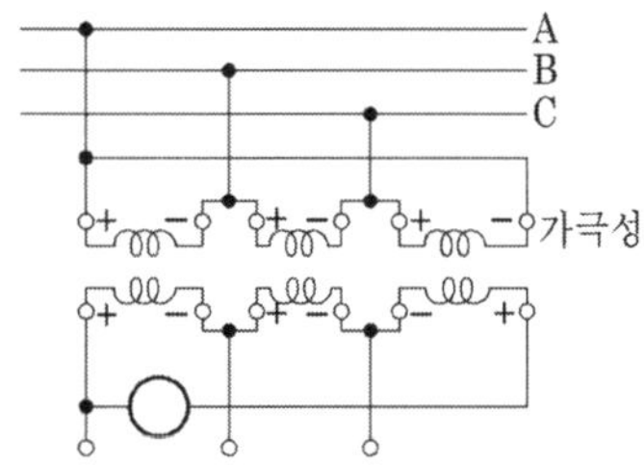

㉮ 400

㉯ 200

㉰ 100

㉱ 0

8-34 **4회선의 급전선을 가진 변전소의 각 급전선 개개의 최대 수용전력은 1,000, 1,100, 1,200, 1,450[kW]이고 합성 최대 수용전력은 4,300[kW]라고 한다. 이 변전소의 부등률은?** [94. 공사산업기사]

㉮ 0.9　　㉯ 1.0

㉰ 1.1　　㉱ 1.2

8-35 **수용률이 50[%]인 주택지에 배전하는 66,000/6,600[V]의 변전소를 설치할 때 주택지의 부하 설비용량을 15,000[kVA]로 하면 필요한 변압기 용량의 최소값은 몇 [kVA]인가? 단, 주상변압기 배전간선을 포함한 부등률은 1.2라 한다.** [94. 전기산업기사]

㉮ 3,850　　㉯ 6,250

㉰ 6,500　　㉱ 7,000

8-36 **평균 수용전력을 A, 합성 최대 수용전력을 M, 부등율을 D, 부하율을 L, 수용율을 C라 할 때 옳은 것은?** [98. 공사산업기사]

㉮ $A = \frac{M}{D}$　　㉯ $A = D \cdot M$

㉰ $A = C \cdot M$　　㉱ $A = L \cdot M$

8-37 **일반적인 값이 1 이상인 것은?** [04. 전기산업기사]

㉮ 부등률　　㉯ 부하율

㉰ 수용률　　㉱ 전압강하율

8-38 최대 수용전력이 5,000[kW]인 공장에서 어느 하루의 소비전력이 52,000[kWh]라 한다. 하루의 부하율은 몇 [%] 인가? [97. 전기·공사산업기사]

㉮ 9.6　　㉯ 19.2
㉰ 43.3　　㉱ 51.4

8-39 22.9[kV]로 수전하는 어떤 수용가의 최대부하가 250[kVA], 부하역률은 80[%]이고, 부하율이 50[%]이다. 월간 사용전력량은 몇 [MWh]인가? 단, 1개월은 30일로 계산한다. [97. 전기·공사산업기사]

㉮ 62　　㉯ 72
㉰ 82　　㉱ 92

8-40 154/6.6[kV], 5,000[kVA]의 3상 변압기 1대를 시설한 변전소가 있다. 이 변전소의 6.6[kV] 각 배전선에 접속한 부하설비 및 수용률이 표와 같고 각 배전선간의 부등률을 1.17로 하였을 경우 변전소에 걸리는 최대전력은 약 몇 [kW]인가? [98. 전기기사]

배전선	부하설비[kW]	수용률[%]
a	4,716	24
b	1,635	74
c	3,600	48
d	4,095	32

㉮ 4,186　　㉯ 4,356
㉰ 4,598　　㉱ 4,728

8-41 150[kVA] 단상변압기 3대를 △-△ 결선으로 사용하다가 1대의 고장으로 V-V 결선으로 사용하면 약 몇 [kVA] 부하까지 걸 수 있겠는가? [16. 전기기사]

㉮ 130　　㉯ 235
㉰ 260　　㉱ 450

8-42 500[kVA]의 단상변압기 상용 3대(결선 △-△), 예비 1대를 갖는 변전소가 있다. 지금 부하의 증가에 응하기 위하여 예비 변압기까지 동원하여 사용한다면 약 몇 [kVA] 정도의 최대부하에 사용할 수 있는가? [98. 공사기사]

㉮ 850　　㉯ 1,500
㉰ 1,730　　㉱ 2,000

8-43 **단상 변압기 3대를 △결선으로 운전하던 중 1대의 고장으로 V 결선할 경우 V결선과 △결선의 출력비는 몇 [%]인가?** [94. 전기기사]

㉮ 86.6 ㉯ 57.7

㉰ 66.6 ㉱ 52

8-44 **동일한 2대의 단상변압기를 V결선하여 3상전력을 100[kVA]까지 배전할 수 있다면 똑같은 단상변압기 1대를 추가하여 △결선하게 되면 약 몇 [kVA]까지 배전할 수 있는가?** [08. 전기산업기사]

㉮ 57.4 ㉯ 70.5

㉰ 141.4 ㉱ 173.2

8-45 **3상 선로의 전압 V[V]이고, 전력P[W], 역률 $\cos\theta$인 부하에서 한 선의 저항이 $R[\Omega]$이라면 이 3상 선로의 전체 전력손실은 몇 [W]가 되겠는가?** [98. 공사기사]

㉮ $\dfrac{PR}{\sqrt{3}\,V^2\cos^2\theta}$ ㉯ $\dfrac{P^2R^2}{V^2\cos^2\theta}$

㉰ $\dfrac{PR^2}{V\cos^2\theta}$ ㉱ $\dfrac{P^2R}{V^2\cos^2\theta}$

8-46 **송전단전압 3.4[kV], 수전단전압 3[kV]인 배전선로에서 수전단의 부하를 끊은 경우의 수전단전압이 3.2[kV]로 되었다면 전압변동률은 몇 [%]인가?** [15. 전기기사]

㉮ 5.88 ㉯ 6.25

㉰ 6.67 ㉱ 11.76

8-47 **연간 전력량이 E[kWh]이고 연간 최대전력이 W[kW]인 경우 연부하율은 몇 [%]인가?** [16. 전기기사]

㉮ $\dfrac{E}{W}\times 100$ ㉯ $\dfrac{W}{E}\times 100$

㉰ $\dfrac{8760\,W}{E}\times 100$ ㉱ $\dfrac{E}{8760\,W}\times 100$

8-48 **주상변압기의 1차측 전압이 일정할 경우 2차측 부하가 변동하면, 주상변압기의 동손과 철손은 어떻게 되는가?** [97. 전기·공사산업기사]

㉮ 동손과 철손이 모두 변동한다. ㉯ 동손과 철손 모두 일정하다.

㉰ 동손은 변동하고 철손은 일정하다. ㉱ 동손은 일정하고 철손은 변동한다.

8-49 배전용변전소의 주변압기로 사용되는 것은? [01. 전기기사]

㉮ 단권변압기 ㉯ 3권선변압기

㉰ 체강변압기 ㉱ 체승변압기

8-50 주상변압기의 2차측 접지공사는 어느 것에 의한 보호를 목적으로 하는가?

[04. 전기공사기사]

㉮ 2차측 단락

㉯ 1차측 접지

㉰ 2차측 접지

㉱ 1차측과 2차측의 혼촉

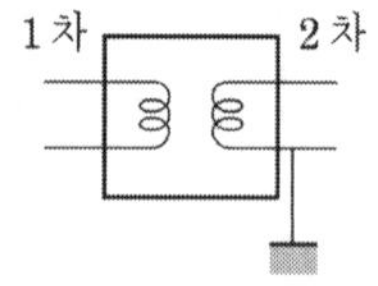

해 답

1. ㉮ 2. ㉱ 3. ㉰ 4. ㉮ 5. ㉯ 6. ㉮ 7. ㉱ 8. ㉱ 9. ㉯ 10. ㉯ 11. ㉱ 12. ㉮ 13. ㉮ 14. ㉱ 15. ㉱ 16. ㉯ 17. ㉱ 18. ㉰ 19. ㉮ 20. ㉮ 21. ㉰ 22. ㉰ 23. ㉰ 24. ㉰ 25. ㉯ 26. ㉰ 27. ㉯ 28. ㉯ 29. ㉯ 30. ㉯ 31. ㉯ 32. ㉯ 33. ㉮ 34. ㉰ 35. ㉯ 36. ㉱ 37. ㉮ 38. ㉰ 39. ㉯ 40. ㉰ 41. ㉰ 42. ㉰ 43. ㉯ 44. ㉱ 45. ㉱ 46. ㉰ 47. ㉱ 48. ㉰ 49. ㉰ 50. ㉱

Chapter 09 배전선로의 운용과 보호

9.1 전압조정

9.1.1 전압의 유지기준

일반적으로 수용가에서 사용하는 전기기기는 정격전압에서 가장 효율이 좋아지도록 설계되어 있다. 따라서 수전전압이 정격전압을 유지하지 못하고 이보다 높아지거나 또는 낮아지면 효율 면에서 나쁜 영향을 미치게 된다.

수전전압의 변동 원인은 변전소의 전압 변동과 배전선로에 흐르는 부하전류에 의한 전압강하에 기인한다. 그러므로 수전전압의 변동범위는 허용범위 이내에 있도록 하여야 한다.

우리나라에서는 공칭전압 220[V], 380[V]에 대하여 각각 220±13[V], 380±38[V] 이내에 유지되도록 전기사업법에서 정하고 있다.

이 허용범위 이내로 전압을 공급하기 위해서는 변전소의 모선전압 조정과 배전선로의 선로전압을 조정할 필요가 있다.

9.1.2 모선전압 조정

배전용 변전소의 모선전압을 조정하는 기기로는 유도전압조정기 IR(Induction Regulator)가 많이 사용된다. 유도전압 조정기의 특징은 연속적인 전압조정이 가능하며 접점이 없으므로 보수점검이 용이하다.

반면에 절연강도의 유지가 곤란하고 또한 회전자를 가지고 있으므로 대용량이 되면 제작이 곤란한 이유로 부하시 탭절환변압기를 이용하고 있다.

(1) 유도전압 조정기 IR(Induction Regulator)

배전용 변전소에서 전압조정을 하기 위하여 설치하는 유도전압 조정기는 전압계전기와 제어회로에 의하여 자동 운전되고 있다. 사용목적에 따라서 그림과 같이 변전소 모선에 설치하는 것과 급전선에 설치하는 것이 있다. 급전선용은 각 급전선의 부하특성에 따라서 전압을 조정할 수 있도록 급전선마다 단독으로 설치하게 된다.

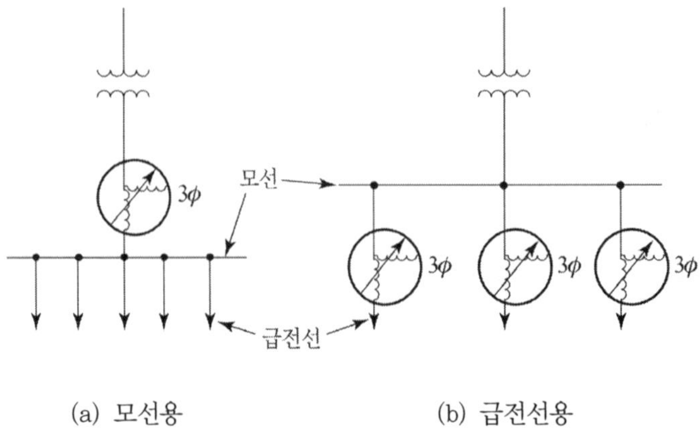

그림 9.1 유도전압 조정기의 설치위치

(2) 부하시 탭절환변압기 LRT(Load Ratio control Transformer)

이 변압기는 변전소의 전압을 조정하기 위하여 변압기 본체에 부하시 전압조정장치를 내장시킨 것이다. 즉, 보통의 전력용 변압기의 권선에 탭을 설치해서 부하시 탭절환기 OLTC(On Load Tap Changer)를 취부하여 부하전류가 흐르는 상태에서 권선비를 조정하여 전압비를 조정할 수 있도록 되어 있다.

그림 9.2 (a)에서 단자 1을 2로 전환하기 위해서는 우선 단자 6을 열고 2를 닫는다. 그리고 단자 1을 열고 6을 닫음으로써 탭전환이 이루어진다. 그림 9.2 (b)에서는 단자 5~10을 단자 4~9로 전환하기 위해서는 단자 11을 개방하고 단자 5를 4로 옮긴 후 11을 닫는다. 또한, 단자 12를 개방 후 단자 10을 9로 옮긴 후 12를 닫음으로써 탭전환이 이루어진다.

한류 리액터는 탭을 바꿀 때 흐르는 탭 사이의 단락전류를 제한하기 위하여 사용된다. 1스텝 사이의 전압변화는 1.25~2.5[%]이며 보통 4스텝을 설치해서 5~10[%] 범위의 전압조정을 하게 된다.

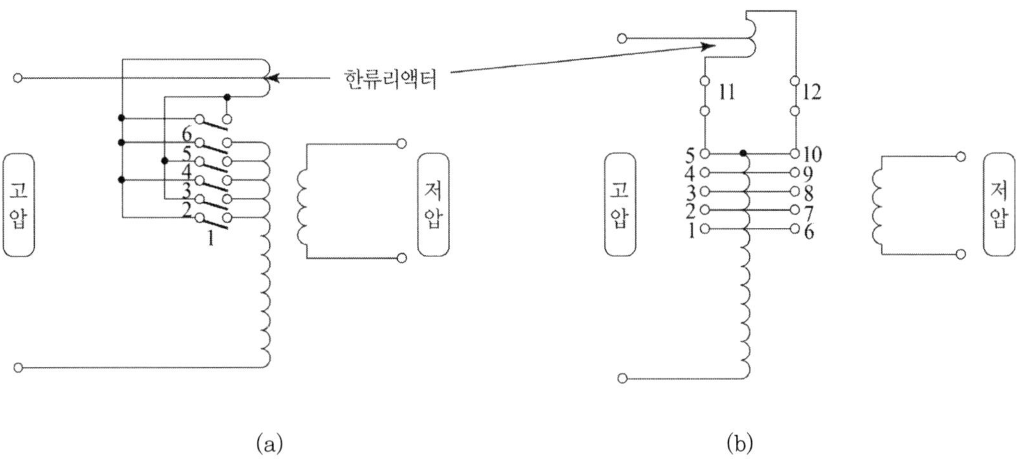

그림 9.2 부하시 탭절환 변압기의 결선 예

9.1.3 선로전압 조정

(1) 선로전압 강하보상기 LDC(Line Drop Compensator)

선로전압 강하보상기의 원리는 선로에 상당하는 임피던스를 취하여 여기에 부하전류에 대응한 CT의 2차 전류를 흘려서 발생하는 LDC의 임피던스 강하를 전압계전기(90)에 입력시킴으로써 전압계전기의 입력 = PT의 2차 전압 - LDC 전압으로 되도록 인가하면, 부하전류가 증가하여 LDC 전압이 클 경우 PT의 2차 전압을 올리는 방향으로 동작되므로 선로의 임피던스 강하를 보상하여 부하단에서는 일정전압으로 유지하게 된다.

즉, LDC는 부하전류에 의한 배전선의 전압강하를 보상하는 것인데 LRT(부하시 탭절환변압기)의 제어회로에 이것을 부가해서 배전전압을 중부하시에는 높게, 경부하시에는 낮게 자동적으로 조정하여 일정한 전압이 되도록 한다. 이 LDC는 일반적으로 배전용 변압기에 사용되며 그림 9.3은 접속의 일례를 나타낸다.

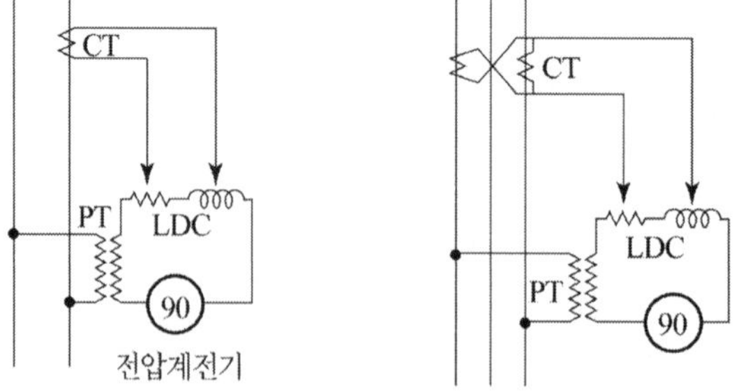

(a) 단상회로 (b) 3상회로

그림 9.3 LDC 접속의 일례

(2) 승압기

배전선로의 전압강하가 클 때는 변전소의 모선전압 조정만으로는 충분한 조정이 안 되므로 선로중간에 승압기(booster)를 설치한다.

승압기는 고정식과 자동식이 있는데, 자동식은 단권변압기에 다단계의 전환 탭을 마련하여, 이것을 선로 전압강하 보상기(LDC) 방식으로 부하에 응하여 자동적으로 탭을 바꾸어서 전압조정을 행하게 된다.

고정식 승압기는 단상 승압기, 3상 V결선 승압기, 3상 Δ결선 승압기가 있다. 우리나라의 배전선로에는 승압기를 사용하지 아니하지만 관계 시험문제에 자주 출제되므로 이를 살펴보겠다.

그림에서 사용하는 기호는 다음과 같다.

E_1 : 승압 전의 전압[V] E_2 : 승압 후의 전압[V]

e_1 : 승압기의 1차 정격전압[V] e_2 : 승압기의 2차 정격전압[V]

$n = \dfrac{e_1}{e_2}$: 승압기의 변압비 W : 부하 용량[VA]

i_2 : 2차측 부하전류 w : 승압기 용량[VA]

이라고 하면

1) 단상 승압기

식 (9.1)과 같이 E_1을 E_2로 승압하며, 부하용량 W[kVA]에 공급하기 위해서는 식 (9.2)와 같은 용량의 승압기가 필요하다.

$$E_2 = E_1 + \frac{e_2}{e_1} E_1 = \left(1 + \frac{1}{n}\right) E_1 [\mathrm{V}] \tag{9.1}$$

$$w = e_2 \cdot i_2 = \frac{e_2}{E_2} W\ [\mathrm{VA}] \tag{9.2}$$

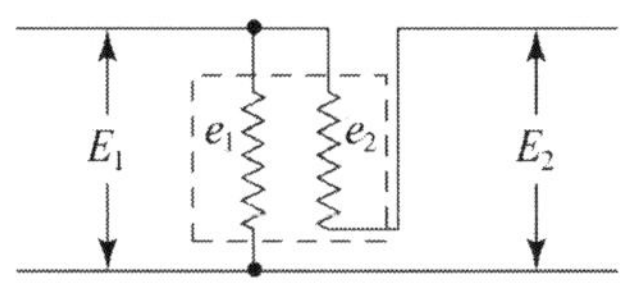

그림 9.4 단상 승압기

2) 3상 V결선 승압기

그림 9.5는 단상 승압기 2대를 V형으로 접속해서 3상을 승압하는 경우의 결선도이다. 그림에서 승압 후의 전압 E_2는

$$E_2 = \left(1 + \frac{1}{n}\right) E_1 [\mathrm{V}] \tag{9.3}$$

으로 되며, 승압기의 용량은

$$w = e_2 \cdot i_2 = \frac{e_2}{\sqrt{3}\ E_2} W [\mathrm{VA}] \tag{9.4}$$

이다. 단, w는 승압기 1대의 용량이므로 총용량은 $2w$를 필요로 한다.

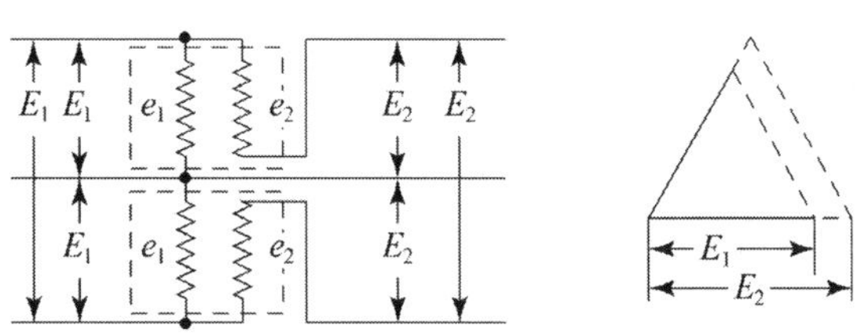

그림 9.5 3상 V결선 승압기

3) 3상 △결선 승압기

그림 9.6은 단상 승압기 3대를 Δ결선해서 3상 전압을 승합할 경우의 결선도와 벡터도이다.

그림에서 알 수 있는 바와 같이 E_2와 w는 다음과 같이 얻을 수 있다. 단, w는 승압기 1대의 용량이므로 총용량은 $3w$를 필요로 한다.

$$E_2 = \sqrt{\left(E_1 + \frac{E_1}{2n} + \frac{E_1}{n}\right)^2 + \left(\frac{\sqrt{3}\,E_1}{2n}\right)^2}$$

$$= \sqrt{\left(E_1 + \frac{3E_1}{2n}\right)^2 + \left(\frac{\sqrt{3}\,E_1}{2n}\right)^2} \fallingdotseq \left(1 + \frac{1.5}{n}\right)E_1 \qquad (9.5)$$

$$w = e_2 \cdot i_2 = \frac{e_2}{\sqrt{3}\,E_2}\,W\,[\mathrm{VA}] \qquad (9.6)$$

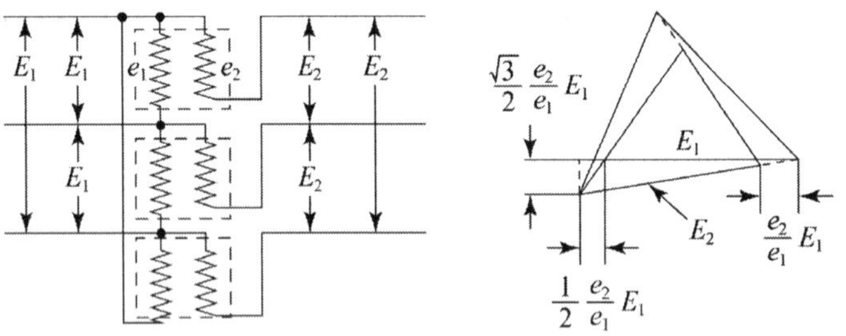

그림 9.6 3상 △결선 승압기

(3) 직렬콘덴서

병렬콘덴서는 역률 개선용으로 사용하기 위하여 부하와 병렬로 설치하여 지상무효전력을 보상하게 된다.

선로에 직렬로 설치하는 직렬콘덴서(series capacitor)는 선로의 유도 리액턴스를 용량 리액턴스에 의해 보상하는 것으로 송전선로뿐만 아니라 배전선로에서도 사용할 수 있다. 예로서, 용량 리액턴스가 X_C인 콘덴서를 유도 리액턴스가 X_L인 선로에 설치한 경우 전압 강하 e는 다음과 같다.

$$e = V_s - V_r = \sqrt{3}\,I\{R\cos\theta + (X_L - X_C)\sin\theta\} \qquad (9.7)$$

여기서, I : 부하전류, $\cos\theta$: 부하역률

이다. 그러므로 직렬콘덴서에 의한 전압강하의 감소량 ΔV는 $\Delta V = \sqrt{3}\, I X_C \sin\theta$로 된다. 그러나 직렬콘덴서는 부하의 변동에 대하여 신속하게 전압강하가 보상되므로 대용량의 전동기나 용접기의 기동정지에 따르는 플리커(flicker) 방지 등에 적합하다. 그러나 사고시에는 사고전류에 의하여 과전압이 발생하는 등 이상전압에 대한 대처가 요망되므로 지금까지 실 계통에서는 적용되지 않고 있다.

(4) 주상변압기의 탭 조정

배전선로의 전압은 변전소로부터 멀어짐에 따라서 저하하므로 주상변압기의 고압 측에 있는 탭(tap)을 적당히 선정해서 변압기의 2차 측에서 적정전압을 유지하도록 하는 것이다. 그림 9.7은 주상변압기의 탭 조정에 의한 전압조정의 원리를 나타냈다.

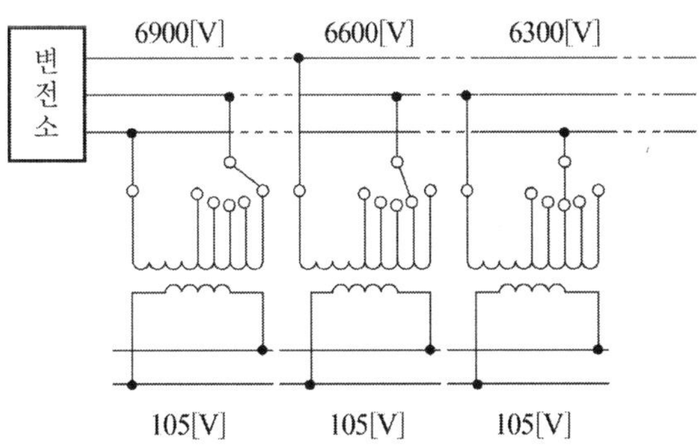

그림 9.7 주상변압기의 탭의 위치

9.2 역률개선

9.2.1 개 요

배전계통의 역률을 저하시키는 원인으로서는 유도 전동기의 영향이 크며, 특히 경부하 운전시에는 대단히 낮아진다. 또, 소형 전동기를 사용하는 가정용 전기기기와 형광등과 같은 방전등도 역률을 저하시키는 원인이 된다.

일정한 전력을 수전할 경우 부하역률이 낮을수록 선로전류는 크게 되고 따라서 전압강하는 증대하며, 선로손실도 역률의 제곱에 반비례해서 증가하게 된다. 또 전선의 송전용량은 역률이 저하하면 그만큼 감소된다. 따라서 부하역률은 배전계통에 영향을 크게 미치므로 역률개선은 대단히 중요하다.

역률개선을 통하여 다음과 같은 효과를 얻을 수 있다.

① 전력손실 경감
② 설비용량의 여유분 증가
③ 전압강하의 경감
④ 전기요금의 저감

역률에 따른 전기요금의 추가 또는 감액에 대해서는 수용가의 역률이 90[%]에 미달하는 경우에는 매 1[%]에 대하여 기본요금의 1[%]씩을 추가하고, 90[%]를 초과하는 경우에는 95[%]까지의 초과하는 매 1[%]에 대하여 기본요금의 1[%]씩을 감액토록 규정되어 있다(한국전력공사의 전기공급 규정 제44조).

이와 같은 여러 효과 중에서도 전력손실 경감이 주된 목적이라 할 수 있다.

9.2.2 전력용 콘덴서 설치

배전선로의 역률개선은 그림 9.8에 나타낸 것처럼 전력용 콘덴서를 부하에 병렬로 접속하고 있는데 일반적으로 채용하고 있는 방법으로서는 다음과 같은 3가지가 있다.

① 고압 콘덴서를 변전소에 집중설치하거나 고압배전 선로의 주상에 설치
② 고압 콘덴서를 자가용 수용가의 수전실에 설치
③ 저압 콘덴서를 부하에 직접설치

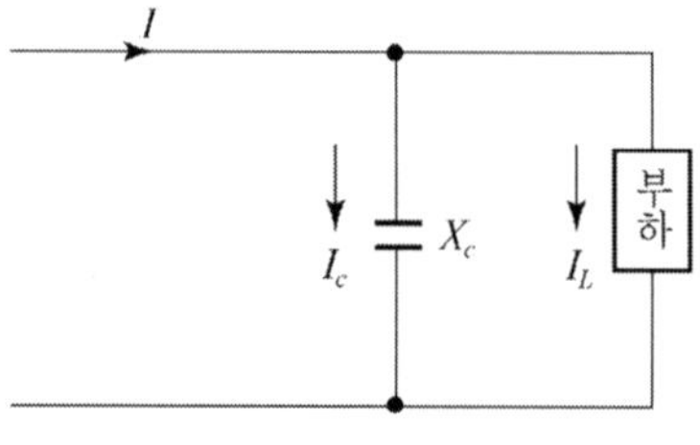

(a) 단상 회로도

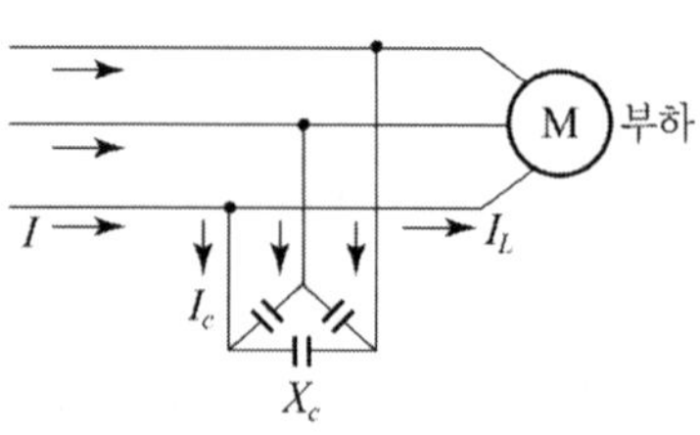

(b) 3상 회로도

그림 9.8 전력용 콘덴서의 접속 예

이상의 3가지 중 ①은 전력 회사 측에서 ②, ③은 수용가 측에서 설치하는 것이 보통이다. 저압 콘덴서는 부하에 근접해서 설치되므로 역률개선 효과가 직접적이고 또 그 효과도 계통 전체에 미치게 된다는 좋은 점은 있으나 그 반면에 이용률이 낮고 또한 단위 용량당의 가격도 고압 콘덴서에 비하여 비싸기 때문에 배전선로에서는 일반적으로 고압 콘덴서가 널리 이용되고 있다.

9.2.3 3상 콘덴서 결선비교

단상 콘덴서 3대를 가지고 3상 결선시 Δ결선의 경우와 Y 결선의 경우를 비교해 보자. 3상 회로에서 필요로 하는 콘덴서의 용량 Q[kVA] 및 정전용량 $C[\mu F]$는 그림 9.10에서 콘덴서의 정격전압을 V[V], 주파수를 f [Hz], 충전전류를 Δ결선에서 I_d [A], Y결선에서 I_s [A]라고 하면

(1) △결선의 경우

$$Q = 3VI_d = 3 \times 2\pi f C_d V^2 \times 10^{-9} [\text{kVA}]$$

$$\therefore C_d = \frac{Q}{3 \times 2\pi f V^2} \times 10^9 [\mu\text{F}] \qquad (9.8)$$

(2) Y결선의 경우

$$Q = \sqrt{3}\ VI_s = \sqrt{3} \times 2\pi f C_s \frac{V^2}{\sqrt{3}} \times 10^{-9} [\text{kVA}]$$

$$\therefore C_s = \frac{Q}{2\pi f V^2} \times 10^9 [\mu\text{F}] \qquad (9.9)$$

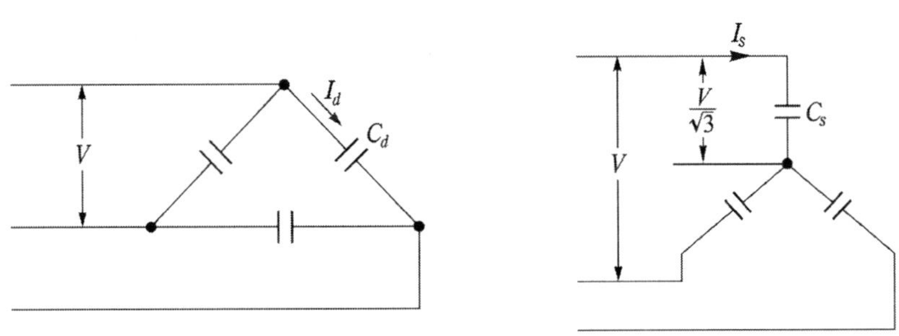

그림 9.9 3상용 콘덴서

식 (9.8)과 식 (9.9)을 비교하면 Δ결선으로 접속할 때 필요로 하는 콘덴서의 정전 용량[μF]은 Y결선으로 접속하는 경우에 비하여 1/3에 불과하다는 것이다.

즉, Δ결선으로 접속된 콘덴서를 Y결선으로 바꾸면 그[kVA] 용량은 1/3로 줄어들게 되므로 콘덴서는 Δ결선으로 하여야 한다.

위 식과 같이 콘덴서의 정전용량 C는 전압의 제곱에 반비례하고 있으므로 고압측에 콘덴서를 설치하는 쪽이 저압측에 설치하는 것보다 유리하다.

콘덴서 용량의 단위는 저압용은 [μF]으로, 고압용은 [kVA]로 표시하는 것이 보통이다.

9.2.4 콘덴서의 용량계산

그림 9.10(a)는 전력 P의 부하역률을 $\cos\theta_1$에서 $\cos\theta_2$로 개선하기 위하여 부하와 병렬로 콘덴서 Q_c를 설치한 경우이며, 이에 대한 벡터도는 그림 9.10(b)와 같다.

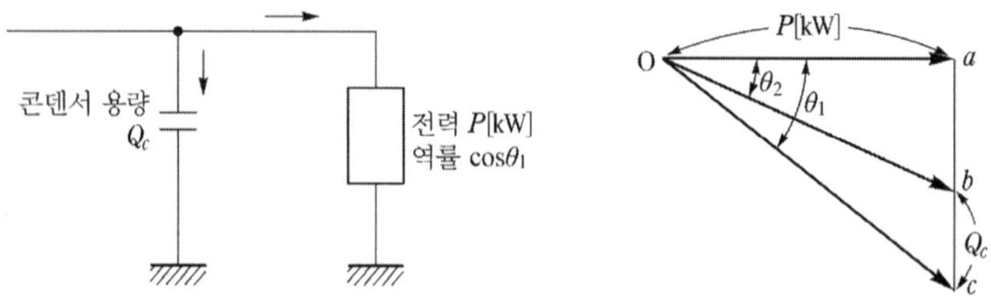

(a) 콘덴서 결선도 (b) 벡터도

그림 9.10 콘덴서 결선도 및 벡터도

역률개선 전의 무효전력은 그림 9.10(b)에서 $\overline{ac}$ 에 해당하는 $P\tan\theta_1$이며, 역률개선 후의 무효전력은 $\overline{ab}$ 에 해당하는 $P\tan\theta_2$로 되므로 필요한 콘덴서의 용량 Q_c는

$$Q_c = P(\tan\theta_1 - \tan\theta_2)[\text{kVA}] \tag{9.10}$$

로 구해진다.

위 식을 변형하면

$$Q_c = P\left(\frac{\sin\theta_1}{\cos\theta_1} - \frac{\sin\theta_2}{\cos\theta_2}\right)$$

$$= P\left(\frac{\sqrt{1-\cos^2\theta_1}}{\cos\theta_1} - \frac{\sqrt{1-\cos^2\theta_2}}{\cos\theta_2}\right)$$

$$= P\left(\sqrt{\frac{1}{\cos^2\theta_1} - 1} - \sqrt{\frac{1}{\cos^2\theta_2} - 1}\right)[\text{kVA}] \qquad (9.11)$$

로 된다.

이와 같이 전력 P인 부하의 역률을 $\cos\theta_1$에서 $\cos\theta_2$로 개선하기 위해서는 용량 Q_c의 콘덴서를 부하와 병렬로 설치해야 한다.

식 (9.11)을 Q_c와 P의 비율로 나타내면 다음 식과 같이 되며,

$$\frac{Q_c}{P} = \left(\sqrt{\frac{1}{\cos^2\theta_1} - 1} - \sqrt{\frac{1}{\cos^2\theta_2} - 1}\right) \qquad (9.12)$$

이 관계를 그림으로 표시하면 그림 9.11과 같이 되고, 이 곡선을 이용하여 개선 전의 역률 $\cos\theta_1$과 개선 후의 역률 $\cos\theta_2$로부터 필요한 콘덴서 용량을 구할 수 있다.

예를 들어, 예제 9-1과 같이 역률 0.6을 역률 0.8로 개선하기 위해서는 Q_c/P가 58 [%]이므로 20[kW]의 부하에 필요한 콘덴서 용량 Q_c는 20[kW]×0.58=11.6[kVA]임을 그림 9.11로부터 알 수 있다.

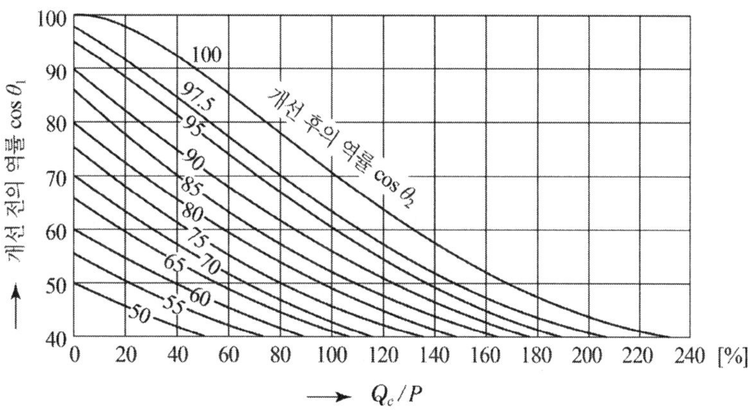

그림 9.11 역률 개선용 콘덴서의 용량산정 곡선

또한, 개선 후의 역률 $\cos\theta_2$가 1에 가까워짐에 따라 소요되는 콘덴서 용량이 증가하므로 그 설비비는 커진다. 따라서 역률을 어느 정도까지 개선할 것인가는 콘덴서의 설치비용과 역률 개선에 의하여 얻어지는 이익을 비교해서 정할 문제이다. 보통은 90[%] 정도 개선하는 경우가 많다.

예제 9-1

어떤 공장의 3상 부하가 그림 9.12와 같이 20[kW], 역률이 60[%](지상)이라 한다. 이것을 역률 80[%]으로 개선하기 위해서 소요되는 콘덴서의 용량[kVA]을 구하여라. 또, 이 콘덴서에 걸리는 전압이 380[V]라고 하면 그 정전용량 [μF]은 얼마로 되겠는가? 단, 주파수는 60[Hz]라고 한다.

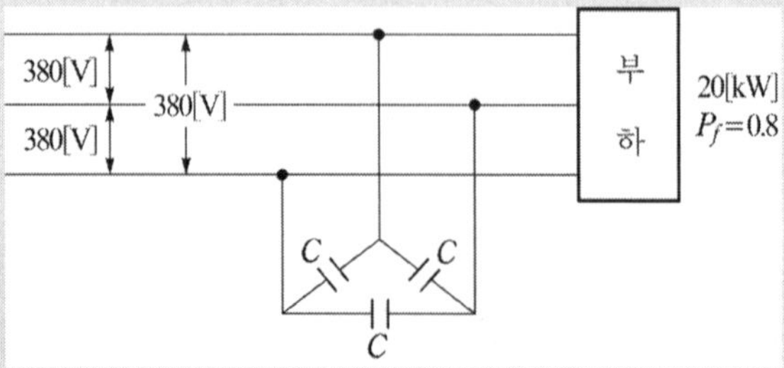

그림 9.12

풀이 개선 전의 역률각을 θ_1, 개선 후의 역률각을 θ_2라고 하면 필요한 콘덴서의 용량은

$$Q_c = 20(\tan\theta_1 - \tan\theta_2)$$
$$= 20\left(\frac{4}{3} - \frac{3}{4}\right) = 20 \times \frac{7}{12} \fallingdotseq 11.66[\text{kVA}]$$

또한, 콘덴서 용량의 단위를 Q_c[kVA]에서 정전용량 C[μF]로 바꾸면 다음과 같다.

$$3 \times 380 \times (2\pi \times 60 \times C \times 10^{-6} \times 380) = 11.66 \times 10^3$$
$$\therefore C = \frac{11.66 \times 10^9}{3 \times 380^2 \times 2\pi \times 60} = \frac{11660}{14.4\pi} = 71.4[\mu\text{F}]$$

9.2.5 역률개선에 의한 설비용량의 여유증가

일정한 부하에서 역률이 개선되면 부하전류가 감소하므로 같은 설비로도 설비용량에 여유가 생기게 된다. 즉, 설비용량을 더 늘리지 않고도 새로운 부하의 증설이 가능해진다는 것이다.

그림 9.13과 같이 변압기를 통해서 유효전력 P [kW], 역률 $\cos\theta_1$, 피상전력 W_1 [kVA]의 부하에 전력을 공급하고 있을 때 전력용 콘덴서 Q [kVA]를 병렬로 접속하여 역률을 $\cos\theta_2$로 개선하였다면 부하의 피상전력은 그림 9.14와 같이 W_2로 감소하여 변압기 용량은 $W_1 - W_2$ 만큼의 여유가 증가하게 된다. 즉, 부하의 피상전력은 $W_1 - W_2$만큼 감소하므로 변압기에서는 그 만큼 공급능력을 증대할 수 있게 되는 것이다. 역률개선 전과 후의 피상전력 감소분은 다음과 같다.

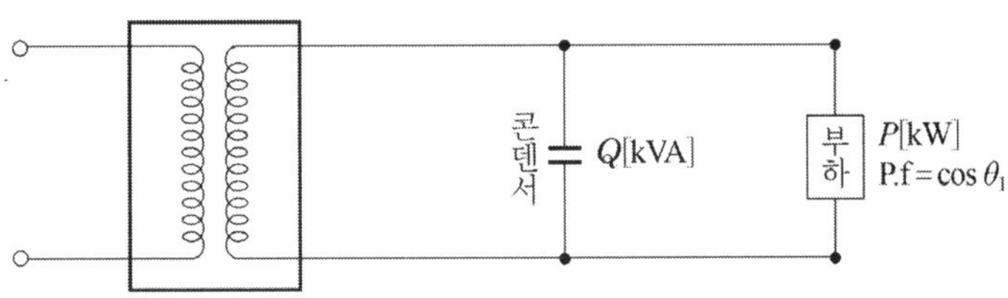

그림 9.13 역률개선에 의한 설비용량의 여유증가

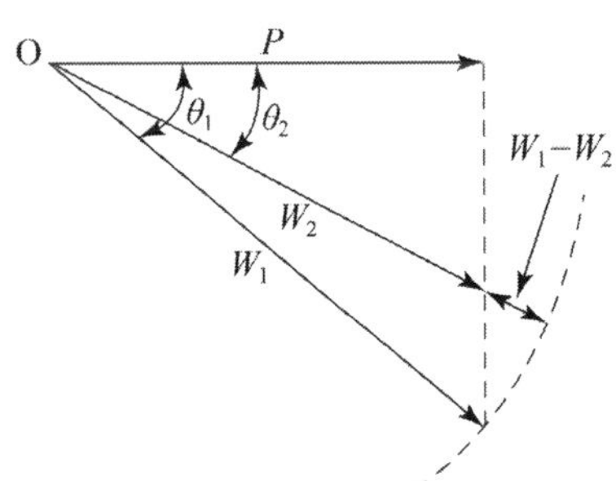

그림 9.14 설비용량의 여유증가의 벡터도

$$W_1 - W_2 = P\left(\frac{1}{\cos\theta_1} - \frac{1}{\cos\theta_2}\right)[\text{kVA}] \tag{9.13}$$

위 식을 식 (9.14)와 같이 $(W_1 - W_2)/P$에 대한 역률값으로 바꾸고 이에 대한 관계를 나타내면 그림 9.15와 같게 되어, 역률개선에 따른 설비(특히 변압기)용량의 여유증가를 알 수 있다.

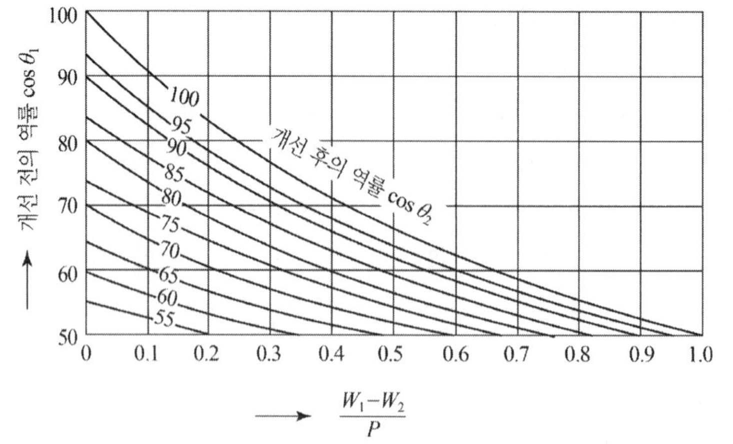

그림 9.15 역률개선에 따른 설비용량의 여유증가 곡선

$$\frac{W_1 - W_2}{P} = \frac{1}{\cos\theta_1} - \frac{1}{\cos\theta_2} \tag{9.14}$$

예제 9-2

정격용량 300[kVA]의 변압기에서 지상역률 70[%]의 부하에 270[kW]를 공급하고 있다. 지금 역률을 90[%]로 개선하기 위한 전력용 콘덴서의 용량 및 이때 변압기 용량의 여유를 계산하여라.

풀이 전력 콘덴서의 용량 Q는

$$Q = P\left(\frac{\sqrt{1-\cos^2\theta_1}}{\cos\theta_1} - \frac{\sqrt{1-\cos^2\theta_2}}{\cos\theta_2}\right)$$
$$= 270 \times \left(\frac{\sqrt{1-0.7^2}}{0.7} - \frac{\sqrt{1-0.9^2}}{0.9}\right) = 144.7[\text{kVA}]$$

부하의 피상전력 감소로 인한 변압기 용량의 여유는

$$W_1 - W_2 = 270 \times \left(\frac{1}{0.7} - \frac{1}{0.9}\right) = 85.7[\text{kVA}]$$

만큼 증가하게 된다.

9.3 배전선로의 보호

배전선로는 전국적으로 방대하게 분포되어 있으므로 수목접촉, 조류접촉, 강풍 및 낙뢰 등으로 인하여 고장이 발생된다. 배전선로에 발생하는 고장의 대부분은 순간고장이기 때문에 보호기기들을 적절히 배치하면 정전시간을 줄이고 고장구간을 단축할 수 있으며, 영구고장이 발생하여도 고장구간을 신속히 분리하여 건전구간에 전력공급을 계속할 수 있다.

일반적으로 배전계통을 보호하기 위하여 변전소에는 과전류 계전방식과 선택지락 계전방식 등이 있으며, 또한 자동재투입 차단기인 리클로저(recloser), 자동선로구분개폐기인 섹셔널라이저(sectionalizer) 및 선로용 퓨즈(line fuse)를 사용하고 있다. 공급신뢰도 향상을 위하여 수용가의 구내 고장이 배전선로에 파급되는 것을 방지하기 위하여 고장구간 자동개폐기(ASS, Auto Section Switch)와 자동부하 절체개폐기(ALTS)가 이용되고 있다.

9.3.1 배전선의 보호

(1) 과전류 계전방식

고압가공 배전선로에 있어서의 사고는 대부분 1선 지락사고이며, 다음으로 선간 단락사고가 많다. 지락사고의 원인으로서 주상 변압기의 소손에 의한 사고가 가장 많고, 기타 기기의 절연파괴, 수목 등의 접촉, 전선의 1선 지락, 고저압 혼촉 등에 의한 것이 있다.

배전계통의 구성은 송전계통과 달리 대부분 방사상으로 구성되어 있어 고장이 발생하면 고장전류는 어느 한쪽 방향으로만 흐르므로 전원 측에는 방향성이 없는 과전류 계전방식을 사용하고 있다.

22.9[kV]의 배전선로 보호를 위하여 변전소의 급전선(feeder)에는 그림 9.16과 같이 단락과 지락보호를 위하여 과전류 계전방식을 적용하며, 단락보호는 OCR 3대, 지락보호는 OCGR 1대를 설치하며, 순간 고장 시에도 계속하여 배전할 수 있도록 재폐로 계전기(reclosing relay)를 설치한다.

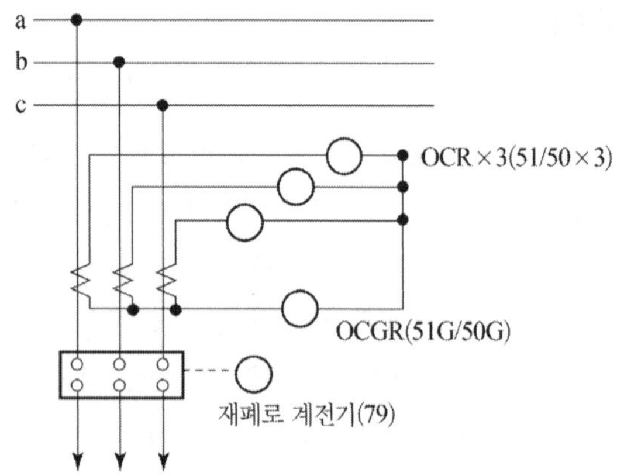

그림 9.16 22.9[kV] 계통의 배전선로 보호

(2) 선택지락 계전방식

변전소의 급전선(feeder)이 1회선일 경우 검누기(ground detector)에 의하여 지락사고의 발생을 알 수 있지만 급전선이 2회선 이상인 3상 비접지 방식에서는 식별이 안 된다. 지락 사고를 검출하기 위하여 배전용 변전소에서는 주로 선택지락 계전기(SGR)를 사용한다.

그림 9.17과 같이 각 급전선 인출구에 선택지락 계전기를 설치하고, 그 전압코일에는 접지변압기 GPT의 영상전압을 인가하고 전류코일에는 각 급전선에 삽입한 영상전류변성기 ZCT에 의하여 영상전류를 흘린다. 따라서 선택지락 계전기는 영상전압 및 영상전류에 의하여 동작하므로 고장 회선만 선택하여 차단할 수 있다.

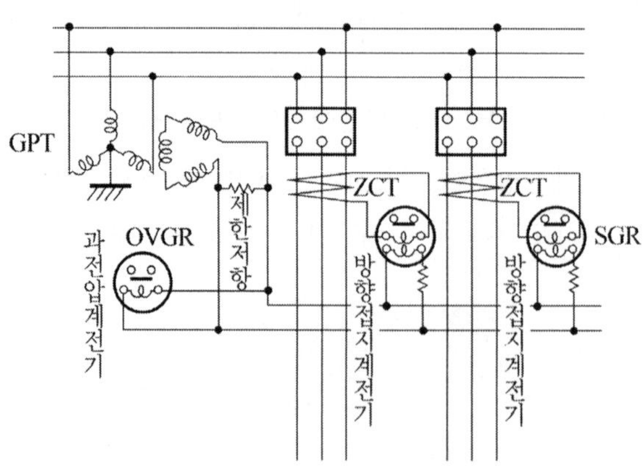

그림 9.17 선택지락 계전방식

즉, 고장회선의 영상전류변성기 ZCT에 흐르는 전류는 그림 9.18에 표시한 바와 같이 고장점을 통하여 접지변압기 GPT의 중성점을 흐르는 대지전류 I_n 과 ZCT를 흐르는 영상전류 $\Sigma 3I_0$ 가 건전회선과 역방향으로 흐른다. 고장회선과 건전회선의 ZCT의 영상전류의 이 차이로 방향지락 계전기에서 고장선을 선택 차단할 수 있다.

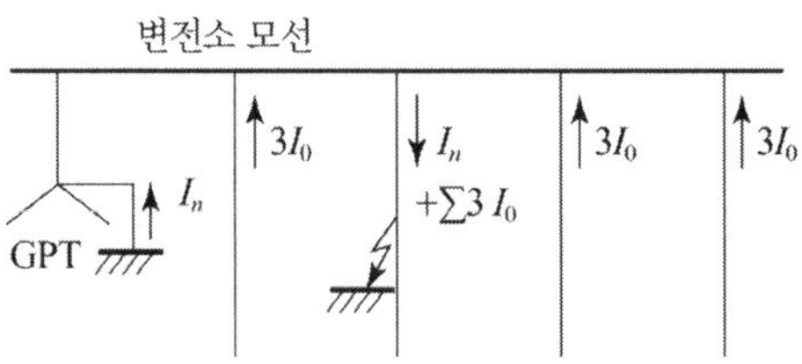

그림 9.18 선택지락 계전방식의 원리

(3) 과전류 보호

저압선로의 사고 또는 과부하에 대한 보호용 자동 차단기로서는 대체로 퓨즈를 사용하고 있다. 과전류 보호용 퓨즈로서는 배전 변압기 1차측에는 고압 퓨즈(COS, Cut Out Switch), 2차측에는 저압 퓨즈(catch holder)를 사용하고 있다.

또 수용가 실내의 인입구에는 과전류로부터 보호하기 위한 배선용 차단기 MCCB (Mold Case Circuit Breaker)와 누전으로부터 보호하기 위한 누전차단기 ELB(Earth Leakage Breaker)가 있다. 과전류 보호를 위하여 사용하는 퓨즈의 용량은 전선의 허용전류 이상의 전류가 흐를 때 동작하여야 하고, 또 사고시의 정전구역을 가급적 작은 범위로 하기 위하여 각 퓨즈간의 용단 특성의 협조를 취하는 것이 필요하다.

그림 9.19는 고·저압 가공 배전선로에서의 보호장치의 설치 예이다.

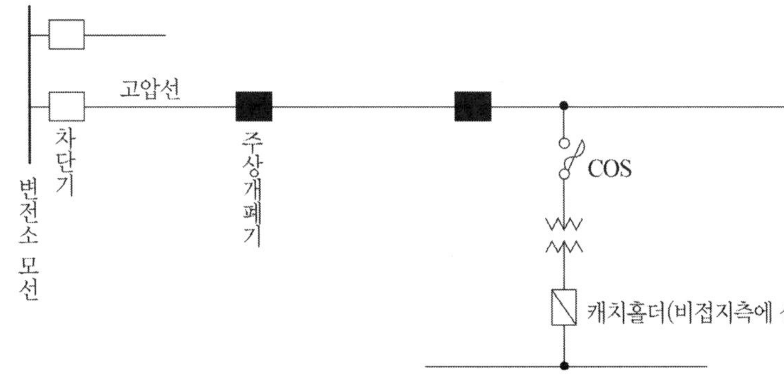

그림 9.19 배전용 보호장치의 설치 예

(4) 구분개폐기

고압가공 배전선로에서는 선로 고장시 또는 정전공사 등의 경우에 전체 선로를 정전시키지 않고 배전선의 일부 구간만을 정전하기 위하여 선로의 요소요소에 구분개폐기(section switch)인 주상개폐기를 설치한다. 단, 개폐장치는 선로의 최대 부하전류의 개폐에 지장이 없어야 한다.

뿐만 아니라 대도시의 번화가 및 주택 밀집지역에서는 0.5[km]마다, 대도시의 외곽지에서는 1[km]마다 설치함을 원칙으로 한다. 그러나 리클로저와 같은 자동재투입 차단장치가 설치되어 있는 곳에는 별도의 개폐기를 설치하지 않는다.

개폐기에는 가스절연 부하개폐기, 유입개폐기(oil switch)와 기중개폐기(air break switch)가 있으며 이에 대한 설치도는 그림 9.20과 같다.

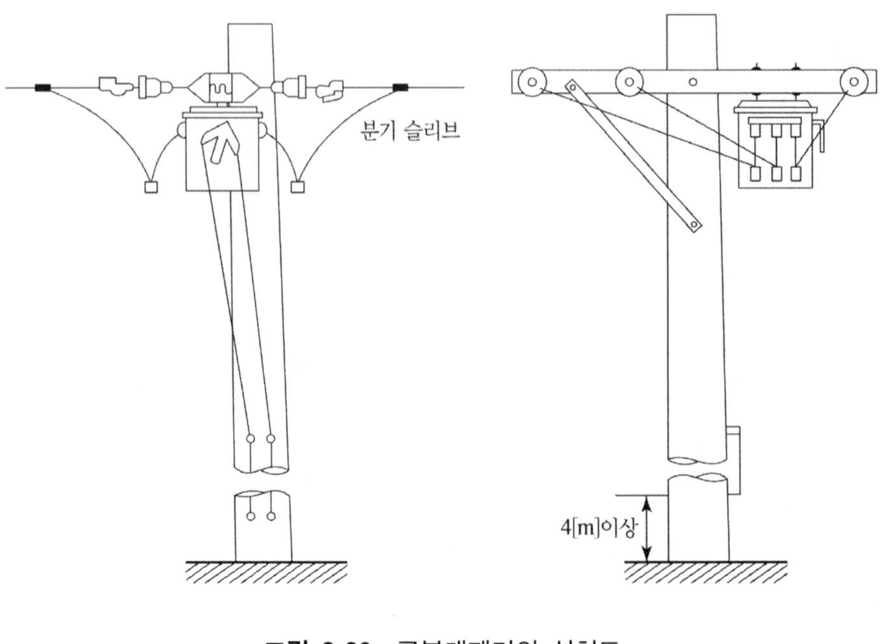

그림 9.20 구분개폐기의 설치도

9.3.2 배전선로의 보호협조

22.9[kV] 배전선로에서 사용되는 보호장치는 다음과 같다.

(1) 리클로저(R/C, recloser)

리클로저(자동재투입 차단기)는 차단기와 재폐로 기구를 하나의 탱크 내에 내장한 것으로서, 22.9[kV] 배전선로에 고장이 발생하였을 때 고장전류를 검출하여 지정된 시간 내에 차단하고 자동 재투입 동작을 수행하는 장치이다.

순간고장인 경우에는 일정시간 차단 후 재투입되어 정상적으로 전력을 공급할 수 있다. 만약 영구고장으로서 고장이 지속될 경우에는 일정횟수(일반적으로 4회)의 차단과 재투입의 동작을 되풀이한 뒤 고장구간을 계통에서 분리한다.

리클로저의 종류는 기능면에서 볼 때 단상형과 3상형, 제어방식으로는 유압식(hydraulic)과 전자식(electronic), 소호 매체면으로는 절연유형과 진공형이 있으나 일반적으로는 3상 전자식 진공형이 사용된다.

리클로저의 설치위치 선정은 다음과 같다.

① 3상 리클로저는 간선과 3상 분기선에, 단상 리클로저는 단상 분기선에 설치함을 원칙으로 한다.
② 3대까지 직렬로 설치할 수 있다.
③ 보호장치 상호간에 최선의 협조가 가능하도록 위치를 선정한다.

(2) 섹셔널라이저(S/E, sectionalizer)

섹셔널라이저(자동선로구분 개폐기)는 고장발생시 리클로저와 협조하여 고장구간을 신속히 개방하여 사고를 부분적으로 분리시키는 장치이다.

배전선로에 고장이 발생할 경우 리클로저의 동작으로 선로가 차단되어 무전압 상태가 되면 이를 감지하여 무전압 횟수를 기억하였다가 정해진 횟수에 도달하면 섹셔널라이저는 선로의 무전압 상태에서 개방하여 고장구간을 분리시킨다.

섹셔널라이저는 고장전류를 차단할 수 없으므로 리클로저와 조합하여 사용한다.

그림 9.21은 리클로저와 섹셔널라이저의 동작상태를 나타낸다. 배전선로에서 영구고장이 발생되면 리클로저의 차단 회수를 섹셔널라이저가 기억하였다가 3회 계수후 차단동작을 실행한다. 그러면 리클로저의 4회째의 재폐로 동작(4회째의 투입동작)은 성공되며, 섹셔널라이저 앞단까지 송전할 수 있다.

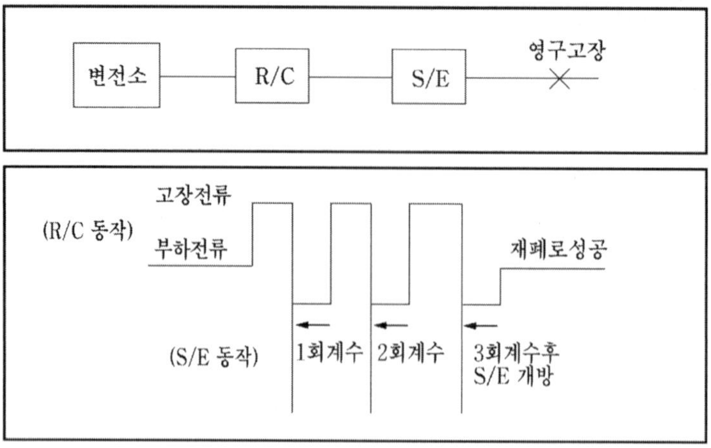

그림 9.21 리클로저(R/C)와 섹셔널라이저(S/E)의 동작상태

섹셔널라이저의 설치위치는 다음과 같다.

① 간선에서 분기되는 분기선에 설치하며, 후비보호장치로서 반드시 리클로저가 있어야 한다.

② 섹셔널라이저는 2대까지 설치할 수 있으며, 리클로저와 섹셔널라이저를 포함하여 4대까지 직렬로 설치할 수 있다.

③ 다른 보호장치와 최선의 보호협조가 이루어지도록 위치를 선정한다.

(3) 라인퓨즈(line fuse)

라인퓨즈는 배전선로의 도중에 삽입되는 퓨즈로서 배전용 COS(cut out switch)라고 한다. 공통중성선 다중접지 방식인 22.9[kV] 계통에서는 지락 사고시에도 큰 전류가 흐르기 때문에 부하측 고장을 라인퓨즈의 용단으로 제거하는 방법이 경제적이다.

라인퓨즈는 간선에는 쓰지 않고 분기선에 설치하는데, 직렬로 2개소까지 설치할 수 있다. 동작원리는 퓨즈에 고장전류가 흐르면서 발생하는 열에 의하여 퓨즈통 내부의 물질이 분해되어 절연성 가스가 방출되면서 아크의 지속을 억제하나 계속 흐르는 고장전류의 열에 의하여 가스가 외부로 방출되면서 아크를 소멸시키고 고장전류를 차단한다. 라인퓨즈의 설치위치는 다음과 같이 한다.

① 간선에는 설치하지 않는다.

② 단상 분기선에만 설치하고 직렬로 2개소까지 설치할 수 있다.

특히 변전소에 가까운 분기선 고장은 배전선로의 전체정전을 초래하므로 이를 방지하기 위하여 선로 말단 측에 퓨즈를 설치함이 좋다.

이와 같이 변전소의 차단기와 리클로저, 섹셔널라이저 및 라인퓨즈 상호간의 협조를 도모하면 그림 9.22와 같이 정전구간을 줄일 수 있다.

예를 들면 일시적인 선로 사고인 경우 리클로저가 순시 차단동작 후 재폐로하여 송전을 계속할 수 있으며, 영구사고이면 리클로저의 반복 동작으로 고장점에 가까운 섹셔널라이저의 동작으로 고장선로를 분리하거나 또는 고장점에 가까운 라인퓨즈를 용단시킴으로써 정전을 일부구간으로 제한할 수 있다.

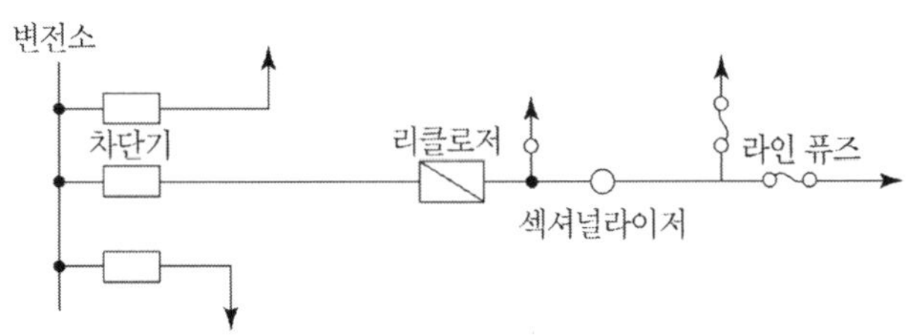

그림 9.22 리클로저, 섹셔널라이저 및 라인퓨즈의 설치 예

9.3.3 기타 보호기기

(1) 고장구간 자동개폐기 ASS(Auto Section Switch)

배전선로 분기점 또는 특별고압 수용가의 인입구에 설치되며 변전소의 차단기 또는 리클로저와 협조하여 1회 순간 정전 후 고장구간을 신속히 차단한다. 차단전류는 800[A]이며 과부하 및 이상전류에 대하여 자동 차단되는 과부하 보호기능을 가지고 있다. 800[A] 이상의 고장전류 발생시에는 무전압 상태에서 공급선로를 개방한다.

차단은 자동적으로 이루어지지만 투입은 수동으로 하여야 한다. ASS는 수용가의 구내 고장이 배전선로에 파급되는 것을 방지하기 위하여 사용한다.

(2) 자동부하 전환 개폐기 ALTS(Automatic Load Transfer Switch)

자동부하 전환 개폐기 ALTS는 중요한 국가기관이나 공공기관 또는 대용량의 수용가의 수전점에 설치하여 주전원이 정전되면 자동적으로 예비전원으로 전환되어 계속적으로 전력을 공급할 수 있는 기능을 가지고 있다.

ALTS는 수용가의 인입점에 그림과 같이 설치하여 수전선로 정전시 예비선로로 자동 전환시킴으로써 정전시간을 단축시킬 수 있는 개폐기이다.

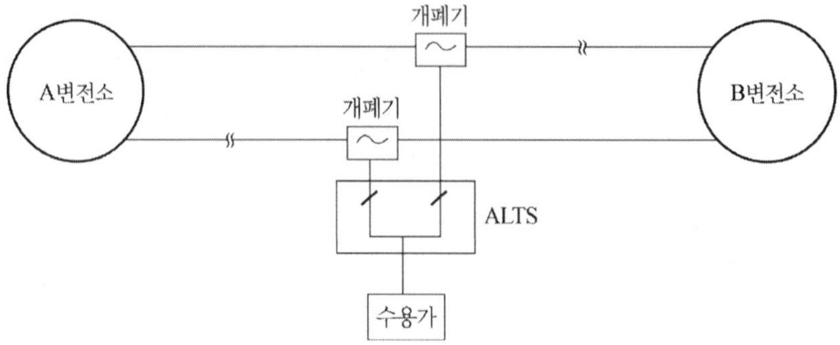

그림 9.23 자동부하 전환 개폐기의 설치

그 구조는 SF_6가스 개폐기에 자동전압 검출장치(voltage sensor), 전류감지장치(current sensor), 전동 조작장치(motor drive) 등으로 구성되어 있다. 동작기능은 공급전압이 일정한 값 이하(35[%] 이하)로 떨어지거나 일정한 값 이상(85[%] 정도)으로 회복되면 자동전압 검출장치에 의해서 동작하며, 순간정전에 의한 동작방지를 위하여 전환시간을 조정(0.1~10초 정도)하도록 되어 있다.

이상과 같은 보호장치를 이용하여 22.9[kV]의 배전선에는 한시요소가 있는 과전류 계전기(OCR, OCGR)를 비롯하여 선로에 자동재투입 차단기인 리클로저(recloser), 선로구분 자동개폐기인 섹셔널라이저(sectionalizer), 라인퓨즈(line fuse) 등과 고장구간 자동개폐기(ASS)로 구성되며 선로의 형태는 다음과 같이 수지상이 된다.

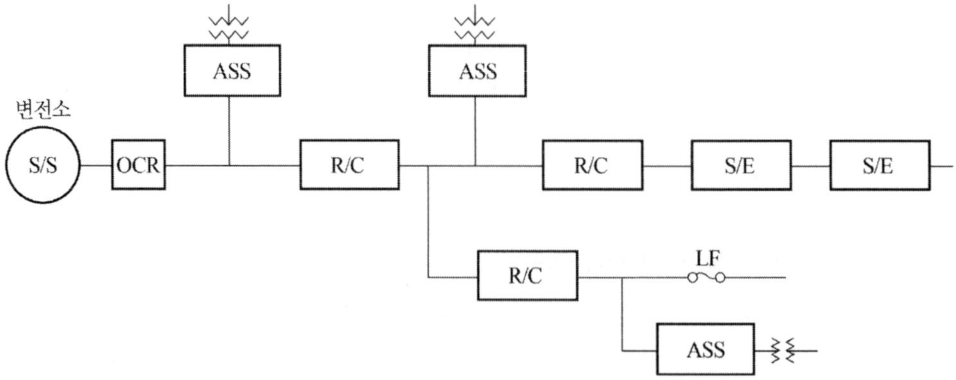

그림 9.24 보호협조 구성도

9.4 배전 자동화

배전 자동화 DAS(Distribution Automation System)란 배전설비를 원격에서 감시 제어하고, 배전선로 고장을 자동으로 처리하며 취득한 데이터를 이용하여 배전계통을 최적의 상태로 운영하는 기술을 뜻한다. 즉, 배전선로에 흩어져 있는 개폐기를 원격으로 조작할 수 있으며, 고장구간을 자동으로 찾아내며, 전압 전류 등의 운전정보를 자동으로 수집할 수 있다. 이에 대한 기능은 다음과 같다.

① 배전선로 개폐기기의 감시 및 제어
② 배전선로 관리정보의 자동수집
③ 부하율 향상 등의 목적으로 한 부하 집중제어
④ 사용 전력량 원격 자동검침

표 9.1은 배전 자동화의 기능과 그 효과를 나타낸 것이다.

표 9.1 배전 자동화의 기능과 그 효과

종 류	기 능	효 과
배전선로 개폐기 감시 및 제어	· 선로 개폐기 상태감시 · 사고시 건전구역과 사고구역의 절환 · 작업시 정전구역 부하절환	· 정전구간 및 정전시간 축소 · 안전사고 예방 · 설비 이용률 향상
배전선로 관리 정보수집	· 급전선 부하예측 · 전압변동 계측 · 사고예지 정보수집	· 배전손실 경감 · 과부하 사고예방 · 양질의 전기공급
부하 집중제어	· 냉 · 난방 부하제어 · 첨두부하 제어	· 전원설비 투자비 감소 · 고압수용가 수요제어
자동검침	· 적산 전력량계 자동검침 · 부하분석	· 신속한 검침 및 비용절감 · 검침시스템 다양화

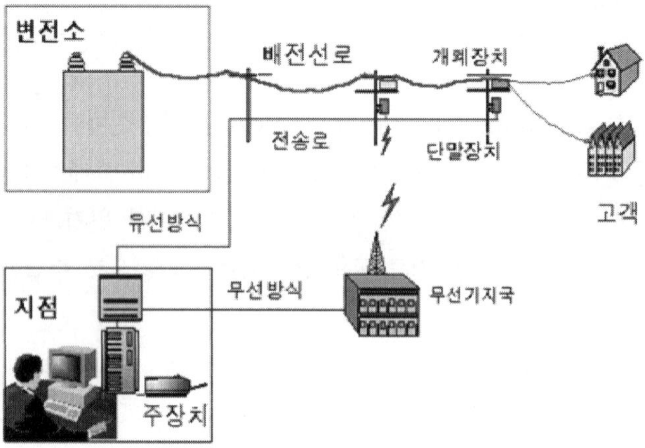

그림 9.25 배전자동화 개념도

연 습 문 제

e x e r c i s e

9-1 배전선의 전압 조정방법이 아닌 것은? [08. 전기산업기사]

㉮ 승압기 사용 ㉯ 저전압계전기 사용
㉰ 병렬콘덴서 사용 ㉱ 주상변압기 탭 전환

9-2 절연내력을 시험하기 위해 시험용 변압기를 사용하였다. 이때 전압조정을 하기 위하여 일반적으로 가장 많이 사용되는 것은? [96. 전기산업기사]

㉮ 수저항 전압 조정기 ㉯ 유도전압 조정기
㉰ 소형 발전기의 변속장치 ㉱ 다단식 저항, 전압 조정기

9-3 부하에 따라 전압변동이 심한 급전선을 가진 배전변전소의 전압 조정장치는? [97. 전기·공사산업기사]

㉮ 단권변압기 ㉯ 전력용 콘덴서
㉰ 유도전압 조정기 ㉱ 직렬 리액터

9-4 역률개선을 통해 얻을 수 있는 효과와 거리가 먼 것은? [17. 전기산업기사]

㉮ 고조파 제거 ㉯ 전력손실의 경감
㉰ 전압강하의 경감 ㉱ 설비용량의 여유분 증가

9-5 3상 전원에 접속된 △결선의 콘덴서를 Y결선으로 바꾸면 진상용량은 몇 배로 되는가? [94. 전기산업기사]

㉮ $\sqrt{3}$ ㉯ $\frac{1}{3}$
㉰ 3 ㉱ $\frac{1}{\sqrt{3}}$

9-6 부하역률 $\cos\theta$인 배전선로의 전력손실은 같은 크기의 부하전력에서 역률 1인 경우의 전력손실과 비교하면? 단, 역률 1일 때의 저항손실을 1로 한다. [08. 전기산업기사]

㉮ $\cos\theta^2$ ㉯ $\cos\theta$
㉰ $\frac{1}{\cos\theta}$ ㉱ $\frac{1}{\cos^2\theta}$

9-7 부하의 선간전압 3,300[V], 피상전력 330[kVA], 역률 0.7인 3상 부하가 있다. 부하의 역률을 0.85로 개선하는 데 필요한 콘덴서 용량은 몇 [kVA]인가? [07. 공사산업기사]

㉮ 63 ㉯ 73 ㉰ 83 ㉱ 93

9-8 P[kW], 역률 $\cos\theta_1$ 인 부하의 역률을 $\cos\theta_2$ 로 개선하기 위하여 필요한 전력용콘덴서의 용량[kVA]은? [94. 공사산업기사]

㉮ $P\left(\dfrac{\cos\theta_1}{\sqrt{1-\cos^2\theta_1}}-\dfrac{\cos\theta_2}{\sqrt{1-\cos^2\theta_2}}\right)$

㉯ $P(\cos\theta_1-\cos\theta_2)$

㉰ $P\left(\dfrac{\sqrt{1-\cos^2\theta_1}}{\cos\theta_1}-\dfrac{\sqrt{1-\cos^2\theta_2}}{\cos\theta_2}\right)$

㉱ $P(\sin\theta_1-\sin\theta_2)$

9-9 일반적으로 부하의 역률을 저하시키는 원인이 되는 것은? [99. 전기산업기사]

㉮ 전등의 과부하 ㉯ 선로의 충전전류
㉰ 유도 전동기의 경부하 운전 ㉱ 동기 조상기의 중부하 운전

9-10 불평형 부하에서의 역률은? [96. 전기산업기사]

㉮ $\dfrac{\text{유효전력}}{\text{각 상의 피상전력의 산술합}}$ ㉯ $\dfrac{\text{유효전력}}{\text{각 상의 피상전력의 벡터합}}$

㉰ $\dfrac{\text{무효전력}}{\text{각 상의 피상전력의 산술합}}$ ㉱ $\dfrac{\text{무효전력}}{\text{각 상의 피상전력의 벡터합}}$

9-11 역률 80[%], 10,000[kVA]의 부하를 갖는 변전소에 2,000[kVA]의 콘덴서를 설치하여 역률을 개선하면 변압기에 걸리는 부하는 몇 [kVA] 정도 되는가? [08. 전기산업기사]

㉮ 8,000 ㉯ 8,500
㉰ 9,000 ㉱ 9,500

9-12 3,000[kW]의 역률 80[%](뒤짐) 부하에 전력을 공급하고 있는 변전소에 전력용 콘덴서를 설치하여 역률을 90[%]로 향상시키는데 필요한 전력용 콘덴서의 용량은 약 몇 [kVA]인가? [08. 전기산업기사]

㉮ 600 ㉯ 700 ㉰ 800 ㉱ 900

9-13 **3300[V], 60[Hz], 지상역률 60[%], 300[kW]의 단상부하가 있다. 그 역률을 100[%]로 하기 위한 전력용 콘덴서의 용량은 몇 [kVA]인가?** [17. 전기산업기사]

㉮ 150 ㉯ 250
㉰ 400 ㉱ 500

9-14 **단상 승압기 1대를 사용할 경우 승압 전의 전압을 E_1이라 하면, 승압 후의 전압 E_2는 어떻게 되는가? 단, 승압기의 변압비는 e_1/e_2이다.** [07. 전기산업기사]

㉮ $E_2 = E_1 + \frac{e_1}{e_2}E_1$ ㉯ $E_2 = E_1 + e_2$
㉰ $E_2 = E_1 + \frac{e_2}{e_1}E_1$ ㉱ $E_2 = E_1 + e_1$

9-15 **6500/210[V]인 주상변압기 2대를 V결선 승압기로 하여 6300[V]의 3상 평형회로에 사용한다면 2차측 전압은 약 몇 [V] 정도 되는가?** [03. 전기공사산업기사]

㉮ 6400 ㉯ 6500
㉰ 6600 ㉱ 6700

9-16 **저항 2[Ω], 유도리액턴스 10[Ω]의 단상2선식 배전선로의 전압강하를 보상하기 위하여 용량리액턴스 5[Ω]의 콘덴서를 삽입하였을 때 부하단 전압은 몇 [V]인가? 단, 전원은 7,000[V], 부하전류 200[A], 역률 0.8(뒤짐)이다.** [07. 전기산업기사]

㉮ 6,080 ㉯ 7,000
㉰ 7,080 ㉱ 8,080

9-17 **배전용 변압기의 과전류에 대한 보호 장치로서 고압 측에 설치하는 데는 적합치 않은 것은?** [96. 전기산업기사]

㉮ 고압 컷 아웃 스위치 ㉯ 애자형 개폐기
㉰ CF 차단기 ㉱ 캐치 홀더

9-18 **주상 변압기에 설치하는 캐치 홀더는 다음 어느 부분에 직렬로 삽입하는가?** [전기기사]

㉮ 1차측 양선 ㉯ 1차측 1선
㉰ 2차측 비접지선측 ㉱ 2차측 접지된 선

9-19 주상 변압기의 고장보호를 위하여 1차측에 설치하는 기기는? [전기기사]

㉮ OS 또는 AS
㉯ COS
㉰ LS
㉱ Catch Holder

9-20 주상변압기의 고압측 및 저압측에 설치되는 보호 장치가 아닌 것은? [15. 전기산업기사]

㉮ 피뢰기
㉯ 1차 컷아웃 스위치
㉰ 캐치 홀더
㉱ 케이블헤드

9-21 송배전선로에서 선택지락계전기(SGR)의 용도는? [17. 전기기사]

㉮ 다회선에서 접지고장 회선의 선택
㉯ 단일회선에서 접지전류의 대소 선택
㉰ 단일회선에서 접지전류의 방향 선택
㉱ 단일회선에서 접지 사고의 지속시간 선택

9-22 여러 회선인 비접지 3상 3선식 배전선로에 방향지락 계전기를 사용하여 선택지락 보호를 하려고 한다. 필요한 것은? [99. 전기산업기사]

㉮ CT의 OCR
㉯ CT와 PT
㉰ 접지 변압기와 ZCT
㉱ 접지 변압기와 ZPT

9-23 22.9[kV-Y] 배전선로 보호협조 기기가 아닌 것은? [13. 전기산업기사]

㉮ 컷아웃 스위치
㉯ 인터럽트 스위치
㉰ 리클로저
㉱ 섹셔널라이저

9-24 공통중성선 다중접지 방식인 22.9[kV] 계통에 있어서 사고가 생기면 정전이 되지 않도록 선로 도중이나 분기선에 보호장치를 설치하여 상호 보호협조로 사고구간만을 제거할 수 있도록 각종 개폐기의 설치 순서로 옳은 나열한 것은? [08. 전기산업기사]

㉮ 변전소 차단기 – 섹셔널라이저 – 리클로저 – 라인퓨즈
㉯ 변전소 차단기 – 리클로저 – 섹셔널라이저 – 라인퓨즈
㉰ 변전소 차단기 – 섹셔널라이저 – 라인퓨즈 – 리클로저
㉱ 변전소 차단기 – 리클로저 – 라인퓨즈 – 섹셔널라이저

9-25 **Recloser (R), Sectionalizer (S), Fuse (F)의 보호협조에서 보호협조가 불가능한 배열은? 단, 왼쪽은 후비보호, 오른쪽은 전위보호 역할임** [전기기사]

㉮ R−R−F ㉯ R−S

㉰ R−F ㉱ S−F−R

9-26 **다음 중 배전선로에 사용하는 개폐기의 종류와 그 특성의 연결이 바르지 못한 것은?** [08. 전기산업기사]

㉮ 컷아웃 스위치−주된 용도는 주상변압기의 고장이 배전선로에 파급되는 것을 방지하고 변압기의 과부하 소손을 예방하고자 사용한다.

㉯ 부하개폐기−고장전류와 같은 대전류는 차단할 수 없지만 평상 운잔시의 부하전류는 개폐할 수 있다.

㉰ 리클로저−선로고장이 발생하였을 때 고장전류를 검출하여 지정된 시간 내에 고속차단하고, 자동재폐로 동작을 수행하여 고장구간을 분리하거나 재송전하는 장치이다.

㉱ 섹셔널라이져−고장발생시 신속히 고장전류를 차단하여 사고를 국부적으로 분리시키는 것으로 후비보호 장치와 직렬로 설치하여야 한다.

9-27 **전력용 퓨즈는 주로 어떤 전류의 차단을 목적으로 하는가?** [98. 전기기사]

㉮ 충전전류 ㉯ 과부하전류

㉰ 단락전류 ㉱ 과도전류

9-28 **6,600[V], △결선 비접지 배전선로에서 1선이 지락하는 경우 전선로의 대지전압은 몇 [V]까지 상승하는가?** [98. 전기기사]

㉮ 4,124 ㉯ 1,950

㉰ 5,715 ㉱ 6,600

9-29 **66,000[V] 평형 대칭 3상 송전선의 정상 운전시 건전상의 대지전위는?** [98. 공사산업기사]

㉮ 66,000[V] ㉯ 66,000×3[V]

㉰ $\dfrac{66,000}{\sqrt{3}}$[V] ㉱ $\dfrac{66,000}{\sqrt{2}}$[V]

9-30 △결선의 3상 3선식 배전선로가 있다. 1선이 지락하는 경우 건전상의 전위상승은 지락 전의 몇 배가 되는가? [93. 공사산업기사]

㉮ $\frac{\sqrt{3}}{2}$ ㉯ 1

㉰ $\sqrt{2}$ ㉱ $\sqrt{3}$

9-31 배전반 및 분전반의 설치장소로 가장 적당한 곳은 ? [13. 전기산업기사]

㉮ 벽장 내부 ㉯ 화장실 내부

㉰ 노출된 장소 ㉱ 출입구 신발장 내부

9-32 배전선로의 접지목적과 거리가 먼 것은? [13. 전기산업기사]

㉮ 고장전류의 크기 억제

㉯ 고저압 혼촉, 누전, 접촉에 의한 위험방지

㉰ 이상전압의 억제, 대지전압을 저하시켜 보호장치 작동확실

㉱ 피뢰기 등의 뇌해방지 설비의 보호효과 향상

9-33 동일전력을 수송할 때 다른 조건을 그대로 두고 역률을 개선할 경우의 효과로 옳지 않은 것은? [15. 전기산업기사]

㉮ 선로 변압기 등의 저항 손이 역률의 제곱에 반비례하여 감소한다.

㉯ 변압기 개폐기 등의 소요용량은 역률에 비례하여 감소한다.

㉰ 선로의 송전용량이 그 허용전류에 의하여 제한될 때에는 선로의 송전용량도 증가한다.

㉱ 전압강하는 $1+\frac{X}{R}\tan\phi$에 비례하여 감소한다.

해 답

1. ㉯ 2. ㉯ 3. ㉰ 4. ㉮ 5. ㉯ 6. ㉱ 7. ㉱ 8. ㉰ 9. ㉰ 10. ㉯ 11. ㉰ 12. ㉰ 13. ㉰ 14. ㉰ 15. ㉯ 16. ㉮ 17. ㉱ 18. ㉰ 19. ㉯ 20. ㉱ 21. ㉮ 22. ㉰ 23. ㉯ 24. ㉯ 25. ㉱ 26. ㉱ 27. ㉰ 28. ㉱ 29. ㉰ 30. ㉱ 31. ㉰ 32. ㉮ 33. ㉱

Part 02

전력발생

power engineering

Chapter 01

개 론

1.1 개 요

전기는 국가의 기본에너지이므로 전기 없이 할 수 있는 일은 거의 없다. 또한 발전소 변전소와 같은 전력산업은 경제 발전의 원동력이 되는 국가의 기간산업으로서 국민 생활에 많은 영향을 미친다.

따라서 전력산업과 경제발전은 상호 밀접한 관계가 있으며, 발전 설비 및 발전량은 그 나라의 경제 규모를 나타내는 중요한 자료가 된다.

전력을 발생하기 위한 에너지원에는 여러 가지가 있으나 현재 발전용 자원으로 이용할 수 있는 에너지원은 다음과 같다.

① 수　력 : 물의 위치에너지를 이용하는 방식
② 화　력 : 석탄, 석유, 가스의 열에너지를 이용하는 방식
③ 원자력 : 원자핵 분열에너지(또는 원자핵 융합에너지)를 이용하는 방식
④ 조　력 : 밀물과 썰물의 차이를 이용하는 방식
⑤ 태양광 : 태양빛 에너지를 이용하는 방식
⑥ 풍　력 : 바람을 이용하는 방식
⑦ 파　력 : 파도를 이용하는 방식
⑧ 기　타 : 지열, 태양열 및 연료전지 발전방식

표 1.1은 자연계에 존재하는 1차 에너지로부터 전기를 얻을 수 있는 각종 발전방식에 대한 에너지 변환 과정을 나타낸 것이다.

표 1.1 각종 발전방식에 대한 에너지 변환 과정

1차 에너지	에너지 형태	에너지 변환 형식	변환 에너지	발전방식
수 력	위치에너지	수차발전기	전기에너지	수력발전
석 탄 석 유 원자력 지 열	열에너지	증기터빈발전기 가스터빈발전기 내연기관발전기 전자유체발전기		화력발전 원자력발전 MHD발전
태 양	열에너지	열전자 변환		태양열발전
	빛에너지	광전 효과		태양광발전
	해양에너지	조력 (수차발전기) 파력 (터빈발전기) 온도차 (터빈발전기)		조력발전 파력발전 온도차발전
바 람	풍력에너지	터빈발전기		풍력발전
화학 반응 물질	화학에너지	화학반응		연료전지

1.2 발전 방식

전력발생을 위해서는 위치에너지 또는 열에너지를 전기에너지로 바꾸어야 하며, 이러한 에너지의 근원을 전력자원이라고 한다. 전력자원으로서 무엇을 사용하느냐에 따라서 여러 종류의 발전소가 있지만 여기서는 우리나라 발전설비의 주종을 이루는 수력발전소, 화력발전소 및 원자력발전소 중심으로 알아보자.

(1) 수력발전소(hydraulic power plant)

수력발전소는 물이 가지고 있는 위치에너지를 수차를 이용하여 회전에너지로 변환하며, 회전에너지를 발전기에서 전기에너지로 변환하는 방식이다.

수력발전은 효율이 좋고, 부하 변동에 대한 속응성이 우수하므로 첨두부하용 발전소로서 운전하고 있다.

또한 수력발전소의 한 분야인 양수발전소는 첨두부하 시간에 유용하게 발전할 수 있다는 것과 대용량으로 건설할 수 있다는 장점이 있기 때문에 첨두부하 발전소로 운전된다.

양수발전소란 심야 경부하시에 원자력발전소 또는 대용량의 화력발전소에서 발생하는 잉여전력을 이용하여 하부 저수지의 물을 상부 저수지에 양수하여 두었다가 첨두부하 시간에 발전할 수 있는 발전소이다.

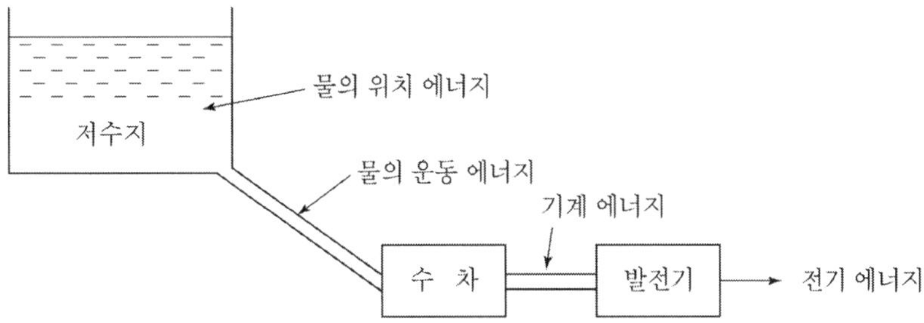

그림 1.1 수력발전의 개요

(2) 화력발전소(thermal power plant)

석탄 석유 가스 등의 연료가 갖는 열에너지를 전기에너지로 변환하는 방식으로서 우리나라 발전소의 65[%] 이상을 점유하고 있다.

화력발전 중에서도 그림 1.2와 같이 보일러에서 발생된 열을 이용하여 물을 가열하며, 이 때 발생된 증기를 이용하여 터빈을 구동하여 발전하는 이른바 기력발전(steam power generation)이 대부분이다.

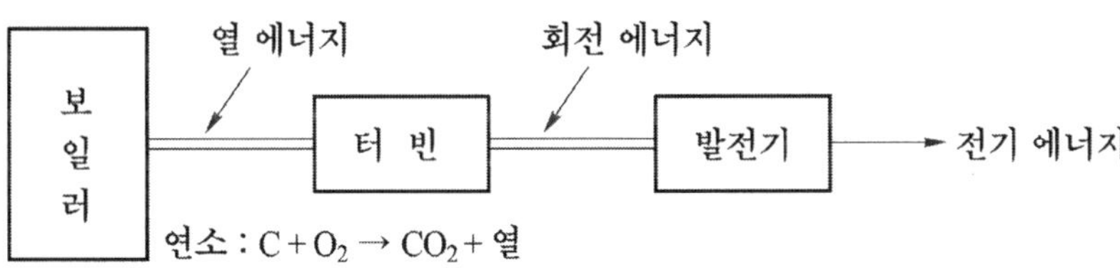

그림 1.2 화력발전의 개요

(3) 원자력발전(nuclear power plant)

원자로 내에서 핵분열성 물질인 U^{235}, Pu^{239}에 핵분열 연쇄반응을 일으켜서 얻는 열에너지를 전기에너지로 변환하는 방식으로서 그 이후의 과정은 화력발전과 같다.

원자력발전은 적은 량의 핵연료에서 많은 량의 전력을 발생할 수 있을 뿐만 아니라, 핵연료의 수송과 저장이 용이하며 이산화탄소와 같은 지구온난화 가스를 배출하지 않는다는 장점 때문에 계속 건설될 것이다.

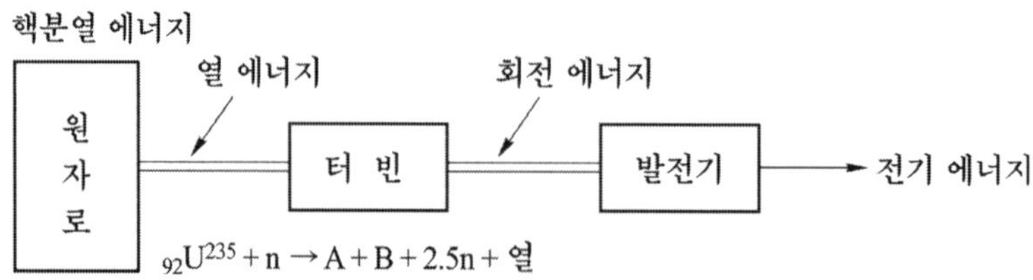

그림 1.3 원자력발전의 개요

(4) 조력발전

밀물과 썰물의 수위 차이를 이용하여 발전기를 구동시켜 발전하는 방식이다. 우리나라에서는 조수간만의 차가 큰 서해안 가로림만(충남 서산시 일대)에 40만[kW]의 규모의 조력발전소가 가능한 것으로 평가되어 있으나 경제성을 고려하여 지금까지 건설되지 않고 있다. 그러나 경기도 시화방조제에 25만 2천[kW]의 조력발전소가 운전 중에 있다.

또한 강화도와 석모도 사이에 81만 2천[kW]의 세계 최대규모의 강화조력발전소 건설도 계획하고 있다.

(5) 파력발전

파도에 의한 해면 상승운동으로 압출되는 공기를 이용하여 공기터빈을 회전시켜 발전하는 방식이다. 영국(75[kW]) 및 덴마크(45[kW])에서 시험 가동되고 있으며 우리나라도 한국기계연구원에서 60[kW]급 파력발전장치를 개발한 바 있다.

(6) 기타 발전

그 이외의 발전방식으로 태양광 발전, 풍력발전, 연료전지발전, 해양온도차 발전, 전자유체발전(MHD발전, Magnetic Hydro Dynamic generation)등이 있으나 실용화되는 몇 가지만 소개한다.

1) 태양광 발전

태양전지(solar cell)를 이용하여 태양광을 전기 에너지로 변환하는 방식이다. 태양전지의 가격이 비싸며, 15%에 불과한 태양전지의 효율로 인하여 대규모 발전으로는 효용 가치가 적고, 태양전지를 설치하기 위한 넓은 면적이 필요한 단점이 있다.

2) 풍력발전

바람이 많은 지역에서 바람에 의한 풍차의 회전에너지를 이용하여 발전하는 방식이다. 우리나라에서도 제주도 및 강원도 대관령에 대규모 풍력발전기를 건설하여 운전하고 있다.

3) 연료전지발전

물질의 화학 반응 시에 방출되는 에너지를 전기에너지로 변환하는 것으로서, 화학작용을 할 수 있는 물질을 계속 공급하면 연속적으로 발전 할 수 있다.

1.3 장기 전원개발 계획

제7차 전력수급기본계획(2015~2029년)에 의한 우리나라 전원개발의 방향은 다음과 같다. 기본계획은 안정적인 전력수급을 위하여 신규 원자력 발전 2기 등 발전설비를 확충하고, 환경문제를 야기하는 석탄발전소 건설은 철회하는 등 온실가스 배출을 최소화를 위한 저탄소 전원 구성으로 되어 있다.

이의 특징은 다음과 같다.

① 안정적인 전력수급
② 온실가스 감축을 위한 저탄소 전원 구성
③ 분산형 전원기반 구축

저탄소 전원 구성면에서는 석탄연료 문제(영흥화력 7,8호기)와 송전설비 문제(동부 하슬라 1, 2호기)등으로 건설계획을 취소하고, 대신에 이산화탄소를 배출하지 않는 원자력 발전(2기 300만[kW])를 건설함으로써 온실가스 부담을 최소화하고자 하는 특징이 있다. 건설 예정지는 강원도 삼척 또는 경북 영덕으로 알려져 있다.

또한 분산형 전원에 포함될 신재생에너지는 확대보급을 계속함으로써 계획기간 동안 현재보다 설비용량 기준으로는 약 5배, 발전량 기준으로는 약 4배가 증가할 것이며, 설비용량 기준으로는 석탄, LNG 복합발전 수준으로 늘어날 것으로 예상된다.

그 결과, 2029년도 발전원별 전원은 정격용량 기준으로 석탄화력 26.7[%], 원자력발전 23.7[%], LNG 복합발전 20.5[%], 신재생에너지 20.0[%]으로 구성될 전망이다

예상되는 연도별 최대수요전력 및 전력설비용량의 전망은 표 1.2와 같다.

표 1.2 연도별 최대전력 및 전력 예비율 전망

구 분	2015년	2020년	2025년	2029년
최대전력[MW]	82,478	97,261	106,644	111,929
설비용량[MW]	93,438	120,396	129,879	136,684
전력예비율[%]	12.1	23.8	21.8	22.1

예제 1-1

발전소 위치 선정시 고려할 사항을 설명하여라.

풀이 ① 화력발전소 또는 원자력발전소는 많은 냉각수를 필요로 하므로 이를 쉽게 확보할 수 있어야 한다. 그러므로 대부분의 발전소가 해안가 또는 강가에 건설된다.

② 연료의 반입이 용이하여야 한다.
석유와 천연가스의 경우에는 파이프라인을 통하여 공급받도록 하고, 석탄의 경우에는 선박 접안시설, 벨트컨베이어, 야적장(저탄장) 등을 확보해야 한다.

③ 발전소 내부에 수차 발전기 등의 중량물의 반입이 용이하여야 한다.
이를 위해서는 운송용 도로, 철도, 해상 수송이 가능한지를 검토하여야 한다.

④ 지진의 피해를 최소화할 수 있는 곳이라야 한다.

⑤ 기존의 송전선로 또는 건설예정인 선로와의 연결이 용이하여야 한다.

⑥ 홍수 또는 해일의 피해가 없는 장소라야 한다.

⑦ 장래 확장이 용이한 곳이어야 한다.

⑨ 환경에 미치는 영향이 작은 곳이어야 한다.
대기오염 가능성과 석탄 및 먼지의 비산에 의한 영향을 검토해야 한다.

이와 같이 수력발전소는 유량과 낙차를 찾아서 건설되어야 하지만, 화력발전소와 원자력발전소는 위와 같은 조건을 충족하기 위하여 대부분 해안가에 건설되고 있다.

1.4 전력 예비율

만약 대형 발전기가 사고로 정지될 경우에는 이로 인한 전력의 부족분을 보상할 수 있도록 항상 여분의 발전력을 확보하고 있어야 한다.

이러한 여분의 발전전력을 예비전력이라 하며 다음과 같이 전력 예비율(reserve ratio)로 나타낸다.

$$\text{전력예비율} = \frac{\text{발전설비용량} - \text{최대수요전력}}{\text{최대수요전력}} \times 100[\%] \tag{1.1}$$

전력 예비율이 너무 크면 전원설비의 건설에 따른 투자비가 증대되어 전력회사의 재무구조가 나빠지고, 전기요금의 인상 요인이 된다.

이와 반대로 전력 예비율이 너무 낮으면 전력공급 부족사태가 야기되어 경제 활동에 나쁜 영향을 미칠 수 있다.

전원개발계획은 적절한 공급신뢰도를 유지할 수 있도록 적당한 전력 예비율을 확보하여야 한다.

발전기는 원동기의 종류에 따라서 부하변동에 따른 응동 속도가 다르다. 예를 들면 수력발전인 경우 정지된 발전기가 최대 용량까지 출력을 올리는데 몇 분 정도 소요 되지만, 원자력 발전인 경우 1주일 정도 소요되며, 화력발전은 수 시간 정도 필요하다. 따라서 발전기가 응동할 수 있는 시간에 따라서 예비전력(예비력)을 구분하여 운영하여야 한다.

운용되고 있는 예비전력의 종류는 다음과 같다.

1) 설비 예비력(installed reserve)

설비예비력은 예측되는 최대수요전력보다 얼마나 많은 발전설비를 보유 하는냐에 따라 결정되며, 발전 설비용량과 연간 최대부하의 차이로서 나타낸다.

2) 공급 예비력(capability reserve)

공급예비력은 설비예비력 중에서 정비하기 위하여 정지중인 발전설비를 제외한 나머지 운전가능한 발전설비로서 다음과 같이 분류된다.

① 주파수 조정 예비력

운전중인 발전기의 출력의 여유분을 뜻한다. 자동발전제어(AGC) 또는 조속기 운전에 따라 자동으로 응동할 수 있는 예비전력으로 주파수 조정에 이용되는 예비력이다. 이를 위하여 발전기 출력은 공급가능 용량의 95% 이하에서 운전토록 한다.

② 대기 예비력

주파 조정 예비력을 제외한 예비력 중에서 대기상태로 있지만 20분 이내로 운전가능한 예비전력이다. 응동 특성이 빠른 수력이나 가스터빈 발전기는 단기간에 계통에 투입되어 출력을 증가시킬 수 있으므로 이들은 평상시에 대기상태로 있다가 계통에 위급 상황이 발생하면 즉시 출력을 증가시킬 수 있다.

③ **대체 예비력**

주파수 조정 예비력 및 대기 예비력을 제외한 예비력으로서 120분 이내에 확보 및 이용이 가능한 예비력이다.

그림 1.4는 이들 예비력 사이의 관계를 나타낸다.

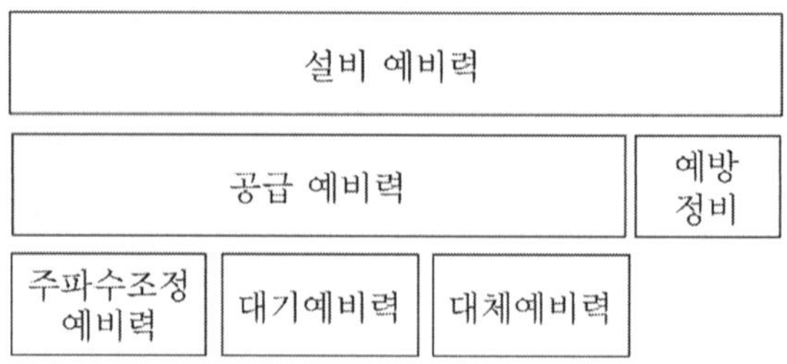

그림 1.4 예비력 사이의 관계도

우리나라 전력설비의 예비율은 표 1.2와 같이 2015년 12.1[%], 2020년 23.8[%], 2020년 21.8[%], 2029년 22.1[%] 정도 확보할 수 있도록 계획되어 있다.

예제 1-2

적정 예비전력을 확보할 수 있는 방안에 대하여 설명하라.

풀이 전력회사에서 적정 예비전력을 확보할 수 있는 단기대책과 장기대책은 다음과 같다.

- 단기대책
  ① 수요관리 강화
  ② 수용가 역률 개선
  ③ 부하 조절
- 장기대책
  ① 전원 개발 확대 (원자력 발전소 건설 확대)
  ② 고효율 발전을 위한 연구 개발
  ③ 계통 연계 (남북한 연계 및 동북아 연계)

1.5 우리나라의 발전설비

전력산업은 경제 발전의 초석이 되는 기간산업이므로 그 나라의 전력산업의 수준은 그 나라 경제 규모와 향후 국가의 발전 가능성 등을 살펴볼 수 있음은 앞서 설명한바 있다.

2020년 12월 현재 우리나라의 총 발전설비용량 129,191[MW] 중 수력발전이 5[%](6,506[MW]), 화력발전 62[%](80,270[MW]), 원자력발전 18[%](23,250[MW]), 신재생에너지 15[%](18,739[MW]) 구성되어 있으므로 화력발전이 주(主)가되며 수력발전은 보조 역할에 지나지 않는 화주수종(火主水從)의 형태를 나타낸다.

표 1.3과 같이 1945년 해방 직후 우리나라의 발전설비는 198.74[MW]에 불과하였으나 70년대에 고도의 경제성장에 따라 전력수요가 급증하였기 때문에 전원설비의 확충은 다른 나라에서 유례를 찾아볼 수 없을 정도로 성장하였으며, 그 후 지속적인 전원개발에 힘입어 해방이후 약 650배의 발전설비를 확충하게 되었다.

표 1.3 우리나라 발전설비의 증가 추이(단위[MW])

년 도	1945 해방직후	1961	1970	1980	1994	1999	2000	2008	2020.12
수 력	62.24	143.28	328.68	1,157	2,493	3,148	3,149	5,500	6,506
화 력	136.5	223.77	2,179.37	7,647	18,641	30,115	31,595	46,667	80,270
원자력	–	–	–	587	7,616	13,716	13,716	17,716	23,250
신재생									18,739
합 계	198.74	367.25	2,508.05	9,391.0	28,750	46,979	48,451	70,353	129,191
배 수 (1945년을 기준으로함)	1	1.8	12.6	47.2	144.6	236.3	243.8	354	650

즉, 1945년부터 2020년까지 75년 동안 발전설비는 650배로 확충되었으나 이의 62[%]가 화력발전이므로 연료의 대부분을 수입하는 우리나라의 실정상 연료 수급의 안정성 확보는 대단히 중요하다. 또한 기후온난화 및 미세먼지로 인한 석탄(화석연료) 소비억제책의 영향으로 안정적인 발전전력 확보에 어려운 상황이 될 것이다.

우리나라의 발전원별 설비 현황은 표 1.4와 같다.

표 1.4 우리나라 주요 발전원별 설비 현황 (2020. 12 현재)

구분	발전소	용량[kW]
무연탄	동해#1, 2	400,000
유연탄	호남#1, 2	500,000
	삼천포#1-6	3,240,000
	당진#1-10	6,040,000
	보령#3-8	3,050,000
	태안#1-10	6,100,000
	하동#1-8	4,000,000
	영흥#1-6	5,080,000
원자력	고리#2-4	2,550,000
	신고리#1-4	4,800,000
	월성#2-4	2,100,000
	신월성#1-2	2,000,000
	한빛#1-6	5,900,000
	한울#1-6	5,900,000
복 합	울산복합	2,071,900
	한림	105,000
	서인천	1,800,000
	신인천	1,800,000
	분당	922,064
	일산	900,000
	평택	868,500
	보령	1,350,000
	부산	1,800,000
	인천	1,462,447
	군산	718,400
	영월	848,000
	안동	361,600
	세종천연가스	530,441
	제주 LNG	228,734
	서울	738,346
가스(LNG)	평택#1-4	1,400,000
수 력	화천	108,000
	춘천	62,280
	의암	48,000
	청평	140,100
	팔당	120,000
	괴산	2,600
	칠보(섬진강)	34,800
	강릉	82,000
	보성강	4,500
	안흥	480
	추산	700
	산청	995
	무주 양수	600,000
	청평 양수	400,000
	삼랑진 양수	600,000
	산청 양수	700,000
	양양 양수	1,000,000
	청송 양수	600,000
	예천 양수	800,000
중 유	울산#4-6	1,200,000
내연력	거문도	4,000
	대청도	2,600
	제주내연(1,2)	80,000
	울릉도	18,500
	조도	1,550
기 타 (타사 포함)	소양강 수력	200,000
	대청 수력	90,000
	충주 수력	412,000
	합천 수력	101,200
	주암 수력	22,500
	임하 수력	50,000
	안동 수력	90,000
	소수력 합계	223,788
	포스코 에너지	2,276,000
	GS파워(안양)	450,000
	GS파워(부천)	450,000

1.6 북한의 발전설비

북한의 발전설비는 수력발전과 석탄발전 설비로 구성되어 있다. 북한은 풍부한 수력자원과 산악지형을 이용하여 수풍, 장진강, 부전강 발전소 등 수력발전소 위주로 운전하였다. 그러나 강수량의 변화에 따른 발전량의 변화가 심하며, 장거리 송전에 따른 문제점이 제기됨에 따라서 1970년대부터는 무연탄을 이용할 수 있는 화력발전소 건설에 중점을 두었다.

이에 따라 1980년대까지 수력발전과 화력발전 설비의 비율은 6:4 정도가 되었다.

수력발전 설비는 수풍발전소(80만[kW])를 비롯하여 운봉, 허천강, 장진강, 강계청년, 태평만, 위원, 태천발전소 등이 있으나 수풍, 태평만, 서두수, 운봉발전소는 중국과 공동으로 이용하고 있다.

화력발전소는 북창화력(160만[kW])을 비롯하여 평양화력, 선봉화력, 청천강화력, 청진화력, 순천화력, 동평양화력 등이 있다. 이중 평양, 선봉, 북창, 청진화력은 구소련의 지원으로 건설되었으며, 동평양화력도 구소련의 지원으로 착공되었으나 이후 투자재원의 부족으로 완공하지 못한 채 부분적으로만 가동되고 있다

통일부 북한정보포털에 의하면 2018년 현재 북한의 발전설비 용량은 표 1.5와 같이 815만[kW]로 알려져 있으며, 남한의 11,909만[kW] 발전설비용량은 북한 발전설비의 14.6배에 이른다.

표 1.5 남북한 발전설비 용량 비교

년도	남한				북한			남한/북한
	총용량(MW)	구성비(%)			총용량(MW)	구성비(%)		
		수력	화력	원자력		수력	화력	
1970	2,508	13.1	86.9	–	3,550	71.8	28.2	0.7
1980	9,391	12.3	81.4	6.3	5,010	58.1	41.9	1.9
1990	21,021	11.1	52.6	36.2	7,142	60.1	39.1	2.9
2000	48,451	6.5	65.2	28.3	7,552	60.8	39.2	6.4
2002	53,801	7.2	63.6	29.2	7,772	61.9	38.1	6.9
2004	59,961	6.5	65.6	27.0	7,772	61.9	37.1	7.2
2016	105,870	6.1	65.0	21.8	7,661	61.4	38.6	13.8
2018	119,090	5.4	66.4	18.3	8,150	58.8	41.2	14.6

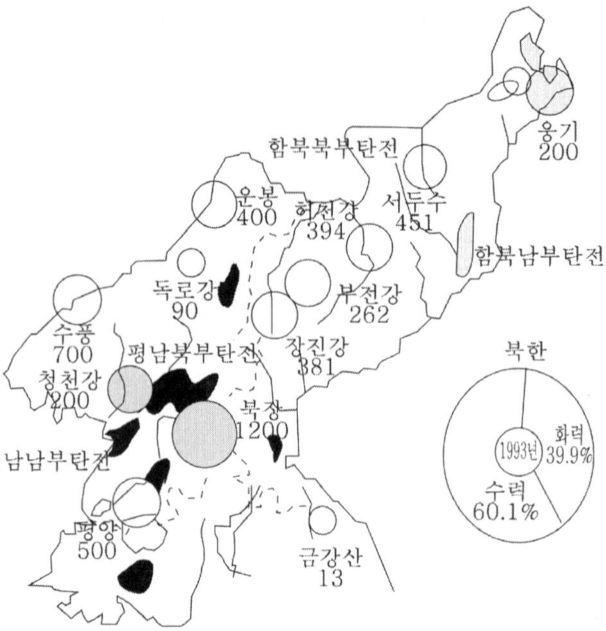

그림 1.5 북한의 주요 발전소 분포(1994년 통계년감, 단위 : 천[kW])

뿐만 아니라 잉여 전력을 활용할 수 있는 양수 발전 설비가 갖추어 있지 못해, 첨두부하시와 비첨두부하시의 수요 조정이 제대로 되지 않고 있으며, 송배전 설비의 노후화로 인하여 손실률이 높고 전압의 변동이 심하여 양적으로나 질적으로 낙후되어있는 실정이다.

따라서 북한의 전력 사정은 발전 및 송배전상의 구조적인 문제점으로 인하여 당장 개선되기는 어려울 것으로 보인다.

1.7 발전설비별 운전 특성

전력계통의 특성 중 하나는 발전과 수요가 항상 일치하여야 하므로 발전사업자는 언제든지 수용가가 요구하는 전력을 공급할 수 있어야 한다.

이와 같은 이유로 발전설비는 언제라도 최대전력을 발생할 수 있도록 확보하고 있어야 한다. 따라서 발전사업자는 부하전력보다 항상 많은 발전설비를 보유하여야 하며, 그림 1.6의 일부하곡선에서 보는바와 같이 상당한 시간 동안은 많은 발전설비가 정지되어 있어야 한다. 즉, 심야(0~6시)에는 수요가 가장 작으며, 점심시간을 제외한 낮 시간대에 전력소비가 많음을 알 수 있다.

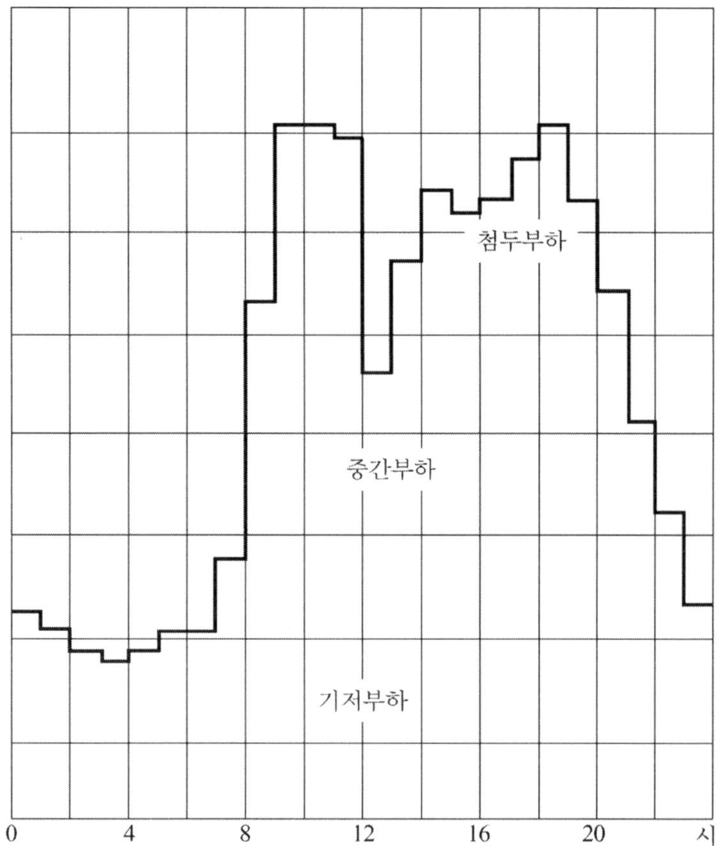

그림 1.6 일부하곡선의 예

이와 같이 발전설비 중 일부는 항상 최대출력(또는 정격출력)으로 운전될 수 있어야 하고, 반대로 일부는 시간에 따라 낮은 출력으로 계속 운전되어야 하며, 때로는 발전을 정지하여야 한다.

일 부하곡선에서 일정 출력으로 계속 운전하는 발전소를 기저부하(base load)발전소라 하고, 높은 출력으로 운전하는 발전소를 첨두부하(peak load)발전소라 하며, 이 양자의 중간 영역에 속하는 것을 중간부하(middle load)발전소라 한다.

전력계통에는 여러 종류의 발전소가 있으며, 이들 발전소의 에너지원이 다양하므로 각각의 특성에 적합하도록 운전한다.

표 1.6은 전원별 공급전력의 특징을 요약한 것이다.

표 1.6 전원별 공급전력의 특징

운전 구분	특 징	발전소
첨두부하 운 전	• 단시간 첨두부하시 이용 • 기동 정지가 용이할 것 • 부하변동에 따라 응동력이 양호할 것 • 건설비가 저렴할 것 • 운전시간이 짧다	• 양수발전 • 조정지식 수력 • 댐식 수력
중간부하 운 전	• 매일 기동 정지가 가능할 것 • 기저부하 발전소보다 효율이 다소 낮아도 건설비가 저렴할 것 • 운전시간 및 특성은 첨두부하용과 기저부하용의 중간 특성	• 중용량 이하의 화력 • 복합화력
기저부하 운 전	• 건설비가 많아도 운전비용(연료비)이 저렴할 것 • 효율이 높을 것 • 운전시간(이용률)이 많다	• 원자력 • 석탄화력

1.8 전력산업 구조 개편

(1) 목적과 필요성

지금까지 우리나라는 한국전력이라는 단일 회사로 하여금 발전 송전 배전 등의 업무를 독점적으로 수행해 왔으나, 이를 지양하고 경쟁체제를 도입함으로서 장기적으로 값싸고 안정적인 전력공급을 위하여 우선 6개의 발전회사로 분할하였다.

이에 대한 필요성으로는 전력산업의 경쟁을 통하여 효율성을 높이고 민영화를 통하여 민간자본을 유치하여 전력산업의 재무구조를 개선하기 위함이다.

(2) 구조개편 추진계획

전력산업 구조개편에 의하면 발전부분을 경쟁체제로 유도하기 위하여 발전소를 6개 회사로 분할하여 발전회사 상호간에 경쟁을 도입하여 발전원가를 절감하고자 함에 있다.

또한 배전부문도 여러 회사로 나누어 전력의 도매, 소매부분에 경쟁을 도입하며, 송전망을 모든 전기 사업자에게 개방하여 자유로이 이용할 수 있도록 보장함으로써 전력시장을 완전한 소매경쟁시대로 돌입하게 한다는 계획을 수립하였지만 지금은 중단된 상태이다.

(3) 발전소 분할

발전소를 분할한 결과를 보면 각 회사별로 24시간 기저부하운전이 가능하고 각 회사의 주 수입원이 되는 석탄발전소인 영흥, 보령, 태안, 하동 및 당진발전소를 주축으로 하였다. 발전회사별 내용은 표 1.7과 같으며, 원자력발전소 및 일반 수력발전소는 안정성 및 공익적인 면을 고려하여 하나의 발전회사(한국수력원자력(주))로 하였다.

표 1.7 발전 회사별 내역 (2020. 12 현재, 단위 : MW)

회사명	한국수력원자력 (주)	남동발전 (주)	중부발전 (주)	서부발전 (주)	남부발전 (주)	동서발전 (주)	타사
발전소명 및 용량	고리 2,550 신고리 4,800 월성 2,100 신월성 2,000 한울 5,900 한빛 5,900 무주양수 600 양양양수 1000 기타	영흥 5,080 삼천포 3,240 영 동 325 여수 668 분당복합 922 기타	서 천 400 서 울 387.5 인천복합 14,624 보령복합 13,500 제주 150 기타	태 안 6,100 평택/복합 1,400/868 서인천복합 1,800 군산복합 718 기타	하 동 4,000 부산복합 1,800 신인천 1,800 남제주복합 146 한림복합 105 기타	당 진 6,040 호남 500 동 해 400 울산/복합 1,200/2,071 일산복합 900 기타	소양강 200 충주 412 대청 90 안동 90 안양복합 450 부천복합 450 당진복합 2,261 동두천복합 1,716 기타
전체발전 용 량	28,600 (22.1%)	10,398 (8.0%)	10,726 (8.3%)	11,361 (8.8%)	11,431 (8.8%)	11,238 (8.7%)	45,337 (35.1%)

(4) 구조개편의 효과

전력 산업 구조개편을 통하여 각 전력회사를 민영화내지는 독립 법인화하여 경쟁체제로 돌입함으로서 다음과 같은 효과를 기대할 수 있다.

1) 전력산업의 선진화

독점체제에서 발전부분 경쟁체제로 개편됨으로서 전력 산업의 효율성이 높아질 것으로 전망된다. 즉, 각 발전회사별로 운전의 계획·영업 등 모든 단계에서 경쟁개념이 도입됨으로 효율성 증진을 우선적으로 고려할 것이다.

2) 전기요금 인하

발전사업자 상호간의 경쟁에 의하여 발전원가가 인하되면 이로 인하여 전기요금의 인하도 가능할 수 있다.

전력산업 구조개편을 시행한 대부분 국가에서 장기적으로는 전기요금 인하가 실현되는 것으로 알려져 있다.

3) 소비자 선택권

앞으로 복수의 배전회사가 실현되면 배전 회사에 대한 소비자의 선택권이 주어질 것이다.

(5) 새로운 전력산업 구조

앞으로 개편될 전력산업 구조는 그림 1.7과 같이 될 것이다. 즉, 전력산업의 기능을 발전, 송전, 배전 및 판매회사 부문으로 분리하고 발전 및 전력판매사업 분야는 경쟁을 도입하며, 송전 분야는 해당 업체가 독점을 하게 되는 형태의 전력산업 구조 개편이 발표되었지만 계속 추진 여부는 불확실하다.

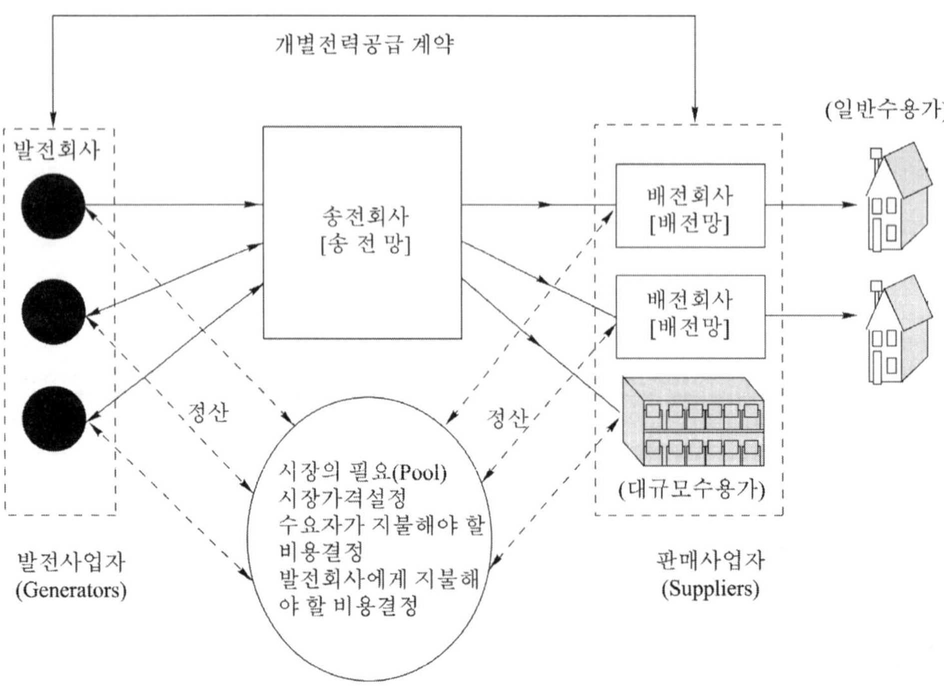

그림 1.7 새로운 전력산업 구조도

Chapter 02

수력발전

2.1 개 요

수력발전은 물의 위치 에너지를 수차의 회전에너지로 변환하고 다시 이것을 전기 에너지로 변환하는 발전 방식이다. 지금 유효낙차 H[m]에서 물을 매초 $Q[\mathrm{m^3/s}]$씩 낙하할 경우의 이론수력 P_0[kW]는 다음과 같다.

$$\begin{aligned} P_0 &= QH[\mathrm{m^3/s \cdot m}] \\ &= 1{,}000\,QH[\mathrm{kg/s \cdot m}] \\ &= 9.8 \times 1{,}000\,QH[\mathrm{J/s}] \\ &= 9.8\,QH[\mathrm{kW}] \end{aligned} \qquad (2.1)$$

단, 물의 무게 $1[\mathrm{m^3}]=1{,}000[\mathrm{kg}]$

$1[\mathrm{kg \cdot m}] = 9.8[\mathrm{J}]$

$1[\mathrm{J/s}] = 1[\mathrm{W}]$

$10^3[\mathrm{J/s}] = 1[\mathrm{kW}]$

이론수력 P_0는 그림 2.1과 같이 수차의 입력으로 되며, 수차출력 P_t는 수차 효율을 η_t라 하면 다음 식으로 나타낸다.

$$P_t = 9.8\,QH\eta_t[\mathrm{kW}] \qquad (2.2)$$

또한 수차출력 P_t는 발전기의 입력이 되므로 발전기 출력 P_g는 발전기 효율을 η_g라고 하면

$$P_g = P_t \times \eta_g = 9.8\,QH\eta_t\eta_g[\mathrm{kW}] \qquad (2.3)$$

로 표시된다.

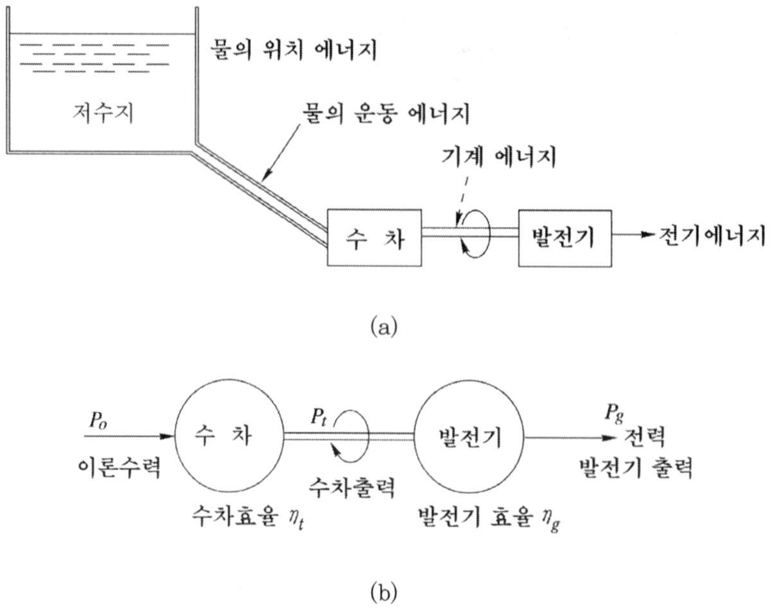

그림 2.1 수력발전의 원리

수차와 발전기의 효율은 형식과 용량에 따라서 다르지만 대략 $\eta_t = 80 \sim 90$[%], $\eta_g = 90 \sim 97$[%] 이다. 이 양자의 곱 $\eta_t \times \eta_g$ 를 발전소의 종합효율이라 한다. 출력에 따른 수차 발전기의 효율은 표 2.1과 같다.

표 2.1 수차 발전기의 효율

출 력[kW]	수차 효율 η_t[%]	발전기 효율 η_g[%]	종합 효율 η[%]
5,000 이하	85 ~ 87	96	82 ~ 84
5,000~ 20,000	87 ~ 90	97	84 ~ 87
20,000 이상	88 ~ 91	98	86 ~ 89

예제 2-1

최대출력 40,000[kW]의 수력발전소에서 유효낙차가 80[m], 수차 발전기 효율이 각각 85[%], 95[%]라고 할 때 이 수차에서의 사용수량 Q[m^3/s]를 구하라. 또한 발전설비의 연간 이용률 U은 80[%]라 할 때 연간 발전전력량[MWh]을 구하여라.

풀이 발전기 출력을 나타내는 식 $P_g = 9.8QH\eta_t\eta_g$[kW]에서 수차의 사용수량 Q를 구하면

$$Q = \frac{P_g}{9.8H\eta_t\eta_g} = \frac{40,000}{9.8\times 80\times 0.85\times 0.95} \fallingdotseq 63.2[\mathrm{m^3/s}]$$

으로 된다.

이 발전소의 연간 이용률 U는 80[%]이므로 연간 발전전력량[MWh]은 다음과 같다.

$$W = P_g \times 365\times 24\times U$$
$$= 40,000\times 365\times 24\times 0.8 \fallingdotseq 280\times 10^3[\mathrm{MWh}]$$

2.2 수력발전소의 종류

(1) 수로식 발전소(conduit type power plant)

그림 2.2와 같이 하천의 한 지점에서 취수한 물을 긴 수로를 통하여 낙차를 얻는 방식의 발전소이다. 이 방식의 발전소는 하천의 기울기(勾配)를 이용하여 낙차를 얻는 것이므로 하천의 기울기가 클수록 낙차는 커지고 수로의 길이는 짧아도 되므로 경제적이다. 주요 수력설비의 순서는 다음과 같다.

취수댐 → 취수구 → 수로 → 침사지 → 수로 → 상수조 → 수압관 → 수차 → 방수로→ 방수구

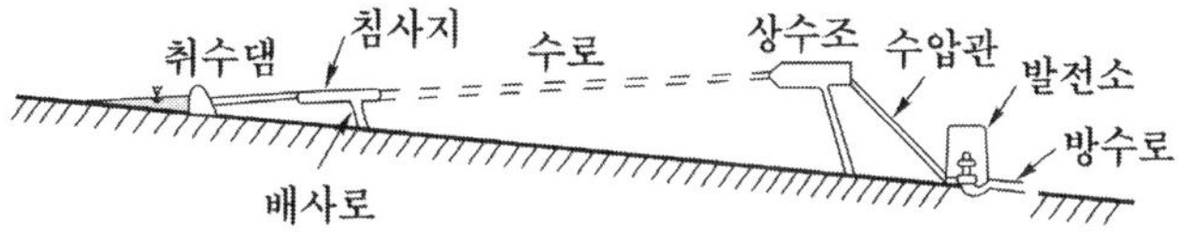

그림 2.2 수로식 발전소의 개념도

(2) 댐식 발전소(dam type power plant)

댐으로 하천을 막아서 댐 상류 측과 하류 측 사이의 낙차를 이용하여 발전하는 방식이다. 댐에 저장되는 물이 많을수록 유리하고, 운용 면에서도 바람직하므로 경사가 완만한 한강 수계에 댐식 발전소가 건설되어 있다. 춘천·의암·청평·소양강발전소가 이에 해당한다.

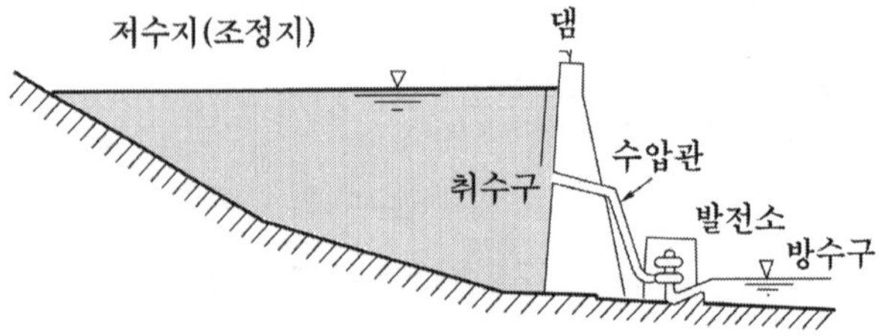

그림 2.3 댐식 발전소의 개념도

(3) 댐 수로식 발전소(dam and conduit type power plant)

댐을 축조함과 동시에 하류의 기울기를 이용하여 수로를 설치함으로서 더욱 높은 낙차를 얻을 수 있는 방식의 발전소이다. 우리나라의 대부분의 발전소는 전술한 댐식 발전소이지만, 화천 수력발전소는 댐을 축조하고 수로를 연장하여 낙차를 얻고 있으므로 대표적인 댐 수로식 발전소에 해당된다.

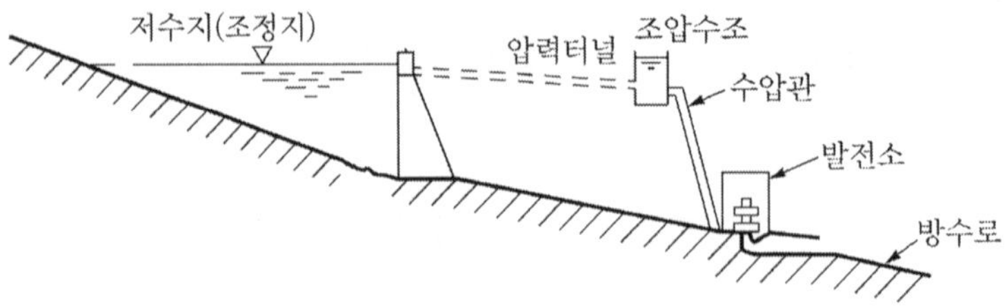

그림 2.4 댐 수로식 발전소의 개념도

(4) 유역 변경식 발전소

유량이 흐르는 방향과는 관계없는 방향으로 물을 끌어서 발전하는 발전소이다. 가령 분수령이 해안에 있는 경우 대개 해안 측의 경사가 큼으로 분수령 반대측의 하천유량을 해안 측으로 끌어서 발전에 이용하면 높은 낙차를 이용할 수 있음으로 대단히 유리하다.

예를 들면, 강릉 수력발전소(발전용량 82[MW])는 그림 2.5와 같이 태백산맥 서쪽의 완만한 경사면을 흐르는 남한강 상류에 댐(도암댐)을 쌓아 저장한 물을 수로(총 연장 15.6[km])를 통해 동해 쪽의 급경사면으로 보내어 발전하는 방식이다(유효낙차 640[m]).

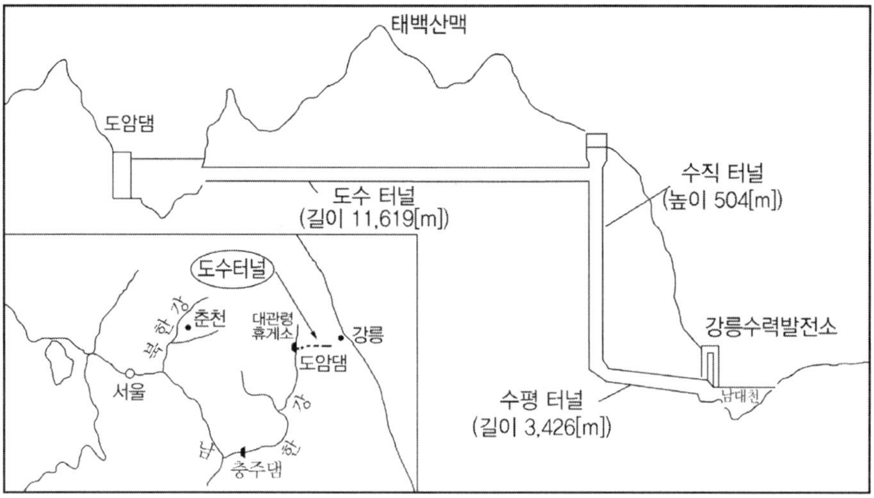

그림 2.5 강릉 수력발전소의 단면도

(5) 저수지식 발전소(조정지식 발전소) (reservoir type power plant)

저수지식 발전소는 풍수기에 남는 물을 저수하여 두었다가 갈수기에 방류해서 하천 유량을 장기간 유효하게 이용하게 된다.

그러나 조정지식 발전소는 수 시간 또는 수일간에 걸친 부하 변동에 대응할 수 있는 소용량의 저수지가 있는 발전소이다.

우리나라 발전소 중 저수지식인 소양강 댐이 약 19억[t]의 물을 저수하여 20만[kW]의 출력을 내며, 충주댐은 약 18억[t]을 저수하여 40만[kW]의 출력을 내고 있다.

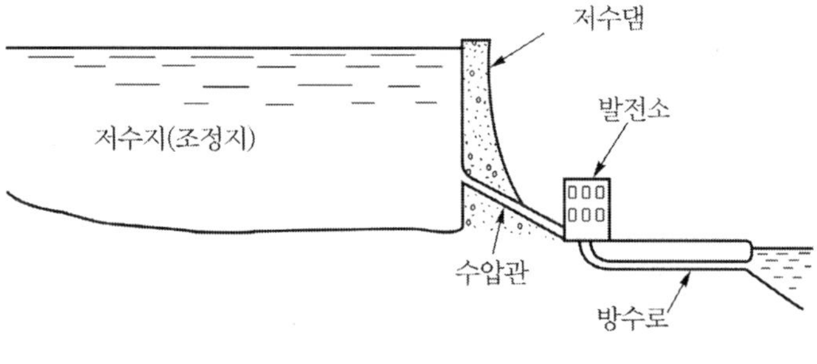

그림 2.6 저수지식 발전소의 개념도

(6) 양수식 발전소(pumping up type power plant)

양수식 발전소는 저수지식 발전소의 한 종류로서 심야의 잉여전력을 이용하여 펌프를 이용하여 하부저수지의 물을 상부저수지에 양수해 두었다가 첨두부하 시에 이것을 이용하여 발전하는 방식인데 발전과 양수 순서는 다음과 같다.

상부저수지 ↔ 압력수로 ↔ 수조 ↔ 수압관로 ↔ 수차(펌프) ↔ 방수로 ↔ 방수구 ↔ 하부저수지

현재 우리나라에서는 청평 양수발전소, 삼랑진 양수발전소 및 무주 양수발전소는 각각 40만[kW], 60만[kW] 및 60만[kW]의 발전출력을 내며, 산청 양수 70만[kW], 양양 양수 100만[kW], 청송 양수 60만[kW], 예천 양수 80만[kW]의 발전소도 운전 중에 있다.

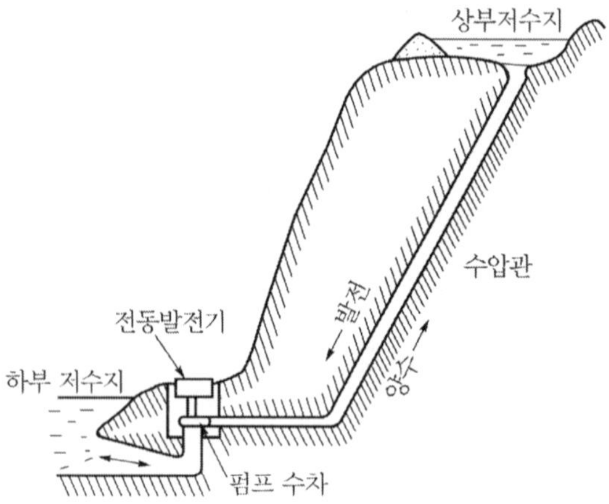

그림 2.7 양수발전소의 개념도

(7) 조력발전소(tidal power plant)

밀물과 썰물 사이의 낙차를 이용하는 발전소이다. 즉, 바닷물이 밀물로 밀려왔을 때 이것을 해안에 건설되어 있는 저수지에 저장하고, 썰물로 바닷물이 빠져나갔을 때 저장한 바닷물을 바다로 방출하면서 발전기를 구동하는 방식이다. 시화호 조력발전소가 25,200[kW]의 수차발전기 10대를 설치하여 총 출력 252,000[kW] 출력을 내고 있으며, 강화도 및 가로림만 일대에 조력발전소 건설을 구상하고 있다.

가로림만은 최대조차 7.9[m], 조정지면적 120[km^2], 방조제 길이 2.1[km], 발전용량 40만[kW]의 발전소를 건설할 수 있는 유리한 장소로 알려지고 있다.

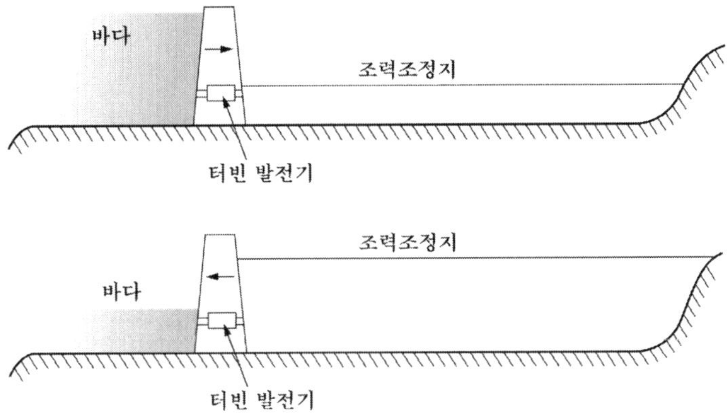

그림 2.8 조력발전소의 개념도

조력 발전소는 조차에 의한 낙차의 변화가 크므로 수차 설계가 곤란하고 낙차의 계절적인 변동이 심해서 일정한 발전력을 얻기 어려운 단점이 있다.

2.3 수력학 개론

2.3.1 물의 무게

물은 4[℃]에서 최대밀도를 가지며 이 보다 온도가 높거나 낮으면 다소 팽창하지만 그 변화는 아주 작기 때문에 보통 수력학에서는 일정한 무게로 취급한다. 즉 물의 무게는 1[t/m^3] 또는 1,000[kg/m^3]으로 나타낸다.

2.3.2 연속의 원리(principle of continuity)

1초당 흐르는 물의 양, 즉 유량 Q[m^3/s]는 유수의 단면적 A[m^2]와 평균유속 V[m/s]와의 곱으로 표시된다.

$$Q = A \cdot V[\mathrm{m^3/s}] \tag{2.4}$$

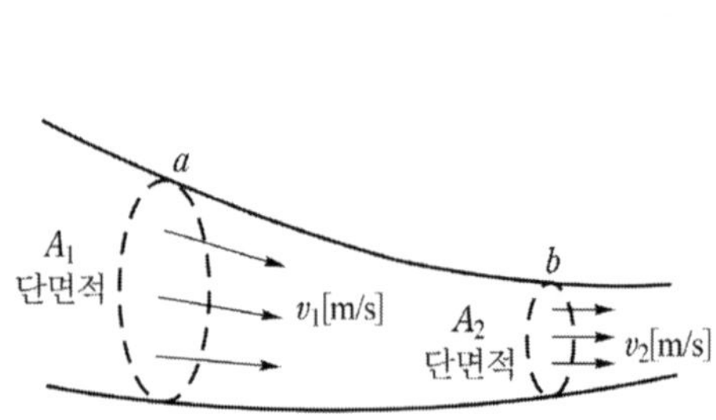

그림 2.9 연속의 원리

그림 2.9와 같이 관로 속 a, b점의 유속을 각각 v_1, v_2 단면적을 A_1, A_2라 하면 시간당 a, b 점을 통과하는 유량은 각각 $A_1 \times v_1$와 $A_2 \times v_2$이다. 이때 관로에 흐르는 물은 a점으로부터 유입하는 수량과 b점으로부터 유출하는 수량은 연속적으로 같다. 이것을 연속의 원리라고 하며 다음의 관계식이 성립한다.(자연유하식 수로에서만 성립한다).

$$A_1 \cdot v_1 = A_2 \cdot v_2 = \text{일정} \tag{2.5}$$

예제 2-2

수압관의 지름이 4[m]인 곳에서 유속이 4[m/s]이다. 지름이 3.5[m]인 곳에서의 유속[m/s]는 얼마인가?

풀이

지름 4[m]인 점의 단면적 $A_1 = 3.14 \times \left(\frac{4}{2}\right)^2 = 12.56[\text{m}^2]$

지름 3.5[m]인 점의 단면적 $A_2 = 3.14 \times \left(\frac{3.5}{2}\right)^2 = 9.62[\text{m}^2]$

연속의 원리에 의하여 $A_1 \cdot v_1 = A_2 \cdot v_2$ 이므로

$$v_2 = v_1 \times \frac{A_1}{A_2} = 4 \times \frac{12.56}{9.62} = 5.23[\text{m/s}]$$

가 된다.

2.3.3 압력수두(pressure head)

그림 2.10에서 수조내의 수면으로부터 높이가 H[m]이고 단면적이 A [m^2]인 물기둥이 있는 것으로 가정한다.

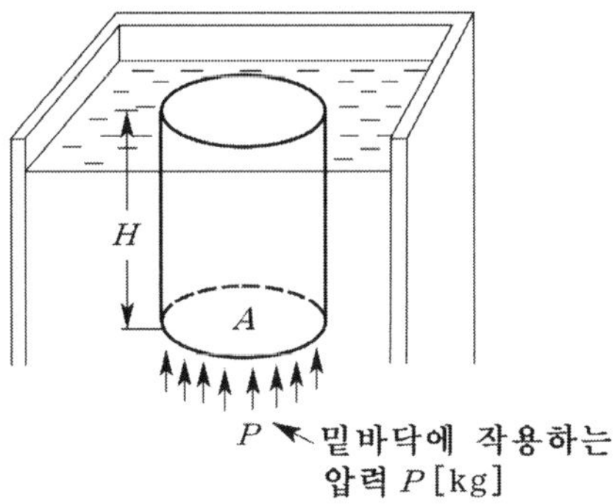

그림 2.10 수심과 압력의 세기와의 관계

이 물기둥의 체적은 AH[m^3]이며, 이때 물의 단위 체적당의 중량을 ω(=1,000[kg/ m^3])이라고 하면 이 물기둥의 중량은 ωAH[kg]으로 된다. 물기둥의 중량은 수직하중이 되며, 물기둥의 밑바닥이 물과 접하는 면적은 물기둥의 단면적인 A[m^2]와 같으므로 물기둥의 밑바닥에서 물이 받는 평균 힘 p [kg/m^2]는

$$p = \frac{\omega AH}{A} = \omega H[\text{kg/m}^2] \tag{2.6}$$

로 된다. 이는 수심 H[m]에서의 압력의 세기 p 에 해당하며, 수심으로부터 그 곳의 압력을 계산할 수 있다. p 는 압력이 되며, 압력의 단위로서는 [kg/cm^2] 또는 [kg/m^2]를 사용한다.

위 식을 H 에 대하여 다시 나타낸 $H = p/\omega$ [m]은 압력 p 에 해당하는 수심 H[m]을 나타내는 식이므로 이를 압력수두(pressure of head)라고 한다.

예제 2-3

수심 100[m]인 곳의 압력의 세기[kg/cm^2]는 얼마인가?

풀이 압력의 세기 $p = \omega H$, $\omega = 1{,}000[\text{kg/m}^3]$이므로
$p = 1{,}000 \times 100 = 100{,}000[\text{kg/m}^2] = 10[\text{kg/cm}^2]$이 된다.

2.3.4 속도수두(velocity head)

그림 2.11처럼 물이 흐르고 있는 경우를 생각한다. 중력 가속도를 $g\,[\text{m/s}^2]$라고 하면 물의 중량 $\omega\,[\text{kg}]$을 질량 m 으로 나타내면 $\omega/g\,[\text{kg}]$이다. 여기서 속도 v 로 흐르고 있는 물의 운동에너지는 $\frac{1}{2}mv^2 = \frac{1}{2}\frac{\omega}{g}v^2$ 로 된다. 이 운동에너지를 가지는 물 $\omega\,[\text{kg}]$ 이 그림과 같은 수직관 H [m]의 높이에 올라가면 위치에너지는 $\omega H[\text{kg}\cdot\text{m}]$ 로 변할 것이다.

$$\frac{1}{2}\frac{\omega}{g}v^2 = \omega H \tag{2.7}$$

이로부터 H는 다음과 같다.

$$H = \frac{v^2}{2g}\,[\text{m}] \tag{2.8}$$

이처럼 속도 v 로 흐르고 있는 물은 H의 높이에 해당하는 수두를 갖는다고 생각해서 이 H을 속도수두(velocity head)라고 한다.

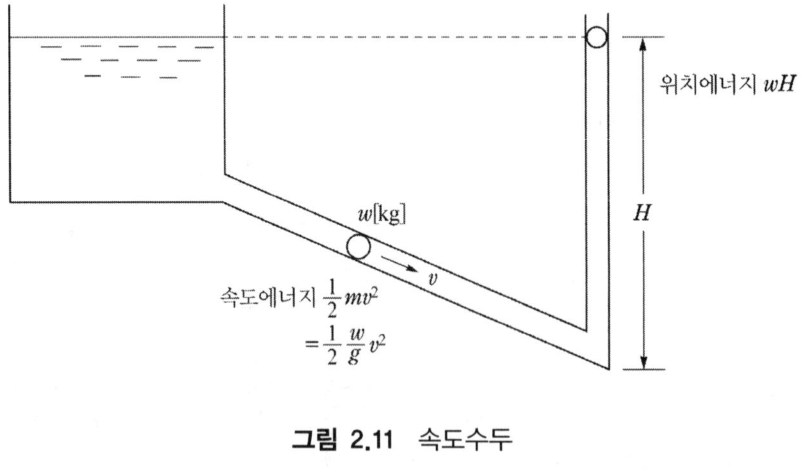

그림 2.11 속도수두

예제 2-4

속도 10[m/s]로 흐르는 물의 속도수두[m]은 얼마인가?

풀이 속도수두 $H=\frac{v^2}{2g}$[m] 이므로 $H=\frac{10^2}{2\times 9.8}=5.1$[m]가 된다.

2.3.5 베르누이의 정리(bernoulli's theorem)

높은 곳의 물이 자연 유하할 때 어느 점에서의 위치수두, 속도수두 및 압력수두의 합은 항상 일정하다. 이것을 베르누이의 정리라고 하며 다음과 같이 나타낸다.

$$h+\frac{p}{\omega}+\frac{v^2}{2g}=H \qquad (2.9)$$

여기서, h : 위치수두

$\frac{p}{\omega}$: 압력수두

$\frac{v^2}{2g}$: 속도수두

p : 물의 압력

ω : 단위체적의 물의 중량

v : 물의 속도

g : 중력의 가속도 (9.8[m/s^2])

H : 기준면에서의 높이로서 수두의 총합

즉, 하나의 수로에서 3수두의 합은 어느 점에서든지 항상 같다. 그림 2.12와 같이 A점, B점에서의 물의 압력과 유속을 p_1[kg/m^2], p_2[kg/m^2], v_1[m/s], v_2[m/s], 기준면으로부터의 높이를 각각 H_1[m], H_2[m]라고 하다. 동시에 물의 단위 체적당 중량을 w[kg/m^3], 중력 가속도를 $g=9.8$[m/s^2]라고 하면 에너지 보존 법칙에 따라 다음 식이 성립한다.

$$H_1+\frac{p_1}{w}+\frac{v_1^2}{2g}=H_2+\frac{p_2}{w}+\frac{v_2^2}{2g}=H \qquad (2.10)$$

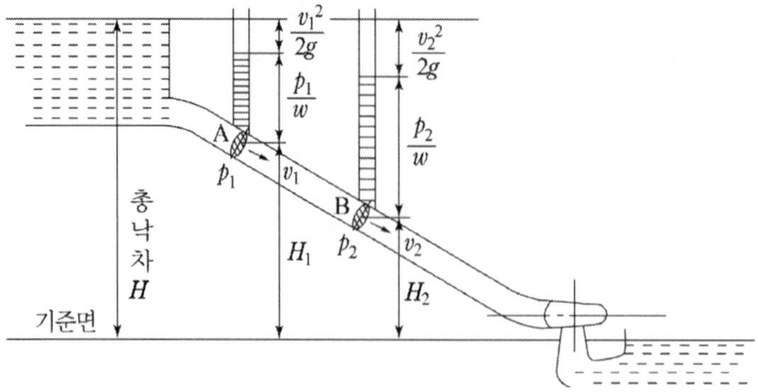

그림 2.12 베르누이의 정리

이와 같이 6개의 변수 중 5개의 값이 정해지면 나머지 미지수의 값을 베르누이의 정리를 이용하여 계산할 수 있다.

2.3.6 토리첼리의 정리(torricelli's theorem)

그림 2.13과 같이 단면적 ①을 가진 수조에서 하부측벽에 있는 작은 구멍(orifice) ②에서 분출되는 물의 속도 v_2는 베르누이의 정리를 이용하여 다음과 같이 구할 수 있다.

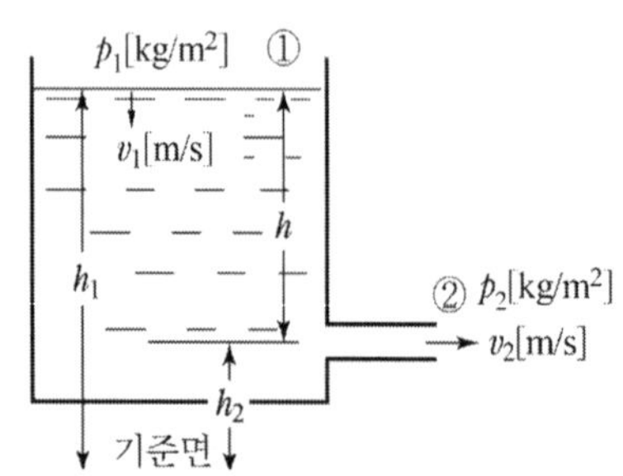

그림 2.13 토리첼리의 정리

작은 구멍의 물의 압력을 p_2[kg/m^2], 높이를 h_2[m], 속도를 v_2[m/s]라 하고 수조 수면의 압력 p_1[kg/m^2], 높이 h_1[m], 수조수면이 저하하는 속도 v_1[m/s]라 하면, 손실이 없는 것으로 가정해서 베르누이의 정리를 적용하면 다음 식과 같이 나타낼 수 있다.

$$h_1 + \frac{p_1}{w} + \frac{v_1^2}{2g} = h_2 + \frac{p_2}{w} + \frac{v_2^2}{2g} \tag{2.11}$$

여기서 p_1, p_2는 대기압과 같고, 수조 수면이 저하하는 속도 v_1은 분사수의 속도 v_2에 비하여 대단히 느리기 때문에 무시된다. 또 $h_1 - h_2 = h$ 인 조건을 위 식에 대입하면 $h = \frac{v_2^2}{2g}$ 로 되므로 다음의 식을 얻을 수 있다.

$$v_2 = \sqrt{2gh}\ [\mathrm{m/s}] \tag{2.12}$$

이것이 분사수의 이론 속도이다. 실제로는 작은 구멍 부근의 마찰손실 때문에 분출 속도 v_2'는 v_2보다 약간 작아져서 다음 식으로 표시된다.

$$v_2' = c_v \sqrt{2gh}\ [\mathrm{m/s}] \tag{2.13}$$

단, c_v 는 유속계수로서 통상 0.95 ~ 0.99 정도의 값을 가지고 있다.

예제 2-5

수조 수면에서 깊이 20.4[m]의 소공으로부터 분사하는 물의 속도[m/s]는 얼마인가? 단, 수조 벽면과 외부 공기의 마찰 저항은 무시한다.

풀이 위치수두 h의 물이 속도수두로 변했을 때의 유속은 $v_2 = \sqrt{2gh}$ 가 됨으로

$$v_2 = \sqrt{2 \times 9.8 \times 20.4} = \sqrt{400} = 20[\mathrm{m/s}]$$

가 된다.

2.4 유 량

2.4.1 강수량과 하천유량

수력발전을 하기 위해서는 우선 유량과 낙차에 대하여 알고 있어야 한다. 낙차는 상세한 지형도를 사용해서 실측함으로서 결정할 수 있지만 유량은 같은 하천일지라도 계절에 따라 또는 측정 일에 따라 큰 차이가 있기 때문에 장기간에 걸쳐 면밀하게 조사할 필요가 있다.

하천유량의 근원이 되는 것은 그 하천 유역에 내리는 비나 눈이다. 이 양을 강수량(precipitation)이라 부르는데 일반적으로 [mm]의 단위로 나타낸다. 강수량을 1년간 적산한 값을 연강수량이라고 하며 우리나라의 경우는 1,100[mm] 정도이다.

강수량 중에서 상당한 량은 증발되고 일부는 지하수로 되지만 대부분은 지표수(surface water)로 되어 하천으로 흘러간다.

지질이나 산림상태에 따라서 다르기는 하지만 강수량과 하천유량 사이에는 일정한 관계가 있다. 보통 하천유량과 강수량과의 비를 유출계수 k(run off coefficient) 또는 출수율(flow rate)이라고 한다.

$$k = \frac{\text{하천유량}}{\text{강수량}} \tag{2.14}$$

즉, 유출계수란 강수량 중에서 어느 정도의 물이 하천유량으로 되는가 하는 비율을 나타내는 계수로서 평지에서는 0.4, 산악지방에서는 0.7 정도가 된다.

지금 어느 하천의 유역 면적 $A\,[\text{km}^2]$, 유출계수 k, 연강수량 $p\,[\text{mm}]$라고 하면 그 하천의 연간 평균유량(mean yearly flow) $Q\,[\text{m}^3/\text{s}]$는 다음과 같이 계산할 수 있다.

$$Q = \frac{A \times 10^6 \times p \times 10^{-3} \times k}{365 \times 24 \times 60 \times 60} = \frac{Apk \times 10^3}{365 \times 24 \times 60 \times 60}\,[\text{m}^3/\text{s}] \tag{2.15}$$

하천의 유량은 계절 및 년도에 따라서 변하며, 대체로 겨울에는 갈수기이고 여름에는 풍수기가 된다.

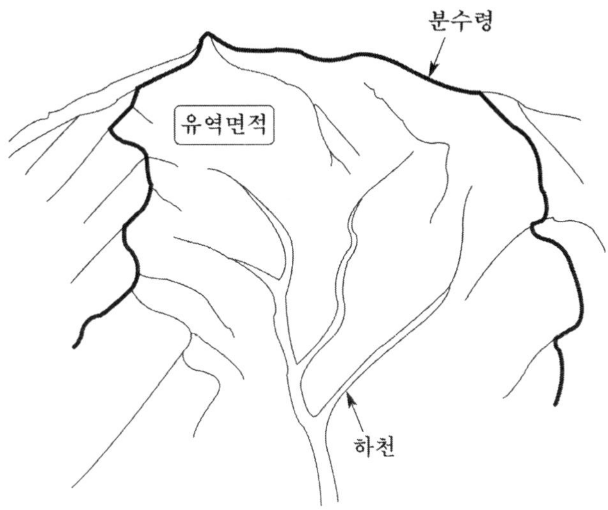

그림 2.14 하천유량의 개념도

예제 2-6

유역면적 550[km^2]인 하천에서 연강수량이 1,500[mm]이며 유출계수를 70[%]라 할 때 이 하천의 연평균유량[m^3/s]를 구하여라.

풀이 연평균유량 $Q[\mathrm{m}^3/\mathrm{s}]$는 다음과 같이 계산된다.

$$Q = \frac{kpA \times 10^3}{365 \times 24 \times 60 \times 60}$$
$$= \frac{0.7 \times 1500 \times 550 \times 10^3}{365 \times 24 \times 60 \times 60} = 18.31[\mathrm{m}^3/\mathrm{s}]$$

2.4.2 유량의 표현

하천유량은 수력발전소의 건설계획을 세울 때 기초 자료가 되기 때문에 다음과 같이 나타낸다.

(1) 유량도(hydrograph)

그림 2.15와 같이 가로 측에 1년 365일을 역일순(歷日順)으로 잡고, 세로 측에 매일 매일의 하천유량을 측정하여 기입하며, 이들 점을 연결한 것을 유량도라 한다.

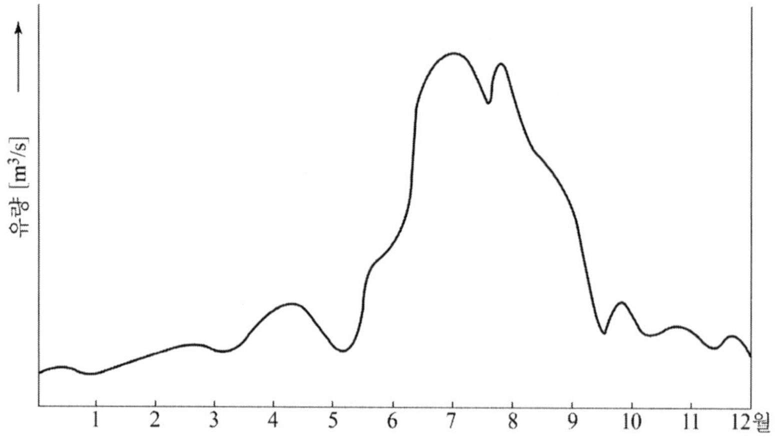

그림 2.15 유량도

(2) 유황곡선(flow duration curve)

유량도를 이용하여 매일의 유량을 크기의 순서로 배열한 것이다. 즉, 가로 측에 1년의 일수를 취하고 세로 측에 유량을 취하여 유량 크기 순서로 배열한 이 곡선은 발전계획을 수립할 경우 유용하게 사용할 수 있으며, 보통 수십 년간의 통계에 의한 평균유량도로부터 유황곡선을 만들어서 발전소의 사용 유량을 결정하는 자료로서 활용된다.

가령 발전소의 사용 유량을 평수량으로 잡으면 1년간 발전 가능한 일수가 185일에 지나지 않으므로 나머지 일수(180일)에 대한 부족분을 다른 발전소에서 메워 줄 경우 이에 따른 전력 소요량도 산출할 수 있다.

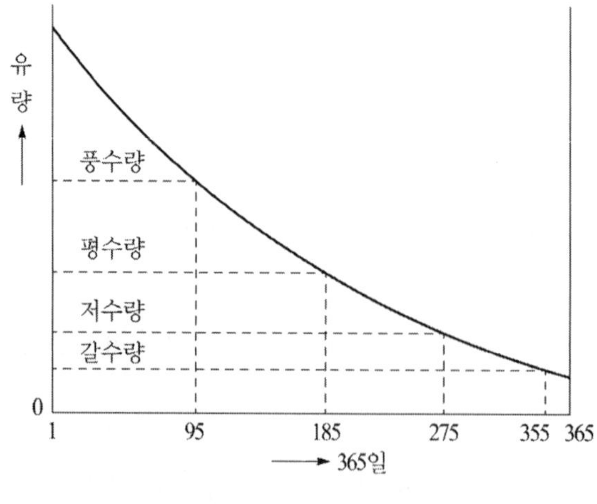

그림 2.16 유황곡선

유황곡선으로부터 하천유량의 종류를 알 수 있다. 즉, 이 그림과 같이 95일, 185일, 275일, 355일에 해당하는 세로 측의 값으로부터 다음과 같이 풍수량, 평수량, 저수량, 갈수량을 알 수 있다.

- 갈수량 : 1년 중 355일 동안은 이것보다 내려가지 않는 정도의 유량
- 저수량 : 1년 중 275일 동안은 이것보다 내려가지 않는 정도의 유량
- 평수량 : 1년 중 185일 동안은 이것보다 내려가지 않는 정도의 유량
- 풍수량 : 1년 중 95일 동안은 이것보다 내려가지 않는 정도의 유량

과거에는 발전소의 사용유량을 갈수량에 가까운 유량으로 운용하였으나, 지금은 첨두부하 발전소로 운용하기 때문에 사용유량이 갈수량의 3~4배에 이른다.

(3) 적산유량곡선(mass curve)

어느 날의 유량을 기점으로부터 해서 기준일로부터 해당 일까지의 적산한 유량을 세로축으로 그린 곡선이다. 이 적산유량곡선을 저수지 계획에 사용하면 편리하다.

예를 들어 그림 2.17에서 처럼 OB는 발전소가 사용하는 수량의 적산곡선으로서 매일 매일의 사용수량이 일정할 경우에는 그림에서처럼 직선으로 된다.

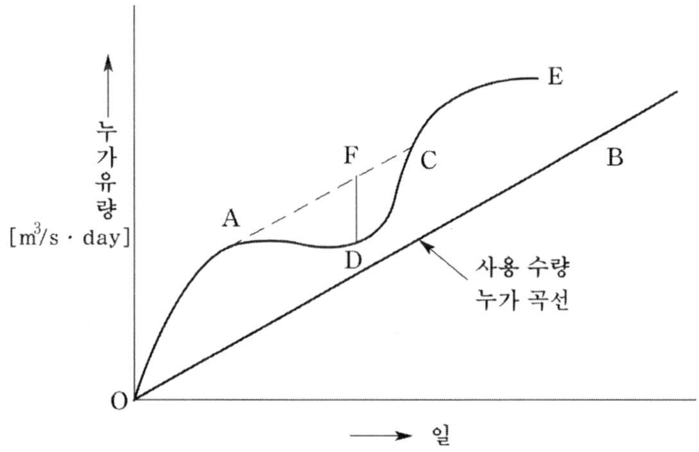

그림 2.17 적산유량곡선의 개념도

여기서 OB에 비하여 기울기가 급한 OA에서는 하천 수량이 풍부하기 때문에 발전하기에 충분하지만 기울기가 완만한 AD에서는 하천유량이 수차 사용수량 보다 작다.

그러므로 A로부터 OB에 나란한 직선을 그어 이것이 적산 유량곡선과의 최대수직거리 인 FD가 저수지의 소요 용량 $V[\mathrm{m}^3]$이 된다.

1) 발전전력량 계산

저수량 $V[\mathrm{m}^3]$을 이용하여 어느 정도의 전력량 $W[\mathrm{kWh}]$를 발전할 수 있는가를 계산해 본다. 지금 발전소의 사용유량 $Q[\mathrm{m}^3/\mathrm{s}]$, 발전시간을 $T[\mathrm{h}]$라고 하면 저수량 $V[\mathrm{m}^3]$는

$$V = Q \times 3600\,T[\mathrm{m}^3] \tag{2.16}$$

로 된다.

한편 발전전력량 $W[\mathrm{kWh}]$는 발전소 출력 $P_g[\mathrm{kW}]$와 발전시간 T[h]의 곱으로 나타냄으로 유효낙차를 $H[\mathrm{m}]$, 수차·발전기효율을 각각 η_t, η_g라고 하면 다음과 같은 발전전력량 $W[\mathrm{kWh}]$을 얻는다.

$$\begin{aligned} W &= P_g \cdot T = 9.8QH\eta_t\eta_g \times T \\ &= 9.8 \cdot \frac{V}{3600\,T} \cdot H\eta_t\eta_g \times T = \frac{9.8\,VH}{3600}\eta_t\eta_g[\mathrm{kWh}] \end{aligned} \tag{2.17}$$

이와 같이 저수량 V와 낙차 H로부터 발전소의 발전전력량을 계산할 수 있다.

2) 역조정지

하천에 수력발전소가 건설되어 전력수요에 따라서 발전하게 되면 그 운전상황에 따라서 방류량이 크게 변한다. 하천은 농업용수 및 생활용수 등 여러 목적에 이용되고 있기 때문에 방류량이 급격하게 변하면 여러 가지 지장을 준다.

이것을 방지하기 위하여 발전소 하류에 조정지를 설치해서 발전소의 방류수를 저수한 다음 필요한 유량만큼씩 하류로 흘러주는 조정지를 역조정지(equalizing pond)(조정지라고도 부름)라고 한다.

충주 수력발전소의 하류에 이러한 역조정지를 설치해서 방류량을 일부 조정하고 동시에 발전함으로서 본 댐에서 40만[kW] (10만[kW]×4대), 역조정지에서 12,000[kW] (6,000[kW]×2대)의 발전기를 설치하여 합계 412,000[kW]의 출력을 낼 수 있다.

예제 2-7

저수량 $5\times10^6[\mathrm{m}^3]$의 수량을 이용하여 유효낙차 100[m]인 발전소에서 운전 할 경우 발전전력량[kWh]은 얼마나 되는가? 단, 수차 발전기의 종합효율은 88[%]이다.

풀이 발전전력량은 $W=\dfrac{9.8\,VH}{3{,}600}\times\eta_t\eta_g[\mathrm{kWh}]$이므로 다음과 같다.

$$W=\frac{9.8\times5\times10^6\times100}{3600}\times0.88=1.2\times10^6[\mathrm{kWh}]$$

2.4.3 유량측정

유량 Q는 수로 단면적 A와 유속 v와의 곱으로 표시됨으로 유량을 알기 위해서는 단면적과 유속을 알 면된다. 이중 단면적에 대해서는 별 문제가 없으므로 결국 유량 측정은 유속 측정에 있다고 할 수 있다.

(1) 유속을 측정하는 방법

1) 유속계법(current meter method)

유속계로서 유속을 측정하는 방법이다. 유속계의 회전날개를 물에 넣으면 유속에 비례하여 회전하므로, 그 회전수를 알면 유속을 알 수 있다.

그림 2.18은 유속계의 일례이다.

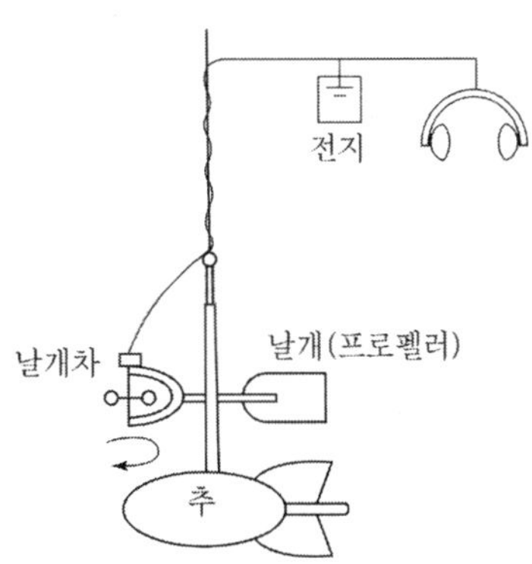

그림 2.18 유속계의 개념도

유속계는 유속이 0.3[m/s] 이하이거나 3[m/s] 이상이면 오차가 크게 나타나므로 주의하여야 한다. 하천 또는 단면적이 큰 수로중의 유속을 측정할 때는 단면적 내의 여러 개소에 유속을 측정하고 그 평균유속을 구한다.

하천 유속은 수심에 따라 다르며, 대개 수심의 60[%]인 곳의 유속이 평균유속이다. 그러므로 1점법으로 측정하는 경우 수심의 60[%]인 곳의 유속 $V_{0.6}$이 평균 유속이 된다. 2점법의 경우는 수심 20[%]와 80[%]인 곳의 유속을 측정하여 다음과 같이 평균 유속 V_m 을 산출할 수 있다.

$$V_m = \frac{V_{0.2} + V_{0.8}}{2} \tag{2.18}$$

3점법의 경우는 수심 20[%], 60[%]와 80[%]인 곳의 유속을 측정하여 다음과 같이 평균유속 V_m 을 산출할 수 있다.

$$V_m = \frac{V_{0.2} + 2V_{0.6} + V_{0.8}}{4} \tag{2.19}$$

2) 부표법(float method)

그림 2.19와 같이 부표를 상류에서 일정거리 떨어진 하류에 떠내려 보내고 두 지점을 통과하는 데 필요한 시간을 측정해서 유속을 구하는 방법이다. 일반적으로 평균유속은 표면유속의 약 80[%]이므로

$$v = 0.8\frac{l}{t}\,[\text{m/s}] \tag{2.20}$$

로 계산하고 있다.

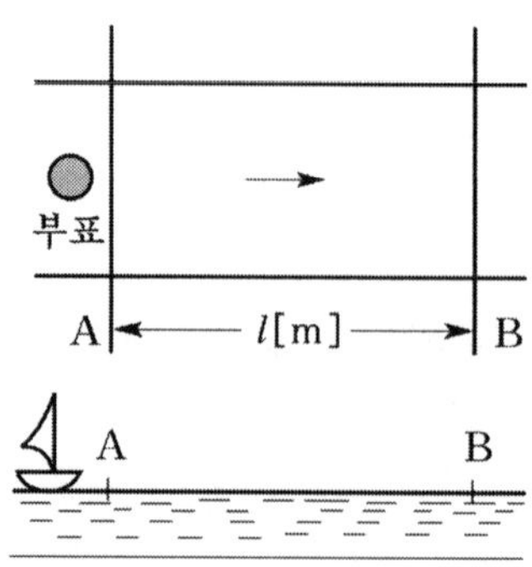

그림 2.19 부표법의 원리

부표법(부자측법)으로 측정하려면 하천의 단면이 거의 균일하고, 흐름이 직선인 장소를 택하며, 정확을 기하기 위해서는 그림 2.20과 같이 흐르는 방향으로 여러 등분으로 나누어서 각부의 유속으로부터 평균유속을 산출할 수 있다.

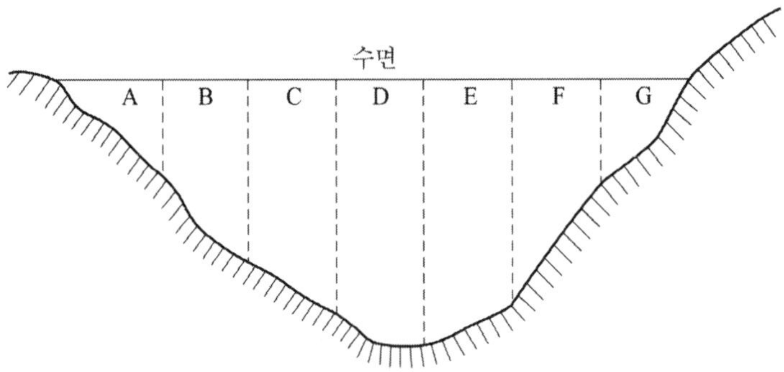

그림 2.20 평균유속 산출

3) **염수속도법**(salt velocity method)

상류에 일정량의 염수(소금물)를 주입하고, 하류의 A, B점에 그림과 같이 전극을 설치한다. 염수를 포함한 물이 이 전극부분을 통과할 때의 전류변화를 이용해서 그 2점을 통과하는데 소요된 시간을 측정하면 유속을 구할 수 있다.

4) **수압시간법**(gibson method)

이 방법은 Gibson에 의해서 제안된 것이기 때문에 Gibson법이라고도 한다. 밸브(안내날개 또는 니들밸브)의 개도를 이용하여 수압관내의 물의 속도를 감소시키면, 수압은 상승하여 수격작용이 일어난다. 이 때 상승압력과 시간과의 곱은 그 시간 중에 수압관내의 유수에 생긴 운동량의 변화와 같기 때문에 유속의 변화를 알 수 있다.

5) **피토우관법**(pitot tube method)

그림 2.21과 같이 관로에 직각으로 세운 관의 물의 높이 h_1은 압력수두(p/w)를 나타내며, b와 같이 유수 방향으로 구부려서 관을 세울 때 물의 높이 h_2는 압력수두와 속도수두의 합($p/w + v^2/2g$)에 상당하는 높이를 나타낸다. 따라서 $h_2 - h_1$에 의하여 다음 식으로부터 속도 v를 계산할 수 있다.

$$h = h_2 - h_1 = \frac{v^2}{2g}$$

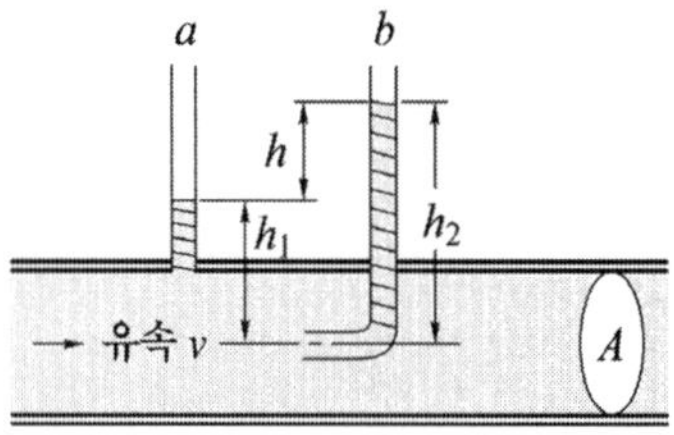

그림 2.21 피토우관의 원리

$$\therefore v = \sqrt{2gh} \tag{2.21}$$

일반적으로 b와 같은 관을 피토우관(pitot tube)이라고 한다. 피토우관은 관로의 유속측정에 널리 사용된다.

(2) 직접 유량을 측정하는 방법

유량은 유속과 단면적의 곱으로 나타내는 것이 일반적이지만 직접 유량을 측정할 수 있는 방법도 있다.

1) 언측법(weir method)

하천의 흐름을 가로질러서 둑(堰)을 설치하고 둑 위를 넘쳐흐르는 물의 높이 H로부터 유량 Q를 구할 수 있다. 이 방법은 소하천의 유량을 측정하는데 이용된다.

그림 2.22의 경우 유량 Q는 다음 식으로 계산된다.

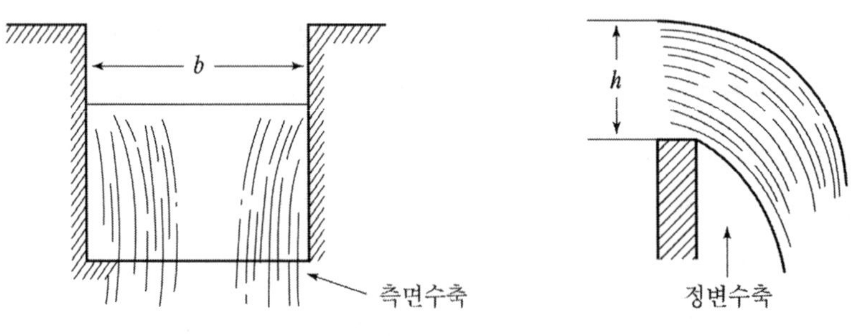

그림 2.22 구형언(堰)의 예

$$Q = 1.833\left(b - \frac{n}{10}h\right)h^{3/2}[\mathrm{m}^3/\mathrm{s}] \tag{2.22}$$

여기서, h : 월류 수심[m]

b : 구형언의 폭[m]

n : 구형언의 모양에 따라 결정되는 상수

2) 수위 관측법(양수표에 의한 방법)

하천의 수위와 유량과의 사이에는 일정한 관계가 있으므로 미리 수위 유량곡선을 구해 놓고 하천의 수위를 측정함으로서 유량을 알 수 있다.

수위와 유량과의 관계는 그림 2.23과 같고, 다음 식으로 표시된다.

$$Q = a + bh + ch^2[\mathrm{m}^3/\mathrm{s}] \tag{2.23}$$

여기서, h : 수위[m]

$a,\ b,\ c$: 측정 결과에서 결정되는 정수

3) 염분법(salt solution method)

염수농도법이라고도 하는 이 방법은 상류에서 어느 농도의 염수를 일정량의 비율로 물에 넣고 이것이 혼합되어 내려온 물을 하류에서 채취하여 염수의 농도를 측정해서 유량을 구하는 방법이다. 그러나 이 방법으로는 분석에 상당한 숙련을 요함으로 현재는 쓰이지 않고 있다.

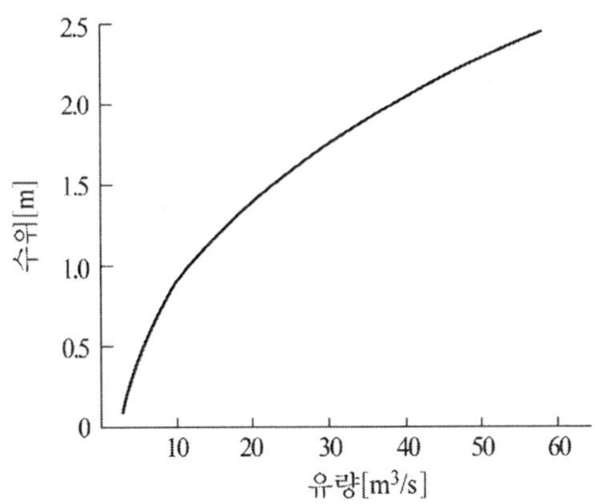

그림 2.23 수위 유량도

(3) 각 측정방법의 비교

유속계법은 유량이 많은 큰 하천에 사용하는 것이 좋다. 이 경우 측정 가능한 유속범위(0.3~3[m/s])에 주의하면 오차는 적다.

부표법은 수심이 얕거나 또는 유속이 적을 때는 비교적 정확한 결과를 얻을 수 있으며, 홍수량의 측정에도 이용된다.

수차의 효율시험을 위해서 정확한 유량측정이 필요한 경우에는 **수압시간법, 유속계법, 염수속도법**이 이용된다.

피토우관법은 관로 유속을 측정하는데 편리한 반면, 현장의 조작이 곤란하기 때문에 널리 사용되지 않는다.

언측법은 소하천 유량에 적용하면 비교적 정확한 결과를 얻을 수 있으나 일반 하천에는 적합지 않다. 그러나 홍수량의 경우에는 기설된 댐을 사용하여 그 위를 넘쳐흐르는 월류수심을 측정하면 개략적인 수량을 알 수 있다.

수위관측법은 하천유량을 장기간에 걸쳐서 측정하는 경우에는 편리하다. 그러나 이 방법은 측정이 간단한 반면에 정확한 결과를 기대할 수 없다.

2.5 낙 차

(1) 개 요

수력발전소는 물의 위치에너지를 이용하는 것이므로 낙차가 높을수록 큰 용량의 발전소를 건설할 수 있다. 그러나 낙차가 아무리 크더라도 수량이 적은 경우에는 그 발전소는 경제적일 수 없다.

수로식 발전소에서는 하천의 구배가 클수록 수로가 짧아도 높은 낙차를 얻을 수 있으므로 경제적인 발전소를 만들 수 있다. 그러나 댐식 발전소에서는 하천 구배와는 관계없이 댐의 높이에 의해서 낙차가 결정된다.

(2) 총낙차와 유효낙차

취수구의 수위 또는 수조 수위와 방수구 수위와의 차를 총낙차라 한다. 그러나 이 경우 물이 취수구에서 방수로에 이르는 동안 수로와의 마찰 등의 손실이 발생하므로 이것을 손실낙차라 한다.

실제로 낙차는 수로 단면의 벽화, 굴곡, 마찰 등에 의하서 일어나는 손실낙차 때문에 유효낙차는 총낙차보다 작아진다.

총낙차에서 손실낙차를 뺀 것이 수차에 작용하는 유효낙차이다. 손실낙차는 사용수량에 따라서 변하며, 또 유량에 따라 수위가 변하므로 취수구와 방수구의 수위 차인 총낙차도 변한다. 그러므로 유효낙차는 하천유량에 따라서도 변하는 것이다.

(3) 낙차변동에 대한 유량과 출력의 변동

유효낙차가 큰 발전소에서는 낙차 변화에 의한 영향은 비교적 적지만 댐식 발전소와 같이 유효낙차가 낮은 경우에는 낙차 변화가 수차 운전에 큰 영향을 미친다.

예를 들어 유효낙차가 H_1에서 H_2로 변화한 경우 유량과 출력이 어떻게 변하는지 알아보자. 낙차 변화 전의 유량 Q_1와 변화 후의 유량 Q_2는 수로 단면적 A와 유속 v에 의하여 다음과 같이 나타낼 수 있다.

$$\frac{Q_2}{Q_1} = \frac{Av_2}{Av_1} = \frac{\sqrt{2gH_2}}{\sqrt{2gH_1}} = \left(\frac{H_2}{H_1}\right)^{\frac{1}{2}} \tag{2.24}$$

즉, 낙차가 H_1에서 H_2로 변화하면 변화한 낙차의 1/2승에 비례하여 유량 Q가 변하게 된다.

또한 수차출력은

$$\frac{P_2}{P_1} = \frac{9.8Q_2H_2}{9.8Q_1H_1} = \left(\frac{H_2}{H_1}\right)^{\frac{1}{2}}\left(\frac{H_2}{H_1}\right) = \left(\frac{H_2}{H_1}\right)^{\frac{3}{2}} \tag{2.25}$$

으로 되며, 유효낙차가 변하면 이의 3/2승에 비례하여 출력이 변함을 알 수 있다. 단, P_1과 P_2는 낙차 변화 전후의 수차출력이다.

예제 2-8

유효낙차 150[m]에서 출력 26,500[kW]을 내는 수차가 있다. 유효낙차가 5[m] 저하하였을 때의 출력을 구하여라. 단, 수차의 안내날개의 개도 및 효율은 일정하다.

풀이 낙차변화에 따른 출력의 변화는 다음 식과 같다.

$$\frac{P_2}{P_1} = \left(\frac{H_2}{H_1}\right)^{\frac{3}{2}}$$

낙차가 5[m] 저하하였을 때의 유효낙차는 150−5 = 145[m]이므로

$$\frac{P_2}{26{,}500}=\left(\frac{145}{150}\right)^{\frac{3}{2}}$$

출력 P_2는 다음과 같다.

$$P_2=26{,}500\times\left(\frac{145}{150}\right)^{\frac{3}{2}} \fallingdotseq 25{,}200\,[\mathrm{kW}]$$

연 습 문 제

e x e r c i s e

2-1 댐 이외의 하천 하류에 구배를 이용할 수 있도록 수로를 설치하여 낙차를 얻는 발전방식은? [03. 전기공사산업기사]

㉮ 수로식 ㉯ 댐식
㉰ 댐수로식 ㉱ 유역변경식

2-2 유효낙차가 50[m], 최대 사용수량 20[m^3/sec], 수차효율 87[%], 발전기 효율 97[%]인 발전소의 출력은 몇 [kW]인가? [15. 전기산업기사]

㉮ 7,570 ㉯ 8,070
㉰ 8,270 ㉱ 8,570

2-3 총낙차 300[m], 사용수량 20 [m^3/sec]인 수력발전소의 발전기 출력은 약 몇[MW]인? 단, 수차 및 발전기 효율은 각각 90[%], 98[%]이고 손실낙차는 총낙차의 6[%]라 한다. [07. 공사산업기사]

㉮ 49 ㉯ 52
㉰ 77 ㉱ 87

2-4 유효낙차 30[m], 출력 2,000[kW]의 수차 발전기를 전 부하로 운전하는 경우 1시간당 사용수량은 약 몇 [m^3]인가? 단, 수차 및 발전기의 효율은 각각 95[%], 82[%]로 한다. [96. 전기산업기사]

㉮ 15,500 ㉯ 22,500
㉰ 25,500 ㉱ 31,500

2-5 유효낙차 100[m], 최대 사용수량 20[m^3/sec], 설비이용률 70[%]의 수력발전소의 연간 발전전력량은[kWh] 대략 얼마인가? [95. 전기산업기사]

㉮ 25×10^6 ㉯ 50×10^6
㉰ 120×10^6 ㉱ 200×10^6

2-6 유효저수량 200,000[m^3], 평균유효낙차 100[m], 발전기 출력 7,500[kW]이다. 1대를 운전할 경우 몇 시간 정도 발전할 수 있는가? 단, 수차 및 발전기의 합성 효율은 85[%]이다. [94. 전기산업기사]

㉮ 4　　㉯ 5

㉰ 6　　㉱ 7

2-7 유효 저수량 100,000[m^3], 평균 유효낙차 100[m], 발전기 출력 5,000[kW] 한 대를 유효 저수량에 의해서 운전할 때 약 몇 시간 정도 발전할 수 있는가? 단, 수차 및 발전기의 합성 효율은 90[%]이다. [95. 공사산업기사]

㉮ 2　　㉯ 3

㉰ 4　　㉱ 5

2-8 유역면적 80[km^2], 유효낙차 30[m], 연간 강우량 1500[mm]의 수력발전소에서 그 강우량의 70[%]만 이용한다면 연간 발생전력량은 몇 [kWh]인가 ? 단, 수차발전기 등의 종합 효율은 80[%]이다. [00. 공사산업기사]

㉮ 1.49×10^5　　㉯ 1.49×10^6

㉰ 5.49×10^5　　㉱ 5.49×10^6

2-9 그림에서와 같이 폭 B[m]인 수로를 막고 있는 구형수문에 작용하는 전압력은 몇 [kg]인가? 단, 물의 단위 체적당의 무게를 W [kg/m^3]라 한다. [97. 기사·공사산업기사]

㉮ $\frac{1}{2}HWB$

㉯ $\frac{1}{2}H^2WB$

㉰ H^2WB

㉱ HWB

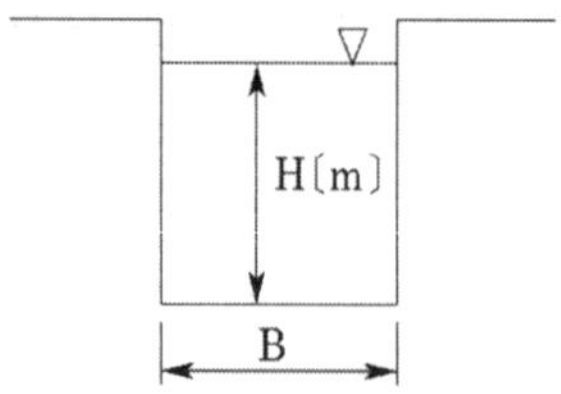

2-10 1년 365일 중 185일은 이 양 이하로 내려가지 않는 유량은? [93. 전기기사]

㉮ 저수량　　㉯ 고수량

㉰ 평수량　　㉱ 풍수량

2-11 갈수량이란 어떤 유량을 말하는가? [17. 전기산업기사]

㉮ 1년 365일 중 355일간은 이보다 낮아지지 않는 유량

㉯ 1년 365일 중 275일간은 이보다 낮아지지 않는 유량

㉰ 1년 365일 중 185일간은 이보다 낮아지지 않는 유량

㉱ 1년 365일 중 95일간은 이보다 낮아지지 않는 유량

2-12 유역면적 365[km^2]의 발전지점에서 연강수량이 2,400[mm]일 때 강수량의 1/3이 이용된다면 연 평균유량[m^3/sec]은?

㉮ 5.26 ㉯ 7.26

㉰ 9.26 ㉱ 11.26

2-13 수압철관의 지름이 5[m]인 곳에서의 유속이 5[m/s]이었다. 지름이 4.5[m]인 곳에서의 유속은 약 몇 [m/s]인가? [98. 공사산업기사]

㉮ 4.8 ㉯ 5.2

㉰ 5.6 ㉱ 6.0

2-14 수압관 안의 1점에 흐르는 물의 압력을 측정한 결과 7[kg/cm^2]이고, 유속을 측정한 결과 49[m/sec]이었다. 그 점에서의 압력수두는 몇 [m]인가? [94. 전기기사]

㉮ 30 ㉯ 50

㉰ 70 ㉱ 90

2-15 다음 중 수력발전소의 저수지 용량 등을 결정하는데 사용되는 것으로 가장 적합한 것은?

㉮ 적산 유량곡선 ㉯ 수위 유량곡선 [07. 공사산업기사]

㉰ 유황곡선 ㉱ 유량도

2-16 유효낙차가 30[%] 저하되고, 수차의 효율이 10[%] 저하되었다고 할 경우 이때의 출력은 원래의 몇 [%]가 되는가? 단, 안내 날개의 열림 및 기타는 불변인 것으로 한다.

㉮ 52.7 ㉯ 63.0 [96. 전기산업기사]

㉰ 72.7 ㉱ 83.0

2-17 유효낙차가 20[%] 저하하고, 수차의 효율이 10[%] 저하되었을 때의 출력은 약 몇 [%] 감소하는가? 단, 개도나 기타 사항 등은 변하지 않는다고 한다. [97. 기사 · 공사산업기사]

㉮ 35　　㉯ 46
㉰ 53　　㉱ 65

2-18 출력 5000[kW], 유효낙차가 50[m] 인 수차에서 안내날개의 개방상태나 효율의 변화없이 일정할 때 유효낙차가 5[m] 줄었을 경우 출력은 약 몇 [kW] 인가? [15. 전기산업기사]

㉮ 4000　　㉯ 4270
㉰ 4500　　㉱ 4740

2-19 소수력발전의 장점이 아닌 것은? [15. 전기산업기사]

㉮ 국내 부존 자원의 활용
㉯ 일단 건설 후에는 운영비가 저렴
㉰ 전력생산 외에 농업용수 공급, 홍수조절에 기여
㉱ 양수발전과 같이 첨두부하에 대한 기여도가 많음

해 답

1. ㉮ 2. ㉰ 3. ㉮ 4. ㉱ 5. ㉰ 6. ㉰ 7. ㉱ 8. ㉱ 9. ㉯ 10. ㉰ 11. ㉮ 12. ㉰ 13. ㉱ 14. ㉰ 15. ㉮ 16. ㉮ 17. ㉮ 18. ㉯ 19. ㉱

Chapter 03

수력발전설비

3.1 개 요

수력발전설비에는 발전용 댐, 수문, 수조, 수압관, 수차 등이 있다.

3.2 발전용 댐

3.2.1 개 요

하천을 막아서 물을 저수하거나 수로에 끌어들이기 위해서 댐을 설치한다. 댐에는 여러 가지 힘이 작용하는데, 어떠한 경우에도 안정을 유지하여야 한다. 댐의 안정조건으로는 다음과 같은 것이 있다.

① 댐에 미치는 힘의 합성력이 댐의 중앙 1/3 이내에 들 것(그림 3.2 참고)
② 최대 압축응력도가 콘크리트 및 암반의 허용 압축응력도를 초과하지 않을 것
③ 댐의 어떤 부분에서도 장력 및 활동이 일어나지 않을 것

3.2.2 댐의 종류

댐의 종류에는 사용재료에 따라 나누면 콘크리트댐, 흙댐, 암석댐이 있으며, 역학상의 안정을 얻는 방법에 따라 나누면 중력댐, 아치댐, 중공댐이 있다.

이 중에 발전용으로 이용되는 암석댐, 중력댐, 아치댐, 중공댐에 대하여 알아보자.

(1) **암석댐**(rock fill dam)

암석을 이용하여 그림 3.1과 같이 축조되는 댐으로서 현지에서 암석을 확보할 수 있으면 경제적인 댐이 된다. 이 댐은 다른 댐에 비하여 높게 축조할 수 있고 안정도가 높지만, 댐 자체의 중량이 크기 때문에 기초 암반이 튼튼한 곳에 세워야 한다.

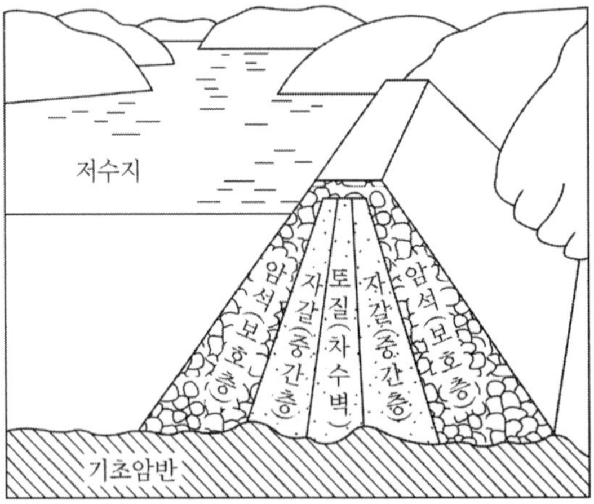

그림 3.1 암석댐

암석댐은 암조댐(岩造댐), 로크휠댐(rock fill 댐) 또는 사력댐(砂礫댐)이라고도 부르며, 소양강 다목적댐(multipurpose dam)이 이에 해당한다. 1973년에 준공된 이 댐은 홍수 방지, 공업용수 및 관개용수의 공급, 첨두부하 발전 등의 다목적으로 운용되고 있다.

(2) **중력댐**(gravity dam)

댐의 자체 중량만을 이용하여 수압, 지진 등의 외력에 대하여 안정을 확보하는 것으로서 많은 축조재료가 필요하다. 댐에 미치는 합성력은 댐의 중앙 1/3에 미치도록 한다.

중력댐은 가장 널리 이용되고 있는 형식으로서, 기초부분에 큰 압력이 걸리기 때문에 견고한 암반이 있는 곳이라야 한다. 중력댐은 주로 콘크리트로 축조되지만 이 밖에 흙을 사용한 흙댐, 암석을 이용한 암석댐도 중력댐에 해당한다. 그림 3.2는 콘크리트 중력댐을 나타내고 있다.

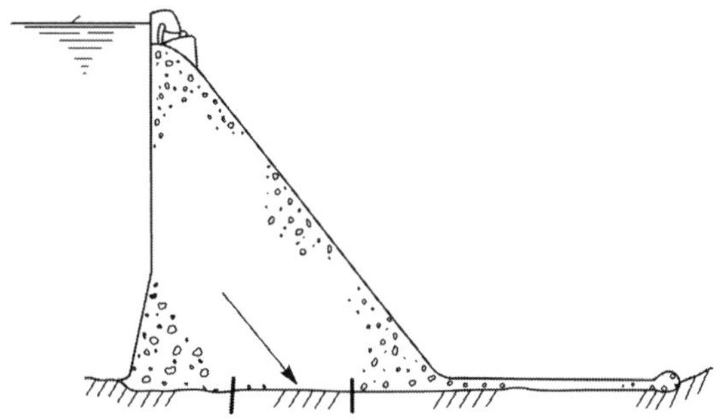

그림 3.2 콘크리트 중력댐

(3) 아치댐(arch dam)

원호 모양의 아치댐은 콘크리트로 축조되지만 안정을 얻기 위한 역학적인 원리는 그림 3.3(a)와 같이 댐에 미치는 외력을 하천 양 벽의 암반으로 받쳐서 안정을 유지하고 있다. 따라서 아치댐은 하천의 폭이 좁고 양안(兩岸)이 높아야 하며 튼튼한 암반으로 되어 있어야 한다. 댐 길이 L은 댐 높이 H의 2.5배 이하가 되는 장소에 설치하여야 하며($L/H \leqq 2.5$) 아치댐의 소요 재료량은 중력댐의 50[%] 정도로 줄일 수 있다.

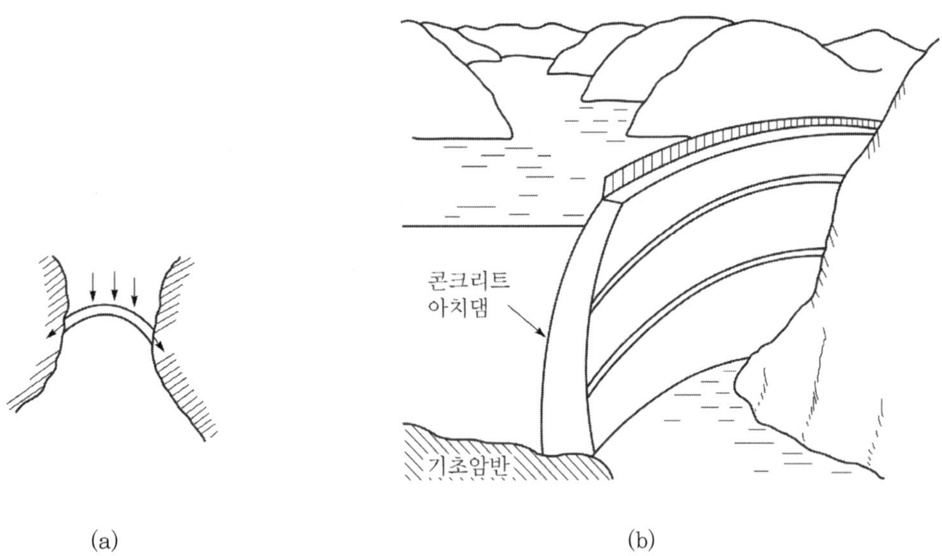

그림 3.3 아치댐의 역학적인 원리 및 외관

예를 들면 미국 콜로라도 강의 큰 협곡에 자리 잡고 있는 후버댐(Hoover dam)은 높이가 220[m], 댐 길이는 380[m]로서 이상적인 아치댐이다 (발전설비 용량 134만[kW])

(4) 중공(부벽)댐(buttress dam)

그림 3.4와 같이 삼각형 모양의 부벽을 적당한 간격으로 놓고, 그 상류에 차수판(遮水板)을 설치해서 물을 막으며, 부벽은 이 수압을 기초에 전해서 안전을 유지하는 방식이다. 또한 댐 내부를 공간으로 비우고 있으므로 중력댐에 비하여 콘크리트 소요량을 60~70[%] 정도로 절약할 수 있다. 따라서 재료 운반이 불편한 곳에 축조하면 경제적으로 건설할 수 있다.

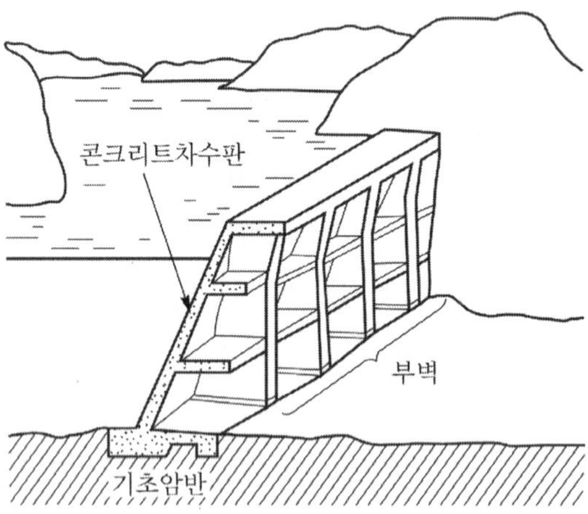

그림 3.4 부벽댐

발전용 댐에는 콘크리트중력댐이 많이 사용된다. 주위에 많은 암석을 얻을 수 있는 장소에서 다목적 댐을 건설할 경우에는 암석댐으로 건설하며, 홍수량이 적고 댐의 높이에 비하여 길이가 긴 경우, 또는 콘크리트의 반입이 불편한 경우에는 부벽댐이 건설된다. 부벽댐은 중력댐에 비하여 공사기간이 단축될 뿐만 아니라, 체적이 적어지므로 기초지반에 가해지는 힘도 적어서 지반의 지지력이 적은 장소에도 축조할 수 있다.

세계적으로 발전용량면에서 큰 댐을 나열하면 표 3.1과 같다.

표 3.1 발전용량 면으로 큰 댐 (만[kW])

순위	발전 용량	댐 명	국 명	준공년도
1	1300	삼협댐	중 국	2009
2	1260	Itaipu	브라질/파라과이	1991
3	1030	Guri	베네주엘라	1986
4	640	Sayano Shushensk	러시아	1989
5	620	Grand Coulee	미 국	1942
6	600	Krasnoyacsk	러시아	1968
7	540	Church Falls	캐나다	1971
8	530	La Grande 2	캐나다	1979
?	40	충주댐	한 국	1986

표 3.1과 같이 중국 양쯔강에 건설된 삼협댐(Three Gorges dam)이 발전용량 면에서 세계 최대의 수력발전소이다.

3.3 수 문

수문(movable dam)은 고정댐 위에 설치하여 홍수 시에는 수위를 낮추며, 갈수 시에는 이것을 폐쇄하여 수위를 높여서 취수를 용이하게 한다.

수문에는 다음과 같은 종류가 있다.

(1) 슬루스 게이트(sluice gate)

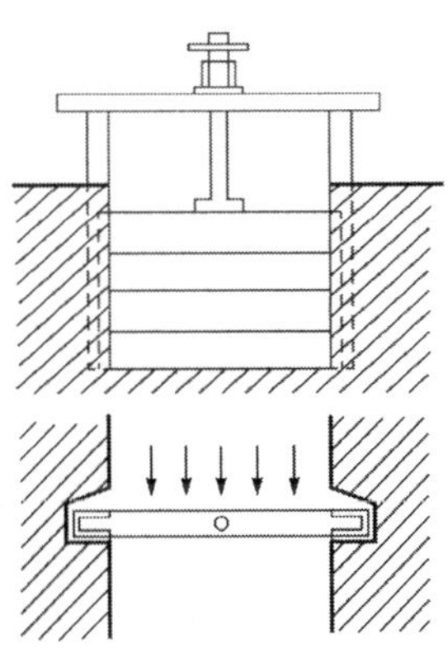

그림 3.5 슬루스 게이트

이것은 가장 간단한 수문으로서 그림과 같이 직사각형의 문짝을 상하로 조작하는 구조로 되어 있으며 소규모의 댐에 사용된다.

(2) 롤러 게이트(roller gate)

문짝과 문기둥 사이의 마찰저항을 줄이기 위하여 롤러를 사용한 것이다. 수문의 상하 조작은 보통 와이어 로프를 사용하며 큰 수압을 받지 않는 수문에 널리 사용되고 있다. 한강 수계에 있는 화천, 춘천, 의암, 청평발전소의 수문이 이에 해당된다.

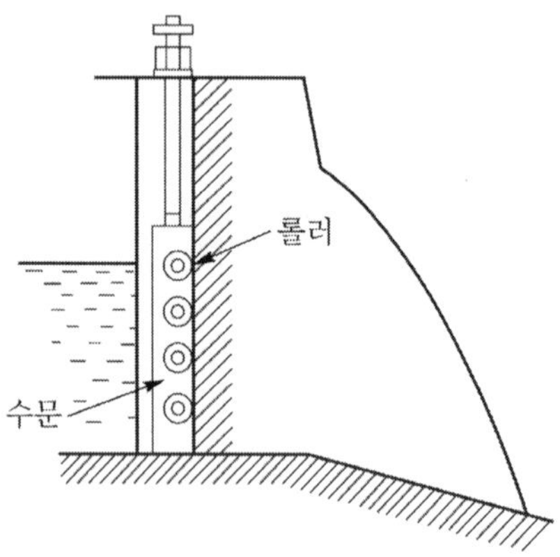

그림 3.6 롤러 게이트

(3) 스토니 게이트(stony gate)

문짝과 문기둥 사이에 사다리형 롤러를 설치해서 문짝이 움직인 양정에 비하여 사다리형 롤러가 움직인 양정은 1/2에 불과하므로 마찰저항을 크게 줄인 것으로서 큰 수압을 받는 저수지의 취수구 등의 대형 수문용으로서 쓰인다.

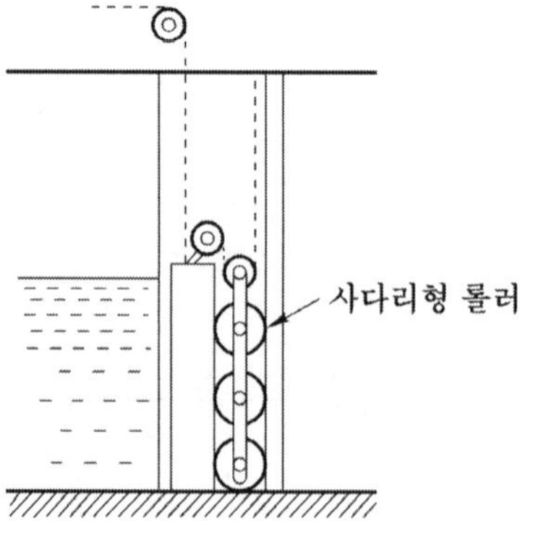

그림 3.7 스토니 게이트

(4) 테인트 게이트(tainter gate)

이것은 그림과 같이 차수판이 원통면의 일부를 이루고 있어서 이에 가해지는 수압은 게이트의 위치에 관계없이 항상 게이트의 앵커 부분에 집중됨으로, 이 앵커 부분을 중심으로 해서 개폐하는 수문으로서 수압이 크게 걸리는 대형 수문에 사용된다. 우리나라에서도 사용 수량이 큰 팔당 발전소라든가 소양강 발전소의 수문에 테인트 게이트를 사용하고 있다.

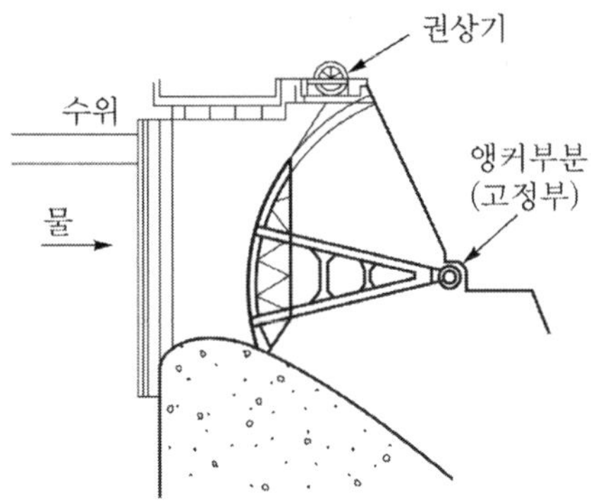

그림 3.8 테인터 게이트

(5) 롤링 게이트(rolling gate)

이것은 강철제 원통형 수문으로서 이 원통을 회전시키면서 수문을 개폐하는 것이다. 평판형 수문에 비하여 구조가 견고함으로 나무 등의 부유물이 많은 장소에 적합한 수문이다.

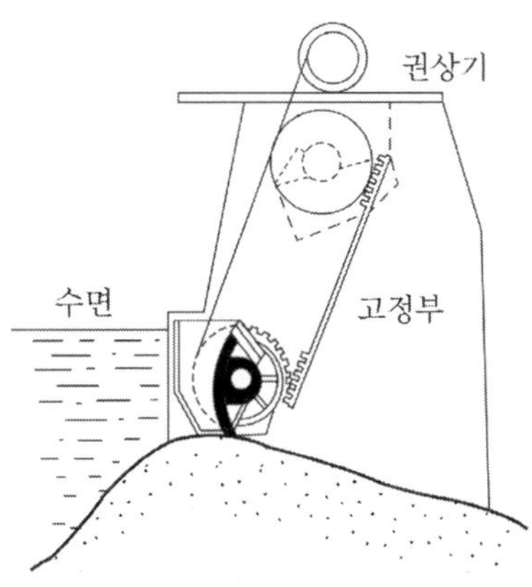

그림 3.9 롤링 게이트

3.4 수 로

수로식 또는 유역변경식 발전소에서는 물을 취수구에서 발전소까지 끌어들이기 위하여 긴 수로를 둔다. 일반적으로 발전용 수로에는 터널(tunnel), 개방수로인 개거(open channel), 암거(covered channel) 등이 있으며 수로교(aqueduct), 역사이펀(inverted siphon) 등도 있다.

이중 가장 널리 쓰이는 수로는 터널이다. 터널은 다른 수로에 비하여 단위 길이당의 건설비가 비싸고 내부의 감시가 불편하기는 하지만, 수로의 길이를 짧게 할 수 있기 때문에 손실낙차가 작고 외부로부터의 손상에 대하여 안전하며 토사, 낙엽 등이 혼입될 우려가 없다는 장점이 있다.

터널에는 무압터널과 압력터널이 있다.

자연유하식의 무압터널은 유속을 2~2.5[m/s], 구배는 1/1000~1/1500으로 완만하게 하여 손실낙차를 줄이도록 한다.

그러나 압력터널에서는 구배가 유효낙차에 포함되므로 유속 3~4[m/s], 구배는 1/300~1/400 의 급구배로 한다.

(a) 무압터널 (b) 압력터널

그림 3.10 수로의 종류

3.5 수 조

수조는 수로의 끝부분에 설치되는 작은 못(池)으로서 상수조와 조압수조가 있다.

무압터널의 끝부분에는 상수조(head tank)를 설치하며, 압력터널의 끝에는 조압수조(調壓水槽, surge tank)를 설치한다.

우리나라 수력발전소에 설치되어있는 수조는 대부분 조압수조이다.

(1) 상수조(上水槽, head tank)

상수조는 수차 부하의 급증 또는 급감으로 인한 수량의 부족 또는 남는 물을 일시 저장하며, 수차 최대 사용수량을 2~3분 정도 저장 또는 공급할 수 있는 용량으로 설치한다.

상수조는 수차부하 감소시에 발생하는 잉여 수량을 상수조 밖으로 흘러넘치게 하며 (余水吐), 또한 유수 중의 토사를 최종적으로 제거하는 역할을 한다(除塵格子).

(2) 조압수조(調壓水槽, surge tank)

조압수조는 압력터널의 끝에 시설하는 것으로서 사용유량의 급변으로 인한 수격작용(水擊作用, water hammering)이 압력터널에 미치지 않도록 하는 일종의 안전장치이다.

또한 갑자기 수차부하가 차단되면 조속기가 동작하여 수차에 유입되는 물을 막게 되므로 수압관에서 발생한 수격작용이 조압수조까지 전파된다. 이 때 압력 터널내의 물은 관성에 의하여 계속 조압수조로 유입되므로 조압수조내의 수위는 그림 3.11의 b점과 같이 상승하여 저수지 수위보다 더 높이 올라간다.

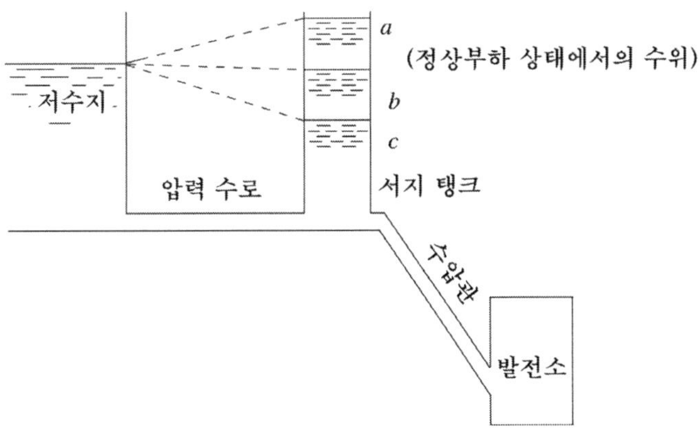

그림 3.11 조압수조의 기능

그 후 조압수조로부터 저수지 방향으로 역류가 되며 조압수조 수위는 c점까지 내려간다.

이와 같은 현상이 여러 번 반복되고 그 사이에 수로내의 마찰저항으로 인하여 점차 물이 가진 운동에너지는 감쇄하여 결국 저수지 수위와 조압수조 수위가 같게 되어 이 운동은 정지된다. 이 현상을 서징(surging)작용이라 한다.

이와 같이 조압수조의 기능은 다음과 같다.

① 수격작용 흡수

② 서징작용 진정

조압수조에는 다음과 같은 종류가 있다.

1) 단동조압수조(simple surge tank)

종래에 가장 많이 사용된 형식으로서 수조 벽을 높이 올린 구조의 수조이다. 부하가 변동시 수면의 승강(昇降)이 완만하기 때문에 수로유속의 변화에 대한 움직임이 둔하여 다른 형식에 비하여 큰 용량의 수조를 필요로 한다. 그러나 수격작용의 흡수가 확실하고 서장작용이 완만하기 때문에 발전소 운전이 안정된다는 장점이 있다.

우리나라의 경우 발전소 용량이 작은 울릉도 추산발전소(1,400[kW])와 강원도 안흥 소수력 발전소(450[kW])의 조압수조가 이에 해당된다.

2) 차동조압수조(differential surge tank)

차동조압수조는 R. J. Johnson에 의하여 발명된 것으로 그림과 같이 수조내부에 상승관(riser)이 있는 구조이다.(상승관의 단면적은 수로 단면적의 0.75~1.0배) 그리고 차동조압수조와 수로는 제수공(制水孔, port)으로 연결되어 있다. 수차부하가 급변하면 우선 상승관 내의 수위가 변하기 때문에 수로내의 유수의 속도가 신속하게 부하의 변동에 적응할 수 있다.

단동조압수조에 비하여 수격작용의 감쇠가 빠르고 수조용량도 50[%] 정도로 줄일 수 있다. 한강 수계의 발전소 중 비교적 낙차가 높고 출력이 큰 화천 수력발전소의 조압수조가 이에 해당한다.

3) 수실조압수조(chamber surge tank)

이것은 차동조압수조에 대응하여 고안된 것으로서 수조의 상하에 상부수실과 하부수실을 설치한 구조이며, 상하수실 사이의 수조 부분은 단면적을 작게 하여 차동조압수조의 상승관에 상당하는 역할을 하게 한다.

이 수조는 저수지의 이용수심이 깊을 때 경제적이며, 상하수실을 크게하면 수위상승을 작게 하는 특징이 있다. 우리나라에서는 낙차가 소양강 발전소의 수조가 이에 해당된다.

4) 제수공조압수조(restricted orifice surge tank)

차동조압수조의 상승관을 생략하고 제수공만 남겨둔 형태의 수조이다. 부하변동으로 생긴 수량이 수조에 들어갈 때 제수공에 의한 마찰손실이 생기게 함으로서 서징작용 또는 수격작용을 억제하는 것으로서 구조가 간단하고 경제적이다.

다만 수격작용을 충분히 흡수할 수 없는 단점은 있으나 낙차가 큰 양수발전소의 조압수조에 이용되고 있다.

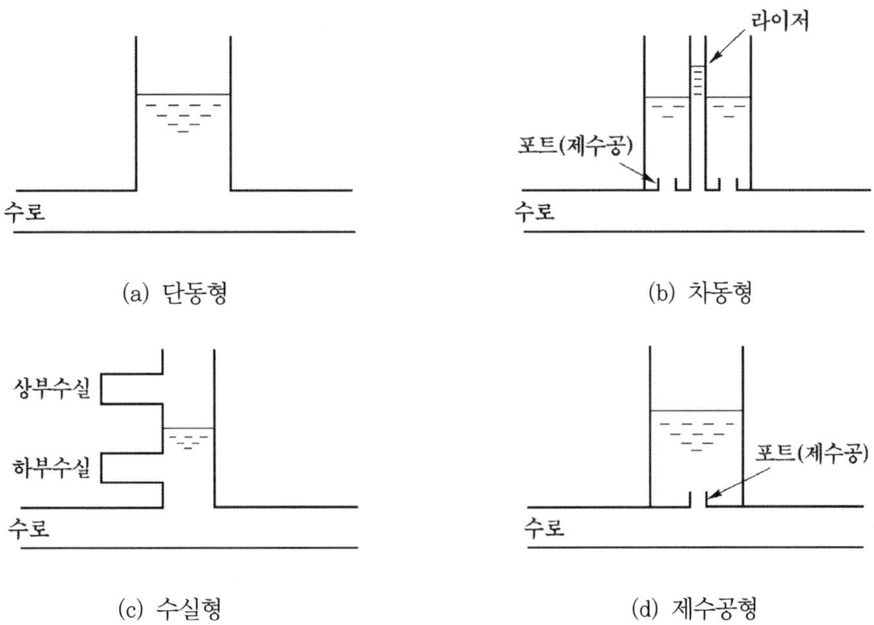

그림 3.12 각종 조압수조의 예

3.6 수압관로

수조와 수차를 연결하는 수로를 수압관(penstock)이라 하며, 이를 지지하는 고정대(anchor block), 지대(saddle)와 부속설비로 되어있다.

수압관의 위치는 수압관을 견고히 지지할 암반이 있는 곳과 산사태가 없는 지형을 선정해야 한다. 일반적으로 계곡보다 산의 능선을 선택하는 것이 좋다.

수압관은 수차 발전기별로 한 조씩 설치하는 것이 좋으나 사용수량이 작고 수압관의 길이가 긴 경우에는 공사비 등을 고려하여 상부를 한 조로 하고 하부에서 분기하여 2대 이상의 수차에 공급하는 경우도 있다. 그러나 수압관의 조수는 관의 두께도 관련이 있기 때문에 계획 시에는 건설비, 경비 등을 고려하여 결정한다.

수압관의 지름을 크게 하면 관의 두께가 커지며 현장작업이 어려우므로 보통 4~5[m] 이내로 한다. 동일 수량에 대하여 지름을 적게 하면 유속이 빨라서 손실수두가 증가하므로 저낙차의 경우에는 관 직경을 크게 해서 유속을 줄이도록 하고 있다. 관내의 유속은 3~5[m/s] 정도가 좋다.

(1) 수압관의 두께

수압 또는 기타 원인으로 인한 수압관의 파열을 방지할 수 있도록 적당한 두께를 확보하여야 한다.

지금 수압관의 직경 D[cm], 최대수압 $P[\mathrm{kg/cm^2}]$, 안전율 f, 강재의 허용강도 $\sigma[\mathrm{kg/cm^2}]$, 관의 접합효율 η , 부식에 대한 여유 두께를 ϵ[cm]라고 하면 관의 두께 t[cm]는 다음 식으로 계산된다.

$$t = \frac{PDf}{2\sigma\eta} + \epsilon[\mathrm{cm}] \tag{3.1}$$

강재의 허용강도는 3,400~4,100[kg/cm^2]의 압연강재가 사용되며, 안전율을 3~4로 잡아 설계한다.

접합효율은 중접합의 경우 0.5~0.73, 용접의 경우 0.8~0.9로 하며 부식을 고려하여 1~2[mm] 정도의 여유를 가하여 설계하는 것이 보통이다.

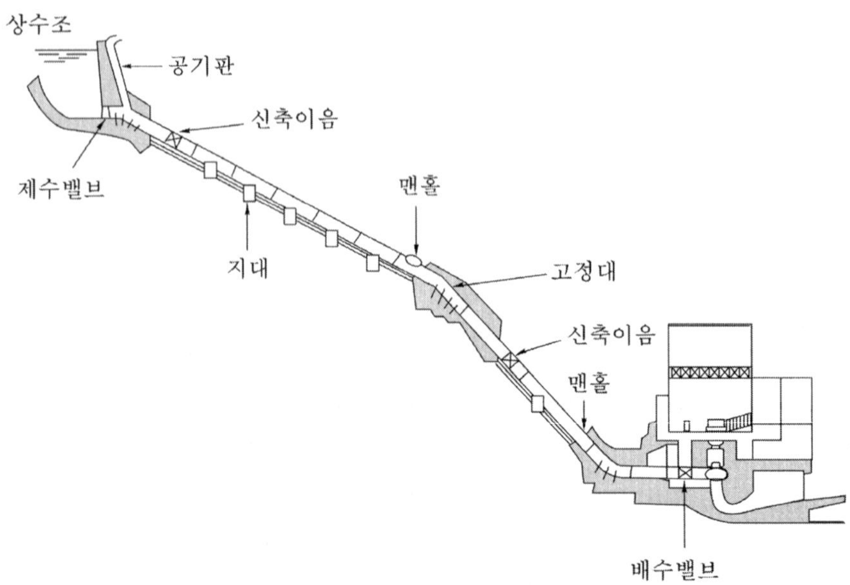

그림 3.13 수압관로

(2) 수압관의 부속설비

수압관은 보안상 또는 내부점검 수리를 위하여 신축(伸縮)이음, 제수밸브, 공기밸브 또는 공기관(air valve, air pipe), 맨홀(man hole), 배수밸브(drain valve)를 설치한다.

3.7 수 차

3.7.1 개 요

수차(water turbine)는 물의 위치에너지를 회전에너지로 바꾸는 기계이며, 종류는 충동 수차(impulse turbine)와 반동수차(reaction turbine)가 있다. 또한 발전전용 수차와 펌프수차(양수와 발전겸용 수차)로 나누어진다.

충동수차는 노즐로부터 분사되는 물의 충동력으로 회전하는 수차이며, 펠톤 수차(Pelton turbine)가 해당된다.

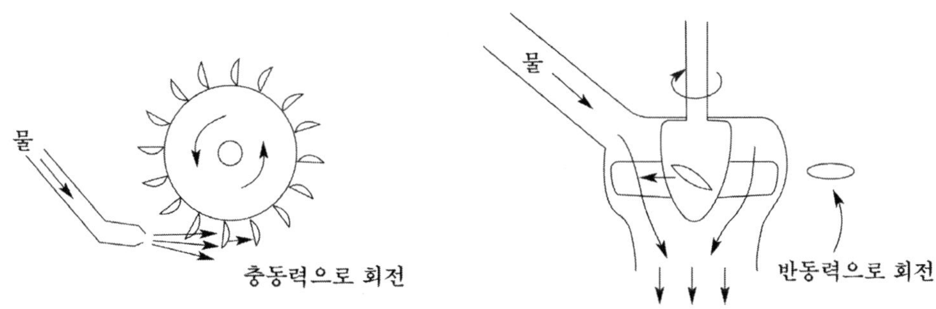

(a) 충동수차 (b) 반동수차

그림 3.14 수차의 개념도

반동수차는 러너에 유입된 물이 빠져나갈 때의 반작용으로 회전하는 수차로서 이에 해당하는 수차는 프란시스 수차(Francis turbine)와 카프란 수차(Kaplan turbine)가 있다.

수차의 종류 및 사용낙차의 대략적인 범위는 표 3.2와 같다.

표 3.2 수차의 종류 및 사용낙차 범위

동작 원리에 의한 분류	수차의 종류	낙차 또는 양정[m]범위	비 고
충동형	펠톤수차	고낙차용(300 이상)	Pelton(미국, 1870)
반동형	프란시스수차	중낙차용(30∼300)	Francis(미국,1849)
	프로펠러수차 :	저낙차용(30 이하)	
	· 고정날개형		
	· 가동날개형(Kaplan 수차)		Kaplan(오스트리아, 1912)
	원통형(Tubular 수차)	초저낙차용(20 이하)	
	사류수차	60∼150	Deriaz(영국, 1952)
	펌프수차 :		
	· 다단프란시스형	500∼12,000	
	· 프란시스형	300∼600	
	· 사류형	20∼150	
	· 프로펠러형	3∼20	

3.7.2 펠톤 수차

펠톤 수차는 그림 3.15와 같이 노즐에서 분사되는 $\sqrt{2gh}$ [m/s]의 속도를 가진 물을 러너의 버킷(bucket)에 충동력을 주고, 그 충동력으로 회전하는 수차이다.

설치방법에 따라 횡축형과 종축형이 있으나 대부분은 그림과 같은 횡축형이다.

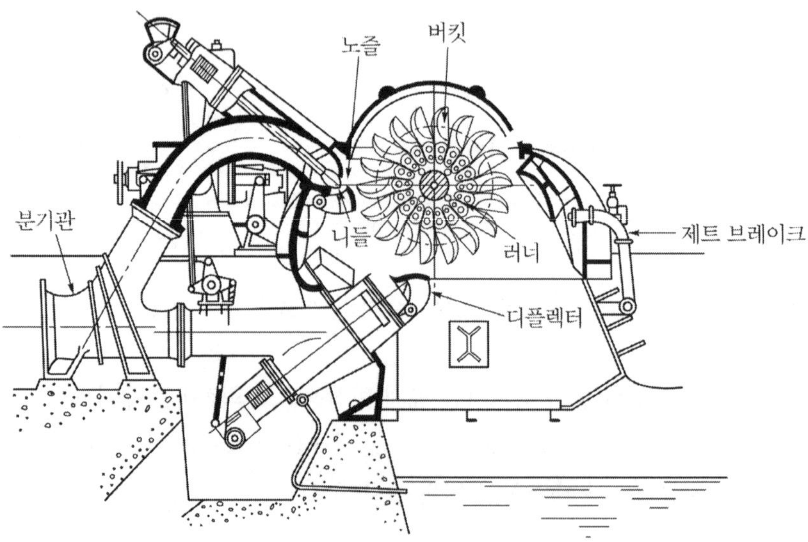

그림 3.15 펠톤 수차의 단면도

(1) 구조

펠톤 수차의 구성은 러너, 노즐, 니들밸브, 디플렉터, 제트브레이커로 이루어진다.

1) 러너(runner)

러너는 노즐로부터 분사되는 분사수(jet)를 받는 버킷과 버킷의 접속부인 디스크(disk)로 구성되고 있다. 버킷의 수는 러너의 지름과 분사수에 따라서 보통 16~30개이다.

2) 노즐(nozzle)

노즐의 수는 보통 1러너에 대하여 1개의 경우가 많다. 수량이 많은 경우 또는 경부하시에 있어서 고효율 운전을 하고자 하는 경우에는 1러너에 대하여 2개 이상으로 한다. 1개의 러너에 4개 이상의 노즐을 취부 할 경우에는 수차의 구조를 종축형으로 한다.

3) 니들밸브(needle valve)

노즐의 분사수를 조정하기 위하여 노즐 내에 니들밸브(針弁)를 설치하고 이것을 전후로 움직여서 분사수량을 조절한다.

4) 디플렉터(deflector)

수차 부하가 갑자기 감소하였을 때 니들밸브를 급히 닫으면 수압관내에 큰 수압 상승을 일으키게 되므로 이 경우 디플렉터(伝向板)로 분사수가 버킷에 충돌하지 않도록 분사수의 방향을 바꾸어 놓은 후 니들밸브를 서서히 닫는다. 그렇게 하면 전 부하 차단의 경우에도 수압상승률을 10[%] 이내로 억제할 수 있다.

5) 제트브레이커(jet breaker)

니들밸브를 닫은 후에도 관성에 의하여 회전하는 러너를 급히 정지시키기 위하여 노즐 반대편 위치에 제트브레이커(또는 back water breaker라 한다)를 설치한다. 제트브레이크는 디플렉터와 니들밸브가 동작한 후 버킷 배후에서 전 부하시 사용수량의 2~5[%]에 상당하는 물을 분사시켜 러너의 속도 상승을 막는 동시에 제동작용을 한다.

(2) 효율

u[m/s]의 속도로 회전하고 있는 버킷에 속도 V_1[m/s]의 분사수가 유입하는 수차의 최고효율은 $u/V_1 = 1/2$일 경우이다.

실제는 여러 가지 마찰이라든가 공기저항을 고려하면 $u/V_1 = 0.44 \sim 0.48$일 때 최고효율이 얻어진다.

3.7.3 프란시스 수차

반동수차인 프란시스 수차는 유입된 물이 안내날개를 통해 러너에 들어와서 축 방향으로 방향을 바꾸어서 유출하게 될 때의 반동력에 의하여 회전한다. 실제로는 러너에 유입되는 물이 어느 정도 속도를 가지고 있기 때문에 충동력과 반동력의 동시작용으로 회전된다고 할 수 있다.

(1) 구조

프란시스 수차의 구조는 그림 3.16에서 보는 바와 같이 물을 유도하기 위한 케이싱, 유수의 방향을 정하기 위한 안내날개, 회전해서 동력을 발생하는 러너 및 흡출관으로 구성되어 있다.

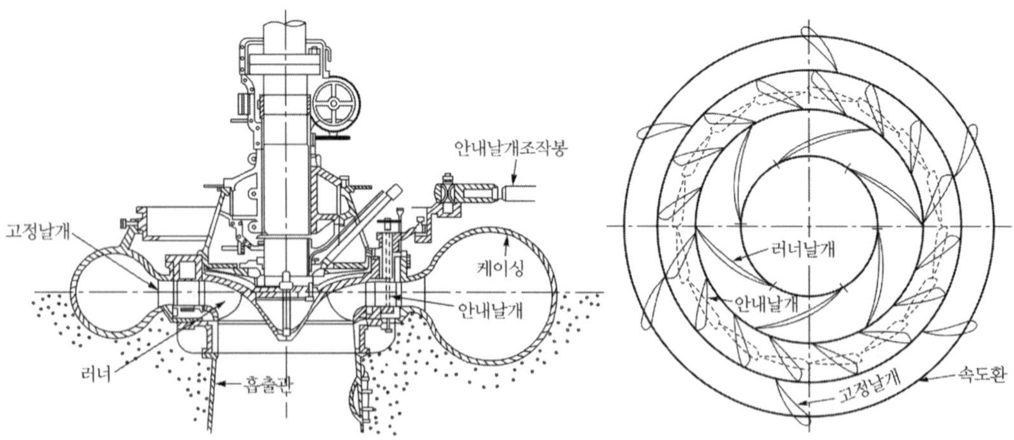

그림 3.16 프란시스 수차의 구조 및 평면도

1) 러너(runner)

물의 위치에너지를 회전에너지로 변환하는 것으로 러너 날개 개수는 소형이 8~9개, 대형이 20개 정도로 구성되어 있다.

2) 안내날개(guide vane)

안내날개는 러너의 바깥둘레에 배열되어 유입하는 물의 방향을 줌과 동시에 필요한 유량을 조정하여 러너에 공급한다. 안내날개의 수는 12~24장이며, 이의 개도를 조정하는 방법은 수차축 둘레에 안내링을 붙여 2개의 로드로서 조정하고, 조정축은 조속기의 서보모터에 연결되어 있다.

3) **속도환**(speed ring) · **케이싱**(casing)

속도환은 아래위의 두 개의 원형사이에 여러 개의 고정날개(stay vane)로 연결시킨 구조물로서, 안내날개의 바깥에 배치하여 물의 유량과 방향을 고르게 한다.

수압관에서 나온 물은 케이싱에 들어가 속도환을 지나서 안내날개(guide vane) 의하여 물의 방향과 유량이 조절되면서 러너(runner)에 유입하여 회전력을 주고, 흡출관을 통해서 방수로에 배출된다.

4) **흡출관**(draft tube)

흡출관은 수차출구에서 방수 면까지의 접속관이다. 즉, 수차와 방수면 사이의 낙차는 유효낙차에 포함되며 유수의 손실을 줄이기 위한 관로이다.

그림 3.16은 직축 프란시스 수차의 구조와 단면을 나타낸 것이다. 횡축형 또는 직축형 어느 것이나 사용할 수 있지만 일반적으로 대형의 수차에서는 직축형을 사용하고 있다.

3.7.4 프로펠러 수차(propeller turbine)

저낙차인 경우 수차내의 유수의 손실을 줄이기 위하여 프란시스 수차에서 저항손실이 큰 차륜대(車輪帶)를 제거하고 날개의 수를 줄이고 날개의 높이를 낮게 만든 수차가 프로펠러수차이다. 프로펠러 수차는 러너 날개가 고정된 고정날개형과 날개의 각도를 바꿀 수 있는 가동날개형이 있다.

가동날개형 프로펠러 수차를 카프란 수차(kaplan turbine)라고 부르는데, 현재 이것이 널리 채용되고 있다.

그림 3.17은 카프란 수차의 구조 및 러너 날개를 나타낸다. 카프란 수차는 러너 날개의 각도를 변화시켜서, 수차유량 변화에 대응하여 날개 각도를 조정함으로써, 어떤 부하에서도 높은 효율에서 운전할 수 있다.

카프란 수차를 구성하는 주요 부분은 러너의 구조 이외에는 프란시스 수차와 거의 같다. 러너 날개 수는 유효낙차에 따라 다르며 대략 4~8장이며, 날개는 부하 변화에 응해서 일반적으로 0~30° 각도에서 가변한다.

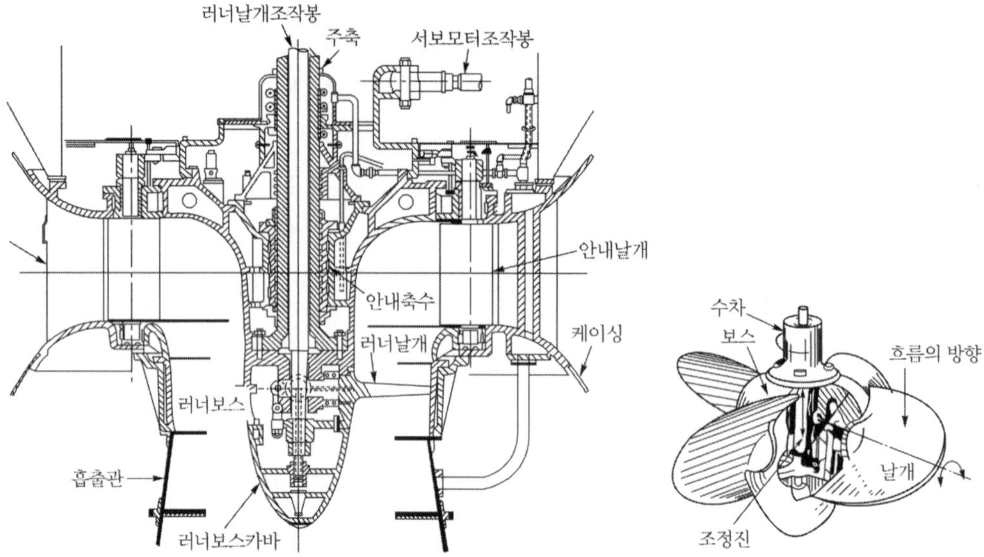

그림 3.17 카프란 수차의 구조 및 러너 날개

3.7.5 원통형 수차(tubular type turbine)

원통형 수차는 튜불러 수차라고도 부르는 프로펠러 수차의 일종으로서 물의 흐름이 거의 직선적으로 축에 따라서 흐르는 구조로 되어 있다.

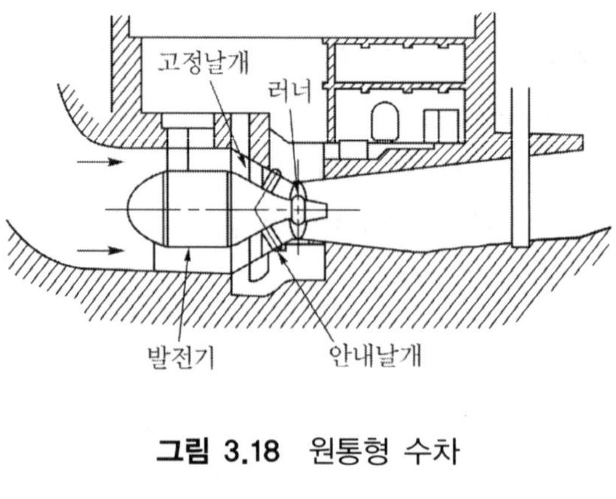

그림 3.18 원통형 수차

즉, 수차내의 수류의 방향변환에 따른 손실수두를 줄이기 위하여 물이 축 방향으로부터 수차에 바로 유입하는 수차이다. 그러므로 수차와 발전기를 하나의 원통 내에 설치하는 형식이며, 국내에서는 팔당 수력발전소(낙차 11.8[m])에 이 수차가 가동되고 있다.

3.7.6 사류수차(diagonal flow turbine)

사류수차도 반동수차의 한 종류로서 유수가 러너의 축을 경사된 방향으로 통과하며 러너의 모양은 프란시스 수차와 카프란 수차의 중간형태로 되어 있다. 이 수차는 부하변동에 따라서 운전 중에 러너 날개의 각도를 바꿀 수 있게 되어 있으며 데리아 수차(deriaz turbine)라고 불리기도 한다.

이 수차의 특징은 부하변동이나 낙차에 따라서 러너 날개의 각도를 바꿀 수 있으므로 효율이 높고, 무구속 속도가 낮다는 것 등으로 저 낙차에 사용하는 카프란 수차와 비교해서 성능이 좋다. 따라서 최근에는 프란시스 수차의 사용범위까지 사류수차를 사용하는 추세에 있다.

그림 3.19는 사류수차의 한 예를 나타낸 것이다.

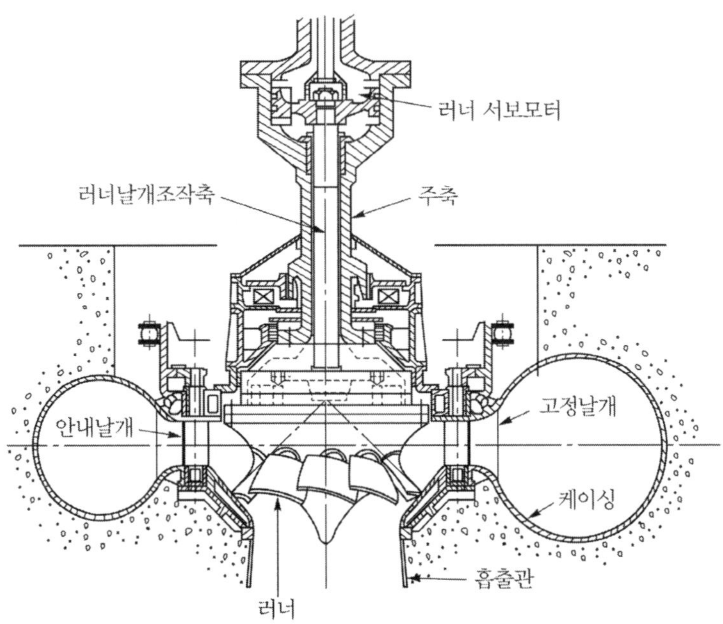

그림 3.19 사류수차의 예

3.7.7 펌프수차(pump turbine)

펌프수차는 수차와 펌프 겸용 수차로서 양수발전소에서 이용하고 있다. 즉 한 대의 펌프수차를 펌프와 수차로서 겸용하는 것이며, 발전 시에는 수차로서 사용하고, 양수 시에는 이것을 역회전시킴으로서 펌프로서 사용하는 것이다.

우리나라의 모든 양수발전소에는 이 펌프수차를 사용하고 있다.

종류는 프란시스형, 사류형, 프로펠러형이 있고 러너의 모양은 수차보다도 펌프에 가까운 편이다. 양수할 수 있는 양정은 프란시스형은 300~1,200[m], 사류형은 20~150[m], 프로펠러형은 3~20[m]이다.

그림 3.20은 펌프 수차의 형식과 명칭을 나타낸 것이다.

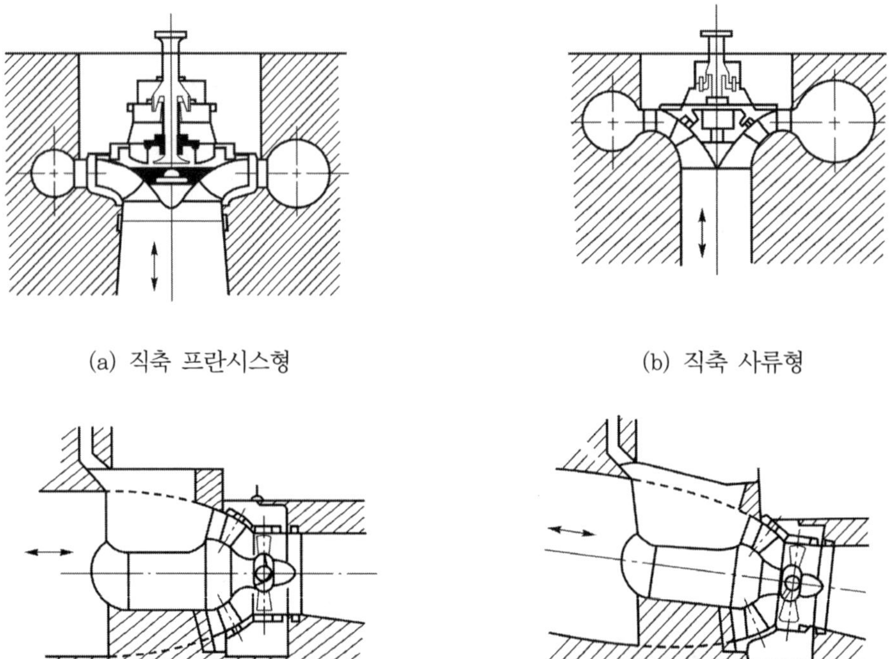

(a) 직축 프란시스형

(b) 직축 사류형

(c) 횡축 가동 날개 프로펠러형

(d) 사축 가동 날개 프로펠러형

그림 3.20 펌프 수차의 종류

3.8 수차의 특성

주어진 낙차와 유량에 대해서 고효율의 수차를 선정하기 위하여 수차의 특성을 알고 있어야 한다.

(1) 비속도(specific speed)

수차의 모양이 기하학적으로 같으면 크기에 차이가 있어도 특성이 같은 수차라고 할 수 있다.

수차의 비속도 (비교회전속도 또는 특유속도)란 그 수차와 기하학적으로 닮은 수차를 가정하고 이 수차를 단위낙차(1[m])에서 단위출력(1[kW])을 발생하는데 필요한 1분간의 회전수를 뜻한다.

수차의 비속도 N_s는 다음 식으로 나타낸다.

$$N_s = N \times \frac{P^{\frac{1}{2}}}{H^{\frac{5}{4}}} = \frac{N \cdot \sqrt{P}}{H \cdot \sqrt{\sqrt{H}}} [\mathrm{m \cdot kW}] \tag{3.2}$$

단, H : 유효낙차[m],

N : 정격회전속도[rpm],

P : 러너의 최대출력[kW]

여기서, P는 충동수차에서는 노즐 1개당의 출력이며, 반동수차에서는 러너 1개당의 출력이다. 또한 펌프수차에서 펌프의 비속도를 계산할 경우에는 출력 P 대신에 양수량 $Q[\mathrm{m^3/s}]$를 이용하여 다음과 같이 나타낸다.

$$N_s = N \times \frac{Q^{\frac{1}{2}}}{H^{\frac{5}{4}}} [\mathrm{m \cdot m^3/s}] \tag{3.3}$$

단, H : 양정[m]

현재 각종 수차에 대한 비속도의 한계는 표 3.3과 같다.

표 3.3 비속도의 한계식과 적용낙차

수차 종류	비속도의 한계식	비속도의 한계	적용낙차[m]
펠 톤	$12 \leq N_s \leq 23$	12 ~ 23	300 이상
프란시스	$N_s \leq \dfrac{20000}{H+20}+30$	50 ~ 350	50 ~ 300
사 류	$N_s \leq \dfrac{20000}{H+20}+40$	120 ~ 300	60 ~ 150
프로펠러 카 프 란	$N_s \leq \dfrac{20000}{H+20}+50$	200 ~ 900	50 이하

이와 같이 비속도 N_s 의 값이 제한되는 이유는 지정된 범위를 넘어서면 러너의 형상에 무리가 있으며 설계 및 제작이 곤란하기 때문이다.

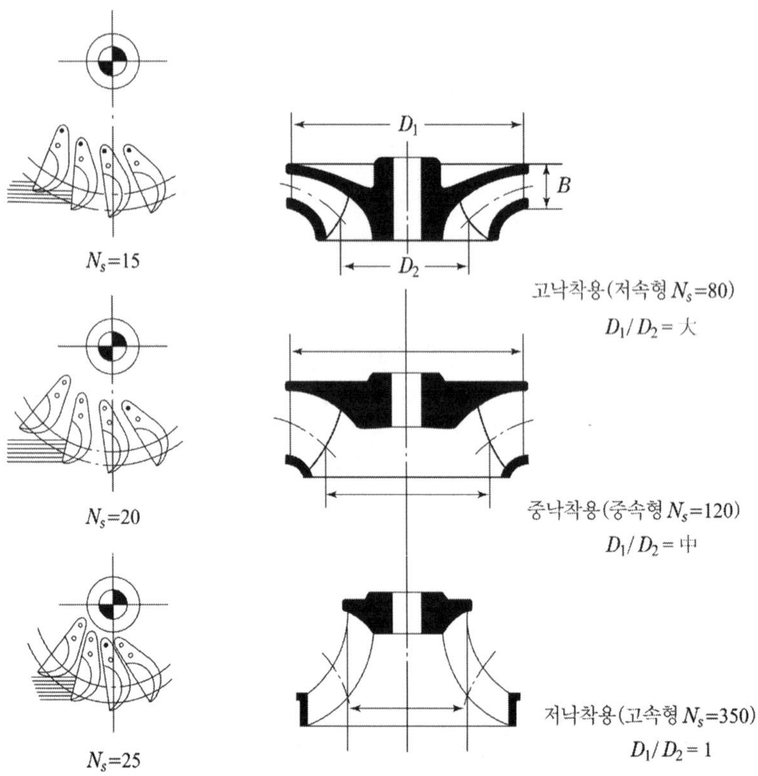

(a) 펠톤 수차 (b) 프란시스 수차

그림 3.21 비속도 N_s와 러너의 형태

일반적으로 비속도를 크게 취하는 것이 러너의 직경을 적게 할 수 있고, 발전기의 중량이 감소하므로 가격이 저렴하게 되는 이점이 있으나, 너무 과도하게 높은 비속도의 러너를 채용하면 유수와 러너와의 상대 속도가 증가하기 때문에 수차 효율이 저하되며, 러너에 캐비테이션이 발생하여 부식되며, 흡출관에 소음과 진동이 발생하여 운전상태를 나쁘게 하기도 한다.

이와 같은 현상으로 인하여 낙차 H에 대하여 표 3.3과 같은 비속도 한계 값은 경험에 의하여 얻어진다.

표 3.3과 같이 N_s에 의하여 수차를 분류하면 펠톤 수차는 저속도형, 프란시스 수차는 중속도형, 프로펠러 수차 및 카프란 수차는 고속도형 수차이다. (사류수차는 저속도에서 중속도까지의 넓은 범위임)

그러나 동일낙차, 동일출력인 경우에는 N_s가 크면 회전수가 높아져서 수차 및 발전기의 크기가 작아지고 가격이 싸지므로 캐비테이션이 일어나지 않는 범위 내에서 N_s를 크게 한다.

예제 3-1

회전수가 500[rpm], 유효낙차 256[m], 출력 45,000[kW]인 복류형 프란시스 수차가 있다. 이 수차의 비속도는 얼마인가?

풀이 복류형은 러너가 2개이므로 러너 1개당의 출력은 22,500[kW]이다.
비속도 N_s는 다음과 같다.

$$N_s = N \times \frac{P^{\frac{1}{2}}}{H^{\frac{5}{4}}} = 500 \times \frac{22,500^{\frac{1}{2}}}{256^{\frac{5}{4}}} = 73.2[\mathrm{m \cdot kW}]$$

(2) 캐비테이션

수차에 유입하는 물이 수차의 각 부분을 흐르면서 어떤 원인으로 기포가 발생하며, 이 기포가 압력이 높은 곳에 도달하여 터지면서 부근의 물체에 충격을 주게 된다. 이 충격이 되풀이되면 그 부분은 침식되며 진동과 소음을 일으키고 효율이 저하하게 된다. 이러한 현상을 캐비테이션(cavitation) 또는 공동현상(空洞現像)이라 한다.

캐비테이션이 심한 경우에는 흡출관내의 진동으로 유효낙차가 변동되며, 이로 인하여 발전기에 난조를 일으키는 전력동요(power swing)현상을 일으킨다.

그림 3.22는 캐비테이션에 의한 침식의 예를 나타낸다.

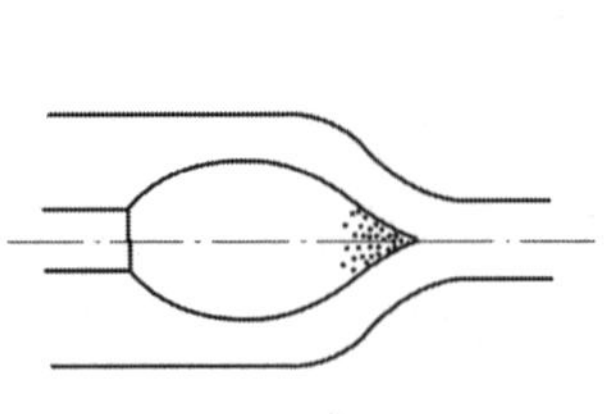

(a) 펠톤 수차

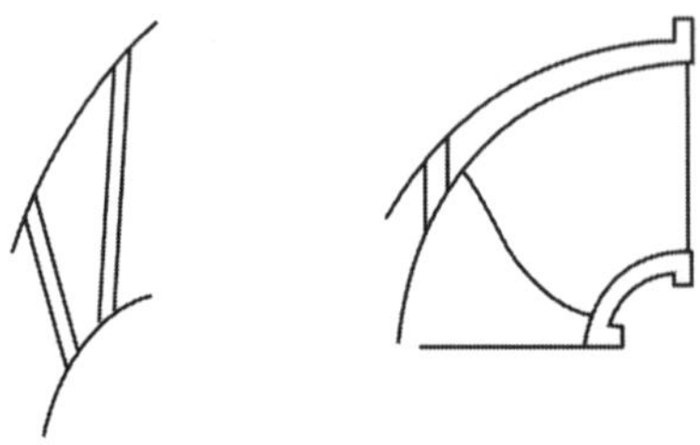

(b) 프란시스 수차

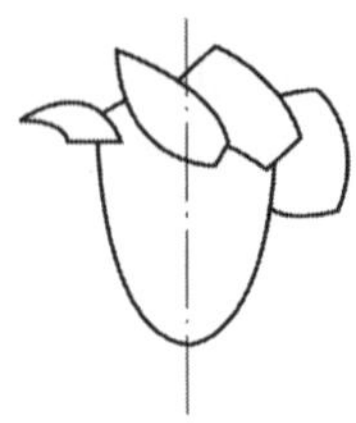

(c) 프로펠러 수차

그림 3.22 캐비테이션에 의한 침식의 예

캐비테이션의 발생을 방지하기 위해서는 다음과 같은 대책이 필요하다.

① 수차의 비속도를 너무 크게 잡지 않는다.

② 흡출관의 높이를 너무 높게 취하지 않는다.
흡출관의 높이는 이론적으로 10[m]까지 가능하지만, 이 경우 캐비테이션이 발생하므로 6~7[m] 이하로 한다.

③ 침식에 강한 재료(스테인리스 강)로 러너를 제작한다.

④ 러너 표면을 미끄럽게 가공한다.

⑤ 러너 출구부분의 압력이 너무 저하하지 않도록 한다.
(흡출관 입구 부분에 적당량의 공기 도입)

3.9 수차의 정격속도 결정

일반적으로 동기발전기를 사용하므로 극수 p, 주파수 f 라고 하면, 정격속도 N은 다음과 같이 된다.

$$N = \frac{120 \cdot f}{p}[\text{rpm}] \tag{3.4}$$

수차 회전수를 높게 선정하면 동일출력에 대하여 효율이 올라가고, 발전기의 크기가 작아져서 가격이 저렴해지며, 기기 운반 및 설치가 용이하고, 설치 면적이 작게 되어 발전소 건물이 작아지므로 경제적이다.

그러나 대용량기는 기계적 강도면에서 고속회전에 어려운 점이 있고, 또 캐비테이션을 고려하여 비속도의 한계가 있다. 그러나 가능한 범위 내에서 높은 값을 사용하는 것이 좋다.

수차발전기의 회전속도는 다음과 같이 결정된다.

① 유효낙차 H로부터 수차의 종류를 결정한다.
(표 3.2에서 고낙차이면 펠톤, 중낙차이면 프란시스, 저낙차이면 카프란 수차를 선정한다).

② 수차의 종류와 유효낙차 H로부터 수차의 비속도 N_s를 결정한다.
(표 3.3의 비속도의 한계식 참조).

③ 유효낙차 H와 최대 사용수량 Q로부터 수차의 출력 $P(P = 9.8QH)$를 계산하고, 이 P와 H, N_s를 이용하여 회전속도 N을 구한다.

$$N_s = N \cdot \frac{\sqrt{P}}{H\sqrt{\sqrt{H}}} \quad \Rightarrow \quad N = N_s \cdot \frac{H\sqrt{\sqrt{H}}}{\sqrt{P}}$$

④ 동기속도를 구하는 식 [rpm]에 대입해서 발전기의 극수 p를 구한다.

$$N = \frac{120 \cdot f}{p} \quad \Rightarrow \quad p = \frac{120 \cdot f}{N}$$

이 때 계산된 극수 p보다 조금 큰 짝수를 수차발전기의 극수 p'로 정한다.
(작은 짝수로 선정하면 비속도가 커져서 한계 값을 초과하게 된다).

⑤ 최종적인 수차의 회전속도는 위에서 정해진 수차발전기의 극수 p', 주파수 f로부터 정격속도 N'을 결정한다.

$$N' = \frac{120 \cdot f}{p'}$$

예제 3-2

유효낙차 80[m], 출력 30,000[kW], 주파수 60[Hz]의 수차발전기의 정격회전 속도를 구하여라.

풀이 ① 유효낙차가 80[m]이므로 프란시스 수차를 선정한다.

② 프란시스 수차의 특유속도의 한계 값은 표 3.3으로부터 계산한다.

$$N_s \leq \frac{20,000}{H+20}+30=\frac{20,000}{80+20}+30 \fallingdotseq 230[\mathrm{rpm}]$$

③ 특유속도의 계산식 $N_s = N \cdot \dfrac{\sqrt{P}}{H\sqrt{\sqrt{H}}}$ 으로부터 회전속도 N[rpm]은

$$N=N_s\frac{H\sqrt{\sqrt{H}}}{\sqrt{P}}=230\times\frac{80\sqrt{\sqrt{80}}}{\sqrt{30,000}}=317.7[\mathrm{rpm}]$$

④ 동기속도의 식 $N=\dfrac{120 \cdot f}{p}$[rpm]으로부터 극수를 구하면

$$p=\frac{120\times 60}{N}=\frac{120\times 60}{317.7}=22.6$$

으로 되어 이 극수보다 크면서 가장 가까운 짝수는 24이므로 이것을 극수로 한다.

⑤ 그러므로 수차 발전기의 정격회전속도는 다음과 같이 결정한다.

$$N'=\frac{120 \cdot f}{p}[\mathrm{rpm}]=\frac{120\times 60}{24}=300[\mathrm{rpm}]$$

3.10 흡출관

흡출관은 반동수차의 출구로부터 방수면까지의 수로이며, 다음과 같은 기능을 가지고 있다.

① 러너와 방수면사이의 낙차는 유효낙차에 포함된다(유효낙차 증대).

② 흡출관 출구의 배기손실을 작게 한다(흡출관 손실 감소).

즉, 러너로부터 방출되는 물의 속도를 줄인다.

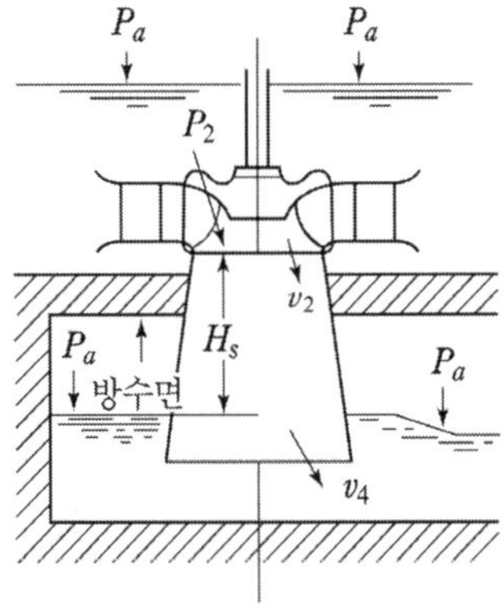

그림 3.23 흡출관

그림 3.23에서 흡출관의 높이 H_s를 흡출고(draft head)라 하고 러너 출구까지의 물의 흐름에 대하여 베르누이의 정리를 적용하면,

$$\frac{P_2}{\omega}+H_s+\frac{v_2^2}{2g}=\frac{P_a}{\omega}+\frac{v_4^2}{2g}+\xi\frac{v_2^2}{2g} \tag{3.5}$$

단, $\xi\frac{v_2^2}{2g}$: 러너 출구로부터 흡출관까지의 손실수두

위 식을 $\frac{P_2}{\omega}$에 대하여 정리하면

$$\frac{P_2}{\omega}=\frac{P_a}{\omega}-H_s-\left(\frac{v_2^2}{2g}-\xi\frac{v_2^2}{2g}-\frac{v_4^2}{2g}\right) \tag{3.6}$$

이 식에서 우변의 괄호 안은 흡출관에서 회수된 에너지를 나타내며, 흡출관의 높이인 흡출고 H_s가 너무 높으면 P_2/ω가 낮게 되므로, 이른바 캐비테이션을 일으키게 된다.

이것을 막기 위하여 일반적으로 흡출고를 6~7[m]로 할 수 있지만, 저낙차 대용량 수차에서는 2~3[m] 이하로 한다.

3.11 조속기

발전기의 회전속도가 상승하거나 감소하면 발전전압과 주파수가 변한다.

부하가 변하여도 수차의 회전수를 일정하게 유지하기 위해서는 조속기(speed gover nor)를 설치하여야 한다.

즉, 수차의 회전수를 일정하게 유지하기 위해서는 출력 변화에 따라서 안내날개 또는 니들밸브의 개도를 조절하여야 한다.

조속기는 회전속도의 검출 방식에 따라서 기계식과 전기식으로 나누어지며 기계식 조속기에 대하여 먼저 알아본다.

(1) 기계식조속기

수차 축에 연결되어 회전하는 원심추의 원심력 변화를 이용하는 기계식 조속기는 다음과 같이 구성되어 있다.

1) 평속기(speeder)

수차의 회전속도의 변화를 검출하는 부분으로서, 그 동작하는 원리는 회전속도가 변화하면 원심 추에 작용하는 원심력이 변화하고, 그 결과 활동환을 상하 이동시켜서 회전속도의 편차를 검출한다.

2) 배압밸브(distributing valve)

평속기에 의해 검출된 속도변화를 수평레버(floating lever)를 통하여 전달받으며, 이를 이용하여 서보 모터에 공급하는 압유의 방향을 전환하여 서보모터를 움직인다.

3) 서보 모터(servo motor)

배압밸브로부터 압유를 공급받아서 니들밸브 또는 안내날개의 개도를 변화시킨다.

4) 복원기구(return relay mechanism)

수차 부하가 변화하면 서보 모터에 의하여 니들밸브 또는 안내날개의 개도를 조정하지만 수차 발전기에는 상당한 관성이 있으므로 그 동작에 시간적인 지연이 있다. 이 때문에 정격속도로 조정되는 사이에 니들밸브 또는 안내날개의 개도 조정이 지나치면 수차의 회전속도는 상승과 하강을 되풀이 한다. 즉, 난조(hunting)가 일어나므로 이것을 방지하기 위한 기구가 복원기구이다.

평속기와 복원기구를 액추에이터(actuator)라고 한다.

그림 3.24는 기계식 조속기의 동작원리를 보인 것이다. 수차발전기가 규정 속도로 운전되고

있을 때에는 수평레버는 P_0, R_0, C_0의 수평위치에 있어서 배압밸브를 중립위치에 유지하여 서보모터의 압유 통로는 닫혀져 있다.

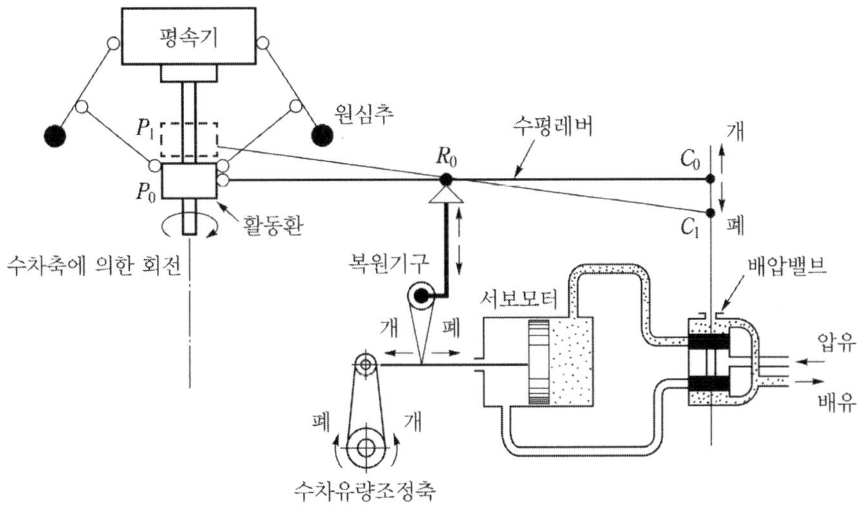

그림 3.24 기계식 조속기의 동작원리

만일 부하가 감소해서 수차 발전기의 속도가 올라가면 평속기의 원심추에 작용하는 원심력이 증가해서 수평레버는 P_1, C_1으로 된다. 따라서 배압밸브의 피스톤은 아래로 내려가 압유는 서보모터의 폐쇄 쪽으로 보내져서 니들밸브 또는 안내날개의 개도를 폐쇄하도록 동작한다.

한편 수차발전기는 상당한 관성을 지니고 있기 때문에 정격 속도로 내려올 때까지는 시간 지연이 있다. 따라서 레버는 C_1에 내려간 채로 그대로 있기 때문에 압유는 서보모터의 폐쇄측에 계속해서 들어가게 되어 니들밸브 또는 안내날개의 개도를 필요 이상으로 닫게 된다.

이로 인하여 니들밸브 또는 안내날개의 개도를 열도록 평속기로 부터 신호가 주어진다. 이와 같이 속도의 상승 하강을 되풀이하는 것을 난조(hunting)라 한다.

난조를 방지하기 위해서 사용되는 것이 복원기구인데 수평레버의 지지점을 R_0로부터 위 방향으로 이동시켜 배압밸브를 C_0로 되돌리면 정지위치로 되어 니들밸브 또는 안내날개의 개도가 지나치게 닫히는 것을 막게 된다. 그 사이에 유입량이 감소해서 속도가 내려가면 P_1은 P_0에 복귀하고 레버는 수평 방향으로 되돌아가서 평형상태로 되어 운전을 계속할 수 있게 된다.

(2) 전기식조속기

전기식 조속기는 수차 발전기에 직결된 속도검출용 발전기로부터 속도 변화를 주파수 변화하여 검출하고 이것을 증폭한 후 기계력으로 바꾸어 배압밸브를 동작시키는 방식으로서 기계식 조속기의 결점인 감도와 속응성을 개선한 것이다.

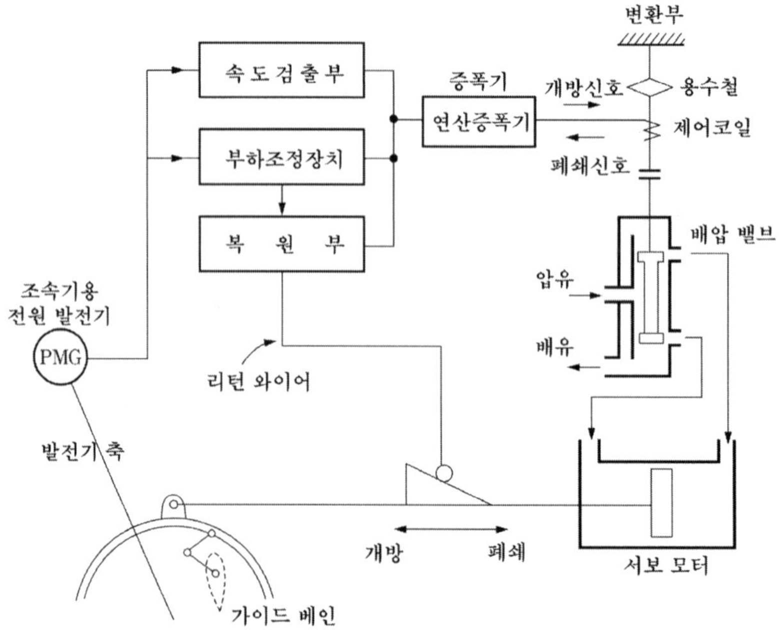

그림 3.25 전기식 조속기의 동작원리

전기식 조속기의 특징은 다음과 같다

① 액추에이터의 위치를 어느 정도 자유롭게 정할 수 있다.
② 평속기 구동에 기인하는 사고가 감소한다.
③ 감도가 예민하다.

3.11.1 조속기의 성능

(1) 속도조정율(speed regulation)

부하의 변동에도 불구하고 수차의 회전속도를 일정하게 유지하는 것이 조속기의 본래 임무이나, 속도 변화에 따라서 부하분담을 변화시키기 위하여 조속기에는 수하특성(垂下特性)을 갖게 한다. 즉, 병렬운전을 하고 있는 계통에서 부하가 변하면 그 부하는 각 조속기의 특성에 따라서 부하가 자동적으로 배분된다.

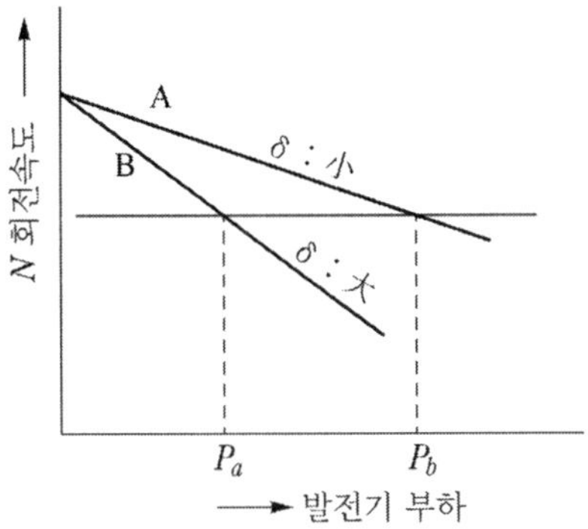

그림 3.26 조속기의 수하특성의 예

그림과 같이 A, B 발전기의 부하분담은 수차의 속도조정율 특성에 따라서 이루어지며, 속도 조정율 δ가 작은 쪽이 많은 부하를 분담하고 있다.

어떤 유효낙차에서 임의의 출력으로 운전 중인 수차의 조속기에 아무런 조정을 가하지 않고 직결된 발전기의 출력을 변화시킬 때 회전속도의 변화분과 발전기 출력의 변화분과의 비를 속도조정율(speed regulation)이라고 한다.

지금 임의의 출력 P_1[kW]에서의 회전수를 N_1[rpm], 변화된 출력 P_2[kW]에서의 회전수를 N_2[rpm], 정격출력 및 정격회전수를 각각 P[kW], N[rpm]라 하면 속도 조정율 δ[rpm]는 다음과 같이 표시된다.

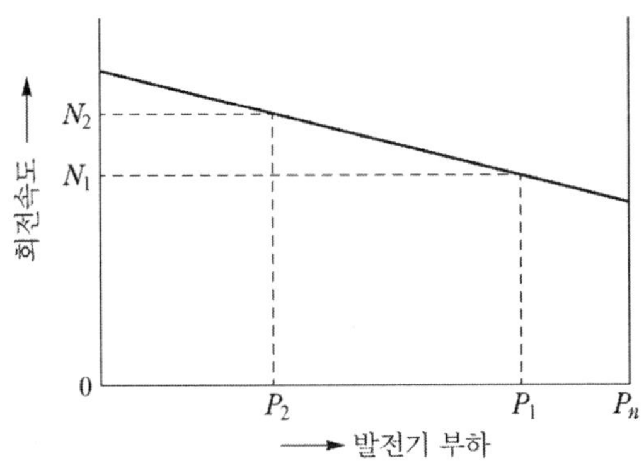

그림 3.27 회전속도의 변화분과 발전기 출력의 변화분과의 비

$$\delta = \frac{\dfrac{N_2 - N_1}{N}}{\dfrac{P_1 - P_2}{P}} \times 100\,[\%] \tag{3.7}$$

임의의 출력 P_1[kW]을 정격출력 P[kW]와 같게 놓고, 변화 후의 출력 P_2[kW] = 0 (즉, 무부하)라 하고, 전부하시 회전수 N_1를 정격회전수 N라 두면 속도조정율 δ는 다음과 같이 나타낼 수 있다.

$$\delta = \frac{N_2 - N_1}{N} \times 100 = \frac{N_2 - N}{N} \times 100\,[\%] \tag{3.8}$$

단, N_2 : 무부하 운전시의 회전수

N_1 : 전부하 운전시의 회전수

N : 정격회전수

속도조정율 δ가 크면 발전기의 회전수가 크게 변하여도 발전기의 출력의 변화가 적으며, 반대로 δ가 적으면 발전기의 회전수 변화가 적어도 발전기의 출력 변화는 크게 된다.

따라서 계통 주파수 자동제어를 할 경우에는 일정 부하를 분담해야 할 발전소의 δ는 크게 하며, 반대로 주파수조정용 발전소처럼 발전력의 변동을 크게 해서 부하의 변동부분을 분담해야 할 경우에는 δ를 작게 조정해야 한다.

보통 수력발전기의 δ는 3~4[%], 가스터빈발전기는 4~5[%], 기력발전기는 5~6[%], 원자력발전기는 8[%] 정도로 잡고 있다.

예제 3-3

수차의 속도조정률이 4[%], 정격출력 32,000[kW]인 수차발전기에서 주파수가 60[Hz]에서 60.2[Hz]로 상승하였다. 변화된 발전기의 출력[kW]을 구하여라.

풀이

회전수 N은 주파수 f와 비례관계에 있으므로 $\delta = \dfrac{\dfrac{N_2 - N_1}{N}}{\dfrac{P_1 - P_2}{P}} \times 100$에서 회전수의 변화를 주파수 변화로 볼 수 있다.

$$0.04 = \frac{\frac{60.2 - 60}{60}}{\frac{32,000 - P_2}{32,000}}$$

$$60 \times (32,000 - P_2) \times 0.04 = 32,000 \times 0.2$$

$$\therefore P_2 = \frac{70,400}{2.4} \fallingdotseq 29,000[\text{kW}]$$

(2) 속도변동율(speed variation)

조속기의 부동시간(dead time)이란 부하변화가 일어나서부터 서보모터가 움직이기 시작할 때까지의 시간을 말하며 보통 0.2~0.3[s]가 된다.

또한 폐쇄시간(closing time)이란 니들밸브 또는 안내날개가 움직이기 시작해서부터 완전히 닫힐 때까지의 시간을 말하며 보통 2~5[s]를 잡는다.

부하 변동으로 인하여 수차 속도가 변동되어도 조속기의 부동시간과 폐쇄시간이 경과한 이후에 서서히 안정상태로 될 것이다.

즉, 그림 3.28과 같이 수차 출력이 갑자기 무부하 상태로 되면 조속기의 부동시간 경과 후에 폐쇄시간 동안 안내날개의 개도가 서서히 닫히므로 그 사이 러너의 회전속도는 최대속도로 상승하게 된다.

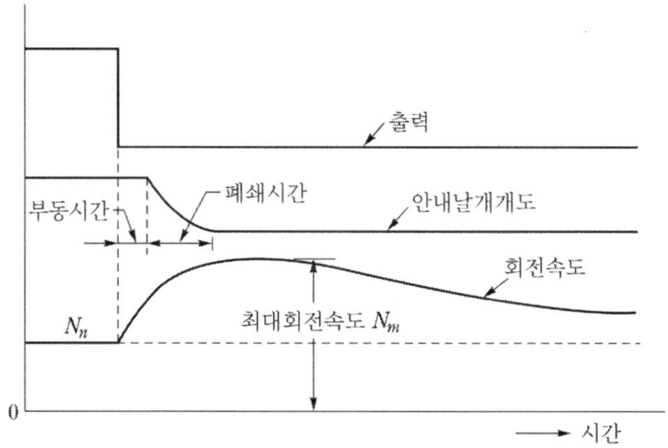

그림 3.28 속도변동율

이와 같이 정격회전속도로 운전하고 있는 수차 발전기가 갑자기 무부하로 될 때 그의 최대 회전속도를 N_m 이라 하면 속도변동율(speed variation) δ_m 은 다음과 같이 된다.

$$\delta_m = \frac{N_m - N}{N} \times 100[\%] \tag{3.9}$$

단, N_m : 최대 회전속도

N : 정격회전속도

속도변동율이 크면 최대회전속도가 상승하여 러너의 원심력 증가로 인하여 기계적인 안전 문제라든가 발전기 전압상승에 따른 절연내력이라는 점에서 좋지 않기 때문에 전부하를 차단하였을 경우에도 이 δ_m 의 값은 30[%] 이하가 되도록 설계하는 것이 좋다.

니들밸브나 안내날개의 폐쇄시간이 길게 되도록 조속기를 조정하면 부하 차단시 수격작용(수추작용)은 감소되지만 속도변동율은 증가된다.

예제 3-4

정격주파수 60[Hz], 정격출력으로 운전 중인 수력발전소에서 부하차단을 하였더니 속도변동률이 30[%]이었다. 이 발전기의 최대 회전속도 N_m[rpm] 및 무부하시의 회전속도 N_2[rpm]을 구하여라. 단, 발전기의 극수는 14, 수차의 속도 조정률은 5[%]라 하고 조속기의 특성은 직선이라 한다.

풀이 정격회전속도 N은 발전기의 극수가 14, 정격주파수가 60[Hz]이므로

$$N = \frac{120 \times 60}{14} = 514[\text{rpm}]$$

이다. 속도변동률이 30[%]이므로 관계식에 대입하면

$$30 = \frac{N_m - 514}{514} \times 100[\%]$$

이 되며, 최대 회전속도 N_m을 구하면

$$N_m = 668[\text{rpm}]$$

으로 된다(즉, $N_m = 514 \times 1.3 = 668[\text{rpm}]$).

한편 무부하시의 회전속도 N_2은 속도조정률의 관계식(3.8)로부터

$$5 = \frac{N_2 - 514}{514} \times 100[\text{rpm}]$$

으로 되며, 무부하시의 회전속도 N_2는 다음과 같다.

$$N_2 \fallingdotseq 540[\text{rpm}] \ (\text{즉, } N_2 = 514 \times 1.05 = 540[\text{rpm}])$$

3.12 양수발전

3.12.1 개 요

양수발전소(pumping up power station)는 심야 또는 경부하시의 잉여전력을 이용하여 낮은 곳에 있는 물을 높은 곳으로 퍼 올려서 첨두부하시에 이 물을 이용하여 발전하는 곳이다.

기저부하 운전을 하는 대용량의 석탄 화력발전소와 원자력발전소의 가동으로 심야 경부하시에 잉여전력이 생기게 되었다는 것이 양수발전 건설의 주된 이유로 되고 있다.

즉, 양수발전소는 심야 잉여전력의 소비와 첨두부하시 필요한 전력공급, 그리고 계통 사고시 비상용 발전소로 운전하기 위함이다.

우리나라에서도 이미 청평에 40만[kW], 삼랑진과 무주에 각각 60만[kW], 경남 산청에 70만[kW], 강원도 양양에 100만[kW], 경북 청송과 예천에 각 60만[kW], 80만[kW] 등 총계 470만[kW] 규모의 양수발전소가 운전 중에 있다.

그림 3.29는 양수 발전소의 개념을 보인 것이며, 표 3.4는 우리나라의 양수발전소의 현황을 나타내고 있다.

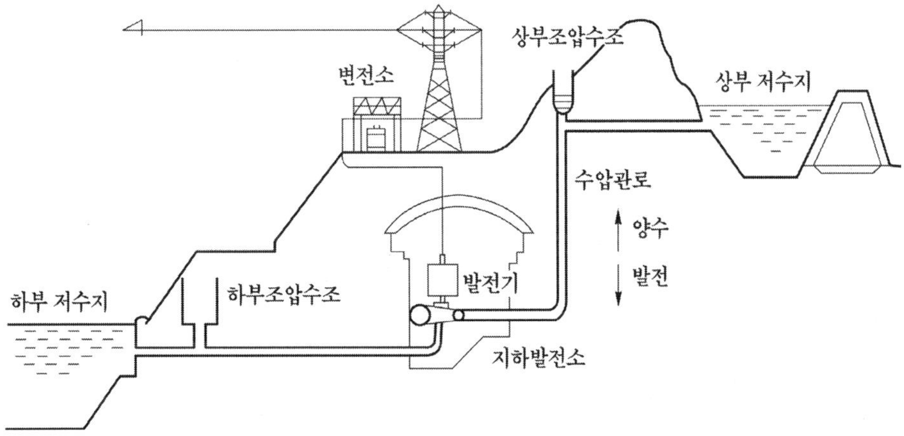

그림 3.29 양수발전소의 개념도

표 3.4 우리나라 양수발전소 현황

발전소명	청평양수	삼랑진양수	무주양수	산청양수	양양양수	청송양수	예천양수
위 치	경기도 가평군 가평읍 복장리	경남 밀양군 삼랑진읍 태안리	전북 무주군 적상면 포내리	경남 산청군 시천면 내대리	강원도 양양군 서면 영덕리	경북 청송군 파천면 신흥리	경북 예천군 하리면 송월리
용 량 [MW]	400 (200×2기)	600 (300×2기)	600 (300×2기)	700 (350×2기)	1,000 (250×4기)	600 (300×2기)	800 (400×2기)
유효낙차 [m]	452	343	589	427.5	819	348.2	550
준 공	1980. 1	1985. 12	1995. 4	2001. 9	2005. 9	2006. 9	2012. 5

3.12.2 양수발전소의 특징

대용량의 석탄 화력발전소와 원자력 발전소는 운전 특성상 출력 변화가 어려우며, 기저부하 발전소로 운용됨에 따라서 심야 잉여전력을 소비할 부하 설비의 확보와 첨두부하용 발전소의 확보가 필요하게 되었다.

첨두부하 발전소 중에서 수력발전은 일반 수력발전과 양수발전이 있으나, 일반 수력발전은 부존자원이 한정되어 있어 급속히 늘어나는 수요에 맞추어 계속 개발해 나가는 것은 불가능하다.

그러나 양수발전은 양수하여 발전함으로서 에너지 이용률이 떨어지는 단점은 있으나 심야의 잉여전력을 이용함으로서 경제성이 있으며 발전설비의 대용량화가 가능하다.

또한 기동정지 성능이 우수하고 부하변동에 대한 속응성이 우수하기 때문에 첨두부하 발전소로 적합하다.

뿐만 아니라 일정한 수량을 반복하여 사용하므로서 대형 저수지를 필요로 하지 않으며, 대용량으로 건설이 가능하다.

양수발전소의 특징은 다음과 같다.

① 심야 잉여전력을 유효하게 소비할 수 있다.

② 첨두부하 발전소로 운전한다.

③ 계통 사고시 비상용 발전소로 운전 할 수 있다.

④ 동기조상기 역할을 할 수 있으므로 조상설비용량이 경감된다.

⑤ 주파수제어 운전을 할 수 있다.

예제 3-5

양수발전소의 경제적, 기술적 의의를 설명하여라.

풀이 1. 경제적 의의

① 현재 우리나라의 일 부하곡선에서 첨두부하와 최저부하와의 비율은 계절과 지역에 따라서 다르기는 해도 대략 10 : 4 정도이다. 이와 같이 최대수요와 최저수요의 비가 크다는 것은 발변전소, 송전선로 등 각종 전력 설비의 이용율을 떨어뜨리고, 공급하는 전력량에 비하여 훨씬 큰 투자를 해야 하기 때문에 발전원가가 상승된다.

② 우리나라는 급속한 경제발달과 더불어 전력수요도 급격히 증가했는데 이 수요를 충족하기 위하여 대용량 화력발전소와 원자력발전소가 많이 건설되었다. 이러한 발전소는 출력조정을 할 수 없으므로 심야 경부하시에는 잉여전력이 발생한다.

③ 양수 발전은 이러한 잉여전력을 이용하여 상부저수지에 양수해서 첨두부하 시에 발전하는 방식으로서 전력의 가치를 바꾸는 것이다.

④ 따라서 경부하시에 잉여전력을 유용하게 소비하고, 첨두부하 시에 적절하게 발전함으로서 얻어지는 경비절감액이 양수발전소의 운영경비보다 크면 그 양수발전소는 경제성이 있다고 할 수 있다.

2. 기술적인 의의

① 전력수급은 생산과 소비가 동시에 이루어지는 특성이 있다. 이 특성을 효율적으로 보완할 수 있도록 에너지를 저장할 수 있는 방법이 양수발전이다.

② 양수발전의 효율은 대략 70[%] 정도로 낮지만, 앞으로 기술적인 발전으로 효율이 향상된다면 양수발전소의 가치는 더욱 높아질 것이다.

3.12.3 양수발전소의 종류

양수발전소는 유량확보, 저수지 용량 및 기계형식에 따라서 여러 종류가 있다.

(1) 유량확보에 따른 구분

1) 순양수식(純陽水式)

이 방식은 발전을 하는데 필요한 수량을 순수하게 양수에 의해서만 확보한다. 따라서 상부저수지에는 하천이 없으며 저수용량도 많지 않다. 국내에 운전되는 대부분의 양수발전소는 순양수식이다.

2) 혼합양수식(混合揚水式)

이 방식은 상부저수지에 자연적으로 유입되는 유량이 있는 양수 발전소이다. 따라서 순양수식에 비하여 발전원가는 낮다.

국내의 경우 안동 수력발전소(9만[kW])가 혼합양수식으로 건설되었으며, 지형조건상 이용낙차가 낮아 대용량으로 되지는 못하였다.

안동 수력발전소는 국내 최초의 양수겸용 수력발전소이다. 즉, 자연 유하되는 수량만으로 연중 발전이 불가능하여 방류가 적은 시기에도 지속적으로 발전을 할 수 있도록 하류에 작은 저수지(역조정지)를 두어 첨두부하시에 발전을 하였다가 전력수요가 작은 심야의 잉여전력으로 하류저수지에서 다시 양수하여 유량을 확보하는 혼합양수식 발전소이다.

3) 유역변경 양수식

순양수식 또는 혼합양수식과는 달리 두 저수지간을 왕복하는 방식이 아닌 유역변경 양수발전 방식이 있다.

그림 3.30과 같이 전형적인 양수발전 방식의 지형 및 저수지가 존재한다고 할 때 만일 하부저수지에서 상부저수지로 양수된 물을 다시 하부저수지 방향으로 발전하는 것보다 더 높은 낙차가 얻어질 수 있는 경우에는 양수시 소비된 전력량보다 더 많은 발전량을 얻을 수도 있다.

이런 방식의 발전소의 예가 북한의 부전강 발전소인데 압록강 상류로 유입되는 부전강의 상류에 댐을 건설하고 그물을 함경산맥을 관통하여 동해안으로 유역변경 하였으며 하류 측에 6개 발전소(16대의 발전기)에서 순차적으로 발전하도록 한다.

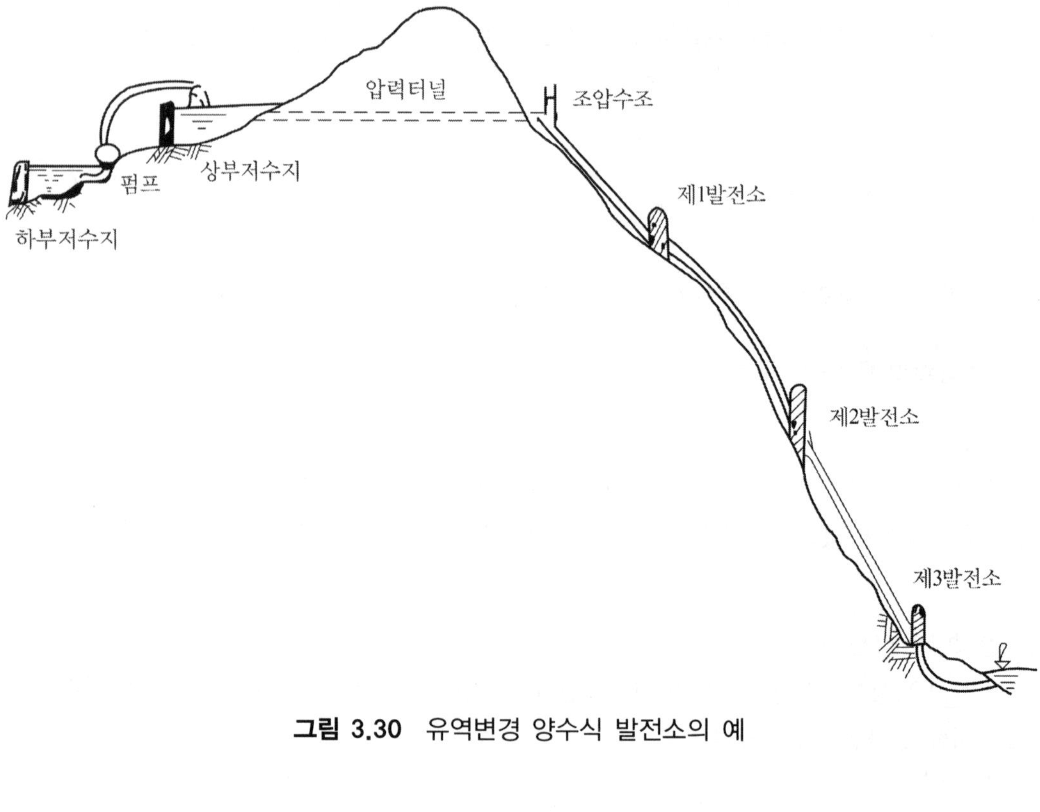

그림 3.30 유역변경 양수식 발전소의 예

(2) 저수지 용량에 따른 구분

1) 일 조정식(daily regulation type)

이 방식은 하루 24시간 동안 심야에는 잉여전력을 이용하여 양수운전을 하고, 첨두부하 시에는 발전운전만 하는 것으로 등가운전시간이 6시간을 기준으로 건설되기 때문에 다른 어느 방식보다도 저수지의 용량이 작다.

지금까지 건설된 발전소는 물론 앞으로 계획되는 양수발전소도 일 조정식으로 건설될 것이다.

2) 주간 조정식(weekly regulation type)

일 조정식 보다 저수지의 용량이 큰 것으로 등가운전시간이 10시간 이상 또는 수일동안의 첨두부하시 발전운전을 계속할 수 있는 양수발전소를 말한다.

따라서 매일의 양수와 발전이 가능하며, 주말 또는 연휴시 발생되는 잉여전력을 소비하기 위하여 양수운전을 계속할 수 있는 큰 용량의 상부저수지가 필요하다.

(3) 기기 형식에 따른 구분

1) 별치식(separated type)

그림 3.31(a)과 같이 별치식(別置式)은 펌프, 전동기와 수차, 발전기를 각각 별도로 설치하는 것으로 기계형식, 배치방식, 정격회전수 등의 조건에 적합하도록 자유롭게 결정할 수 있어서 운전방법이 용이하고 운전효율이 좋다.

그러나 공통설비가 없으므로 건물의 크기가 증가함은 물론 설비비가 어느 방식보다도 많이 소요된다.

별치식은 양수발전방식의 초기개발 단계에서 채용됐지만 지금은 대부분 가역식이 적용된다.

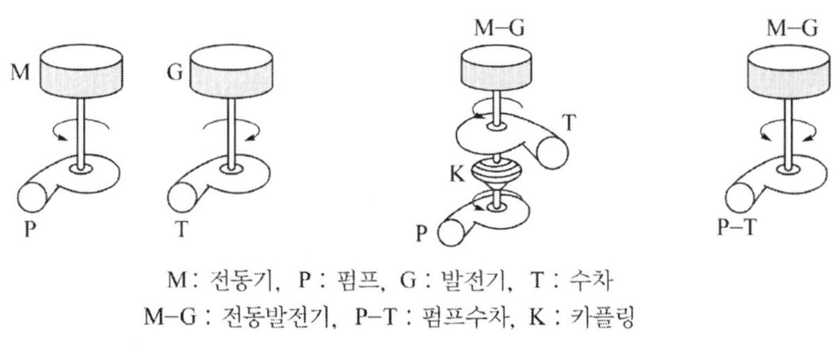

(a) 별치식 (b) 직결형 (c) 가역형

그림 3.31 기기 형식에 따른 구분

2) 직결식(tandem type)

일반적으로 전동기나 발전기의 구조는 비슷하므로 그림 3.31(b)와 같이 수차와 펌프만을 별도로 설치하고 전동기와 발전기는 겸용인 전동발전기를 사용하여, 단일 축에 3개의 기기를 연결시킨 것이다.

이 방식의 특징은 설치장소가 축소되고, 비용이 절감되는 효과가 있으나 펌프 운전시 수차도 회전하게 되어 회전체 진동이 증폭되는데 따른 기술상의 어려움이 있다.

3) 가역식(reversible type)

전동기와 발전기는 전동발전기로, 펌프와 수차는 펌프수차를 이용하여 발전과 양수를 겸하도록 하는 방식을 가역식(可逆式)이라 한다. 이 경우 회전방향이 발전과 양수시에 반대로 된다.

그림 3.31(c)와 같이 가역식은 별치식에 비하면 설비가 반으로 감소하므로 설치공간 및 비용면에서 유리하다. 그러나 겸용 기기이기 때문에 각각의 운전 상태에서의 효율은 낮으며, 기기의 치수가 커지게 된다.

또한 운전상태 변경 (양수운전으로부터 발전운전으로)에 소요되는 시간이 다른 형식보다 크게 되는 단점도 있으나 건설비가 절감되는 장점이 있으므로 우리나라의 양수발전소는 모두 이 형식이 채용되고 있다.

3.12.4 양수발전소의 효율 및 양수전력량 계산

(1) 효율 계산

양수발전소는 양수에 의하여 위치에너지의 물을 저장시킨 뒤 다시 발전하는 것이므로 일반 수력발전소에 비하여 효율은 높지 못하다. 이것은 양수시와 발전시 비슷한 양의 손실이 두 번씩 발생하기 때문이다.

표 3.5에 순양수식 발전소의 설비별 손실을 나타낸 바와 같이 양수 운전시 손실은 16[%], 발전 운전시 14[%]의 손실이 발생되므로 종합 효율은 70[%] 정도가 된다.

그러나 순양수식 발전소의 경우 양수시 사용된 전력이 대용량 화력발전소에서 공급되었다면 화력발전소 종합효율은 40[%] 내외이므로, 양수발전계통의 전체 효율은 28[%] 하다.

이렇게 볼 때 효율이 의외로 낮다고 할 수 있으나 앞에서 설명한 바와 같이 첨두부하 대책, 잉여전력의 유용한 소비 등의 이유로 양수발전은 대단히 필요한 발전설비라 할 수 있다.

표 3.5 순양수 발전소의 설비별 손실

양수 운전시		발전 운전시	
설비별	손실[%]	설비별	손실[%]
변압기	0.5	수 로	2.5
전동기	2.0	수 차	9.0
펌 프	11.0	발전기	2.0
수 로	2.5	변압기	0.5
손실합계	16		14

양수발전소의 종합효율 η 는 다음 식으로 나타낸다.

$$\eta = \frac{H_g}{H_p}\eta_t \eta_g \eta_p \eta_m \tag{3.10}$$

단, H_g : 유효낙차 (총낙차−발전시 손실낙차)

H_p : 유효양정 (총낙차+양수시 손실낙차)

η_t : 수차 효율

η_g : 발전기 효율

η_p : 펌프 효율

η_m : 전동기 효율

(2) 양수전력량 계산

우리나라에서 운전 중인 양수발전소는 모두 일 조정용으로서 저수지 용량은 최대출력을 기준으로 6시간 정도 운전 용량에 지나지 않는다.

저수지 용량 $V[\mathrm{m}^3]$를 양수하는 데 필요한 양수 전력량 W_p[kWh]는 다음과 같이 양수전력 P_p 과 양수시간 T 의 곱으로 표현된다.

$$W_p = P_p \cdot T[\mathrm{kWh}] \tag{3.11}$$

양수시 소비되는 전력 P_p는 펌프 효율 η_p와 전동기 효율 η_m 이 낮으면 양수전력은 많이 소비되므로 매 초당 양수량을 $Q_p[\mathrm{m}^3/\mathrm{s}]$, 양정을 H_p[m]라 하면 다음과 같다.

$$P_p = \frac{9.8 Q_p H_p}{\eta_p \eta_m}[\mathrm{kW}] \tag{3.12}$$

상부저수지 용량 $V[\mathrm{m}^3]$은 양수량 $Q_p[\mathrm{m}^3/\mathrm{s}]$와 양수시간 $T[\mathrm{h}]$와의 곱으로 표현됨으로 다음과 같이 계산된다.

$$V = Q_p \times 3{,}600\,T[\mathrm{m}^3]$$

$$Q_p = \frac{V}{3{,}600\,T}[\mathrm{m}^3/\mathrm{s}] \tag{3.13}$$

따라서 구하고자 하는 양수전력량 $W_p[\mathrm{kWh}]$는 식 (3.12)를 식 (3.11)에 대입하면

$$W_p = P_p \cdot T = \frac{9.8\,Q_p H_p}{\eta_p \eta_m} \cdot T = \frac{9.8\,V H_p}{3{,}600\,\eta_p \eta_m}[\mathrm{kWh}] \tag{3.14}$$

로 계산할 수 있다.

같은 조건에서 발전시 발전전력량 W_g는 다음 식과 같다.

$$W_g = P_g \cdot T = \frac{9.8\,V H \eta_t \eta_g}{3{,}600}[\mathrm{kWh}]$$

단, η_t : 수차효율, η_g : 발전기 효율, H : 낙차

예제 3-6

상부저수지와 하부저수지 사이의 수위차가 250[m]인 양수발전소에서 수압관 기타의 손실이 4[m], 수차 효율이 89[%], 발전기 효율이 98[%], 펌프효율이 88[%], 전동기 효율이 98[%]라고 하면 이 양수발전소의 종합효율은 얼마인가?

풀이

$$\eta = \frac{H_g}{H_p}\eta_t \eta_g \eta_p \eta_m = \frac{250-4}{250+4} \times 0.89 \times 0.98 \times 0.88 \times 0.98 = 0.728$$

예제 3-7

유효양정 180[m], 펌프효율 87[%], 전동기 효율 98[%]인 양수발전소가 있다. 하부저수지로부터 4,000,000$[\mathrm{m}^3]$의 물을 양수하는 데 필요한 전력량[kWh]을 구하여라.

풀이 양수전력량 $W_p[\mathrm{kWh}]$는 다음과 같다.

$$W_p = \frac{9.8\,V H_p}{3{,}600\,\eta_p \eta_m} \quad 1 = \frac{9.8 \times 4{,}000{,}000 \times 180}{3600 \times 0.87 \times 0.98} \fallingdotseq 2.3 \times 10^6[\mathrm{kWh}]$$

예제 3-8

낙차 520[m], 최대출력 250[MW]의 양수발전소를 건설하여 하루 4시간씩 최대출력으로 발전하고 이 발전에 필요한 물을 6시간 동안 양수하고자 할 경우 상부 저수지의 유효저수량[m^3] 및 발전에 필요한 발전전동기의 용량[MW]을 구하여라. 단, 손실수두는 발전양수 공히 20[m], 수차발전기의 효율은 85[%], 펌프전동기의 효율은 83[%], 역률은 0.9이다.

풀이 (1) 저수지 용량계산

발전기의 출력 $P=9.8QH\eta$을 나타내는 식에서

$$Q=\frac{250\times10^3}{9.8\times(520-20)\times0.85}=60.024[\mathrm{m^3/s}]$$

4시간 동안 발전하기 위한 저수지 용량은

$$60.024\times4\times3{,}600=864{,}345[\mathrm{m^3}]$$

(2) 전동기 용량

위의 저수지 용량을 6시간 동안 양수하므로 매 초당 양수량은

$$Q=\frac{864{,}345}{6\times3{,}600}=40.016[\mathrm{m^3/s}]$$

그러므로 필요한 전동기 용량은 양정이 520+20이므로 다음과 같다.

$$P_m=\frac{9.8QH}{\eta}=\frac{9.8\times40.016\times(520+20)}{0.83}$$
$$=255{,}138[\mathrm{kW}]=255[\mathrm{MW}]$$

3.12.5 해수 양수발전

(1) 개 요

양수발전은 첨두부하전력을 공급하는 발전설비로서 중요한 역할을 담당해 왔지만 지형적인 제약, 환경적인 제약에 의해 양수발전 건설에 유리한 지점은 찾아보기 힘들어 진다.

일본은 사면이 바다로 둘러 싸여 바다를 하부조정지로 이용하는 해수양수발전의 가능성에 대하여 연구가 행하여져 왔으며, 양수발전소 건설지점이 점차 희귀해져가는 가운데 오늘날 그 필요성은 점차 증대되어 가고 있다.

해수양수발전은 해수를 사용하는데 따른 수력설비의 부식과 수로에 부착되는 해양식물 등의 영향에 따른 보수비용의 증대, 효율저하 등의 문제점이 있으며, 이러한 점에 대하여는 광범위

한 검토가 요구되어야 한다.

특히 우리나라와 같이 3면이 바다로 이루어진 지리적 조건을 이용하기 위하여 해수 양수 발전소의 건설은 중요한 의미가 있다.

(2) 특징과 문제점

해수 양수발전은 종래의 담수를 이용하는 양수발전과 비교하여 다음과 같은 특징이 있다.

① 바다를 하부 조정지로 이용하기 때문에 하부조정지의 건설비용을 절감할 수 있다.
② 상부조정지의 용량을 충분히 확보하면 대용량의 발전소 건설이 가능하다.
③ 기저부하 발전소(석탄화력 및 원자력발전소)의 근접지역에 건설할 수 있으므로 송전계통 운용 면에서도 유리하다.
④ 발전시의 방수위와 양수시의 취수위 변화는 조수간만의 차로 알 수 있으며, 또한 낙차 변동이 적어 펌프수차의 설계상 유리하다.

한편, 해수를 사용하기 위해서는 다음과 같은 문제점을 해결하여야 할 것이다.

① 해수에 의한 금속재료의 부식

펌프수차 등의 설비에는 해수로 인한 부식 대책을 위하여 특수 스텐레스강을 사용한다거나 내구성이 우수한 방식도장을 적용하고, 수압관로에는 유리섬유 강화 플라스틱 FRP (Fiberglass Reinforced Plastics)관을 사용하는 등의 부식대책이 필요하다.

② 해양생물의 부착

해수가 접하는 구조물에는 해양생물의 부착에 따른 수로 단면의 축소와 이로 인한 손실수두가 증가되므로 이에 대한 대책이 필요하다.

③ 해수의 침투 및 비산

상부저수지 주변의 해수 침투로 인하여 주변 지하수계에 미치는 영향과 강풍으로 인한 해수의 비산(飛散)으로 주변 생태계에 영향을 미칠 수 있다.

④ 방수구 설치

발전에 따른 취수, 방수가 주변 상황에 영향을 미치므로 해양생물에 영향을 주지 않도록 방수구를 설치해야 한다.

3.13 발전기

3.13.1 발전기 개요

발전기(generator)의 원리는 도체가 자속을 끊으면 그 도체에는 전자유도법칙에 의하여 기전력이 유기 되는 것을 응용하는 것이다. 즉 발전기는 회전 에너지를 전기 에너지로 변환하는 기계로서, 발생하는 전기가 직류냐 교류냐에 따라서 직류발전기와 교류발전기가 있다.

그림 3.32에서 표시한 바와 같이 자극 N, S 사이에 코일을 자속과 직각으로 놓고 X-Y축을 중심으로 일정속도로 회전시키면 코일에는 플레밍(fleming)의 오른손법칙에 의하여 기전력이 발생된다. ①의 위치에서는 유도기전력이 영(zero), ②의 위치에서는 정(正) 방향의 최대 기전력, ③의 위치에서는 다시 영, ④의 위치에서는 부(負) 방향의 최대 기전력이 발생되며 다시 출발점으로 오게 된다.

이와 같이 일련의 행정을 사이클(cycle)이라 하며 1초간의 사이클 수를 주파수라 하여 f 로 표시하고 Hertz[Hz]의 단위를 쓴다.

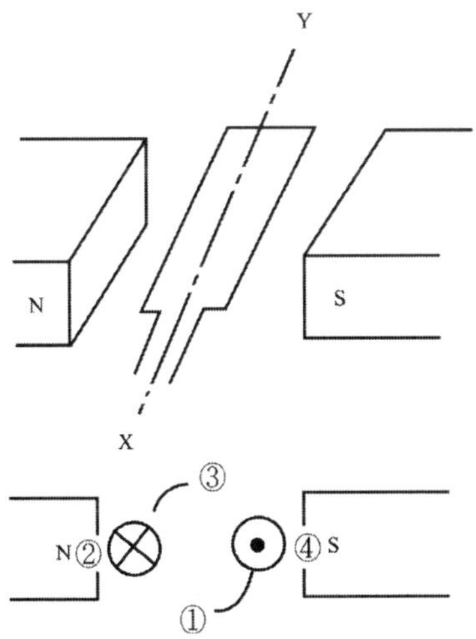

(a) 회전자의 위치

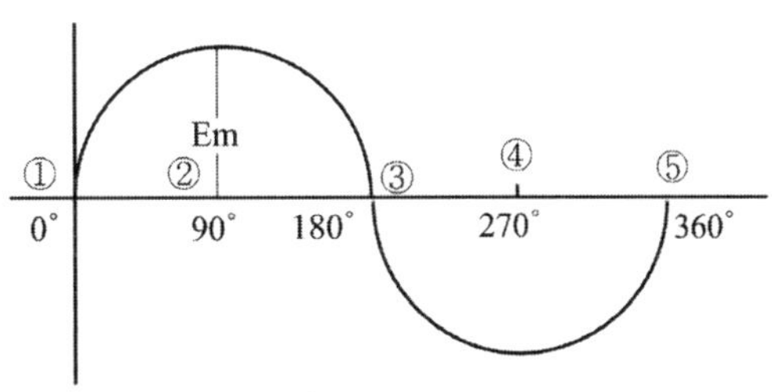

(b) 기전력의 발생

그림 3.32 발전기의 원리

기전력의 1사이클은 코일이 2개의 자극을 통과하는 동안에 발생하며, 1분 동안 N 회전할 경우에는 1초에 $N/60$ 회전하므로 다음과 같이 주파수 f 를 나타낼 수 있다.

$$f = \frac{p}{2} \times \frac{N}{60} = \frac{pN}{120} [\text{Hz}] \tag{3.15}$$

단, p : 자극수, N : 회전수[rpm]

이다. 그러므로 회전수 N은 다음과 같이 된다.

$$N = \frac{120f}{p} [\text{rpm}] \tag{3.16}$$

여기서, N을 동기속도라 하고, 동기속도로 돌아가는 교류발전기를 동기발전기(synchronous generator)라 한다.

그림 3.33과 같이 3개의 코일을 120°의 간격으로 배치하여 회전하면 유도기전력의 크기와 파형은 같고 위상이 다른 3개의 파형을 얻을 수 있다. 즉, 3개의 코일 단자 중 B, D, F를 한데 묶어 중성점을 만들고 나머지 A, C, E를 외부로 인출한 것이 3상 교류발전기이다.

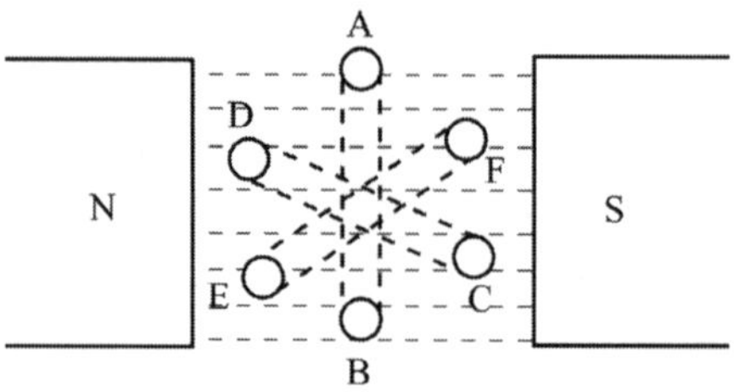

그림 3.33 3상 교류발전기의 원리

또, 이제까지의 설명에서는 평등자계 중에서 코일을 회전시켰으나 반대로 코일을 정지시켜 놓고 자극을 회전시켜도 도체와 자속이 쇄교하는 것은 마찬가지가 될 것이다. 이러한 형태의 발전기를 회전계자형(revolving field type)이라 한다.

(1) 동기속도와 극수

주파수 f와 극수 p 그리고 회전수 N 사이의 관계가 식 (3.10)과 같이 나타내어질 경우 이 회전수를 동기속도라고 하며, 정상 운전상태에서 동기속도로 회전하는 발전기를 동기발전기라고 함은 앞서 설명하였다.

동기발전기의 회전수는 주로 이것을 운전하는 원동기의 회전수에 의하여 식 9.2와 같이 발전기의 극수가 정해진다.

화력 발전에서는 2극 3,600[rpm]이 사용되며, 원자력 발전에서는 4극 1,800 [rpm]이 사용되지만 수력 발전에서는 용량과 낙차에 따라 6극 또는 8극에서 32극과 같이 다양한 극수의 발전기가 사용되고 있다.

표 3.6은 동기 발전기에 보통 사용되는 극수와 회전수를 나타낸 것이다.

표 3.6 60[Hz] 계통용 발전기의 표준극수와 회전수

극 수 p	회전수 N	극 수 p	회전수 N	극 수 p	회전수 N
2	3,600	16	450	38	189.5
4	1,800	18	400	40	180
6	1,200	20	360	44	163.8
8	900	24	300	48	150
10	720	28	257	56	129
12	600	32	225	64	113
14	514	36	200	72	100

3.13.2 동기 발전기의 분류

동기 발전기에는 다음과 같은 종류가 있다.

(1) 회전자에 의한 분류

동기 발전기는 전기자를 회전시키느냐, 계자를 회전시키느냐에 따라 그림 3.34와 같이 회전계자형과 회전전기자형이 있다.

1) 회전계자형(revolving field type)

이것은 전기자를 고정하고 계자를 회전시키는 발전기로서 전기자를 고정하면 고압이 유도되는 전기자 권선의 절연이 용이하며, 대전력을 인출할 수 있을 뿐만 아니라, 기계적으로 튼튼한 구조로 할 수 있다.

즉, 회전계자형은 다음과 같은 유리한 점이 있기 때문에 가장 많이 사용된다.

① 전기자 권선은 고정되어 있으므로 절연이 용이하다.(고전압 발전 가능)

② 회전하는 계자권선에 여자전류를 흘리려면 슬립링을 사용해야 하지만 전압이 낮으므로 (100~200[V]) 별 문제는 없다.

회전계자형은 원통형과 돌극형으로 나누어지나 터빈 발전기와 같이 고속도인 기계에서는 풍손을 줄이기 위하여 원통형으로 한다.

2) **회전전기자형**(revolving armature type)

이것은 계자를 고정하고 전기자를 회전하는 것으로 소용량 저전압의 동기발전기에 사용한다.

(a) 회전 계자형 (b) 회전 전기자형

그림 3.34 회전자에 의한 분류

(2) 원동기에 의한 분류

동기발전기를 구동하는 원동기의 종류에 따라서 다음과 같이 분류할 수 있다.

1) **수차발전기**(water wheel generator)

이것은 수차에 의하여 운전되는 발전기이며, 저속도의 것으로는 100~150[rpm] 정도, 고속도의 것에서는 1,000~1,200[rpm] 정도의 것이 있다.

2) **터빈 발전기**(turbine generator)

이것은 증기터빈 또는 가스터빈에 의하여 운전되는 발전기이며, 회전수는 1,800[rpm] 또는 3,600[rpm] 정도이고 고속도 운전에 적합하도록 만들어진다.

3.13.3 수차 발전기

(1) 개 요

수력발전소의 새로운 개발 지점은 저낙차가 많으므로 큰 출력을 내기위해서는 발전기의 크기가 크게 되는 특징이 있다. 또한 조속기(speed governor)는 물을 제어하기 때문에 부하변동에 따라 조작 시간이 길어지므로, 수차 속도상승을 제한하기 위하여 발전기의 바퀴에 축세륜 효과(fly wheel effect)를 크게 해야 한다.

그러나 축세륜 효과를 크게 하기 위해서는 수차 및 발전기의 회전자 크기를 크게 하여야 하며, 이는 회전자의 크기 증가에 따른 비용증가로 인하여 어느 한도를 갖게 되므로 수차 발전기의 속도 상승은 다른 원동기용 발전기보다 커지게 된다.

수차 발전기 회전속도의 최고속도의 한도를 무구속 속도(runaway speed)라 하며 회전자의 강도는 무구속 속도에서 1분 동안 견딜 수 있도록 설계되어야 한다.

이 속도상승률의 증가에 따라 전압 상승률도 높아지게 되므로 이에 대한 대책으로 자동전압조정기(AVR)를 설치하여 이상전압 상승이 나타나지 않도록 하고 있다.

수차발전기는 돌극형 회전계자형(突極型 回轉界磁型) 동기발전기이다.

(2) 수차 발전기의 종류

1) 횡축형과 종축형

회진자(rotator) 축 방향에 따라서 횡축형(horizontal shaft type)과 종축형(vertical shaft type)으로 구분된다.

횡축형은 고낙차, 고속회전에 적합하며, 여러 개소에서 지지할 수 있으므로 축 방향에서 받는 큰 하중은 없다. 그러므로 구조는 비교적 간단하나, 대형 발전기인 경우는 중량이 증가되어 하중에 대한 축의 휨 방지를 위한 대책이 필요하다.

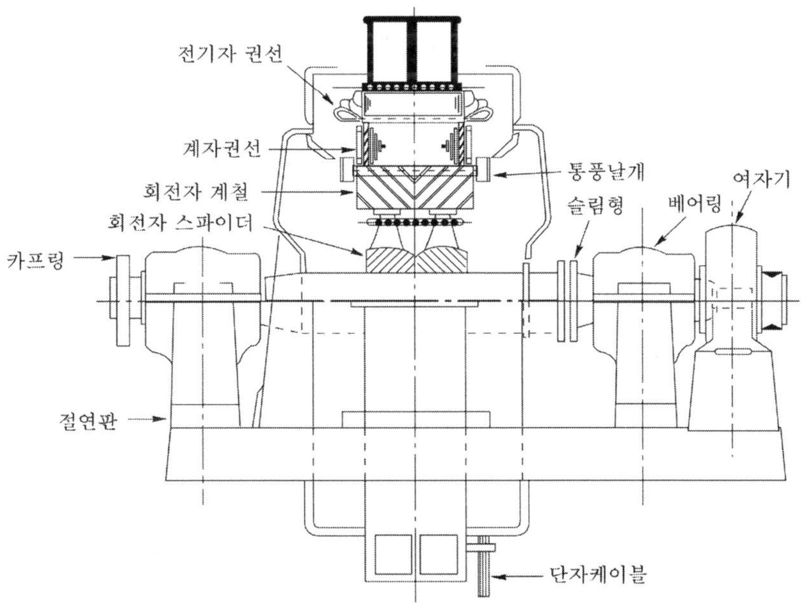

그림 3.35 횡축형 동기발전기의 구조도

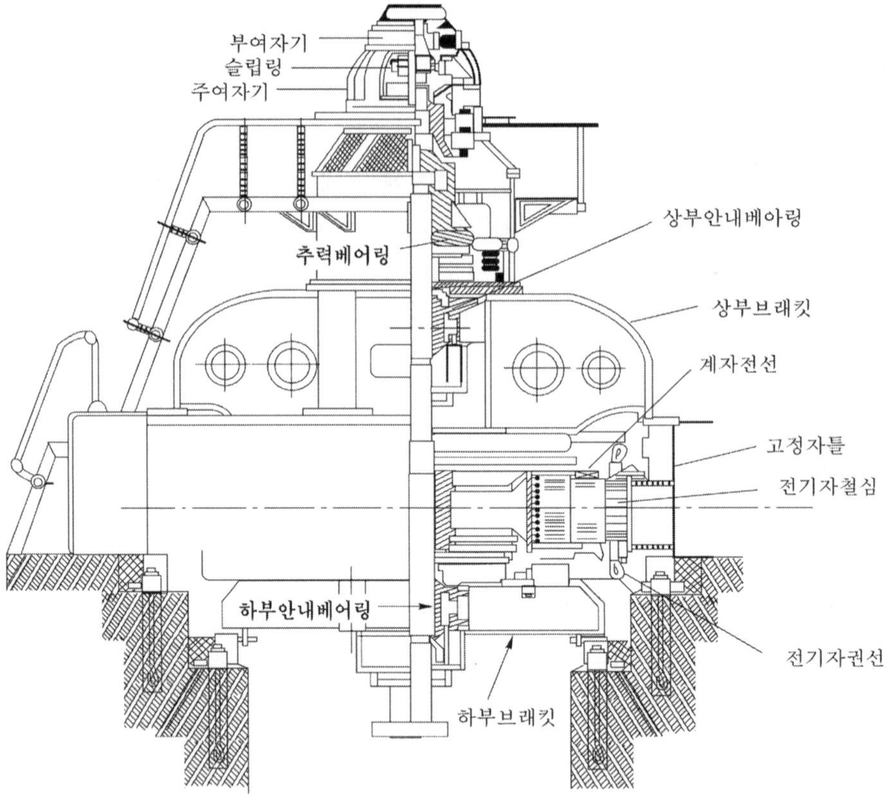

그림 3.36 종축형 동기 발전기의 구조도

저낙차 발전소에서는 종축형 수차발전기가 채용된다. 그러나 종축형의 경우 다음과 같은 단점도 있다.

① 축 방향으로 작용하는 힘에 대항하기 위하여 추력 베어링(推力軸受, thrust bearing)이 필요하며, 또한 발전소 건물의 높이가 높아진다.

② 베어링의 급유장치가 복잡하다.

③ 회전자 자체에 축 세륜 효과(fly wheel effect)를 갖도록 해야 하므로 회전자의 크기와 중량이 증가된다.

이와 같은 장단점이 있으므로 용량, 치수, 낙차 등을 검토하여 종축기 또는 횡축기로 결정한다. 횡축기는 낙차가 크고 용량과 크기가 작을수록 유리하며, 종축기는 이와 반대로 낙차는 작고 용량과 크기가 클수록 유리하다.

2) 베어링 배치에 의한 구분

횡축형 수차발전기의 베어링(軸受)은 회전자 양측에 있으나 종축형에서 추력베어링은 회전자의 상부나 하부의 어느 한쪽에만 있고, 중심을 유지하기 위한 안내베어링(guide bearing)도 적당한 위치에 배치한다.

이와 같이 베어링 배치방법에 따라서 다음과 같이 보통형, 우산형, 준우산형으로 구분한다.

그림 3.37에서 TB는 추력베어링(thrust bearing), UB는 상부 안내베어링(upper guide bearing), LB는 하부 안내베어링(lower guide bearing)을 뜻한다.

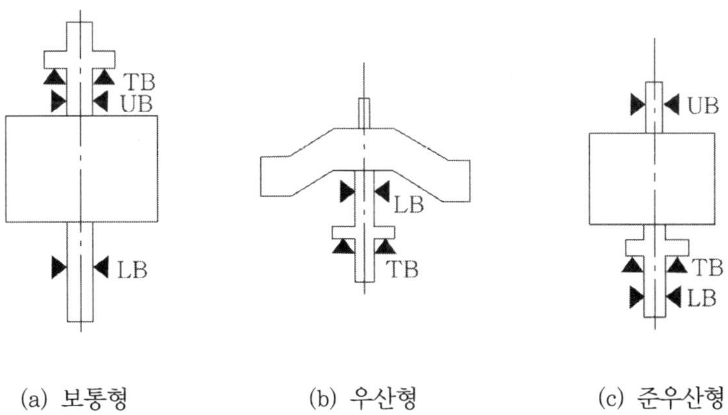

그림 3.37 베어링 배치에 의한 종축형 동기발전기의 구분

① 보통형

종래부터 종축형 수차발전기는 대부분 보통형이며 상부로부터 추력베어링 TB, 상부 안내베어링 UB, 하부 안내베어링 LB의 순서로 배치된다.

회전체의 진동에 대하여는 가장 안전한 형이나 축의 길이가 길어지고 중량이 무거워지며 윤활유 공급계통이 복잡한 단점이 있다. 낙차가 크고, 회전속도가 높은 경우에는 대부분 보통형이 적용된다.

② 우산형(雨傘型)

회전속도가 낮고 진동의 우려가 적은 경우에는 우산형 수차발전기가 사용된다. 이것은 발전기 하부에 추력베아링을 설치하고 상하부의 안내베어링을 일괄하여 추력베아링 부근에 설치한다.

회전자가 우산 모양이기 때문에 우산형(umbrella type)이라고 하며 보통형과 비교하여 다음과 같은 장점이 있다.

㉠ 발전기의 중량과 가격이 감소한다.

㉡ 발전기의 높이가 낮고, 축의 길이가 작아지므로 건물의 높이도 낮아진다.

㉢ 기중기의 양정 및 인양 중량이 감소한다.

㉣ 조립설치가 용이하며 설치기간이 단축된다.

③ **준 우산형**(準雨傘型)

발전기의 회전속도가 중속도 정도이면 우산형의 경제성과 보통형의 안정성을 가미한 형태의 준 우산형(semi umbrella type)이 있다. 준 우산형은 회전자 상부에 안내베어링만 설치하고 하부에 우산형과 같은 형태로 안내베어링과 추력베어링을 설치한 경우로서 300~400[rpm] 정도의 중속도 발전기에 채용되고 있다.

그림 3.38은 우산형 발전기와 보통형 발전기와를 비교한 것이다.

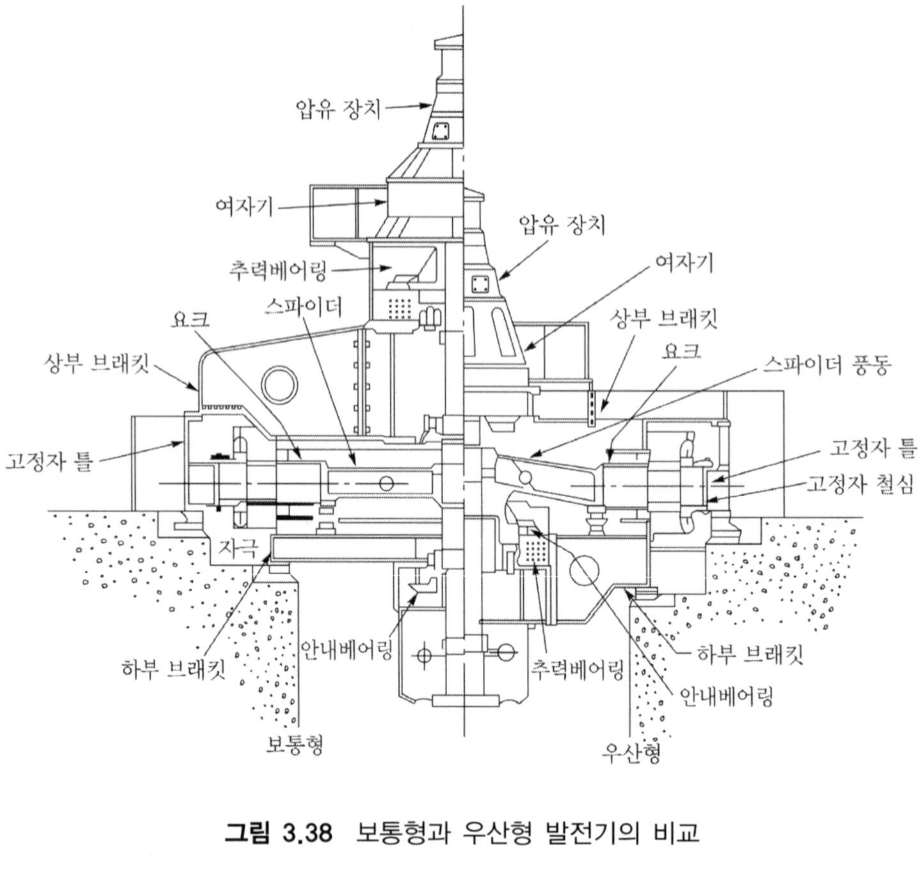

그림 3.38 보통형과 우산형 발전기의 비교

(3) 정격과 기본정수

1) 단자전압

수차 발전기의 표준전압은 소형기가 3,300[V], 중형기는 6,600[V] 또는 11,000[V]이며 대형기에서는 13,800[V], 16,500[V] 또는 18,000[V] 등이 있다.

2) 회전속도

수차로 발전기를 회전시키는데 있어서 소용량인 경우 벨트(belt)나 기어(gear)장치를 이용하여 발전기 회전수를 수차보다 높게하는 경우도 있으나, 대부분 수차와 직접 연결한다.

① 비속도와 회전수

수차에는 다음과 같은 비속도(specific speed) N_s 가 있으며, 일정출력 및 낙차에 대해서 수차의 실용적인 회전수가 결정된다.

$$N_s = N \cdot \frac{P^{\frac{1}{2}}}{H^{\frac{5}{4}}} [\mathrm{m \cdot kW}] \tag{3.17}$$

한편 수차와 직결된 발전기의 주파수가 60[Hz]되기 위해서는 이 발전기의 회전수 N은 극수 p에 의하여 다음과 같은 식을 만족시켜야 한다.

$$N = \frac{120f}{p} \tag{3.18}$$

그러므로 대략의 회전수는 비속도 N_s 를 나타내는 식에서 구하고 확실한 값은 극수 p 와 주파수 f 관계식에서 결정되어진다.

② 무구속 속도

발전기에서 허용되는 과속도는 무구속 속도로 정해진다. 무구속 속도(runaway speed)는 수차의 형식에 따라 다르며 정격속도에 대한 비율이 pelton 수차는 160[%], francis 수차는 190~210[%], propeller 수차가 200~350[%] 정도이다. 수차 발전기를 현장에서 조립설치한 경우에는 무구속 속도 시험을 한다.

3) 전압 변동율과 역률

송전계통이 오늘날과 같이 대용량화되기 전에는 발전기의 전압 변동률이(역률 100[%]인 경우) 6~8[%] 정도이지만, 지금은 단락전류를 경감하기 위하여 발전기의 동기임피던스를 크게 함으로써 전압 변동률이 15~25[%] 정도로 증가되고 있다.

부하시와 무부하시의 전압변동률이 큰 발전기를 안정적으로 사용하기 위하여 성능이 우수한 자동전압조정기(AVR)가 필요하다.

발전기의 정격역율은 부하의 성질을 고려하여 보통 80~95[%]로 하며, 수용가에 가까운 발전소는 부하계통의 무효전력을 직접 조정할 필요가 있으므로 정격역율 이하에서 운전할 때가 있다.

그러나 발전기가 정격역율 이하에서 운전할 경우에는 여자전류를 증가시켜야 하므로 발전기의 유효출력 및 용량(kVA)이 감소하게 된다.

예제 3-9

수력발전소를 준공할 경우 수차 및 발전기에 대하여 통상적으로 행하는 시험의 종류를 설명하여라.

풀이

1. 조속기 시험
   발전기의 부하가 갑자기 차단된 경우 기기의 상태, 회전속도, 수압의 변동 상태를 시험해서 안전하게 사용할 수 있는지를 확인한다.
2. 부하 시험
   정격속도, 정격전압, 정격역률, 전부하 상태에서 연속 운전할 경우 이에 견디는지 여부를 확인한다.
3. 효율 시험
   발전소가 규정의 효율에서 운전할 수 있는지 여부를 검사한다.
4. 절연 시험
   건조상태에서 절연내력을 측정한다.
5. 제어장치의 동작시험
   기동, 정지, 동기투입, 자동전압조정기(AVR) 및 각종 보호장치의 동작이 확실하게 이루어지는지 여부를 검사한다.

표 3.7 우리나라 수력발전소의 설비개요

구분	종목	단위 \ 발전소별	화 천	춘 천	의 암	청 평	팔 당	남 강	괴 산	섬진강	추 산
위 치	발전소 위치		강원 화천 간동 구만리	강원 춘성 신북 용산	강원 춘성 신동 의암	경기 가평 외서 청평	경기 남양주 조안 능내리	경남 진양 나동 삼계리	충북 괴산 칠성 사은리	전북 정읍 칠보 시산리	경북 울릉 북면 나리동
용 량	발전설비용량	MW	108	57.6	45	79.6	80	12.6	2.6	14.4+6	1.2+0.2
발전량	연간 발전량	MWH	326,000	145,000	161,000	271,500	338,000	40,000	10,836	182,008	4,952
저수지	이용수계 및 하천	-	한강수계북한강	한강수계북한강	한강수계북한강	한강수계북한강	한강	낙동강수계남강	한강수계달천강	섬진강수계 섬진강	나리분지 수원지
	총 저수량	m^3	1,018,426,000	150,000,000	80,000,000	185,500,000	244,000,000	136,600,000	15,329,000	438,600,000	1,700(97)
	유효낙차 (최대)	m	74.5	28.8	17.2	26.02	14.2	13.85	23.77	151.7 (162.22)	143.62 (106.8)
	최대사용수량	m^3/s	185	228.8	340	372.6	800	100	11.54	26.39	1.286
댐	댐 형식	-	콘크리트 중력식 일류형	콘크리트 중력식 일류형	콘크리트 중력식 일류형	콘크리트 중력식 일류형	콘크리트 중력식	콘크리트 사력댐	콘크리트 중력식	콘크리트 중력식	콘크리트 저수조
	댐 높이	m	78	40	23	31	29	21(15)	28	64	3.67(2.5)
	댐 길이	m	435	453	273	407	575	974.8(223)	171	344.2	41.4(23)
가동댐	형식		롤러 게이트	테인터 게이트	롤로 게이트	롤로 게이트	테인터 게이트	롤로 게이트	롤로 게이트	테인트 게이트	-
	크기 (높이×폭)	m	6×12	12.9×12	14.5×13	10×12	16×20	10×6.6 (12×10.6)	7×8	3.96×9.09	-
	문비수량	문	12	12	14	24	15	5(10)	7	15	-
	최대방류량	m^3/s	5,428	12,600	16,000	20,236	26,000	7,460	3,080	1,868	-
수 조	형식	-	차동조압수조	-	-	-	-	-	-	수실조압수조	단동조압수조
	내경	m	18.4	-	-	-	-	-	-	9	6(2)
	높이	m	40	-	-	-	-	-	-	46	5(10)
수 압 철 관	내경	m	3.45~3.1	5.5	Conc 관	5,000 (7,000)	-	-	2.1~1,524	1,700~1,200 (900)	10.6 (0.3~0.4)
	관두께	mm	16~22	16		12~19(11)	-	-	9	19-9(14-9)	12(7)
	길이×조수	m×조	142.75×4	33.91×2		25.83×2(25)	-	-	30.49×2	282.5(307.7)	530(281.2)
수 차	형식	-	입축프란시스	입축카프란	입축카프란	#1.2 카프란 (#3 프로펠라)	원통형	원통형	입축카프란	입축프란시스	프란시스(펠톤)
	용량×대수	MW×대	30×4	30×2	23.5×2	21×2 (41.5)	21.2×4	6.55×2	1.3×2	14.5×2 +6.38	0.6×2 +0.1×2
	최대사용수량	m^3/s	46.25	114.2	170	91(190.6)	200	100	5.77	10.96(4.46)	0.51(0.133)
	가이드벤수	개	20	20	24	20	24	24	20	20(18)	12
	런너 매수	매	15	6	5	6(5)	4	4	6	17(15)	15(18)
	무구속속도	rpm	402	375	317	376	345	570	720	950(1,665)	2,110(1,100)
발전기	형식	-	입축, 보통형	입축, 우산형	입축, 우산형	입축보통(산형)	횡축, 발브형	횡축, 발브형	입축, 보통형	입축, 보통형	횡축
	용량	kVA	30,000	32,000	25,000	22,000 (43,000)	22,600	7,000	1,625	16,000 (6,700)	750 (120)
	정격전압	V	11,000	11,000	11,000	11,000	6,000	3,450	3,300	11000 (6,600)	6,600 (6,600)
	정격전류	A	1,575	1,680	1,310	- (2,360)	2,175	1,171	284	840 (586)	66 (10.3)
	극수	극	36	48	64	44(48)	60	189.5	12	14(8)	6(12)
	역률	%	90	90	90	20(93)	95	90	80	90	80(85)
	단락비	-	1.14	10117	1	1014(1 이상)	0.94	1	1.123	1,068(-)	1.06(1.25)
	축세륜 효과	$t \cdot m^3$	1,680	3,572	3,450	2,200(4,100)	730	70	72,210	82(15)	0.9(-)
	정격속도	rpm	200	150	112.5	163.6(150)	120	37.9	600	514(900)	1,200(600)
여자기	전압	V	220	220	440	220	144	77	125	220(DC 100)	110
	전류	A	910	910	910	775(1,227)	-	1,240	120	- (435)	73 (-)
	용량	kW	200	200	270	170(270)	375	95[kVA]	15	85 (-)	8 (-)
	극수	극	12	-	-	12	36	22	6	8 (-)	4 (-)
설 치 년 도	착공-준공		#1.42.6-44.5 #22.42.6-44.6 #3.55.7-57.11 #4.66.8-68.6	#1.61.9-65.2 #2.61.9-65.2	#1.62.3-67.8 #2.62.3-67.11	#1.39.8-43.7 #2.39.8-43.10 #3.66.9-68.4	66.6~74.5	69.3~71.8	52.11~57.2	#1.40.11-45.4 #2.61.8-67.12 #3.83.10-85.3	#1.63.4-66.5 #2.77.7-78.8

구분	종목	단위 \ 발전소별	안 흥	청평양수	삼양진양수	안동수력	소양강	대청	강릉수력	충주수력	무주양수
위 치	발전소 위치		강원 횡성 안흥 월현	경기 가평 가평 복장리	경남 밀양 삼랑진 안태리	경북 안동시 성 곡 동	강원 춘성 신북 천전리	충북 청원 문의 덕유리	강원도 명주군 성산 오봉리	충북 중원군 도량 조동리	전북 무주군 적상 북창리
용 량	발전설비용량	MW	0.45	400	600	90	200	90	82	400+12	600
발전량	연간 발전량	MWH	2,380	240,000	360,000	158,000 (양수 69,000)	353,000	206,000	179,782	164,600 +79,500	
저수지	이용수계 및 하천	-	남한강지류 주천강	한강수계 북한강	-	낙동강 본류	한강수계북한강 지류 소양강	금강본류	남한강 상류 송천강→남대천	한강수계 남한강	
	총 저수량	m^3	72,500	2,677,000	6,104,600 (1,088,800)	1,226,000,000	2,571,000,000	1,240,000,000	51,400,000	2,280,000,000	3,720,000 (6,685,000)
	유효낙차 (최대)	m	12	437.5 (양수 498.5)	288 (355)	57 (양수 50)	90	38.7	640	72.1, 9.2	534.9 (601.2)
	최대사용수량	m^3/s	5.1	105 (양수 78)	121 (양수 103.4)	167 (양수 160)	251	222	16.8	788+150	
댐	댐 형식	-	콘 크 리 트 월 류 댐	중앙차수벽식 사 력 댐	중앙차수벽식 사 력 댐	토석댐 및 콘크리트 중력댐	중앙차수벽식 사 력 댐	콘크리트 중력댐 사력댐 혼합	중앙차수벽식 사 력 댐	콘크리트 중 력 댐	중앙차수벽식 사 력 댐
	댐 높이	m	4.8	62	88(하부 78)	83(22)	123	72	72	97.5	60(하부 46.5)
	댐 길이	m	86	290	269(하부 529)	612(218)	150	595	300	464	287(하부 234)
가동댐	형식		-	-	테이트 게이트	테인트(롤러)	테인터 게이트	테인터(롤러)			
	크기 (높이×폭)	m	-	-	5.8×8.5	9.7×14(7×12)	13×13	16×13 (5.6×13)			
	문비수량	문	-	-	2	4(10)	5	6(10)			
	최대방류량	m^3/s	-	-	-	1,038	5,500	6,000			
수 조	형식	-	단동조압수조	제수공수실	제수공수실	-	수실	-			제수공수실
	내경	m	-	(7)	9(8.5)	-	21	-			
	높이	m	14.1	(63)	8(13.5)	-	77	-			
수 압 철 관	내경	m	0.8	3.6~1.9	5~2.82	3.6	4.95~4.5	-			
	관두께	mm	6	11~44	15~35	25.4	18~30	-			
	길이×조수	m×조	26.4×3	732×2	611×2	65.96×2	188×2	-			
수 차	형식	-	입축프란시스	입축가역 프란시스	입축가역 프란시스	입축가변익사류 (펌 프)	입축프란시스	입축프란시스	입축펠톤 (단륜4노즐)	입축프란시스	입축가역 프란시스
	용량×대수	MW×대	165×3	200×2	310×2	45×2	103×2	46.3×2	47×2	118.6×4, 6.3×2	335.9×2
	최대사용수량	m^3/s	1.7	105(양수 78)	121(양수 103.4)	83.5(양수 80)	125.5×2	111×2	8.4×2		65×2(양수 53.7×2)
	가이드벤수	개	14	20	20	20	24	20	-		20
	런너 매수	매	15	6	6	8	15	12	버켓 20개	11, 4	6
	무구속속도	rpm	950	575.6	450	440	370	353	940	260.6, 490	
발전기	형식	-	입축	입축발전전동기	입축발전전동기	입축발전전동기	입축우산형	입축우산형		입축우산형, 횡축동기기	입축발전전동기
	용량	kVA	176.5	220,000	335,555 (294,752)	50,000 (47,500)	110,000	50,000	47,300×2	117,600×4 7,060×2	343,000
	정격전압	V	6,600	13,800	18,000	11,000	154,000	13,200	11,000	13800, 6600	18,000
	정격전류	A	15.4	9,204(9,393)	10,763	-	1,160	2,187	2,483	4921, 618	11,002 (11,967)
	극수	극	96	16	24	40	40	48	14	56, 42	16
	역률	%	85	1.23	90	90(95)	91	90	90	85, 85	
	단락비	-	-	3,300	1.23	0.9	-	1.08	1.19(#1), 1.22(#2)	1.173, 1.104	
	축세륜 효과	t-m^3	1.95		11,460	350	9,770	4,800	400		
	정격속도	rpm	75	450	300	180	180	150	514.3	128.5	450
여자기	전압	V	DC 110	427	456	425	440	-			
	전류	A	29	1,220	2,120	-	1,340	-			
	용량	kW	4	1,200	2,120	-	510	-			
	극수	극	-	정지형	정지형	정지형	40	정지형	정지형		정지형
설 치 년 도	착공-준공		76.9~78.5	#1.75.9-79.11 #2.75.9-80.2	#1.79.10-85.11 #2.79.10-85.12	71.4.1~76.10	67.4~73.10	75.3~80.12	86.5~91.6	83~84	

연 습 문 제

e x e r c i s e

3-1 **다음은 수압관 내의 평균 유속을 V[m/s], 사용유량을 $Q[\mathrm{m}^3$/s]라 하고 관의 직경을 D[m]라 하면 사용유량 Q를 구하는 식은?** [07. 전기산업기사]

㉮ $\frac{\pi}{4} \cdot D^2 \cdot V$ ㉯ $\frac{4}{\pi} \cdot D^2 \cdot V$

㉰ $4\pi \cdot D^2$ ㉱ $4\pi \cdot D \cdot V$

3-2 **취수구에 제수문을 설치하는 목적은?** [17. 전기산업기사]

㉮ 낙차를 높인다. ㉯ 어족을 보호한다.

㉰ 수차를 조정한다. ㉱ 유량을 조정한다.

3-3 **수력발전소에서 조압수조(서지탱크)의 설치 목적은?** [13. 전기산업기사]

㉮ 조속기의 보호 ㉯ 수차의 보호

㉰ 여수의 처리 ㉱ 수압관의 보호

3-4 **수조에 대한 설명으로 옳은 것은?** [94. 전기산업기사]

㉮ 무압 수로의 중단에 있으면 조압 수조, 압력 수조의 중단에 있으면 헤드탱크라 한다.

㉯ 헤드탱크의 용량은 최대 사용 수량의 1~2 시간에 상당하는 크기로 설계된다.

㉰ 조압 수조는 부하 변동에 의하여 생긴 압력 터널 내의 수격압이 압력터널에 침입하는 것을 방지한다.

㉱ 헤드탱크는 수차의 부하가 급증할 때에는 물을 배제하는 기능을 가지고 있다.

3-5 **저수지의 이용 수심이 클 때 사용하면 유리한 조압 수조는 어느 것인가?** [93. 공사산업기사]

㉮ 차동조압수조 ㉯ 단동조압수조

㉰ 수실조압수조 ㉱ 제수공조압수조

3-6 다음 조압수조 중 공진진폭이 작아 주파수 조정용 발전소에 가장 적합한 것은?

[94. 전기산업기사]

㉮ 단동조압수조 (simple surger tank)
㉯ 차동조압수조 (differential surger tank)
㉰ 수실조압수조 (chamber surger tank)
㉱ 제수공조압수조 (restricted orifice surger tank)

3-7 유효낙차 200[m]인 펠톤 수차의 노즐에서 분사되는 물의 속도는 약 몇 [m/s]인가?

[00. 전기산업기사]

㉮ 44.2 ㉯ 53.6
㉰ 62.6 ㉱ 76.2

3-8 수차의 종류를 적용 낙차가 높은 것으로부터 낮은 순서로 나열한 것은? [93. 전기공사기사]

㉮ 프란시스-펠턴-프로펠러
㉯ 펠턴-프란시스-프로펠러
㉰ 프란시스-프로펠러-펠턴
㉱ 프로펠러-펠턴-프란시스

3-9 흡출관이 필요없는 수차는?

[08. 전기산업기사]

㉮ 프로펠러 수차 ㉯ 카플란 수차
㉰ 프란시스 수차 ㉱ 펠턴 수차

3-10 수력 발전소의 수차 발전기를 정지시키도록 다음과 같이 동작을 하였다. 동작 순서가 옳은 것은?

[94. 전기산업기사]

① 주 밸브(main valve)를 닫음과 동시에 모든 수문을 닫는다.
② 여자기의 여자 전압을 내려 발전기의 전압을 내린다.
③ 주 개폐기를 열어 무부하로 한다.
④ 조속기의 유압 조정 장치를 옮겨 니들밸브 또는 가이드 베인를 닫아 수차를 정지시키고 곧 주 밸브를 닫는다.

㉮ ①→②→③→④ ㉯ ④→③→②→①
㉰ ②→④→①→③ ㉱ ③→②→④→①

3-11 수차의 특유속도(specific speed)를 구하는 공식은? 단, 유효낙차를 H[m], 수차의 출력을 P[kW], 수차의 정격회전수를 n[rpm], 특유속도를 N_s[rpm]이라 한다. [07. 공사산업기사]

㉮ $N_s = \dfrac{np^{1/2}}{H^{5/4}}$ ㉯ $N_s = \dfrac{H^{5/4}}{np}$

㉰ $N_s = \dfrac{HP^{1/4}}{n^{5/2}}$ ㉱ $N_s = \dfrac{np^2}{H^{5/4}}$

3-12 특유속도가 높다는 것은 무엇인가? [00. 전기기사]

㉮ 수차의 실제 회전수가 높다는 것이다.
㉯ 유수에 대한 수차 런너의 상대속도가 빠르다는 것이다.
㉰ 유수의 유속이 빠르다는 것이다.
㉱ 속도변동률이 높다는 것이다.

3-13 특유속도가 큰 수차일수록 발생되는 현상으로 옳은 것은? [04. 공사산업기사]

㉮ 회전자의 주변속도가 대단히 작아진다.
㉯ 회전수가 커진다.
㉰ 저낙차에서는 사용할 수 없다.
㉱ 경부하에서 효율의 저하가 심하다.

3-14 수력발전소에서 특유속도가 가장 높은 수차는? [00. 공사기사]

㉮ 펠톤 수차 ㉯ 프로펠러 수차
㉰ 프란시스 수차 ㉱ 사류 수차

3-15 수차에서 캐비테이션에 의한 결과로 옳지 않은 것은? [08. 전기산업기사]

㉮ 유수에 접한 러너나 버킷 등에 침식이 발생한다.
㉯ 수차에 진동을 일으켜서 소음이 발생한다.
㉰ 흡출관 입구에서 수압의 변동이 현저해 진다.
㉱ 토출측에서 물이 역류하는 현상이 발생한다.

3-16 유효낙차 81[m], 출력 10,000[kW], 특유속도 164[rpm]인 수차의 회전속도는 약 몇 [rpm]인가? 단, 상용주파수는 60[Hz]이다. [00. 전기기사]

㉮ 185 ㉯ 215 ㉰ 350 ㉱ 400

3-17 유효낙차 256[m], 최대출력 57,000[kW]의 60[Hz]용 프란시스 수차를 시설하는 경우의 수차 발전기의 회전수는 몇 [rpm]이면 적당한가?

단, 비속도의 한계식은 $N_s = \frac{20000}{H+20} + 30$ 으로 한다. [93. 공사산업기사]

㉮ 560　　㉯ 500
㉰ 450　　㉱ 400

3-18 회전속도의 변화에 따라서 자동적으로 유량을 가감하는 장치를 무엇이라 하는가? [98. 전기기사]

㉮ 예열기　　㉯ 급수기
㉰ 여자기　　㉱ 조속기

3-19 부하변동이 있을 경우 수차(또는 증기터빈) 입구의 밸브를 조작하는 기계식 조속기의 각 부의 동작순서는? [01. 전기기사]

㉮ 평속기 → 복원기구 → 배압밸브 → 서보모터
㉯ 배압밸브 → 평속기 → 서보모터 → 복원기구
㉰ 평속기 → 배압밸브 → 서보모터 → 복원기구
㉱ 평속기 → 배압밸브 → 복원기구 → 서보모터

3-20 수차의 조속기 시험을 할 때 폐쇄 시간이 길게 되도록 조속기의 기구를 조정하여 부하를 차단하면 수차는? [94. 전기기사]

㉮ 회전 속도의 상승률이 늘고 수추 작용이 감소한다.
㉯ 회전 속도의 상승률이 증가하고 수추 작용도 커진다.
㉰ 회전 속도의 상승률이 줄고 수추 작용은 커진다.
㉱ 회전 속도의 상승률이 줄고 수추 작용은 커진다.

3-21 수력발전소의 수차에 있어서 N_1을 어떤 부하시의 회전속도, N_0을 조속기를 조절하지 않고 무부하로 했을 때의 회전속도, N을 규정 회전속도라고 할 때 수차의 속도 조정률은 몇 [%]인가? [97. 기사·공사기사]

㉮ $\frac{N-N_1}{N} \times 100$　　㉯ $\frac{N_0-N}{N} \times 100$
㉰ $\frac{N_0-N_1}{N} \times 100$　　㉱ $\frac{N-N_1}{N_0} \times 100$

3-22 첨두부하용으로 사용하는 데 적합한 발전소는? [00. 전기기사]

㉮ 조력 발전소 ㉯ 양수식 발전소
㉰ 조정지식 발전소 ㉱ 자연유입식 발전소

3-23 양수발전의 목적은? [95. 전기기사]

㉮ 연간발전량[kWh] 증가
㉯ 연간 평균발전출력[kW]의 증가
㉰ 연간발전비용[원]의 감소
㉱ 연간 수력발전량[koh]의 증가

3-24 전력계통의 경부하시 또는 다른 발전소의 발전 전력에 여유가 있을 때, 이 잉여 전력을 이용해서 전동기로 펌프를 돌려 물을 상부 저수지에 저장하였다가 필요에 따라 이물을 이용해서 발전하는 발전소는? [92. 전기기사]

㉮ 조력 발전소 ㉯ 양수식 발전소
㉰ 유역변경식 발전소 ㉱ 수로식 발전소

3-25 출력 20[kW]의 전동기로서 총양정 10[m], 펌프효율 0.75일 때 양수량[m^3/min]은? [77. 전기산업기사]

㉮ 9.18 ㉯ 9.85
㉰ 10.31 ㉱ 11.0

3-26 유효저수량 100,000[m^3], 평균 유효낙차 100[m], 발전기 출력 5,000[kW] 한 대를 유효저수량에 의해서 운전할 때 몇 시간 발전할 수 있는가? 단, 수차발전기의 합성효율은 90[%]이다. [95. 전기산업기사]

㉮ 2시간 ㉯ 3시간
㉰ 4시간 ㉱ 5시간

3-27 상부저수지와 하부저수지 사이에 총낙차가 145[m], 수차효율 88[%], 발전기효율 97[%], 펌프효율 84[%], 전동기효율 97[%], 수압관로와 수로에서의 손실수두가 5[m]라면 양수발전소의 양수로부터 발전까지 종합효율[%]은?

㉮ 55 ㉯ 65
㉰ 75 ㉱ 85

3-28 양수량 10[m^3/s], 양정 100[m]의 양수발전수의 펌프용 전동기 입력[kW]은? 단, 펌프 효율은 85[%], 전동기 효율은 96[%]라 한다.

㉮ 10,000 ㉯ 12,000
㉰ 14,000 ㉱ 8,000

3-29 수력 발전소의 공사를 완성했을 경우, 수차와 발전기에 대해서 실시하는 시험 중 중요도의 순위가 가장 낮은 것은?

㉮ 부하 시험 ㉯ 조속기 시험
㉰ 효율 시험 ㉱ 절연 내력 시험

3-30 수차 발전기에서 우산형의 채용이 적당한 것은?

㉮ 저속 소형기 ㉯ 고속 소형기
㉰ 고속 대형기 ㉱ 저속 대형기

3-31 50[Hz]의 수차 발전기를 그대로 60[Hz]에서 운전하면?

㉮ 단락비가 커진다.
㉯ 온도 상승이 약간 커진다.
㉰ 전압 변동률이 크게 된다.
㉱ 기계적 불평형 진동이 현저하게 작아진다.

3-32 수차 발전기에서 가장 많이 채용되고 있는 냉각 방식은?

㉮ 개방형 ㉯ 폐쇄 통풍형
㉰ 전폐형 공기 순환 ㉱ 전폐형 수소 순환

3-33 수차 발전기가 난조를 일으키는 원인은?

㉮ 수차의 속도 변동 율이 적다.
㉯ 수차의 조속기가 예민하다.
㉰ 발전기의 관성 모멘트가 크다.
㉱ 발전기의 자극에 제동 권선이 있다.

3-34 우산형 발전기는 보통의 발전기와 비교해 볼 때 중량이 어떠한가?

㉮ 5~8[%] 가볍다. ㉯ 10~15[%] 가볍다.
㉰ 20~30[%] 가볍다. ㉱ 30~40[%] 가볍다.

3-35 수차 발전기가 난조(헌팅)를 일으키는 원인은?

㉮ 발전기의 관성 모멘트가 크기 때문이다.
㉯ 발전기의 자극에 제동 권선이 있기 때문이다.
㉰ 수차의 속도 변동률이 적기 때문이다.
㉱ 수차의 조속기가 예민하기 때문이다.

해 답

1. ㉮ 2. ㉱ 3. ㉱ 4. ㉰ 5. ㉰ 6. ㉯ 7. ㉰ 8. ㉯ 9. ㉱ 10. ㉱ 11. ㉮ 12. ㉯ 13. ㉱
14. ㉯ 15. ㉰ 16. ㉱ 17. ㉱ 18. ㉱ 19. ㉰ 20. ㉮ 21. ㉰ 22. ㉯ 23. ㉰ 24. ㉯ 25. ㉮ 26. ㉱
27. ㉯ 28. ㉯ 29. ㉱ 30. ㉱ 31. ㉰ 32. ㉯ 33. ㉯ 34. ㉯ 35. ㉱

power engineering

Chapter 04

화력발전

4.1 화력발전의 구성

화력발전(thermal power plant)이란 석탄 석유 등의 연료를 연소시켜서 발생한 열에너지로 물을 가열하여 증기를 만들며, 이 증기를 이용하여 증기 터빈을 회전시켜 발전하는 방식이다.

특히 이 방식은 증기 터빈을 가동하여 발전함으로 이것을 기력발전(steam power plant)이라 부르기도 한다.

기력발전소는 기본적으로 다음과 같은 설비로 구성되어 있다.

① 보일러
② 터빈·발전기 및 복수설비
③ 급수처리 설비
④ 연료취급 설비
⑤ 송변전 설비

이상의 기본 장치를 유기적으로 결합해서 그 기능을 발휘하기 위해서는 이 외에도 여러 가지 부속설비가 필요하다. 그림 4.1은 기력발전소의 개요도이다.

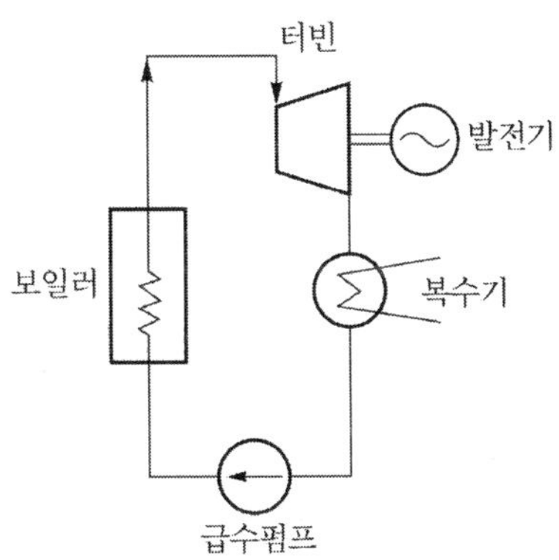

그림 4.1 기력발전의 개요도

즉, 보일러에서 발생된 증기의 힘으로 터빈을 구동하며, 터빈에서 나온 증기는 복수기의 냉각수에 의하여 물로 복수(復水)된다. 그리고 복수기로부터 나온 물은 급수펌프에 의하여 다시 보일러로 보내져서 증기로 만들어지며, 이 과정을 반복하게 된다.

그림 4.2는 이들 기력발전소의 개략적인 구성도를 보다 구체적으로 나타냈다. 보일러에서 발생된 증기는 터빈을 구동시키며, 터빈에서 나온 증기는 복수기의 냉각수에 의하여 물로 복수(凝縮)되어 급수 펌프에 의하여 보일러로 다시 보내진다. 한편 터빈에서 팽창도중에 있는 일부분의 증기를 추출하여 증기의 보유 열량을 이용하여 보일러 급수를 가열한다.(급수가열기) 또한 보일러에서 연료(주로 석탄인 경우)의 연소로 발생된 연소 가스는 석탄 재 또는 그을음 등을 제거한 후(集塵器) 대기 중으로 방출된다.

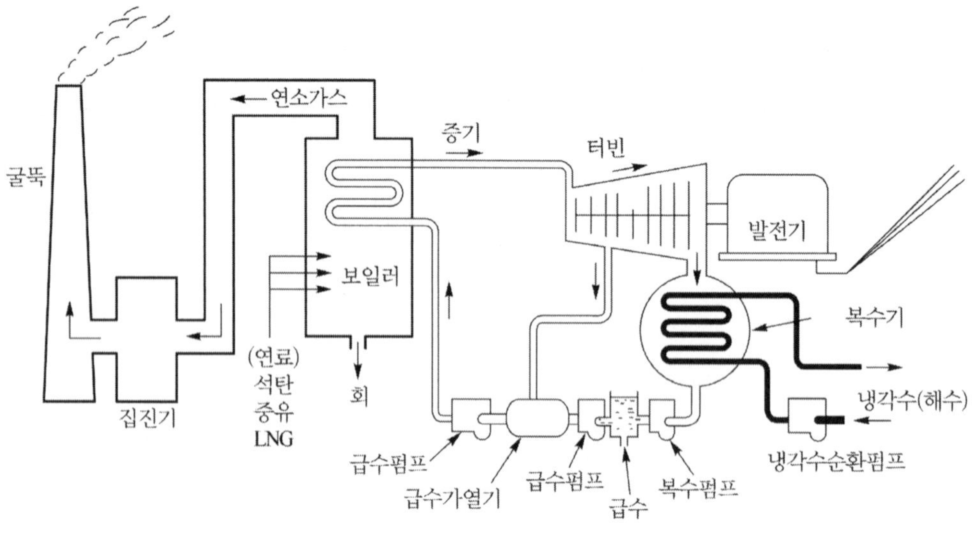

그림 4.2 기력발전소의 구성도 Ⅰ

그림 4.3은 기력 발전소의 구성도이다.

기력발전소의 위치는 전력 수요지와의 거리, 연료 공급, 냉각수의 취수 및 공해 대책 등을 고려하여 다음과 같이 결정한다.

① 부하중심지에서 가까운 장소
(송전설비의 건설비용을 싸게 하고 송전손실이 감소)
② 연료의 반입이 편리한 장소
③ 용지(用地)가 싸고 장래에 설비를 확장할 수 있는 곳

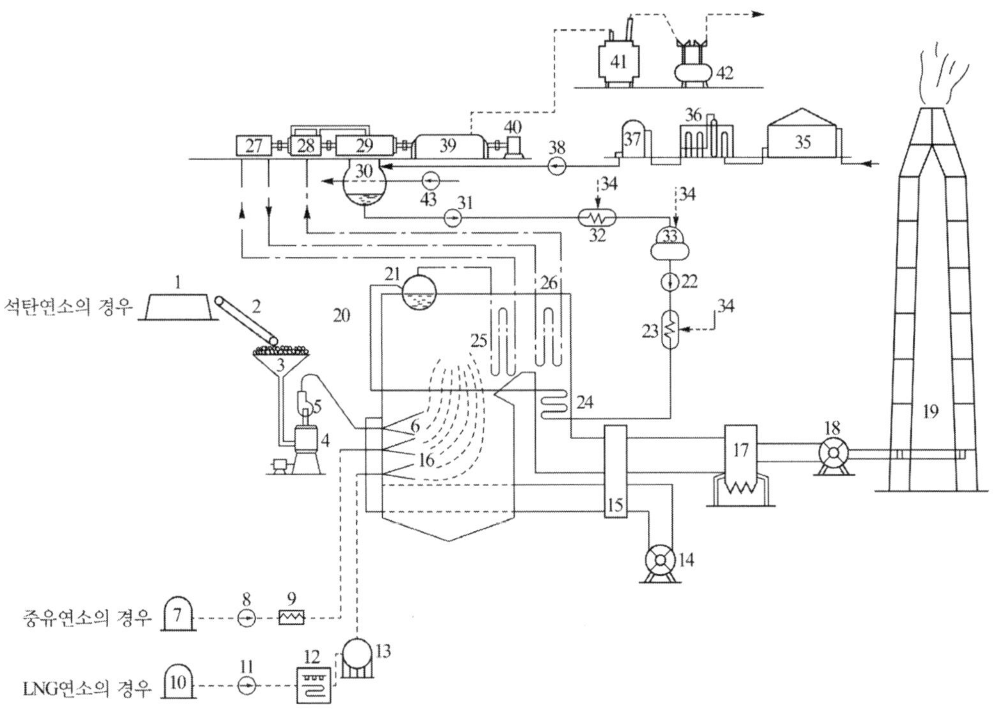

1. 저탄장 2. 콘베어벨트 3. 석탄조 4. 미분탄기 5. 배탄기 6. 버너 7. 중유탱크
8. 중유펌프 9. 중유가열기 10. LNG 탱크 11. LNG 펌프 12. 기화기 13. 가스 holder
14. 압입통풍기 15. 공기예열기 16. 화로 17. 집진기 18. 유인통풍기 19. 굴뚝
20. 보일러 벽 21. 보일러 드럼 22. 급수펌프 23. 고압급수가열기 24. 절탄기 25. 과열기
26. 재열기 27. 고압 터빈 28. 중압 터빈 29. 저압 터빈 30. 복수기 31. 복수펌프
32. 저압급수가열기 33. 탈기기 34. 터빈추기증기 35. 원수탱크 36. 순수장치 37. 순수탱크
38. 보급수 펌프 39. 발전기 40. 여자기 41. 주변압기 42. 차단기 43. 냉각수순환펌프

그림 4.3 기력발전소의 구성도 Ⅱ

④ 기초 지반이 견고한 곳
(보일러, 증기터빈, 발전기 등의 중량이 대단히 큼)

⑤ 복수기의 냉각수는 바닷물을 사용할 수 있는 임해지역
(터빈 배출 증기량의 50~100배정도 필요)

⑥ 발전소 가동시 주변에 피해를 미치지 않는 곳
(시가지에 인접한 발전소의 경우에는 진동과 소음을 줄일 수 있도록 발전소 설비 배치에 유의)

그림 4.4는 기력발전소의 구내 배치도의 예이다.

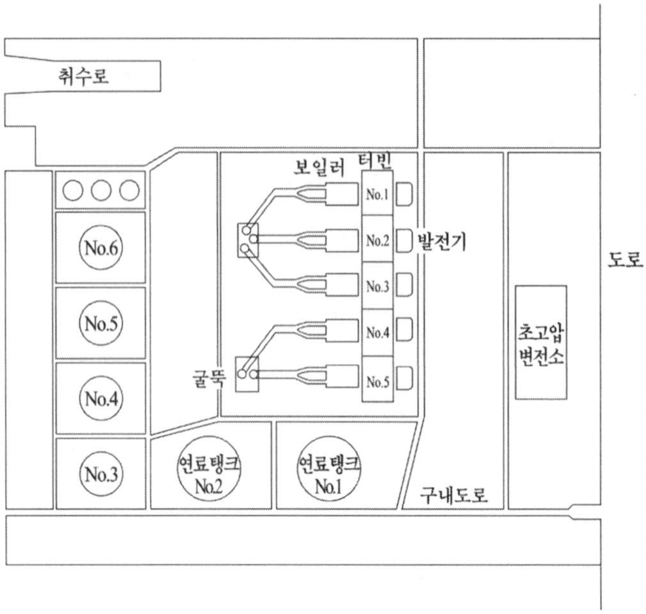

그림 4.4 기력발전소의 구내 배치도의 예

4.2 효 율

발전소의 보일러에서 발생한 증기는 과열기에서 과열증기로 되어 증기터빈에 보내진다.

이 고온고압의 증기가 터빈에서 팽창함으로써 터빈을 구동하게 된다. 이 결과 팽창된 증기는 복수기에 보내져서 응축되어 물로 된다. 이 응축된 물은 다시 급수 펌프로 보일러에 보내져서 위의 과정을 되풀이하게 된다.

즉, 물은 보일러수→증발→고온화(과열기)→팽창→복수→가압→보일러수라는 사이클을 취하게 되며, 그 사이에 수열과 방열을 실행하게 된다. 이와 같이 열을 수반하는 사이클을 열 사이클이라 부른다.

열 사이클에서 보일러에 가해진 열에너지 가운데 몇 [%]가 증기터빈의 회전에너지로 바뀌어졌는가 하는 비율이 곧 열 사이클 효율로 된다.

따라서 기력발전소에서 열 사이클 효율 η_c, 보일러 효율 η_b, 터빈 효율 η_t, 발전기 효율 η_g 라 하면 종합 열효율 η 는 다음 식으로 된다.

$$\eta = \eta_c \eta_b \eta_t \eta_g \tag{4.1}$$

오늘날 대용량의 최신 화력 발전소의 종합 열효율은 대략 40[%] 정도이다.

4.3 화력발전소의 종류

(1) 원동기상의 분류

발전기를 구동하는 원동기에 따라 분류하면 기력 발전소, 내연력 발전소, 가스터빈 발전소로 나누어진다. 기력발전소는 증기터빈을 원동기로 사용하며, 내연력 발전소는 디젤기관을, 가스터빈 발전소는 가스터빈을 원동기로 사용한다.

내연력 발전소와 가스터빈 발전소는 기력 발전소와는 달리 보일러를 필요로 하지 않으므로 설비는 간단하지만 대용량으로 건설할 수 없다.

(2) 연료상의 분류

1) 석탄화력

이것은 석탄을 연료로 사용하는 발전소이다. 이 발전소는 넓은 저탄장과 석탄 분쇄기 등의 연료 처리 설비를 필요로 하며, 연소된 석탄의 회처리 설비, 회처리장, 집진 장치 등을 필요로 하기 때문에 발전소 용지를 넓게 잡아야 한다. 그밖에 소내 동력을 많이 필요하고 발전소 열효율이 낮다는 문제점이 있다.

또한 환경오염 문제로 인하여 아황산가스를 제거하기 위한 탈황설비, 질소산화물을 제거하기 위한 탈질설비를 해야한다.

2) 중유화력

이것은 중유를 연료로 사용하는 발전소이다. 이 발전소는 중유 저장 탱크, 중유 가열기, 중유 펌프 등의 설비를 필요로 하기 때문에 석탄화력에 비하여 발전소 용지는 좁아도 되고 소내 동력도 적으므로 발전소 효율은 석탄 화력 발전소보다 높다.

3) 가스화력

이것은 천연가스를 연료로 사용하는 발전소로서 액화천연가스(LNG)를 저장하는 탱크, 및 기화기 등의 설비를 필요로 한다.

LNG는 95[%] 이상이 메탄가스 성분으로서 유황분이 없기 때문에 아황산가스에 의한 대기 오염이 없는 청정 연료이지만, 연소 가스 중에 포함되는 다량의 증기로 인하여 보일러 효율이 중유를 사용할 경우 보다 약간(1~2[%]) 낮아진다.

(3) 계통 운용상의 분류

1) 기저부하(基底負荷, base load) 발전소

기저 부하에 전력을 공급하기 위하여 하루 종일 전 부하 수준으로 운전하는 발전소를 기저부하 발전소라고 한다. 이러한 발전소에서는 건설비가 고가일지라도 대용량, 고효율 발전소로 설계해서 연료, 유지비의 감소를 도모할 필요가 있다.

2) 중간부하(middle load) 발전소

부하곡선에서 중간부하를 담당하는 발전소이며, 일반적으로 출력 조절이 용이한 중용량의 화력발전소가 이에 해당된다.

3) 첨두부하(peak load) 발전소

첨두부하를 담당하는 발전소이며, 짧은 시간 동안 출력 증가가 요구되는 동시에 운전시간이 작기 때문에 발전소 건설비를 작게 해야 한다. 부하 변동에 대한 운전의 융통성을 높일 필요가 있다.

고온 고압의 증기를 사용하는 최신 기력 발전소나 원자력 발전소는 기저부하 발전소로 운전하며, 일반수력 발전소 양수 발전소 또는 가스 터빈발전소는 첨두부하 발전소로 운전한다.

4.4 수력발전과 화력발전의 비교

(1) 건설비

우리나라는 개발에 유리한 수력 지점은 대부분 개발되었기 때문에 최근 개발되는 수력 발전은 화력 발전보다 [kW]당 건설비가 비싸고 또한 건설 기간도 길다.

(2) 운전비

화력발전은 연료비가 필요할 뿐 아니라 고온·고압·고속인 기계를 사용하므로 보수비가 많고 또 복잡한 기계의 운전 관리 및 연료 관계에 적지 않은 인원을 필요로 한다.

(3) 설치 장소

수력발전은 유량과 낙차가 있는 장소(대개 산간 지방)에 설치되므로 수용 장소까지 긴 송전선로가 필요하다.

화력발전소의 설치장소는 용지, 용수, 연료 수송, 공해 등의 관계로 제약을 받는데 일반적으로 임해 지역에 건설되고 있다.

(4) 용량

수력발전은 이용하는 하천의 조건에 따라서 발전소의 용량이 결정되지만 화력발전은 그 제약을 받지 않는다. 대개 화력발전의 단기 용량은 50만[kW], 80만[kW], 100만[kW]로 건설되고 있다.

(5) 운전의 융통성

수력발전은 낙차와 유량으로 운전되므로 운전상 상당한 융통성이 있지만, 화력발전은 고온 고압의 증기를 사용하므로 기기에 미치는 영향으로 인하여 융통성이 적다.

(6) 공해 문제

화력발전에서는 굴뚝에서 배출되는 연소가스나 비회(飛灰, fly ash)가 공해문제를 일으킨다. 특히 이러한 환경문제가 화력 발전소 건설의 제약 요인이 되고 있다.

(7) 연료 확보

우리나라는 화력발전소가 많이 운전됨에 따라서 국내산 연료로는 충당되지 않으므로 발전용 연료를 수입하게 된다. 이것은 에너지원을 외국에 의존하는 결과가 되어 경제적인 면이나 국가 안보적인 면에서 문제가 되고 있다.

현재 우리나라에서 운전 중인 대표적인 기력발전소의 설비현황은 표 4.1과 같다.

표 4.1 우리나라 주요 기력발전설비 현황 (2020. 12 현재)

발전소명	용량[MW]	대 수	연 료	비 고
평 택	1,400	350×4	LNG	중유 → LNG
울 산	1,200	400×3	중유	
세종천연가스	530	167×2	LNG	
		196×1		
서울복합	738	241×2	LNG	복합화력으로 변경
		128 × 2		
삼척그린파워	2,044	1,022×2	유연탄	수입탄
신서천	1,018	1,018×1	〃	〃
동 해	400	200×2	무연탄	국산탄
삼천포	3,240	560×4	유연탄	수입탄
		500×2		
보 령	3,050	500×5	〃	〃
		550×1		
신보령	2,038	1,019×2	〃	〃
호 남	500	250×2	〃	〃
태 안	6,100	500×8	〃	〃
		1,050×2		
하 동	4,000	500×8	〃	〃
당 진	4,000	500×8	〃	〃
	1,860	930×2		
영 흥	5,080	800×2	〃	〃
		870×4		

4.5 열역학

4.5.1 열역학(thermodynamics)의 기초

(1) 온도

온도는 물체가 뜨겁고 차가운 정도를 수량적으로 나타낸 것을 말하며, 물체에 열을 가하면 온도는 올라가고 반대로 열을 빼앗으면 내려간다. 온도 단위는 섭씨[℃]와 화씨[°F] 및 절대온도[°K]가 있으며, 이의 관계는 그림 4.5와 같다.

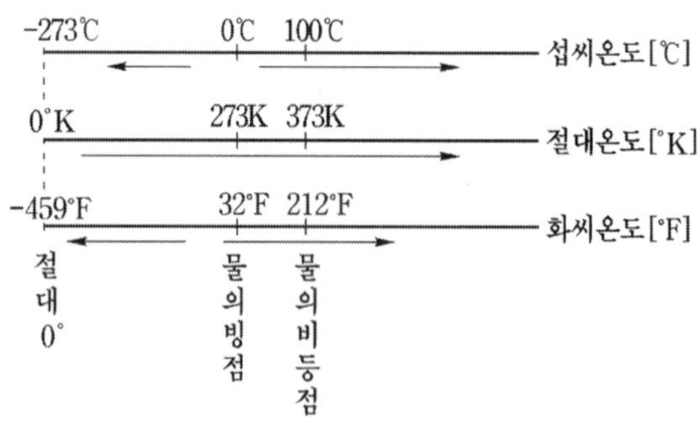

그림 4.5 섭씨·화씨 및 절대온도의 관계

이와 같이 절대온도와 섭씨·화씨온도와의 관계는 다음과 같다.

$$\begin{aligned} \text{절대온도}[°K] &= \text{섭씨온도}[℃] + 273 \\ &= (\text{화씨온도}[°F] + 459) \times \frac{5}{9} \end{aligned} \tag{4.2}$$

(2) 압력

압력(pressure)이란 단위면적에 가해지는 수직방향의 힘을 말하며 단위로는 [kg/m^2] 또는 [kg/cm^2]가 사용되는데, 특히 후자의 [kg/cm^2]를 기압이라 하고 [at]의 기호로 나타내고 있다.

압력측정용 계기는 보통 대기압을 기준으로 하여 압력을 나타낸다. 이와 같이 대기압을 영점으로 하는 압력을 게이지(gauge)압력이라 하고 $\left[\frac{kg}{cm^2}g\right]$ 으로 나타낸다.

이에 대하여 완전진공을 기준으로 측정하는 압력을 절대압력이라 하고$\left[\frac{\text{kg}}{\text{cm}^2}\text{a}\right]$로 나타낸다. 따라서 절대압력과 게이지력압과의 관계는 절대압력 = 대기압력 + 게이지압력으로 된다.

$$1\text{기압} = 1.033[\text{kg/cm}^2] = 760[\text{mmHg}] \tag{4.3}$$

압력이 대기압보다 낮은 경우에는 진공도를 사용한다. 진공도를 절대압력으로 나타내면 다음과 같다. 가령 대기압력 760[mmHg]에서 진공도 P_o[mmHg]를 절대압력 P[kg/cm^2·a]로 나타내면

$$P = 1.033 \times \frac{760 - P_o}{760}\left[\frac{\text{kg}}{\text{cm}^2}\text{a}\right] \tag{4.4}$$

와 같이 된다.

게이지압력, 절대압력 및 진공도의 관계를 그림 4.6에 나타냈다.

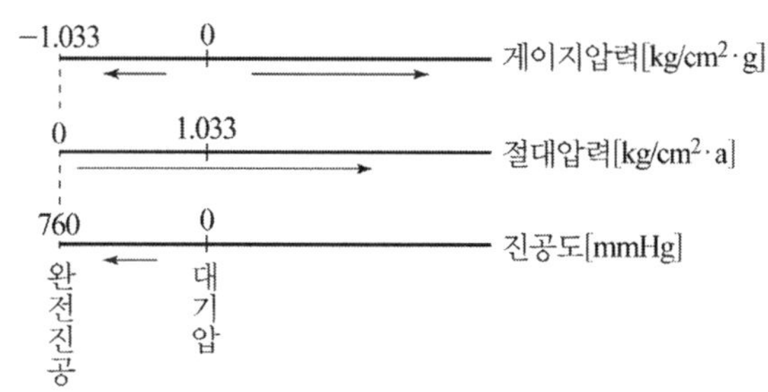

그림 4.6 게이지압력 절대압력 및 진공도와의 관계

예제 4-1

복수기 진공도는 일반적으로 722[mmHg]이다. 이를 절대압력[kg/cm^2·a]으로 나타내어라.

풀이 $P = 1.033 \times \frac{760 - 722}{760} = 0.052\left[\frac{\text{kg}}{\text{cm}^2}\text{a}\right]$

(3) 열량

열량의 단위로는 일반적으로 [kcal]를 사용한다. 1[kcal]는 순수한 물 1[kg]을 표준 기압 하에서 1[℃] 높이는 데 소요되는 열량이다. 영국식 열량 단위인 1[BTU] (British Thermal Unit)는 순수한 물 1파운드[lb]를 1[°F]도 높이는 데 필요한 열량으로서 [BTU]와 [kcal] 사이에는 다음과 같은 관계가 있다.

$$1[\text{BTU}] = 0.252[\text{kcal}]$$
$$1[\text{kcal}] = 3.968[\text{BTU}] \tag{4.5}$$

또한 열량과 전력량 사이에는 다음과 같은 관계가 있다.

$$1[\text{kcal}] = \frac{1}{860}[\text{kWh}]$$
$$1[\text{kWh}] = 860[\text{kcal}] \tag{4.6}$$

예제 4-2

1[kWh] 의 전력량이 860[kcal]의 열량에 해당됨을 증명하라.

풀이 I[A]의 전류가 $R[\Omega]$의 저항에 t[초] 동안 흐를 경우 발생하는 열량 H는 다음과 같다.

$$H = 0.24 I^2 Rt[\text{cal}]$$

1[kW]=10^3[W]이며, 1[h]=3600[초]이므로

$$1[\text{kWh}] = 0.24 \times 10^3[\text{w}] \times 3600[\text{초}]$$
$$= 864{,}000[\text{cal}] \fallingdotseq 860[\text{kcal}]$$

4.5.2 열역학의 기본법칙

달리는 열차에서 브레이크를 작동시키면 열차의 운동에너지가 브레이크의 마찰에 의해 소비됨과 동시에 열이 발생한다. 이와 같이 마찰 등에 의하여 일이 소비되는 경우 반드시 일정량의 열이 발생하고, 또 반대로 열을 일로 전환할 경우에도 동일한 관계가 있다.

이것은 일과 열은 같음을 표현한 것으로서 에너지 보존의 법칙(law of conservation of

energy)이 성립함을 나타낸다.

열역학 제1법칙(first law of thermodynamics)은 열에너지의 형태에 관한 법칙으로서 열을 일로 바꿀 수 있고 또 일을 열로 바꿀 수도 있다는 것을 나타낸다.

물체에 가한 열량 dQ는 물체 내부에너지의 증가량 dU와 물체의 팽창에 의하여 외부에 하는 일 $dW(=p \cdot dV)$의 합으로 나타낸다.

$$\begin{aligned} dQ &= dU + A \cdot dW \\ &= dU + A \cdot p \cdot dV \end{aligned} \tag{4.7}$$

단, A는 일 1[kg · m]에 해당하는 열량으로서 1/427[kcal/kg · m]을 나타내는 일의 열당량이다.

열역학 제2법칙(second law of thermodynamics)은 에너지의 흐름이나 형태의 변화에 대한 방향성을 나타내는 법칙으로서, "자연 상태에서 열은 고온의 물체로부터 저온의 물체로 이동하지만 저온의 물체로부터 고온의 물체로 이동하는 것은 불가능하다"는 것을 나타낸다.

즉, 열은 다른 물체에 아무 변화를 주지 않고 저온의 물체로부터 고온의 물체로 이동할 수 없다. 그러므로 열기관에서 동작물질이 일을 하려면 이것보다 더 저온인 물체가 필요하다.

4.5.3 엔트로피와 엔탈피

엔트로피란 물체가 어떤 온도 T[°K]에서 얻은 열량 ΔQ를 그 온도로 나눈 값을 엔트로피의 증가라고 한다. 즉, 엔트로피의 증가 Δs는 열량의 증가를 ΔQ[kcal/kg], 온도 T[°K]라 하면 다음 식과 같이 정의된다.

$$\Delta s = \frac{\Delta Q}{T} \text{[kcal/kg °K]} \tag{4.8}$$

자연 상태에서 고온의 물의 온도 T_1과 저온의 물의 온도 T_2가 있을 경우, 열은 반드시 고온의 물로부터 저온의 물로 이동하며, 이때 ΔQ의 열이 전달되었다고 하자. 이때 고온의 물의 엔트로피의 감소는 $\Delta Q/T_1$, 저온의 물의 엔트로피의 증가는 $\Delta Q/T_2$가 되며, 전체로는 엔트로피가 증가된다.($T_1 > T_2$이므로 $\frac{\Delta Q}{T_2} > \frac{\Delta Q}{T_1}$가 된다) 그러므로 열이 이동하는 경우 엔트로피는 증가된다.

물체는 분자가 보유하는 내부에너지 외에 어떤 압력하에서 일정한 체적을 유지하기 위한 압력에너지도 가진다. 이 두 에너지의 합을 엔탈피라고 한다. 엔탈피는 물체의 상태, 즉 물체의 온도 T, 압력 P, 체적 v가 결정되면 일정한 값을 가진다.

증기의 엔탈피 i는 증기 1[kg]의 내부에 축적되어진 내부에너지 u[kcal/kg]와 증기의 유동에 의한 기계적 일에 상당하는 열량 Apv[kcal/kg]의 합이다.

$$i = u + Apv \text{[kcal/kg]} \tag{4.9}$$

단, A : 일의 열당량[kcal/kg · m]

p : 압력[kg/m^2]

v : 비용적[m^3/kg]

Apv는 수력학의 압력수두에 상당하는 량으로 생각할 수 있으며, 보통 물체 1[kg]에 대해서 0[℃], 1기압을 기준으로 하여 엔탈피를 측정하고 [kcal/kg]으로 나타낸다.

4.5.4 수증기의 특성과 T-s선도

일정한 압력 하에서 물을 가열하면 물의 온도는 점점 상승하지만 어느 일정한 온도에 이르게 되면 온도 상승은 멈추고 가해진 열은 증발하는 데에만 소비된다. 순수한 물을 표준기압 760 [mmHg]에서 가열하면 100[℃]까지 상승한다.

이 온도를 포화온도(saturation temperature)라 하고 포화온도에 있는 물을 포화수(saturated water)라고 하며 그 압력을 포화압력(saturated pressure)이라 한다.

포화수를 계속 가열하면 물은 증기로 증발(evaporation) 한다. 물이 전부 증발할 때까지 가해진 열은 물을 증기로 바꾸는 데에만 소비되어 온도는 포화온도에 머물게 된다.

(증발에 쓰인 열량은 온도변화가 일어나지 않았으므로 잠열(潛熱)이라 부르며, 이 값은 538.8[kcal/kg]가 된다)

이 상태에서는 습증기(wet steam)이며, 다시 이것을 가열하면 건조포화증기(dry saturated steam)가 된다.

건조포화증기를 다시 더 가열하면 과열증기(super heated steam)로 된다. 또한 과열증기의 온도와 포화증기의 온도와의 차이를 과열도(degree of superheat)라 한다.

수증기의 T-s 선도(T-s diagram)는 그림 4.7과 같이 절대온도 T를 세로축으로 놓고 엔트로피 s를 가로축으로 놓은 선도로서 T-s 선도 내의 면적($T \times s$)은 열량[kcal/kg]을 나타낸다.

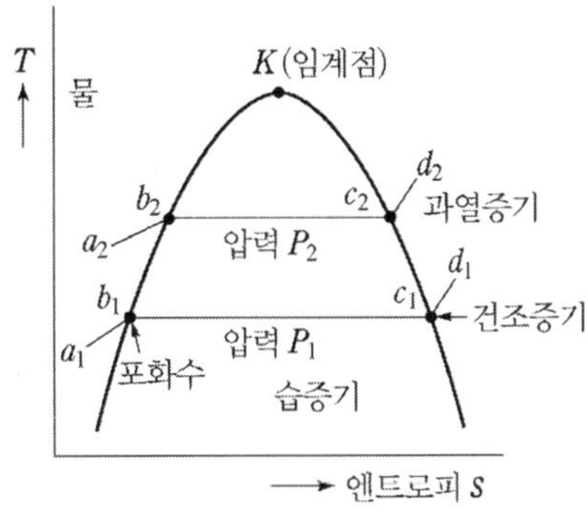

그림 4.7 수증기의 T-s 선도

압력 P_1에서 a_1 상태의 물을 가열하면 포화수 b_1으로 되고 이어서 계속 열을 가하면 습증기의 선 $b_1 - c_1$에 따라 증발해서 전부 증기로 되면 건조증기 c_1 상태에 이르게 되고 일정한 압력 하에서 다시 가열하면 d_1의 과열증기로 된다.

압력 P_2에서 물을 가열하면 a_2, b_2, c_2, d_2의 상태에 이르게 되는 과정은 전술한 바와 같다. 이와 같이 압력을 높이면 습증기 발생과정이 짧아지며, 어느 압력 하에서는 습증기가 전혀 발생하지 아니하고 바로 과열증기가 나타나는 K점으로 된다.

이 점을 임계점(critical point)이라 하며, 이에 해당하는 임계 온도는 374.2[℃], 임계 압력은 225.6[kg/cm^2 · a]이다.

임계압력 이상을 초임계압(supercritical pressure)이라고 부르며, 최신 화력발전소에서는 초임계압에서 보일러를 운전한다. 임계압 이상의 영역에서 물을 가열할 경우 증발과정을 거치지 않고 바로 물이 과열증기로 바뀌게 된다.

4.6 열 사이클의 종류

하나의 상태에서 출발하여 중간상태를 거쳐 다시 최초의 상태로 돌아가는 상태 변화를 사이클(cycle)이라고 하며 이는 카르노 사이클, 랭킨 사이클, 재생 사이클, 재열 사이클, 재생재열 사이클 등이 있다.

4.6.1 카르노 사이클(Carnot's Cycle)

프랑스 물리학자 카르노(N. S. Sadi Carnot, 1769~1832)가 1824년에 제창한 이상적인 사이클로서 그림 4.8과 같이 2개의 등온변화와 2개의 단열변화로 이루어져 있으며 모든 사이클 중에서 최고의 열효율을 나타내는 사이클이다.

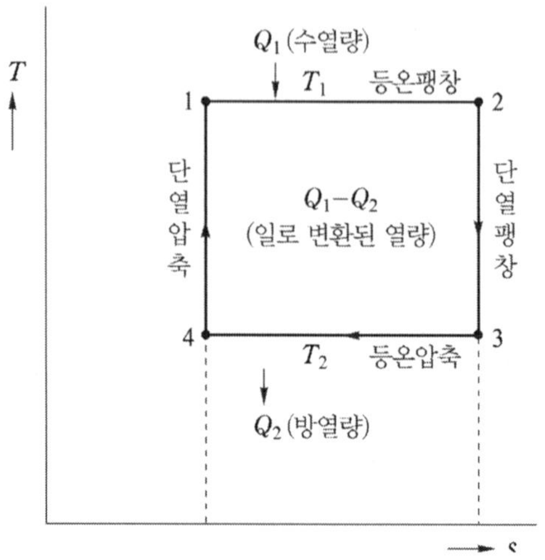

그림 4.8 카르노 사이클

그림에서

- 1 - 2 : 등온팽창 과정이며 온도 T_1의 고열원으로부터 열량 Q_1을 얻어 온도 T_1을 유지하면서 팽창한다.
- 2 - 3 : 단열팽창 과정이며, 열이 차단된 상태에서의 팽창하므로 온도는 T_1에서 T_2로 내려간다.
- 3 - 4 : 등온압축 과정이며 온도 T_2의 저열원에서 열량 Q_2을 방출하고 온도 T_2를 유지하면서 압축한다.
- 4 - 1 : 단열압축 과정이며 열이 차단된 상태에서 압축되어 온도 T_2로부터 T_1으로 올라간다.

카르노 사이클의 효율 η_c은 수열량 Q_1, 방열량 Q_2 라 하면 일로 바뀐 열량은 $Q_1 - Q_2$이므로,

$$\eta_c = \frac{Q_1 - Q_2}{Q_1} = 1 - \frac{Q_2}{Q_1} = 1 - \frac{T_2}{T_1} \tag{4.10}$$

으로 된다(수열량과 방열량의 비는 수열시의 온도와 방열시의 온도의 비와 같다).

카르노 사이클은 단열팽창 및 단열압축에서 완전한 단열이 없으므로 실현 불가능하지만 가장 이상적인 열 사이클이다.

예제 4-3

어느 기력발전소의 고열원의 온도는 538[℃], 저열원의 온도는 32[℃]이다. 이때 카르노 사이클의 열효율을 계산하여라.

풀이

고열원의 절대온도 $T_1 = 538 + 273 = 811[°K]$
저열원의 절대온도 $T_2 = 32 + 273 = 305[°K]$

카르노 사이클의 열효율 η_c는

$$\eta_c = 1 - \frac{T_2}{T_1} = 1 - \frac{305}{811} = 0.624$$

즉, 62.4[%]이다.

4.6.2 랭킨 사이클(Rankine Cycle)

영국의 공학자 랭킨이 1854년에 창안한 것으로 현재 발전용으로 사용되는 열 사이클 중에서 가장 기본이 되는 사이클이다. 랭킨 사이클을 사용하는 발전소의 장치선도는 그림 4.9(a)와 같으며, 그림 4.9(b)는 $T-s$ 선도를 나타낸 것이다.

이들 그림에서 각 과정을 설명하면 다음과 같다.

보일러수 3은 급수 펌프에 의하여 단열압축 되며, 압축수 4는 보일러 내에서 수열하여 포화수 4′로 되고 다시 가열되어 포화증기 1′로 된다. 이 포화증기는 과열기에 보내져서 과열증기 1로 되어 증기 터빈에 들어간다.

터빈에 유입된 과열증기는 단열 팽창하여 온도와 압력이 강하되면서 습증기 2로 된다. 습증기는 복수기내에서 응축되어 다시 보일러수 3으로 된다.

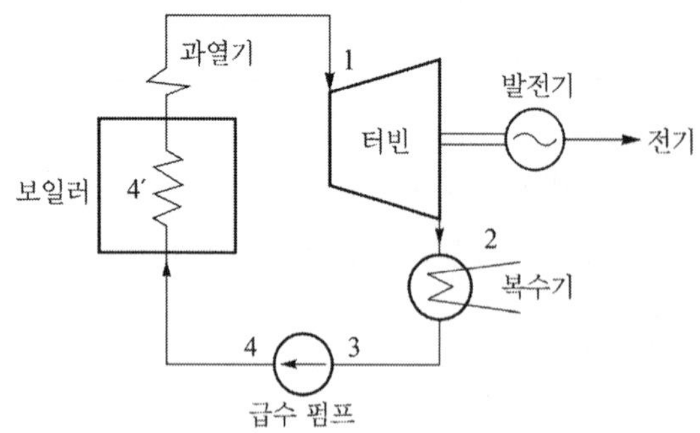

(a) 장치선도

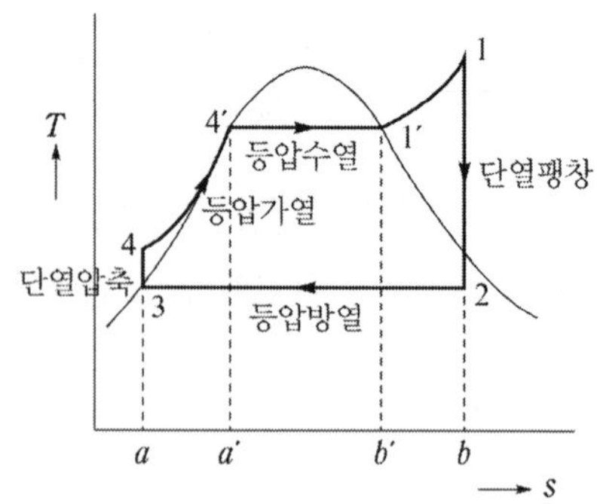

(b) $T-s$ 선도

그림 4.9 랭킨 사이클의 설명도

즉, 3 − 4 : 급수펌프에 의한 단열압축 과정

4 − 4′ : 보일러 내에서의 등압가열 과정

4′ − 1′ : 보일러 내에서의 증기의 등온 등압 가열 과정

1′ − 1 : 과열기내에서 건조포화증기의 등압 가열 과정

1 − 2 : 터빈의 단열팽창 과정

2 − 3 : 복수기 내에서 터빈 배기의 등온 등압 응축 과정

이 사이클 중 면적은 다음과 같은 열량을 나타낸다.

면적 12344′1 : 터빈에서 일로 바뀐 열량

면적 a44′1′1ba : 보일러로부터 공급받은 열량

면적 a32ba : 복수기의 냉각수에 의하여 빼앗기는 열량

랭킨 사이클에서는 보일러 출구에 과열기를 설치해서 포화증기를 과열증기로 만들며, 과열증기를 이용하여 터빈을 구동시킴으로서 습증기에 의한 장해를 방지하게 된다. 이 열 사이클에서 열효율은 다음과 같이 나타낸다.

$$\eta_{rk} = \frac{(i_1 - i_2) - (i_4 - i_3)}{i_1 - i_4} \tag{4.11}$$

단, i_1 : 터빈 입구에서 증기엔탈피[kcal/kg]

i_2 : 터빈 출구에서 증기엔탈피

$(i_1 - i_2)$: 터빈에서 일로 변한 엔탈피

i_3 : 급수펌프 입구에서 물의 엔탈피

i_4 : 급수펌프 출구에서 물의 엔탈피 라 하면

$(i_4 - i_3)$: 급수펌프가 가한 엔탈피

$(i_1 - i_2) - (i_4 - i_3)$: 순수한 출력에 해당하는 엔탈피

$(i_1 - i_4)$: 보일러가 공급하는 엔탈피

일반적으로 급수펌프가 가한 엔탈피 $(i_4 - i_3)$은 대단히 작기 때문에 이를 생략하면 다음과 같이 간단하게 나타낼 수도 있다.

$$\eta_{rk} = \frac{i_1 - i_2}{i_1 - i_4} \tag{4.12}$$

여기에서 랭킨 사이클의 열효율을 향상시키기 위해서는 터빈 입구 온도와 압력을 높여서 i_1을 크게 하면 되지만 이 경우 터빈 날개 재료의 내열강도 면에서 한도가 있으며, 터빈 출구의 배기압을 낮추어서 i_2를 작게 하기 위해서는 냉각수 온도와 터빈 출력 단의 습도 증가로 인한 제약이 따른다.

열효율 향상 문제는 위의 방법을 기본으로 해서 다음에 설명하는 것과 같은 여러 가지 방법이 채용되고 있다.

예제 4-4

어느 기력발전소에서 온도 500[℃], 압력 80[kg/cm^2], 엔탈피 812.2[kcal/kg]의 증기를 터빈에서 사용하였더니 압력 0.05[kg/cm^2], 엔탈피 492[kcal/kg]의 증기를 복수기에 배기하고 다시 엔탈피는 32.55[kcal/kg]의 엔탈피를 가지는 물을 보일러에 급수할 경우 랭킨 사이클의 열효율을 계산하여라.

풀이 터빈 입구에서 증기엔탈피 $i_1 = 812.2$[kcal/kg], 터빈 출구에서 증기엔탈피 $i_2 = 492$, 보일러 입구에서 물의 엔탈피 $i_4 = 32.55$이므로

$$\eta_{rk} = \frac{i_1 - i_2}{i_1 - i_4} = \frac{812.2 - 492}{812.2 - 32.55} = 0.4107$$

즉, 41.07[%]이다.

4.6.3 재생 사이클과 재열 사이클

복수기의 냉각수에 의하여 빼앗기는 열량은 손실이므로 이 손실을 감소하기 위하여 터빈에서 팽창 도중에 있는 일부분의 증기를 추출하여 그것이 갖는 열을 이용하여 보일러 급수 가열에 이용하는 열 사이클이 재생사이클이다.

즉, 복수기의 냉각수에 의하여 밖으로 버려지는 열량의 일부를 급수가열기를 이용하여 회수하므로 열효율의 향상을 도모하는 것이 재생사이클이다.

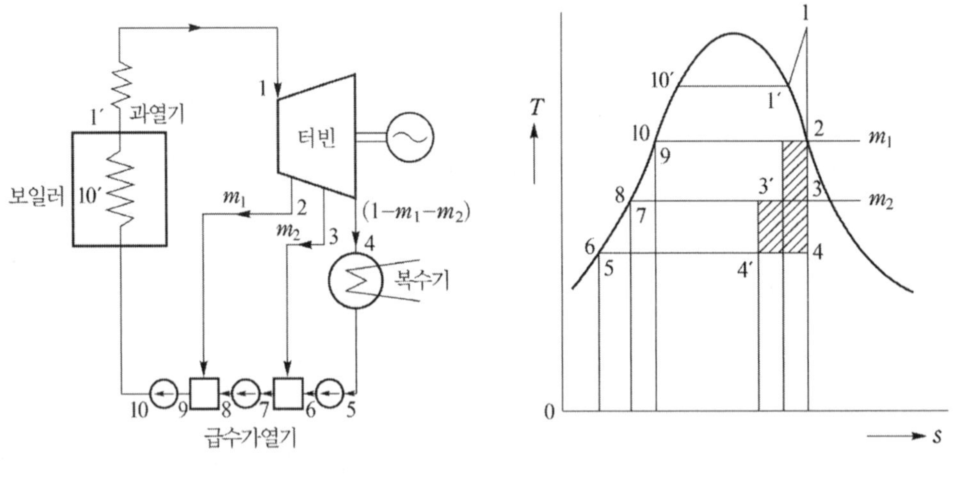

(a) 장치선도　　　　(b) $T-s$ 선도

그림 4.10 재생 사이클의 장치선도와 $T-s$도

그림과 같은 2단 추기 재생 사이클의 열효율은 다음과 같이 나타낼 수 있다.

$$\eta_{rg} = \frac{(i_1 - i_4) - m_1(i_2 - i_4) - m_2(i_3 - i_4)}{i_1 - i_{10}} \tag{4.13}$$

단, $(i_1 - i_4)$: 추출 증기가 없을 경우 터빈에서 일로 변하게 되는 엔탈피

$m_1(i_2 - i_4)$: 터빈 2로부터 m_1의 증기가 추출됨으로 팽창되지 못한 엔탈피

$m_2(i_3 - i_4)$: 터빈 3으로부터 m_2가 추출됨으로 팽창되지 못한 엔탈피

$(i_1 - i_{10})$: 보일러에서 가한 순수한 엔탈피

재열 사이클이란 그림 4.11의 고압터빈(H/T)에서 팽창된 증기를 재열기(再熱器)로 보내어서 다시 가열하여 저압터빈(L/T)으로 보내는 열 사이클이다.

증기가 팽창되면 습도가 증가되며, 이것은 터빈 날개를 부식시키는 원인이 되므로 이를 방지하기 위함이다.

그림 4.11은 재열 사이클의 장치선도와 $T-s$ 도이다.

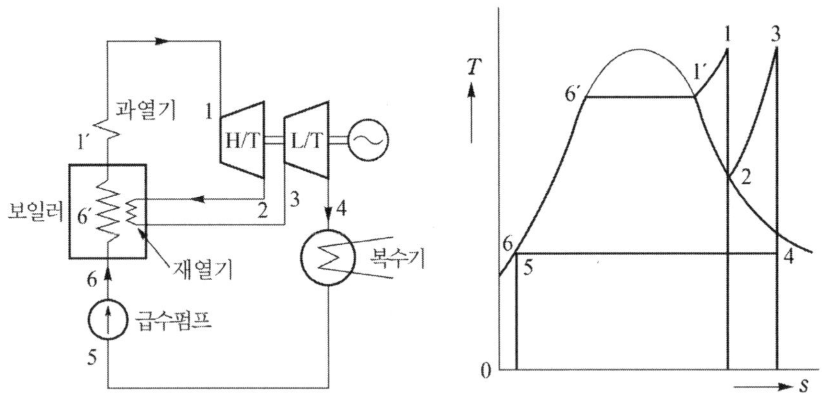

(a) 장치선도 (b) $T-s$ 선도

그림 4.11 재열 사이클의 장치선도와 $T-s$ 도

재열 사이클의 열효율은 다음과 같이 나타낸다.

$$\eta_{rh} = \frac{(i_1 - i_2) + (i_3 - i_4)}{(i_1 - i_6) + (i_3 - i_2)} \tag{4.14}$$

단, $(i_1 - i_2)$: 고압터빈에서 일로 변한 엔탈피

$(i_3 - i_4)$: 저압터빈에서 일로 변한 엔탈피

$(i_1 - i_6)$: 보일러가 공급하는 엔탈피

$(i_3 - i_2)$: 재열기가 공급하는 엔탈피

재생 사이클은 열역학적인 효과로 인하여 열효율의 증가를 가져오며, 재열 사이클은 습증기로 인한 마찰 손실을 방지하여 기계적인 효과를 가져주는 데 그 특징이 있다. 따라서 이 양자의 효과를 이용하는 것이 재생 재열 사이클(regerative-reheat cycle)이다.

그림 4.12(a)는 1단 재열, 2단 추기 급수가열에 의한 재생재열 장치선도를 나타내고 그림 4.12(b)는 이의 $T-s$ 선도를 나타낸 것이다.

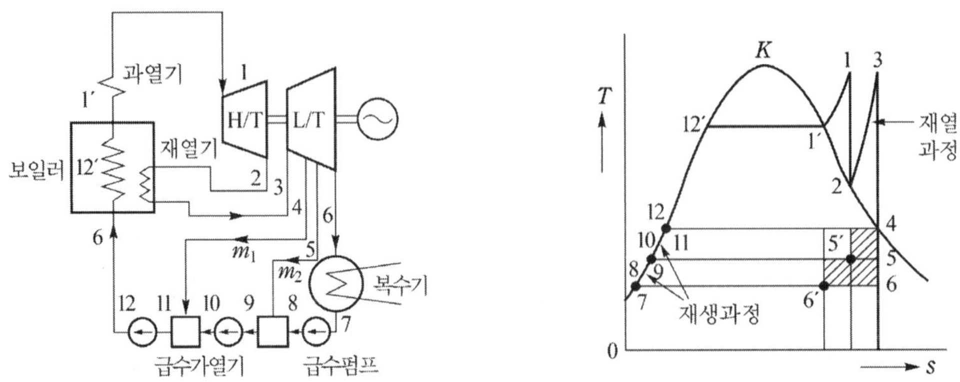

(a) 장치선도 (b) $T-s$ 선도

그림 4.12 재생재열 사이클

예제 4-5

재열식 기력발전소에서 온도 538[℃], 압력 169[kg/cm^2], 엔탈피 815[kcal/kg]의 증기를 고압터빈에 사용하였더니 압력 25[kg/cm^2], 엔탈피 694[kcal/kg]의 증기로 되었다. 이 증기를 재열기에서 재열하여 온도 538[℃], 엔탈피 848[kcal/kg]로 해서 중압터빈과 저압터빈에 사용하여 압력 0.05[kg/cm^2], 엔탈피 542[kcal/kg]의 증기를 복수기에 배기하였다. 복수 온도는 32[℃]일 경우 재열 사이클의 효율과 발전소의 종합 열효율을 구하여라. 단, 보일러, 터빈 및 발전기의 효율은 각각 90[%], 97[%] 및 88[%]이며, 소내용 전력은 발전전력의 6[%]를 사용한다.

풀이 고압 터빈 입구에서 증기엔탈피 $i_1 = 815$[kcal/kg],
고압 터빈 출구에서 증기엔탈피 $i_2 = 694$[kcal/kg],
중압 터빈 입구에서의 증기엔탈피 $i_3 = 848$[kcal/kg],
저압 터빈에서 배기되는 증기의 엔탈피는 $i_4 = 542$[kcal/kg],
보일러 입구에서 물의 엔탈피는 대략 $i_6 \fallingdotseq i_5 = 32$[kcal/kg]이므로

$$\eta_{rh} = \frac{(i_1 - i_2) + (i_3 - i_4)}{(i_1 - i_6) + (i_3 - i_2)} = \frac{(815-694)+(848-542)}{(815-32)+(848-694)} = 0.456$$

즉, 45.6[%]이다.

발전소의 종합열효율은

$$\eta = 0.456 \times 0.9 \times 0.97 \times 0.88(1-0.06) = 0.329$$

즉, 32.9[%]가 된다.

4.7 각종 열 사이클의 비교

기력발전소의 열 사이클은 랭킨 사이클로부터 시작해서 재생 사이클, 재열 사이클, 재생재열 사이클로 발전하여 증기의 압력, 온도가 점차 높아져서 최근에는 초임계압 증기를 사용하는 발전소도 실용화되어 열효율은 크게 향상되었다.

그림 4.13은 여러 가지 열 사이클 방식에서 열효율이 어떻게 향상되고 있는가를 나타낸다.

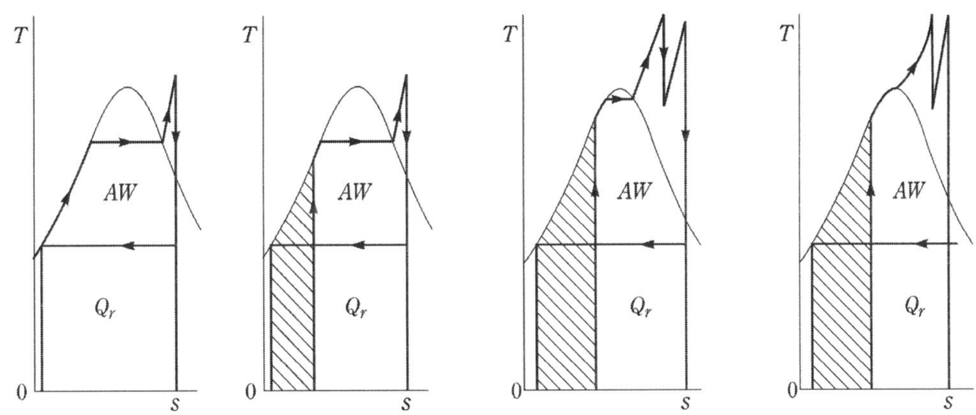

(a) 저압 랭킨 사이클 (b) 저압재생사이클 (c) 고압재열재생사이클 (d) 초임계압 재열재생 사이클

그림 4.13 각종 열 사이클의 열효율 비교

그림에서 빗금 친 부분은 재생사이클에서의 추기에 의한 수열량을 보인 것이며, 열효율은 다음과 같이 표시된다.

$$\eta = \frac{AW}{Q_r + AW} \tag{4.15}$$

단, AW : 터빈에서 일로 변한 열량

Q_r : 복수기의 냉각수에 의하여 버려지는 열량

$Q_r + AW$: 보일러에서 가한 열량

이 그림에서 알 수 있는 바와 같이 (a) → (b) → (c) → (d)의 순서로 나아감에 따라 AW 와 $Q_r + AW$ 와의 비가 커지므로 열효율은 향상되고 있음을 나타낸다.

4.8 열효율 계산

기력발전소에서 종합열효율은 발전기에서 전력으로 변한 열량과 보일러에서 발생한 열량과의 비로부터 계산할 수 있다.

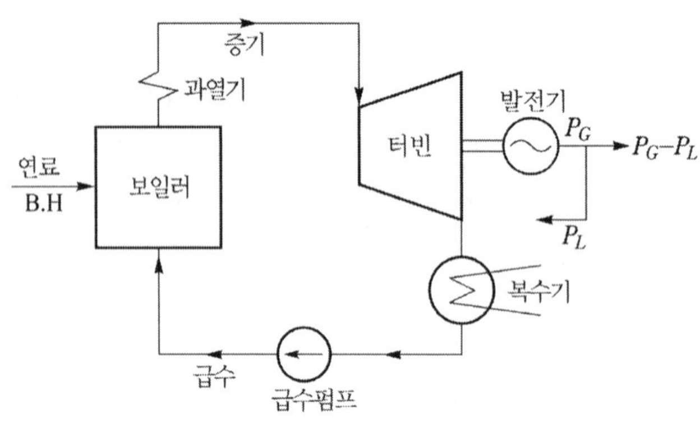

그림 4.14 기력발전소의 기본장치도

그림 4.14의 장치도에서 다음과 같은 기호를 정하면 발전단 열효율, 송전단 열효율, 연료 소비율 및 열 소비율은 식 (4.16)~식 (4.20)처럼 표현된다.

B[kg/h] : 1시간당 연료 소비량

H[kcal/kg] : 1[kg]당 연료 발열량

P_G[kW] : 발전기 출력

P_L[kW] : 발전소내의 소비 전력

1) **발전단 열효율** η_g

발전단 열효율 η_g 는 $\dfrac{\text{발전기에서 전력으로 변한 열량}}{\text{보일러에서 발생된 열량}}$ 이므로 다음과 같다.

$$\eta_g = \frac{860P_G}{BH} \times 100[\%] \tag{4.16}$$

2) **송전단 열효율** η_l

송전단 열효율 η_l 는 발전기에서 발생된 전력에서 발전소내의 소비전력을 뺀 나머지 전력만이 송전 가능하므로 다음 식과 같이 나타낸다.

$$\eta_l = \frac{860(P_G - P_L)}{BH} \times 100[\%] \tag{4.17}$$

3) **연료 소비율** f **[kg/kWh]**

1[kWh]의 전력량을 발전하는데 있어서 소비되는 연료량[kg]

$$f = \frac{B}{P_G} = \frac{860}{\eta H} \times 100[\text{kg/kWh}] \tag{4.18}$$

4) **열소비율** j **[kcal/kWh]**

1[kWh]의 전력량을 발전하는데 있어서 보일러에서 발생해야하는 열량[kcal]

$$j = \frac{BH}{P_G} = \frac{860}{\eta} \times 100[\text{kcal/kWh}] \tag{4.19}$$

5) **소내 전력소비율** l

$$l = \frac{P_L}{P_G} \times 100[\%] \tag{4.20}$$

우리나라 화력발전소의 연도별 발전단 열효율 및 송전단 열효율은 표 4.2와 같이 꾸준히 상승하였으며, 표 4.3의 용량별 발전단 열효율과 같이 용량이 크면 열효율도 상승됨을 알 수 있다. 현재의 최신 화력발전소의 열효율은 40[%]이다.

표 4.2 우리나라 화력발전소의 연도별 열효율 비교(단위 : [%])

구 분	1980	1994	1995	1996	1997	1998	1999	2000. 6
발전단	35.63	38.16	38.14	38.21	38.38	39.45	39.51	39.37
송전단	33.60	36.42	36.47	36.62	36.82	37.81	37.73	37.62

표 4.3 용량별 발전단 열효율과 소내 전력소비율

용량[MW]	발전단 열효율[%]	소내 전력소비율[%]
175	39.2	5.0
265 ~ 350	39.8 ~ 40.0	2.8 ~ 3.3
600	40.3	2.5
1000	40.8	2.2

4.9 열효율 향상 대책

열효율의 향상방법은 발전소 설계시 열효율 향상대책과 운전시 열효율 향상대책이 있으며, 전자는 열 손실 감소에 의한 열효율의 개선이라는 측면에서, 후자는 운전비용의 절감이라는 측면에서 열효율을 높일 수 있다.

(1) 설계시 열효율 향상 대책

1) 증기의 압력과 온도를 높인다.

증기의 압력과 온도를 높이는 경우 열효율이 상승하게 된다. 최근 대용량 화력 발전은 온도 600[℃], 압력 250[kg/cm^2] 이상의 초임계압으로 설계하고 있다. 초임계압으로 설계하는 경우 일반 화력보다 약 1.5~2[%]의 효율이 상승된다.

2) 단위기의 용량을 크게 설계한다.

단위기의 용량을 크게 하면 소용량으로 분산되는 경우보다 배출되는 연소가스의 열 손실(排煙損失), 복수기 냉각수에 의한 손실이 적으므로 효율이 향상될 수 있다.

3) 복합사이클 발전의 채용

증기터빈 발전소와 가스터빈 발전소를 조합한 복합사이클(combined cycle)을 채용하여 종합 열효율을 높인다. 즉, 가스터빈 발전소의 배열을 이용하여 일반화력 발전소의 보일러 급수를 가열하는 방식인 복합발전이 보편화되고 있다.

4) 열병합 발전설비 채용

전력 공급과 함께 열 수요가 많은 집단주거지역 및 공업지역에 열병합 발전설비를 도입하여 종합열효율을 높이도록 한다.

5) 자동제어의 도입

자동제어 시스템을 도입하여 연료량 및 공기 과잉율 제어 등의 최적 제어를 실시한다.

6) 재생 재열사이클 도입

재생 재열 사이클을 도입함으로서 발전소의 열효율을 향상시킨다. 열효율은 초임계압의 재열 재생 사이클로 갈수록 향상된다.

7) 복수기의 진공도를 높인다.

복수기의 진공도를 높이면 터빈의 열 낙차가 커서 출력이 증대하므로 열효율이 향상된다. 그러나 복수기의 진공도를 너무 높이면 오히려 터빈의 배기 손실이 커지며, 복수기를 크게 해야 하므로 비경제적이 된다. 보통 복수기의 진공도는 722[mmHg], 즉, 95[%]로 한다.

8) 연도가스의 온도를 낮춘다.

보일러에서 나가는 연소가스는 상당한 열량을 가지고 있으므로 그대로 대기중에 배출시키면 막대한 열 손실을 가져오므로 절탄기 또는 공기예열기 등을 설치하여 이 열을 흡수한다.

(2) 운전시 열효율 향상 대책

1) 구내 소비전력의 절감

발전소 구내 각종 동력장치의 속도제어를 통한 동력비 절감 등으로 발전소 내의 전력소비를 절감한다.

2) 기동 정지 비용절감

발전소의 기동 및 정지에 소요되는 비용을 줄이기 위하여 기동 정지 회수를 줄인다.

3) 저부하 운전효율의 향상

저부하 운전시에 발생하는 조속기의 교축 손실(throttle loss)을 절감하기 위하여 증기 계통의 압력을 낮추어 감압운전(減壓 運轉)을 한다.

이를 위하여 경제 부하배분 (ELD, 經濟 負荷配分, Economic Load Dispatcher)에 의한 운전을 실시하여 발전설비의 종합 효율을 증대시킨다.

최근 화력발전소의 열효율 향상을 위한 추세로는 자동화, 대용량화, 초임계화 등이 주류를 이루고 있다.

예제 4-6

기력발전소의 열효율 향상 대책에 대하여 설명하여라.

풀이 ① 터빈 입구의 증기압력 및 증기온도를 높인다.
② 복수기의 진공도를 높여서 열 낙차를 크게 한다.
③ 재열사이클과 재생사이클을 도입한다.
④ 절탄기 및 공기예열기를 설치해서 배기가스의 열을 흡수한다.

연습문제

exercise

4-1 **1[BTU]는 몇 [cal]인가?** [97. 전기·공사산업기사]

㉮ 262　　㉯ 252

㉰ 242　　㉱ 232

4-2 **그림과 같은 $T-s$ 선도를 갖는 열 사이클은?** [98. 전기기사]

㉮ 카르노 사이클

㉯ 랭킨 사이클

㉰ 재생 사이클

㉱ 재열 사이클

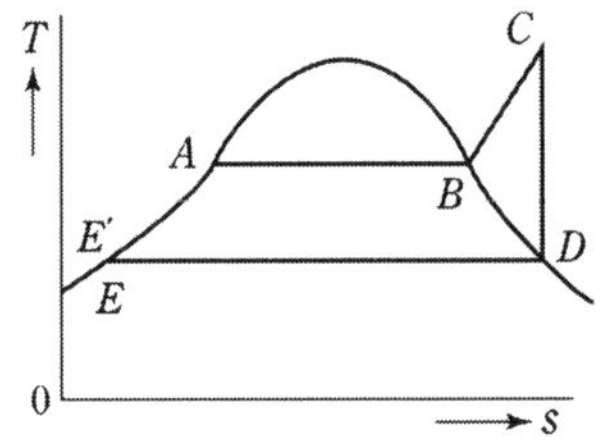

4-3 **다음 그림은 카르노 사이클을 표현한 것이다. 단열 팽창에 해당되는 구간은? 단, P는 압력이고 V는 부피이다.** [08. 전기산업기사]

㉮ 1→2

㉯ 2→3

㉰ 3→4

㉱ 4→1

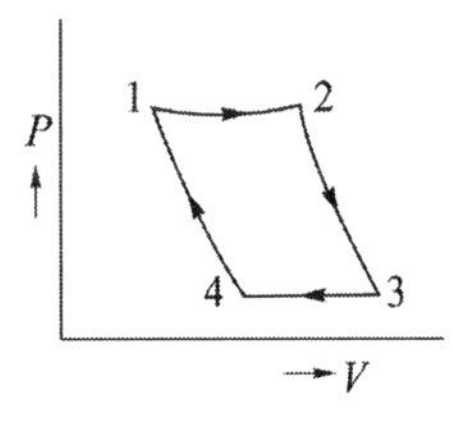

4-4 **어느 화력발전소의 증기조건이 고온원 540[℃], 저온원 30[℃] 일 때 카르노 사이클의 이론 열효율[%]은?** [17. 전기기사]

㉮ 85.2　　㉯ 80.5

㉰ 45.3　　㉱ 62.7

4-5 **아래에 표시한 것은 기력 발전소의 기본 사이클이다. 순서가 맞는 것은 어느 것인가?** [98. 공사기사]

㉮ 급수펌프→보일러→터빈→과열기→복수기→다시 급수펌프로

㉯ 급수펌프→보일러→과열기→터빈→복수기→다시 급수펌프로

㉰ 과열기→보일러→복수기→터빈→급수펌프→축열기→다시 과열기

㉱ 보일러→급수펌프→복수기→급수펌프→다시 보일러

4-6 **기력발전소의 열 사이클 과정 중 단열팽창 과정에서 물 또는 증기의 상태변화를 옳게 표현한 것은?** [00. 전기산업기사]

㉮ 습증기 → 포화액 ㉯ 포화액 → 압축액
㉰ 압축액 → 포화액, 포화증기 ㉱ 과열증기 → 습증기

4-7 **기력 발전소의 열 사이클 과정 중에서 ① 단열팽창 과정이 행하여지는 기기와 ② 이 때의 급수 또는 증기의 변화상태로 옳은 것은?** [00. 공사기사]

㉮ ① 보일러 ② 압축액 → 포화증기
㉯ ① 터빈 ② 과열증기 → 습증기
㉰ ① 복수기 ② 습증기 → 포화액
㉱ ① 급수펌프 ② 포화액 → 압축액(과냉액)

4-8 **일반적으로 화력발전소에서 적용하고 있는 열사이클 중 가장 열효율이 좋은 것은?** [15. 전기기사]

㉮ 재생 사이클 ㉯ 랭킨 사이클
㉰ 재열 사이클 ㉱ 재생재열 사이클

4-9 **증기압, 증기 온도 및 진공도가 일정하다면 추기할 때는 추기치 않을 때보다 단위 발전량당 증기 소비량과 연료 소비량은 어떻게 변하는가?** [93. 공사기사]

㉮ 증기 소비량, 연소 소비량 모두 감소한다.
㉯ 증기 소비량은 증가하고, 연소 소비량은 감소한다.
㉰ 증기 소비량은 감소하고, 연료 소비량은 증가한다.
㉱ 증기 소비량, 연료 소비량 모두 증가한다.

4-10 **5,000[kcal/kg]의 석탄 5[kg]에서 나오는 열량을 용량 10[kW]의 전열기를 사용해서 얻으려면 약 몇 시간 정도 소요되는가?** [95. 공사산업기사]

㉮ 3 ㉯ 5
㉰ 7 ㉱ 9

4-11 **화력발전소에서 석탄 1[kg]이 발생하는 전력량은 약 몇 [kWh]인가? 단, 석탄의 발열량은 5,000[kcal/kg], 발전소 효율은 40[%]이다.** [08. 전기산업기사]

㉮ 2.0 ㉯ 2.3
㉰ 4.7 ㉱ 5.8

4-12 출력 185,000[kW]의 화력 발전소에서 매시간 140[t]의 석탄을 사용한다고 한다. 이 발전소의 열효율은 몇 [%]인가? 단, 사용하는 석탄의 발열량은 4,000[kcal/kg]이다. [97. 전기·공사기사]

㉮ 28.41 ㉯ 30.71
㉰ 32.61 ㉱ 34.53

4-13 출력 30,000[kW]의 화력발전소에서 6,000[kcal/kg]의 석탄을 매 시 15[t]의 비율로 사용하고 있다. 이 발전소의 종합 효율은 몇 [%]인가? [93. 공사기사]

㉮ 28.7 ㉯ 31.6
㉰ 33.7 ㉱ 36.6

4-14 5,700[kcal/kg]의 석탄을 150[t] 소비해서 200,000[kWh] 를 발전했을 때 발전소의 효율은 몇 [%]인가? [07. 공사기사]

㉮ 12 ㉯ 16
㉰ 20 ㉱ 24

4-15 기력발전소에서 1[t]의 석탄으로 발생할 수 있는 전력량은 몇 [MWh]인가? 단, 석탄의 발열량은 5,500[kcal/kg]이고 발전소 효율을 33[%]로 한다. [98. 공사기사]

㉮ 1.860 ㉯ 2.110
㉰ 2.580 ㉱ 2.840

4-16 화력발전소에서 1[t]의 석탄으로 발생시킬 수 있는 전력량은 약 몇 [kWh]인가? 단, 석탄 1[kg]의 발열량은 5,000[kcal], 효율은 20[%]이다. [95. 공사기사]

㉮ 960 ㉯ 1,060
㉰ 1,160 ㉱ 1,260

4-17 최대출력 350[MW] 평균 부하율 80[%]로 운전되고 있는 기력발전소의 10일간 중유소비량이 1.6×10^4[kl]라고 하면 발전단에서 열효율은 몇 [%]인가? 단, 중유의 열량은 10,000[kcal/l]이다. [94. 전기산업기사]

㉮ 35.3 ㉯ 36.1
㉰ 37.8 ㉱ 39.2

4-18 터빈입구의 엔탈피 815[kcal/kg], 복수의 엔탈피 270[kcal/kg] 유입증기량 300[t/h] 일 때 발전기 출력 75,000[kW]로 된다. 발전기 효율을 0.98로 한다면 터빈의 열효율은 약 몇 %인가? [08. 전기산업기사]

㉮ 30.3 ㉯ 40.3
㉰ 50.3 ㉱ 60.3

4-19 정격출력 500[MW]의 화력발전소가 하루 15시간은 정격출력으로, 9시간은 정격의 50[%]로 운전된다. 발전단 열효율은 정격에서 40[%], 50[%] 출력에서 37.5[%]라 하면 하루의 열소비량은 몇 [kcal] 정도 되겠는가? [00. 전기산업기사]

㉮ $10,643 \times 10^5$ ㉯ $10,643 \times 10^6$
㉰ $21,285 \times 10^3$ ㉱ $21,285 \times 10^6$

4-20 출력 20000[KW] 발전소가 부하율 80[%]로 운전할 때 1일의 석탄 소비량은 약 몇 ton인가? 단, 보일러 효율 80[%], 터빈의 열사이클 효율은 35[%], 터빈 효율 85[%], 발전기 효율 76[%], 석탄의 발열량은 5500[kcal/kg]이다. [14. 전기기사]

㉮ 272 ㉯ 293
㉰ 312 ㉱ 333

해 답

1. ㉯ 2. ㉯ 3. ㉯ 4. ㉱ 5. ㉯ 6. ㉱ 7. ㉯ 8. ㉱ 9. ㉯ 10. ㉮ 11. ㉯ 12. ㉮ 13. ㉮ 14. ㉰ 15. ㉯ 16. ㉰ 17. ㉯ 18. ㉯ 19. ㉱ 20. ㉱

Chapter

05 화력발전설비

5.1 구 성

보일러(boiler)는 물을 가열하여 증기를 발생하는 장치이다. 이러한 증기발생장치의 구성 요소는 다음과 같다.

① 보일러 본체 (과열기, 재열기, 절탄기 포함)
② 연소설비 (연료 공급 및 연소 설비)
③ 통풍설비 (공기를 공급하고, 연소후 배기가스 배출 설비)
④ 급수설비 (보일러에 물을 공급하는 설비)
⑤ 증기터빈 (발전기를 회전시키는 원동기)
⑥ 자동제어장치 (부하변동에 따른 연료, 공기 및 급수를 자동적으로 제어하는 장치)

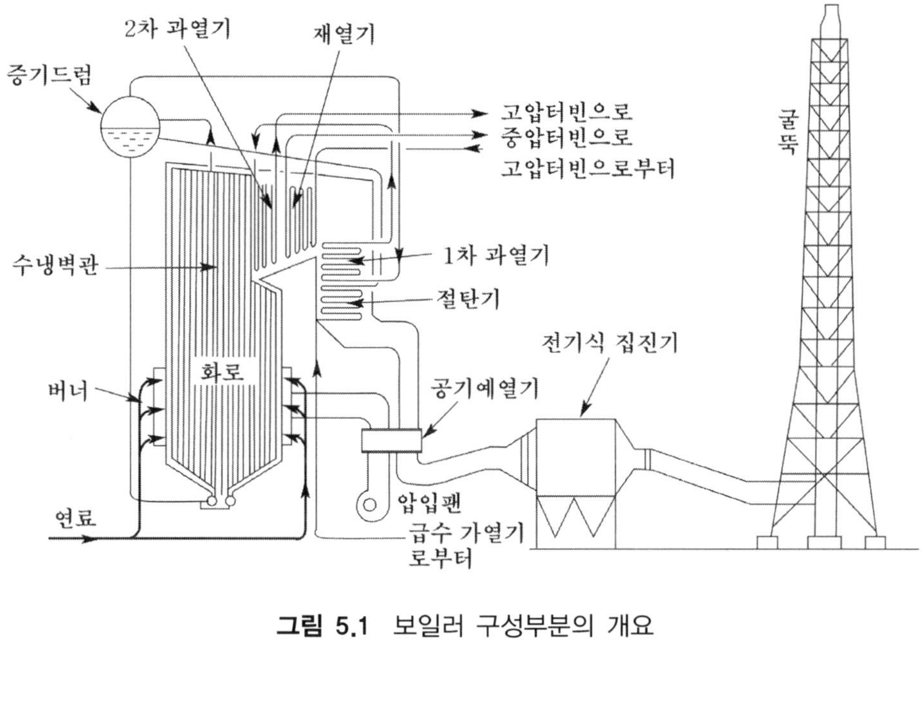

그림 5.1 보일러 구성부분의 개요

5.2 보일러의 종류

(1) 물의 순환방식에 의한 분류

① 자연순환식 보일러(natural circulation boiler)
② 강제순환식 보일러(forced circulation boiler)
③ 관류식 보일러(once through system boiler)

(2) 사용 증기의 압력에 의한 분류

① 저임계압 보일러(subcritical pressure boiler)
② 초임계압 보일러(supercritical pressure boiler)

물의 임계압력 225[kg/cm^2·a]를 경계로 하여 이 압력 이하에서 운전되는 보일러를 저임계압 보일러, 이 압력 이상에서 운전되는 보일러를 초임계압 보일러라고 한다.

(3) 사용연료에 의한 분류

① 석탄연소 보일러(유동층연소 보일러)
② 중유연소 보일러
③ 혼합(석탄 중유)연소 보일러
④ 가스연소 보일러

물의 순환방식에 따른 보일러 종류와 유동층 연소 보일러를 살펴보자.

1) 자연순환식 보일러

이것은 그림 5.2(a)와 같이 급수펌프로 압입된 급수는 급수가열기, 절탄기를 거처 드럼으로 보내진다. 순환펌프 없이 드럼으로부터 증발관으로 들어간 급수는 여기서 가열되어 기수 혼합물로 되어서 드럼으로 되돌려지며 이 보일러 급수와 기수 혼합물의 밀도 차를 이용해서 자연순환되는 방식이다.

이 방식은 특징은 다음과 같다.

① 구조가 간단하고 운전이 용이하다.
② 관류식 보일러에 비하여 보일러 높이가 높고 증발관의 지름이 크다.
(순환압력 손실을 줄이기 위함)
③ 보일러의 압력은 180[kg/cm^2] 압력 이하의 보일러에서 사용된다.
④ 기동 정지 시간이 길다.

이 형식에 속하는 보일러는 평택 화력, 인천 화력, 보령 화력발전소 등이 있다.

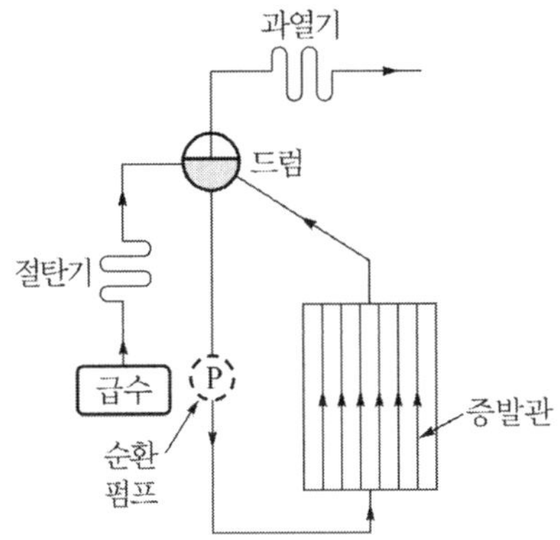

(a) 자연순환식 · 강제순환식
(순환펌프없음) (순환펌프있음)

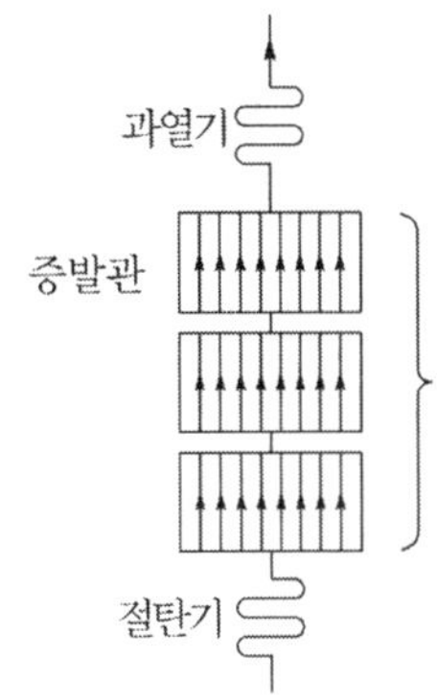

(b) 관류식

그림 5.2 순환방식에 의한 보일러의 종류

2) 강제순환식 보일러

보일러의 압력이 180[kg/cm^2] 이상으로 높아지면 보일러 급수와 기수 혼합물의 비중 차이가 작아져서 자연순환이 어려우므로 그림 5.2(a)와 같이 수관의 도중에 순환펌프를 설치하여 보일러 수를 강제적으로 순환시키고 있다. 강제순환식 보일러는 순환펌프(P)가 설치되는 이외에는 자연순환식 보일러와 비슷하다.

이 방식의 특징은 다음과 같다.

① 자연순환식 보다 물의 순환을 확실히 할 수 있다.
② 관 지름이 작으므로 보유수량이 적어 기동 정지 시간이 단축된다.
③ 보일러수 순환에 문제가 없으므로 보일러를 낮게 할 수 있다.
④ 기동 시 보일러수를 순환시킬 수 있으므로 관석(scale)생성이 적다.
⑤ 순환펌프가 있으므로 소비전력이 증가한다.
⑥ 순환펌프의 유지 보수가 필요하다.

강제순환식 보일러는 삼천포 화력, 서천 화력 및 서울 화력발전소 5호기 등이 있다.

3) 관류식 보일러

관류식 보일러의 원리는 그림 5.2(b)와 같이 급수가 긴 관을 통과할 동안 증발 과열되어 출구에서는 과열 증기가 되어 나온다. 그러므로 이 보일러는 드럼이 없고 증발관의 구성은 많은 관을 병렬로 배열되어 있으며, 초임계압 보일러에 주로 사용되지만 저임계압 보일러에도 채용된다.

관류식 보일러의 종류에는 벤숀(Benson)보일러, 슐쳐(Sulzer)보일러, 복합순환식(Combined Circulation) 보일러가 있으며, 벤숀 보일러와 복합순환식 보일러가 주로 사용된다.

이 관류 보일러의 특징은 다음과 같다.

① 드럼이 없으므로 보일러 중량이 가볍다 (25[%] 경감).
② 보일러 보유수량이 적기 때문에 기동 정지 시간이 짧다(드럼형 보일러에 비하여 1/5~1/8 정도).
③ 보일러 보유 수량의 열용량이 작으므로 부하변동에 대하여 속응성이 좋다.
④ 급수 중에 불순물이 터빈에 들어가기 쉬우므로 급수처리를 충분히 해야 한다.
⑤ 정확한 급수 연소제어가 필요하다.

초임계압에서는 관류형 보일러가 필연적으로 사용되며, 복합순환식 보일러는 강제순환식과 관류식을 조합한 보일러로서 기동시 또는 저부하시에는 증발관 출구에서 일부의 보일러 수를 증발관 입구로 재 순환시켜 연소실 부위의 증발관에 충분한 수량이 흘러 관의 과열을 방지하는 강제순환식이 되며, 보일러 부하가 증가하면 관류식이 된다.

이 보일러는 아임계압에서 초임계압까지 사용 가능하다.

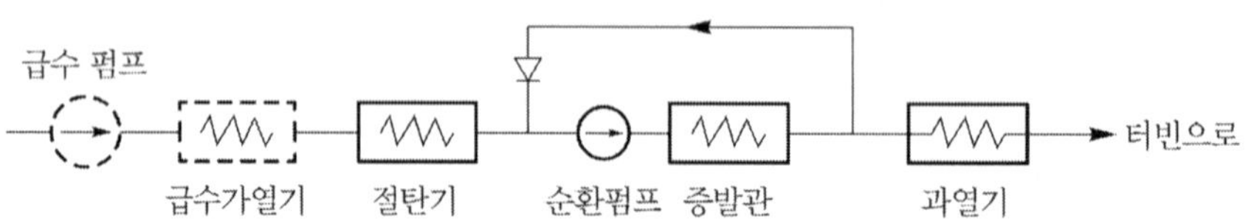

그림 5.3 복합순환식 보일러

4) 유동층 연소 보일러

유동층 연소(fluidities bed combustion)란 석탄을 유동 상태에서 연소시키기 위하여 1.5[cm] 크기의 입자로 만들고 이를 석회석과 혼합한 뒤 보일러로 보낸다.

보일러 아래쪽에서는 화격자(공기 분산판)을 통하여 가열된 공기를 균일하게 분산시켜 불어 올리면 석탄이 떠있는 유동상태(流動狀態)에서 비교적 낮은 온도(800~900[℃])에서 완전 연소가 가능하며, 이때 석회석은 유황과 결합해서 아황산가스를 제거함으로, 별도의 탈황설비를 갖추지 않아도 된다.

또한 연소 온도가 800~900[℃]에 불과하므로 질소산화물 생성을 막을 수 있으므로 역시 별도의 탈질설비를 필요하지 않다(대개 질소 산화물은 1,200~1,300[℃]에서 생성).

이와 같이 석탄을 유동 상태에서 연소시키는 연소방법을 유동층 연소라 한다.

유동층연소에는 대기압 하에서 유동층을 연소시키는 상압식(常壓式)과 5~10[kg/cm^2] 정도로 가압한 상태에서 연소시키는 가압식(加壓式)이 있다.

발전용으로는 가압 유동층 연소(PFBC, Pressurized Fluidities Bed Combustion)방식이 실용화되어 있으며, 이는 유동층에서 연소된 열을 다시 가스터빈에 사용하여 복합발전을 할 수 있으므로 석탄을 깨끗하고 효율적으로 사용하게 된다.

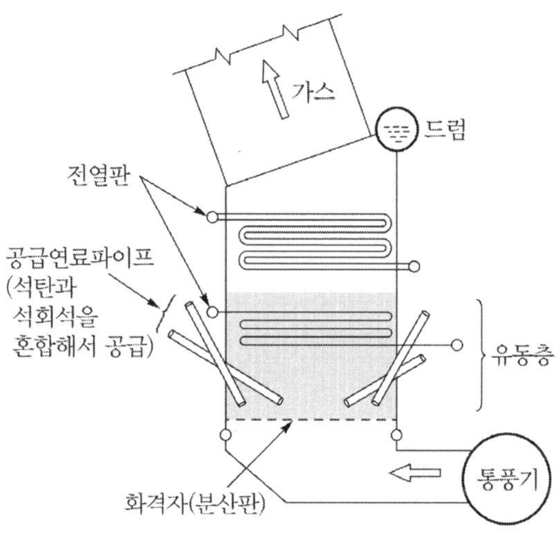

그림 5.4 유동층 연소 보일러

우리나라의 경우 발열량이 낮고 유황분이 많은 국내산 무연탄을 사용하는 동해화력발전소(20만[kW]×2)에 설치하여 운전하고 있다.

유동층 연소 방식의 특징은

① 사용할 수 있는 연료가 다양하다.
(열량이 낮은 석탄, 석탄 폐석, 가연성 쓰레기 등도 연료로 사용 가능)

② 효율이 높다.
가압식 유동층 보일러의 경우 열 흡수율이 커서 연소로의 크기가 작아지며, 가스터빈과 연결하여 복합발전 시스템을 구성하면 종합 열효율을 높일 수 있다.

③ 저온 연소가 가능하다.

유동층 연소에서는 연소온도가 800~900[℃] 정도이므로 회분의 용융은 일어나지 않으며 (1,300[℃] 이상에서 회분(灰分) 용융), 질소 산화물(NO_x)의 생성도 억제할 수 있다.

④ 보일러를 소형화 할 수 있다.

탈황설비 및 석탄 분쇄기가 필요 없으므로 전체 보일러 설비를 줄일 수 있다.

⑤ 탈황을 할 수 있다.

석탄과 같이 석회석을 주입하여 화로 내에서 탈황이 가능하므로 별도의 탈황 설비가 필요 없다.

유동층 내에 석탄과 함께 석회석($CaCO_3$)을 투입하여 석고($CaSO_4$)를 만듦으로서 90[%] 이상의 아황산가스(SO_2)를 제거할 수 있다.

$$CaCO_3 + SO_2 + \frac{1}{2}O_2 \rightarrow CaSO_4 + CO_2$$

따라서 아황산가스를 줄일 수 있으며, 저온 연소하기 때문에 질소산화물도 적어지므로 저공해 연소방식이라 할 수 있다.

5.3 보일러의 용량과 효율

보일러의 용량을 표시하는 방법으로는 보통 단위 시간당의 증발량([t/h], [kg/h])으로 표시할 수 있다. 그러나 증발량이 크다고 반드시 보일러 용량이 크다고는 할 수는 없다. 증발량이 같은 보일러일지라도 보일러에서 수열량이 다르며, 발생 증기의 엔탈피가 다르면 같은 용량으로 볼 수 없기 때문이다.

그래서 보일러의 증발량을 1기압 하에서 100[℃]의 건조 증기로 증발시키는 것으로 환산한 증발량인 등가증발량[t/h]으로 환산하여 비교하게 할 수 있다.

실제증발량 W를 등가증발량 W_e로 환산하면 다음과 같이 계산된다.

$$W_e = \frac{W \cdot (i_2 - i_1)}{539} \text{[t/h]} \tag{5.1}$$

단, i_2 : 보일러 출구의 증기 엔달피[kcal/kg]

i_1 : 보일러 입구의 물의 엔달피[kcal/kg]

539 : 1기압 하의 포화수의 증발열[kcal/kg]

보일러 효율은 단위시간 내에 보일러에 공급된 연료가 완전연소 하였을 때 발생하는 열량 중 실제로 물에 전하여져서 증기 발생에 사용된 열량의 비로 표시한다.

일반적으로 보일러 효율 η_b는 다음과 같이 표시되며 80~90[%] 정도이다.

$$\eta_b = \frac{\text{보일러에서 증기 발생에 유효하게 사용된 열량}}{\text{보일러에서 발생되는 총열량}}$$

$$= \frac{W \cdot (i_2 - i_1)}{G \cdot H} = \frac{W_e \cdot 539}{G \cdot H} \qquad (5.2)$$

단, G : 연료소비량 [kg/h]

H : 연료의 발열량 [kcal/kg]

예제 5-1

엔탈피 740[kcal/kg]의 증기를 시간당 10[t]씩 발생하는 보일러의 등가 증발량[t/h]은 얼마인가? 단, 급수온도는 140[℃]이다.

풀이 급수온도 140[℃]는 대략 엔탈피 140[kcal/kg]으로 볼 수 있으므로 등가증발량 W_e는 다음과 같이 계산된다.

$$W_e = \frac{10 \times (740 - 140)}{539} = 11.1\,[\text{t/h}]$$

5.4 발전용 연료

발전용 연료의 구비조건은 다음과 같다.

① 연료의 발열량이 클 것

② 수송 및 취급이 간단할 것

③ 유황분의 함유량이 적을 것

④ 회, 매연 등의 발생이 적을 것
⑤ 발생 열량당의 가격이 적을 것
⑥ 축적, 보존 등이 용이할 것

우리나라에서는 지난 1970년대 초까지는 값싼 원유를 수입해서 석유화력 위주로 운영하였으나 1973년의 석유파동이후 가격 상승과 원유 의존으로부터 탈피라는 탈유류정책(脫油類政策)에 따라 원자력발전소와 석탄화력발전소가 많이 건설되어 있다.

5.4.1 석탄

발전용으로 사용되는 석탄은 취급이 용이하고 보일러의 건설비가 적게 드는 유연탄이다.

우리나라에서는 무연탄이 일부 공급될 뿐 모든 유연탄은 해외로부터 수입하고 있다.

석탄의 성분은 탄소 C와 수소 H가 대부분이며 유황 S와 질소 N이 약간 섞여있다. 또 석탄은 고정탄소분과 휘발분의 구성 성분에 따라 품질이 나누어진다. 일반적으로 고정탄소분이 많고 회분이 적으면 발열량이 높고 품질도 좋은 편이다.

현재 발전용으로 사용하는 석탄은 분쇄기로 분쇄해서 이것을 버너로부터 연소실에 불어넣어 화로 내에서 부유 상태로 연소시키기 위하여 미분탄을 사용하고 있다.

(1) 무연탄(anthracite)

무연탄은 석탄 중 탄화가 가장 많이 진행된 것으로 유연탄보다 훨씬 오래 전에 형성되었다. 무연탄은 분쇄가 용이하며 발열량이 4,000~7,000[kcal/kg] 정도이지만 국내에서 발전용으로 사용하는 무연탄은 발열량이 3,200~3,500[kcal/kg] 정도로 낮은 석탄을 정책적으로 사용하고 있으며, 동해화력(40만[kW])에서만 유일하게 소비하고 있다.

무연탄의 특성은 다음과 같다.

① 착화가 어렵고 장시간 연소한다. (휘발분이 적고 고정탄소분이 많음)
② 매연발생이 적다. (점결성이 없고 휘발분이 거의 없다)
③ 분쇄하기가 용이하다.

(2) 유연탄(bituminous)

역청탄(瀝靑炭)이라 부르기도 하는 유연탄은 세계적으로 가장 많이 생산되지만 국내에서는 생산되지 않아 호주, 캐나다, 인도네시아 등지에서 수입하고 있다.

유연탄은 점결성이 있으며 탄소 함량은 무연탄보다 낮지만 휘발분이 많으므로 착화가 용이하다. 그래서 대용량의 기력발전소는 유연탄을 연료로 사용하고 있다.

역청탄의 특성은 다음과 같다.

① 휘발분이 많다.
② 착화가 용이하고 단시간에 연소한다.
③ 보조연료 없이 단독연소가 가능하다
④ 점결성이 있으며 석탄 중 가장 많이 생산된다.

석탄 연소에 있어서는 필요한 공기량을 산정하여 이것보다 더 많은 공기를 공급하여야 하며 이를 공기과잉률 λ이라 한다. λ는 (실제공기량/이론공기량)으로 나타내며, 미분탄인 경우 1.2 ~1.3, 중유연소인 경우 1.05이다. 공기과잉률이 부족하면 불완전 연소로 그을음이 발생하며, 너무 많으면 공기에 의해 열을 빼앗기므로 적당한 공기량이 필요하다.

5.4.2 중유

원유, 중유, 나프타 등의 액체 연료는 발열량이 많고 연소효율이 높으며 연소장치가 간단해서 제어가 용이하고 저장 운반이 용이한 특징이 있다. 원유는 지하의 유정으로부터 추출하며 비중에 따라 휘발유, 등유, 경유, 중유 등으로 분류된다.

중유의 발열량은 약 10,000[kcal/kg]이며, 약간의 회분(0.03~0.04[%])을 포함하고 있다. 종래에는 주로 C중유(벙커 C유)를 사용하였으나, 최근에는 공해문제와 관련해서 발생 열량당의 유황분을 줄이기 위하여 원유를 직접 사용하거나, 나프타(naphtha)를 사용하고 있다. 나프타는 원유를 증류해서 얻어지는 휘발유 계통의 연료이며 석유제품 중에는 유황분이 가장 작다(0.1[%] 이하). 지금은 울산화력(120만[kW])에서만 중유를 소비하고 있다.

5.4.3 천연 가스

가스에는 액화천연가스(LNG, liquefied natural gas)와 액화석유가스(LPG, liquefied petroleum gas)가 있다.

액화천연가스(LNG)의 발열량은 10,500~13,300[kcal/kg]이며, 저장 및 운반이 편리하도록 냉각(−162[℃])하여 이른바 LNG 상태에서 수송 및 저장하고 있다. (이 경우 부피는 1/600으로 감소됨)

현재 LNG는 수송 및 저장비용이 많이 소요됨으로 연료비가 비싸지만 유황분이나 질소성분이 거의 없기 때문에 무공해 연료라 하며, 발전용뿐만 아니라 가정용 도시가스 연료로서 사용하고 있다. 그림 5.5는 LNG 기력발전소의 개요를 보인다.

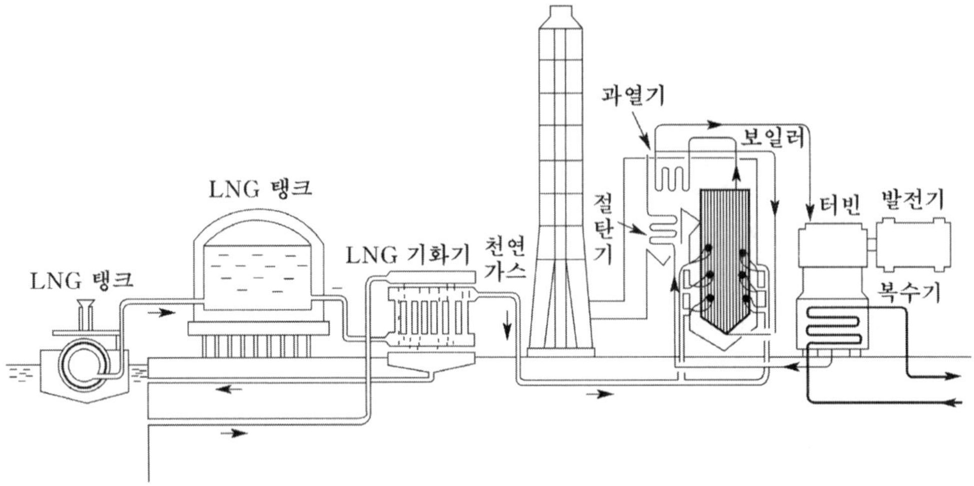

그림 5.5 LNG 기력발전소의 개요

액화천연가스(LNG, Liquefied Natural Gas)는 가스전이나 유전에서 산출되는 천연가스 중에서 메탄(CH_4)을 주성분으로 하는 가연성 가스를 −162[℃]로 냉각해서 액체화한 것이다. 특징은 유황이나 질소를 거의 포함하지 않기 때문에 무공해 연료인 반면 초저온에서 저장 및 냉각을 필요로 하기 때문에 전용의 수송선 및 탱크가 필요하다.

예제 5-2

최근 석탄화력발전의 건설 비중이 높아지고 있다. 이로 인한 문제점과 석탄이용을 위한 새로운 기술에 관하여 설명하여라.

풀이 2차례의 석유파동은 에너지의 대부분을 중동에 의존하던 세계 각국이 에너지원의 다변화를 요구하기에 이르러 원자력, 석탄, LNG 등 다양한 연료의 이용 확대에 주력하게 되었다. 특히 석탄이 장래의 유력한 연료 원이라 판단되는 주요한 이유로는

① 발전원가가 석유화력보다 매우 낮다.

② 석탄 매장량이 풍부하고 세계적으로 분산되어 있으므로 비교적 안정된 공급을 기대할 수 있다.

1. 석탄이용의 문제점
   ① 취급의 곤란성
   석탄은 고체이기 때문에 수송, 저장, 취급, 연소 등 여러 면에서 다루기 어려우며 단위 중량당 발열량이 작기 때문에 많은 량의 석탄을 취급해야 한다(석탄의 취급을 용이하게 하기 위하여 석탄가스화, COM, CMW 등이 개발되고 있다).
   ② 연료의 성질
   석탄은 수소분이 적어서 연소성이 떨어지기 때문에 설비규모가 대형화되고 회분이 많아 회처리 문제가 발생한다. 또한 석탄 생산지에 따라서 품질 및 성분차이가 크기 때문에 여러 생산지 의 석탄을 혼합하여 사용한다든지 연소, 배연, 회 처리 등의 기술이 복잡하다.
   ③ 환경대책
   단위 중량당 유황분과 질소분이 많아 질소 산화물 및 유황 산화물이 많이 발생하므로 고도의 환경대책이 요구된다. 또한 지구온난화 가스인 이산화탄소 배출은 국제적인 문제가 된다.

2. 석탄사용을 위한 새로운 기술
   석탄은 석유화력과 차이가 없으나 향후 원자력을 보완하는 주요전원으로 석탄이용을 확대하는 경우 원가절감은 물론 환경대책 면에서 많은 보완이 필요하다.
   이를 위하여 현재 연구 개발되고 있는 새로운 기술은 다음과 같다.
   ① 가압유동층 연소(PFBC) 기술의 개발
   ② 석탄 가스화 복합발전(ICGC) 기술의 개발
   ③ 석탄유체화(COM, CWM) 기술의 개발
   ④ 석탄가스화이용 연료전지 발전기술

5.5 보일러의 부속 설비

5.5.1 과열기(superheater) 재열기(reheater)

보일러 드럼에서 발생된 포화증기를 과열증기로 만드는 부분이 과열기이다. 증기터빈에는 이 과열증기가 사용되며 과열증기를 사용하는 이유는 열 낙차가 큼으로 터빈의 열효율이 증가하며, 터빈과 증기관의 손실이 적어지고 습분에 의한 부식이 감소된다.

과열기는 전열방식에 따라 대류형(convection superheater)과 복사형(radiation superheater)이 있으며, 과열 증기의 온도 조절은 연소가스 일부를 추출하여 과열기의 열량을 가감하는 방식이 사용된다.

재열기는 고압터빈 내에서 팽창된 증기를 다시 가열시킴으로서 건조도를 높여 과열시킨 후 다시 중압터빈 및 저압터빈으로 보내어 일을 하도록 증기를 재 과열시키는 장치로서 터빈 날개의 부식을 방지한다.

즉, 재열기는 열효율 향상과 터빈 날개의 부식 방지를 위하여 사용한다.

5.5.2 절탄기(economizer)

절탄기(節炭器)는 연소가스 통로(연도) 내에 설치되어 있는 열 교환기로서 배기가스에 남아 있는 여열을 회수하여 보일러 급수온도를 상승시킴으로서 결국 보일러 효율을 올리는 장치이다. 절탄기를 사용하면 보일러 급수 온도를 일정하게 유지할 수 있으므로 보일러 드럼의 열응력을 감소시키는 효과가 있다.

절탄기는 1차 과열기와 공기예열기 사이에 설치하며 절탄기에 의하여 급수온도가 6[℃] 상승함에 따라서 1[%]의 연료 절약을 할 수 있으며, 일반적으로 약 4~11[%]의 연료를 절약할 수 있다. 또한 배기가스의 온도 저하로 인한 부식 방지를 위하여 절탄기 출구의 연소 가스 온도는 170[℃] 이상 유지하여야 한다.

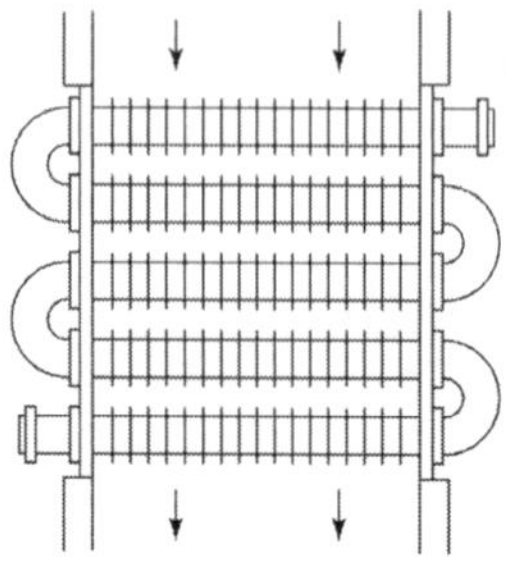

그림 5.8 절탄기의 일례

5.5.3 공기예열기(air preheater)

절탄기를 통과한 배기가스의 남은 열량을 이용하여 보일러 연소용 공기를 200-300[℃]까지 높이기 위하여 연도의 마지막 출구 부분에 공기예열기를 설치한다. 이것은 배기가스의 열량을 회수함으로서 보일러 효율을 높이며, 연소용 공기의 온도를 높임으로서 연소효율이 증가되어 연소실 체적을 작게 할 수 있다.

또한 석탄연소 보일러에서는 발열량이 낮은 석탄도 연소시킬 수 있다.

공기예열기는 손실에 해당하는 배기가스의 온도를 저감시킴으로서 열 사이클 효율이 향상되지만, 한편 너무 저감되면 연소 가스중의 황산(黃酸)을 생성해서 전열 면이 부식됨으로 공기예열기를 통과한 연소가스의 온도는 120~130[℃] 정도 되도록 설계한다.

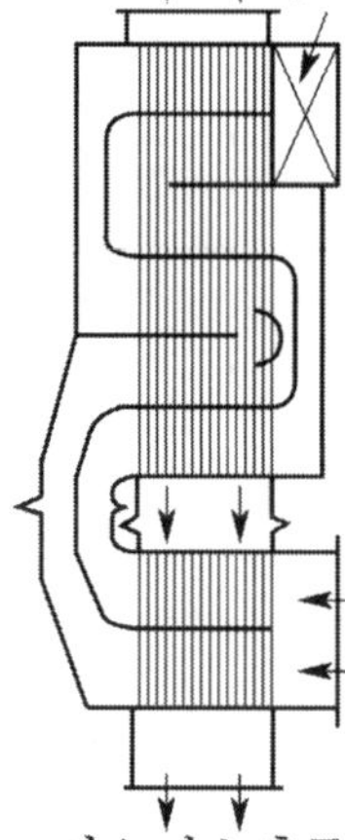

그림 5.9 공기예열기의 일례

5.5.4 급수가열기(feed water heater)

급수가열기가 있는 열사이클은 재생사이클이며, 열효율을 향상시킴과 동시에 보일러 급수를 가열하여 보일러에 공급함으로서, 저온의 급수 공급시 발생할 수 있는 드럼의 국부적인 열응력에 의한 보일러의 수명 단축을 예방할 수 있다.

터빈에서 팽창도중의 증기 일부를 추출하여 보일러 급수를 가열함으로서 터빈 배기량을 감소시켜 복수기의 냉각수에 빼앗기는 열량을 감소시킴과 동시에 보일러에는 높은 온도의 급수가 공급되므로 연료도 절약된다. 따라서 발전소의 열효율을 향상시킬 목적으로 이 급수가열기가 설치된다.

급수가열기의 종류에는 추기 증기와 급수가 내부에서 혼합되는 직접접촉식 가열기와 추기와 급수가 내부에서 혼합되지 않는 표면접촉식 가열기가 있으나 발전소의 급수가열기는 모두 표면 접촉식으로 설치된다.

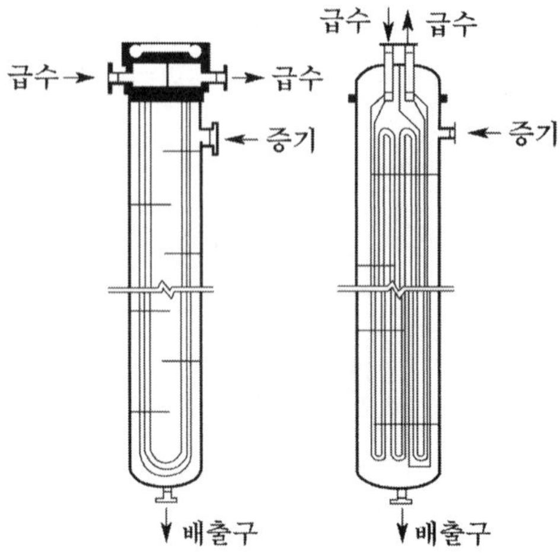

그림 5.10 급수가열기의 일례

5.6 통풍장치

연소에 필요한 공기를 화로에 공급하고 연소 후 발생한 연소가스를 굴뚝으로 배출하는 작용을 통풍(draft)이라 한다. 통풍을 원활히 하기 위하여 보일러 수관, 과열기, 재열기, 절탄기, 공기예열기 및 집진기로 인한 통풍저항을 이겨내고 필요한 양의 공기를 공급할 수 있는 정도의 충분한 통풍력을 가져야 한다. 이러한 통풍력을 주기 위한 설비가 통풍장치이다.

통풍력은 화로입구와 굴뚝의 종단과의 사이의 압력 차로 나타내며, 보통 수은주의 높이 [mmHg]로 표시하고 있다.

통풍방식으로서는 평형통풍과 압입통풍이 있다.

1) 평형통풍(balanced draft)

압입송풍기를 공기 흡입구에 두고 유인 송풍기를 연도의 끝에 설치한 것으로서 압입송풍기로 공기를 불어넣고 유인송풍기로 빨아내는 방식이다. 이 방식은 통풍력이 크기 때문에 석탄연소 보일러와 같은 대형 보일러에 사용되고 있다.

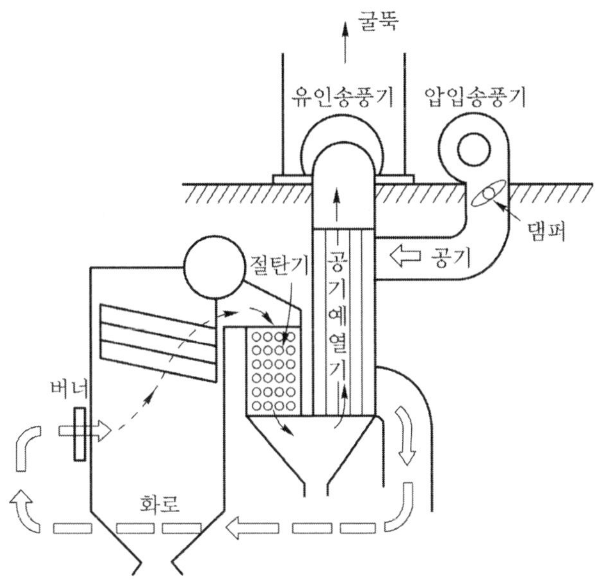

그림 5.11 평형통풍방식

2) **압입통풍**(forced draft)

압입송풍기만으로 통풍하여 화로내의 압력을 대기압 이상으로 유지하는 통풍 방식이다. (유인송풍기 생략)

이에 대한 특징은

① 연소가스 누설 방지 대책이 필요하다.
② 중유 또는 가스연소 보일러에 채택된다.
③ 화로 내부 압력은 200~600[mmHg]이다.

일반적으로 미분탄 연소보일러에서는 통풍량을 높이기 위하여 평형통풍방식을 사용하며, 중유 연소보일러에서는 외부 공기의 유입을 막고 공기 과잉율을 작게 해서 중유불순물에 의한 부식을 줄인다는 관점에서 압입통풍방식을 쓰고 있다.

5.7 환경 대책 설비

발전소 주변의 환경문제를 고려하여 집진 장치, 탈황 장치 및 탈질 장치에 대하여 살펴본다.

5.7.1 환경 문제

화력발전소에서는 대부분 화석 연료(석탄, 중유)를 사용하기 때문에 화석 연료의 연소로 인하여 발생하는 이산화탄소(CO_2)는 지구의 온난화를 조장시키고 있다. 또한 화석 연료가 연소할 때 발생하는 유황산화물(SO_x), 질소산화물(NO_x)은 대기 오염 또는 산성비의 문제를 발생시킨다.

이러한 문제들은 어느 한 나라의 국내 문제로 끝나지 않고 멀리 다른 나라로 퍼져 나가 국제적인 문제로 대두되고 있다.

(1) 영향과 대책

1) 유황산화물(SO_x)

연료 중에 함유된 유황(S) 성분에 의하여 생성되며, 수분을 함유하면 황산이 되어 자극적인 냄새와 금속 부식의 원인이 된다. 뿐만 아니라 대기 중의 수분을 흡수하여 산성비의 원인이 된다.

이에 대한 대책으로는 저유황 연료(저 유황유, 저 유황탄)나 LNG와 같은 청정연료를 사용하는 방법과 아황산가스를 화학적인 방법으로 제거하는 배연탈황방법(排煙脫黃方法)이 있다.

2) 질소화합물(NO_x)

연료중의 질소 성분이 반응하여 생성되며, 연소시 온도가 높을수록 많이 발생하고 햇빛과 반응하여 스모그의 원인이 된다. 질소 화합물은 대기 중의 수분과 결합하여 질산을 형성하므로 산성비의 원인이 되며, NO분자의 촉매작용으로 오존층을 파괴시키기도 한다.

이에 대한 대책으로는 연소시 온도를 낮추어서 NO_x 생성을 억제하기 위한 배기가스 재순환 방식, 2단 연소 및 저 NO_x 버너 설치가 있으며, 연소 후 배기 가스에서 NO_x를 제거하는 배연탈질방법(排煙脫窒方法)이 있다.

3) 이산화탄소(CO_2)

이산화탄소는 지구 온난화의 주된 원인이 된다. 이에 대한 대책은 탄소(C)함량이 적은 연료(석탄에서 유류로 전환 또는 유류에서 LNG로 전환)로 전환함으로서 CO_2 배출량을 저감시킬 수 있으며, 장기적인 관점에서 신재생에너지(풍력, 지열, 태양에너지 등)로의 전환되어야 할 것이다.

4) 분진

분진은 대기 중에 존재하는 입자상의 고체물질을 말하며, 석탄분진과 연소시 발생하는 날림

재인 비회(飛灰, fly ash)가 많다. 입자의 크기가 1~200[μm] 정도로 미세한 경우 침강속도가 낮으므로 넓은 지역에 환경장애를 유발한다. 분진은 생활의 불편함을 가중시킬 뿐만 아니라 식물의 광합성을 방해하고 토양의 성분을 변화시킴으로서 식물 성장에 장애가 된다.

5) 소음 진동

터빈 발전기의 구동과 증기 분출 등에 의하여 소음과 진동이 발생하며, 발전소 부근의 소음은 50[dB] 이하가 되도록 하여야 한다.

환경문제는 경제문제와 함께 중요한 쟁점으로 부각되고 있으며, 전력사업에서도 환경문제를 고려한 발전소의 건설을 전원 개발 계획의 기본 목표로 삼고 있다.

원자력 발전 및 LNG 발전인 경우 대기 오염물질인 SO_2 배출은 거의 없다. 그러나 LNG 발전의 경우 NO_2가 발생하므로 탈질설비 또는 저 NO_2버너를 설치할 필요가 있다. 이산화탄소(CO_2) 문제는 선진국 및 개발도상국을 막론하고 전력회사가 상당부분 책임이 있으므로 지구 온난화(溫暖化) 방지연구에 지속적인 관심을 기울어야 할 것이다.

예제 5-3

환경문제 중 산성비와 지구온난화(global warming)에 대하여 설명하여라.

풀이

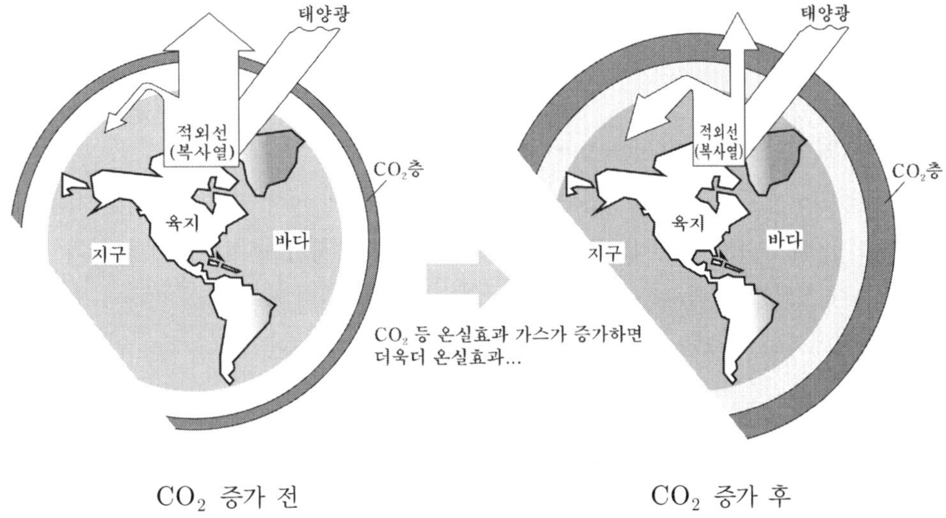

그림 5.12 온실효과의 개념도

석탄 석유 천연가스 등의 화석연료를 사용하면 유황산화물(SO_x) (주로 아황산가스), 질소화합물(NO_x) 및 이산화탄소(CO_2)를 발생시키고 전자는 산성비를, 후자는 지구 온난화의 주요 원인으로 된다.

산성비 문제란 대기 중에서 방출된 유황산화물, 질소산화물 등이 구름이나 빗방울에 용해되어 산성화된 비가 내림으로서 산림의 파괴, 고기류의 멸종, 토양의 산성화 등의 피해를 주는 것이다.

지구온난화 문제란 이산화탄소의 농도가 증가한 결과 지구 표면에 복사된 태양열이 우주 공간으로 방출되는 것을 차단함으로서 온실과 같은 현상을 가져와 지구 대기의 온도가 상승되는 것을 말하며, 이로 인하여 기후 변동을 야기하게 된다.

5.7.2 집진장치

연료 중에 함유되어 있는 회분은 연소되지 않고 보일러 밖으로 배출된다. 석탄을 미분탄연소장치로 연소시킬 경우에는 극히 작은 입자를 부유 상태로 연소시키기 때문에 연도를 통해서 나가게 되는 회의 양은 수 십[%]에 달하며 그것을 그냥 굴뚝으로 방출할 경우에는 비회(飛灰, fly ash)에 의한 공해 문제를 야기하게 된다.

이러한 비회를 모우는 집진장치(集塵 裝置)에는 원심력 집진기와 코트렐 집진기가 있다.

(1) 원심력 집진장치(cyclone dust precipitator)

원심력 집진장치는 그림 5.13과 같이 배기가스를 원통 내에 도입하여 선회운동을 시킴에 따라서 원심력에 의하여 회 입자를 분리하는 기계적인 집진장치로서, 3[μm] 정도 이상의 입자를 85~95[%] 제거할 수 있다.

(2) 코트렐 집진장치(cotterel dust precipitator)

코트렐 집진장치는 직류 고전압(30,000~70,000[V])에 의한 코로나 방전을 이용하여 분진을 음이온으로 대전시켜서 양극(집진 극)에 모으는 집진장치이며, 0.1[μm] 이하의 분진은 80~99[%]까지 제거할 수 있다.

이 장치에서는 미세한 분진도 흡수할 수 있도록 가스의 유속을 3[m/s] 이하로 해야 하므로 집진장치의 용적을 크게 해야 하는 단점도 있다.

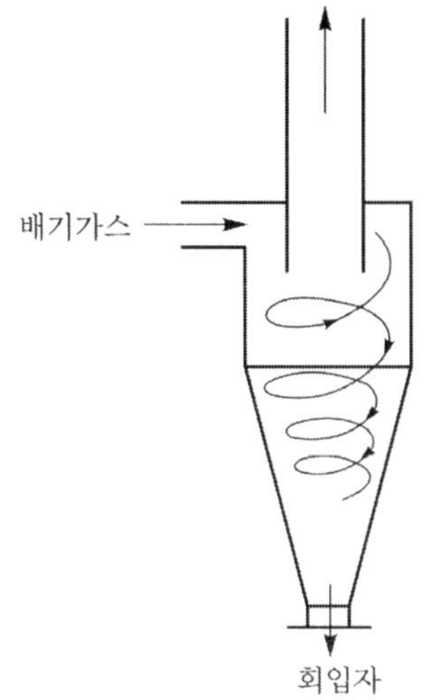

그림 5.13 원심력 집진장치

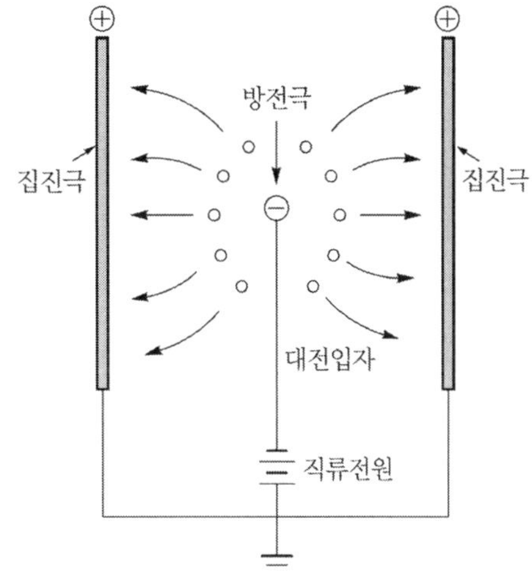

그림 5.14 코트렐 집진장치의 예

석탄을 연료로 사용하는 발전소에서는 비회를 효과적으로 회수하기 위하여 그림 5.15와 같이 원심력 집진장치와 코트렐 집진장치를 동시에 설치하여 입자 큰 비회는 원심력 집진장치에서 모으고 작은 비회는 코트렐 집진장치에서 제거토록 한다.

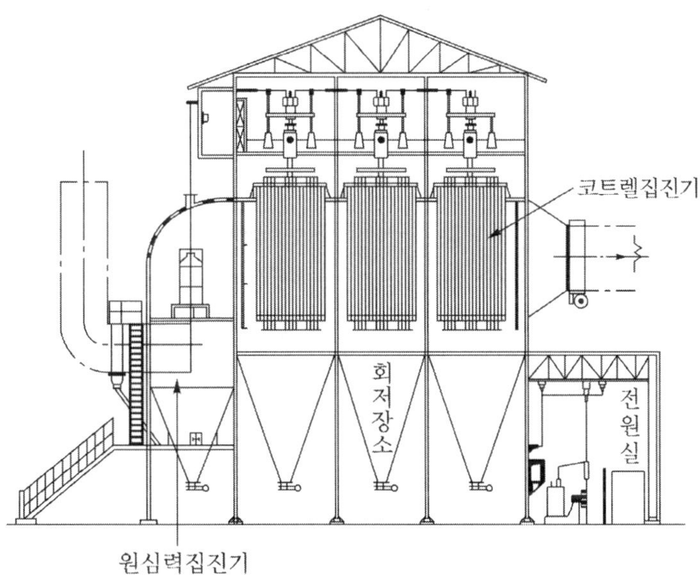

그림 5.15 집진장치의 예

5.7.3 탈황 장치

연료 속에 포함되어 있는 유황성분이 연소되면 아황산가스(SO_2)로 되어 배출되는데, 이 아황산가스를 연소가스 중에서 제거하는 장치를 배연탈황장치(排煙脫黃裝置)라고 한다.

대부분의 배연 탈황 장치는 습식 흡수법을 채택하고 있는데 배기가스 중의 아황산가스(SO_2)를 흡수탑에서 석회석($CaCO_3$)과 반응시켜 석고($CaSO_4$) 형태로 분리하여 제거하며, 탈황율은 80~95[%] 정도이다. 그림 5.16은 배연 탈황 장치의 습식구조법을 나타낸다.

$$CaCO_3 + SO_2 + \frac{1}{2}O_2 \rightarrow CaSO_4 + CO_2$$

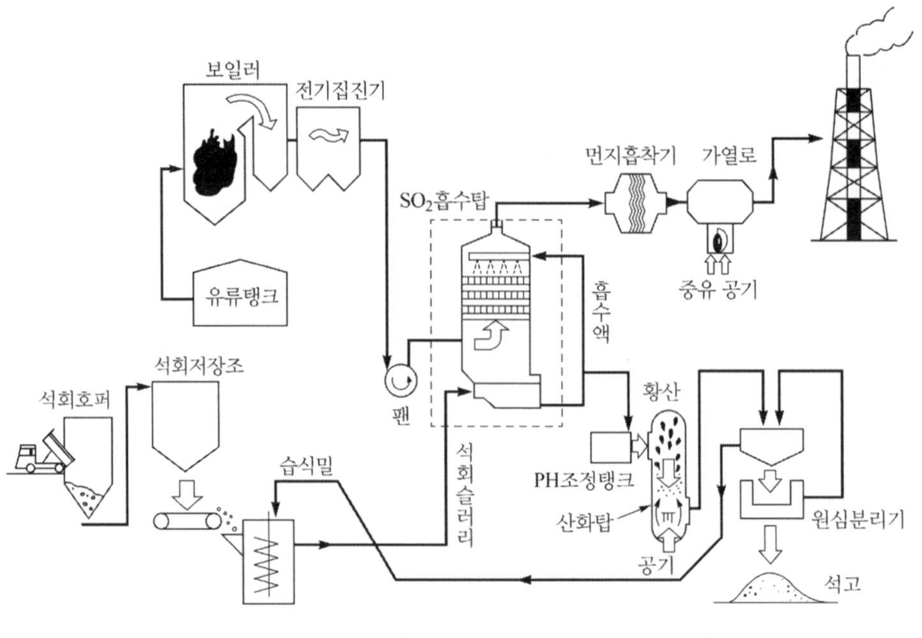

그림 5.16 탈황 장치의 습식구조법(석회-석고법)

5.7.4 탈질 장치

보일러 배기 가스중의 질소 산화물(NO_x)을 제거하기 위하여 암모니아 접촉 환원법은 사용한다. 이 방법은 배기가스 중에 암모니아(NH_3) 가스를 주입해서 NO_x를 질소(N_2)와 수증기(H_2O)로 환원하는 것이다.

반응식은 다음과 같다.

일산화질소의 경우 : $6NO + 4NH_3 \rightarrow 5N_2 + 6H_2O$

이산화질소의 경우 : $6NO_2 + 8NH_3 \rightarrow 7N_2 + 12H_2O$

또한 공기 중의 산소와 질소의 반응은 연소온도가 높으면 더 많이 발생하므로 보일러 연소온도를 낮추기 위하여 배출 가스의 일부를 연소용 공기와 혼합해서 보일러에 다시 공급하는 방법도 있다(그림 5.17).

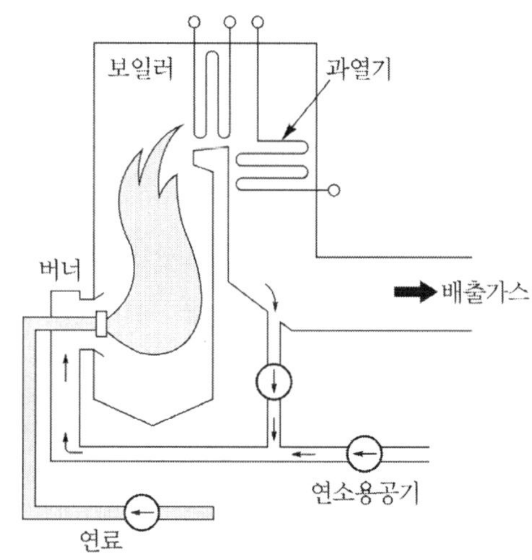

그림 5.17 연소온도 저감에 의한 탈질장치

그림 5.18은 탈질장치와 탈황장치의 배치도이다.

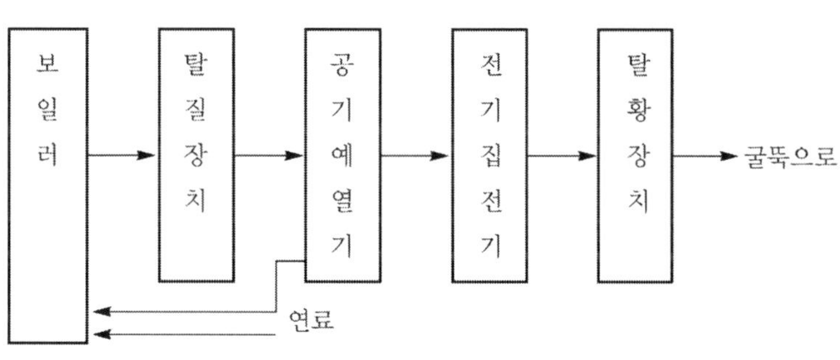

그림 5.18 탈질장치, 탈황장치의 배치도

5.8 급수처리 설비

보일러 용수는 하천수, 지하수, 수도물 등이 이용되며, 급수 처리하기 전의 물을 원수(raw water)라고 한다. 그러나 원수에는 여러 가지 불순물이 함유되어 있고, 이 불순물은 발전소 운전 중 각종 장해와 사고를 일으키는 원인이 되므로 적절한 대책이 필요하다.

원수에는 부유 물질(모레, 흙) 용해 염(칼슘, 마그네슘) 용해가스(공기, 아황산가스 및 탄산가스) 등이 함유되어 있다.

이것을 보일러에 사용하면 스케일(scale)의 부착 및 슬러지(sludgy)의 발생에 의한 효율 저하, 열 전달 저하에 의한 배관의 소손, 부식 등의 문제점이 발생한다.

이러한 문제점에 대비하기 위하여 불순물을 제거하여 보일러에서 사용할 수 있는 순수를 만들어야 하며, 이를 급수처리(feed water treatment)라고 한다.

이와 같은 불순물의 양은 보통 물 1[kg] 또는 1[l] 중에 함유되는 [mg]의 양으로 표시되며, 보통 이것은 100만 분의 1을 의미하는 [ppm](parts per million) 또는 [mg/l] 단위로 나타내고 있다.

참고 : 수소이온 농도지수 pH

pH는 용수의 산성도를 가늠하는 척도로서 수소이온농도의 역수에 상용로그를 취한 값이다. ($pH = \log_{10}(1/H^+)$) 용수의 수소이온농도는 매우 작은 값이기 때문에 pH라는 지수를 도입해 용수의 산성도를 나타낸다. $pH=7$: 중성, $pH<7$: 산성, $pH>7$: 알카리성

(1) 불순물로 인한 장해

불순물이 함유되어 있는 원수를 그대로 보일러에서 증발시키면 다음과 같은 여러 가지 장해를 일으키게 된다.

1) 스케일의 생성 및 슬러지의 발생

스케일(scale)은 보일러수 중에 함유된 칼슘이나 마그네슘과 같은 염류계통의 불순물이 농축되거나 용해되어서 보일러 관벽에 달라붙은 것을 말하며, 슬러지(sludge)는 보일러의 고형물질이 침전하여 퇴적된 것을 말한다.

이러한 스케일이나 슬러지가 생성되면 열효율이 저하하고, 관벽의 열전도가 낮아지며, 수관 내의 물 순환이 방해되며, 국부적으로 관벽이 과열된다.

2) 관 벽의 부식

용존산소 등으로 인하여 보일러 관 벽이 부식된다. 또한 보일러 수가 산성화되면(pH < 7) 역시 관 벽의 부식을 촉진하지만, 일반적으로 산소에 의한 부식이 크다.

3) 증기 중에 불순물의 혼입

염류계통의 불순물이 많으면 드럼에서 증발시 증기 중에 불순물이 혼입되어 과열기의 관 벽에 불순물이 부착되어 열효율을 떨어뜨리기도 하고, 터빈 날개에 불순물이 부착되어 편 회전으로 인한 소음, 진동 등이 일어난다.

즉, 보일러수 중에 불순물이 많으면 forming(증기발생시 거품 생성) → priming(수면 위로 물방울 튀어 오름) → carry over(증기 중에 불순물 혼입) 현상이 일어난다.

4) 가성취화(苛性脆化)

보일러 수를 과도하게 알칼리성으로 만들면 드럼내부와 같이 응력이 큰 개소의 금속을 연화(軟化)시키는 가성취화(caustic embitterment)현상이 일어나기도 한다.

(2) 급수처리

원수를 보일러 급수로 사용하기 위한 1차 처리와 급수가 보일러 내에 들어간 후에 처리하는 2차 처리가 있다.

1) 1차 처리(외부처리)

1차 처리의 목적은 원수중의 불순물을 제거하여 깨끗한 보일러용수를 만드는데 있으며, 일반적으로 침전 여과에 의한 부유 물질 제거, 이온교환 수지법에 의한 용해염과 용해가스를 제거하는 과정이 있다.

그림 5.19에서 원수 중의 모래, 부유물 등을 침전 여과하며, 이 여과수는 이온교환수지(이온交換樹脂 ; ion exchange resin)를 사용한 탈염장치(脫鹽裝置)를 거치므로 수중에 용해되어 있는 염류성분이 제거된 순수(純水)가 된다.

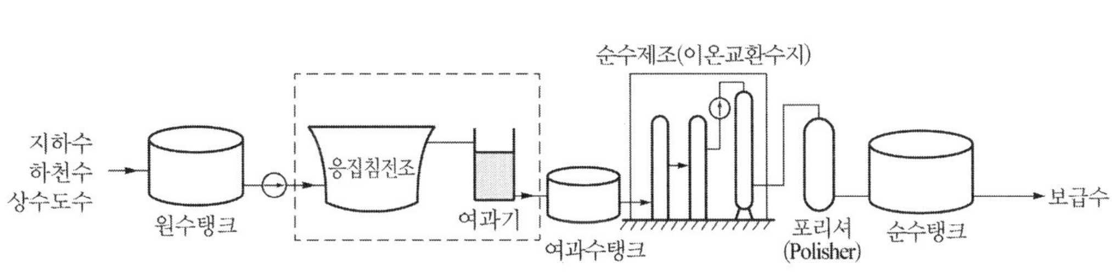

그림 5.19 급수의 1차 처리 예

1차 처리된 보급수는 일단 순수 탱크에 저장한 후 필요에 따라서 복수기를 통하여 열 사이클에 보급된다.

2) 2차 처리(내부처리)

2차 처리는 보일러 내부에서 행하는 처리로서 보일러수에 약제를 주입함으로써 불순물을 처리하고, 한편으로는 보일러수의 수소이온 농도지수(ph) 등을 조절하여 불순물에 의한 장해를 방지하는 과정이다.

ph의 조정은 계통을 구성하고 있는 강재나 동합금의 부식을 방지하기 위하여 급수를 약알칼리성으로 유지하기 위함이다. 주입약품은 암모니아(NH_3)와 하이드라진(N_2H_4)을 사용하고, 주입 지점은 복수펌프 출구측으로 한다.

또한 드럼이 있는 보일러에서는 때에 따라서 불순물이 많은 보일러 수를 배출(blow off)하며, 관류형 보일러에서는 복수기 출구 측에 탈염장치를 설치하는 등의 대책을 세운다. 보일러수 중에 용해되어 있는 산소와 탄산가스 등의 불응축성 용존가스를 제거할 목적으로 탈기기(deaerator)를 설치한다. 탈기기에는 물을 가열하여 탈기하는 물리적 탈기 및 화학적 탈기(하이드라진(hydrazine) 또는 아황산소다를 사용)가 있다.

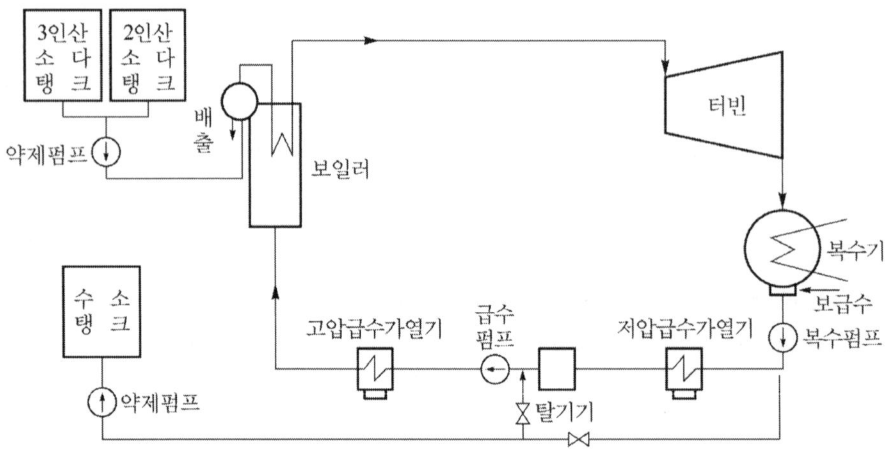

그림 5.20 급수의 2차 처리 예

5.9 증기터빈

5.9.1 개 요

증기터빈은 보일러에서 보내온 증기를 팽창시켜 회전에너지로 변환하고 그 회전에너지로 발전기를 회전시켜주는 원동기이다. 그 동작원리는 수차에서 설명한 바와 같이 충동터빈과 반동터빈이 있으며, 수 10만[kW] 이상의 대용량 터빈은 고압부에서는 충동식으로 해서 증기압력을 떨어트리고 후단에서는 반동식을 사용하는 혼식터빈이 일반적이다.

우리나라에서도 대용량의 기력발전소 건설 기술이 진보됨에 따라서 80만~100만[kW]급의 터빈 발전설비를 건설 또는 운전하고 있다.

5.9.2 증기터빈의 종류

보일러에서 발생한 고온고압의 과열증기는 노즐(nozzle)을 사용해서 저압까지 팽창시키고 있는데 이때 증기가 작용하는 동작원리에 따라 충동터빈(impulse turbine)과 반동터빈(reaction turbine)으로 나누어진다.

1) 충동터빈

충동터빈이란 고압의 증기가 터빈의 노즐을 통과하는 사이에 압력을 떨어뜨림으로서 얻어진 고속도의 증기분출(steam jet)에 의한 충동력으로 회전력을 얻는 터빈으로서 단식충동터빈(de Laval turbine)과 속도복식충동터빈(curtis turbine), 압력복식충동터빈(Zoelly turbine)이 있다. 그림 5.21은 충동터빈의 원리를 나타낸다.

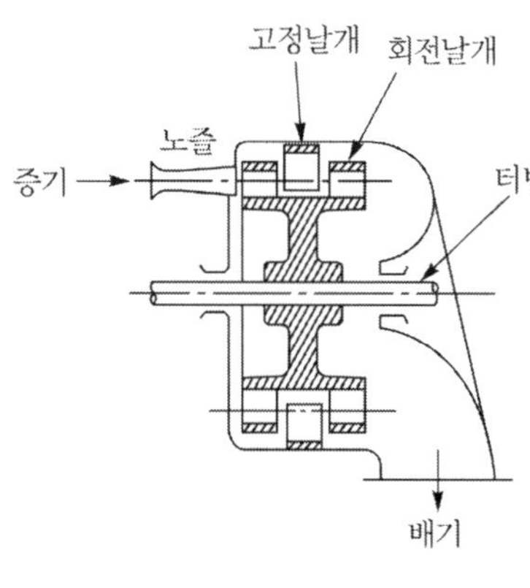

그림 5.21 충동터빈

2) 반동터빈

반동터빈은 노즐 대신에 고정날개(stationary vane)를 설치해서 증기의 팽창으로 고속도 분류를 만들지만 회전날개 속에서도 팽창하도록 해서 증기의 충동력뿐만 아니라 회전날개를 거쳐 나가는 증기의 반동력까지도 이용하는 것이다. 반동터빈은 충동터빈과는 달리 회전날개의 입구 압력이 출구압력보다도 높게 하고 있다.

그림 5.22는 반동터빈의 원리를 나타낸다.

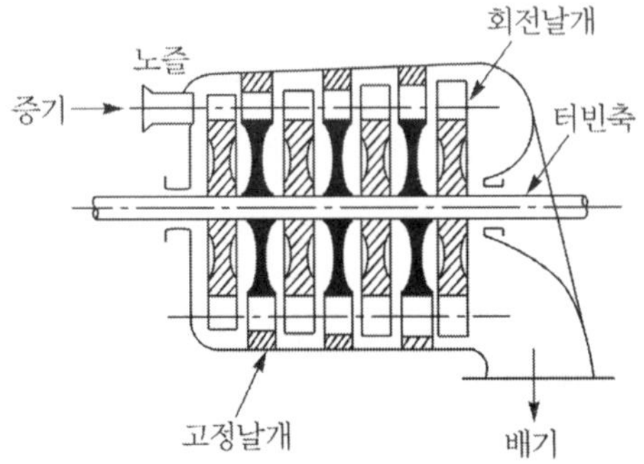

그림 5.22 반동터빈

3) 혼식터빈(combination turbine)

혼식터빈은 충동터빈 및 반동터빈을 조합하여 발전용 터빈으로 사용하는 것으로 최근에 많이 사용된다.

터빈의 고압부분은 충동 터빈을 사용하여 열 낙차를 크게 이용하며 저압부분에서는 반동터빈을 사용하여 증기를 충분히 팽창시켜 터빈 전체의 열효율을 향상시킨다. 그림 5.23은 혼식터빈을 나타낸다.

이것은 보일러에서 나온 증기가 증기실(steam chest)로부터 제어밸브(controlling valve)를 통해서 노즐로 들어가고 여기서부터 팽창해서 먼저 충동단의 회전날개에 동력을 전달하고 다음에 반동단(고정날개와 회전날개가 교대로 배치되어 있음)을 통과하면서 점차적으로 팽창하여 각 단의 회전날개에 동력을 전달한 다음 배기실로 빠지고 배기실에서는 복수기의 압력까지 팽창하게 된다.

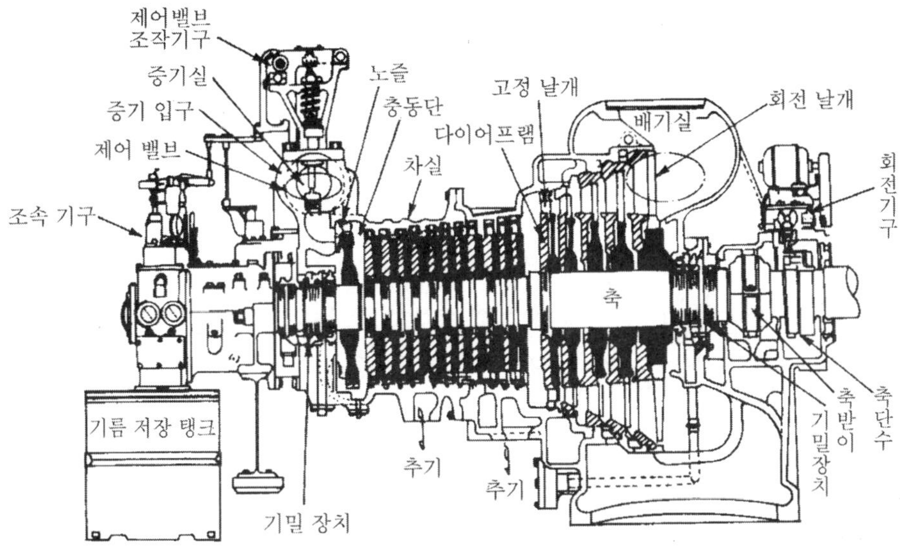

그림 5.23 혼식터빈

5.9.3 증기터빈의 구조

대용량 터빈에서는 고압 중압 저압의 차실(casing)로 나누어지는데 각 차실 에는 증기를 분출하는 노즐(nozzle), 각단을 격리하는 다이어프램(diaphragm) 및 고정날개가 설치되고 증기의 입구와 출구가 따로 구분되어 있다. 또 양단 축의 관통 부에는 증기의 누설을 방지하는 패킹(packing)이 설치되어있다. 증기터빈의 회전부분을 러너(runner)라고 하는데 이것은 축을 중심으로 하는 원판 또는 원통의 주위에 회전날개를 끼워 놓은 것이다.

(1) 노즐

노즐(nozzle)이란 열에너지를 속도에너지로 바꾸는 작용을 한다. 그림 5.24는 노즐블록이 노즐에 장착되어 내부 차실에 조립되어 있다. 노즐블록이 없는 경우는 다이아프램에 노즐이 심어져 있다.

(2) 다이어프램

내부 링(inner ring)과 외부 링(outer ring) 사이에 고정날개가 붙어 있는 하나의 열을 다이어프램(diaphragm, 隔板)이라 한다. 다이어프램의 외부 링은 터빈 차실에 조립되어 고정되어 있고 내부 링은 축을 둘러싸고 있으며 래비린스 패킹을 설치하여 증기누설을 방지한다. 다이어프램은 회전날개의 열(row)과 함께 단(stage)을 구성하고 각 단의 기밀을 유지하는 역할을 하며 상하 분할 구조이다.

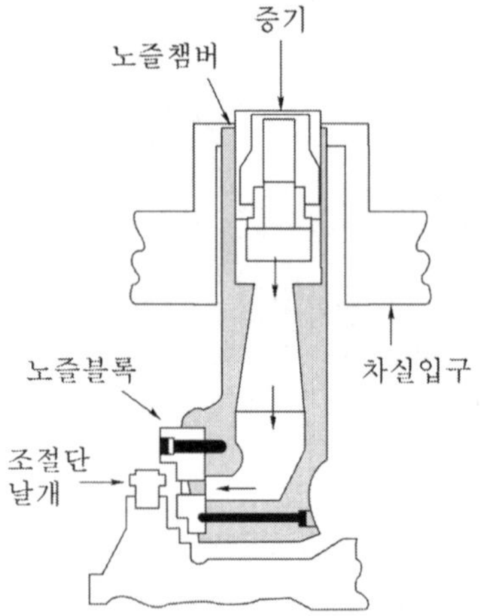

그림 5.24 노즐블록

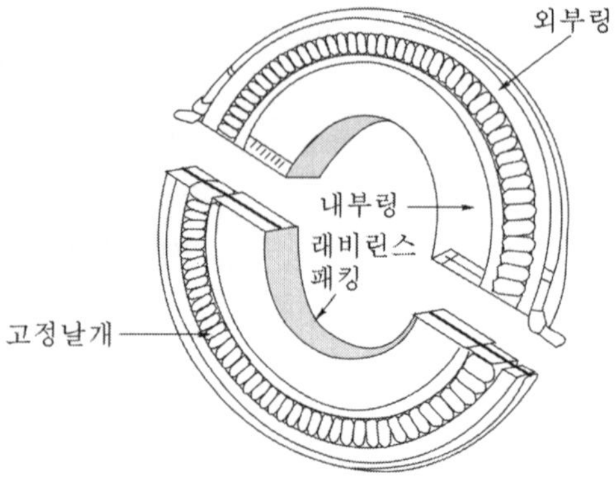

그림 5.25 다이어프램 구조

(3) 차실

차실(casing)은 고압 중압 저압 차실로 이루어져 있으며 터빈의 회전체가 있는 용기를 말한다. 고압 및 중압 차실은 온도와 압력을 고려하여 주강을 사용하며, 저압차실은 강판으로 제작된다.

고온고압 터빈은 2중 차실구조를 채택하여 차실의 변형 또는 열응력(thermal stress) 발생을 감소시킨다. 즉, 터빈에서 나가는 증기를 외부차실과 내부차실 사이의 공간에 흐르게 하여 온도차를 감소시켜 열 응력을 완화시킨다.

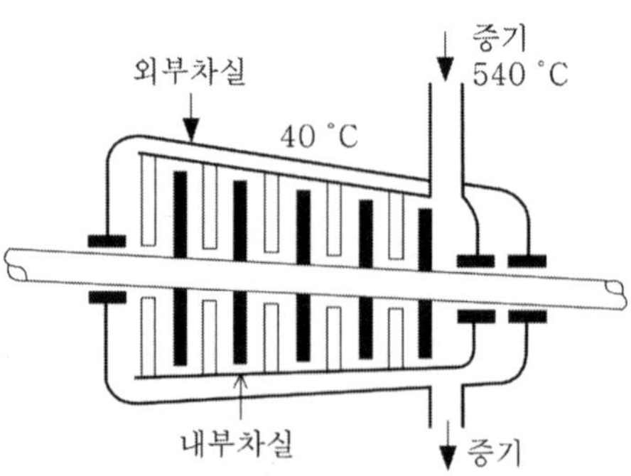

그림 5.26 2중 차실의 구조

2중 차실로 하면 내외부 사이의 압력 차가 감소되어 차실 두께를 얇게 할 수 있으며, 온도변화에 유연하게 대응할 수 있으므로 기동정지 시간을 단축할 수 있다.

(4) 밀봉장치(packing)

터빈 축이 차실이나 다이어프램을 관통하는 부분에는 각 단 사이의 압력 차에 의해 증기가 누설되거나 공기가 유입되는 것을 방지하기 위하여 밀봉장치인 패킹(packing)이 필요하다. 차실과 외기와의 사이의 패킹은 증기의 누설을 방지하는 것이 목적이고 복수 터빈의 저압 차실에는 외부로부터 공기가 새어 들어오는 것을 막는 역할을 하며 다이어프램의 패킹은 각 단 사이의 내부 누설을 방지하기 위함이다.

패킹의 종류로는 래비린스 패킹, 수봉 패킹, 탄소환 패킹 등이 있다.

래비린스 패킹(labyrinth packing)은 끝이 뾰족한 핀(pin)을 얇게 하여 회전부분인 축과 접촉해도 파손되지 않도록 해서 여러 개를 직렬로 붙여서 증기의 누설을 방지하는 것이다. 이의 원리는 핀 끝 부분을 통과하는 증기의 교축(throttling)작용에 의하여 증기 압력이 낮아지며, 핀과 핀 사이의 증기 와류에 의하여 누설을 방지하게 된다. 래비린스 패킹의 일례는 그림 5.27과 같다.

그림 5.27 래비린스 패킹의 일례

수봉 패킹(水封 packing, water sealed packing)은 회전축에 부착된 임펠러(impeller)가 물에 압력을 주어 누설 증기의 압력에 대항 시켜서 누설을 방지하게 된다.

탄소환 패킹(carbon ring packing) 탄소의 내열성과 내마모성이 풍부한 성질을 이용한 것으로 탄소를 원주 상으로 배열하여 스프링으로 가볍게 접촉시켜 누설을 방지하는 것으로 대용량 터빈에서는 거의 사용되지 않는다.

일반적으로 래비린스 패킹이 사용되지만, 이들 패킹만으로는 누설방지가 불충분하므로 수봉 패킹과 병용하여 사용한다.

(5) 러너

주축에 원판을 취부하고 원판의 주위에 다시 회전날개를 붙여 일체가 된 회전체를 러너(runner)라 한다. 러너는 소형으로 하고 고효율로 운전하기 위하여 회전수를 높게 하며, 발전기 극수 2극, 60[Hz]용이면 정격속도 3,600[rpm]이 되므로 대형기 일 때 기계적인 강도를 고려하여 설계하여야 한다. 이와 같이 러너의 회전수가 높고 강한 원심력을 받을 뿐만 아니라 고온 고압의 증기를 사용하기 때문에 러너의 재료는 강도가 큰 특수강을 사용한다.

증기터빈의 러너는 고속도 회전체이기 때문에 그 구조나 치수로서 정해지는 어느 속도에서 심한 진동이 생겨 이 진동에 의하여 파괴 사고를 일으킬 때가 있다. 이것은 축의 고유 진동수와 회전수가 일치했을 때이며 이 속도를 임계속도(critical speed)라 한다. 대용량 고속도 터빈에서는 정격속도가 임계속도로부터 20[%] 이상 떨어지도록 설계한다.

5.9.4 복수기(condenser)

복수기는 터빈의 배출 증기를 응축하여 복수기 내부를 진공으로 만듦으로서 터빈에서의 열 낙차를 크게 하여 터빈출력을 증강시키며, 다시 보일러수로서 쓰도록 응축하는 장치이다.

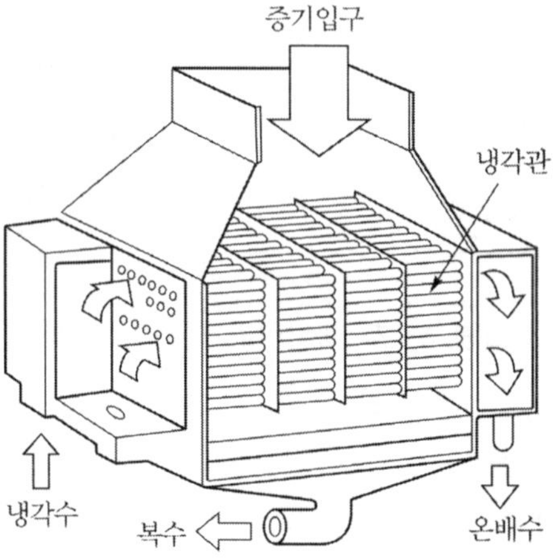

그림 5.28 복수기의 구조

진공도는 대기압 760[mmHg]을 기준으로 복수기내의 절대압력과의 차로서 나타내며, 일반적으로 진공도가 높을수록 열 낙차가 커져서 터빈의 열효율이 증가한다.

진공도를 향상시키기 위해서는 냉각수 온도를 낮추거나 냉각수량을 증가시키면 되지만 이로 인한 터빈 최종단의 습분 증가로 인한 부식 방지를 위하여 진공도는 722[mmHg]가 되도록 하지만 730[mmHg]까지도 설계된다. 그림 5.29는 복수기의 진공도 변화에 따른 터빈의 효율 곡선을 나타낸다.

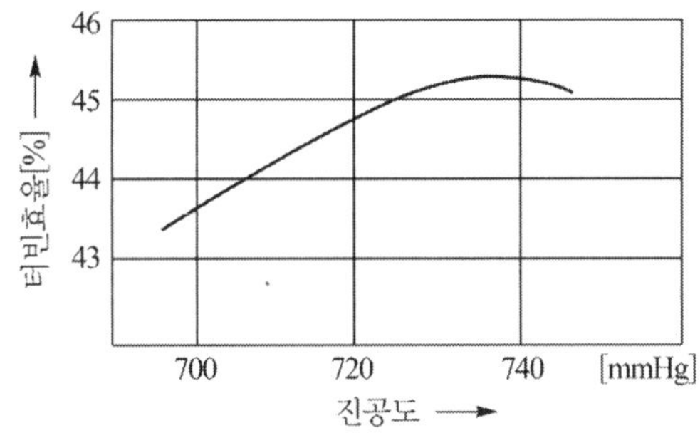

그림 5.29 진공도 변화에 따른 터빈 효율 곡선

냉각수량은 대개 복수량의 70~80배이며 냉각수의 복수기 입구와 출구의 온도차는 7~10[℃] 정도이지만 최근에는 온배수가 환경에 미치는 영향을 줄이기 위하여 7[℃] 이하로 한다.

복수기의 부속설비는 공기추출기(air ejector), 순환수펌프(circulating water pump)와 복수펌프(condensate pump)로 구성되어 있다.

(1) 복수기(condenser)의 종류

복수기는 증기터빈에서 나온 증기를 냉각 응축시킴과 동시에 복수로서 회수하는 장치이다. 복수기에는 표면복수기(surface condenser), 증발복수기, 분사복수기(jet conden-ser)가 있는데 발전용으로서 가장 많이 쓰이고 있는 것은 표면복수기이다.

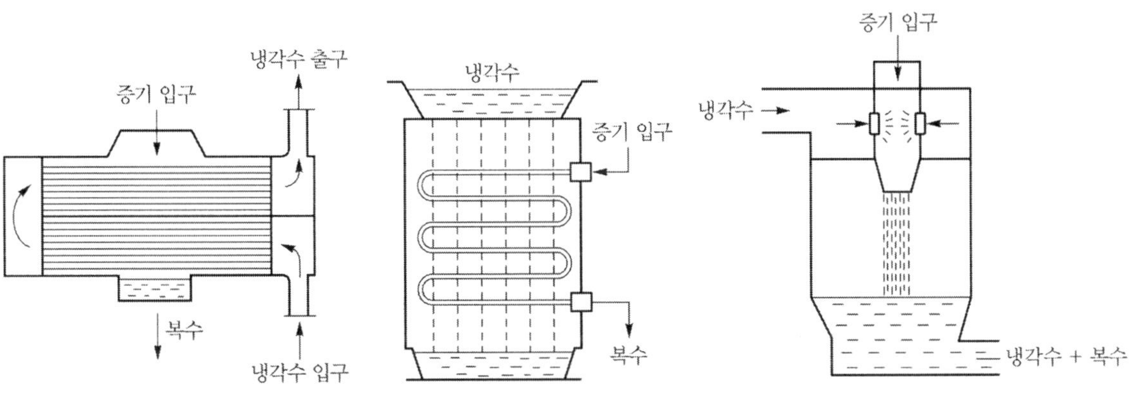

(a) 표면 복수기 (b) 증발 복수기 (c) 분사 복수기

그림 5.30 복수기의 종류

(2) 구성

1) 공기추출기

복수기 내에 유입된 공기와 터빈 배기 중의 불응축성 가스는 복수기의 진공도 유지를 방해하고 냉각수관 표면에 부착되어 열전도를 방해하며, 배관과 기기를 부식시킨다. 따라서 이러한 불응축성 가스를 연속적으로 제거하기 위하여 공기추출기(air ejector)가 설치된다. 추출지점은 복수기 중앙이나 하단 부에서 추출하며, 증기분사식 공기추출기 또는 회전형 공기추출펌프가 사용된다.

2) 복수펌프

복수기에서 응축된 물을 보일러 급수로 재사용하기 위하여 복수기에서 탈기기로 보내는데 사용하는 펌프를 복수펌프(condensate pump)라고 한다.

복수펌프가 고장 나면 보일러 급수뿐만 아니라 운전에 중대한 문제가 일어나므로 반드시 예비펌프를 설치해야 한다.

3) 냉각수 순환 펌프

일반적으로 원심력 펌프가 사용되며, 대용량 저양정의 경우에는 프로펠러 펌프도 사용된다. 냉각수 순환펌프는 복수기에 가깝게 배치한다.

5.9.5 조속장치

터빈은 부하 또는 증기 상태에 따라서 회전속도가 변하므로 회전속도를 항상 일정하게 유지하기 위하여 조속기를 설치하여야 한다. 조속기는 터빈에 들어가는 증기의 공급량을 조절하여 회전속도를 조정한다.

(1) 조속기의 특성

전력계통에는 많은 발전기가 병렬운전 되므로 사용 연료별로 일정한 속도 조정율(speed droop variation)로 조정되어 있다.

계통의 부하변화로 인하여 속도가 변하면 각각의 발전기는 조속기의 속도조정율에 따라 부하분담이 된다.

속도조정율 ϵ 이란 조속기의 특성을 변화시키지 않고 터빈 출력을 전부하에서 무부하로 했을 때의 속도의 변화 비율이며, 정격회전수를 N, 무부하시 회전수를 N_0 라 하면 다음과 같이 나타낸다.

$$\epsilon = \frac{N_0 - N}{N} \times 100[\%] \tag{5.3}$$

일반적으로 수력 발전소는 3~4[%], 가스터빈 발전소는 4~5[%], 기력 발전소는 5~6[%], 원자력 발전소는 8[%] 정도로 조정한다.

속도 조정율이 작으면 조속기는 예민하여 난조를 일으킬 수 있으며, 속도 조정율이 크면 부하변화에 따른 응동력이 부족하다. 그러나 운전 중 정격부하를 갑자기 차단했을 때 터빈의 최대속도는 후술하는 비상 조속기(emergency gorvoner)가 동작되지 않는 범위이어야 한다.

비상조속기는 터빈 속도가 정격속도의 110±1[%]가 되면 터빈에 유입하는 증기를 자동으로 차단하여 터빈을 정지시키는 장치이다.

터빈 발전기의 주파수와 회전수 즉, 동기속도 N_s는 주파수 f와 극수 p에 의하여 결정되며 다음과 같다($N_s = 120f/p$).

표 5.3 터빈 발전기의 주파수와 회전수

주파수	화력 발전소		원자력 발전소		비고
	회전수	극 수	회전수	극 수	
60[Hz]	3,600[rpm]	2	1,800[rpm]	4	한국, 미국
50[Hz]	3,000[rpm]	2	1,500[rpm]	4	유럽, 일본

예제 5-4

60[Hz], 2극 60,000[kW] 터빈 발전기가 계통에 연결되어 있다. 지금 계통 주파수가 60.2[Hz]로 상승하면 발전기 출력은 얼마로 감소될 것인가를 계산하라. 단, 터빈의 속도 조정율은 4[%]이다.

풀이 속도 조정율이 4[%]인 조속기는 무부하시 60·(1+0.04) = 62.4[Hz]까지 상승하게 되어 2.4[Hz]의 주파수 변동이 있게 된다. 터빈 조속기의 특성이 그림 5.31과 같이 직선적으로 한다면 주파수가 0.2[Hz] 상승할 경우 출력 감소분은 다음과 같다.

$$60{,}000 \times \frac{0.2}{2.4} = 5{,}000[\text{kW}]$$

그러므로 60.2[Hz]일 때의 출력 P_2는

$$60{,}000 - 5{,}000 = 55{,}000[\text{kW}]$$

가 된다.

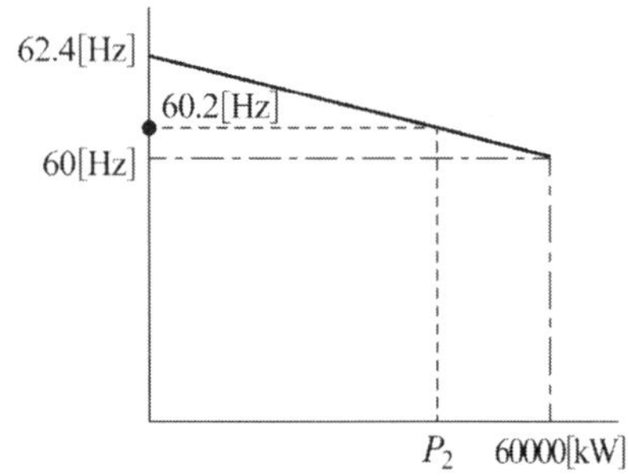

그림 5.31

(2) 조속기의 종류

수차발전기에서 사용하는 조속기와 같은 원리이므로 여기서는 종류만 간단히 나열한다.

1) 기계식 조속기(mechanical governor)

터빈 축에 직결 또는 기어에 연결되어 회전하는 원심 추의 원심력 변화를 이용하여 속도 조절을 행한다.

2) 전기식 조속기(electro governor)

주파수에 의하여 자력이 변하는 전기회로를 이용하는 조속기로서 주파수 변화에 따라서 여자 전류가 증감되어 레버 위치를 변경하면 압유에 의하여 주 증기 조절밸브의 열림 정도를 조정하여 속도를 조절하는 방식이다.

5.9.6 보안장치

(1) 비상조속기(emergency governor)

부하 차단시 터빈 속도가 이상 상승하게 되면 정격 회전속도의 110±1[%]에서 동작해서 터빈으로 유입하는 증기를 차단해서 비상 정지하게 된다. 즉, 증기터빈이 정격회전 속도에서 10[%] 이상 과속하게 되면 비상조속기를 작동시켜 증기공급 밸브를 급히 폐쇄시킴과 동시에 복수기에 공기를 집어넣으므로 진공도를 파괴하여 터빈을 정지시키는 장치이다.

그림 5.32와 같이 터빈 축의 끝 부분에 취부된 핀(pin)은 평상시에 스프링에 의하여 압입되어 있지만, 규정속도 이상이 되면 원심력에 의하여 핀이 돌출 되어 레바의 일단을 누르게 되며, 이 때 A점이 이탈됨과 동시에 봉이 증기 밸브를 폐쇄하게 된다.

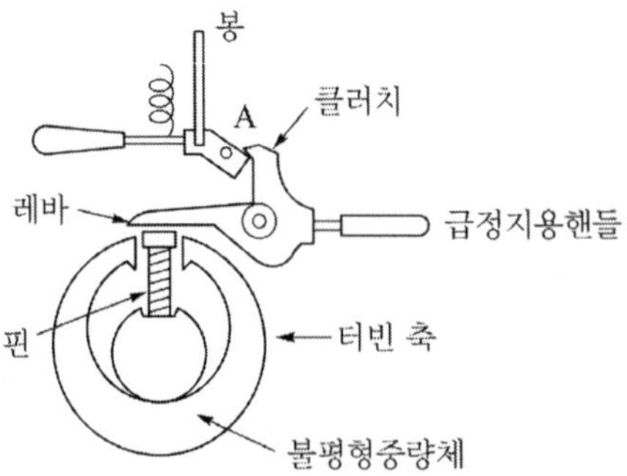

그림 5.32 비상조속기

(2) 진공도 저하 비상 장치

복수기의 냉각수 순환이 정지되거나 냉각수관의 열전도율이 저하되면 복수기의 진공도가 떨어지게 된다. 이때 터빈의 배기 온도가 상승해서 저압차실 및 차축에 과대한 열응력이 발생하게 되므로 이것을 검출해서 터빈에 유입되는 증기를 차단하게 된다.

(3) 추력베어링 유압저하 비상 장치

터빈 발전기에서 각 베어링의 유압이 크게 저하되면 이를 검출해서 터빈을 정지시킨다.

(4) 추력베어링 마모 비상 장치

터빈베어링의 마모로 인하여 회전체의 위치가 편위하게 되면 동작해서 터빈을 정지시킨다.

(5) 이상 진동 비상 장치

터빈의 기동 또는 운전 중의 열응력에 의하여 회전체 축의 편심, 축의 진동, 고정날개와 회전날개의 접촉 또는 베어링의 손상을 방지하기 위하여 진동변화율 및 변화 폭의 제한치를 초과하면 동작해서 터빈을 정지시킨다.

예제 5-5

60[Hz] 2극 터빈 발전기의 비상조속기가 작동하는 회전수[rpm]는 얼마인가?

풀이

$$N = \frac{120 \times 60}{2} = 3{,}600\,[\text{rpm}]$$

비상조속기가 작동하는 회전수는 정격회전수의 110[%]이므로 다음과 같다.

$$3{,}600 \times 1.1 = 3{,}960\,[\text{rpm}]$$

5.10 터빈 발전기

5.10.1 개 요

터빈 발전기는 증기터빈(또는 가스터빈)을 원동기로 하여 구동되는 발전기로서 수차 발전기에 비교하면 고속도 회전기이다. 그래서 60[Hz] 계통에서 2극기는 3,600[rpm], 4극기는 1,800[rpm]으로 회전하여야 한다.

이와 같이 고속 회전을 하면 회전자는 대단히 큰 원심력을 받기 때문에 가늘고 길게 만든다. 이 때문에 회전자(계자)는 원통형의 비돌극기(非突極機, non salient pole machine)가 된다.

수차 발전기처럼 터빈 발전기도 회전계자형이며, 횡축기의 고속 회전기이므로 다음과 같은 특징이 있다.

① 회전자는 지름을 작게 하고, 축 방향으로 길게 하여 원심력을 작게 한다.
② 계자 철심과 축은 강도가 큰 특수강으로 함께 단조하는 등 기계적 강도가 큰 구조로 한다.
③ 회전자는 원통형(cylindrical rotor)으로 하여 풍손을 줄인다.
④ 전기자 철심에는 규소 강판을 사용하여 철손을 작게 한다.
⑤ 냉각을 위하여 계자권선 슬롯의 바닥에 통풍 덕트를 두어 통풍을 충분히 한다.
⑥ 대형 터빈발전기는 수소냉각방식을 채용하여 풍손을 감소시킴과 동시에 냉각효과를 크게 하여 발전기의 출력과 효율을 높인다.

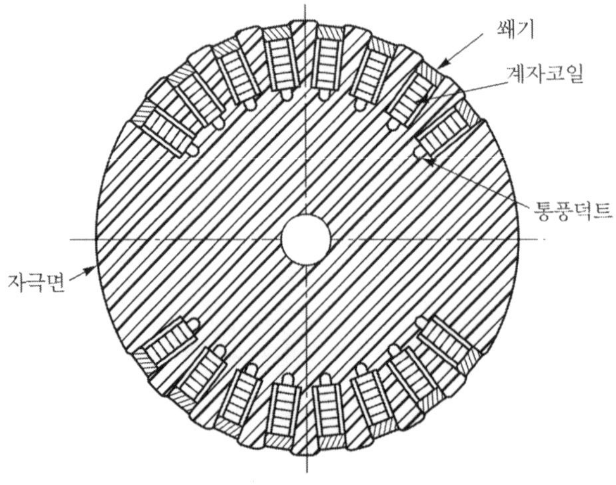

그림 5.33 원통형 회전자의 단면도

5.10.2 구 성

발전기는 고정자, 회전자, 베어링 및 여자기로 구성되어 있다.

(1) 고정자

고정자(전기자)는 철심과 도체 및 전체를 감싸고 있는 프레임(frame)으로 구성되며, 도체를 삽입할 슬롯(slot)이 파여진 얇은 규소강판을 원판상(圓板狀)으로 조합하여 슬롯 안에 도체를 삽입하고 쐐기(wedge)를 끼워 조립한다.

(2) 회전자

회전자는 원통형 단조품(鍛造品)에 계자코일을 넣기 위해 축방향의 슬롯 속에 동대(銅帶)를 넣고 금속제의 쐐기를 삽입하여 동대의 이탈을 방지하는 구조이다. 그림 5.34와 같이 축단(軸端)에 돌출된 동대의 외부 이탈을 방지하기 위하여 유지환(end winding retaining ring)이 있으며, 이는 비자성 합금으로 되어있다. 통풍날개(fan)는 유지환의 축 끝단에 설치되어 있다.

(3) 권선

전기자 도체는 단부에서 결선되며 프레임 외부로 부싱(busing)을 통해 인출된다. 통상 전기자는 3도체이므로 중성점 측에 3선, 선로 측에 3선이 인출되지만 전류가 크면 1상당 2회로로 하여 12선을 인출하는 경우도 있다. 이 경우는 중성점 측의 6선은 합쳐지고 나머지 6선은 각 상으로 접속시켜 3상의 선로에 연결된다.

전기자 권선이 전기각으로 120°의 간격으로 3 권선이 배치되어 Y 또는 △결선을 할 수 있다. Y결선은 △결선보다 높은 선간 전압을 얻을 수 있으며, 같은 단자 전압이면 △보다 절연이 쉬우며, 중성점을 이용할 수 있으므로 주로 Y결선을 한다.

그림 5.34는 2극의 터빈발전기의 회전자이며, 그림 5.35 2극의 터빈 발전기의 구조도이다.

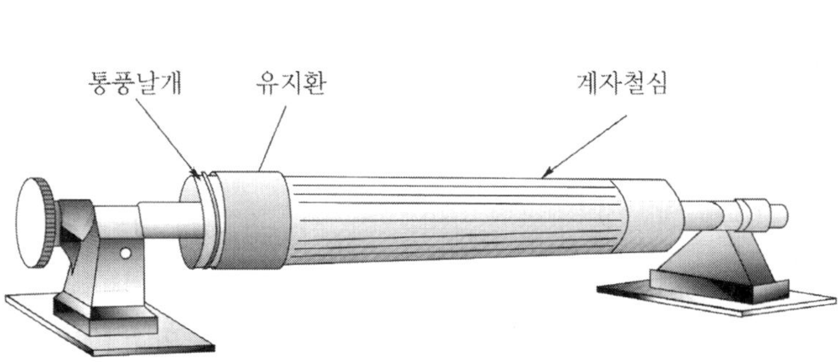

그림 5.34 2극 터빈 발전기의 회전자

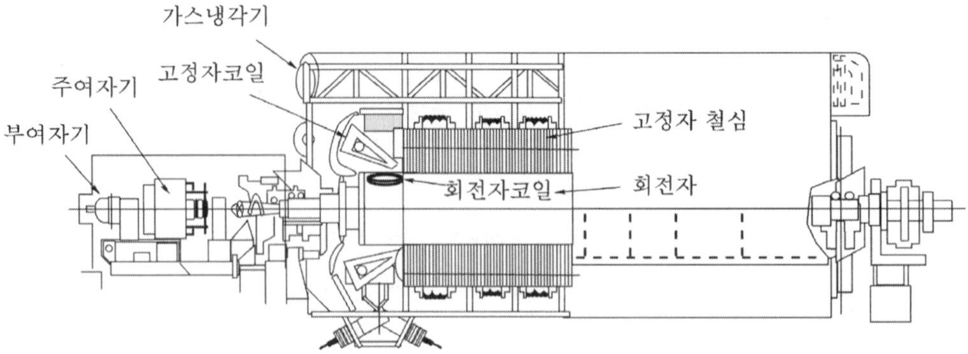

그림 5.35 터빈 발전기의 구조도

5.10.3 냉각방식

수차 발전기(water wheel generator)의 회전수는 100~1,200[rpm] 정도이지만, 터빈 발전기(turbine generator)는 1,800 내지 3,600[rpm] 이므로 별도의 냉각방식을 고려하여야 한다.

냉각방식은 공기냉각, 수소냉각 방식, 물냉각 방식이 있으며, 용량이 50[MW]를 넘으면 수소냉각 방식이 채용된다.

현재 대용량 터빈발전기의 회전자는 수소냉각 방식을 적용하며, 고정자는 물냉각 방식이 적용되고 있다.

(1) 수소 냉각방식

수소냉각 방식은 주로 회전자 냉각을 위하여 채용하며 다음과 같은 특징이 있다.

① 풍손이 1/10로 감소한다. (수소는 공기에 비해 밀도가 1/14)
② 냉각 효과가 크다.(열전달 율은 공기의 1.51배)
③ 코로나 발생이 적다.
④ 소음이 거의 없다.
⑤ 효율은 약 1[%] 높다.

(2) 물 냉각방식

대용량 발전기의 고정자 도체를 냉각하기 위하여 고정자에 물을 통과시키는 물냉각방식을 사용한다.

물은 냉각성능이 우수하고 점성이 작기 때문에 순수한 물을 이용한다.

예제 5-6

3상 동기발전기의 전기자 권선은 보통 Y결선으로 한다. 그 이유를 설명하여라.

풀이 발전기 각 상의 기전력에는 자기포화 또는 전기자 반작용으로 인하여 제3고조파 또는 그 배수의 고조파가 포함되는 일이 있는데, △로 접속하면 고조파의 순환전류로 인한 손실이 있지만, Y결선으로 접속하면 이와 같은 우려는 없다.

또한 각 상의 절연은 △접속에 비하여 Y접속은 $1/\sqrt{3}$ 배의 전압이 걸리므로 Y로 접속하면 절연이 용이하다. 그리고 Y로 접속하면 중성점을 끌어 낼 수 있으므로 이를 이용해서 보호장치를 설치할 수도 있다.

예제 5-7

수차 발전기와 터빈 발전기의 차이점에 대하여 설명하여라.

풀이
1. 수차 발전기는 출력, 낙차, 홍수위 등의 상황에 의하여 종축기 또는 횡축기로 건설되지만, 터빈 발전기는 증기터빈의 구조상 횡축기로 한다.
2. 수차 발전기는 수차 특유속도 및 러너 구조상 100~1,000[rpm] 정도의 회전수이지만, 터빈 발전기는 터빈의 특성상 기력용은 대개 3,600[rpm]이며, 원자력용은 1,800[rpm]이 사용된다.
3. 수차 발전기는 극수가 많고 저속기이므로 회전자의 원심력이 적다. 그러므로 자극 취부가 용이한 돌극형이 사용되며, 터빈 발전기는 고속기이므로 원심력에 대처할 수 있도록 계자권선을 슬롯 내에 삽입하는 원통형을 사용한다.
4. 냉각방식은 수차발전기의 경우 공기냉각이지만, 터빈발전기는 냉각효과를 높이기 위하여 고정자는 물냉각 방식, 회전자는 수소냉각 방식을 사용한다.
5. 단기용량은 수차발전기의 경우 수 만[kW] 정도이며, 양수 발전기도 30만[kW] 정도에 불과하지만 터빈발전기는 50만~80만[kW] 정도의 용량으로 운전된다.
6. 단락비는 수차 발전기는 1~1.2인 반면, 터빈 발전기는 0.6~0.8 정도이다.

5.10.4 발전기의 부속설비

발전기의 부속설비에는 상분리 모선, 중성점 접지장치 및 서지흡수기 등이 있다.

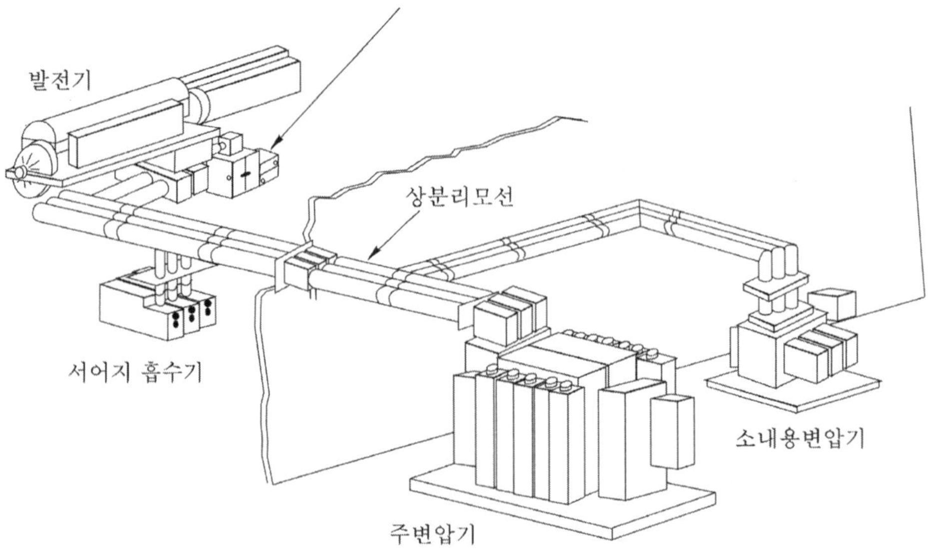

그림 5.36 발전기의 부속설비 설치도

(1) 상분리 모선

발전기 단자에서 외부로 인출되는 도선은 소용량기에서는 케이블을 사용하지만, 4,000[A] 이상의 큰 발전기는 상분리 모선(IPB, isolated phase busbar)이 채용된다.

발전기의 용량이 커지면 송전전류나 단락사고 시에 흐르는 단락전류가 크기 때문에 이것에 충분히 견딜 수 있어야 하며, 높은 신뢰도와 오랜 수명을 유지할 수 있어야 한다. 따라서 각 상의 모선을 금속용기 안에 넣고 서로 공간을 사이에 두고 배치하는 상분리 모선이 채용된다.

상분리 모선은 그림 5.37과 같이 도체(conduct)는 애자로 지지되어 있고, 도체 주위에는 외피인 금속덕트가 설치되어 있다. 외피는 알루미늄(aluminium) 또는 그 합금으로 제작된다. 도체는 전류 용량이 작은 경우는 평각동대를 사용하지만 용량이 커지게 되면 중공도체를 사용한다.

상분리 모선의 냉각은 일반적으로 8,000[A]까지는 자냉식이 채용되고 10,000[A] 이상에서는 풍냉식이 채용된다.

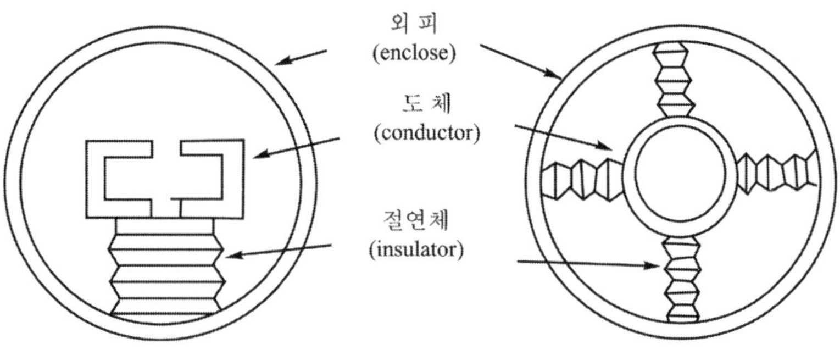

그림 5.37 상분리 모선의 예

(2) 중성점 접지장치

중성점 접지장치는 발전기 회로 지락사고시 이상전압을 억제함과 동시에 지락사고를 검출하기 위하여 발전기의 중성점 회로를 접지하는 장치이다.

접지방법에는 직접접지, 저항접지 또는 변압기접지 등이 있으며 지락전류와 건전 상의 전압 상승을 어느 정도로 억제할 것인가에 따라 선정된다.

직접접지 또는 저저항접지에서는 건전상의 전압 상승을 낮게 억제할 수 있으며, 또 접지사고 검출감도를 높일 수 있으나 사고전류에 의한 기기의 손상은 크게 된다.

반대로 고저항접지 또는 변압기접지에서는 기기의 손상이 적은 대신 건전상의 전위상승은 크게 되고 또 고장검출감도는 떨어지는 단점이 있다.

그림 5.38은 접지사고시의 이상전압을 종축에, 접지저항의 손실 전력과 상규 3상 대지정전용량의 비를 횡축에 잡은 곡선이다.

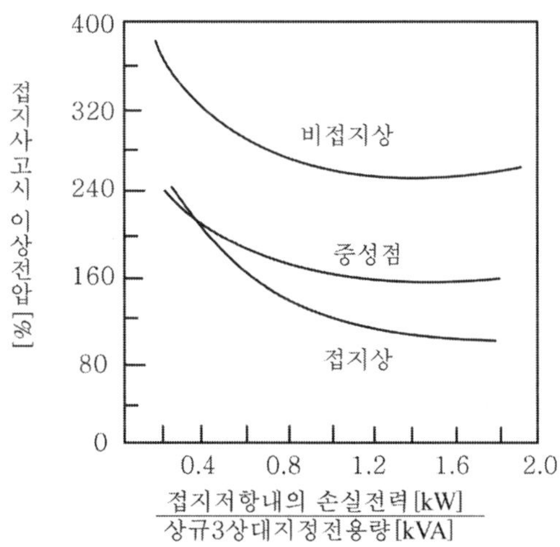

그림 5.38 접지사고시의 이상전압

이 그림에서 알 수 있듯이 비접지상의 이상전압은 접지저항 내의 손실 전력과 상규 3상 대지 정전용량의 비가 클수록 저감되나 1을 넘으면 거의 저감되지 않으므로 양자의 비가 1정도 되도록 저항 값을 결정한다.

이 경우 발전기 접지 저항기의 용적이 크고 비싸지므로 대용량 화력발전소의 발전기 접지방식은 단상 배전용변압기를 이용하여, 그 2차측에 저항기를 삽입하는 방법(2차 저항기부 변압기 접지 방법)이 채용되고 있다.

(3) 서지 흡수기

급격한 충격 전압파로부터 기기를 보호하기 위하여 기기 단자와 대지간에 피뢰기와 콘덴서를 조합한 서지 흡수기(surge absorber)를 설치한다.

송전선 측에서 뇌 등의 서지가 침입하면 변압기 권선을 통하여 서지 전압이 발전기 측으로 옮겨온다.

따라서 주 변압기 측에서 옮겨오는 서지 전압은 적어도 발전기가 견딜 수 있는 한도 이하로 저감되어야 한다.

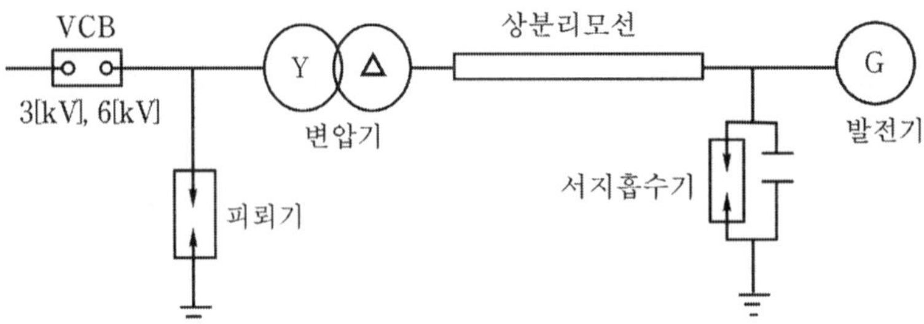

그림 5.39 서지 흡수기의 접속

이 때문에 서지 흡수용 콘덴서를 발전기 주 회로에 설치하는데, 보호 콘덴서는 충격파전압의 파두를 완만하게 하며, 파장의 길이가 짧은 경우에는 파고치를 저감하여 발전기 권선의 층간절연 및 대지절연의 파괴를 방지하는데 유효하다. 그러나 파장의 길이가 길면 파고치 저감의 효과가 없으므로 이런 경우를 대비하여 피뢰기를 병용한다.

보호 콘덴서의 정전 용량은 1상당 0.1~0.15[μF]의 콘덴서를 적용함으로서 발전기를 보호하게 된다.

연 습 문 제

e x e r c i s e

5-1 **다음 그림의 계통은 어느 종류에 속하는 보일러인가?** [96. 전기산업기사]

㉮ 스토커 보일러
㉯ 강제 순환 보일러
㉰ 자연 순환 보일러
㉱ 관류 보일러

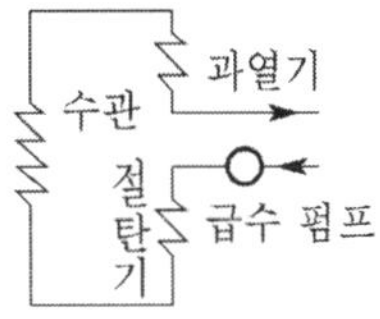

5-2 **자연순환식 보일러를 갖는 기력발전소에서 드럼 내의 압력이 100[kg/cm^2]인 경우 급수 펌프의 배출압력으로 다음 중 적당한 것은?** [97. 전기·공사산업기사]

㉮ 70～80[kg/cm^2] ㉯ 90～100[kg/cm^2]
㉰ 140～150[kg/cm^2] ㉱ 200～250[kg/cm^2]

5-3 **보일러에서 흡수열량이 가장 큰 것은?** [97. 전기·공사기사]

㉮ 절탄기 ㉯ 수냉벽
㉰ 과열기 ㉱ 공기 예열기

5-4 **평균 발열량 7,200[kcal/kg]의 석탄이 있다. 탄소와 회분으로 되어 있다면 회분은 몇 [%]인가? 단, 탄소의 발열량은 8100[kcal/kg]이다.** [94. 전기기사]

㉮ 11 ㉯ 14
㉰ 17 ㉱ 20

5-5 **기력발전소 내의 보조기 중 예비기를 가장 필요로 하는 것은?** [15. 전기기사]

㉮ 미분탄 송입기 ㉯ 급수펌프
㉰ 강제통풍기 ㉱ 급탄기

5-6 **화력발전소에서 재열기의 목적은?** [16. 전기기사]

㉮ 급수 예열 ㉯ 석탄 건조
㉰ 공기 예열 ㉱ 증기 가열

5-7 **증기터빈의 장·단점 중 옳지 않은 것은?** [00. 공사기사]

㉮ 과열증기나 고진공인 때의 효율이 매우 높다.
㉯ 고효율을 내기 위해서는 대용량의 복수기가 필요하다.
㉰ 과부하 용량이 작고, 과부하시의 효율이 낮다.
㉱ 고속도기이므로 날개 및 축수 등의 손상이 심하다.

5-8 **증기터빈의 팽창도중에서 증기를 추출하는 형태의 터빈은?** [96. 전기산업기사]

㉮ 복수 터빈 ㉯ 배압 터빈
㉰ 추기 터빈 ㉱ 배기 터빈

5-9 **터빈에서 배기되는 증기를 용기 내로 도입하면 증기는 응결하고 용기 내는 진공으로 되며, 증기를 저압까지 팽창시킬 수 있다. 이렇게 하면 전체의 열낙차를 증가시키고 증기터빈의 열효율을 증가시킬 수 있는데 이러한 목적으로 사용되는 설비는?** [98. 전기기사]

㉮ 흡출기 ㉯ 복수기
㉰ 과열기 ㉱ 재열기

5-10 **터빈의 임계속도란?** [94. 전기산업기사]

㉮ 에머전시 가버너를 작동시키는 회전수
㉯ 회전자의 고유 진동수와 일치하는 위험 회전수
㉰ 부하를 급히 차단했을 때에 순간 최대 회전수
㉱ 부하 차단 후 자동적으로 정정된 회전수

5-11 **증기터빈의 증기누설 방지장치에 일반적으로 사용되지 않는 패킹은?** [00. 전기산업기사]

㉮ 레버린스 패킹 ㉯ 탄소 패킹
㉰ 수봉 패킹 ㉱ 고무 패킹

5-12 **화력발전소에서 발전효율을 저하시키는 원인으로 가장 큰 손실은 어느 것인가?**

㉮ 소내용 동력 ㉯ 터빈 및 발전기의 손실 [00. 전기기사]
㉰ 연돌배출가스 ㉱ 복수기 냉각수 손실

5-13 화력발전소에서 탈기기의 설치 목적으로 가장 타당한 것은? [15. 전기산업기사]

㉮ 산소의 분리 ㉯ 습증기 건조
㉰ 연료중의 공기제거 ㉱ 염류의 제거

5-14 포오밍(foaming)의 원인은? [04. 전기공사기사]

㉮ 과열기의 손상 ㉯ 냉각수의 불순물
㉰ 급수의 불순물 ㉱ 기압의 과대

5-15 터빈의 비상조속기가 동작할 때는 어떤 때인가? [00. 전기산업기사]

㉮ 터빈속도가 정격속도의 110[%]까지 상승하였을 때
㉯ 송전선로가 차단되어 발전기가 무부하 상태로 되었을 때
㉰ 발전기 내부고장이 발생하였을 때
㉱ 증기 압력이 과승하였을 때

5-16 60,000[kW] 2극 60[Hz]의 터빈 발전기가 전력 계통에 접속되어 운전하고 있다. 지금 이 계통의 주파수가 갑자기 60.2[Hz]로 상승하였다면 이 발전기의 출력은 약 몇 [kW]가 되는가? 단, 터빈의 속도 조정율은 4[%]이다. [94. 전기산업기사]

㉮ 4,000 ㉯ 45,000
㉰ 48,000 ㉱ 55,000

5-17 발전기의 냉각 방식이 아닌 것은?

㉮ 전폐형 ㉯ 폐쇄 통풍형
㉰ 개방 통풍형 ㉱ 개방형 또는 반폐형

5-18 증기 터빈 발전기의 냉각용 수소 압력을 높게 하면 출력은?

㉮ 증가한다. ㉯ 감소한다.
㉰ 전과 같다. ㉱ 감소했다 증가한다.

5-19 터빈 발전기에서 수소 냉각방식을 공기 냉각방식과 비교한 것 중 수소냉각 방식의 특징이 아닌 것은? [04. 공사산업기사]

㉮ 동일 기계에서 출력을 증가할 수 있다.
㉯ 풍손이 적다.
㉰ 권선의 수명이 길어진다.
㉱ 코로나 발생이 심하다.

5-20 수소 냉각 발전기의 수소 압력을 0.5[$\mathrm{lb/in^2}$]에서 15[$\mathrm{lb/in^2}$]로 올려을 때 발전기용량의 증가[%]는?

㉮ 5～7 ㉯ 10～15
㉰ 20～25 ㉱ 30～35

5-21 터빈 발전기의 냉각에 수소 냉각 방식을 채용하면 풍손은 공기 냉각 때에 비해서 대략 얼마나 되는가?

㉮ $\frac{1}{1}$ ㉯ $\frac{1}{5}$ ㉰ $\frac{1}{10}$ ㉱ $\frac{1}{20}$

5-22 터빈 발전기의 냉각방식에 있어서 수소 냉각 방식을 채택하는 이유가 아닌 것은?

㉮ 수소의 열전도가 커서 발전기 내 온도 상승이 저하한다. [16. 전기기사]
㉯ 코로나에 의한 손실이 적다.
㉰ 수소 부족시 공기와의 혼합사용이 가능하므로 경제적이다.
㉱ 수소 압력 변화로 출력을 변화시킬 수 있다.

5-23 조상기에서 수소 냉각방식이 공기 냉각방식보다 좋은 점을 열거하였다. 잘못된 것은? [97. 전기·공사기사]

㉮ 풍손이 적다. ㉯ 권선의 수명이 길어진다.
㉰ 용량을 증가시킬 수 있다. ㉱ 냉각수가 적어도 된다.

해 답

1. ㉱ 2. ㉰ 3. ㉯ 4. ㉮ 5. ㉯ 6. ㉱ 7. ㉰ 8. ㉰ 9. ㉯ 10. ㉯ 11. ㉱ 12. ㉱ 13. ㉮ 14. ㉰ 15. ㉮ 16. ㉱ 17. ㉮ 18. ㉮ 19. ㉱ 20. ㉯ 21. ㉰ 22. ㉰ 23. ㉱

Chapter

06 복합발전과 열병합발전

6.1 개 요

복합발전이란 두 종류 이상의 열 사이클을 조합하여 발전하는 방식을 말한다. 대표적인 복합발전은 가스터빈 발전과 증기터빈 발전을 조합하는 방식이다.

가스터빈은 현재 수만[kW] 정도의 것이 제작되고 있으나 전력 계통의 용량에 비추어 볼 때 이것은 너무 작은 출력이고, 또 우리나라처럼 연료를 비싸게 수입해야 하는 입장에서는 가스터빈의 단독 사용은 열효율 면에서 문제가 많다.

따라서 열효율의 향상을 위해서 가스터빈과 증기 터빈을 조합하여 운전하는 방식이 일반적인 복합 사이클 발전소(combined cycle thermal plant)이다.

현재의 가스 터빈 입구온도가 1,100[℃] 정도의 터빈에서는 열효율은 43[%] 정도이며, 온도 1,500[℃] 정도 올리면 50[%]에 이를 것으로 예상되고 있다.

우리나라에도 지난 1977년부터 도입되었으며 수도권 4개 신도시에 해당하는 분당, 평촌, 일산, 부천에 설치 운전되고 있는 발전소도 이러한 복합발전소이다.

복합발전을 이해하기 위해서는 우선 가스터빈 발전부터 살펴보자.

6.2 가스터빈 발전

가스터빈은 기체(공기 또는 공기와의 연소가스의 혼합체)를 압축 가열한 후 팽창시켜서 기체가 보유한 열에너지를 기계적인 회전에너지로 변환시키는 열기관이다.

가스터빈은 그림 6.1의 장치도와 같이 연소실내에서 연료를 연소시켜서 얻은 고온의 가스를 직접 터빈의 러너에 작용시켜서 회전력을 얻는 원동기이며, 이의 장점은 다음과 같다.

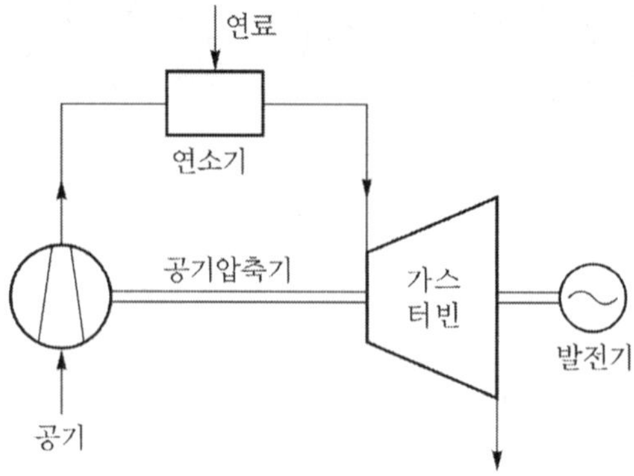

그림 6.1 가스터빈 발전소의 장치도

① 구조가 간단해서 운전 조작이 용이하다.
② 급속한 기동 정지와 출력 조정이 가능하다(개방사이클인 경우 기동시간은 10~30분)
③ 외부전원이 없어도 자체기동이 가능하다.
④ 운전보수가 용이하며, 전자동 원격조작이 가능하다.
⑤ 건설 기간이 짧고 건설비를 저감할 수 있다.(표준 기종으로 양산하여 현장 조립)
⑥ 냉각수의 소요량이 적으며, 입지조건의 제약이 적다.

한편 단점으로서는 다음과 같다.

① 값비싼 내열 재료를 사용한다.
(배기가스의 온도가 높기 때문이며, 대용량기의 제작은 곤란)
② 열효율은 대용량의 기력발전소보다 낮다.(20~30[%])
③ 공기 압축기의 소요 동력이 크다.
④ 개방사이클 가스터빈은 외기 온도와 대기압의 영향을 받는다. (외기온도가 1[℃] 내려가면 출력 1[%] 증가, 대기압이 1[%] 올라가면 출력 1[%] 증가).
⑤ LNG 등의 양질의 연료를 사용함이 좋다.
(저품질의 연료는 부식, 스케일 부착에 의하여 효율 저하)
⑥ 소음이 크다.

예제 6-1

가스터빈 발전기의 발전 동향에 대하여 설명하여라.

풀이 1930년대 유럽에서 개발된 가스터빈 발전기는 비상용 또는 첨두부하용 발전설비로서 건설했다. 우리나라에서는 급격한 전력 수요의 증가에 의한 첨두부하용 발전소 또는 전력 계통 사고시 비상용 발전소로서 건설하여 운전하였으나 최근에는 복합사이클 발전설비로서 가스터빈을 이용하고 있다.

이것은 가스터빈이 다른 원동기에 비하여 건설비가 저렴하다는 것, 기동성이 우수하다는 것, 내열재료가 발달하여 신뢰도가 향상되었기 때문이다.

최근에는 가스터빈의 [kW]당의 건설비 및 운전비를 낮추어서 발전원가를 절감하기 위하여 대용량화에 주력하고 있으며, 현재 발전용 가스터빈의 단기용량은 20만[kW] 정도이며 가스터빈 입구 가스온도가 1,300[℃], 효율 48[%]의 터빈이 개발되어 실용화하고 있다.

(1) 가스터빈의 동작원리

가스터빈의 구성요소는 그림 6.1에 보인 바와 같이 압축기, 연소기, 가스터빈 및 발전기 등으로 구성되어 있다, 이의 동작 원리는 공기를 압축기로 압축해서 가열하고 이때 발생한 고온, 고압의 기체를 가스 터빈에서 팽창시키는 과정에서 터빈을 구동하는 것으로서 압축 · 가열 · 팽창 · 방열의 4과정으로 되어 있다.

이것이 가스 터빈의 기본이 되는 것이며 동작 유체는 압축기 · 연소기 · 터빈의 순서로 흐르게 된다.

그림 6.2는 기본 사이클의 과정을 $T-s$ 선도로 나타낸 것으로서 단열압축 1-2, 등압가열 2-3, 단열팽창 3-4, 등압방열 4-1의 과정으로 되어 있다.

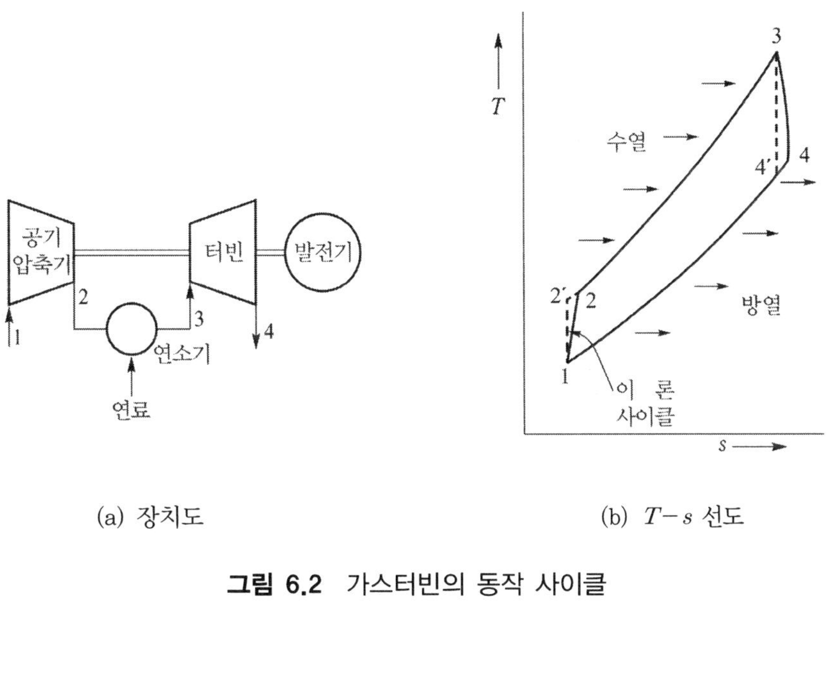

(a) 장치도 (b) $T-s$ 선도

그림 6.2 가스터빈의 동작 사이클

여기서, $1-2'-3-4'-1$은 이론적인 사이클 과정인데 실제의 사이클에서는 단열 압축과 단열 팽창은 열 손실이 따르게 되므로 압축과 팽창은 각각 1–2 및 3–4와 같이 된다. 또 등압가열이나 등압방열 과정도 압력 손실 등의 문제로 이론 사이클의 과정과는 일치하지 않게 된다.

여기서, 압축과정에서 공기를 압축하는 데 필요한 동력 P_c는 압축기 내의 공기의 체적을 V_c라 하고 압력의 변화를 dp라 하면

$$P_c = \int_1^2 V_c\, dp \tag{6.1}$$

가 된다. 또한 팽창과정에서 터빈에서 발생될 동력 P_t는 터빈 내의 공기체적을 V_t라 하면

$$P_t = \int_3^4 V_t\, dp \tag{6.2}$$

로 된다.

터빈 내의 공기체적 V_t는 압축기 내의 공기의 체적 V_c보다 큼으로($V_t > V_c$) 위 식에서 $P_t > P_c$로 되어 터빈에서 발생되는 출력은 공기압축기를 구동하는 동력보다 커서 $P_t - P_c$가 발전기 구동용 동력으로 된다. 즉, 그림 6.2에서 1–2–3–4로 둘러싸인 면적에 상당하는 에너지가 이용 가능하다.

(2) 가스터빈의 종류

발전용으로 이용되고 있는 가스터빈은 압축된 연소 가스를 터빈 내에서 팽창시킨 후 외부로 방출하는 개방형 사이클과 터빈 내에서 팽창된 연소가스를 냉각한 후 다시 공기 압축기로 보내는 밀폐형 사이클이 있다.

1) 개방형 사이클 가스터빈

개방형 사이클 가스터빈(open cycle gas turbine)은 압축된 연소 가스를 터빈 내에서 팽창시킨 후 외부로 방출하는 간단한 가스터빈이다. 현재 세계적으로 제작 대수가 가장 많은 편이며 출력은 3,000~100,000[kW]에 이르고 있다.

그림 6.3(a)는 이 형식의 일례로서 개방형 사이클의 원리를 이용하고 있는 것이다. 즉, 개방 사이클 가스터빈은 공기 압축기로 압축된 공기가 연소실에 보내지고 여기서 연료를 연소시켜서 발생된 열을 이용하여 620~970[℃] 정도의 고온고압의 가스를 만들고, 다시 이것이 가스터빈에 보내져서 단열 팽창하여 터빈을 구동시킨 후 배기는 대기 중에 방출된다.

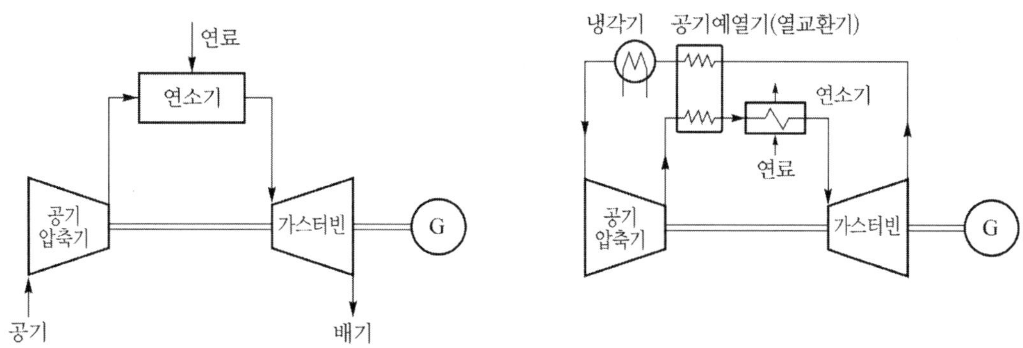

(a) 개방형 사이클 (b) 밀폐형 사이클

그림 6.3 가스터빈의 종류

공기 압축기는 터빈에 의해서 구동되는데, 이때 공기압축기에 소요되는 동력은 터빈 출력의 약 2/3 정도이므로 결국 발전기에 이용할 수 있는 터빈의 유효출력은 1/3 정도밖에 안 되는 셈이다.

열효율을 좋게 하기 위하여 터빈을 2개의 차실(casing)로 나누고 고압 터빈의 배기를 일단 재열기로 유도하고 여기서 다시 연료를 연소해서 재열한 다음 저압 터빈으로 보내는 재열 방식이 사용되는 경우도 있다. 또한 공기 압축기를 2단으로 나누고 제 1단과 제 2단과의 사이에 중간 냉각기 (inter cooler)를 설치하여 고온으로 된 압축 공기를 냉각한 다음 제 2단에 보내주면 압축에 소요하는 동력을 절약할 수 있기 때문에 대용량의 것은 이러한 구조로 만든다.

개방형 사이클 가스터빈의 특징은 다음과 같다.

① 기동시간이 짧다.(약 10～30분)
② 구조가 간단하고 건설비가 싸다.
③ 열효율은 19～24[%] 정도로 낮다.(배기를 대기 중에 방출)
④ 첨두부하 발전에 적합하다.

2) 밀폐형 사이클 가스터빈

밀폐형 사이클 가스터빈(closed cycle gas turbine)은 그림 6.3(b)에서 보는 바와 같이 터빈 내에서 팽창된 연소가스를 다시 공기 압축기로 보내는 방식이다. 즉, 공기를 압축기에서 고압으로 압축하고 공기 예열기에서 예열한 후 다시 연소기에서 연료를 연소시켜 가열하여 만들어진 압축 공기는 가스터빈에서 단열 팽창하여 터빈을 구동하고 배기는 공기예열기(열 교환기)를 통해서 다시 압축기로 되돌려져서 순환하게 된다.

이처럼 밀폐형 사이클은 작동 유체가 대기와 차단되고 있어 임의의 높은 압력을 채용할 수 있으므로 출력이 큰 가스터빈 발전에 접합한 방식이다.

밀폐형 사이클 가스 터빈의 특징은 다음과 같다.

① 소형화할 수 있다.
(작동유체인 공기는 외기와 차단되므로 운전압력을 높임)

② 연료 선정이 자유롭다.(외연식(外燃式) 연소기)

③ 열효율은 24~34[%]정도로 높다.(배기손실이 작다)

④ 개방형에 비하여 기동정지시간이 길어진다.

예제 6-2

개방형 가스터빈 사이클 발전의 기본구성과 각 과정의 변화에 대하여 설명하여라.

풀이 개방형 가스터빈 사이클 발전의 기본 구성은 그림 6.4와 같으며, 이에 대한 $T-s$ 선도는 다음과 같다.

1-2 : 압축기에서 공기를 압축하는 과정 (단열 압축)

2-3 : 연소기에서 연료를 연소하는 과정 (등압연소)

3-4 : 가스터빈에서 연소가스를 팽창시켜서 회전력으로 변환하는 과정(단열팽창)

4-1 : 배기(등압배기)

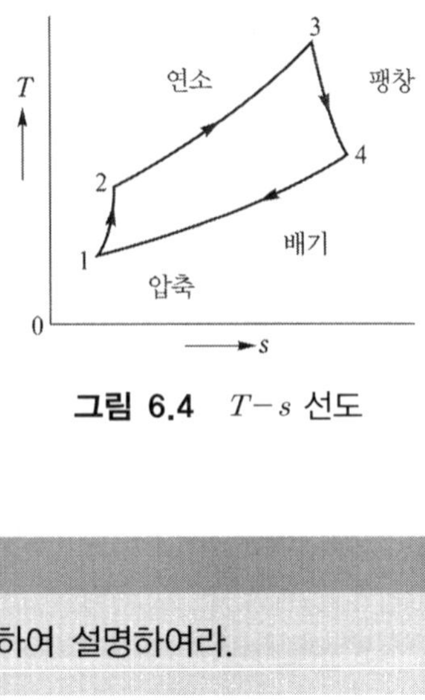

그림 6.4 $T-s$ 선도

예제 6-3

가스터빈 발전의 출력 향상 또는 열효율 향상 대책에 대하여 설명하여라.

풀이 1. 압축기의 입구온도를 내린다.

공기압축기의 소요동력은 압축기의 입구온도(절대온도)에 비례하며, 또한 입구온도가 낮으면 흡입공기량이 증가하므로 터빈 출력은 증가한다.

2. 가스터빈 입구의 압력과 온도를 높인다.

터빈 입구압력을 높이면 기체의 밀도가 크게 되고, 같은 크기의 터빈에서도 출력이 증가된다.

3. 압축기의 회전부를 경량화 한다.

압축기의 회전부를 경량화 하면 구동 동력이 감소하므로 열효율이 향상된다.

6.3 복합사이클 발전방식

6.3.1 개 요

열효율 향상을 위하여 가스터빈과 증기터빈을 조합한 복합사이클 발전(combined cycle generation) 방식을 채용하게 되었다.

그림 6.5는 복합사이클 발전의 구성 및 $T-s$ 선도를 보인 것이다. 즉, 그림 6.5(a)와 같이 고온가스로 가스터빈을 구동한 후 증기터빈에서 다시 그 열을 이용하여 두 번에 걸쳐 전력을 생산하므로 열효율을 높일 수 있다.

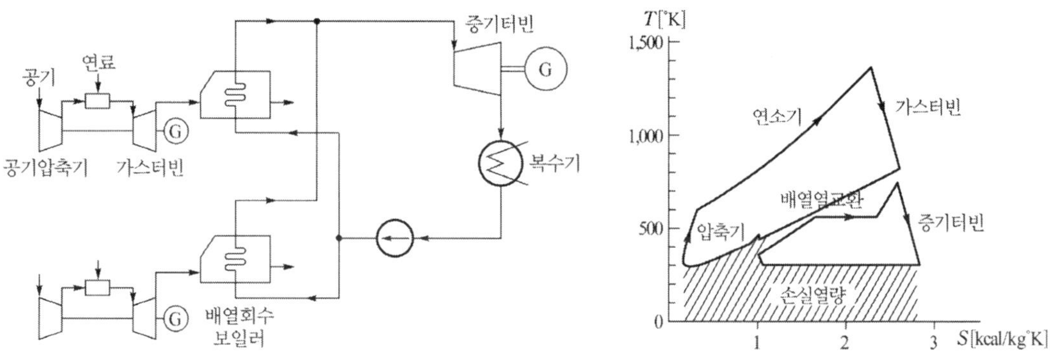

(a) 구성도 (b) $T-s$ 선도

그림 6.5 복합사이클 발전의 구성 및 $T-s$ 선도

현재 가스터빈 입구온도가 1,100[℃] 정도이면 열효율은 43[%] 정도이지만, 1,500[℃] 로 높이면 50[%]에 이를 것으로 예상된다.

우리나라에도 1990년대부터 여름철의 첨두부하 대책용으로 건설하기 시작한 복합발전 설비가 오늘날에는 약 1,200만 [kW] 정도의 발전설비가 있다. 표 6.1에 우리나라 복합사이클 발전설비의 현황을 나타내고 있다.

표 6.1 우리나라 주요 복합 발전설비 현황 (2020. 12 현재)

복합발전소명	설비 용량[kW]	발전기		비 고
		용량[kW]	대 수	
평 택	868,500	GT 286,300 ST 295,900	2 1	
일 산	900,000	GT 100,000 ST 200,000 GT 100,000 ST 100,000	4 1 2 1	
부 천	450,000	ST 100,000 GT 150,000	3 1	GS파워
분 당	922,064	GT 75,000 ST 185,000 GT 75,000 ST 115,000	5 1 3 1	
안 양	450,000	GT 75,000 ST 150,000	4 1	GS파워
울 산	2,071,900	GT 100,000 ST 100,000 GT 150,000 ST 150,000 GT 287,000 ST 298,000	2 1 4 2 2 1	
서인천	1,800,000	GT 150,000 ST 75,000	8 8	일축형
신인천	1,800,000	GT 150,000 ST 150,000	8 4	
인 천	1,462,000	GT 160,700 GT 163,900 GT 150,000 ST 182,100 ST 180,950 ST 150,000	2 2 2 1 1 1	
한 림	105,000	GT 35,000 ST 35,000	2 1	
보 령	1,350,000	GT 150,000	9	
부 산	1,800,000	GT 150,000 ST 150,000	8 4	
서 울	738,346	GT 241,298 ST 127,875	2 2	

6.3.2 복합발전소의 조합 방식

(1) 배기연소 사이클

배기연소 방식은 가스터빈의 배기에 남아있는 열량을 이용하여 기력발전소 보일러의 열원으로 사용하며, 필요에 따라서 보일러에 연료를 공급하여 연소시키는 방식이다.

그림 6.6과 같이 일반적인 기력발전에 이 방식을 추가하면 기력발전만의 경우보다 열효율을 6~7[%] 정도 더 높일 수 있다. 즉, 열효율 40[%]의 기력발전소이면 약 43[%] 정도의 복합발전을 할 수 있다.

배기연소 사이클의 경우 가스터빈과 증기터빈의 출력비는 대략 2 : 1 정도로 한다.

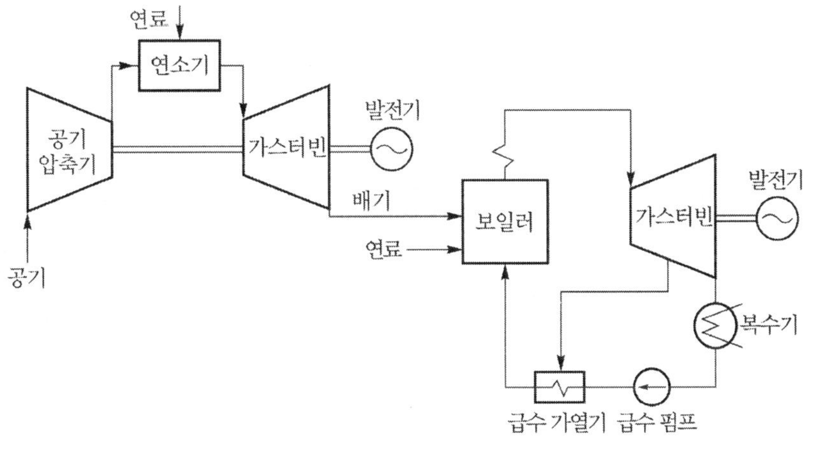

그림 6.6 배기연소 복합발전 방식

우리나라의 대부분의 복합발전소는 구성설비가 간단한 배기연소 방식이다.

(2) 일축형과 다축형

가스터빈은 제작 가능한 용량이 150[MW] 정도이므로 대용량 발전설비로 할 경우에는 여러 대의 가스 터빈을 조합하게 된다. 기기의 조합 방식으로 가스터빈 1대에 대하여 증기터빈 1대로 하여 같은 축 상에 직렬 연결하는 일축형과 가스터빈 여러 대에 증기터빈 1대를 사용하는 다축형이 있다.

일반적으로 부분 부하에서 효율저하가 적고 운용하기 쉬운 점에서는 일축형이 우수하며, 정격 부하에서의 효율은 증기 터빈을 대형화 할 수 있는 만큼 다축형이 좋다.

다축형 복합발전은 분당, 일산, 부천, 안양, 평택복합화력에 채용되고 있다. 서인천 복합화력은 일축형이지만 가스터빈축과 증기터빈축을 분리하여 운전하는 시스템이다.

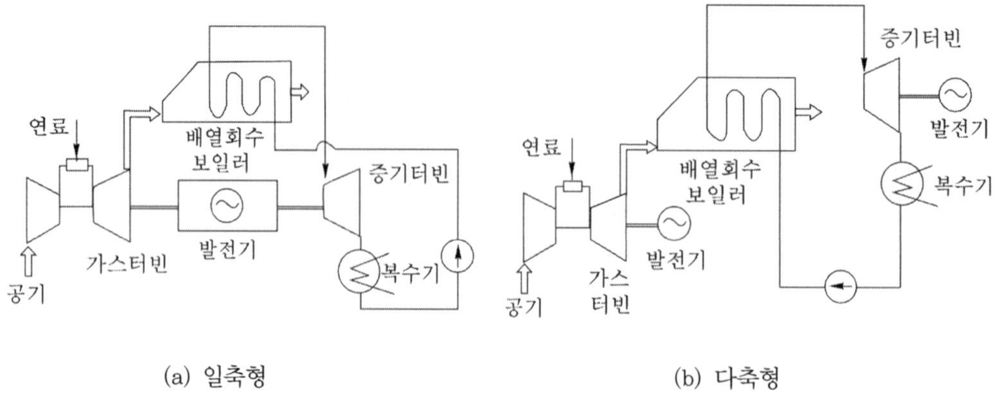

그림 6.7 일축형과 다축형의 비교

표 6.2 다축형 시스템의 예

발 전 소	가스터빈[MW]	증기터빈[MW]
부천복합	100×3대	150×1대
안양복합	75×4대	150×1대
분당복합	75×5대 75×3대	185×1대 115×1대

예제 6-4

가스터빈이 배기를 보일러에 유도해서 증기터빈을 구동하는 복합사이클 발전에서 가스터빈의 효율이 32[%], 배기가 보유하는 열량에 대한 증기터빈의 효율이 20[%]이다. 이 복합발전소의 전체효율은 얼마인가?

풀이 가스터빈의 효율이 32[%]이면 유효하게 사용된 열량은 32[%]이고, 배기열량은 68[%]가 된다. 따라서 증기터빈에서는 68[%]의 배기열량 중에 20[%]의 열량을 유효하게 사용하였으므로 전체효율은 다음과 같다.

$$\eta = 0.32 + (0.68 \times 0.2) = 0.456$$

즉, 45.6[%]이다.

6.3.3 복합발전의 특징

(1) 열효율이 높다.

복합발전의 열효율은 기력발전의 경우보다 높다. 그림 6.8은 가스터빈 입구의 가스 온도가 1,100[℃]이면 43[%] 정도, 1,300[℃]이면 47[%] 정도, 1,500[℃]이면 50[%] 정도로 예상되는 열효율 예상도이다.

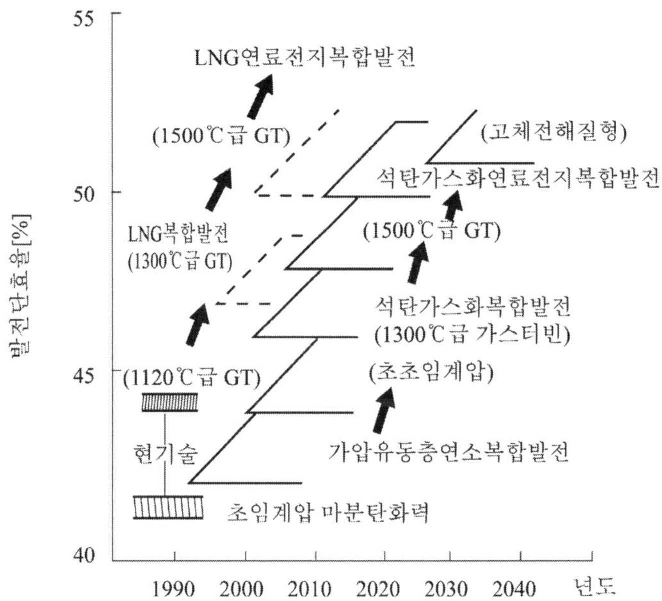

그림 6.8 신형화력발전소의 열 효율 예상도

(2) 기동정지 시간이 짧다.

가스터빈은 기동장치에 의하여 기동되므로 기동시간이 빠르다. 600[MW]급 기력발전소의 경우 보일러 점화에서 정격 출력까지 적어도 3시간 이상 소요되지만, 복합발전의 경우 가스터빈 기동에서부터 증기터빈이 정격출력을 낼 때까지는 1시간 정도 소요된다.

(3) 단독 기동이 가능하므로 비상용 발전소로 적합하다.

(4) 부분부하에서의 효율이 높다.

가스터빈의 용량은 증기터빈에 비하여 작기 때문에 여러 대를 설치하여 대용량의 발전소를 만든다. 복합화력 발전소의 출력 저하 시에는 가스터빈을 1대씩 정지시키고 운전 중인 가스터빈은 최대출력을 낼 수 있으므로 효율 저하가 적어진다.

(5) 공해발생이 적다.

가스터빈의 연료는 LNG 등의 비교적 깨끗한 연료가 사용됨으로 배기가스 중의 유황산화물, 분진, 매연 등의 공해물질이 거의 배출되지 않는다. 또한 발전설비 용량에 비하여 복수기의 냉각수량이 적고 온배수도 적다.

그러나 질소산화물(NO_x)은 연소과정에서 다소 발생되므로 질소산화물 저감 운전 및 설비 개선으로 줄일 수 있다.

(6) 건설 공기가 짧고 건설 단가가 싸다.

가스터빈은 거의 완제품으로 제작된 상태에서 설치 장소까지 운반됨으로 설치하기가 용이하다. 설비 도착 후 연료 공급 설비를 비롯하여 일부 보조 설비와의 연결 작업만이 필요하므로 건설 공기가 짧다.

6.4 열 병합발전

에너지를 효율적으로 이용하기 위하여 열과 전기를 동시에 생산하여 공급하는 발전 방식을 열 병합발전(combined heat and power plant, cogeneration)이라 한다.

일반 화력발전은 보일러에서 발생된 열에너지 중 많은 양이 복수기의 냉각수에 의하여 손실열량으로 버려지나, 열 병합 발전의 경우에는 터빈의 배기 증기를 다른 용도의 열 에너지로 다시 사용하기 때문에 열효율이 매우 높다.

이 열 병합발전 시스템은 종합 열효율이 70~80[%]로 되어 열 및 전기를 동시에 필요로 하는 수용가에 대해서는 에너지 절감 시스템의 방안으로 기대되고 있다.

우리나라에서도 지난 1980년대부터 지역난방 공사가 설립되면서 서울 여의도, 반포 등 대단위 아파트 단지와 분당, 일산, 평촌 등의 수도권 신도시 지역에 난방열을 공급하기 위하여 열 병합발전방식으로 운전 중에 있으며, 일부 산업기지 및 공업단지에 확대 운전될 것이다.

그림 6.9는 일반 발전방식과 열 병합발전방식을 비교한 것이며, ( )내의 숫자는 발생열량에 대한 열효율 또는 열소비율을 나타낸다. (a)의 일반 발전방식은 발전기의 열효율이 40[%]에 불과하며 (b)와 같은 열 병합발전방식은 발전기의 열효율이 30[%]이지만 지역난방을 위한 열 공급이 40~50[%]이므로 발생열량의 70~80[%]를 유효하게 이용할 수 있다.

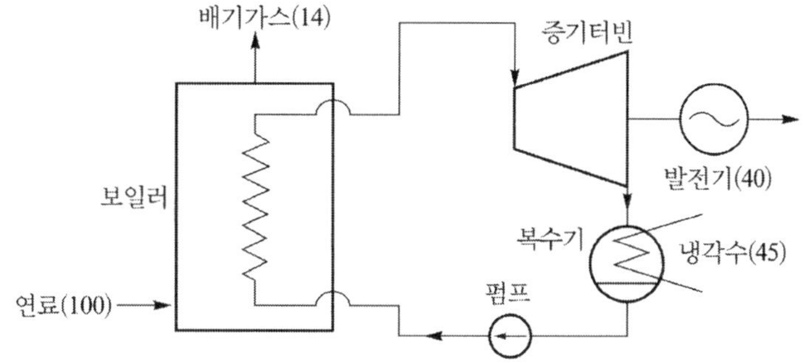

(a) 일반 발전방식

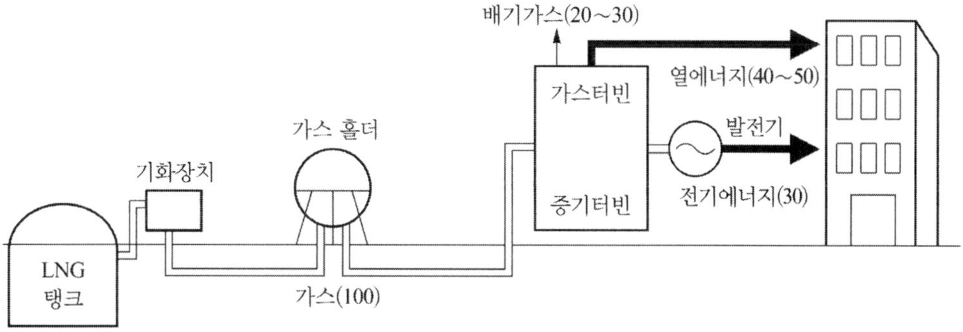

(b) 열 병합발전방식

그림 6.9 일반 발전방식과 열 병합발전방식 비교

열 병합 발전 방식을 경제적으로 운용하기 위해서는

① 열과 전기의 출력비 즉, 열전비가 0.6 이상으로 커야 한다.
② 부하 열의 수요가 높을 것
③ 수요의 규모가 커야한다.

열 병합발전은 열의 사용 순서에 따라 분류하면 토핑 사이클(topping cycle)과 버터밍 사이클(bottoming cycle)로 나눌 수 있다.

토핑 사이클이란 보일러에서 만들어진 열을 이용하여 전력 생산에 먼저 사용한 후 배열이나 여열을 이용하는 방식이며, 버터밍 사이클은 발생된 열을 산업 공정에 먼저 사용한 다음 그 배열을 이용하여 발전하는 방식이다.

일반적으로 열 병합 발전에서는 열 수요가 주로 난방 및 급탕용으로서 한정되고, 필요한 온도도 50~100[℃] 정도로 그다지 높지 않기 때문에 추기 터빈을 이용하는 토핑 사이클이 주로 이용되고 있다.

예제 6-5

열 병합발전의 필요성을 설명하라.

풀이 1. 경제성

사용 연료로서 석유, LNG 뿐만 아니라 석탄, 산업 폐기물도 이용할 수 있으므로 석유나 LNG만을 이용하기보다는 충분한 경제성이 있다.

2. 에너지 효율성

기존의 발전소 효율은 40[%]에 불과하지만 열 병합 발전에서는 70[%] 이상 올릴 수 있다. 예를 들어 서울 화력발전소의 경우 기존의 발전방식에서 37[%]이었으나 열 병합 발전방식으로 개조한 후의 종합 열효율은 70.4[%]까지 상승시키고 있다.

3. 환경 친화성

열 병합발전은 연료사용량 감소 및 공해 방지 시설의 집중 관리에 의하여 환경 개선 효과가 크다. 특히 환경 공해의 주요 원인으로는 아황산가스와 분진이 있는데 열 병합 발전을 이용하는 수도권의 지역 난방시스템에서는 LNG를 사용하므로 서 이를 방지할 수 있으며, 또한 플랜트를 도시 외곽에 설치하여 공해의 영향을 줄일 수 있다.

이처럼 열 병합 발전시스템은 연료의 다원화뿐만 아니라 환경을 보호하고 환경규제에 능동적으로 대처할 수 있는 시스템이다.

6.4.1 열병합발전 형식

열병합발전 방식은 보일러에서 생산된 증기로 터빈을 돌린 후 그 배기 또는 추기를 이용하여 열 에너지를 공급하는 증기터빈 방식, 터빈 중간 단에서 추기하여 열 부하에 공급하고 터빈 배기 중에도 열에너지로 공급하는 추기배압터빈 방식, 가스터빈과 증기터빈 방식을 합성하여 운용하는 복합사이클 방식 등이 있다.

그림 6.10은 복합사이클 방식으로서 수도권에 소재하는 신도시에 운전 중인 열병합 발전소는 모두 이 방식이며, 다음과 같은 특징이 있다.

① 일반 화력에 비하여 초기 투자비가 낮고, 열효율이 높아 열병합 발전설비로 널리 이용된다.
② 증기터빈은 필요에 따라서 배압터빈, 추기배압 터빈, 추기복수 터빈 등에서 선택할 수 있다.
③ 설비는 복잡한 반면 다양한 운전 방식을 선택할 수 있다.
④ 수도권에 위치할 경우 청정연료인 천연가스를 사용해야 하므로 연료단가가 비싸진다.

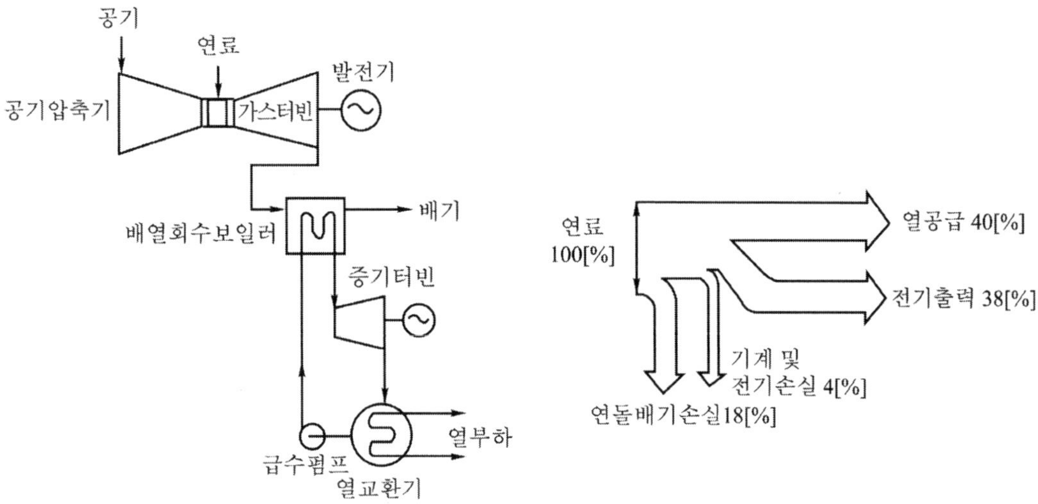

(a) 복합사이클 방식 (b) 열효율

그림 6.10 복합사이클 방식과 열효율

6.5 지역난방

6.5.1 개 요

지역난방이란 대규모 열원 플랜트를 설치하여 여기에서 생산된 열을 배관망을 통하여 각 수용가에 공급하는 난방방식으로서 개별 열 공급 시설에 비하여 에너지 이용효율 향상에 따른 에너지 절감 효과가 크고, 연료 사용량 감소 및 공해 감소효과가 있으며, 쾌적한 주거 환경을 조성하는 등 여러 가지 장점이 많다.

지역난방의 특징은 다음과 같다.

① 에너지 이용 효율이 높다.
② 공해발생이 줄어든다.
③ 연속적인 난방으로 쾌적한 주거 환경이 가능하다.
④ 중앙 집중 난방방식 또는 개별난방 방식에 비하여 초기 투자비가 많이 든다.
⑤ 열 공급 위주의 운전이 많으므로 전력 부하에 따른 운전이 곤란하다.

우리나라에서도 1985년 처음으로 서울 목동지역에 지역난방을 공급한 이래 서울 및 수도권 많은 세대에 공급하고 있다.

열 생산 방법으로는 열 병합 발전소 방식과 열전용 플랜트, 소각로, 산업폐열 등에 의한 방법이 있으나, 현재 우리나라에서 사용되는 주된 방식은 열 병합발전 방식이다. 이렇게 열 병합 발전소가 전기를 생산하고 버려지는 열을 지역난방에 활용함으로써 종래의 40[%]에 불과하던 에너지 이용 효율을 80[%]까지 높일 수 있어 연료절감 면에서 큰 효과를 보이고 있다.

그림 6.11은 지역난방 열 공급계통의 개요도이다.

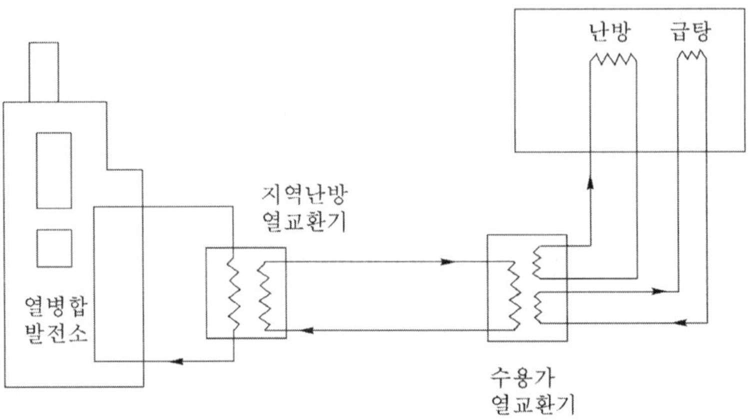

그림 6.11 지역난방 열 공급계통의 개요도

6.5.2 설비구성 및 열 부하 결정 요소

지역난방용 설비구성은 그림 6.11의 개요도와 같이 열 병합발전소 측에 있는 지역난방용 열교환기, 수용가 열 교환기, 지역 난방수 순환설비 및 보조보일러와 축열설비로 구성되어 있다.

수용가에 열을 공급하고 되돌아오는 난방용 물(暖房水)은 지역난방 열 교환기의 수관(tube) 측으로 유입되고 관 외피 측에는 증기가 공급되어 관내를 지나는 물에 열을 공급한다. 열을 전달한 증기는 열 교환기의 외피 측에서 응축되어 복수 저장조에 모아져 응축수 펌프에 의해 회수된다.

지역 난방수는 75~120[℃] 정도로 가열되어 열 수용가에 공급되며, 40~65[℃] 정도의 저온수로 되어 다시 지역난방 열 교환기로 들어오게 되며, 다시 열을 받아서 수용가에 열을 공급하고 지역난방 열교환기로 되돌아오는 과정을 반복한다.

열 부하의 크기를 결정하기 위한 요소는 난방수의 유량이 많을수록, 지역난방 열교환기로 들어오는 난방수 온도가 낮을수록, 난방수 공급온도가 높을수록 열 부하를 크게 잡아야 하므로 다음 사항을 고려하여야 한다.

① 난방수 유량

순환되는 유량이 많을수록 공급 열량이 증가한다.

② 난방수 회수 온도

지역난방 열교환기로 들어오는 난방수 온도와 공급되는 열량은 반비례한다. 즉, 난방수 회수 온도가 높으면 이를 통하여 공급되는 열량은 줄어든다.

③ 난방수 공급 온도

지역 난방수 공급온도와 공급되는 열량은 비례한다.

열 부하를 담당하지 못하게 될 때를 대비하여 축열조와 비상용 보조보일러를 설치해야 하며, 축열조는 정상 운전 중에 남는 열을 저장하였다가 열원이 부족하면 보충해주고, 열원 고장 시에는 비상용 보조보일러를 기동할 동안 잠시 열 공급을 하게 된다.

그림 6.12는 안양복합 화력발전소(열병합 발전소)의 계통도이다. LNG를 이용하여 압축 공기를 연소시킴으로서 가스터빈을 구동하며, 이 때 만들어진 520[℃]의 배열을 이용하여 증기발생기에서 490[℃]의 과열 증기를 만든다. 이를 이용하여 배압터빈 및 저압터빈을 구동하여 기력발전을 한다.

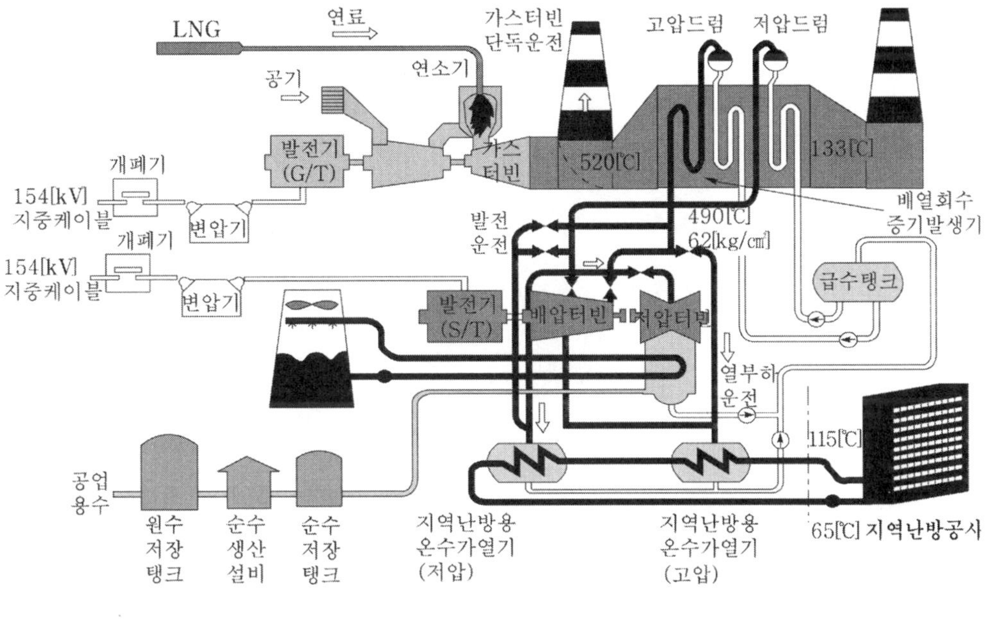

그림 6.12 안양복합화력발전소(열병합발전소)의 계통도

여기서 나온 배열 및 증기발생기에서 직접 공급되는 열을 이용하여 지역난방용 온수가열기를 가열하여 115[℃]의 고온수를 만들며, 이 고온수를 수용가의 열교환기로 보낸다. 이 열을 수용가의 난방 및 급탕용으로 전달한 후 65[℃]의 저온수로 되어 다시 지역난방용 온수가열기로 들어와서 수열하는 과정을 반복하게 된다.

연 습 문 제

e x e r c i s e

6-1 가스터빈의 장점이 아닌 것은? [94. 전기산업기사]

㉮ 소형 경량으로 건설비가 싸고 유지비가 적다.

㉯ 기동 시간이 짧고 부하 급변에도 잘 견딘다.

㉰ 냉각수를 다량으로 필요로 하지 않는다.

㉱ 열효율이 높다.

6-2 가스터빈 발전의 장점은? [04. 전기공사기사]

㉮ 효율이 가장 높은 발전 방식이다.

㉯ 기동 시간이 짧아 첨두부하용으로 사용한다.

㉰ 연료로서 가스는 모두 사용할 수 있다.

㉱ 장기간 운전해도 고장이 적으나 냉각수는 많이 소요된다.

6-3 다음 중 가스터빈 발전방식은? [83. 전기산업기사]

㉮ 심야의 잉여전력으로 조정지에 물을 퍼 올려 첨두부하시에 사용한다.

㉯ 건설비가 싸고 급격한 출력변화에 응할 수 있다.

㉰ 출력 조정이 불가능하므로 수요의 기저 부분을 분담한다.

㉱ 고온 고압 때문에 정격출력으로 연속운전하면 높은 효율이 된다.

6-4 발전소 원동기로서 가스터빈의 특징을 증기터빈과 내연기관에 비교하면?

㉮ 평균 효율이 증기 터빈에 비하여 대단히 낮다. [94. 공사산업기사]

㉯ 기동 시간이 짧고 조작이 간단하므로 첨두부하 발전에 적당하다.

㉰ 냉각수가 비교적 많이 든다.

㉱ 설비가 복잡하며, 건설비 및 유지비가 많고 보수가 어렵다.

6-5 가스터빈의 특징을 증기터빈과 비교하였을 때 옳지 않은 것은? [12. 공사산업기사]

㉮ 기동시간이 짧다.

㉯ 조작이 간단하므로 첨두부하 발전에 적당하다.

㉰ 무부하일 때 연료의 소비량이 적게 든다.

㉱ 냉각수가 비교적 적게 든다.

6-6 MHD 발전이란? [77. 전기기사]

㉮ 수차 직결 유도발전기에 의한 발전 방식이다.

㉯ 2종의 도체의 접점 간에 온도차가 생겼을 때 기전력이 발생되는 발전방식이다.

㉰ 열음극으로부터의 열전자 방출에 의한 발전 방식이다.

㉱ 도체성 유체와 자장의 상호 작용에 의한 직접 발전방식이다.

해 답

1.㉱ 2.㉯ 3.㉯ 4.㉯ 5.㉰ 6.㉱

Chapter 07

원자력 발전

7.1 개 요

핵분열 에너지를 이용하는 원자력발전은 화력발전에 비하여 충분한 경제성이 있는 것으로 알려졌다. 특히 지난 1970년대의 석유파동 이후부터는 원자력발전이 석유자원을 대신할 수 있는 새로운 자원으로서 기대를 모으고 있다.

우리나라의 전기 소비량은 매년 증가하고 있으며, 또한 대부분의 에너지를 수입하는 현실에 비추어 볼 때 원자력 발전소는 계속 건설될 것이다.

그림 7.1과 같이 화력 발전소는 석탄이나 석유를 보일러에서 연소시키지만 원자력 발전소는 원자로에서 우라늄과 같은 핵연료를 분열시키고 이때 발생하는 열을 이용하여 증기터빈을 돌리는 발전 방식이다.

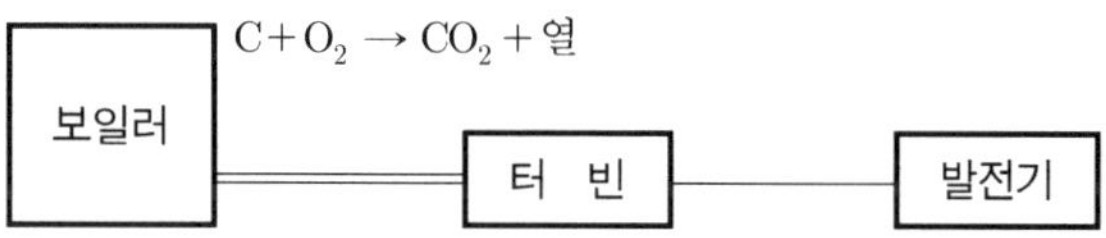

(a) 화력 발전

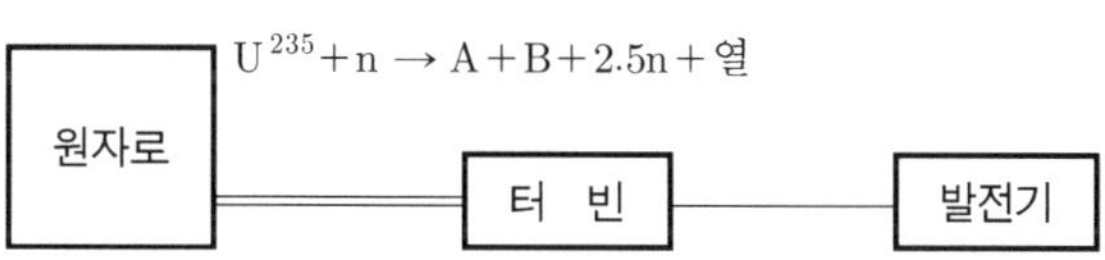

(b) 원자력 발전

그림 7.1 화력 발전과 원자력 발전의 비교

원자력 발전의 원리는 다음과 같다.

원자핵은 양자와 중성자로서 이루어져 있고, 이들을 결합시키고 있는 결합에너지(binding energy)는 원자핵의 질량수에 따라서 크기가 달라진다. 여기서 질량수란 양자와 중성자의 합한 수를 말하며 이것은 원자핵의 무게를 나타낸다.

일반적으로 질량수가 큰 원자핵(가령 ${}_{92}U^{235}$)은 핵분열을 일으켜서 이 결합에너지의 일부를 방출하며(핵분열 에너지), 반대로 질량수가 작은 원자핵(가령 ${}_{1}H^{1}$)은 2개의 원자핵이 1개의 원자핵으로 융합할 때 에너지를 방출하게 된다(핵융합 에너지).

이들 에너지는 굉장히 큰 것이므로 이것을 잘 이용하면 소량의 핵연료로부터 막대한 에너지를 얻을 수 있다.

현재의 원자력 발전에서는 우라늄의 핵분열 에너지를 이용하고 있는데 장차 고속증식로(FBR)를 개발한다든가 핵융합에너지를 이용하는 분야의 연구 개발이 추진되고 있다.

7.2 원자력 발전의 특징

원자력 발전은 핵분열에 의하여 얻어지는 열에너지를 이용하는 발전 방식이므로 가까운 장래에 고갈될 것으로 예상되는 화석연료(석탄, 석유)에 대처한다는 의미에서뿐만 아니라 현실적으로는 공해문제와 관련하여 보다 깨끗한 에너지원이 필요하며, 불안정한 석유 가격 등의 문제로 인하여 원자력 발전소의 건설은 계속되고 있다.

원자력 발전도 증기터빈을 원동기로 이용한다는 점에서는 화력발전과 같지만 원자로에서의 증기는 핵연료의 특성상 고온 고압이 아니기 때문에 표 7.1과 같이 열효율은 33[%]에 불과하며, 회전수도 1800[rpm]으로 운전되고 있다.

표 7.1 원자력과 화력발전의 증기조건

	증기압력[kg/cm^2]	증기온도[℃]	회전수[rpm]	효율[%]	비고
원자력 발전	60～70	270	1,800	33	PWR의 경우
화 력 발전	270	600	3,600	40	

원자력 발전에 대한 특징은 다음과 같다.

① 출력밀도가 크다.(같은 출력의 화력발전에 비하여 소형)
② 열효율은 33[%]에 불과하다.(원자로에서 발생되는 포화증기 이용)
③ 핵연료의 수송과 저장이 용이하다. (우라늄 1[kg]은 석탄 3,300[t]에 해당)
④ 핵연료는 1년 또는 수년 분을 한꺼번에 원자로 내에 장전하여 사용할 수 있다.
⑤ 핵연료(U^{239})는 사용 후 새로운 핵연료(Pu^{239})가 만들어진다.
⑥ 방사능 대책을 세워야 한다.
핵분열에 따라서 α선, β선, γ선 및 중성자의 방출 이외에도 방사능을 가진 핵분열 생성물이 연료봉 내에 축적되므로 원자로 내에는 상당량의 방사능 물질이 내장되어 있다. 따라서 이러한 방사능 물질이 유출되지 않도록 대책을 세워야 한다.
⑦ 터빈 회전수가 1800[rpm]으로 낮으므로 터빈 및 복수기가 커진다.
그림 7.2는 원자력발전과 화력발전의 개념도를 비교하였다.

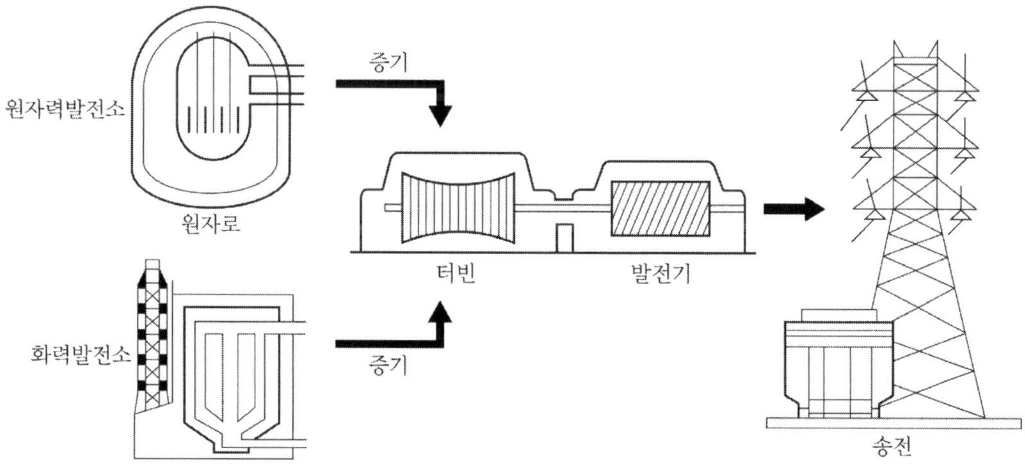

그림 7.2 원자력 발전과 화력 발전의 개념도 비교

7.3 우리나라의 원자력 발전소 현황

2020년 현재 우리나라에서 운전 중인 4곳의 원자력 발전소에서 24기의 원자로가 가동 중에 있으며, 총 발전설비 용량은 2,325만 [kW]로서 세계 10위 안에 드는 원자력발전소 보유국이 되었다.

1978년 4월 고리원자력 1호기를 가동함으로서 우리나라 최초의 원자력 시대를 열었으며, 그 후 고리원자력 2호기에 이어 오늘에 이르기까지 원자력 발전소의 설비 용량은 계속 증가되어 2020년 현재 우리나라 발전설비의 약 18[%]를 점유하게 되었다.

표 7.2는 우리나라의 원자력 발전소 설비 현황을 나타내며, 고리원자력 1호기와 월성원자력 1호기는 각각 2017년과 2018년에 폐로되었다.

핵연료도 화석연료와 같이 해외에서 수입하지만, 이것은 소량의 핵연료로 장기간에 걸쳐 많은 량의 발전을 할 수 있으므로, 부존자원이 빈약한 우리나라에서는 원자력 발전소 건설을 계속 추진하였다.

그림 7.3 우리나라 원자력 발전소 위치도

표 7.2 우리나라 원자력 발전소 현황 (2020. 12 현재)

	설비용량[만 kW]	원자로형	소 재 지	운전 개시일	비 고
고리 원자력 1호기	(58.7)	가압경수로	부산광역시	78. 4	2017 폐로
2호기	65	〃		83. 7	
3호기	95	〃		85. 9	
4호기	95	〃		86. 4	
신고리원자력1호기	100	〃		11. 2	
2호기	100	〃		12. 7	
3호기	140	〃	경남 울산시	16. 12	
4호기	140	〃	〃	19. 9	
한빛 원자력 1호기	95	〃	전남 영광군	86. 8	
2호기	95	〃		87. 6	
3호기	100	〃		95. 3	
4호기	100	〃		96. 1	
5호기	100	〃		02. 5	
6호기	100	〃		02. 12	
한울 원자력 1호기	95	〃	경북 울진군	88. 9	
2호기	95	〃		89. 9	
3호기	100	〃		98. 8	
4호기	100	〃		99. 12	
5호기	100	〃		04. 7	
6호기	100	〃		05. 6	
월성 원자력 1호기	(67.9)	가압중수로	경북 경주시	83. 4	2018 폐로
2호기	70	〃		97. 7	
3호기	70	〃		98. 7	
4호기	70	〃		99. 10	
신월성원자력1호기	100	가압경수로		12. 7	
2호기	100	〃		15. 11	
합 계	2,325				

예제 7-1

원자력 발전의 장점에 대하여 설명하여라.

풀이 1. 발전 원가는 낮다.(화력발전에 비하여 건설비는 높지만 연료비가 적게 든다)

2. 공해를 배출하지 않는다.(매연, 분진, 유황산화물이나 질소산화물 등 이 없다)
3. 핵연료의 수송 저장이 용이하다.(우라늄 1[kg]은 석탄 3,300[t]에 상당하는 열량 발생)
4. 관련 산업의 발달을 촉진시킨다.(원자력 발전소 설계 및 건설은 여러 분야의 첨단기술의 집합체이다)

7.4 원자 구조

원자(atom)는 모든 물질의 기본적인 구성 입자로서, 원자의 중심에는 (+)전하를 가진 원자핵(nucleus)이 있으며, 원자핵 둘레에는 (−)전하를 가진 전자(electron)가 존재하는 것으로 알려져 있다.

원자 구조를 처음으로 규명한 것은 1913년에 발표된 Bohr의 원자모형이다. 이에 따르면 원자는 원자핵이 있으며, 그 둘레를 여러 개의 전자가 일정한 궤도를 그리면서 회전하고 있다. 원자핵은 양의 전하를 갖는 양자(proton)와 전기적으로 중성인 중성자(neutron)로 구성되어 있다. 양자가 갖는 전하의 크기는 전자가 갖는 전하의 크기와 같기 때문에 원자 전체적으로는 중성이다.

전자의 무게는 원자핵 무게의 1/1840 정도의 가벼운 것이기 때문에 원자의 무게는 대부분이 원자핵에 집중되어 있다.

따라서 원자의 무게는 양자와 중성자의 합으로 결정되며, 양자와 중성자의 수를 합한 것을 그 원자핵의 질량수 A 라고 한다. 또한, 원자의 화학적 성질은 양자의 수로 결정되기 때문에 이 양자의 수 Z를 원자번호라고 한다. 이 경우 중성자의 수는 $(A-Z)$로 된다. 그림 7.4는 원자의 구조를 나타낸다.

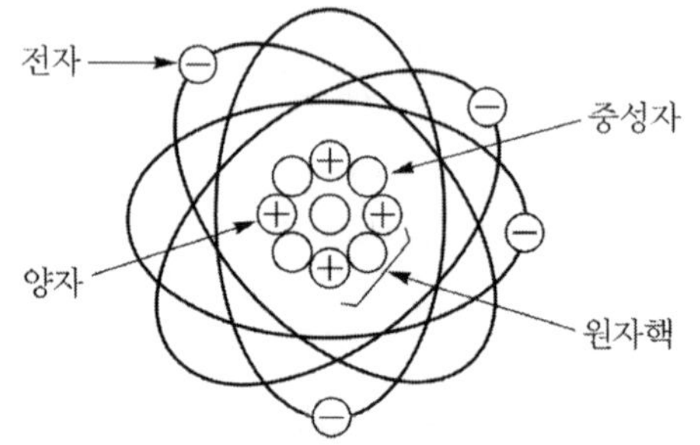

그림 7.4 원자의 구조도

원자번호가 92인 우라늄에는 질량수가 234, 235, 238 등의 동위원소가 있는데 이들을 U^{234}, U^{235}, U^{238}의 기호로 구별한다. 그러나 핵분열(nuclear fission)에 이용되는 우라늄은 U^{235}뿐이며, U^{238}은 Pu^{239}로 변환되어야 비로소 핵연료로 사용할 수 있다.

원자력 에너지를 얻는 방법은 원자핵에 어떤 방법으로 외력을 가해서 핵을 분열시킴으로서 가능하다.

7.5 원자력 에너지

원자핵은 양자와 중성자로 되어 있는데 이들이 결합해서 원자핵을 만들면 각각 단독으로 존재할 때보다 질량이 약간 작아진다는 사실이 밝혀져 있다. 이것은 입자가 결합하는데 어떤 에너지를 필요로 하기 때문이며, 이를 결합에너지(binding energy)라고 한다.

그러므로 그 어떤 수단으로 원자핵 속의 양자와 중성자와의 결합을 분해한다면 이 결합에너지에 해당하는 에너지를 얻을 수 있다는 것이다.

이와 같이 우라늄의 원자핵이 중성자에 의하여 핵분열을 일으켜서 2개의 파편으로 나누어지면 이 때 결합에너지가 방출됨으로 큰 에너지를 얻게 된다.

아인슈타인은 상대성원리에서 질량과 에너지는 서로 같은 것임을 추론해서 다음과 같은 식을 유도하였다.

$$E = m\,C^2\,[\mathrm{J}] \qquad (6.3)$$

단, m : 질량[kg]

C : 3×10^8[m/s] (빛의 속도)

위 식은 그 어떤 방법으로 질량을 에너지로 변환할 수 있으면 1[kg]의 질량은 9×10^{16}[J]의 에너지로 바뀐다는 것을 의미한다.

이것은 곧 2.5×10^{10}[kWh]에 상당하는 것이며, 발열량 6,000[kcal/kg]의 석탄으로 환산하면 약 3,300[t]에 해당하며, 발열량 10,000[kcal/kg]의 석유로 환산하면 약 2,000[t]에 해당되는 에너지를 얻을 수 있다.

이와 같이 핵분열에 의한 에너지를 유효하게 이용하는 것이 원자력 발전이라고 할 수 있다.

원자에너지를 얻는 방법은 앞서 설명했던 바와 같이 원자핵에 외력을 가함으로서 핵이 분열해서 새로운 원자핵으로 분열하는 현상을 이용하는 것이다. 이 현상을 핵분열(fission)이라 하며, 우라늄처럼 질량이 큰 원자핵은 분열을 일으키기 쉬우므로 적당한 속도를 가진 중성자를 원자핵에 충돌시켜 핵분열을 일으키고 있다.

이처럼 우라늄에 중성자를 충돌시켜서 핵분열을 일으키게 하며, 핵분열시 방출된 중성자가 다시 다른 원자핵에 충돌해서 핵분열을 일으키므로 핵분열 반응은 연쇄적으로 지속될 것이다. 이것을 연쇄반응(chain reaction)이라 하며, 그림 7.5는 핵분열 연쇄반응의 개념을 나타낸다.

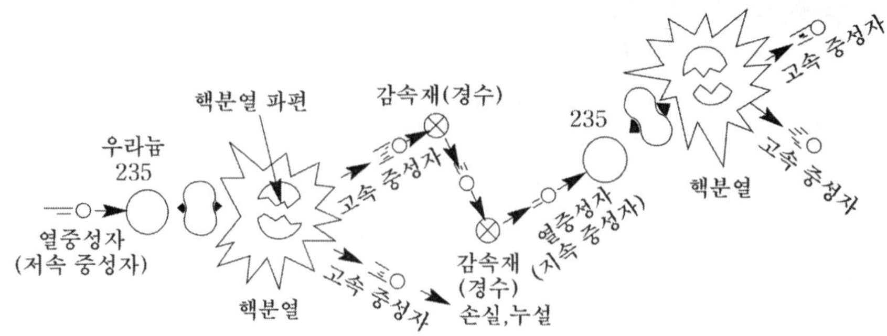

그림 7.5 핵분열 연쇄반응 개념도

예제 7-2

원자력 발전소에서 U^{235} 1[kg]은 발열량 10,000[kcal/kg]의 중유로 환산하면 몇 [kg]에 상당하는가? 단, U^{235}의 질량결손은 0.09[%]이다.

풀이

$$E=mC^2=1\times(3\times10^8)^2[J]=9\times10^{16}[J]$$

한편

$$1[kWh]=3.6\times10^6[J]$$
$$1[J]=1/(3.6\times10^6)[kWh]$$
$$1[kWh]=860[kcal]$$

질량결손 0.09[%] = 1/1,100

$$E=9\times10^{16}\times\frac{1}{3.6\times10^6}[kWh]$$
$$=9\times10^{16}\times\frac{1}{3.6\times10^6}\times860\times\frac{1}{1,100}[kcal]$$
$$=1,955\times10^7[kcal]$$

중유 B[kg]는 $B\times10,000$[kcal]의 열량을 발생하므로

$$1,955\times10^7=B\times10,000[kcal]$$
$$B=1,955\times10^3[kg]\approx2,000\ [t]$$

7.6 열중성자로의 구성

핵분열의 연쇄반응을 안정하게 유지하면서 이 때 발생한 열에너지를 이용하는 장치를 원자로(reactor)라고 한다. 원자로 내에서 발생한 열에너지를 외부로 끄집어내고 이 열에너지를 이용하여 증기를 발생하여 증기터빈을 구동해서 이것에 직결된 발전기로 발전하는 원리가 원자력 발전이다.

원자로에는 열중성자를 사용하는 열중성자로와 고속중성자로가 있으나 발전용 원자로인 열중성자로에 대하여 설명한다.

열중성자로는 천연 우라늄과 저농축 우라늄을 연료로 사용해서 핵분열을 일으키고 있다. 그림 7.6은 열중성자로의 개념도이다. 이 그림에서 알 수 있듯이 원자로는 핵연료 감속재 냉각재 반사체 제어봉 차폐재로 구성되어 있다.

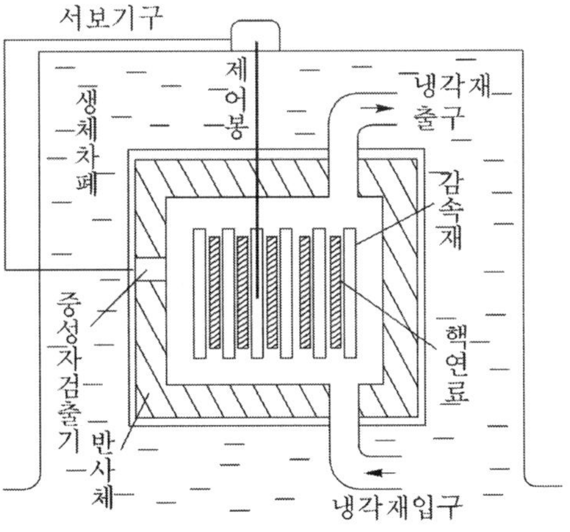

그림 7.6 열중성자로의 개념도

(1) 핵연료(nuclear fuel)

발전용 핵연료에는 천연우라늄(natural uranium)과 저농축우라늄(low enriched uranium)이 있다.

천연우라늄에는 핵분열을 일으킬 수 있는 U^{235}는 0.7[%]밖에 함유되어 있지 않고, 나머지 99.3[%]는 U^{238}이 차지하고 있다. U^{238}은 핵분열을 일으키지 못하지만 이것이 중성자를 흡수하면 Pu^{239}로 바뀌고 이 Pu^{239}는 핵분열을 일으키므로 핵연료로 사용할 수 있다.

그러나 이와 같이 해서 생긴 Pu^{239}를 그냥 핵연료로 이용할 수 없으므로 화학적인 방법을 써서 Pu^{239}를 분리하여야 한다. 이를 핵연료의 재처리(reprocess)라 한다. 그러나 사용후 핵연료를 재처리할 경우에는 다량의 방사능 물질이 있어 위험하므로 세심한 주의를 기울여야 한다.

저농축우라늄은 U^{235}의 함유율을 3~4[%] 정도로 높인 우라늄인데 그 이유는 U^{235}의 비율을 높여 주면 그만큼 중성자의 발생 개수가 많게 되어 원자로의 크기를 작게 할 수 있는 특징이 있다.

핵연료는 원자로에 사용 중인 냉각재(물, 액체금속, 가스)로 인하여 부식되기 쉬우므로 그것을 보호하기 위하여 지르코늄과 같은 금속으로 보호하고 있다.

일반적으로 핵연료로서 요구되는 성질은 다음과 같다.

① 고온에 견딜 수 있는 것
② 열전도가 좋을 것
③ 높은 중성자 조사(照射)에 견딜 수 있을 것
④ 밀도가 높을 것

(2) 감속재(moderator)

핵분열로 인하여 생긴 중성자는 높은 에너지를 가진 고속중성자이다. 고속중성자는 그 속도가 너무 고속이어서 핵분열을 일으키는데 부적당하므로 중성자의 속도를 떨어뜨려 줄 필요가 있다.

이와 같이 핵분열에 의하여 생긴 고속중성자(속도 2×10^7[m/s], 약 2[MeV])를 열중성자(0.025[MeV])로 감속하는 재료가 감속재이다.

열중성자로에서는 주로 탄성 산란으로 감속되는데, 탄성 산란의 효과는 질량이 가벼운 원자핵일수록 크므로 경수(H_2O) 중수(D_2O) 흑연(C) 산화베리움 등이 사용된다.

경수란 보통 물이며, 물은 감속 능력도 좋고 감속재로서 유리하다.

중수는 1회의 충돌로 상실되는 에너지는 경수보다 작지만 열중성자 흡수 단면적이 작고, 감속비가 큼으로 연료로서 천연우라늄을 사용할 수 있다.

베리움은 감속재로서 뛰어난 성질이 있지만 제조비가 비싸고 또한 가공이 어려운 단점이 있다.

감속재에 요구되는 조건은 다음과 같다.

① 중성자의 에너지를 빨리 감속시킬 수 있을 것
② 중성자 흡수가 적을 것 (중성자 흡수 단면적이 작을 것)
③ 내부식성 내열성 내방사성이 우수할 것

(3) 냉각재(coolant)

원자로에서 생긴 열을 노심 밖으로 보내기 위하여 사용되는 열매체가 냉각재이다. 냉각재는 원자로에서 발생한 열을 배출시킴과 동시에 원자로내의 온도를 적당한 값으로 유지하게 된다.

냉각재로서 사용되는 것은 경수(H_2O), 중수(D_2O), Na(액체금속), CO_2 등이다.

경수 및 **중수**는 비열이 크고 열전도가 양호하며, 점성이 비교적 낮기 때문에 냉각재로서 적합하여 감속재를 겸해서 사용된다. 단, 경수는 가격이 싸지만 중수는 고가이므로 경수가 많이 사용된다.

그러나 경수는 열중성자 흡수 단면적이 크므로 이것을 감속재 및 냉각재로 사용할 경우에는 일반적으로 저농축 우라늄을 사용하여야 한다.

액체금속인 나트륨(Na)은 열용량이 크고, 열전달성이 좋으므로 냉각재로서 우수하다. 나트륨은 비등온도가 보통압력에서 881[℃]로서 높고, 구조재와의 양립성도 좋지만 물 공기 등과 반응하기 때문에 누출과 취급에 주의를 요한다.

냉각재에 요구되는 조건은 다음과 같다.

① 중성자 흡수가 적을 것
② 열용량이 클 것
③ 방사선 조사 및 동작 온도 하에서도 안정할 것(융점이 낮을 것)
④ 핵연료의 피복재와 감속재 등의 사이에서 화학반응이 적을 것

(4) 제어봉(control rod)

제어봉은 원자로의 핵분열 반응을 조절하기 위하여 중성자를 흡수하는 물질이다. 원자로 내에서 제어봉의 위치를 변화시킴으로 중성자의 밀도를 변화시켜 원자로의 출력을 제어하기 위함이다.

보통 제어재로 사용되는 것은 Cd(카드뮴), B(붕소), Hf(하프늄) 등이며, 제어재로서 요구되는 성질은 다음과 같다.

① 중성자 흡수 단면적이 클 것
② 냉각재에 대하여 내부식성이 있을 것
③ 열과 방사능에 대해 안정적일 것

(5) 반사재(reflector)

핵분열에 의하여 발생하는 중성자가 외부로 누설되는 것을 원자로 내부로 다시 반사시키는 것으로서 열중성자로에서는 감속재와 같은 재료가 사용된다.

그러므로 반사재에 사용되는 재료는 **경수, 중수, 흑연, 산화베리움** 등이다. 일반적으로 노심 부분에서 중성자 밀도 분포는 그림 7.7과 같이 중심부가 높으며 주변으로 갈수록 낮아지고 있다. 따라서 노심 주변에 반사체를 설치하면 점선과 같이 중성자 밀도가 평균화되므로 핵분열 연쇄반응을 유지할 수 있다.

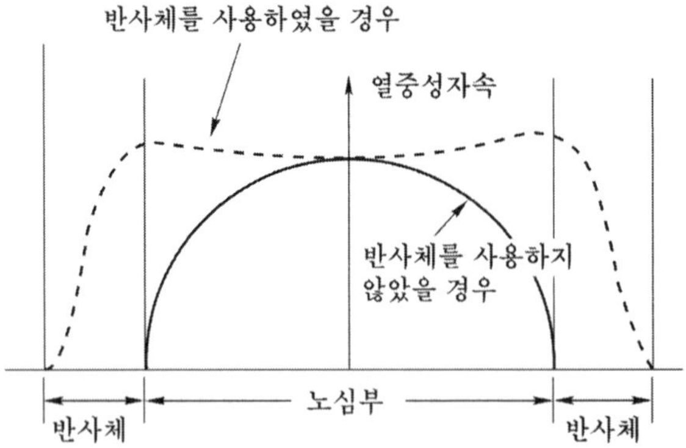

그림 7.7 중성자 밀도 분포도

(6) 차폐재(shield)

차폐재는 노심에서 누설되는 중성자나 γ선 또는 각종 방사선 유출을 방지하는 재료이다. 차폐재는 열적으로 파괴되는 것을 방지하기 위한 열차폐와 인체에 영향을 미치지 않도록 하는 생체차폐가 있다.

열차폐는 생체차폐가 열적으로 파괴되는 것을 방지하며 보통 철판과 같이 열전도가 좋은 재료가 사용된다.

생체차폐는 운전원을 γ선이나 각종 방사선으로부터 보호하는 재료로서 콘크리트, 물, 납 등이 사용된다.

예제 7-3

출력 100만[kW]의 발전소가 이용률 70[%]로 운전할 경우 다음 발전소에 대한 연간 소요되는 연료량[kg]을 구하여라.
(1) 석유화력발전(열효율 40[%]인 경우)
(2) 석탄 화력발전(열효율 40[%]인 경우)
(3) 원자력발전(열효율 33[%]인 경우)

풀이 100만[kW] 발전소의 연간 발전전력량 W는

$$W = 100 \times 10^4 \times 365 \times 24 \times 0.7 = 613.2 \times 10^7 [\text{kWh}]$$

(1) 석유화력발전의 경우
석유의 발열량은 10,000[kcal/kg]이고, 발전소 열효율 40[%]라 하면$\left(\eta = \dfrac{860\,W}{BH} \times 100\right)$

$$40 = \frac{860 \times 613.2 \times 10^7}{B \times 10{,}000} \times 100$$

$$B = 131.84 \times 10^7 [\text{kg/년}] \fallingdotseq 132[\text{만 t/년}]$$

(2) 석탄 화력의 경우
석탄의 발열량 6,000[kcal/kg]이고, 발전소 열효율 40[%]라 하면

$$40 = \frac{860 \times 613.2 \times 10^7}{B \times 6{,}000} \times 100$$

$$B = 219.73 \times 10^7 [\text{kg/년}] = 220[\text{만 t/년}]$$

(3) 원자력발전의 경우
우라늄 1[g]의 발열량은 $1{,}955 \times 10^4$[kcal]이므로(예제 7-2 참고) 1[kg]에 대해서는 $1{,}955 \times 10^7$[kcal]의 열량에 해당한다. 원자력 발전소의 효율을 33[%]라 하면

$$33 = \frac{860 \times 613.2 \times 10^7}{B \times 1{,}955 \times 10^7} \times 100$$

$$B = 817.4 [\text{kg/년}]$$

7.7 발전용 원자로

발전용 원자로는 오늘날까지 여러 가지 형식의 원자로가 개발되어 왔으며 운전 중에 있는 것은 영국에서 개발된 것으로서 천연우라늄을 연료로 하는 흑연감속 가스냉각로(GCR)와 미국에서 개발된 것으로서 경수감속 경수냉각로(PWR, BWR), 그리고 캐나다에서 개발된 천연우라늄을 연료로 하는 중수감속 중수냉각로(CANDU) 등이 있다.

현재 원자력 발전형식의 대부분은 원자로에서 발생한 열에너지를 냉각재를 이용하여 열 교환기에 보낸 다음 열 교환기에서 고온 고압의 증기를 발생하고, 그 이하의 과정은 화력발전소와 같은 방법으로 발전한다.

본 장에서는 우리나라에서 운전되고 있는 경수로(가압수형로, 비등수형로)와 중수로에 대하여 살펴본다.

표 7.3 원자로의 종류

종 류		연 료	감속재	냉각재	비 고
가스냉각로(GCR)		천연우라늄	흑 연	탄산가스	영국에서 개발
경수로	가압수형(PWR)	저농축우라늄	경 수	경 수	미국 WH사에서 개발 (고리, 영광, 울진 원자력 발전소)
	비등수형(BWR)	저농축우라늄	경 수	경 수	미국 GE사에서 개발
중수로(CANDU)		천연우라늄	중 수	중 수	캐나다에서 개발 (월성 원자력발전소 #2-4호기)
고속증식로(FBR)		농축우라늄 플루토늄	-	나 트 륨	프랑스, 러시아, 일본 등에서 개발, 실용화 단계

7.7.1 경수로

경수로(輕水爐)는 감속재와 냉각재로서 경수(輕水)를 사용하는 원자로이다. 이에는 가압수형 원자로(PWR, pressurized water reactor)와 비등수형 원자로(BWR, boiling water reactor)가 있다.

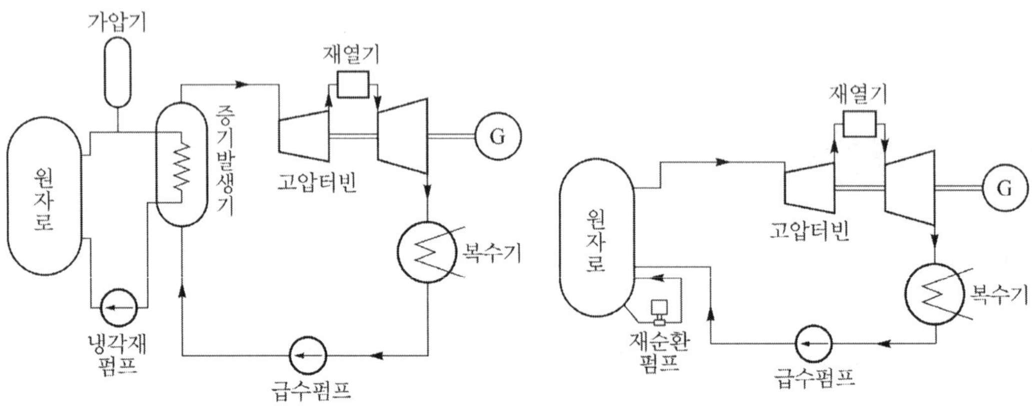

(a) 가압수형(PWR) (b) 비등수형(BWR)

그림 7.8 PWR 및 BWR의 비교

(1) 가압수형 원자로(PWR)

가압수형 원자로는 원래 잠수함과 항공모함용으로 미국의 웨스팅하우스사가 개발한 것으로서 세계적으로 가장 많이 보급되어 있으며 우리나라에서도 월성원전(#2-4호기)의 원자로를 제외한 모든 원자로가 가압수형이다.

이 원자로의 연료는 3~4[%]의 저농축우라늄을 산화우라늄 UO_2 형태로 가공해서 사용하고, 경수(물)를 감속재와 냉각재로로 사용하며 냉각재인 물이 비등하지 않도록 원자로 내부를 160[kg/cm^2] 정도로 가압하고 있다.

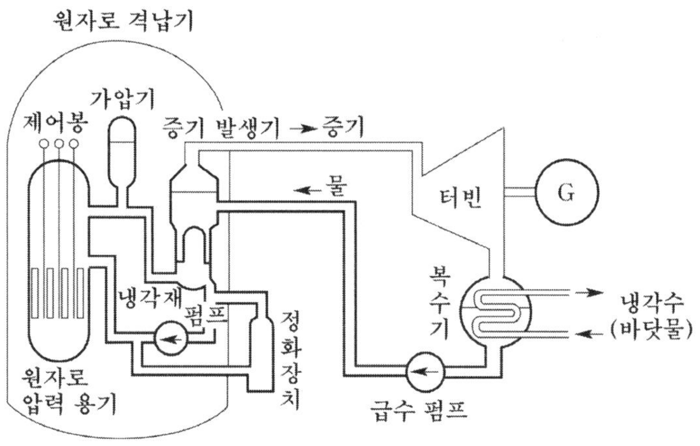

그림 7.9 PWR의 개념도

이 때문에 냉각재의 원자로 출구온도는 320[℃], 노 입구온도는 290[℃]로 되어 있다. 이 고온의 가압된 냉각재를 이용하여 증기발생기에서는 온도 269~274[℃], 압력 약 55~60[kg/cm^2]의 증기를 만들고 이것으로 증기터빈을 구동해서 발전하고 있다.

PWR 원자로의 용기는 그림 7.10과 같이 노심, 노내 구조물, 제어봉 및 구동장치로 구성되어 있다.

그림 7.11은 연료봉 및 연료집합체의 일례를 보인 것인데, PWR의 연료집합체는 다수의 연료 격자와 그 10[%] 정도의 제어봉 격자로 구성되고 있으며 노심은 출력에 따라서 이러한 연료 집합체를 100~200체 모아서 구성하고 있다.

연료피복관은 질카로이(zircaloy)관을 사용하며, 관내에 저농축 2산화 우라늄 펠릿(UO_2 pellet)을 봉입한 것이다.

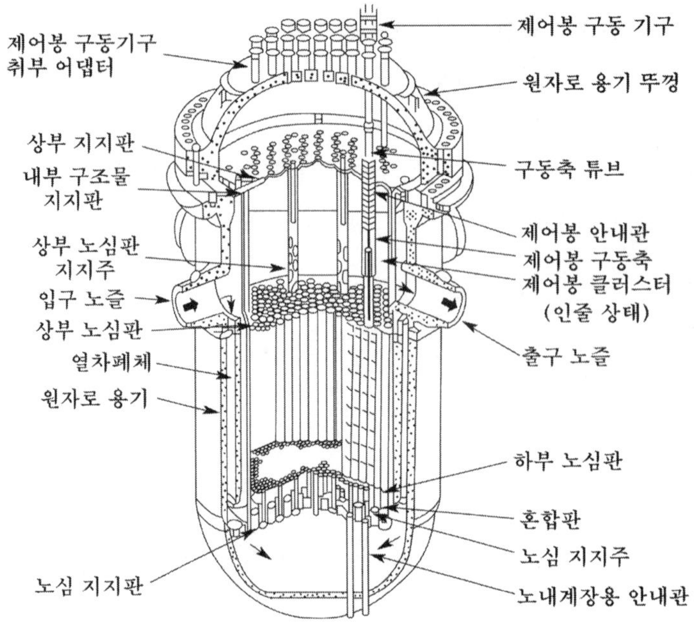

그림 7.10 PWR 원자로 용기의 구조도

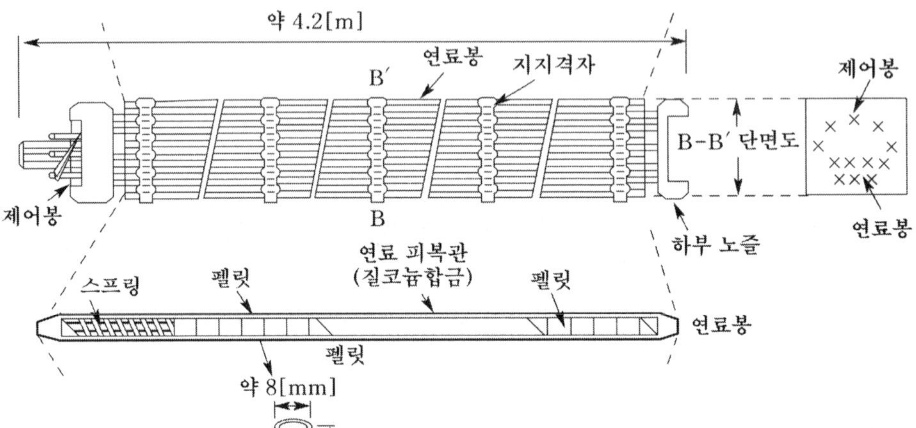

그림 7.11 연료집합체 및 연료봉

전기출력 1000[MW]급 이상에서는 약 4[m]되는 연료봉 내부에 356개의 펠릿이 들어가며, 펠릿 중심부의 최고 온도는 2,180[℃]이다.

중성자를 흡수하는 물질인 제어봉은 은-인듐-카드뮴 합금 등을 사용하고 있으며, 이것을 스테인리스 강판으로 피복해서 막대기 모양으로 하고 있다. 또 이 제어봉은 구동기구(control rod cluster)에 의하여 동시에 움직이도록 작동한다.

제어봉은 연료집합체 내부를 출입해서 핵분열 연쇄 반응을 제어하게 된다.

이 PWR은 다음과 같은 특징을 가지고 있다.

① 방사능을 띈 증기가 터빈 측에 유입하지 않으므로 보수 점검이 용이하다.
② 가압수를 사용하기 때문에 노심으로부터 나오는 열 출력이 크다.
③ 2중 열 사이클이기 때문에 계통이 복잡하다.
④ 노내의 핵반응은 -(負)의 온도계수를 지니기 때문에 안정성은 좋다.
⑤ 핵연료는 저농축 우라늄(농축도 3~4[%])을 사용한다.

(2) 비등수형 원자로(BWR)

이 원자로는 당초 경제적인 원자력 발전소의 설립을 목적으로 미국의 제네럴 일렉트릭사(General Electric Co)에 의하여 개발된 것이다.

노심에서 발생된 증기가 그림 7.12와 같이 직접 터빈에 공급되기 때문에 개발 초기에는 원자로의 불안전성, 증기 발생량의 제어, 터빈계통의 방사능 처리 문제 등의 어려움이 있었으나 점차 해결되어 현재로는 미국 일본을 중심으로 PWR 다음으로 많이 사용되고 있는 원자로이며, 핵연료도 저농축우라늄(농축도 2~3[%])을 사용한다.

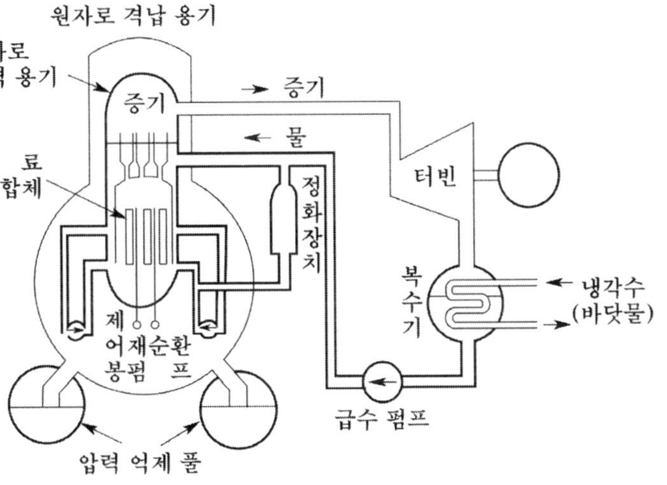

그림 7.12 BWR의 개념도

핵연료의 열에 의해 발생한 증기는 원자로 노심 위 부분에 있는 기수분리기에 의해 습도가 5[%] 이하로 제거되고 다시 증기건조기를 통과하여 터빈에 들어가기 전에는 습도 0.1[%] 이하의 증기가 된다.

BWR은 핵분열 연쇄반응을 제어하기 위한 2가지 보호기능인 도플러 효과와 보이드계수가 있다.

도플러 효과(Dppler Effect)란 원자로의 출력상승으로 물의 온도가 올라가면 물의 밀도가 내려가게 되며, 물(감속재)의 밀도가 내려가면 중성자 감속 효과가 떨어져서 열중성자의 증배율이 낮아지는 현상을 말한다. 원자로의 출력이 증가함에 따라서 물의 비등이 많아지면 물의 밀도가 낮아지게 되어 고속중성자가 열중성자로 바뀌어 지는 비율이 줄어듦으로 결국 원자로의 출력은 감소하게 된다.

보이드(Void)계수란 노심 내에서 물의 비등하게 되면 보이드(기포)의 발생하게 되며 따라서 중성자의 감속, 흡수 및 누설량이 변한다. 보이드 량의 증감에 따른 핵분열 반응도의 변화를 보이드 계수라 하며, 음(−)의 값을 취한다.

BWR 원자로의 출력을 조정하는 방법은 두 가지가 있다. 하나는 PWR과 같이 제어봉을 움직이는 것이고 다른 방법은 재순환 펌프의 속도를 변화시키는 것이다.

재순환 펌프의 속도를 올려서 순환수가 증가하면 기포가 노심 밖으로 더 많이 나가게 되므로 물의 밀도가 높아서 핵분열 연쇄반응도는 증가하여 출력이 상승되다. 출력상승으로 인한 음(−) 반응도와 기포량 감소로 인한 양(+) 반응도가 같게 되는 새로운 출력에서 안정될 것이다. 출력을 내릴 때는 이와 반대로 재순환 펌프의 속도를 낮추면 될 것이다.

이 BWR은 다음과 같은 특징을 가지고 있다.

① 증기 누설을 방지하여야 한다.
원자로에서 발생된 증기에는 방사능이 포함되어 있으므로 보수 및 점검은 PWR에 비하여 어려운 편이다.

② 증기 발생기(열교환기)가 필요 없다.
원자로에서 직접 증기를 발생하므로 가압수형처럼 노내의 압력을 높이지 않아도 되기 때문에 압력용기 및 배관의 두께는 얇아도 된다.
(PWR에서는 약 160[kg/cm^2]인 반면에 BWR에서는 약 70[kg/cm^2]이다).

③ 급수 순환 펌프만 필요하므로 소내용 동력은 적다. (냉각재 순환펌프 없음)

④ 노심 및 압력 용기가 커진다. (PWR에 비하여 노심의 출력 밀도가 낮다)

⑤ 원자로의 높이는 그만큼 높아진다.
(원자로의 상단에 기수 분리기와 증기 건조기가 있다)

⑥ 저농축 우라늄을 사용한다.(농축도 2~3[%])

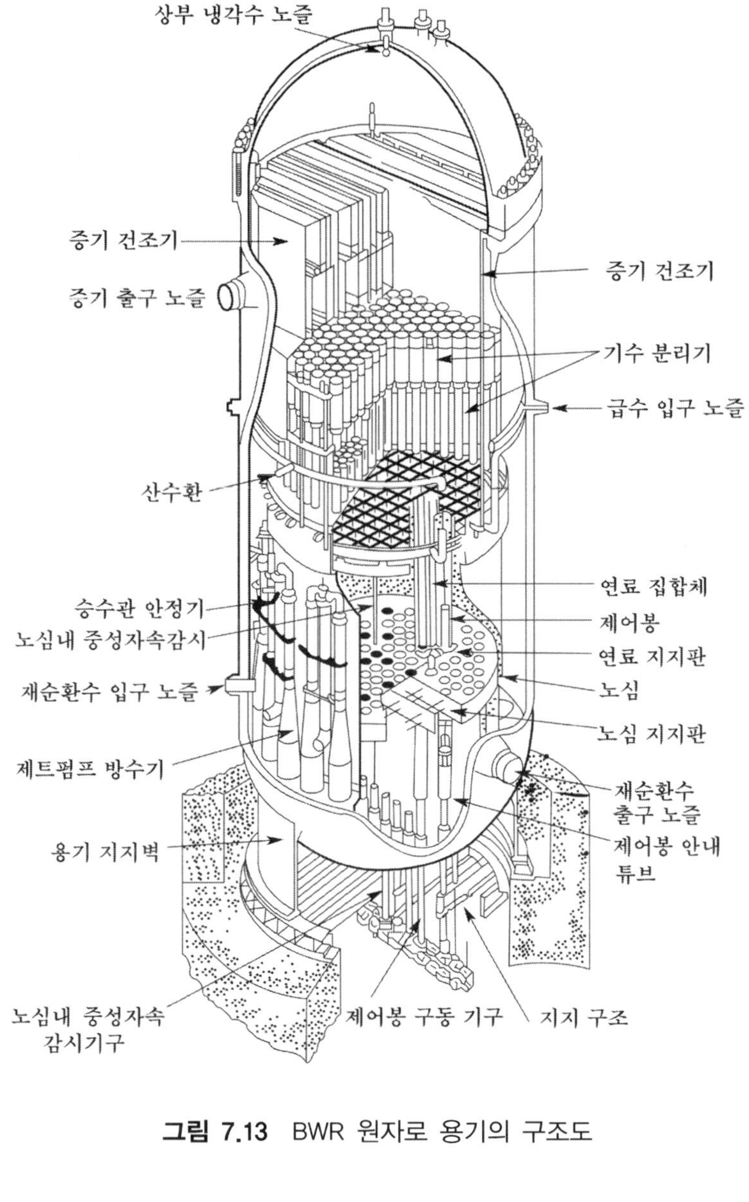

그림 7.13 BWR 원자로 용기의 구조도

우리나라에서는 PWR만 운전하지만, 일본에서는 PWR과 BWR이 비슷한 비율로 건설되어 운전되고 있다.

7.7.2 중수로

중수로는 감속재 및 냉각재로서 중수를 사용하는 원자로이다. 여기서는 캐나다에서 개발된 CANDU(Canadian Deuterium Natural Uranium Reactor)형 원자로에 관하여 알아본다.

CANDU란 캐나다 사람(Canadian)들이 개발하였으며, 감속재 및 냉각재는 중수(Deuterium)를 사용하고, 핵연료는 천연우라늄(Natural Uranium)을 사용하는 원자로(Reactor)라는 뜻이다.

현재 월성 원자력 발전소에서 운전 중에 있는 원자로로서 그림 7.14에 이 CANDU로의 개요를 나타냈다.

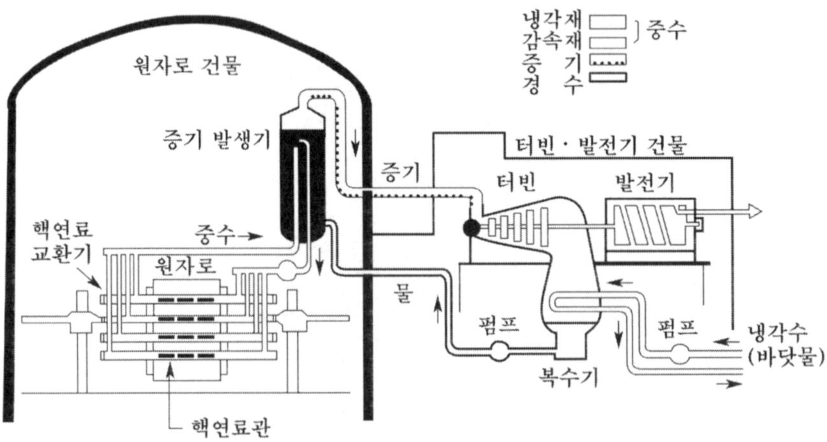

그림 7.14 CANDU로의 개요도

이 원자로는 압력관내에 핵 연료봉을 배치하고 약 100 기압의 냉각재를 흘려 칼렌드리어 탱크에 넣어 1기압으로 유지하는 방식으로서 감속재와 냉각재가 분리되기 때문에 냉각재로는 경수 중수 가스 Na 등을 다양하게 사용할 수 있다.

그림 7.14와 같이 중수를 압력관과 증기 발생기 사이를 순환시켜 증기를 발생시키는 CANDU로는 냉각재가 수평으로 배치된 칼렌드리어(calendreyer) 탱크를 관통하며, 중수를 냉각재와 감속재로 사용하기 때문에 중수의 보충 및 관리가 필요하다. 중수로의 일반적인 특징은 다음과 같다.

① 중수는 중성자 흡수가 상당히 작기 때문에 핵연료를 유효하게 이용할 수 있다. 즉, 핵연료 전환비가 0.8~1.0 정도로 크기 때문에 Pu 생산량이 많다.(경수로는 0.3 ~0.4)
② 핵연료는 천연우라늄을 사용한다.
③ 경수로에 비하여 노심이 커진다.
④ 비싼 중수를 다량으로 구입해야 한다.

핵연료는 산화우라늄 UO_2을 소결(燒結)한 펠릿을 질카로이로관에 넣어서 사용한다. 펠릿을 수용한 질카로이의 연료봉을 19내지 28체씩 한데 묶어서 그림 7.15에서 보는 바와 같은 연료 집합체로 하고 있다.

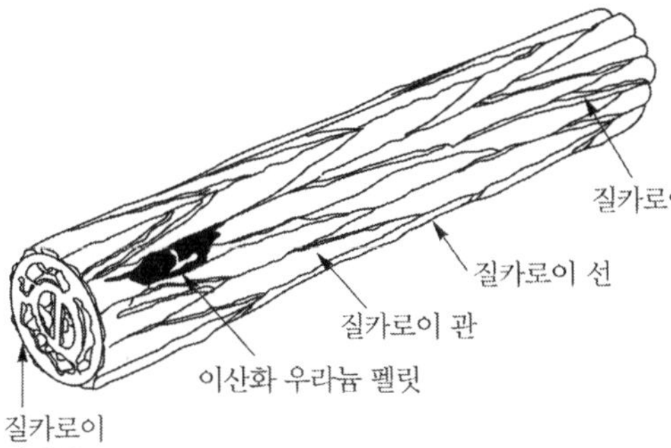

그림 7.15 연료집합체

이와 같이 제작된 연료집합체는 1개의 압력관 내에 8개 내지 12개씩 사용하고 있다.

예제 7-4

전기출력 1,000[MW]인 원자력 발전소의 열 효율은 32.4[%]이다. 이 발전소를 1년간 운전하려면 몇 [kg]의 $_{92}U^{235}$가 필요한가. 이때 천연우라늄을 사용한다면 몇 [t]이 필요하겠는가? 단, 1[MWD]의 에너지를 얻기 위해서는 $_{92}U^{235}$가 1.05[g]이 필요하며, 천연우라늄에는 $_{92}U^{235}$가 0.714[%] 존재한다.

풀이 열효율은 32.4[%], 전기출력 1,000[MW]이기 때문에 원자로의 열 출력 P_t[MW]는

$$P_t = \frac{1,000}{0.324} = 3,086.42[\text{MW}]$$

이다. 따라서 3,086.42[MW]의 열 출력으로 1년 간 운전할 경우 발생되는 에너지는

$$E = 3,086.42 \times 365 = 1,126,543[\text{MWD}]$$

이다. 1[MWD]의 에너지를 얻기 위해서는 $_{92}U^{235}$가 1.05[g] 필요하므로 1년간 필요한 양은

$$1,126,543 \times 1.05 \times 10^{-3} \fallingdotseq 1,182.87[\text{kg}]$$

이다. 또 천연우라늄에는 중량비로 0.714[%]의 U^{235}가 포함되어 있으므로 필요로 하는 천연우라늄은 다음과 같다.

$$\frac{1,182.87}{0.00714} \times 10^{-3} = 165.7[\text{t}]$$

7.8 원자력 발전의 안전성

원자력 발전이라 하면 우선 안전성이 제기된다. 이는 다른 발전 방식에 비하여 잠재적인 위험도가 크기 때문이다. 원자로 내에는 많은 양의 방사능 물질이 축적되는데, 만일의 사고로 이것이 유출될 경우에는 인근 지역에 막대한 재해를 일으키게 된다.

지난 1979년 3월에 일어났던 미국의 스리마일 원자력 발전소에서의 사고 및 1986년 4월에 일어났던 소련의 체르노빌 원자력 발전소(현재 우크라이나 공화국 소재)에서 일어난 사고는 원자력 발전소의 안전성 유지의 중요성을 보여준 좋은 예가 될 수 있다. 따라서 원자력 발전은 설계 초기부터 안전성에 중점을 두어야 하며, 사고에 의한 방사능의 유출은 적극 방지되어야 한다.

7.8.1 다중방호벽에 의한 안전

원자력발전소에서 발생되는 방사성물질은 여러 겹의 차폐벽으로 둘러싸게 하여 사고가 발생한 경우에도 방사능이 외부에 유출되지 않도록 하고 있다.

우리나라의 경수로는 다음과 같이 5겹의 방호벽으로 설치되어 있다.

(1) 제 1 방호벽(핵연료 피복관, cladding)

이산화우라늄(UO_2) 펠렛을 0.06[cm] 두께의 지르코늄 금속관에 넣고 밀봉한다. 우라늄의 핵분열에 의해 생기는 방사성물질은 피복관 안에 갇히며, 연료체에서 나온 소량의 가스도 피복관 내에 밀폐된다.

(2) 제 2 방호벽(원자로 압력용기, reactor vessel)

핵연료 피복관에 결함이 생겨 방사성 물질이 새어나와도 16.5[cm] 두꺼운 강철의 압력용기에 의하여 방사성 물질이 외부로 누출되지 못하도록 한다.

(3) 제 3 방호벽(차폐 콘크리트벽, shield concrete)

제 3 방호벽은 원자로 압력용기를 둘러싸고 있는 두께 80[cm]의 콘크리트벽이다. 이 벽은 압력용기에서 방사능이 직접 외부로 새어 나오는 것을 막는다.

(4) 제 4 방호벽(격납용기, containment vessel)

차폐 콘크리트 외부를 다시 6[mm] 두께의 강철로 만든 격납용기를 설치한다. 만일의 사태 발생시에는 방사능을 격납용기 안에 밀폐한다.

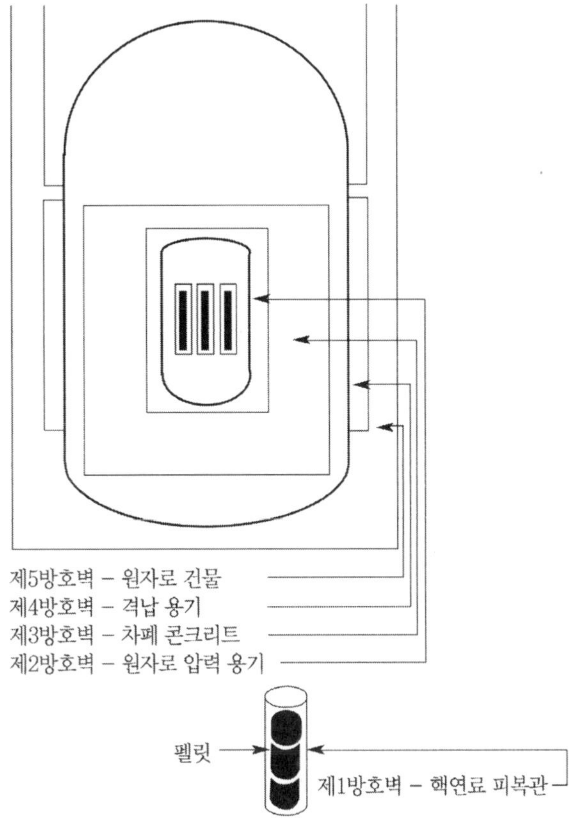

그림 7.16 PWR의 다중방호벽

(5) 제 5 방호벽(격납건물, biological shield)

다시 두께 약 120[cm] 정도의 철근콘크리트 건물을 건설한다. 이 격납건물은 방사성 물질이 직접 외부환경으로 누출되는 것을 최종적으로 막는 생체 차폐벽이 된다.

격납건물의 중요성은 미국의 스리마일원자력 발전소 사고와 구 소련의 체르노빌 원자력 발전소 사고에서 입증되었다. 체르노빌 원자로의 경우 격납건물이 설치되지 않아서 방사성 물질이 외부로 누출되어 일반인에게 막대한 피해를 끼친 반면, 격납건물이 설치된 스리마일 원자력 발전소의 경우 발생한 방사능 물질이 대부분 격납건물 내에 갇혀서 외부 환경에 피해를 주지 않았기 때문이다.

이러한 격납용기 및 격납건물은 우리나라의 원자로는 모두 설치되어 있다.

7.8.2 비상장치

원자로에서 이상 사태가 발생하면 핵분열을 정지시키는 긴급정지장치와 냉각수 누설시 작동하는 비상용 노심냉각장치 및 비상용 전원 등이 있다.

(1) 긴급정지장치

원자로에서 이상 상태가 발생할 경우를 대비하여 원자로 내에 중성자 측정 장치를 다수 설치하여 상시 감시하며, 이상이 검출되면 경보를 내어서 운전원이 조치를 취하도록 하고 있다. 만일 조치가 늦어지더라도 자동적으로 제어봉이 삽입되어 원자로 내의 핵분열 반응을 정지시키게 된다.

PWR의 경우에는 그림 7.17(a)와 같이 긴급정지장치를 설치하며, 제어봉은 원자로의 상부로부터 들어가도록 되어있는데, 평상시에는 전자석에 의하여 노심 밖으로 빠져있으나 이상이 생기면 전자석의 전류가 끊어져 제어봉은 자체의 무게로 자동 삽입되어 원자로를 정지시키게 된다.

만일 제어봉이 정상적으로 작동하지 않는 경우에는 붕소 용액(중성자 흡수물질)을 대량으로 주입하는 후비(backup)보호 장치를 작동시켜 원자로를 확실하게 정지시키게 된다.

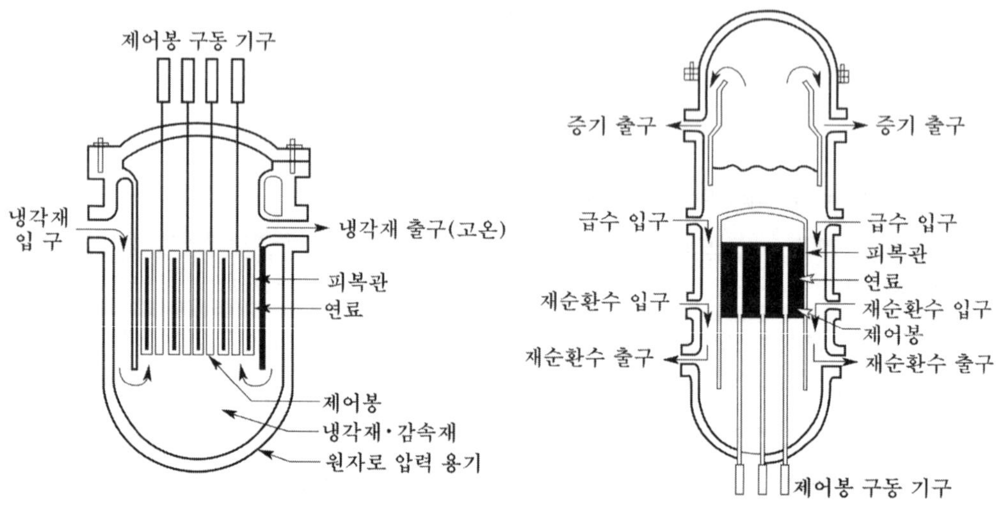

(a) PWR (b) BWR

그림 7.17 원자로의 긴급정지장치

(2) 비상용 노심냉각장치

만일 냉각재 순환계통에서 냉각재(PWR에서는 경수)가 누설되거나 증기발생기의 세관이 파손되어 냉각재가 빠져나가는 사고가 발생하면 비상용 노심냉각장치(ECCS, Emergency Core Cooling System)가 동작하여 대량의 물을 주입해서 원자로를 완전히 물에 잠기도록 하는 장치이다.

그림 7.18은 비상용 노심냉각장치의 일례로서 냉각재가 흐르는 관이 파손되어 물이 없어져 핵연료가 과열하는 등의 최악의 사고가 일어나면 즉시 원자로 내에 물을 주입하여 노심을 냉각할 수 있도록 축압주입계통, 고압주입계통, 저압주입계통 등 3계통이 설비되어 있으며, 그 이외에도 격납용기 스프레이 계통도 설치되어 있다.

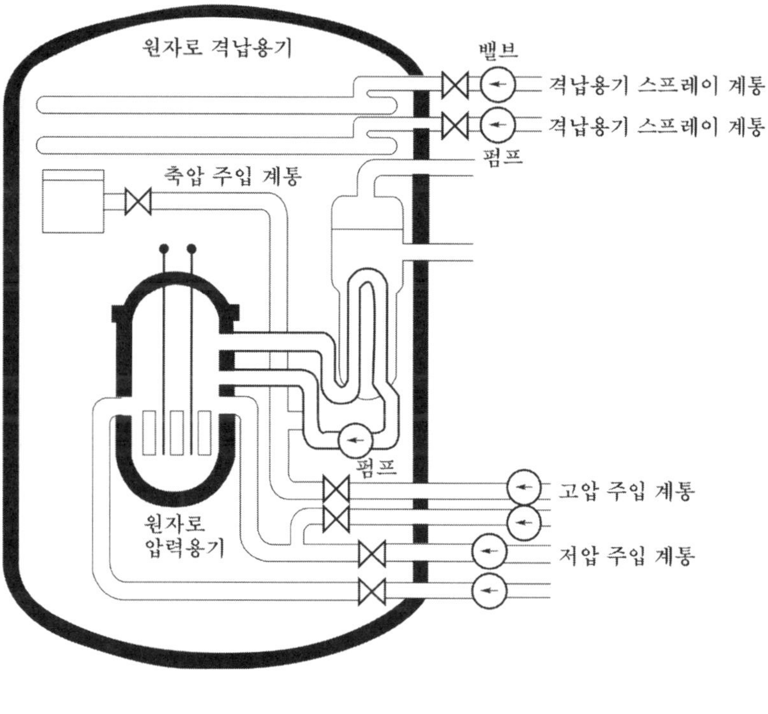

그림 7.18 PWR의 노심용 냉각장치

(3) 비상용 전원

원자로에는 비상용 전원이 설치되어 있어서 긴급사태나 정전시에도 제어계통, 긴급냉각계통, 환기계통 등 안전상 필요한 계통에 전력을 공급할 수 있도록 한다. 이 비상용 전원에는 디젤발전기가 사용된다.

예제 7-5

체르노빌 발전소의 원자로와 우리나라의 원자로의 구조를 비교하고 차이점을 설명하여라.

풀이 체르노빌 원자로는 격납 용기가 없는 등 3중벽에 불과하며, 우리나라를 비롯하여 서방세계의 원자로는 120[cm] 두께의 철근콘크리트 건물을 포함하여 5중벽으로 감싸고 있으므로 원자로의 사고 시에 최악의 사태는 막을 것이다.

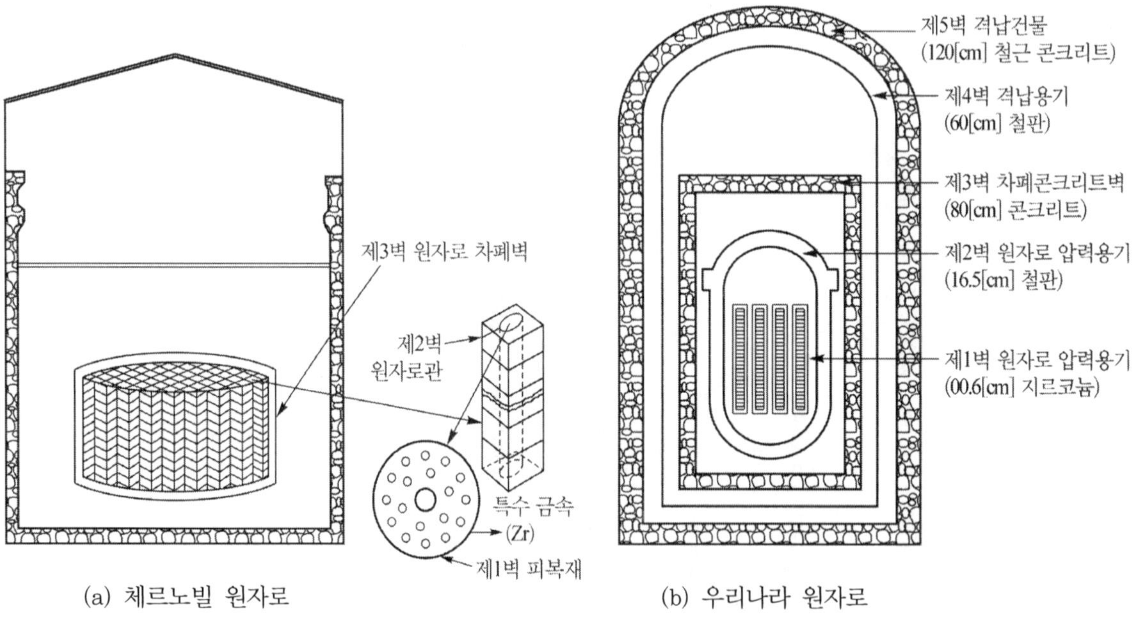

그림 7.19 체르노빌 발전소의 원자로와 우리나라의 원자로의 구조도 비교

그 이외에도 양 원자로의 차이점은 다음과 같다.

표 7.4 체르노빌 발전소의 원자로와 우리나라의 원자로의 차이점

항 목	체르노빌 원자로	우리나라 원자로	비 고
원자로 건물	원자로 건물이 없어 사고시 방사능이 바로 누출됨	약 1.2[m] 이상의 콘크리트 및 철판으로 구성된 원자로 건물이 있음	사고발생시 방사능 물질을 원자로 건물 내로 국한시켜 외부 환경으로의 누출을 방지
원자로 설계 특 성	정(+)반응 출력계수를 갖고 있어 특히 저출력 상태에서 출력제어가 어렵고 출력폭주의 위험이 있음	부(−)반응 출력계수를 갖고 있어 어떤 요인으로 출력이 상승되면 스스로 출력을 감소시키려는 고유의 안전성을 갖고 있음	출력 상승으로 인한 출력폭주 가능성이 없음
원 자 로 제 어 봉	제어계통이 복잡하며 원자로 긴급정지 기능이 미흡	제어계통이 간단하여 제어가 용이함	
원 자 로 계통구조	원자로 내에 1,661개의 얇은 핵연료 채널이 복잡하게 구성되어 있음	원자로와 두꺼운 냉각재 배관으로 간단하게 구성되어 있음	냉각재 배관 파단 가능성이 훨씬 적음
감 속 재	흑연	경수(물)	
안전설비	안전설비의 다중성이 미흡함	모든 안전설비는 2, 3중으로 설치되어 있음	1개 설비가 고장되더라도 대체설비가 있어 안전성 확보 가능
비상전원	외부전원 상실시 신속한 비상전원 공급이 되지 않아 2~3분간 비상전원 공급기능 상실	외부전원 상실시 10초 내에 신속히 전원공급이 가능한 디젤발전기 보유	

7.9 방사성 폐기물 관리

7.9.1 개 요

원자력 발전소에서 나오는 방사성 폐기물(radioactive waste)은 발전소 종사자들의작업복, 장갑 등과 바닥의 세탁수, 각종 교체부품 같은 것들이다. 방사성 폐기물에는 표 7.5와 같이 방사능의 농도에 따라 고레벨 폐기물(high level waste)과 저레벨 폐기물(low level waste)이 있으며, 고체 폐기물, 기체폐기물 및 액체 폐기물이 있다.

고체폐기물 중 타는 것은 태우고, 타지 않는 것은 압축하여 드럼 속에 넣으며, **기체폐기물**은 일단 밀폐된 탱크에 저장한 후 방사능이 기준치 이하로 떨어지면 필터를 거쳐 대기로 내보낸다.

액체폐기물은 수분을 증발시켜 부피를 줄인 다음 시멘트와 함께 굳혀 드럼 속에 넣고 밀봉한 다음 저장고에 보관한다.

표 7.5 방사선 폐기물이 종류

구 분	방사능의 농도	발생원	예
고레벨 폐기물	높다	원자력 발전소	사용 후 핵연료, 유리 고화체
저레벨 폐기물	낮다	원자력발전소 핵연료 사이클 시설 연구기관 병원	기체폐기물 액체폐기물 고체폐기물(장갑, 의류, 금속류)

방사능이 강한 고레벨 폐기물은 사용 후 핵연료가 이에 해당된다. 사용 후 핵연료를 재처리할 경우에는 그림 7.20과 같이 액체 상태로 용해시켜 우라늄이나 플루토늄을 분리하며, 이 액체를 장기적으로 안정된 형태로 처분하기 위하여 액체 상태의 유리에 집어넣고 있다. 이것을 냉각시켜 고체로 굳어진 것이 유리 고화체이며, 이는 방사성 물질 덩어리이므로 위험한 물질이다.

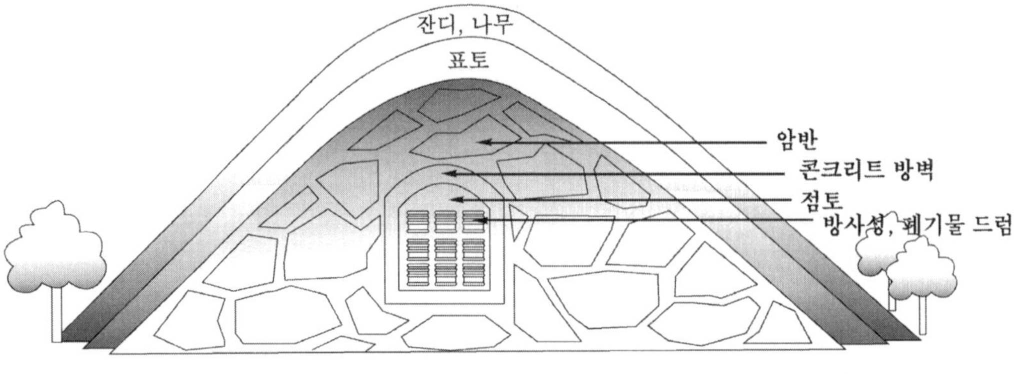

그림 7.20 방사성 폐기물 처분장 개념도(심층처분)

우리나라의 경우 사용후 핵연료는 재처리하지 않고 직접 보관하므로 그 자체가 고레벨 폐기물이 된다. 현재 각 원자력발전소에서 보관하고 있는 사용후 핵연료는 13,000톤에 이르며, 매년 750톤 발생된다 하니 이제라도 공론화하여 재처리 문제를 슬기롭게 해결해야 할 것이다.

저레벨 폐기물은 철제 드럼에 넣고 이를 발전소 내의 저장창고에서 관리하고 있으나 최종적으로 생활환경에 영향을 주지 않도록 영구 처분해야 한다.

7.9.2 방사성폐기물 처분 방식

방사성폐기물을 처분하는 방식은 땅을 얕게 파서 드럼을 쌓는 천층방식(淺層方式)과 땅속 깊은 곳에 혹은 산 속이나 바다 밑에 동굴을 파서 폐기물 드럼을 쌓는 심층방식(深層方式)이 있다. 어떤 처분 방식을 택하느냐는 각 나라의 특성에 따라 다르다.

일반적으로 처분장이 건설되는 곳은 단단한 암반이나 안정된 지역이어야 하며, 그곳에 암반 동굴을 만들어 폐기물 드럼을 쌓는다.

방사성 물질이 외부로 누출되는 경로는 주로 지하수에 의한 것이지만 위와 같은 개념으로 건설된 처분장이라면 방사성물질이 외부로 유출되는 일은 거의 없을 것이다.

7.9.3 폐기물 관리

(1) 기체 폐기물 관리

원자로 운전 중 노내에서 나온 공기 등은 여과(filter) 처리하여 오염물질을 걸러낸 후 대기 중으로 방출하거나 일정기간 감쇠탱크에 저장한 후 방사능이 없어진 다음 대기로 방출한다.

(2) 액체 폐기물 관리

액체 폐기물은 주로 원자로의 냉각수이다. 이는 원자로 냉각수를 깨끗이 처리하는 과정에서 발생하는 것과 펌프 밸브 등의 기기로부터 누설된 냉각수를 수집한 것, 그리고 방사선 작업복 등을 세탁한 물 등으로 구분할 수 있다. 액체 폐기물은 방사능의 양, 화학적 순도에 따라 발생원에서부터 구분하여 수집하도록 되어 있다.

방사선 작업복을 세탁한 물과 방사선 작업자들이 목욕한 물에는 방사능이 거의 없지만, 비누 성분이 많으므로 세탁 배수 저장 탱크에 따로 수집하였다가 방사능 농도를 측정하여 방출 여부를 결정한다.

그러나 원자로 냉각수에는 붕산이 다량 포함되었으므로 붕산 회수 설비를 사용하여 회수하여 재사용하다. 방사능이 없어진 물은 발전소에서 다시 사용하거나 바다로 내보내게 된다.

액체폐기물의 농축 폐액은 시멘트와 혼합하여 고체화하여 드럼에 넣어 저장한다.

(3) 고체 폐기물 관리

고체 폐기물은 방사능의 세기에 따라 중·저레벨 폐기물과 고레벨 폐기물로 구분한다. 사용 후 핵연료와 같은 고레벨 폐기물은 발전소 구내의 대형 수조에 보관하고 있다.

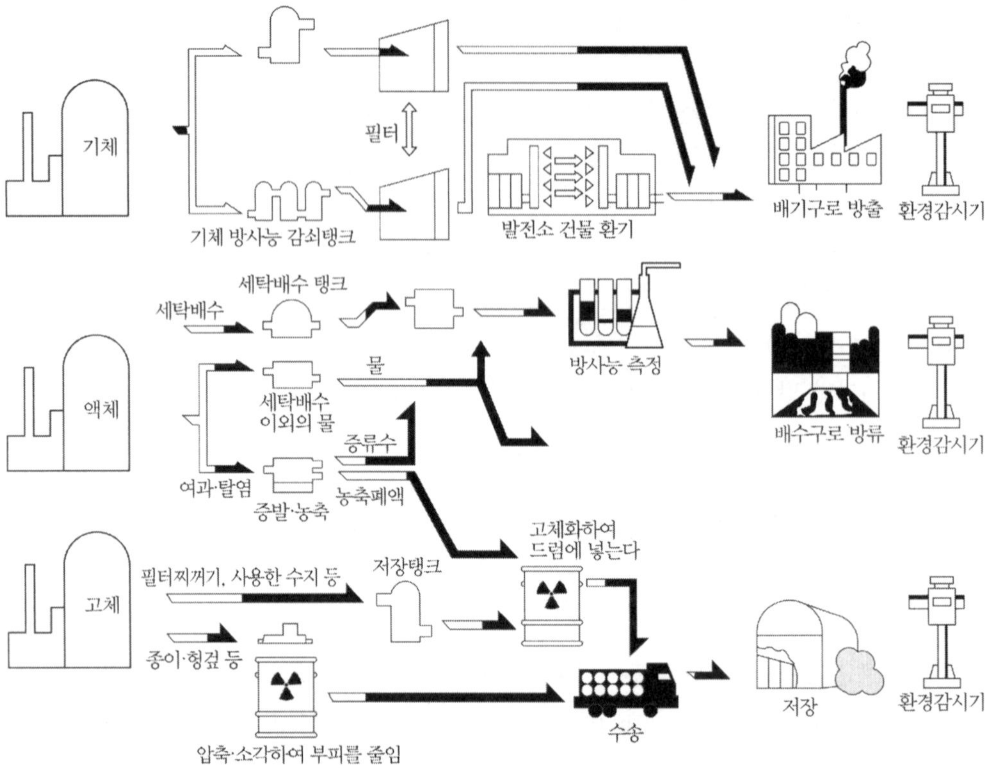

그림 7.21 방사성 폐기물 처리과정

또한 기체 및 액체 폐기물 처리에 사용한 필터, 폐이온 교환수지 등의 중·저레벨의 폐기물은 시멘트를 혼합하여 드럼 내에 넣어서 보관하며, 방사선 작업자들이 사용했던 작업복 등은 압축 또는 소각하여 부피를 줄이며 이를 폐기물 저장고에 보관한다.

7.9.4 외국의 방사성 폐기물 처리동향

원자력발전 선진국들은 방사성 폐기물의 처리에 관한 기술개발에 주력하고 있다. 주요 국가들의 방사성 폐기물 관련 기술개발 실태를 보면

① 프랑스는 1969년부터 운영해온 노르망디해안 라망쉬 처분장이 1991년 말에 용량포화로 폐쇄됨에 따라 제2처분장인 로브 처분장에서 처분하고 있다. 처분방식은 지층에서부터 10[m] 정도 깊이로 파 내려간 후 가로 10[m], 세로 10[m]의 콘크리트 방을 만든 다음 폐

기물을 담은 드럼을 쌓고 콘크리트를 쳐서 완전히 고정시킨 후 그 위를 점토로 덮는 천층 처분 방식이다. 파리에서 동남쪽으로 150[km] 정도 떨어진 내륙평지에 위치한 로브처분장의 처분용량은 프랑스내 56기의 원전에서 나오는 폐기물을 처분할 수 있는 규모이다.

② 영국은 국내 각 원자력시설에서 나오는 저레벨 폐기물은 중서부 해안 지방의 셀라필드 원자력단지에 인접해 있는 드릭(Drigg) 처분장에서 처리하고 있다. 1959년부터 운영해오고 있는 드릭 처분장은 처음에는 일반폐기물의 매립방식과 비슷한 단순처리방식으로 운영되다가 1986년의 구소련 체르노빌 원전사고로 원자력에 대한 대중의 불안이 높아지자 천층처분방식으로 변경했다.

③ 미국은 저준위 방사성폐기물은 민간 폐기물관리회사가 처분장을 운영하고 있다. 1965년부터 운영하고 있는 워싱턴 주의 리치 랜드(Richland) 처분장 그리고 1971년부터 운영하고 있는 사우스 캐롤라이드 주의 반웰(Barnwell) 처분장이 있으며, 이들 처분장은 모두 점토층에 구덩이를 파서 폐기물 드럼을 쌓은 다음 그 위에 흙으로 덮는 천층처분 방식이다. 특히 반웰처분장은 미국 내에서 발생하는 저준위 폐기물의 약 70[%]를 수용하고 있는데 처분장 주변은 환경이 매우 양호하며 바로 옆에 주택가가 형성되어 있을 만큼 방사성폐기물의 안전관리에 대해 주민들이 신뢰하고 있다.

④ 일본은 1992년 12월에 완공되어 운영에 들어간 아오모리 현 로카쇼무라 저준위 방사성폐기물 처분장에 깊이 5[m], 길이 115[m], 폭 90[m]의 콘크리트 구조물에 방사성폐기물 드럼을 쌓아 처분하고 있는데, 최종 처분량은 3백만 드럼 규모이다.

일본은 사용 후 핵연료를 재처리한다는 정책을 택하고 있는데 연간 210[t] 규모의 도카이 재처리공장과 아오모리 현 로카쇼무라에 연간 800[t] 규모의 재처리 시설이 있다.

⑤ 스웨덴의 저레벨 폐기물은 1988년부터 운영해오고 있는 포스마크 처분장에서 처분하고 있다. 포스마크 처분장은 수심 5[m]인 바다에 해저 60[m]인 곳에 만들어져 있으며 세계에서 유일한 해저동굴 처분방식이다. 해저동굴 처분방식을 채택 한 이유는 전 국토에 걸쳐 암반이 잘 발달되어 있고 세계적 수준의 암반 굴착기술이 있기 때문이다. 연간 2만5천여 명의 방문객이 포스마크 처분장을 찾고 있으며, 각종 방사성폐기물을 수송하는 특수선박도 일반인에게 공개하고 있다.

7.9.5 우리나라의 방사성폐기물 처리 현황

우리나라는 23기의 원자로에서 나온 폐기물과 사용 후 핵연료를 발전소별로 보관하고 있으며, 곧 포화상태에 이르게 될 전망이다.

지난 90년도 충남 태안군 안면도에 계획했든 방사성폐기물 처분장은 주민들의 반대로 무산되었고, 95년 굴업도의 경우에도 지진 또는 지하수 유입이 야기 될 수 있는 활성단층 지대인 관계로 무산되었으며, 2003년 전북 부안군 위도의 건설계획도 주민들의 반대로 무산된 후 표류하는 등 후보지 선정을 하지 못하는 실정이었다.

그러나 2005년 주민투표에 의하여 경북 경주지방으로 선정 확정되고 2007년 착공하였으며, 2009년말 일부 준공 계획인 방사성폐기물처분장은 아시아 최초로 심층처분방식(동굴처분방식)으로 건설되며, 향후 80만 드럼의 용량으로 확충될 것이다.

7.10 원자력 발전소의 폐지

일반 산업시설과 마찬가지로 원자력발전소도 수명이 있다. 원자력발전소의 설계기준은 보통 30~40년 정도로 예상하며, 우리나라의 경우도 최초의 원자력 발전소인 고리 1호기가 1978년 운전을 개시한 이래 37년을 지나고 있으며, 폐로가 확정되었으므로 합리적인 해체 기술개발 등에 대한 대책을 마련해야 할 것이다.

원자력 발전소는 수명이 다한 후에도 운전 중 발생한 방사선 물질이 남아 있으므로 발전소 폐지 시에는 신중을 기해야 한다.

7.10.1 폐지방법

원자력발전소의 폐지 또는 폐로(廢爐, decommission)란 운전이 종료된 발전소에 존재하는 방사능 물질과 기타 장해요인들로 인하여 인명과 주변 환경에 미치는 영향을 영구히 방지하기 위하여 취해지는 행위로 정의할 수 있다.

원자력 발전소의 수명이 다하면 작업자와 주변 환경에 미치는 영향을 최소화하기 위하여 안전하게 철거하여 방사능으로 오염된 부품 및 폐기물을 지정된 장소에 처분하는 일련의 작업이 필요하며, 이를 원전의 사후처리(事後處理)라고 한다.

국제원자력기구 (IAEA, International Atomic Energy Agency)는 각국의 원전 사후 처리에 대한 연구개발을 바탕으로 다음과 같이 밀폐관리방식(密閉管理方式), 차폐격리방식(遮蔽隔離方式), 해체철거방식(解體撤去方式) 등을 제시하였다.

(1) 밀폐관리방식

밀폐관리 방식은 원자로 내의 핵연료, 제어봉, 냉각재 등을 제거하고, 주요 밸브, 플러그 등을 콘크리트 벽으로 밀폐 차단하여 방사성 물질이 외부로 누출되지 않도록 하면서 원자로 시설을 원상태로 유지 관리하는 방식이다.

작업 후 계속적인 방사능관리와 출입관리가 필요하며, 발전소내의 방사능을 자연 붕괴시키는데 필요한 시간을 확보하는 것이 목적이다.

(2) 차폐격리방식

밀폐관리 방식에서 원자로내의 핵연료, 제어봉, 냉각재 등의 대부분의 설비를 제거하여 제염(除染, decontamination)처리하며, 격납용기 내에는 콘크리트로 충진하고 외부에 콘크리트 벽을 쌓아서 차폐하는 방식이다.

초기에는 방사능 관리가 필요하나 일정한 기간이 지나면 환경 관리가 필요 없으며 원자로 건물을 제외한 지역은 다른 용도로 사용할 수 있다.

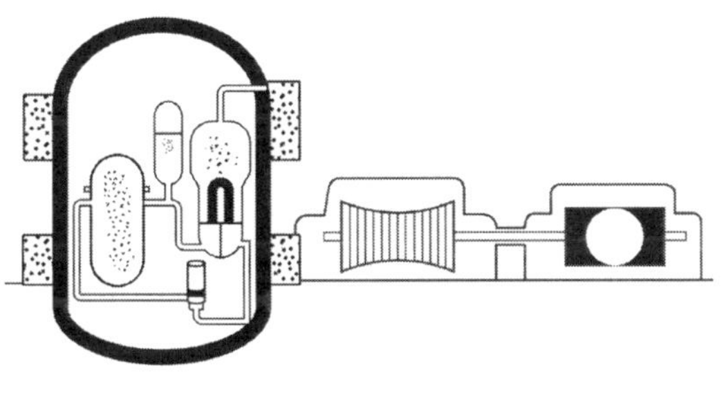

(a) 밀폐관리방식

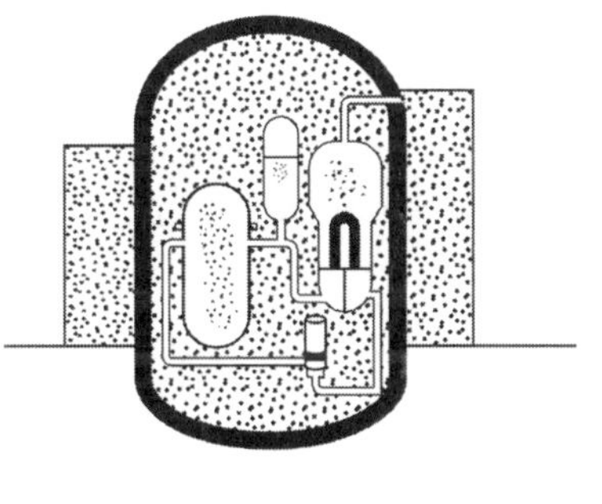

(b) 차폐격리방식

그림 7.22 원자로의 폐지방법

(3) 해체철거방식

원자로를 비롯한 모든 시설물을 해체하는 방법으로서 처분해야할 방사성 폐기물이 한꺼번에 대량으로 발생하는 단점이 있지만 발전소 부지를 다른 용도로 활용할 수 있다.

우리나라처럼 국토가 좁은 일본에서는 수명이 다한 원자력 발전소는 해체철거하고 그 부지는 지역사회의 협조 하에 원자력발전소 부지로 계속 활용한다는 것이 일본 원자력위원회의 방침이다. 수명이 다한 원자력발전소는 사용 후 핵연료를 외부로 반출한 후 다음과 같은 3단계를 거처 철거하게 된다.

1) 1단계(계통 제염)

사용 후 핵연료 등이 반출되어도 배관이나 용기 등에는 운전 중에 부착된 방사성 물질이 남아있다. 해체 작업을 쉽게 하기 위하여 주요 배관이나 용기 안의 방사성 물질은 화학약품을 사용해서 제거하며 이를 계통 제염(系統 除染)이라 한다.

2) 2단계(안정 저장)

계통 제염을 마친 후 5~10년 동안 안전하게 저장하여 방사능이 감쇠하기를 기다린다. 이 기간 중에는 방사성 물질을 가두기 위하여 밸브를 잠그고 문을 폐쇄하는 등의 적절한 조치를 취한다.

3) 3단계(해체 철거)

안정저장 기간이 지나고 방사능이 감쇠한 곳에서 원자력 발전소를 해체 철거한다. 해체철거는 방사성 물질이 흩날리지 않도록 조치를 취하면서 원자로 격납 용기나 건물 내의 배관, 용기 등을 해체 철거한다. 배관과 용기는 적절한 공정과 공법에 따라 절단하여 방사성 폐기물로 처리한다. 원자로 건물의 바닥이나 벽면에 남은 방사성 물질을 제거한 다음에는 일반 건축물과 마차가지로 헐어낸다.

7.10.2 외국의 현황

미국을 비롯한 원자력분야의 선진국은 이미 여러 종류의 원자력 설비를 폐지한 경험이 있다. 미국의 쉬핑포트(Shippingport) 원자로는 1957년부터 1982년까지 25년간 가동된 원자로이며, 1985년부터 1988에 걸쳐 해체철거방식으로 폐지되었다. 쉬핑포트의 해체는 대규모 원자력 발전소가 안전하게 철거될 수 있음을 보여준 사례이다.

일본에서도 원자력 위원회에서 원자로 폐로에 관한 조사 검토가 추진되어 왔으며, 방사능 측정, 제염, 해체, 원격조작 방사선 관리, 폐기물 처리 등 원자로 해체에 필요한 기술 확립을 목포로 하고 있다.

연 습 문 제

e x e r c i s e

7-1 **다음 사항은 원자력 발전소와 화력 발전소의 특성을 비교한 것이다. 이들 중 틀리게 기술된 것은?** [전기산업기사]

㉮ 원자력 발전소는 화력 발전소의 보일러 대신 원자로와 열 교환기를 사용한다.
㉯ 원자력 발전소의 단위출력당 건설비가 화력 발전소에 비하여 싸다.
㉰ 동일 출력일 경우 원자력 발전소의 터빈이나 복수기가 화력 발전소에 비하여 대형이다.
㉱ 원자력 발전소는 방사능에 대한 차폐 시설물의 투자가 필요하다.

7-2 **원자력 발전소의 특징에 해당되지 않는 것은?** [전기산업기사]

㉮ 소비연료량이 적어 연료의 수송 및 저장이 용이하다.
㉯ 연료를 소비하는 동시에 새로운 연료를 생성한다.
㉰ 방사선 장해를 막아야 한다.
㉱ 기력 발전소보다 증기관의 지름이 작아진다.

7-3 **원자로는 화력 발전소의 어느 부분과 같은가?** [03, 공사산업기사]

㉮ 내열기　　㉯ 복수기
㉰ 보일러　　㉱ 과열기

7-4 **92U ^{235}는 중성자를 포획해서 핵분열을 일으킨다. 이 핵분열로 36K ^{94}와 56Ba^{139}가 생겼다면 중성자는 몇 개가 나오겠는가?** [95, 공사산업기사]

㉮ 2　　㉯ 3
㉰ 4　　㉱ 5

7-5 **우라늄 235의 1[kg]이 핵분열을 일으킨다고 하면 약 몇 [kWh]의 전력량에 해당하는가? 단, 우라늄 235가 중성자에 의해서 핵분열 하는 경우에 그 질량의 1/1,100이 에너지로 변하는 것으로 한다.** [전기기사]

㉮ 2.28×10^5　　㉯ 2.28×10^7
㉰ 2.28×10^{10}　　㉱ 2.28×10^{11}

7-6 경수형 원자로에 속하는 것은? [96. 전기산업기사]

㉮ 고속 중성자로 ㉯ 가압 수형 원자로
㉰ 열중성자로 ㉱ 흑연 감속 가스 냉각로

7-7 다음에서 가압수형 원자력 발전소에 사용하는 연료, 감속재 및 냉각재로 적당한 것은? [96. 전기산업기사]

㉮ 천연우라늄, 흑연 감속, 이산화탄소 냉각
㉯ 농축우라늄, 중수 감속, 경수 냉각
㉰ 저농축우라늄, 경수 감속, 경수 냉각
㉱ 저농축우라늄, 흑연 감속, 경수 냉각

7-8 PWR (Pressurized Water Reactor)형 발전용 원자로의 감속재 및 냉각재는? [85. 전기산업기사]

㉮ 경수(H_2O) ㉯ 중수(D_2O)
㉰ 흑연 ㉱ 액체금속(Na)

7-9 PWR (Pressurized Water Reactor)형 발전용 원자로에서 감속재, 냉각재 및 반사체로서의 구실을 겸하여 주로 사용되는 것은? [07. 공사산업기사]

㉮ 경수(H_2O) ㉯ 중수 (D_2O)
㉰ 흑연 ㉱ 액체금속(Na)

7-10 다음 경수로의 특징 중 옳지 않은 것은? [83. 전기산업기사]

㉮ 경수는 입수가 용이하고 취급하는 기술이 풍부하다.
㉯ 경수는 중성자의 흡수 단면적이 작으므로 연료로 농축 우라늄을 사용할 수가 없다.
㉰ 경수는 감속능력이 크고, 열전달 특성이 좋은 까닭에 노를 소형으로 할 수 있다.
㉱ 부(−)의 온도 계수를 가지고, 또 고유의 자기 제어성이 있다.

7-11 원자로에서 고속 중성자를 열중성자로 만들기 위하여 사용되는 재료는? [93. 전기기사]

㉮ 제어재 ㉯ 감속재 ㉰ 냉각재 ㉱ 반사재

7-12 다음 중 핵연료의 특성으로 적합하지 않은 것은? [07. 전기산업기사]

㉮ 낮은 열전도율을 가져야 한다. ㉯ 높은 융점을 가져야 한다.
㉰ 방사선에 안정하여야 한다. ㉱ 부식에 강하여야 한다.

7-13 원자로의 냉각재가 갖추어야 할 조건 중 옳지 않은 것은? [94. 전기기사]

㉮ 열용량이 작을 것
㉯ 중성자의 흡수 단면적이 작을 것
㉰ 냉각재와 접촉하는 재료를 부식하지 않을 것
㉱ 중성자의 흡수 단면적이 큰 불순물을 포함하지 않을 것

7-14 원자로의 감속재(moderator)가 갖추어야 할 조건이 아닌 것은? [전기산업기사]

㉮ 원자의 질량이 클 것
㉯ 충돌 후에 갖는 에너지의 평균차가 클 것
㉰ 감속 능력이 클 것
㉱ 감속비가 클 것

7-15 다음 중 감속재로 사용되지 않은 것은? [전기산업기사]

㉮ 경수
㉯ 중수
㉰ 흑연
㉱ 카드뮴

7-16 원자력발전에 이용되는 감속재에 대한 설명으로 옳지 않는 것은? [08. 전기산업기사]

㉮ 중성자 흡수 면적이 클 것
㉯ 감속비가 클 것
㉰ 감속능이 클 것
㉱ 경수, 중수, 흑연 등이 사용됨

7-17 원자로에서 카드뮴(Cd) 막대기가 하는 일은 옳게 설명한 것은? [07. 공사산업기사]

㉮ 원자로내에 중성자를 공급한다.
㉯ 원자로내에 중성자 운동을 느리게 한다.
㉰ 원자로내에 핵분열을 일으킨다.
㉱ 원자로내에 중성자를 감소시켜 핵분열의 연쇄반을 제어한다.

7-18 다음 물질 중 제어재로 사용되는 것은? [전기산업기사]

㉮ 하프늄
㉯ 스테인리스강
㉰ 나트륨
㉱ 경수

7-19 다음 중 반사체가 아닌 것은? [전기산업기사]

㉮ 중수
㉯ 콘크리트
㉰ 흑연
㉱ 베릴륨

7-20 원자력 발전소에서 비등수형 원자로에 대한 내용으로 틀린 것은? [94. 공사기사]

㉮ 연료로 농축 우라늄을 사용한다.
㉯ 감속재로 헬륨 액체 금속을 사용한다.
㉰ 냉각재로 경수를 사용한다.
㉱ 물을 노내에서 직접 비등시킨다.

7-21 비등수형 원자로의 특색이 아닌 것은? [16. 전기기사]

㉮ 열교환기가 필요하다.
㉯ 기포에 의한 자기 제어성이 있다.
㉰ 방사능 때문에 증기는 완전히 기수분리를 해야 한다.
㉱ 순환펌프로서는 급수펌프뿐이므로 펌프동력이 작다.

7-22 가스 냉각형 원자로에 사용하는 연료 및 냉각재는? [96. 전기기사]

㉮ 농축우라늄, 헬륨　　㉯ 천연우라늄, 이산화탄소
㉰ 농축우라늄, 질소　　㉱ 천연우라늄, 수소가스

7-23 원자력 발전에서 제어용 재료로 사용되는 것은? [09. 전기산업기사]

㉮ 하프늄　　㉯ 스테인레스강
㉰ 나트륨　　㉱ 경수

7-24 원자력 내에서 발생한 열에너지를 외부로 끄집어내기 위한 열매체를 무엇이라 하는가? [08. 전기산업기사]

㉮ 반사체　　㉯ 감속재
㉰ 냉각재　　㉱ 제어봉

7-25 원자력의 보이드(void) 계수란? [04. 전기공사산업기사]

㉮ 연료의 온도가 1도 변화할 때의 반응도
㉯ 노심내의 증기량이 1[%] 변화할 때의 반응도 변화
㉰ 냉각재의 온도가 1도 변화할 때의 반응도 변화
㉱ 연료 중의 독물질의 독작용을 나타내는 값

7-26 감속재의 온도계수란? [00. 공사산업기사]

㉮ 감속재의 시간에 대한 온도 상승률이다.
㉯ 반응에 아무런 영향을 주지 않는 계수이다.
㉰ 열중성자로서 양(+)의 값을 갖는 계수이다.
㉱ 감속재의 온도 1[℃] 변화에 대한 반응도의 변화이다.

7-27 다음 중 원자로 내에서 독작용을 설명한 것으로 가장 알맞은 것은? [08. 전기산업기사]

㉮ 열중성자가 독성을 받는 것을 말한다.
㉯ $54Xe^{135}$와 $62Sm^{149}$가 인체에 독성을 주는 물질이다.
㉰ 열중성자 이용률이 저하되고 반응도가 감소되는 작용을 말한다.
㉱ 방사성 물질이 생체에 유해작용을 하는 것을 말한다.

7-28 방사선 방호의 기본원칙에 들지 않는 것은? [전기산업기사]

㉮ 거리 ㉯ 차폐 ㉰ 장비 ㉱ 시간

7-29 다음 (㉠), (㉡), (㉢)에 들어갈 내용으로 옳은 것은? [17. 전기기사]

> 원자핵이란 일반적으로 무거운 원자핵이 핵분열하여 가벼운 핵으로 바뀌면서 발생하는 핵분열 에너지를 이용하는 것이고, (㉠)발전은 가벼운 원자핵을(과) (㉡)하여 무거운 핵으로 바꾸면서 (㉢)전후의 질량결손에 해당하는 방출 에너지를 이용하는 방식이다

㉮ ㉠ 원자핵융합 ㉡ 융합 ㉢ 결합
㉯ ㉠ 핵결합 ㉡ 반응 ㉢ 융합
㉰ ㉠ 핵융합 ㉡ 융합 ㉢ 핵반응
㉱ ㉠ 핵반응 ㉡ 반응 ㉢ 결합

7-30 증식비가 1보다 큰 원자로? [17. 전기기사]

㉮ 경수로 ㉯ 흑연로 ㉰ 중수로 ㉱ 고속증식로

해 답

1. ㉯ 2. ㉱ 3. ㉰ 4. ㉮ 5. ㉯ 6. ㉯ 7. ㉰ 8. ㉮ 9. ㉮ 10. ㉯ 11. ㉯ 12. ㉮ 13. ㉮ 14. ㉮ 15. ㉱ 16. ㉮ 17. ㉱ 18. ㉮ 19. ㉯ 20. ㉯ 21. ㉮ 22. ㉯ 23. ㉮ 24. ㉰ 25. ㉮ 26. ㉱ 27. ㉰ 28. ㉰ 29. ㉮ 30. ㉱

저자약력

박규홍

- 영남대학교 전기공학과 졸업
- 중앙대학교 대학원 전기공학과 졸업 (공학박사)
- 호주 모나쉬대학교 방문교수
- 대림대학교 전기과 정년퇴직 (명예교수)
- 발송배전기술사

석복렬

- 부산대학교 전기공학과 졸업
- 일본 큐슈대학교 시스템정보과학연구과 졸업 (공학박사)
- (전) 일본 통산성 공업기술원 AIST Fellow
- (전) 현대중공업 수석연구원
- (현) 대림대학교 전기과 조교수

이석용

- 한양대학교 전기공학과 졸업
- 한양대학교 대학원 전기공학과 졸업 (공학박사)
- (전) 한양대학교 ERICA 산학협력중점교수
- (현) 수원과학대학교 전기과 교수
- 전기응용기술사

실무중심 · 국가기술자격중심

전 력 공 학

발 행 / 2025년 8월 20일

저 자 / 박규홍, 석복렬, 이석용
편 낸 이 / 정 창 희
편 낸 곳 / 동일출판사
주 소 / 서울시 강서구 곰달래로31길7 (2층)
전 화 / (02) 2608-8250
팩 스 / (02) 2608-8265
등록번호 / 109-90-92166

ISBN 978-89-381-1495-2 93560
값 / 32,000원